计算共形几何

（理论篇）

COMPUTATIONAL
CONFORMAL GEOMETRY

Theory

顾 险 峰

丘 成 桐

高等教育出版社·北京　🅿 International Press

在日常生活中, 我们看到的事物一般都是由曲面表示出来, 它代表的可以是汽车或房屋的表面, 也可以是人脸或河流的表面, 所以它描绘的对象有时是静态的, 有时是动态的! 当我们描述一组曲面时, 往往可以用它来描述立体的形象.

现代科技需要大量薄膜学的知识, 因此如何精准描绘二维曲面是工程学不可缺少的学问.

二维曲面的研究可以追溯到伟大的科学家 Euler, 他与 Newton 同一个时代. 他利用微积分来解释几何学, 也创造了变分法来计算一些重要的几何图形. Euler 是继 Newton 之后的第一位伟大学者, 他们的学问让人类可以处理三维空间中的曲面问题. 虽然 Euler 写下了一个高深而影响至巨的 Euler 等式:

$$\exp(ix) = \cos x + i \sin x,$$

但是 Newton 和 Euler 对复数的应用还是不够成熟, 未能自成一门学问.

复分析因 19 世纪初期 Cauchy 的重要工作才真正开始, Riemann 在 1850 年接触到 Cauchy 的工作后, 即刻知道复分析的重要性, 他引用了几种不同的想法来发展复分析. 一个是微分方程和变分的办法, 另一个是几何的办法.

Riemann 的一个划时代的贡献就是他提出了 Riemann 面, 并且引进了单值化的观念: 这不单单澄清了复变函数多值化的问题, 也帮助我们了解曲面保角 (共形) 的内在意义. 他发现虽然曲面表示在三维空间中有无限维的自由度出现, 但是它们的保角结构却是有限维的! 假如将一个曲面上所有的保角结构放在一起, 我们就构造了一个模空间, Riemann 已经知道这个模空间本身是一个复空间, 它的复维数是 $3g - 3$, 其中 g 是曲面的拓扑亏格. 这是一件很重要的事情, 既然是有限维, 我们就可以将所有保角结构构造出来. 一般来说, 可以通过计算一些函数的积分来处理, 每个曲面上的保角结构可以由一个 g 阶复矩阵来决定, 这个矩阵的元素就是由上述的积分得出的. 计算机当然可以处理这个矩阵.

有了保角结构以后, 所有曲面上的内蕴几何都可以由曲面上的一个函数来描述, 至于在空间的变化, 需要多加一个函数. 但是有了这些步骤以后, 在处理曲面的几何时就可以系统化, 就如在字典中找文字一样, 无论存储和计算图形都会比其他方法方便得多.

Riemann 的方法经过代数几何学家用几何不变量理论和投影几何的方法改进, 已经成为一个很成熟的理论, 但是要详细计算的话, 还是需要下一些功夫.

对 Riemann 面的处理, 在 Riemann 之后又产生了几种不同方向的理论和方法.

一个是从 Klein 开始、由 Poincaré 发扬光大的离散群的方法. 每一个亏格大于 1 的 Riemann 面都可看作 Poincaré 平面通过离散群作用的商空间. 我们可以通过扰动离散群而得到 Riemann 面保角结构的变化.

另外一个方法由 Poincaré 提供, 他通过保角变化, 使得一个在 Riemann 面上构造的保形 Riemann 度量的曲率变成 -1, 这样 Riemann 面就可以看作 Poincaré 平面的商空间. 后来, 我们也可以用 Ricci 流的方式得到同样的结果.

有了这些理论之后, 我们可以研究不同的共形结构如何放在一起形成所谓的模空间, 我们也可以在模空间上构造一个度量来量度不同共形结构的距离.

在 20 世纪初期, Teichmüller 提出用拟共形映射来计算共形结构距离, 由此完成以他名字命名的模空间.

在四十多年前, 我和朋友们就开始用调和映射来代替拟共形映射, 而 Thurston 则研究由二次全纯微分形式产生的叶状结构. Thurston 也开始

用圆盘填充 (circle packing) 方法来处理单值化的问题.

这一系列的理念原则上都可以用计算机计算, 同时可以用到具体的曲面上去. 至于从具体的曲面 (例如人脸) 变成上述的 Riemann 面, 要处理它们产生的点集, 以及对它们做三角剖分, 这些都需要一些技巧.

二十年前险峰跟我念博士时, 我就希望整合计算的方法来将这些古典和近代的 Riemann 面理论具体表现出来, 这样就可以系统地处理自然界出现的一切曲面了.

本书总结了二十年的努力, 完成了上述整体纲领的一部分, 但已经有不少具体的应用 (尤其在医学的图像处理方面), 希望将来继续用计算的方法显示出 Riemann 面的其他结构.

丘 成 桐

2020 年 4 月

时代的要求

依随时代的发展, 三维技术迅猛发展. 在硬件方面, 三维几何数据采集技术突飞猛进, 激光、DMD 芯片、微机电等光学技术的演化, 基于几何光学和波动光学的重构算法的改进, 使得高精度三维几何数据的高速获取变得日益经济而便捷. GPU 和 FPGA 技术的突飞猛进, 使得大规模高强度的运算变得简单而实际. 但是在软件方面, 三维几何数字处理的理论和算法却落后于硬件的发展.

在目前全世界的高等教育范围内, 计算机科学领域的三维几何课程主要有如下课程: 计算机图形学, 主要着重讲解基于物理的场景渲染算法、动画原理、简单的曲面建模等; 计算机视觉, 主要讲解基于图像和视频的三维重建, 基于统计或者机器学习的图像处理或理解等; 几何建模, 主要阐述样条曲面的数学原理、拟合算法和编辑方法; 计算几何, 主要阐发基于 Euclid 几何空间中的算法, 例如离散点云的 Delaunay 三角剖分方法. 在应用数学领域, 有限元方法主要着重于欧氏空间的偏微分方程解法; 在纯粹数学领域, 复分析、代数拓扑、微分几何、Riemann 几何、代数曲线等相关课程都停留在抽象理论层面, 无法直接变成算法来处理实际的几何问题.

笔者认为时代的发展需要用现代几何的理论来处理三维几何数据, 目前的教育课程设置已经滞后于时代的要求. 因此, 我们创立了计算共形几何这门课程, 旨在将抽象的现代几何理论转换成高效的计算机算法, 应用到工程和医疗实践之中.

我们这一愿景在现实中遇到巨大的挑战. 首先, 我们的课程内容涉及纯粹数学的很多领域, 并且用到这些领域中较为深刻而现代的理论. 绝大多数工程背景的学生没有受过系统而专业的理论训练, 接受这些抽象理论会遇到很多困难. 例如, 我们建立了离散曲面 Ricci 流的理论和算法, 严格证明了曲率流解的存在性、唯一性和离散解到连续解的收敛性. 但是我们在证明过程中用到非常现代的数学工具, 例如代数拓扑中的区域不变性原理、Teichmüller 空间理论、双曲三维流形理论等, 这些现代理论在纯数学领域的研究生课程中也不会涵盖.

另一方面, 具有纯粹数学背景的学生没有受过系统而严格的工程训练, 在将算法真正编程实现的时候会遇到巨大困难. 例如, 离散曲面 Ricci 流的算法需要用到动态三角剖分的组合结构, 这需要一定的工程能力来进行程序编制和调试.

同时, 共形几何涵盖的知识面非常宽广, 在有限篇幅内涵盖如此丰富的内容, 这为我们带来很大挑战. 为了计算亏格为零的曲面的共形不变量, 我们需要介绍复分析中比较深入的理论; 为了解释一般拓扑曲面的共形结构, 我们需要介绍代数拓扑的基本理论、Riemann 面和曲面微分几何理论; 为了计算共形不变量, 我们需要介绍几何分析中的调和映射理论; 为了计算曲面间的映射, 我们需要讲解拟共形映射理论、Teichmüller 理论和曲面叶状结构理论等. 并且, 每种理论都不能只是泛泛而谈、只简介基本概念和理论框架, 而需要鞭辟入里, 一针见血.

经典的计算机科学教程需要清晰阐述算法的细节, 但是对于解的存在性、唯一性、正则性和算法稳定性、收敛性不必给出严格的数学证明, 而我们的教程需要给出严格证明. 在现实中, 严格证明一个算法的各种性质往往比发明这个算法更加困难, 两者需要不同的知识结构、理论工具和专业技巧. 例如, 我们发明离散曲率流算法并在工程上数值验证其实用性只用了两三年, 但是证明其解的存在性和唯一性却花费了七八年的时光. 反之, 经典的数学教材需要定义明晰, 推理严格, 逻辑自洽, 但是对于抽象定理如何变换成算法不加考虑. 例如在经典数学中 Riemann 度量一般都被定义成微分结构上的张量, 但是在现实中, 曲面都被表示成连续不可微的多面体, 因此 Riemann 度量张量的定义需要被推广. 建立离散几何理论, 而将经典几何中的理论作为离散理论的极限情形, 这本身就需要艰苦卓绝的长期努力. 这些都为本教程的编写带来了实质性的困难.

期 望

作为一本数学和计算机科学结合的教程, 我们期待这部著作既有严密恒久的理论价值, 又有推动技术发展的实际价值.

一方面, 我们希望数学专业背景的学生能够系统而全面地学习共形几何的理论体系、主要流派的思想风格、主要工具的使用手法, 从而能够开拓视野、发现新的方向, 为下一步的研究打下坚实的根基. 因此, 我们希望这本教程能够逻辑自洽, 脉络清晰, 证明详尽细致, 同时兼顾古典和前沿. 特别是, 我们希望这部教程具有长久价值, 我们的理论结果经得起时间的检验. 当时代发展远远超越了目前的技术水平的时候, 这里的理论结果依然被引述.

另一方面, 我们希望工程背景的学生能够建立敏锐而坚固的几何直觉, 掌握主要的计算方法, 了解每种算法的理论背景和适用范围, 能够创造性地将这些方法应用到工程和医疗中去, 真正推动社会进步和技术发展. 同时, 我们也希望这里的算法被长期使用, 融合到工程和医疗系统之中.

从学习过程角度而言, 我们希望学生能够从深邃抽象的理论之中体会到强烈的美学体验, 接受大自然对于人类灵魂的洗礼, 认识到自然真理的博大精深; 同时也能够认识到由自然理论启发的人造算法的巧夺天工, 对于现实的巨大力量, 体会到技术迅猛发展的时代脉搏.

学习方法

这门课程需要的理论背景比较艰深, 每一个分支例如代数拓扑、微分几何、Riemann 面理论都需要花费很长时间的学习才能透彻理解和熟练掌握. 对于工程背景的学生而言, 在短短的一学期内学习如此之多的艰深理论, 实在是可望不可即. 因此, 我们设计教程的时候提供了大量的算法例程和几何实验数据, 学生可以通过大量的亲手实验来计算各种共形变换, 从而对抽象的理论累积第一手的实践经验, 建立清晰明确的几何直觉, 从而可以即刻开始工程方面的研究项目. 进而, 学生可以理解共形几何的整体理论框架, 编织自身的知识网络. 然后, 学生可以仔细填补知识网络中的薄弱环节, 完善定理的证明细节, 斟酌概念后面的深意.

恰如, 每一位学习骑自行车的人都是凭借直觉掌握了骑车的技能, 而非通过学习牛顿力学来掌握. 但是, 为了设计下一代自行车或者为了成为职业车手, 深入学习力学是必需的. 为了工程实际需要, 建立几何直觉, 初步掌握计算方法就已经足够; 但是为了设计新的算法, 证明算法的各种性质, 探索几何领域的未知, 这需要深入学习理论.

简明历史

我们早在 2003 年左右就出版了英文版的计算共形几何教程. 十多年来, 我们在美国、中国 (大陆和港台)、新加坡等地多所大学讲授计算共形几何, 已经培养了很多几何方面的人才. 我们在全世界数十所高校和科研机构, 以及数十个国际会议上做过专题报告. 2010 年至 2019 年, 我们每年都在清华大学丘成桐数学科学中心讲授这门课程. 经过多年的修改和完善, 我们编撰了这部教程.

在清华大学授课期间, 听众来自全国各地, 既有工程背景的学生又有数学背景的学生, 既有高中生、本科生, 又有硕士生和博士生, 既有学术界的学者教授又有工业界的技术人员. 许多学生后来到世界名校深造, 例如去哈佛等常青藤大学; 也有学生投身创业浪潮, 将计算共形几何知识用于虚拟现实、增强现实. 同时, 暴雪公司将基于计算共形几何的算法应用于游戏产业, 而西门子公司和通用电气公司将其应用于医学图像领域, 为保卫人类的健康做出了贡献.

虽然我们尽可能做出了最大的努力, 各种理论和算法方面的不足仍在所难免, 我们先致以歉意. 在消除理论严密性的瑕疵和改进算法的各个方面, 希望广大读者不吝赐教! 我们会根据读者的建议和意见进一步完善和提高教程.

鸣　　谢

在计算共形几何发展的历程之中, 我们得到了海内外广大学者的鼓励和提携, 得到他们从数学思想到工程应用全方位的协助, 得到了哈佛大学、纽约州立大学石溪分校、清华大学、浙江大学、大连理工大学、香港中文大学、首都师范大学、昆明理工大学等很多高校的鼎力相助. 尤其感谢我们的长期合作者们: 在数学理论方面, 罗锋及其学生郭韧与我们共同系统地发展了离散共形几何理论; 在工程应用方面, 众多合作者与我们共同发明了计算机算法, 开发了软件系统, 广泛应用于工程和医疗领域. 我们的长期合作教授包括: 医学图像领域, 陈繁昌、王雅琳、雷乐铭、Paul Thompson; 几何建模和计算机辅助设计领域, 秦宏; 可视化领域, Arie Kaufman; 计算机视觉领域, Dimitris Samaras; 网络和计算几何领域, 高洁; 计算机图形学和数字几何处理领域, 胡事民、孙剑; 机械设计与拓扑优化领域, 陈士魁; 计算力学与计算机辅助制造领域, 罗钟铉、雷娜、斯杭, 等等. 也感谢我们团队毕业的博士和出站的博士后们, 包括贺英、靳淼、曾薇、李昕、Junho Kim、杨永亮、来煜坤、殷晓田、曾云、李映华、蒋瑞睿、Mayank Goswami、章敏、石瑞、苏政宇、郑晓朋、马明、林瑜瑶、吴天琦、温成峰, 等等. 他们倾情奉献, 经过多年的刻苦研究, 将抽象的数学理论真正应用于社会实践, 极大地推动了基础理论和工程技术的发展.

特别感谢高等教育出版社的赵天夫、李鹏与和静编辑, 他们不辞辛苦, 认真细致地审读了全部书稿, 完善了细节, 并提升了质量. 诚挚感谢我的学生陈伟, 他为本书精心编制了线上算法演示, 制作了丰富的插图, 将艰深的几何概念变得生动而直观. 我们对所有提供帮助的朋友都表示由衷的感谢!

希望计算共形几何在祖国大地上生根开花, 蓬勃发展!

顾　险　峰

gu@cmsa.fas.harvard.edu

gu@cs.stonybrook.edu

2020 年 4 月

目　　录

第一章　　计算共形几何简介

1.1　理论简介

根据 Felix Klein 的 Erlangen 纲领 (Erlangen program), 不同的几何研究不同变换群下的不变量. 在工程和医疗领域, 常用的几何包括拓扑 (topology)、共形几何 (conformal geometry)、Riemann 几何 (Riemannian geometry) 和曲面微分几何 (surface differential geometry), 其对应的变换群为拓扑变换群、共形变换群、等距变换群和曲面在欧氏空间中的刚体变换群. 这些变换群构成了嵌套子群序列,

刚体变换群 ◁ 等距变换群 ◁ 共形变换群 ◁ 拓扑同胚群.

不同变换群下的不变量也可视作不同的结构, 这些结构彼此构成层次关系. 以嵌入三维欧氏空间中的曲面为例, 曲面具有拓扑结构、共形结构、Riemann 度量结构和嵌入结构. 后面的结构以前面的结构为基础, 内涵逐步丰富.

拓扑结构

给定两张曲面间的映射 $\varphi: S_1 \to S_2$, 如果 φ 是连续双射, 则 φ 被称为拓扑同胚, 两张曲面拓扑等价, 具有相同的拓扑不变量. 直观上, 我们说两个曲面拓扑等价, 如果一个曲面可以连续变形成另外一个曲面, 不发生撕裂或者粘连. 为了研究拓扑结构, 数学上的一个通用手法就是为所研究的对象赋予不同的群, 通过对群结构的分析来理解、刻画抽象的对象. 群的概念虽然抽象, 但是群的数据结构和算法却是精确明晰的, 虽然依然曲折, 但是在计算机的帮助下, 人类是能够把握的. 因此, 代数拓扑的基本思想就是将拓扑问题代数化, 在拓扑空间上赋予各种代数结构, 通过研究这些代数结构来探究空间的拓扑结构. 例如, 我们在流形上定义同伦群和同调群, 希望用这些群的结构来反映流形的拓扑结构.

在将拓扑代数化的过程中, 会有信息丢失, 比如对于三维流形, 同调群反映的信息不完全, 同伦群反映的信息更多. 更为严密的说法是: 给定两

个紧的闭三维流形, 同伦群比同调群表达了更加丰富的信息. 对于不同的问题, 需要选取不同的群来进行处理. 例如, 很多全局拓扑障碍的表述需要用到上同调类. 在计算共形几何中, 曲面的 de Rham 上同调群、调和微分形式的上同调群起到了至关重要的作用.

代数拓扑的算法复杂度很高. 一维同伦群一般是非交换的, 高维同伦群是交换的, 其计算归结为符号计算. 计算一个流形的基本群 (一维同伦群) 是线性时间复杂度的, 但是判定两个群是否同构, 通常非常困难. 同调群是可交换的, 其计算归结为线性代数问题. 但是整系数同调群计算归结为整数矩阵的 Smith 标准形, 计算复杂度很高.

为了解决拓扑问题, 代数拓扑并非唯一的选择, 微分拓扑和几何拓扑会提供强有力的计算方法. 例如, 如果一个纽结不经过剪断和重新连接、可以渐变成另外一个纽结, 则我们说这两个纽结彼此同痕. 我们可以用代数拓扑方法来判定纽结同痕: 两个纽结同痕, 当且仅当它们在三维欧氏空间中的补集的同伦群同构. 我们也可以用几何拓扑方法: 将它们的补空间配上常曲率的 Riemann 度量, 然后判定补空间是否等距. 对于这个问题, 几何拓扑的方法更加简洁直接.

共形结构

给定两张带有 Riemann 度量曲面间的可逆映射 $\varphi : (S_1, \mathbf{g}_1) \to (S_2, \mathbf{g}_2)$, 如果映射 φ 诱导的拉回度量 $\varphi^* \mathbf{g}_2$ 和初始度量 $\mathbf{g}_1$ 彼此相差一个标量函数, $\lambda : S_1 \to \mathbb{R}$,

$$\varphi^* \mathbf{g}_2 = e^{2\lambda} \mathbf{g}_1,$$

那么我们说 φ 是一个共形双射, 两张曲面共形等价, 具有相同的共形不变量. 直观上, 共形映射保持角度, 所以又被称为保角映射.

图 1.1 显示了平面到自身的共形变换, 换言之双全纯映射. 书桌上放置一个相框. 将整个办公室拍摄下来, 将相片放入相框. 那么, 在相框中出现了次级相框, 次级相框中出现三级相框. 如此迭代, 出现无穷级嵌套相框, 这些相框的交点为一个孤立的点 p. 同时, 整个相片和相框内的相片之间相差一个相似变换 φ, φ 生成变换群 $\langle \varphi \rangle = \{\varphi^n\}$, n 取遍所有整数. 那么 p 点是群 $\langle \varphi \rangle$ 的不动点. 复平面去掉点 p, 在群 $\langle \varphi \rangle$ 作用下的商空间 $\mathbb{C} \setminus \{p\}/\langle \varphi \rangle$ 是一个拓扑环带. 共形映射将拓扑环带映射到自身, 得到右帧

图 1.1 复平面上的共形映射 (双全纯映射).

图像. 封闭的相框被映射成无限的螺旋线. 图像中的局部形状, 例如纸兔子、大卫王头像、毕加索的 "镜前少女" 都被保持, 同时面积发生变化. 局部上看, 共形映射在每一点的切空间上都是相似变换, 因此保持局部形状, 这就是 "共形" 的含义.

图 1.2 显示了曲面到平面区域的共形映射. 大卫王头像曲面具有复杂的几何, 映射到平面上之后, 曲率变成零, 但是眉眼鼻唇的细节, 头发蜷曲的形状被保持, 同时局部面积发生变化. 同样, 共形映射在曲面每点的切空间诱导的切映射为相似变换.

图 1.3 显示了曲面到平面区域共形映射的保角性. 曲面上任意两条相交曲线被共形变换映射成平面圆盘上两条相交曲线, 曲面曲线的交角等于平面曲线的交角, 即交角保持不变.

图 1.4 比较了共形变换和拟共形变换. 我们将人脸曲面映射到平面圆盘, 在平面圆盘上放置很多彼此相切的小圆, 构成圆盘填充 (circle packing) 的模式, 平面小圆被映射拉回到曲面上. 上面一行显示的是共形映射, 平面上的无穷小圆被映射拉回到曲面上的无穷小圆; 下面一行显示

图 1.2 曲面到平面区域的共形映射.

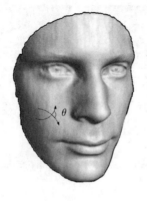

图 1.3 共形变换的保角性质.

的是一般的微分同胚, 这里是拟共形映射, 平面上的无穷小圆被映射拉回到曲面上的无穷小椭圆. 由此可见, 共形映射保持无穷小圆.

　　曲面微分几何中最为深刻而基本的定理是单值化定理. 如图 1.5 所示, 所有带度量的封闭紧曲面都可以共形映射到三种标准空间中的一种: 球面、欧氏平面或者双曲平面. 图 1.5 左帧显示了一个亏格为 0 的封闭曲面被共形映射到单位球面上, 女孩雕塑的几何特征, 例如眉眼发髻都被完

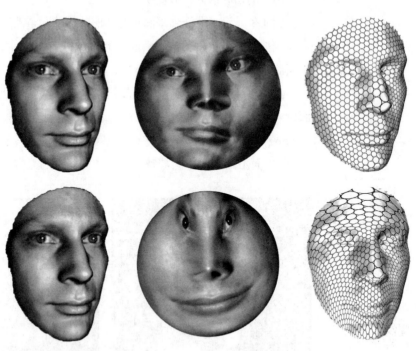

图 1.4 共形变换和拟共形变换的比较.

4

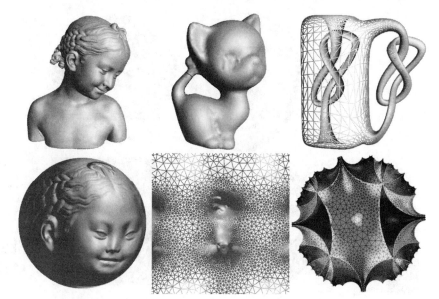

图 1.5 封闭曲面的单值化定理.

美保留在球面像上. 中帧是一个亏格为 1 的小猫曲面, 配上和初始度量共形等价的平直度量, 得到一个平直环面, 平直环面的万有覆盖曲面等距地覆盖整个欧氏平面. 右帧是一个亏格为 2 的曲面, 配上和初始度量共形等价的双曲度量, 得到一个双曲曲面, 其万有覆盖曲面等距地覆盖整个双曲平面. 图 1.6 显示了带边界曲面的单值化. 左帧是亏格为 0 的曲面带有多条边界, 曲面可以被共形地映射到平面圆域, 每条边界被映射为欧氏圆周. 中帧是亏格为 1 的曲面, 带有三条边界, 周期性地映射到欧氏平面, 每条边界被映射为欧氏圆周. 右帧是亏格为 2 的曲面带有多条边界, 可以被周期性地映射到双曲平面, 每条边界被映成双曲圆周.

图 1.5 和图 1.6 显示了所有可能的紧曲面. 单值化定理具有非常重要的理论意义和现实意义, 极大地简化了很多曲面几何问题的理论证明和算法设计. 计算曲面单值化是本书的核心目标之一.

单值化定理也直观地解释了曲面共形不变量. 图 1.5 左帧, 所有亏格为 0 的封闭曲面都可以共形映射到单位球面上, 因此都彼此共形等价. 图 1.6 左帧, 亏格为 0 的带边界曲面都和平面圆域共形等价, 因此其共形不变量由平面圆域所决定, 即所有的圆心和半径. 图 1.5 中帧, 亏格为 1 的封闭曲面都共形等价于欧氏平面模掉一个二维的欧氏平移变换群, 这个平移变换群的生成元就是曲面的共形不变量. 图 1.6 中帧是亏格为 1 带有边

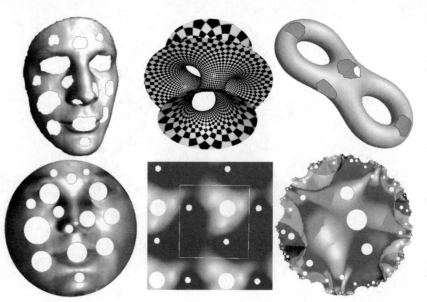

图 1.6 带边曲面的单值化定理.

界的曲面, 其共形不变量包括平移变换群的生成元和所有欧氏圆的圆心与半径. 图 1.5 右帧, 高亏格曲面都共形等价于双曲平面模掉一个双曲刚体变换群, 这个双曲刚体变换群的生成元构成了曲面的共形不变量. 图 1.6 右帧, 高亏格带边界曲面都共形等价于双曲平面模掉一个双曲刚体变换群然后挖掉几个双曲圆盘, 曲面的共形不变量包括双曲刚体变换群的生成元和这些双曲圆盘的圆心与半径.

Riemann 几何

给定两张带有 Riemann 度量曲面间的可逆映射 $\varphi : (S_1, \mathbf{g}_1) \to (S_2, \mathbf{g}_2)$, 如果映射 φ 诱导的拉回度量 $\varphi^* \mathbf{g}_2$ 等于初始度量 $\mathbf{g}_1$,

$$\varphi^* \mathbf{g}_2 = \mathbf{g}_1,$$

则称 φ 是一个等距双射, 两张曲面等距. 等距变换保持 Gauss 曲率.

任给一个可定向的带度量曲面 $(S, \mathbf{g})$, 任给一点 $p \in S$, 都存在 p 的一个邻域 $U(p)$, 在此邻域上, 我们可以选择特定的局部坐标系 (u, v), 使得 Riemann 度量具有简洁的表达形式 $\mathbf{g} = e^{2\lambda(u,v)}(du^2 + dv^2)$, 这样的局部坐标称为等温坐标. 曲面上所有的等温局部坐标卡组成了曲面的共形图册, 从而决定了曲面的共形结构. 由此, Riemann 度量决定了共形结构.

曲面的 Riemann 度量决定了 Gauss 曲率, Gauss 曲率在曲面上的积

6

分却只和曲面的拓扑有关. 当我们共形变换 Riemann 度量时, $\bar{\mathbf{g}} = e^{2\lambda}\mathbf{g}$, Gauss 曲率的变化满足 Yamabe 方程, $\bar{K} = e^{-2\lambda}(K - \Delta_{\mathbf{g}}\lambda)$, 这里 K 和 $\bar{K}$ 分别是 $\mathbf{g}$ 和 $\bar{\mathbf{g}}$ 诱导的 Gauss 曲率. 令 $\bar{K}$ 等于常值, 通过求解 Yamabe 方程, 我们可以得到单值化度量.

曲面 Ricci 流是求解 Yamabe 方程强有力的方法, 其关键思路是令 Riemann 度量依随时间演化, 演化速率正比于当前的 Gauss 曲率, $d\mathbf{g}/dt = -2K\mathbf{g}$, 这样曲率演化遵循扩散–反应方程, 在一定曲率条件下, 最后收敛到常值. Ricci 流是目前构造 Riemann 度量最为有效的方法. 将光滑曲面 Ricci 流理论推广到离散情形, 建立离散曲面 Ricci 流理论, 是本书的重点之一.

曲面微分几何

曲面微分几何研究曲面在三维欧氏空间刚体变换群下的不变量, 主要是第一基本形式和第二基本形式. 除了 Riemann 度量之外, 增添了曲面在三维欧氏空间中的嵌入信息. 曲率定义更加丰富, 除了 Gauss 曲率, 还有法曲率、主曲率、平均曲率.

在计算机中, 光滑曲面常用离散曲面来表示, 由此我们需要研究几何逼近理论: 如何在曲面上采样, 如何计算采样点的三角剖分, 才会保证离散曲面在各种范数下收敛到光滑曲面. 为此引入离散法丛理论 (normal cycle), 此理论将光滑曲面的曲率测度和离散曲面的曲率测度统一起来. 如图 1.7 所示, 基于此理论和单值化定理, 我们给出如何构造离散曲面来逼近光滑曲面, 并保证曲率测度收敛. 这为整个计算理论奠定了坚实基础.

曲面上可以定义实或复微分形式, 微分形式构成曲面的 de Rham 上同调群, 反映曲面的拓扑性质. Hodge 分解定理断言每一个 de Rham 上同调类中, 存在唯一调和微分形式. Riemann-Roch 定理给出了一般亚纯

视 频

彩 图

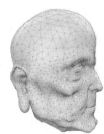

图 1.7 光滑曲面离散化逼近.

图 1.8 曲面上的叶状结构.

微分形式空间的维数. 曲面上的调和微分形式、全纯微分形式在计算共形映射中起到了关键性作用. 曲面的全纯二次微分形式和曲面上的叶状结构 (图 1.8) 等价类具有对应关系, 叶状结构奠定了曲面和网格生成的理论基础. 一般的微分同胚可以用拟共形映射来刻画. 固定映射的同伦类, 使得共形结构畸变最小者被称为极值映射, 通常极值映射也是 Teichmüller 映射, 和曲面的全纯二维微分具有深刻的联系. 本书会介绍这些理论及其计算方法.

如果我们将曲面视作由橡皮膜制成, 曲面间映射的扭曲会诱导弹性形变能量, 被表示成调和能量, 使得调和能量极小者被称为调和映射. 调和映射的存在性、唯一性和正则性都强烈依赖于曲面的拓扑和 Riemann 度量, 特别是调和映射的微分同胚性和计算稳定性更是由曲面的曲率所决定. 调和映射和共形映射具有密切的关系, 在度量变分情况下, 调和映射和 Teichmüller 映射也有密切联系. 我们用几何偏微分方程理论来加以讨论.

1.2 应用简介

这里我们简要介绍一下计算共形几何在工程和医疗领域的直接应用.

计算机图形学

在计算机图形学领域, 计算共形几何应用于曲面参数化 (surface parameterization). 如图 1.9 左帧所示, 曲面参数化是指用一个拓扑同胚将曲面映射到平面或者球面区域, 使得映射的畸变尽量小. 如图 1.9 右帧所示, 然后我们在平面区域上设计制造二维纹理图像, 参数化映射将纹理图像拉回到曲面上面, 得到纹理贴图. 例如, 我们将大理石的纹理贴到大

图 1.9 曲面参数化.

卫王的头像上面, 得到大理石雕塑的视觉效果. 纹理贴图是动漫动画技术的基石, 极大地提高了图形渲染效果的逼真程度.

但是, 曲面参数化不可避免地会带来几何畸变. 通常畸变分成两类: 角度畸变和面积畸变. 如图 1.10 左列所示, 共形变换可以完全去除角度畸变, 但是可能会带来强烈的面积畸变; 如图 1.10 右列所示, 最优传输映射可以完全去除面积畸变, 但是可能会带来强烈的角度畸变. 同时保持角度和面积的映射是等距映射, 等距映射保持 Gauss 曲率, 因此无法将弯曲的曲面铺平. 在实际应用中, 保角参数化和保面积参数化各有独到的优点, 根据实际应用加以选择.

图 1.10 曲面保角和保面积的参数化.

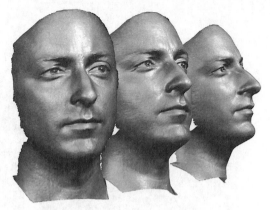

图 1.11 基于相位平移方法的三维扫描得到的人脸曲面.

计算机视觉

在计算机视觉领域, 曲面配准具有根本的重要性. 依随三维扫描技术的发展和成熟, 获取三维曲面相对变得容易. 图 1.11 显示了用结构光的相位平移法获取的人脸曲面. 如何处理高精度、高分辨率的几何数据, 成为计算机视觉的一个主要问题. 如图 1.12 所示, 曲面配准的目的在于建立两个曲面之间的微分同胚, $f: S_1 \to S_2$, 满足一定的条件, 例如将特征点映到相应的特征点, 同时尽量减小几何畸变和纹理误差等. 为此, 我们首先将曲面共形映射到平面区域, $\varphi_k: S_k \to \mathbb{D}_k$, $k = 1, 2$; 然后在平面区域间建立同胚 $\tilde{f}: \mathbb{D}_1 \to \mathbb{D}_2$; 映射的复合给出了曲面间的同胚, $f = \varphi_2^{-1} \circ \tilde{f} \circ \varphi_1$.

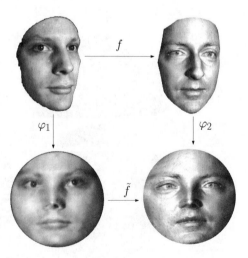

图 1.12 曲面注册的计算框架.

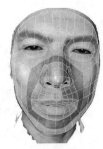 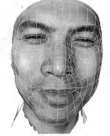 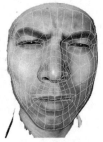 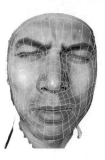

图 1.13 动态曲面追踪.

平面区域间的映射比曲面间的映射相对容易计算, 应用拟共形映射的方法, 我们可以在所有同胚构成的空间中进行变分, 从而得到最优映射.

例如, 我们可以找到所有的特征点, 然后在保持特征点对应的同胚空间寻找 Teichmüller 映射, 基于拟共形几何理论, 这种映射存在并且唯一, 同时使得角度畸变达到最小. 这种映射可以通过变换曲面的共形结构, 应用迭代法得到. 如果我们扫描得到一系列的动态曲面, 例如人脸曲面带有表情变化, 应用曲面配准方法我们可以在一系列曲面间建立微分同胚, 从而可以追踪表情的变化. 这种技术在动漫动画领域, 可以用于表情追踪. 图 1.13 显示了一个动态曲面追踪的实例. 带有表情变化的人脸曲面由平移相位法获得, 蓝色四边形网格从一帧曲面映射到下一帧曲面, 显示了追踪的结果.

几何建模

在动漫动画领域, 曲面可以表示成分片线性的多面体曲面; 在机械制造领域, 所有的曲面都必须是至少 2 阶可导的光滑曲面, 因为数控机床需要计算刀具的作用力和加速度, 这需要用到曲面的 2 阶微分. 通常扫描得到的是点云数据, 进而转换成多面体曲面, 最终转换成所谓的样条曲面 (spline surface), 从而用于机械加工.

对于拓扑复杂的曲面而言, 建立全局处处 2 阶可导的样条曲面非常困难. 这是因为传统的样条是基于仿射几何不变量来构造的, 如果我们能够在流形上实现仿射几何, 则我们可以将定义在欧氏空间中的样条理论直接推广到流形上面. 这需要所谓流形的仿射结构, 亦即一族图册, 所有的坐标变换都是仿射变换. 由拓扑障碍理论, 通常的流形并不允许这种结构. 由此, 在流形上定义的样条不可避免地具有奇异点. 如何控制奇异点的个数和奇异点的位置成为几何建模领域的核心问题之一.

图 1.14 弥勒佛样条曲面.

如图 1.14 所示, 我们在曲面上构造一个平直度量, 将所有的曲率集中到预定的奇异点处, 这可以由 Ricci 曲率流实现. 平直度量诱导了去掉奇异点的曲面的一个仿射结构, 从而可以用传统方法定义样条曲面. 如此我们就可以控制奇异点的位置和个数.

无线传感器网络

如图 1.15 左帧所示, 每个无线传感器带有一个 GPS 坐标, 可以和某个邻域内的所有传感器进行通信, 但是没有任何一个传感器具有全局信息. 传感器网络往往采用贪婪算法作为路由协议, 每个获得消息的传感器选择邻域中的另外一个传感器, 其到终点的距离小于当前传感器到终点的距离, 然后将消息传递过去. 每个传感器都遵循同样算法, 使得当前拥有消息的传感器到达终点的距离逐步减小. 但是, 网络内部有各种各样的障碍, 例

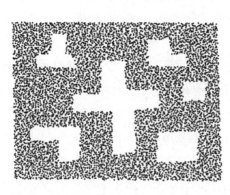
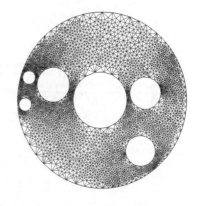

图 1.15 无线传感器网络路由设计.

如水塘和建筑物, 当消息传至某个角点时, 有可能当前传感器到终点的距离小于所有邻域中其他的传感器, 因而协议终止, 路由失败. 我们可以采用分布式算法, 将网络共形变换成平面圆域, 每个边界都是标准圆, 对于任意一个节点, 都存在一个邻居, 距离终点更近. 整个网络在虚拟坐标上进行路由, 可以保证消息送达.

医学图像

计算共形几何方法在医学图像领域具有很多应用. 图 1.16 显示了虚拟肠镜技术. 直肠癌是发病率较高的一种病症, 预防直肠癌最为有效的手段是肠镜技术. 传统的光学肠镜方法对病患具有侵犯性, 需要进行全身麻醉, 并且容易诱导并发症. 虚拟肠镜方法用 CT 扫描获取腹部断层图像, 然后用图像处理方法重建直肠曲面, 再用共形映射将直肠曲面铺平在平面上. 使用这种方法, 设备和病患没有接触, 不需要麻醉, 不会诱导并发症. 直肠曲面上有很多皱褶, 传统光学肠镜方法无法看到皱褶内部的肠壁, 有一定的漏检率. 虚拟肠镜方法将所有皱褶摊开, 所有的直肠息肉都被暴露出来, 漏检率为 0. 因此, 虚拟肠镜技术具有很多优势, 日益普及开来.

共形脑图技术 (图 1.17) 广泛应用于阿尔茨海默病的诊断和预防. 首先, 通过核磁共振获取大脑断层图像, 重建大脑皮层曲面, 然后将大脑皮层曲面共形映射到单位球面, 再复合上最优传输映射, 得到大脑皮层到球面的保面积映射. 大脑皮层曲面具有非常复杂的几何构造, 沟回的结构因人而异, 并且依随年龄增长而发生变化. 直接建立两个大脑皮层曲面间的映射相对困难, 通过它们球面像之间的映射来寻找微分同胚相对容易. 通过比较不同时期扫描的同一个大脑皮层曲面, 我们可以监控各个功能区域的萎缩情况, 从而做出预测和诊断, 采取相应的预防措施.

演 示

视 频

彩 图

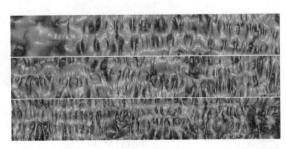

图 1.16 虚拟肠镜技术.

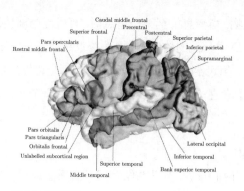

图 1.17 脑图技术.

网格生成

在计算力学中, 设计的机械零件需要进行仿真. 仿真意味着求解有关力学、热学和电磁学等方面的偏微分方程. 有限元法是最为常见的偏微分方程数值求解方法, 这需要将机械零件进行胞腔分解, 生成体网格, 然后在体网格上用分片多项式来逼近真实解, 多项式的系数成为未知变量. 通常将偏微分方程转化成变分问题, 通过优化求得未知系数. 在这一过程中, 关键步骤在于体网格生成.

共形几何为结构化的六面体网格生成奠定了理论基础 (图 1.18), 一种方法是基于 Strebel 微分和曲面叶状结构理论. 六面体网格在体的表面诱导了四边形网格, 我们将四边形网格无限细分, 得到两族彼此横截的有限叶状结构. 曲面上有限叶状结构都和某个 Strebel 微分的水平轨迹等价. 所有的全纯二次微分构成一个线性空间, Strebel 微分在此线性空间中稠密. 我们可以用计算共形几何的方法来构造全纯二次微分线性空间的基底, 从空间中挑选合适的 Strebel 微分, 构造曲面的四边形网格, 然后扩展成六面体网格. 这种方法保证奇异线的数目最少, 网格整体结构规则, 适用于精确的力学计算.

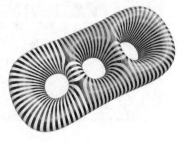

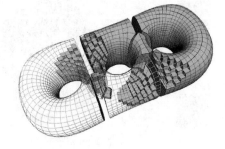

图 1.18 规则六面体网格生成.

14

第一部分

代数拓扑

第一部分介绍代数拓扑的基本概念、主要定理和计算方法. 代数拓扑用代数方法研究拓扑, 在拓扑空间中建立同伦群和同调群, 将拓扑变换转化成群的同态映射. 这里, 我们证明同伦、同调、覆盖空间的基本定理, 给出同伦群、同调群的计算方法以及曲线同伦检测等计算拓扑方法.

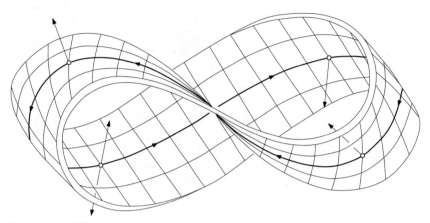

图 2.1 Möbius 环带.

代数拓扑由 Poincaré 创立. 基本群的想法比较直观: 如图 2.1 所示, 想象我们是生活在曲面上的蚂蚁, 一辈子没有跳离过曲面, 因此没有三维的概念. 那么, 如何判断我们生活的曲面是否有 "洞"?

如图 2.2 所示, 拓扑球面没有环柄, 小猫曲面具有一个环柄, 有三维的 "洞". 那么, 这个 "洞" 是因为曲面嵌入三维欧氏空间中产生的吗? 换言之, 这个 "洞" 是曲面和三维空间的相对关系, 还是曲面自身内蕴的特性?

彩　图

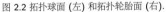

图 2.2 拓扑球面 (左) 和拓扑轮胎面 (右).

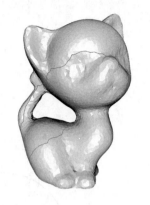

彩图

图 2.3 拓扑轮胎曲面上, 存在无法缩成点的圈.

如果蚂蚁比较智慧, 它会追踪曲面上的封闭路径. 拓扑球面上, 所有的圈都能够缩成一个点; 拓扑轮胎上, 存在一些圈无法缩成点, 如图 2.3 所示. "圈是否能够缩成点" 的思想成为了同伦论的源头.

2.1 基本概念

我们考察曲面上的道路, 如果两条道路具有相同的起点和终点, 并且一条道路能够在曲面上渐变成另外一条道路, 则我们说它们彼此同伦, 如图 2.4.

定义 2.1 (路径) 假设 S 是一个拓扑空间, 一个从单位区间到空间 S 的连续映射 $\gamma(t)$, $\gamma : [0,1] \to S$ 称为一条路径. $\gamma(0)$ 称为路径的起点, $\gamma(1)$ 称为路径的终点. ◆

定义 2.2 (同伦) 假设 S 是一个拓扑空间, 两条路径 $\gamma_0(t)$ 和 $\gamma_1(t)$

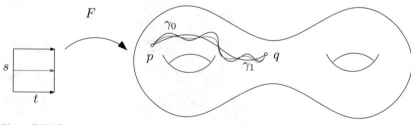

彩图

图 2.4 道路同伦.

的起点和终点重合, 如果存在一个连续映射 $F : [0, 1] \times [0, 1] \to S$, 满足

$$F(0, t) = \gamma_0(t), \quad F(1, t) = \gamma_1(t),$$

那么称 γ_0 和 γ_1 彼此同伦, F 是连接 γ_0 和 γ_1 的同伦, 记为 $\gamma_0 \overset{F}{\sim} \gamma_1$. ◆

定义 2.3 (环路) 如果道路 $\gamma : [0, 1] \to S$ 的起点和终点重合, $\gamma(0) = \gamma(1)$, 则我们称 γ 为环路或者圈. ◆

我们在曲面上选定一个基点 p. 考察所有从基点出发, 又回到基点的有向环路

$$\Gamma = \{\gamma : [0, 1] \to S | \gamma(0) = \gamma(1) = p\},$$

将它们进行同伦分类, $\Gamma / \sim$. 环路 γ 的同伦分类记为 $[\gamma]$.

我们首先定义有向环路的乘法: 两条环路首尾相接, 构成一条更长的环路, 则更长的环路为原来两条环路之积, 如图 2.5 所示.

定义 2.4 (环路乘积) 给定过基点的环路 $\gamma_1, \gamma_2 \in \Gamma$, 环路的乘积为 $\gamma_1 \cdot \gamma_2 \in \Gamma$,

$$\gamma_1 \cdot \gamma_2(t) = \begin{cases} \gamma_1(2t), & t \in [0, 1/2], \\ \gamma_2(2t - 1), & t \in [1/2, 1]. \end{cases}$$ ◆

考虑特殊的环路 $e(t) \equiv p$, 对一切环路 $\gamma \in \Gamma$, 有 e 和 γ 的乘积 $e \cdot \gamma$, $\gamma \cdot e$ 等于 γ. 更一般地, 对于和 e 同伦的任意环路 $\tilde{e} \sim e$, 都有

$$\gamma \cdot \tilde{e} \sim \gamma, \quad \tilde{e} \cdot \gamma \sim \gamma.$$

一条有向环路方向取反所得的逆向环路被视为原来环路的逆.

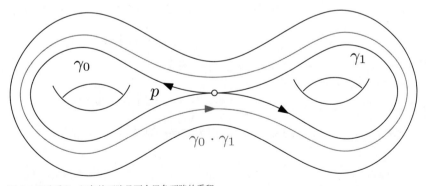

彩 图

图 2.5 环路乘积. 红色的环路是两个黑色环路的乘积.

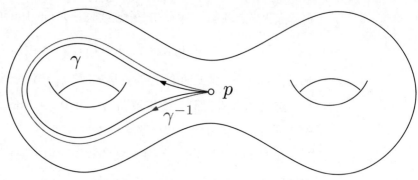

图 2.6 环路取逆. 红色的环路是黑色环路的逆.

定义 2.5 (环路的逆)　给定环路 $\gamma \in \Gamma$, γ 的逆定义为

$$\gamma^{-1}(t) = \gamma(1-t). \qquad \blacklozenge$$

如图 2.6 所示, γ 和其逆 γ^{-1} 的乘积能够缩成基点, 即和 e 同伦,

$$\gamma \cdot \gamma^{-1} \sim e, \quad \gamma^{-1} \cdot \gamma \sim e.$$

同时, 可以直接验证

引理 2.1　给定过基点的环路 $\gamma_1, \gamma_2 \in \Gamma$, 如果 $\tilde{\gamma}_1, \tilde{\gamma}_2 \in \Gamma$, 满足条件 γ_k 和 $\tilde{\gamma}_k$ 同伦, $k = 1, 2$, 那么我们有

$$\gamma_1 \cdot \gamma_2 \sim \tilde{\gamma}_1 \cdot \tilde{\gamma}_2. \qquad \blacklozenge$$

可以直接验证, 所有过基点的有向环路同伦等价类, 在连接操作 (乘法) 下成群. 这个群称为曲面的基本群或一维同伦群, 记为 $\pi_1(S, p)$.

定义 2.6 (基本群)　给定拓扑空间 S, 固定基点 $p \in S$, 所有过基点的环路集合为 Γ, 所有环路的同伦类集合为 $\Gamma/\sim$. 乘法定义为:

$$[\gamma_1] \cdot [\gamma_2] := [\gamma_1 \cdot \gamma_2],$$

单位元定义为 $[e]$, 逆元定义为

$$[\gamma]^{-1} := [\gamma^{-1}],$$

那么 $\Gamma/\sim$ 成群, 记为空间的基本群 $\pi_1(S, p)$. $\qquad \blacklozenge$

2.2 基本群的表示

2.2.1 词群表示

拓扑空间的同伦群的概念虽然直观, 但是依然抽象, 我们需要更为具体实际的表示方法. 一般的方法是用与之同构的一个群来表示, 即所谓的 "词群" (word group).

首先, 假设我们给定一组 "字母", 例如所有的英文字母, 字母组成了词, 字母是词的生成元, 词是字母构成的序列. 我们用 $\{g_1, g_2, \cdots, g_n\}$ 表示这些生成元. 一个词表示成

$$w = g_{i_1}^{e_1} g_{i_2}^{e_2} \cdots g_{i_k}^{e_k}, \quad e_j \in \mathbb{Z},$$

这里每个 e_j 都是一个整数. 两个词首尾相连拼接成一个更长的词, 这定义了词的乘法. 假设 $w_1 = \alpha_1 \cdots \alpha_{n_1}$ 并且 $w_2 = \beta_1 \cdots \beta_{n_2}$, 它们的乘积为

$$w_1 \cdot w_2 = \alpha_1 \cdots \alpha_{n_1} \beta_1 \cdots \beta_{n_2}.$$

显然, "空词" 是这个乘法的单位元. 同时, 每个字母可以求逆, 例如 a, a^{-1} 互为逆元, 它们之积为空词, 即单位元. 词的逆元可以如下定义,

$$(g_{i_1}^{e_1} g_{i_2}^{e_2} \cdots g_{i_k}^{e_k})^{-1} = g_{i_k}^{-e_k} g_{i_{k-1}}^{-e_{k-1}} \cdots g_{i_1}^{-e_1}.$$

这样, 所有的词在拼接的乘法下构成了一个群. 这个群是由所有字母自由生成的.

更为复杂地, 存在一组特殊的词 $\{R_1, R_2, \cdots, R_m\}$, 我们称之为 "关系", 它们等价于空词. 给定一个词, 我们可以对其进行如下基本操作:

1. 插入: 在任何位置插入一个关系词 R_k 或关系词的逆 R_k^{-1}, 例如

$$\alpha_1 \cdots \alpha_i \alpha_{i+1} \cdots \alpha_l \mapsto \alpha_1 \cdots \alpha_i \, R_k \, \alpha_{i+1} \cdots \alpha_l.$$

2. 删除: 如果在词中, 存在一个子词等于某个关系词 R_k 或关系词的逆 R_k^{-1}, 去掉这一子词;

$$\alpha_1 \cdots \alpha_i \, R_k \, \alpha_{i+1} \cdots \alpha_l \mapsto \alpha_1 \cdots \alpha_i \alpha_{i+1} \cdots \alpha_l.$$

给定两个词 w_1 和 w_2, 如果能够将其中的一个经过有限个基本插入和删除操作变换成另外一个, 则我们说这两个词彼此等价, 记为 $w_1 \sim w_2$. 所有词的等价类, 在拼接操作的乘法下成群, 称为 "词群". 一个词群被表示为:
{生成元, 关系词},

$$\langle g_1, g_2, \cdots, g_n | R_1, R_2, \cdots, R_m \rangle.$$

2.2.2 基本群的典范表示

在可定向的紧曲面上, 存在基本群的生成元

$$\{a_1, b_1, a_2, b_2, \cdots, a_g, b_g\}$$

满足如下条件:

$$\begin{cases} a_i \cdot b_j = \delta_i^j, \\ a_i \cdot a_j = 0, \\ b_i \cdot b_j = 0, \end{cases}$$

这里 $a_i \cdot b_j$ 代表环路 a 和环路 b 的代数相交数. 所谓代数相交数可以如下理解: 如果环路 a_i 和环路 b_j 横截相交于一点 q, 并且 a_i 的切向量叉积 b_j 的切向量和曲面在 q 点的法向量一致, 则 q 的指标为 $+1$, 如果相反, 则指标为 -1. 如果环路 a_i 和环路 b_j 在点 q 相切, 则 q 点的指标为 0. 环路 a_i 和环路 b_j 的代数相交数等于所有交点的指标之和.

这种基本群的生成元称为基本群的典范基底 (canonical basis). 我们可以将曲面沿着一族典范基底切开, 得到单连通的 $4g$ 边形, 所得区域称为曲面的一个**基本域**, 如图 2.7 所示. 基本域的边界是

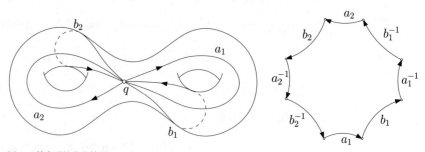

图 2.7 基本群的典范基底.

$$a_1 b_1 a_1^{-1} b_1^{-1} a_2 b_2 a_2^{-1} b_2^{-1} \cdots a_g b_g a_g^{-1} b_g^{-1},$$

边界可以缩成一个点.

曲面上任何一条环路可以经同伦变换, 使其和典范基底只相交于基点. 然后, 将此环路最终分解为多个子环路的乘积, 每个子环路只经过基点一次. 在基本域上, 每个子环路是连接两个角点的道路. 道路可以同伦变换到基本域的一段边界上, 由此子环路可以由 $\{a_i, b_j\}$ 及其逆生成. 这证明了 $\{a_i, b_j\}$ 是基本群的生成元. 我们可以证明曲面拓扑的基本定理.

定理 2.1 (曲面基本群的典范表示) 曲面 S 是亏格为 g 的封闭可定向曲面, $p \in S$ 是曲面上固定的基点. 曲面基本群的典范表示为

$$\pi_1(S, p) = \langle a_1, b_1, a_2, b_2, \cdots, a_g, b_g$$
$$| a_1 b_1 a_1^{-1} b_1^{-1} a_2 b_2 a_2^{-1} b_2^{-1} \cdots a_g b_g a_g^{-1} b_g^{-1} \rangle. \quad \blacklozenge \qquad (2.1)$$

这里, g 称为曲面的亏格, 其直观意义是曲面上 "环柄" 的个数. 每个环柄上有一对经度环路和纬度环路 $\{a_k, b_k\}$, 如图 2.7 所示.

证明 我们用数学归纳法来证明. 当 $g = 1$ 时, S 是亏格为 1 的曲面, 那么 $\pi_1(S, p) = \langle a_1, b_1 | a_1 b_1 a_1^{-1} b_1^{-1} \rangle$. 假设 $g = k$ 时, 等式 (2.1) 成立. 当 $g = k + 1$ 时, 曲面 S 可以被分解成 S_1 和 S_2 的并集, $S = S_1 \cup S_2$. 这里 S_1 是亏格为 k 的曲面带有一条边界, S_2 是亏格为 1 的曲面带有一条边界. S_1 和 S_2 沿着它们的边界黏合, 得到 S, 即存在拓扑同胚 $\varphi : \partial S_1 \to \partial S_2$, 诱导等价关系

$$p \sim \varphi(p), \quad \forall p \in \partial S_1, \varphi(p) \in \partial S_2,$$

那么 $S = S_1 \cup S_2 / \sim$. 由归纳假设, 取点 $p \in S_1 \cap S_2$ ($p \in \partial S_1$ 并且 $p \in \partial S_2$),

$$\pi_1(S_1, p) = \langle a_1, b_1, \cdots, a_k, b_k \rangle, \quad \pi_1(S_2, p) = \langle \alpha, \beta \rangle,$$

在基本群 $\pi_1(S_1, p)$ 中

$$[\partial S_1] = a_1 b_1 a_1^{-1} b_1^{-1} a_2 b_2 a_2^{-1} b_2^{-1} \cdots a_k b_k a_k^{-1} b_k^{-1},$$

在基本群 $\pi_1(S_2, p)$ 中

$$[\partial S_2] = \alpha \beta \alpha^{-1} \beta^{-1}.$$

由 Seifert-van Kampen 定理 2.3, $\pi_1(S_1 \cup S_2, p)$ 的生成元为 $\{a_1, b_1, \cdots, a_k, b_k, \alpha, \beta\}$, 关系为 $[\partial S_1] = [\partial S_2]^{-1}$, 即

$$[\partial S_1][\partial S_2] = a_1 b_1 a_1^{-1} b_1^{-1} a_2 b_2 a_2^{-1} b_2^{-1} \cdots a_k b_k a_k^{-1} b_k^{-1} \alpha \beta \alpha^{-1} \beta^{-1}.$$

我们定义 $a_{k+1} = \alpha, b_{k+1} = \beta$, 则

$$\pi_1(S, p) = \langle a_1, b_1, a_2, b_2, \cdots, a_k, b_k, a_{k+1}, b_{k+1} | \Pi_{i=1}^{k+1} a_i b_i a_i^{-1} b_i^{-1} \rangle. \qquad \blacksquare$$

2.3 基本群的计算方法

2.3.1 图的基本群

在代数拓扑中, 基本群的计算问题至关重要. 首先, 我们考虑最为简单的情形: 图的基本群. 假设拓扑空间为一个图 (graph), 记为 $G(V, E)$, 这里 V 是顶点集合, E 是边集合. 图中任何非平庸的环路都无法缩成一个点, 因此图的基本群是自由生成的, 其关系式为空集. 首先, 我们计算 G 的一个生成树 (spanning tree) T, 即 T 是 G 的一个不含任何环路的子图, 同时 T 包含所有顶点. 那么 $G \setminus T$ 由一些边组成, 我们称之为 "余边":

$$G \setminus T = \{e_1, e_2, \cdots, e_n\},$$

每一条余边和生成树的并集 $T \cup e_k$ 包含唯一的一条环路 γ_k, 这些环路的集合记为

$$\Gamma = \{\gamma_1, \gamma_2, \cdots, \gamma_n\}.$$

那么图 G 的基本群 $\pi_1(G)$ 就是由这些环路生成.

引理 2.2 给定图 $G = (V, E)$, 图的基本群由如上构造的 $\{\gamma_k\}$ 自由生成,

$$\pi_1(G) = \langle \gamma_1, \gamma_2, \cdots, \gamma_n \rangle. \qquad \blacklozenge$$

注意, 这里余边 $\{e_k\}$ 是有定向的, 相应的环路 $\{\gamma_k\}$ 也有定向, 并且环路 γ_k 的定向和余边 e_k 的定向相一致.

环路的表示 假设 γ 是图上的一条定向环路, 由一系列有向边次第连接而成,

$$\gamma = e_{i_1}^{\lambda_{i_1}} e_{i_2}^{\lambda_{i_2}} \cdots e_{i_m}^{\lambda_{i_m}}, \quad e_{i_k} \in E, \quad \lambda_{i_k} \in \{+1, -1\}.$$

我们在序列中去掉所有的非余边, 得到

$$e_{j_1}^{\lambda_{j_1}} e_{j_2}^{\lambda_{j_2}} \cdots \quad e_{j_t}^{\lambda_{j_t}}, \quad e_{j_k} \in G \setminus T, \quad \lambda_{j_k} \in \{+1, -1\},$$

则 γ 的同伦类为

$$[\gamma] = \gamma_{j_1}^{\lambda_{j_1}} \gamma_{j_2}^{\lambda_{j_2}} \cdots \gamma_{j_t}^{\lambda_{j_t}}.$$

2.3.2 曲面的基本群

直观描述 给定曲面 M, 我们假想曲面上长满了枯草. 任选一个基点 p, 从基点处点燃枯草, 火焰在曲面上逐渐蔓延. 火焰的前沿在曲面上不停拓展, 两道火焰前沿相遇而熄灭. 火焰熄灭的轨迹成为曲面上的一个图, 我们称之为曲面的割迹 (cut locus), 也称为曲面的割图 (cut graph), 记为 G. 图 2.8 显示了曲面的割图.

火焰扫过的区域是一个单连通的拓扑圆盘 (topological disk), 是曲面的一个基本域 (fundamental domain), 记为 $D = M \setminus G$. 假设曲面割图 G 的基本群为:

$$\pi_1(G) = \langle \gamma_1, \gamma_2, \cdots, \gamma_k \rangle.$$

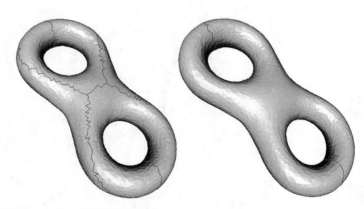

图 2.8 亏格为 2 的曲面上的割图, 正反视图.

基本域的边界 ∂D 是一条环路, 这条环路在割图 G 上, $i : \partial D \to G$ 是包含映射, 其在 $\pi_1(G)$ 中的词表示为 $[i(\partial D)]$. 那么, 曲面 M 的基本群为

$$\pi_1(M) = \langle \gamma_1, \gamma_2, \cdots, \gamma_k | [i(\partial D)] \rangle.$$

算法描述 通过以上讨论, 我们看出问题的关键是计算割图 G. 曲面被三角剖分, 仍然记为 M.

1. 计算网格 M 的对偶 M^*, 顶点 v 的对偶为面 v^*, 面 f 的对偶为顶点 f^*, 边 e 的对偶依然为边 e^*.

2. 计算对偶网格 M^* 的生成树 T^*, 连接对偶网格的所有顶点.

3. 构造割图 G, 由所有在原始网格 M 中对偶不在 T^* 的边组成

$$G = \{ e \in M | e^* \notin T^* \}.$$

4. 将网格 M 沿着割图 G 切开, 得到基本域 D.

5. 调用图的同伦群算法, 计算割图的生成元,

$$\pi_1(G) = \langle \gamma_1, \gamma_2, \cdots, \gamma_k \rangle.$$

6. 计算基本域边界 ∂D 在 $\pi_1(G)$ 中的表示, $[\partial D]$.

7. 网格的基本群 $\pi_1(M)$ 的生成元和关系式,

$$\pi_1(M) = \langle \gamma_1, \gamma_2, \cdots, \gamma_k | [\partial D] \rangle.$$

图 2.9 显示了网格基本群生成元的计算结果.

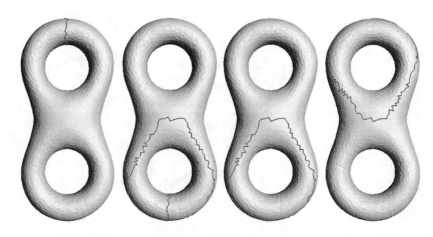

图 2.9 曲面基本群的一组基底.

2.4 一般拓扑空间的基本群

2.4.1 CW-胞腔分解

一般拓扑空间的基本群计算主要是基于 CW-胞腔分解. 所谓 k 维 CW-胞腔, 就是 k 维拓扑圆盘. 例如 0 维胞腔是点, 1 维胞腔是线段, 2 维胞腔是拓扑圆盘, 3 维胞腔是实心球体, 等等. 我们用 D_k^i 来表示第 i 个 k 维胞腔.

定义 2.7 (CW-胞腔分解) 假设 M 是一个 n 维流形, 其 CW-胞腔分解可以递归定义如下:

1. 0 维骨架是一族离散点 $S_0 = \{D_0^1, D_0^2, \cdots, D_0^{n_0}\}$.

2. 第 k 维骨架 S_k 是 $k-1$ 维骨架 S_{k-1} 和一族 k 维胞腔 $\{D_k^1, D_k^2, \cdots, D_k^{n_k}\}$ 的并集, 并且每个 k 维胞腔的边界 ∂D_k^i 在 $k-1$ 维骨架 S_{k-1} 上,

$$S_k = S_{k-1} \bigcup_{i=1}^{n_k} D_k^i, \quad \partial D_k^i \subset S_{k-1}.$$

3. 第 n 维骨架等于原来的流形 M, $S_n = M$. ◆

实际上, 曲面的火烧法就是计算曲面的一个 CW-胞腔分解, 割图 G 是 1-骨架, 基本域 D 是 2 维胞腔. 图 2.10 显示了一个曲面的 CW-胞腔分解.

定理 2.2 (基本群算法) 给定一个 n 维拓扑流形 M, 假设 M 的 2 维

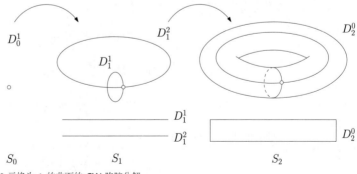

图 2.10 亏格为 1 的曲面的 CW-胞腔分解.

骨架 S_2 是

$$S_2 = S_1 \bigcup_{i=1}^{n_2} D_2^i,$$

1 维骨架 S_1 的基本群为自由群

$$\pi_1(S_1) = \langle \gamma_1, \gamma_2, \cdots, \gamma_k \rangle,$$

每个 2 维胞腔的边界 ∂D_2^i 在 $\pi_1(S_1)$ 中的表示为 $[\partial D_2^i]$. 则流形 M 的基本群为

$$\pi_1(M) = \langle \gamma_1, \gamma_2, \cdots, \gamma_k | [\partial D_2^1], \cdots, [\partial D_2^{n_2}] \rangle. \qquad \blacklozenge$$

证明 我们考察 M 的 CW-胞腔分解, 因为 M 是 n 维, 所以 $M = S_n$, $\pi_1(M, p) = \pi_1(S_n, p)$. 假设

$$S_n = S_{n-1} \cup D_n^1 \cup D_n^2 \cdots \cup D_n^{k-1} \cup D_n^k.$$

我们记

$$U = S_{n-1} \cup D_n^1 \cup D_n^2 \cdots \cup D_n^{k-1}, \quad V = D_n^k,$$

那么我们有

$$S_n = U \cup V, \quad U \cap V = \partial D_n^k = \mathbb{S}^{n-1},$$

即 V 的边界是 $n-1$ 维的球. 当 $n > 2$ 时,

$$\pi_1(D_n^k) = \langle e \rangle, \quad \pi_1(\partial D_n^k) = \langle e \rangle,$$

由 Seifert-van Kampen 定理, 我们有 $\pi_1(S_n) = \pi_1(U)$. 如此, 我们可以去掉最后一个 n 维胞腔, D_n^k. 重复这一推理过程, 我们可以逐个去掉所有的 n 维胞腔, 得到

$$\pi_1(S_n) = \pi_1(S_{n-1}).$$

重复这一过程, 我们得到

$$\pi_1(S_n) = \pi_1(S_{n-1}) = \pi_1(S_{n-2}) = \cdots = \pi_1(S_2).$$

我们再考察 2 维骨架

$$S_2 = S_1 \bigcup_{k=1}^{n_2} D_2^k.$$

令

$$U = S_1 \bigcup_{k=1}^{n_2-1} D_2^k, \quad V = D_2^{n_2},$$

那么

$$M = U \cup V, \quad U \cap V = \partial D_2^{n_2}.$$

因为

$$\pi_1(D_2^{n_2}) = \langle e \rangle, \quad \pi_1(\partial D_2^{n_2}) = \langle \partial D_2^{n_2} \rangle,$$

同时在 $\pi_1(D_2^{n_2})$ 中, $\partial D_2^{n_2}$ 同伦于基点, 因此 $D_2^{n_2}$ 对于 $\pi_1(M)$ 的生成元没有贡献, 对于 $\pi_1(S_2)$ 的关系式有贡献 $\partial D_2^{n_2}$.

重复以上推理过程, 我们得到 $\pi_1(S_2)$ 的生成元完全等于 $\pi_1(S_1)$ 的生成元, 每一个 2 维胞腔 D_2^k 贡献一个关系式. 由假设

$$\pi_1(S_1) = \langle \gamma_1, \gamma_2, \cdots, \gamma_k \rangle$$

得到

$$\pi_1(M) = \langle \gamma_1, \gamma_2, \cdots, \gamma_k | [\partial D_2^1], [\partial D_2^2], \cdots, [\partial D_2^{n_2}] \rangle.$$

证明完毕. ■

推论 2.1 (曲面火烧法) 曲面火烧法给出了曲面的一个基本群表示. ◆

证明 我们来看曲面情形, 曲面分解为基本域 D 和割图 G 的并集, 基本域 D 和割图 G 的交集是一条环路 γ, 同伦于基本域的边界 ∂D, $j: G \cap D \to G$ 为包含映射. 曲面 S 的火烧法就是计算曲面的一个 CW-胞腔分解, 割图 G 是 1 维骨架 S_1, 基本域 D 是唯一的 2 维胞腔. 根据定理 2.2,

$$\pi_1(D) = \langle e \rangle,$$
$$\pi_1(G) = \langle \gamma_1, \cdots, \gamma_k \rangle,$$
$$\pi_1(D \cap G) = \langle \gamma \rangle,$$

因此 $\pi_1(G \cup D) = \langle \gamma_1, \cdots, \gamma_k \,|\, j(\gamma) \rangle$. 证明完毕. ■

2.4.2 Seifert-van Kampen 定理

这里介绍的同伦群的组合算法基于 Seifert-van Kampen 定理, 这个定理的实质是分而治之的策略, 就是将原来流形分解成子流形, 分别计算每个子流形的基本群, 然后将子流形的基本群拼成原来流形的基本群.

定理 2.3 (Seifert-van Kampen) 拓扑空间 M 被分解成 U 和 V 的并集, U 和 V 的交集为 W,

$$M = U \cup V, \quad W = U \cap V,$$

这里 U, V 和 W 都是道路连通空间. $i : W \to U, j : W \to V$ 是包含映射. 选取基点 $p \in W$, 每个子空间的基本群是

$$\pi_1(U, p) = \langle u_1, \cdots, u_k | \alpha_1, \cdots, \alpha_l \rangle,$$
$$\pi_1(V, p) = \langle v_1, \cdots, v_m | \beta_1, \cdots, \beta_n \rangle,$$
$$\pi_1(W, p) = \langle w_1, \cdots, w_p | \gamma_1, \cdots, \gamma_q \rangle,$$

那么原来拓扑空间的基本群是

$$\pi_1(M, p) = \langle u_1, \cdots, u_k, v_1, \cdots, v_m |$$
$$\alpha_1, \cdots, \alpha_l, \beta_1, \cdots, \beta_n, i(w_1)j(w_1)^{-1}, \cdots, i(w_p)j(w_p)^{-1} \rangle. \quad \blacklozenge$$

Seifert-van Kampen 定理是说并集的生成元等于生成元的并, 并集的关系式等于关系式的并加上交的生成元. 对于交集 $\pi_1(W, p)$ 的每一个生成元 w_k, 环路 w_k 既包含在 U 中, 也包含在 V 中. 令 w_k 在 $\pi_1(U, p)$ 中的表示为 $i(w_k)$, w_k 在 $\pi_1(V, p)$ 中的表示为 $j(w_k)$, 这两种表示在 $\pi_1(M, p)$ 中等价, 因此我们得到新的关系:

$$i(w_k) = j(w_k), \quad i(w_k)j(w_k)^{-1} = e.$$

2.4.3 纽结的基本群

纽结是单位圆环在 3 维欧氏空间中的嵌入, $K : \mathbb{S}^1 \to \mathbb{R}^3$, 如图 2.11 所示. 纽结的结构比较复杂, 无法用通常语言完整描述. 给定两个纽结, 如果我们将其中的一个在 3 维空间中逐渐形变成另外一个, 形变过程中没有

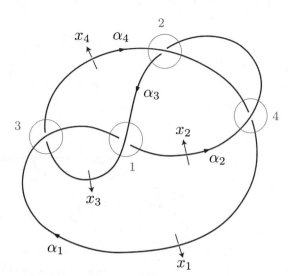

图 2.11 一个纽结在平面上的投影.

自相交, 不需要将纽结剪断再重新连接, 则我们说这两个纽结彼此同痕等价. 判定两个纽结是否同痕是拓扑学中的一个基本问题, 也是非常具有挑战性的问题. 对于简单的纽结, 人类的想象力可以解决; 对于复杂的纽结, 我们只能依靠现代的拓扑几何方法加以分析.

一个纽结的精确描述来自其补空间的基本群. 我们在 3 维欧氏空间中挖去纽结 K, 所得的补空间记为 $\mathbb{R}^3 - K$, 补空间的基本群为 $\pi_1(\mathbb{R}^3 - K, p)$. 纽结理论的基本定理阐明: 如果两条纽结彼此同痕等价, $K_1 \sim K_2$, 则它们补空间的基本群同构,

$$\pi_1(\mathbb{R}^3 - K_1, p_1) \cong \pi_1(\mathbb{R}^3 - K_2, p_2).$$

由此, 问题归结为如何构造纽结补空间的基本群, 以及如何判定两个群同构. 如图 2.11 所示, 给定 3 维空间中的一条纽结, 将其向 xy 平面投影, 投影曲线会出现自相交, 在自相交点处, 我们将下面的曲线断开, 上面的曲线保持连续. 图 2.11 中, 4 个红色圆圈显示了这种自相交点. 这样, 整条纽结就被分成几条曲线段, 如图 2.11 中的 $\{\alpha_1, \alpha_2, \alpha_3, \alpha_4\}$. 在曲线段 α_k 的下面, 我们画一条有向直线段 x_k 与每条曲线段 α_k 横截相交, 使得 $\{\alpha_k, x_k\}$ 成右手系. 我们将 $\mathbb{R}^3 - K$ 的基点选在 z 轴正向无穷远处, 从基

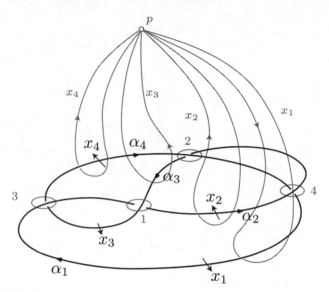

图 2.12 纽结群的生成元.

点连接 x_k 的起点, 经过 x_k, 再从 x_k 的终点返回基点, 如此得到一条环路, 依然记为 x_k. 那么这些环路 $\{x_1, x_2, x_3, x_4\}$ 构成了 $\pi_1(\mathbb{R}^3 - K, p)$ 的生成元 (图 2.12).

纽结的平面投影图上每一个自相交点都对应着一个关系 (relation), 如图 2.13 所示, 左侧的构形代表环路之间的同伦等价关系: $x_k x_i = x_{i+1} x_k$, 右侧的构形代表关系 $x_i x_k = x_k x_{i+1}$. 图 2.14 给出了关系式的 3 维图解, 每个红色矩形代表 3 维空间中的一个生成元环路, 这些环路的复合自然满足关系等式.

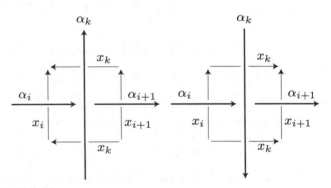

图 2.13 纽结群的关系式.

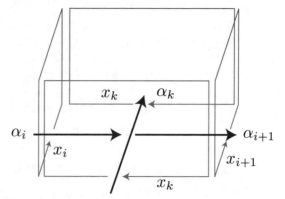

图 2.14 纽结群关系式的 3 维图解.

如图 2.11 所示, 4 个自相交点代表了 4 个等价关系:

$$R_1 : x_1 x_3 = x_3 x_2,$$
$$R_2 : x_4 x_2 = x_3 x_4,$$
$$R_3 : x_3 x_1 = x_1 x_4,$$
$$R_4 : x_2 x_4 = x_1 x_2.$$

可以看出, 第 4 条等价关系可由前 3 条推出. 由 R_1 和 R_3, 可消去 $x_2 = x_3^{-1} x_1 x_3$ 和 $x_4 = x_1^{-1} x_3 x_1$, 代入 R_2, 我们得到图 2.11 纽结群为:

$$\pi_1(\mathbb{R}^3 - K, p) = \langle x_1, x_3 | x_1^{-1} x_3 x_1 x_3^{-1} x_1 x_3 = x_3 x_1^{-1} x_3 x_1 \rangle.$$

由此可见, 由纽结的 2 维投影写出纽结补空间的基本群并不复杂. 但是不同的投影方向, 会得出不同的基本群表示. 纽结在 3 维空间中的不同嵌入方式也会影响基本群表示. 验证两个群是否同构是非常困难的问题.

2.5 覆盖空间的理论

直观而言, 覆盖映射局部是拓扑同胚, 但全局是多对一的映射. 很多拓扑问题, 在底流形上复杂烦琐, 提升到覆盖空间上却变得简单明了.

2.5.1 覆盖空间

定义 2.8 (覆盖空间) 假设 M 和 $\widetilde{M}$ 是拓扑空间, $p: \widetilde{M} \to M$ 是连续满射, 对于任意一点 $q \in M$, 存在一个开集 $U_q \subset M$, 使得

$$p^{-1}(U_q) = \bigcup_\alpha \widetilde{U}_\alpha, \quad \widetilde{U}_\alpha \subset \widetilde{M},$$

满足 $\widetilde{U}_\alpha \cap \widetilde{U}_\beta = \emptyset$, 如果 $\alpha \neq \beta$, 同时映射的限制 $p|\widetilde{U}_\alpha: \widetilde{U}_\alpha \to U_q$ 是拓扑同胚. 那么, 我们说 $p: \widetilde{M} \to M$ 是一个覆盖映射, M 是底空间, $\widetilde{M}$ 是 M 的覆盖空间. ◆

定义 2.9 (万有覆盖空间) 假设 M 和 $\widetilde{M}$ 是拓扑空间, $p: \widetilde{M} \to M$ 是覆盖映射. 如果 $\pi_1(\widetilde{M}) = \langle e \rangle$, 即 $\widetilde{M}$ 是单连通的, 那么 $\widetilde{M}$ 称为 M 的万有覆盖空间 (universal covering space). ◆

所有道路连通的拓扑空间都存在万有覆盖空间, 我们有如下的基本定理:

定理 2.4 (万有覆盖空间) 假设拓扑流形 M 是道路连通的, 那么存在万有覆盖空间 $\widetilde{M}$ 和覆盖映射: $p: \widetilde{M} \to M$. ◆

证明 我们直接构造万有覆盖空间. 设 M 是一个道路连通的拓扑流形, 固定基点 $q \in M$, 考察流形上所有从基点出发的道路

$$\Gamma = \{\gamma : [0,1] \to M, \gamma(0) = q\}. \tag{2.2}$$

然后将这些道路依据同伦分类, 得到同伦类集合 $\Gamma/\sim$. 道路 $\gamma \in \Gamma$ 的同伦类记为 $[\gamma]$. 定义

$$\widetilde{M} := \Gamma/\sim .$$

首先在 $\widetilde{M}$ 中引入拓扑, 给定任意一点 $[\gamma] \in \widetilde{M}$, 道路 γ 的终点为 $\gamma(1)$. 取以 $\gamma(1)$ 为中心的一个开球 $B(\gamma(1), \varepsilon)$, 考虑开球内从中心出发的道路集合

$$\Lambda = \{\tau : [0,1] \to B(\gamma(1), \varepsilon), \tau(0) = \gamma(1)\},$$

定义 $\widetilde{M}$ 中的开球为

$$B([\gamma], \varepsilon) = \{[\gamma \cdot \tau] | \tau \in \Lambda\}.$$

所有这样的开球构成 $\widetilde{M}$ 的一族拓扑基, 因此 $\widetilde{M}$ 也成为拓扑流形. 投影映射将道路同伦类 $[\gamma] \in \widetilde{M}$ 映到道路的终点 $\gamma(1)$:

$$p : \widetilde{M} \to M, \quad p([\gamma]) = \gamma(1).$$

在这种构造下, $p : \widetilde{M} \to M$ 是底流形 M 的覆盖空间.

底空间的基本群中任意一个同伦类 $[\gamma] \in \pi_1(M, q)$, 给出了一个甲板映射: $\varphi_{[\gamma]} : \widetilde{M} \to \widetilde{M}$,

$$\forall [\tau] \in \widetilde{M}, \quad [\tau] \mapsto [\tau \circ \gamma].$$

1. 如果 $\tau_1 \sim \tau_2$, 则有 $\tau_1 \circ \gamma \sim \tau_2 \circ \gamma$; 如果 $\gamma_1 \sim \gamma_2$, 则有 $\tau \circ \gamma_1 \sim \tau \circ \gamma_2$, 因此映射 $\varphi_{[\gamma]}$ 的定义是合理的.

2. 同时 $\tau \circ \gamma$ 的终点和 τ 的终点相同, 因此 $p \circ \varphi_{[\gamma]} = p$, $\varphi_{[\gamma]}$ 是甲板映射.

由此, 我们得到从底空间基本群到覆盖空间的甲板映射群之间的一个映射:

$$\Phi : \pi_1(M, q) \to \mathrm{Deck}(\widetilde{M}), \quad [\gamma] \mapsto \varphi_{[\gamma]}.$$

1. 如果 $\gamma_1 \not\sim \gamma_2$, 那么对一切 $\tau \in \Gamma$, $\tau \circ \gamma_1 \not\sim \tau \circ \gamma_2$, 这意味着 $\varphi_{[\gamma_1]} \neq \varphi_{[\gamma_2]}$. 所以映射 Φ 是单射.

2. 反之, 给定一个甲板映射 $\varphi \in \mathrm{Deck}(\widetilde{M})$, 任选一个路径 $\tau \in \Gamma$, $\tau^{-1} \circ \varphi(\tau)$ 是底空间的一个环路, 记为 γ. 由甲板映射的性质, γ 和 τ 的选取无关. 这样就给出了映射:

$$\Psi : \mathrm{Deck}(\widetilde{M}) \to \pi_1(M), \quad \varphi \mapsto [\tau^{-1} \circ \varphi(\tau)].$$

由构造方法, 我们有

$$\varphi(\tau) = \tau \circ \gamma,$$

这意味着 $\Psi = \Phi^{-1}$.

我们得到

$$\mathrm{Deck}(\widetilde{M}) \cong \pi_1(M, q),$$

由 41 页的关系式 (2.4), 我们得到

$$\pi_1(\widetilde{M}, \tilde{q}) = \langle e \rangle.$$

所以 $\widetilde{M}$ 是万有覆盖空间. 证明完毕. ■

这种构造方法过于抽象, 很难直观想象. 下面我们给出另外一种更为直截了当的构造方法, 这种方法依赖于典范基本群基底的选取. 假设 M 是一个高亏格封闭曲面, 固定基点 $q \in M$, 我们计算其基本群的一组典范基底,

$$\pi_1(M, q) = \{a_1, b_1, a_2, b_2, \cdots, a_g, b_g | a_1 b_1 a_1^{-1} b_1^{-1} \cdots a_g b_g a_g^{-1} b_g^{-1}\}.$$

我们将曲面 M 沿着典范基底切开, 得到单连通的基本域

$$D = M \setminus \{a_1, b_1, \cdots, a_g, b_g\},$$

则基本域的边界为

$$\partial D = a_1 b_1 a_1^{-1} b_1^{-1} a_2 b_2 a_2^{-1} b_2^{-1} \cdots a_g b_g a_g^{-1} b_g^{-1}.$$

我们将许多基本域的拷贝沿着相应的边界逐片黏合起来, 黏合过程中保证所得曲面一直是单连通的. 最终我们所得的曲面是原来曲面的万有覆盖空间, 具体操作步骤如下:

1. 初始的万有覆盖空间只包含一个基本域 $\widetilde{M} \leftarrow D$;

2. 在目前万有覆盖空间的边界中挑选一段 $\gamma \subset \partial \widetilde{M}$, 设 $\gamma = a_k$;

3. 在基本域的边界上挑选对应的曲线段, $\tau = a_k^{-1}$;

4. 建立等距映射 $\varphi : \gamma \to \tau$, 沿着相应边界曲线段黏合

$$\widetilde{M} \leftarrow \widetilde{M} \bigcup_{p \sim \varphi(p)} D;$$

5. 检查目前覆盖空间的边界 $\partial \widetilde{M}$, 如果存在两个相邻的曲线段 γ_k 和 γ_{k+1}, 标号正好互逆, 建立等距映射 $\varphi : \gamma_k \to \gamma_{k+1}^{-1}$, 将覆盖空间的边界依照 φ 缝合;

6. 重复以上步骤 2 至 5, 逐步扩大覆盖空间.

图 2.15 和图 2.16 显示了这种方法建立的万有覆盖空间. 对于亏格为 1 的曲面, 其万有覆盖空间可以配上一个平直 Riemann 度量, 从而铺满整个欧氏平面, 如图 2.15 所示; 对于亏格为 2 的曲面, 其万有覆盖空间可以配上一个双曲度量, 从而铺满整个双曲平面 (欧氏单位圆盘), 如图 2.16 所示.

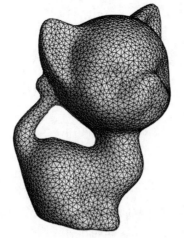
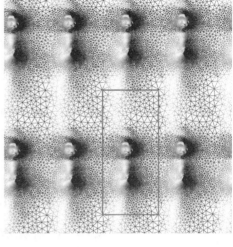

图 2.15 亏格为 1 曲面的万有覆盖空间.

2.5.2 映射的提升

我们考察万有覆盖空间 $p: \widetilde{M} \to M$, 称底空间为楼下, 覆盖空间为楼上. 楼下的一条环路能够被提升为楼上的一条道路.

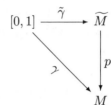

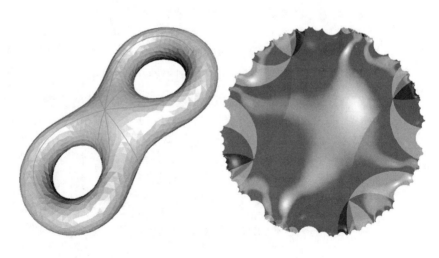

图 2.16 亏格为 2 曲面的万有覆盖空间.

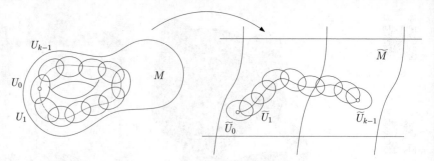

图 2.17 环路提升.

$\gamma : [0,1] \to M$ 是楼下的一条环路, $\tilde{\gamma} : [0,1] \to \widetilde{M}$ 是楼上的一条道路, 投影楼上的道路得到楼下的环路: $p \circ \tilde{\gamma} = \gamma$, 换言之, 上面的图表可交换.

如图 2.17 所示, 我们在楼下找一族开覆盖:

$$\gamma \subset \bigcup_{i=0}^{k-1} U_i,$$

在楼上找到每个开集的原像, $\widetilde{U}_i \in p^{-1}(U_i)$, 并且 $\widetilde{U}_{i-1} \cap \widetilde{U}_i \neq \emptyset$. 同时, 开集足够小, 使得投影映射限制在每个开集上

$$p_i := p|_{\widetilde{U}_i} : \widetilde{U}_i \to U_i$$

是拓扑同胚. p_i 将楼下 U_i 中的道路段 $\gamma_i = \gamma \cap U_i$ 拉回到楼上

$$\tilde{\gamma}_i = p_i^{-1}(\gamma_i).$$

这些 $\tilde{\gamma}_i$ 连接成楼上的一条道路 $\tilde{\gamma}$,

$$\tilde{\gamma} \subset \bigcup_{i=0}^{k} \widetilde{U}_i,$$

$\tilde{\gamma}$ 覆盖了环路 γ, $p(\tilde{\gamma}) = \gamma$. 通常情况下, 楼下的一条环路可提升为楼上无数条道路. 若我们固定提升道路在覆盖空间中的起点, 则提升道路唯一.

同理, 我们可以将曲面间的映射提升成覆盖空间之间的映射.

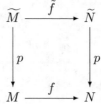

定义 2.10 (提升) 给定拓扑空间 M, N 以及它们的覆盖空间

$p : \widetilde{M} \to M$ 和 $p : \widetilde{N} \to N$. 对于映射 $f : M \to N$, 如果存在覆盖空间之间的映射 $\tilde{f} : \widetilde{M} \to \widetilde{N}$, 使得图表可交换:

$$f = p \circ \tilde{f} \circ p^{-1},$$

则 $\tilde{f}$ 是 f 的提升.   ♦

道路提升可以用来判定两个复杂环路是否同伦, 即同伦检测. 如图 2.18 所示, 在高亏格曲面上有两条环路, γ_1 和 γ_2, 我们希望判断它们是否同伦. 我们可以将底流形上的环路 γ_1 和 γ_2 扰动, 使得它们彼此相交, 设 q 是一个交点. 我们将它们提升到万有覆盖空间的道路 $\tilde{\gamma}_k$, $\tilde{\gamma}_k(0) = \tilde{q}$, $k = 1, 2$, 然后考察这些道路的终点是否重合. 如果 $\tilde{\gamma}_1(1) = \tilde{\gamma}_2(1)$, 则 γ_1 和 γ_2 彼此同伦; 反之, 则它们不同伦.

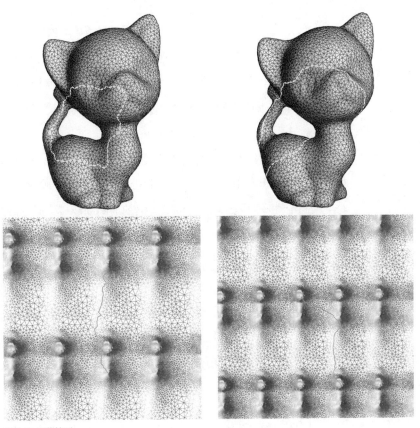

图 2.18 同伦检测.

2.5.3 拓扑, 代数关系

定义 2.11 (轨道) 给定拓扑空间 M, 其万有覆盖空间为 $p: \widetilde{M} \to M$. 在底空间 (楼下) 上任取一点 $q \in M$, 其在覆盖空间 (楼上) 上的原像为离散点集

$$p^{-1}(q) = \{\cdots, \tilde{q}_{-2}, \tilde{q}_{-1}, \tilde{q}_0, \tilde{q}_1, \tilde{q}_2, \cdots\},$$

称为对应 $q \in M$ 的轨道. ♦

考察楼上任意一条道路, 起始于 $\tilde{q}_0$, 终止于同一轨道内的另一点 $\tilde{q}_k$,

$$\tilde{\gamma}_k : [0,1] \to \widetilde{M}, \quad \tilde{\gamma}_k(0) = \tilde{q}_0, \quad \tilde{\gamma}_k(1) = \tilde{q}_k.$$

那么其投影必为楼下的一条环路 $\gamma_k = p(\tilde{\gamma}_k)$, 由此我们得到映射

$$\varphi : p^{-1}(q) \to \pi_1(M, q), \quad \tilde{q}_k \mapsto [\gamma_k]. \tag{2.3}$$

定理 2.5 给定拓扑空间 M, 其万有覆盖空间为 $p: \widetilde{M} \to M$. 在底空间 (楼下) 上任取一点 $q \in M$, 其在覆盖空间 (楼上) 上的轨道为 $p^{-1}(q)$. 则如 (2.3) 中定义的覆盖空间上的轨道到底空间的基本群的映射 $\varphi : p^{-1}(q) \to \pi_1(M, q)$ 为同构. ♦

证明 因为万有覆盖空间是单连通的, 楼上两条道路同伦, 当且仅当它们的起点和终点重合. 同时投影映射和提升映射互为逆映射, 它们保持同伦性质, 投影映射将楼上同伦的道路映成楼下同伦的道路, 反之亦然, 提升映射将楼下的同伦环路映成楼上的同伦道路.

我们在轨道中任选不同的两点, $\tilde{q}_i$ 和 $\tilde{q}_j$, 如上取法, $\tilde{\gamma}_i$ 和 $\tilde{\gamma}_j$ 彼此不同伦, 它们的投影 γ_i 和 γ_j 彼此不同伦. 因此, 映射 φ 为单射. 楼下任选一条环路 γ, 提升后 $\tilde{\gamma}$ 的终点在轨道上. 因此, φ 是满射. 由此, φ 是双射. 我们由此得到: 楼上的轨道和楼下的基本群同构. 证明完毕. ■

定义 2.12 (覆盖变换) 覆盖空间自同构 $\tilde{\varphi} : \widetilde{M} \to \widetilde{M}$, 如果保持投影映射不变,

$$p = p \circ \tilde{\varphi},$$

则自同构 $\tilde{\varphi}$ 称为覆盖空间的覆盖变换, 亦称为甲板映射 (deck transformation). ♦

覆盖映射 (甲板映射) 使得下面的图表可交换.

$$
\begin{array}{ccc}
\widetilde{M} & \xrightarrow{\tilde{\varphi}} & \widetilde{M} \\
\downarrow{p} & & \downarrow{p} \\
M & \xrightarrow{\text{id}} & M
\end{array}
$$

定义 2.13 (覆盖变换群) 所有的覆盖映射 (甲板映射) 在复合的意义下成群, 称为覆盖映射 (甲板映射) 群:

$$\mathrm{Deck}(\widetilde{M}) = \{\tilde{\varphi} : \widetilde{M} \to \widetilde{M}, p \circ \tilde{\varphi} = p\}. \qquad \blacklozenge$$

定理 2.6 投影映射 $p : \widetilde{M} \to M$ 诱导了覆盖空间的基本群到底空间的基本群的同态,

$$p_{\#} : \pi_1(\widetilde{M}, \tilde{q}) \to \pi_1(M, q),$$

其同态像是底空间基本群的正规子群, 商群同构于覆盖空间的覆盖映射群,

$$\frac{\pi_1(M)}{p_{\#}(\pi_1(\widetilde{M}))} \cong \mathrm{Deck}(\widetilde{M}). \quad \blacklozenge \qquad (2.4)$$

2.5.4 一般覆盖空间

覆盖空间和子群 给定覆盖 $f : X \to Y$, 我们取覆盖空间的基点 $x_0 \in X$ 和底空间的基点 $y_0 \in Y$, 满足 $f(x_0) = y_0$, 投影映射诱导了单同态, $f_* : \pi_1(X, x_0) \to \pi_1(Y, y_0)$. 同态的像 $f_*(\pi_1(X, x_0))$ 是 f 的特征子群. 反过来, 给定底空间基本群 $\pi_1(Y, y_0)$ 的任意子群 S, 则存在一个覆盖 $f_S : X_S \to Y$, 满足 f_S 的特征子群为 S.

例如, 单位元构成底空间基本群的一个子群, 对应的覆盖空间为万有覆盖空间 $\tilde{X}$, 万有覆盖空间是单连通的. 一般情形, 给定底空间基本群的子群 S, 相应的覆盖空间 X_S 构造如下: 万有覆盖空间 $\tilde{X}$ 中的每一个点都代表一个道路同伦类 $[\gamma]$. 两个同伦类 $[\gamma_1]$ 和 $[\gamma_2]$ 等价, 如果它们满足下列条件:

$$[\gamma_1] \sim [\gamma_2] \quad \text{当且仅当} \quad \gamma_1(1) = \gamma_2(1), [\gamma_1 \cdot \gamma_2^{-1}] \in S.$$

那么覆盖空间 X_S 等于万有覆盖空间关于这一等价关系的商空间:

$$X_S = \tilde{X}/\sim .$$

甲板映射群和商群 给定覆盖 $f: X \to Y$, 考察覆盖空间的拓扑自同胚, $\varphi: X \to X$, 如果自同胚保持投影映射不变, $f \circ \varphi = \varphi$, 则我们说自同胚 φ 是一个甲板映射. 所有的甲板映射成群, 记为 $\mathcal{D}(f)$.

如果 f 的特征子群是正规子群 (normal subgroup), 那么甲板映射群、底空间的基本群和特征子群之间满足关系:

$$\mathcal{D}(f) \cong \frac{\pi_1(Y, y_0)}{f_* \pi_1(X, x_0)}.$$

如果 f 的特征子群 S 不是正规子群, 我们需要用到正规子的概念. 假设 G 是一个群, S 是 G 中的一个子集, S 的正规子定义成

$$N_G(S) := \{g \in G | gS = Sg\}.$$

我们有 $N_G(S)$ 是 G 的一个子群, S 是 $N_G(S)$ 的正规子群. 借助正规子的概念, 我们可以证明覆盖空间的甲板映射群、特征子群和特征子群的正规子满足关系:

$$\mathcal{D}(f) \cong \frac{N_{\pi_1(Y, y_0)}(f_* \pi_1(X, x_0))}{f_* \pi_1(X, x_0)}.$$

规则覆盖空间和正规特征子群 给定一个覆盖 $f: X \to Y$, 底空间基点 y_0 的原像为

$$f^{-1}(y_0) = \{\cdots, x_0, x_1, x_2, \cdots, x_n, \cdots\},$$

即基点 y_0 的轨道. 对于轨道中的任意一点 x_k, 都存在一个甲板映射 $\varphi \in \mathcal{D}(f)$, 满足 $\varphi(x_0) = x_k$, 则我们说覆盖是规则的 (regular). 规则覆盖的充分必要条件是其特征子群 $f_* \pi_1(X, x_0)$ 是 $\pi_1(Y, y_0)$ 的正规子群.

给定群 G 中的任意子群 H, 我们定义子群 H 的核 (core) 为

$$C_G(H) := \bigcap_{g \in G} g^{-1} H g,$$

核是包含于 H 中的最大正规子群.

覆盖 $f: X \to Y$ 的规则化 (regularization) 是指其特征子群 $f_* \pi_1(X,$

x_0) 的核

$$C_{\pi_1(Y,y_0)}(f_*\pi_1(Y,y_0))$$

对应的覆盖空间.

覆盖空间等价类和子群共轭类 给定两个覆盖空间, $f_k : X_k \to Y$, $k = 1, 2$, 如果存在拓扑同胚, $\varphi : X_1 \to X_2$, 满足 $f_2 \circ \varphi = f_1$, 即下列图表可交换, 那么我们说这两个覆盖空间彼此等价.

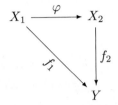

可以证明 f_1 和 f_2 的特征子群彼此共轭, 即存在 $g \in \pi_1(Y, y_0)$, 满足

$$g(f_1)_*\pi_1(X_1, x_1)g^{-1} = (f_2)_*\pi_1(X_2, x_2).$$

反之, 我们可以证明覆盖空间等价类和底空间基本群的子群共轭类彼此一一对应.

单值同态和单值群 假设覆盖空间 $f : X \to Y$ 是 n 重覆盖. 固定底空间上的基点 $y_0 \in Y$, 其轨道为 $f^{-1}(y_0) = \{x_1, x_2, \cdots, x_n\}$. 给定底空间上过基点的一条环路 γ, 将其提升为覆盖空间中的一条路径 $\tilde{\gamma}$, $\tilde{\gamma}$ 的起点和终点都在轨道之中. $\tilde{\gamma}$ 将起点映射到终点, 由此同伦等价类 $[\gamma]$ 诱导了轨道到自身的一个排列. 我们用 S_n 代表 n 阶对称群, 任意一个同伦类 $[\gamma] \in \pi_1(Y, y_0)$ 对应 S_n 中的一个排列. 由此, 我们得到从底空间基本群到对称群的一个同态,

$$m_f : \pi_1(Y, y_0) \to S_n$$

称作覆盖空间 $f : X \to Y$ 的单值同态 (monodromy). 单值同态的像 $m_f(\pi_1(Y, y_0))$ 称为覆盖空间的单值群 (monodromy group).

相反, 给定任意同态 $m : \pi_1(Y, y_0) \to S_n$, 则存在一个 n 重覆盖空间 $g : \tilde{X} \to Y$(不必连通), 使得 $m_g = m$. 如果存在两个满足条件的覆盖空间, $g_k : \tilde{X}_k \to Y$, $k = 1, 2$, 那么 g_1 和 g_2 是彼此等价的覆盖. 如果我们在 S_n

中做共轭变换, 那么对应覆盖空间的等价类不会发生变化.

特征同态 假设 $f : X \to Y$ 是规则覆盖, 则存在一个满同态 $d_f : \pi_1(Y, y_0) \to \mathcal{D}(f)$, 称为覆盖的特征同态. 给定任意点 $x \in X$, 令 η_0 是 X 中连接基点 x_0 和 x 的路径, $\eta = f \circ \eta_0$ 是其在 Y 中的投影, 我们有 $\eta(0) = y_0$, 并且 $\eta(1) = f(x)$.

对于任意 $[\gamma] \in \pi_1(Y, y_0)$, $\eta^{-1} \gamma \eta$ 是一条环路, 我们将 $\eta^{-1} \gamma \eta$ 提升到 X 中, 起点为 $x \in X$, 终点记为 $e(\eta^{-1} \gamma \eta, x)$. 记映射

$$x \mapsto e(\eta^{-1} \gamma \eta, x)$$

为 $d_f([\gamma])$. 可以证明 $d_f([\gamma])$ 的定义和 $\eta_0 \subset X$ 的选取无关.

反之, 给定群 G 和满同态 $d : \pi_1(Y, y_0) \to G$, 则存在一个规则覆盖 $f : X \to Y$, 满足 $d_f = d$, 这种覆盖空间彼此等价, 群 G 等于覆盖的甲板映射群. 注意, $\operatorname{Ker} d_f$ 等于覆盖 $f : X \to Y$ 的特征子群 $f_* \pi_1(X, x_0)$.

延伸阅读

1. F. Kälberer, M. Nieser, and K. Polthier. Quadcover - Surface parameterization using branched coverings. *Computer Graphics Forum*, 2007.
2. H. Maron, M. Galun, N. Aigerman, M. Trope, N. Dym, E. Yumer, V. G. Kim, and Y. Lipman. Convolutional neural networks on surfaces via seamless toric covers. *SIGGRAPH 2017*, 2017.

第三章　光滑同伦

本章介绍微分拓扑中光滑同伦群的概念和计算. 曲面的光滑同伦群等价于曲面单位切丛的同伦群, 光滑同伦的概念在计算科学、网格生成领域具有重要作用.

3.1　正则封闭曲线和正则同伦

正则同伦和通常意义下的同伦具有本质差别. 假设光滑曲面 S 是一个拓扑球面, γ_0 和 γ_1 是光滑封闭曲线 (切向量处处有定义), 那么 γ_0 可以在曲面上形变成 γ_1, 换言之, γ_0 和 γ_1 彼此同伦 (homotopy). 如果 γ_0 在形变过程中不出现尖点, 切向量处处有定义, 那么我们说 γ_0 和 γ_1 彼此正则同伦, 或者光滑同伦 (regular homotopy). 图 3.1 显示了具有偶数个自相交点的圈和简单圈 (无自相交点) 正则同伦. 图 3.2 显示了具有奇数个自相交点的圈和简单圈同伦, 但是并不正则同伦, 而是和 8 字形正则同伦, 因为在形变过程中, 出现了尖点, 在尖点处曲线的切向量无法定义. 下面我们给出正则同伦的正式定义.

定义 3.1 (正则封闭曲线)　一条参数化的正则曲线 $\gamma : [0,1] \to \mathbb{R}^2$ 满足下列条件:

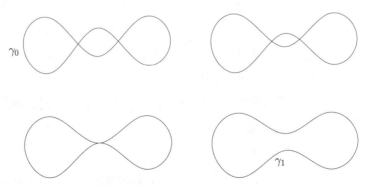

图 3.1 具有偶数个自相交点的圈和简单圈 (无自相交点) 正则同伦.

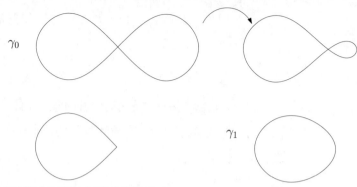

图 3.2 具有奇数个自相交点的圈和简单圈同伦, 但是不正则同伦.

1. $\gamma(0) = \gamma(1)$;

2. γ 具有处处有定义的连续导数, $\gamma' : [0,1] \to \mathbb{R}^2$;

3. $\gamma'(0) = \gamma'(1)$;

4. 对一切 $t \in [0,1]$, $\gamma'(t) \neq (0,0)$.

即一个可微向量值函数 $\gamma : [0,1] \to \mathbb{R}^2$ 是参数化的正则封闭曲线 (regular closed curve), 当且仅当 γ 和 γ' 都是封闭曲线, 并且 γ' 不经过原点. ◆

定义 3.2 (等价) 两条正则封闭曲线 γ 和 δ 是等价的, 记为 $\gamma \sim \delta$, 如果它们彼此相差一个重参数化, 即存在一个连续函数 $\eta : \mathbb{R} \to \mathbb{R}$, 满足条件: 对一切 t, $\eta(t+1) = \eta(t) + 1$ 并且 $\gamma(t) = \delta(\eta(t) \mod 1)$. 如果这种函数 η 存在, 其导数一定处处为正. ◆

容易验证 $\sim$ 是一种等价关系. 如果将曲线视作点集, 曲线等价则点集重合.

定义 3.3 (正则封闭曲线) 每一个等价类称为一条正则封闭曲线, 等价类中的每一个元素称为一个参数化 (parameterization). ◆

定义 3.4 (正则同伦) 一个正则同伦由一族参数化的正则封闭曲线组成, 即一个映射 $h : [0,1]^2 \to \mathbb{R}^2$, 满足对一切 s, 映射 $t \mapsto h(s,t)$ 是一条参数化的正则封闭曲线. 两条参数化的正则封闭曲线 γ 和 δ 是正则同伦的, 记成 $\gamma \simeq \delta$, 如果存在一个正则同伦 h, 满足对一切 t, $h(0,t) = \gamma(t)$ 并且 $h(1,t) = \delta(t)$. ◆

引理 3.1 令 γ 和 δ 是参数化的正则封闭曲线, 如果 γ 和 δ 等价, 那么 γ 和 δ 正则同伦. ◆

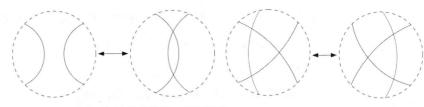

图 3.3 Whitney 变换: 生成和消灭双边形、翻转三角形.

证明 设 $\gamma(t) = \delta(\eta(t) \mod 1)$, $H : [0,1] \times \mathbb{R} \to \mathbb{R}$ 定义成 $H(s,t) :=$ $(1-s)\eta(t) + st$, 令 $h : [0,1] \to \mathbb{R}^2$ 被定义成

$$h(s,t) := \delta(H(s,t) \mod 1).$$

我们容易验证对一切 t, $h(0,t) = \gamma(t)$ 并且 $h(1,t) = \delta(t)$; 并且对一切 s 和 t, $H(s,t+1) = H(s,t) + 1$. 更进一步, 对一切 s 和 t,

$$\frac{\partial}{\partial t}H(s,t) = (1-s)\eta'(t) + s > 0.$$

由此, h 是从 γ 到 δ 的正则同伦. ∎

我们说两个正则封闭曲线是正则同伦的, 当且仅当两个等价类中的任意参数化彼此正则同伦. 一个正则封闭曲线 γ 是**正常**的, 如果它只有有限个自相交点. 两个正常曲线正则同伦, 如果我们能够用有限个 Whitney 变换 (Whitney move)将一条变成另外一条. 如图 3.3 所示, 有两种 Whitney 变换: 生成和消灭双边形 (bigon)、翻转三角形.

3.2 环绕数

定义 3.5 (Gauss 映射) 给定一条正则封闭曲线 $\gamma : [0,1] \to \mathbb{R}^2$, 其单位切向量将曲线映射到单位圆周,

$$G_\gamma : \gamma(t) \mapsto \frac{\gamma'(t)}{|\gamma'(t)|},$$

这一映射称为 Gauss 映射. ◆

定义 3.6 (环绕数) 给定一条正则封闭曲线 $\gamma : [0,1] \to \mathbb{R}^2$, 其 Gauss 映射诱导了 γ 的基本群和 $\mathbb{S}^1$ 基本群之间的同态,

$$G_{\gamma,\#} : \pi_1(\gamma) \to \pi(\mathbb{S}^1), \ z \mapsto kz,$$

这里 k 是一个整数, 称为曲线 γ 的环绕数 (turning number). ◆

依照惯例, 环绕数逆时针为正向, 顺时针为负向. 图 3.4 显示了环绕数为 $+3$ 和 -2 的正则封闭曲线.

定理 3.1 (Whitney-Graustein [40]) 两条正则封闭曲线在 $\mathbb{R}^2$ 中正则同伦, 当且仅当它们的环绕数相同. ◆

证明 充分性. 令 γ 和 δ 是参数化的正则封闭曲线, 具有相同的环绕数. 不失一般性, 我们假设 γ 和 δ 的弧长为 1, 必要时可以做整体相似变换.

我们用弧长 s 作参数, 对一切 s, 都有

$$\|\gamma'(s)\| = 1, \quad \|\delta'(s)\| = 1,$$

因为 δ 和 γ 具有相同的环绕数, 它们的导数 γ' 和 δ' 也具有相同的环绕数, 因此 γ' 和 δ' 在 $\mathbb{S}^1$ 上同伦. 令 $h' : [0,1]^2 \to \mathbb{S}^1$ 是从 γ' 到 δ' 的同伦. 如果必要, 在 γ 的环绕数为 0 时, 我们微小扰动 h', 使得 $h'(s, \cdot)$ 非常值.

一条封闭曲线 $\alpha : [0,1] \to \mathbb{R}^2 \setminus \{0\}$ 是一条正则封闭曲线的导数, 当且仅当其重心在原点,

$$\int_0^1 \alpha(t)dt = 0.$$

定义 "重心曲线" $c : [0,1] \to \mathbb{R}^2$ 为

$$c(s) := \int_0^1 h'(s,t)dt,$$

$c(s)$ 是一条封闭曲线, 其起点终点为原点. 对于所有 s, 封闭曲线 $h'(s, \cdot)$ 在 $\mathbb{S}^1$ 上, 并且非常值, 因此其重心在 $\mathbb{S}^1$ 的内部, 特别地对于所有 s 和 t, $h'(s,t) \neq c(s)$. 我们构造映射 $h^*(s,t) : [0,1]^2 \to \mathbb{R}^2$, $h^*(s,t) :=$

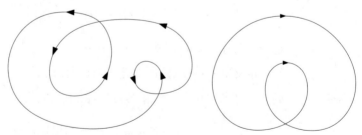

图 3.4 正则封闭曲线的环绕数. 左帧: 环绕数 $w(\gamma) = +3$; 右帧: 环绕数 $w(\gamma) = -2$.

$h'(s,t) - c(s)$; 由此, 我们得到 γ 和 δ 的正则同伦 $h : [0,1]^2 \to \mathbb{R}^2$,

$$h(s,t) := \int_0^t h^*(s,u)du.$$

必要性. 令 γ 和 δ 正则同伦, 考察它们的 Gauss 映射 $G_\gamma, G_\delta : [0,1] \to \mathbb{S}^1$, 那么 G_γ 和 G_δ 同伦. 环绕数是伦型不变量, 因此 G_γ 和 G_δ 的环绕数相同, γ 和 δ 的环绕数相同. ■

我们下面考察球面正则曲线的正则同伦, 这需要我们计算球面单位切丛的同伦群.

3.3 单位切丛的同伦群

给定一个光滑曲面 S, 曲面上所有的单位切向量构成一个三维流形 $\mathrm{UTM}(S)$, 即所谓的单位切丛 (unit tangent bundle), 其定义为:

$$\mathrm{UTM}(S) := \{(p,v)|p \in S, v \in T_pS, |v| = 1\}.$$

固定一个点 $p \in S$, 所有的单位切向量构成一个圈; 局部上, 单位切丛具有直积结构; 因此, 曲面的单位切丛是一个纤维丛, 每根纤维是一个圈. 我们下面来直接构造球面的单位切丛.

给定单位球面 $\mathbb{S}^2$, 我们用球极投影来建立局部坐标 (图 3.5). 我们在北极放置一个光源, 过赤道放置一张平面. 发自北极点的射线穿透球面, 投射到平面上, 这样得到球面的局部坐标. 球面上一点 (x_1, x_2, x_3) 映射到

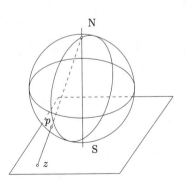

图 3.5 球极投影.

平面一点 (X, Y), 直接计算得到:

$$(X, Y) = \left(\frac{x_1}{1 - x_3}, \frac{x_2}{1 - x_3} \right), \tag{3.1}$$

这个局部坐标无法表示北极点. 我们再将光源移至南极点, 得到另外一个局部坐标:

$$(U, V) = \left(\frac{x_1}{1 + x_3}, \frac{x_2}{1 + x_3} \right).$$

令 $z = X + iY, w = U - iV$, 得到坐标变换公式: $w = z^{-1}$. 我们得到余切向量之间的变换公式:

$$dw = -\frac{1}{z^2} dz.$$

考察赤道上的一个点 $z = e^{i\theta}$, 一个单位切向量 $dz = e^{i\tau}$; 点坐标变换为 $w = e^{-i\theta}$, 切向量坐标变换为 $dw = e^{i(\pi - 2\theta + \tau)}$. 我们将坐标变换记为: $\varphi : (z, dz) \to (w, dw)$.

半球面的单位切丛是平凡丛, 可以表示成 $\mathbb{D}^2 \times \mathbb{S}^1$, 这里 $\mathbb{D}^2, \mathbb{S}^1$ 分别表示半球面和纤维, 所以半球面的单位切丛是一个实心的轮胎. 赤道的单位切丛是一个轮胎曲面 $\mathbb{T}^2$, 其参数为 (θ, τ). 球面的单位切丛等价于将两个实心轮胎沿着其边界表面黏合起来, 其黏合映射是

$$\varphi : (\theta, \tau) \mapsto (-\theta, \pi - 2\theta + \tau).$$

黏合映射如图 3.6 所示, 其中 (a, b) 分别代表纤维和赤道, 黏合映射诱导的基本群间的映射可以写成如下形式:

$$\varphi_* : (a, b) \mapsto (a^{-1}, a^{-2}b).$$

黏合映射将纤维映成纤维, 但是将赤道映成纤维和赤道的复合.

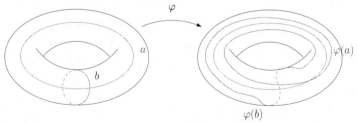

图 3.6 黏合映射.

引理 3.2 (球面单位切丛的同伦群) 球面单位切丛的同伦群为:

$$\pi_1(\mathrm{UTM}(\mathbb{S}^2)) = \mathbb{Z}_2,$$

这里 $\mathbb{Z}_2$ 是模 2 域. ◆

证明 上半球面的单位切丛是一个实心轮胎, 对应的同伦群为 $\pi_1(M_1) = \langle a_1 \rangle$; 同样, 下半球面的实心轮胎同伦群为 $\pi_1(M_2) = \langle a_2 \rangle$; 交集为环面, 同伦群为 $\pi_1(M_1 \cap M_2) = \langle a, b | aba^{-1}b^{-1} \rangle$. 同时, 在 $\pi_1(M_1)$ 中我们有 $[a] = [a_1], [b] = [e]$; 在 $\pi_1(M_2)$ 中我们有 $[a] = [a_2^{-1}], [b] = [a_2^{-2}]$. 根据 Seifert-van Kampen 定理, 我们得到球面单位切丛的同伦群为:

$$\pi_1(M_1 \cup M_2) = \langle a | a^2 \rangle = \mathbb{Z}_2.$$

模 2 域 $\mathbb{Z}_2$ 只有两个元素 0 和 1, 这意味着: 在球面的单位切丛上, 所有封闭曲线只有两个同伦类. ■

3.4 球面曲线正则同伦

光滑曲面 S 上光滑封闭曲线的正则同伦群和曲面的单位切丛基本群密切相关. 底流形 S 上的一条光滑曲线, $\gamma \subset S$, 可以被 "提升" 为单位切丛 $\mathrm{UTM}(S)$ 上的一条曲线, $\tilde{\gamma} \subset \mathrm{UTM}$, 点 $\gamma(s)$ 被提升为点 $(\gamma(s), \dot{\gamma}(s)) \in \tilde{\gamma}$, 这里 s 为弧长参数, $\dot{\gamma}(s)$ 为曲线的单位切向量. 我们有下面的定理:

定理 3.2 光滑流形 S 上的两条正则封闭曲线 γ_0 和 γ_1 正则同伦, 当且仅当它们在单位切丛 $\mathrm{UTM}(S)$ 上的提升 $\tilde{\gamma}_0$ 和 $\tilde{\gamma}_1$ 同伦. ◆

推论 3.1 (球面正则同伦) 球面 $\mathbb{S}^2$ 上具有两个正则同伦类: 具有奇数个自交点 (代数相交数为奇数) 的正则封闭曲线和具有偶数个自交点 (代数相交数为偶数) 的正则封闭曲线. ◆

证明 因为球面单位切丛的基本群为 $\mathbb{Z}_2$, 只有两个元素. ■

另外一种证明方法比较直接. 假设 $\varphi: \mathbb{S}^2 \to \mathbb{C} \cup \{\infty\}$ 为球极投影. $\gamma_0, \gamma_1 \subset \mathbb{S}^2$ 为球面正则封闭曲线, 则 $\varphi \circ \gamma_0, \varphi \circ \gamma_1$ 为复平面上的正则封闭曲线. 经过微小扰动, 我们可以假设 $\varphi \circ \gamma_0, \varphi \circ \gamma_1$ 不经过 ∞ 点. 球面曲线 γ_k 可以穿越北极点, $\varphi \circ \gamma_k$ 穿越 ∞ 点, 为此我们增加一种特殊的 Whitney 变换, 以反映这种穿越 ∞ 的变换, 我们称之为 Whitney 翻转 (Whitney

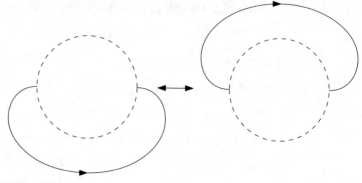

图 3.7 Whitney 翻转.

flip), 如图 3.7 所示. Whitney 翻转会带来封闭曲线环绕数的变化, 每次变化为 ±2. 因此 γ_0 和 γ_1 光滑同伦, $\gamma_0 \sim \gamma_1$, 当且仅当

$$w(\gamma_0) \mod 2 \equiv w(\gamma_1) \mod 2.$$

我们可以将正则同伦的概念推广, 定义正则封闭曲线集族之间的光滑同伦.

推论 3.2 (曲线族正则同伦) 令 C 是球面上 n 条正则封闭曲线的有限集合, 那么 C 和一族 n 条正则封闭曲线相互正则同伦, 这 n 条封闭曲线彼此相离, 并且没有嵌套, 其中有 k 条 8 字形, $n - k$ 条小圆圈. ◆

如果两个圈 γ_0 和 γ_1 光滑同伦, 则存在一个光滑曲面 S 连接 γ_0 和 γ_1, 亦即

$$\partial S = \gamma_0 - \gamma_1.$$

3.5 曲面横截相交

在微分拓扑中, Whitney 对三维空间中光滑曲面的稳定相交情形进行了分类 (Whitney [41]).

给定三维空间中的一族浸入曲面, 曲面之间的交点称为奇异点. 经过微小扰动, 曲面之间彼此不相切, 所有奇异点都是稳定奇异点. 图 3.8 给出了稳定奇异点的分类, 其中三重点和分支点是我们关注的对象.

如图 3.9 所示, 更进一步, 假设 γ 具有偶数个自相交点, 则我们可以构

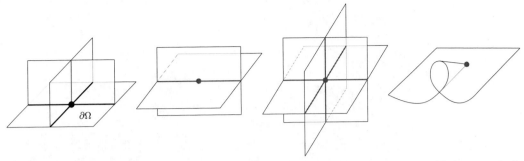

图 3.8 曲面稳定相交的分类: 边界双重点 (boundary double point)、内部双重点 (interior double point)、三重点 (triple point)、分支点 (branch point).

彩　图

造一个光滑曲面 Σ 以 γ 为边界, 同时 Σ 有自相交曲线, 但是上面没有分支奇异点; 反之, 若 γ 具有奇数个自相交点, 则我们构造的以 γ 为边界的曲面 Σ, 必然有分支奇异点.

3.6 六面体网格生成

网格生成 (mesh generation) 处于计算机图形学、几何建模、计算力学的交叉领域. 给定一个实体, 我们希望将它进行剖分, 每个剖分单元尽量简单、规则, 同时整体的组合结构尽量规则. 图 3.10 给出了一个六面体网格的例子, 每个胞腔是拓扑六面体 (拓扑立方体). 我们可以将 $\mathbb{R}^3$ 进行六面体剖分, 所有的顶点都是整数格点, 拓扑度为 6, 每个胞腔都是标准单位立方体, 整体具有张量积的结构, 称为结构化六面体剖分. 反之, 如果一个六面体剖分没有张量积结构, 那么它称为非结构化六面体剖分. 图 3.11 显示了结构化和非结构化四边形剖分的实例.

如图 3.12 所示, 非结构化六面体网格生成的一种算法是先生成体表面的四边形网格, 然后将表面的四边形网格向内部扩展, 生成体的六面体

彩　图

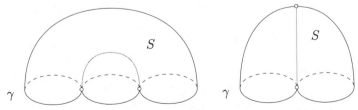

图 3.9 曲面 S 以光滑曲线 γ 为边界, (a) 若曲线 γ 有偶数个自交点, 则 S 没有分支奇异点; (b) 若曲线 γ 有奇数个自交点, 则 S 必有分支奇异点. 红色曲线是曲面自相交线.

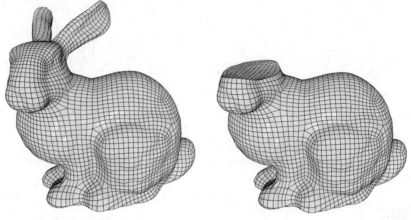

图 3.10 六面体网格化.

网格. 假设 Ω 是三维空间中的一个实体 (solid), 其边界 $\partial\Omega$ 是一张光滑曲面 (regular surface), 更进一步, 我们假设 $\partial\Omega$ 是亏格为 0 的封闭曲面, 即拓扑球面. 假设 Ω 内部存在一个六面体网格 $\mathcal{H}$ (hex-mesh), 那么 $\mathcal{H}$ 必然在边界曲面 $\partial\Omega$ 上诱导了四边形网格 $\mathcal{Q}$ (quad-mesh). 我们更为关注其逆问题: 给定边界曲面 $\partial\Omega$ 上的一个四边形网格 $\mathcal{Q}$, 我们是否可以将 $\mathcal{Q}$ 拓展成 Ω 内部的一个六面体网格 $\mathcal{H}$?

我们首先介绍边界曲面 $\partial\Omega$ 上的四边形网格 $\mathcal{Q}$ 的对偶 $\mathcal{Q}^*$. 如图 3.13 左帧所示, 给定四边形网格 $\mathcal{Q}$ (黑色), 我们在每个四边形中连接对边中点, 生成两条曲线段, 这些曲线段连接成全局封闭的圈, 这些圈彼此相交, 构成对偶的曲线网格 $\mathcal{Q}^*$ (红色), 对偶曲线网格 $\mathcal{Q}^*$ 所有顶点的度都是 4. 同理, 我们介绍实体 Ω 的六面体网格 $\mathcal{H}$ 的对偶 $\mathcal{H}^*$. 如图 3.13 右帧所示, 我

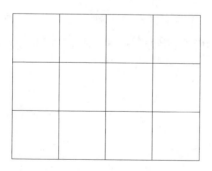
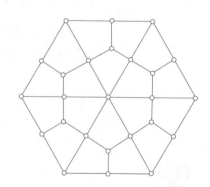

图 3.11 结构化和非结构化四边形剖分.

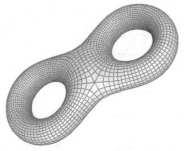

图 3.12 边界曲面上的四边形剖分拓展成实体的六面体剖分.

们在每个六面体中构造三张曲面片, 彼此横截相交, 共同交于一点. 这些曲面片连接, 得到全局曲面, 这些曲面横截相交, 构成对偶的曲面网格 $\mathcal{H}^*$. $\mathcal{H}^*$ 将体 Ω 进行胞腔分解, $\mathcal{H}$ 的每个顶点都由三张曲面彼此横截相交得来, 并且每个顶点都是 Whitney 曲面相截理论中的三重点, 拓扑度为 6.

六面体网格的对偶 $\mathcal{H}^*$ 和边界曲面 $\partial\Omega$ 的交集就是四边形网格的对偶 $\mathcal{Q}^*$. Thurston 算法的核心是从 $\mathcal{Q}^*$ 出发来构建 $\mathcal{H}^*$. $\mathcal{Q}^*$ 可以被分解为很多圈,

$$\mathcal{Q}^* = \bigcup_i \gamma_i,$$

我们以这些圈为边界构造曲面 $\{S_i\}$, $\partial S_i = \gamma_i$. 这些曲面彼此横截相交, 如果所有的交点都是三重点, 那么这些曲面构成了 $\mathcal{H}^*$,

$$\mathcal{H}^* = \bigcup_i S_i.$$

然后我们将 $\mathcal{H}^*$ 对偶, 就得到六面体网格 $\mathcal{H}$. 这个思路的关键在于: 以 $\mathcal{Q}^*$ 为边界的所有曲面 $\{S_i\}$ 的交点都是三重点, 没有分支点. Thurston 给出了一种消除分支奇异点的方法, 我们称之为 Thurston 手术: 如图

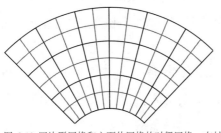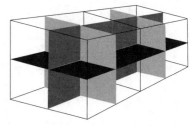

图 3.13 四边形网格和六面体网格的对偶网格. 左帧: 四边形网格的空间缠绕连续集 (spatial twist continuum, 简称 STC); 右帧: 六面体网格的 STC.

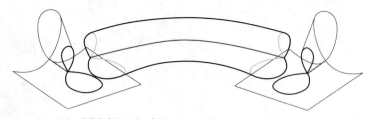

图 3.14 Thurston 手术, 消除分支奇异点. 参见 Erickson [9].

3.14 所示, 给定一对分支奇异点, 去除奇异点的邻域, 粘贴上一张曲面, 则所有的交点为内部双重点. 基于这种思路, 我们可以证明下面的 Thurston-Mitchell 定理 (Erickson [9]).

定理 3.3 (Thurston [36], Mitchell [28])　假设 Ω 是三维空间中的一个实体, 其边界 $\partial\Omega$ 是一张亏格为 0 的光滑曲面. 更进一步, 假设边界曲面 $\partial\Omega$ 上给定四边形剖分 $\mathcal{Q}$. 那么四边形剖分 $\mathcal{Q}$ 能够拓展成一个六面体剖分 $\mathcal{H}$ 的充要条件是: $\mathcal{Q}$ 具有**偶数**个四边形面. ♦

证明　必要性. $\mathcal{H}$ 的每个六面体有 6 个四边形面, 每个四边形面至多被两个六面体分享. 因此, 边界四边形必然为偶数.

充分性. 令 $\mathcal{Q}$ 是球面 $\mathbb{S}^2$ 上的四边形网格, 具有偶数的面. $\mathcal{Q}$ 的组合对偶 $\mathcal{Q}^*$ 是一个 4-联结的平面图, 可以被视为球面上一族正则封闭曲线,

$$\mathcal{Q}^* = \{\gamma_1, \gamma_2, \cdots, \gamma_m\} \cup \{\tau_1, \tau_2, \cdots, \tau_n\},$$

这里 γ_k 有偶数个自相交点, τ_j 有奇数个自相交点. 根据 Euler 公式, $\mathcal{Q}^*$ 的顶点数 V、边数 E 和面数 F 满足:

$$\chi(\partial\Omega) = V + F - E = V - F = 2, \quad 4F = 2E,$$

因此顶点数必为偶数. 由推论 3.2, 这些曲线与一族彼此相离、非嵌套的圆圈和 8 字形正则同伦. 因为 Whitney 变换保持相交点数目的奇偶性, 所以有偶数个 8 字形, 即具有奇数个自相交的圈 $\{\tau_1, \tau_2, \cdots, \tau_n\}$ 的条数 n 必为偶数.

如图 3.9 所示, 过每一条 γ_k 构造光滑曲面 S_k, $\partial S_k = \gamma_k$; 如图 3.14 所示, 将 $\{\tau_1, \tau_2, \cdots, \tau_n\}$ 配对, 过每对 τ_i, τ_j 构造光滑曲面 Σ_{ij},

$$\partial\Sigma_{ij} = \tau_i - \tau_j.$$

那么, 曲面族 $\{S_k, \Sigma_{ij}\}$ 没有分支奇异点.

这些曲面诱导了球面内部的胞腔分解, 但是这种胞腔分解并非对偶于任何一个六面体剖分, 有可能存在如下 (和六面体剖分的对偶) 非一致的结构: 某些边和 0 个或者 1 个顶点相连; 边只和边界顶点相连; 面片和同一条边多次相交; 面片只和边界边相连. 我们可以在体的内部再加入一些拓扑球面 B_l 来去除这些结构, 例如气泡包裹算法, 如图 3.15 所示.

首先, 我们紧贴着边界球面 $\mathbb{S}^2$, 在其内部加入一个球面 B_0, B_0 将 $\{S_k, \Sigma_{ij}\}$ 的三重交点和 $\mathbb{S}^2$ 分割开来. 将 B 的内部三角剖分 $\mathcal{T}$, 环绕 $\mathcal{T}$ 的所有单纯形加入球面 B_p. 加入这些球面后, $\{S_k, \Sigma_{ij}, B_l\}$ 只有三重点, 由此得到胞腔分解 $\mathcal{H}^*$. 可以证明 $\mathcal{H}^*$ 的每个顶点的拓扑度都是 6, 因此 $\mathcal{H}^*$ 对偶于某个六面体网格 $\mathcal{H}$. ■

Mitchell [28] 和 Erickson [9] 将这一定理推广到边界曲面具有复杂拓扑的情形, 成为非结构化六面体网格生成的理论基础, 所用的工具是同调理论. 后面我们会讨论基于曲面叶状结构和全纯二次微分的结构化六面体网格生成方法.

彩 图

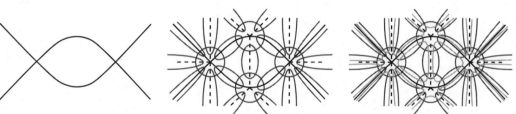

图 3.15 二维气泡包裹算法 (bubble wrapping algorithm): 初始曲线构形, 拓扑三角剖分, 用气泡包裹顶点、边和面, 得到四边形剖分的对偶. 参见 Erickson [9], Babson and Chan [3].

第四章　同调群

4.1 基本方法

代数拓扑的目的是将拓扑范畴的问题转换成代数范畴的问题, 用代数方法加以解决. 最基本的问题之一就是判断两个拓扑空间是否同胚. 在理想情形下, 我们为每一个空间配上一系列群结构, 如果这些群彼此同构, 则空间拓扑同胚. 但是, 目前代数拓扑的方法还没有达到这一程度. 同调群同构只能推出空间伦型等价, 而伦型等价远远弱于拓扑等价.

同调论的基本方法是将流形三角剖分, 然后将子流形表示成单形的线性组合, 所有的子流形构成线性空间. 将拓扑算子 (边缘算子) 表示成线性算子 (矩阵), 用线性代数的方法来获取拓扑信息. 同调方法将低秩、稀疏、高度非线性的拓扑性质变换成高维空间的线性运算, 非常具有启发意义.

4.2 单纯同调理论

相对于曲面而言, 同伦群和同调群保留了相同的信息, 因此彼此等价; 对于三流形而言, 同伦群反映的信息远远多于同调群, 同伦群强于同调群. 但是, 同伦群本身为非 Abel 群 (非交换群), 判定两个非 Abel 群是否同构是非常困难的问题. 相反, 同调群是同伦群的 Abel 化, Abel 群的计算只需要线性代数.

如图 4.1 所示, 环路 γ 无法在曲面上缩成一个点, 因此同伦群中 $[\gamma] \neq e$, 同时 $[\gamma] = a_1 b_1 a_1^{-1} b_1^{-1}$, 我们得到 $a_1 b_1 \neq b_1 a_1$. 因此亏格为 2 曲面的同伦群 $\pi_1(S, p)$ 是非 Abel 群. 我们记 $\pi_1(S, p)$ 的中心交换子群为所有形如 $aba^{-1}b^{-1}$ 生成的正规子群,

$$[\pi_1(S,p), \pi_1(S,p)] = \langle aba^{-1}b^{-1} | a, b \in \pi_1(S,p) \rangle,$$

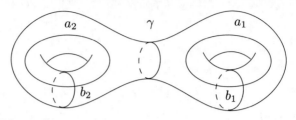

图 4.1 同伦群是非 Abel 群.

那么商群

$$\frac{\pi_1(S,p)}{[\pi_1(S,p),\pi_1(S,p)]}$$

为一 Abel 群, 即为曲面的一维下同调群. 换句话说, 一维同调群是基本群的 Abel 化.

环路 γ 在同伦群中不是单位元, 但在同调群中却是单位元. 几何上看, γ 将曲面分成两个连通分支, γ 是其中一个分支的边缘. 在同调群中, 边缘环路被视为单位元.

同调群概念的要义在于: 边的边为空, 圈和边的差别就是同调.

4.3 单纯复形和边缘算子

单纯复形是曲面三角剖分的直接推广, 但是单纯复形可以表示更为广泛的拓扑空间, 例如非流形的空间.

定义 4.1 (单纯形) 给定 $\mathbb{R}^n$ 中一般位置的 $k+1$ 个点 $\{v_0, v_1, \cdots, v_k\}$, k 维单纯形 (simplex) 是这些点构成的凸包 (convex hull),

$$\sigma = [v_0, v_1, \cdots, v_k] = \left\{ x \in \mathbb{R}^n \,\Big|\, x = \sum_{i=0}^{k} \lambda_i v_i, \sum_{i=0}^{k} \lambda_i = 1, \lambda_i \geqslant 0 \right\}.$$

我们称 $v_0, v_1, \cdots, v_k$ 为单纯形 σ 的顶点. 如果另外一个单纯形 τ 包含在 σ 中, $\tau \subset \sigma$, 我们称 τ 是 σ 的一个面 (face). ◆

通常意义下的点、线段、三角形、四面体就是 0 到 3 维的单纯形. 单纯形是有定向的, 每一个单纯形有两个定向, 由其顶点的排列给出. 我们考虑数列 $(0, 1, \cdots, k)$ 的所有排列构成的对称群 S_{k+1}, 其中所有由偶次对换 (即只交换两个元素的位置) 构成的子群记为交错群 A_{k+1}. 如果排列

$(i_0, i_1, \cdots, i_k)$ 属于交错群 A_{k+1}, 则单纯形 $[v_{i_0}, v_{i_1}, \cdots, v_{i_k}]$ 的定向为正, 反之定向为负.

单纯形粘贴在一起就构成单纯复形.

定义 4.2 (单纯复形) 所谓一个单纯复形 (simplicial complex) Σ 就是一族单纯形的并集, 满足两个条件:

1. 如果一个单纯形 σ 属于 Σ, 那么 σ 的所有面都属于 Σ;

2. 如果两个单纯形都属于 Σ, $\sigma_1, \sigma_2 \subset \Sigma$, 那么它们的交集或者为空, 或者是它们共同的一个面. ◆

通常意义下, 曲面的三角剖分就是单纯复形.

定义 4.3 (k 维链) 给定一个单纯复形, 一个 k 维链就是所有 k 维单纯形的线性组合, 如图 4.2 所示,

$$\sum_i \lambda_i \sigma_i, \quad \lambda_i \in \mathbb{Z}.$$ ◆

定义 4.4 (链群) 所有的 k 维链在加法下成一 Abel 群 (可交换群), 记为 $C_k(\Sigma)$,

$$\sum \alpha_j \sigma_j + \sum \beta_j \sigma_j = \sum (\alpha_j + \beta_j) \sigma_j,$$

其中零元为 $\sum 0 \sigma_j$, $\sum \alpha_j \sigma_j$ 的逆元为 $\sum (-\alpha_j) \sigma_j$. ◆

定义 4.5 (边缘算子) k 维边缘算子是链群之间的一个同态

$$\partial_k : C_k(\Sigma) \to C_{k-1}(\Sigma),$$

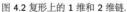

图 4.2 复形上的 1 维和 2 维链.

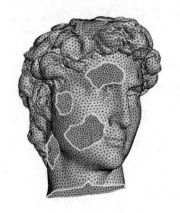

图 4.3 边缘算子.

作用在单纯形上

$$\partial_k[v_0, v_1, \cdots, v_k] = \sum_i (-1)^i [v_0, \cdots, v_{i-1}, v_{i+1}, \cdots, v_k],$$

作用在链上

$$\partial_k \sum_i \alpha_i \sigma_i = \sum_i \alpha_i \partial_k \sigma_i, \quad \alpha_i \in \mathbb{Z}. \qquad \blacklozenge$$

直观上, 边缘算子就是剥离出每个链的边界, 如图 4.3 所示. 通过直接计算, 我们可得到下面的基本定理.

定理 4.1 边缘的边缘为空,

$$\partial_{k-1} \circ \partial_k = 0,$$

亦即边的边为空. $\qquad \blacklozenge$

4.4 单纯同调群

定义 4.6 (闭链) k 维链 $\gamma \in C_k(\Sigma)$ 称为闭链 (图 4.4), 如果 $\partial_k \gamma = 0$. 所有的 k 维闭链 $C_k(\Sigma)$ 构成的一个子群, 记为 $Z_k(\Sigma)$. $\qquad \blacklozenge$

$Z_k(\Sigma)$ 就是线性映射 $\partial_k : C_k(\Sigma) \to C_{k-1}(\Sigma)$ 的核, $Z_k(\Sigma) = \mathrm{Ker}\,\partial_k$.

定义 4.7 (恰当链) 如果存在一个 $k+1$ 维链 $\sigma \in C_{k+1}(\Sigma)$, 满足 $\partial_{k+1}\sigma = \gamma$, 那么 $\gamma \in C_k(\Sigma)$ 称为恰当链, 所有 k 维恰当链构成一个子群, 记为 $B_k(\Sigma)$. $\qquad \blacklozenge$

图 4.4 闭链和开链 (开链即边缘非空的链).

$B_k(\Sigma)$ 就是线性映射 $\partial_{k+1} : C_{k+1}(\Sigma) \rightarrow C_k(\Sigma)$ 的像, $B_k(\Sigma) =$ $\mathrm{Img}\,\partial_{k+1}$.

因为边的边为空, 所以恰当链必为闭链,

$$B_k(\Sigma) \subset Z_k(\Sigma) \subset C_k(\Sigma).$$

给定单纯复形 Σ, 我们得到链复形,

$$\cdots \longrightarrow C_{k+1} \xrightarrow{\partial_{k+1}} C_k \xrightarrow{\partial_k} C_{k-1} \xrightarrow{\partial_{k-1}} C_{k-2} \longrightarrow \cdots$$

具有条件 $\partial_{k-1} \circ \partial_k = 0$.

综上所述, 边 (恰当链) 一定是圈 (闭链), 圈 (闭链) 可能不是边 (恰当链). 圈和边的差别就是同调. 如图 4.5 所示, 左帧显示了恰当的闭链, 每

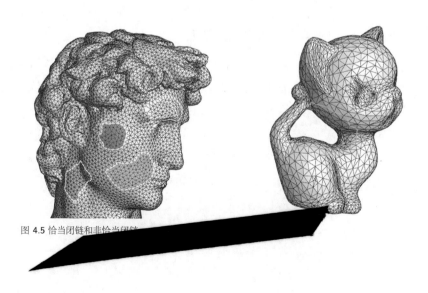

图 4.5 恰当闭链和非恰当闭链

一个闭链都包围着一个曲面区域, 因此是边缘. 右帧是非恰当的闭链 γ, 这条链 γ 并不包围任何一个曲面区域. 如果把曲面 S 沿着 γ 切开, 我们得到一个圆筒面 $S \setminus \gamma$, 圆筒面有两个边缘曲线,

$$\partial_2(S \setminus \gamma) = \gamma - \gamma^-,$$

这里 γ^- 是 γ 取逆向, 但是 γ 本身并不构成圆筒面 $S \setminus \gamma$ 的边界.

定义 4.8 (同调群) 给定单纯复形 Σ, k 维闭链群 Z_k 和 k 维恰当链群 B_k 的商群称为 Σ 的 k 维下同调群,

$$H_k(\Sigma, \mathbb{Z}) = \frac{Z_k(\Sigma)}{B_k(\Sigma)} = \frac{\operatorname{Ker} \partial_k}{\operatorname{Img} \partial_{k+1}}. \qquad \blacklozenge$$

两个 k-闭链 τ_1, τ_2 是同调的, 如果它们彼此相差一个恰当链 $\partial_{k+1}\sigma$, 这里 σ 是一个 $k+1$ 链,

$$\tau_1 - \tau_2 = \partial_{k+1}\sigma.$$

k-闭链 τ 所在的同调类记为 $[\tau]$, 所有的同调类构成的加法群为 k 维同调群 $H_k(\Sigma)$. 我们将单纯复形 Σ 的所有同调群放在一起, 记为 $H_*(\Sigma) = \{H_k(\Sigma)\}$.

4.5 同调群的计算

曲面一维同调群的基底和曲面基本群基底相同, 我们可以用基本群的组合算法来计算一维同调群基底. 高维同调群的算法是基于线性代数的矩阵特征值和特征向量算法.

我们可以将链群视为线性空间, 边缘算子 $\partial_k : C_k(\Sigma) \to C_{k-1}(\Sigma)$ 是线性算子, 因此可以被表示为矩阵. 假设复形 Σ 所有的 k 维单纯形为

$$\{\sigma_1^k, \sigma_2^k, \cdots, \sigma_m^k\},$$

它们线性张成 k 维链群

$$C_k(\Sigma) = \operatorname{Span}\{\sigma_1^k, \sigma_2^k, \cdots, \sigma_m^k\};$$

复形 Σ 所有的 $k-1$ 维单纯形为

$$\{\sigma_1^{k-1}, \sigma_2^{k-1}, \cdots, \sigma_n^{k-1}\},$$

它们线性张成 $k-1$ 维链群

$$C_{k-1}(\Sigma) = \mathrm{Span}\{\sigma_1^{k-1}, \sigma_2^{k-1}, \cdots, \sigma_n^{k-1}\}.$$

边缘算子具有矩阵表示, ∂_k 的第 (i,j) 个元素是 σ_i^k 和 σ_j^{k-1} 的联结数 $[\sigma_i^k, \sigma_j^{k-1}]$,

$$\partial_k = ([\sigma_i^k, \sigma_j^{k-1}]),$$

这里联结数 $[\sigma_i^k, \sigma_j^{k-1}]$ 是一个整数, 定义如下: 如果 $\sigma_j^{k-1} \cap \sigma_i^k = \emptyset$, 则 $[\sigma_i^k, \sigma_j^{k-1}]$ 为 0; 如果 $+\sigma_j^{k-1}$ 是 σ_i^k 的一个边缘面, $+\sigma_j^{k-1} \in \partial_k \sigma_i^k$, 则 $[\sigma_i^k, \sigma_j^{k-1}]$ 为 $+1$; 如果 $-\sigma_j^{k-1}$ 是 σ_i^k 的一个边缘面, $-\sigma_j^{k-1} \in \partial_k \sigma_i^k$, 则 $[\sigma_i^k, \sigma_j^{k-1}]$ 为 -1:

$$[\sigma_i^k, \sigma_j^{k-1}] = \begin{cases} 0, & \sigma_j^{k-1} \notin \partial_k \sigma_i^k, \\ +1, & +\sigma_j^{k-1} \in \partial_k \sigma_i^k, \\ -1, & -\sigma_j^{k-1} \in \partial_k \sigma_i^k. \end{cases}$$

如此, 我们构造离散 Laplace 算子:

$$\Delta_k = \partial_{k+1} \circ \partial_{k+1}^T + \partial_k^T \circ \partial_k.$$

定理 4.2 $H_k(\Sigma, \mathbb{Z})$ 的基底是 Δ_k 的对应于 0 特征根的特征向量. ◆

证明 假设 ξ 是 Δ_k 对应于 0 的特征向量, 那么有

$$0 = \xi^T \Delta_k \xi = |\partial_{k+1}^T \xi|^2 + |\partial_k \xi|^2,$$

因此, 我们得到

$$\partial_{k+1}^T \xi = 0, \quad \partial_k \xi = 0.$$

第一个等式意味着 $\xi \notin B_k$, 即 ξ 不是恰当链; 第二个等式意味着 $\xi \in Z_k$, 即 ξ 是闭链. 因此 $\xi \in H_k(\Sigma)$. 所有这些特征向量生成了 $H_k(\Sigma)$. 证明完毕. ■

这里, Δ_k 是整数矩阵, 其特征根和特征向量的计算可以应用整数矩阵的 Smith 标准形 (Smith normal form): 存在 $m \times m$ 可逆整数矩阵 S 和

T, 使得 $S\Delta_k T$ 为对角阵,

$$S\Delta_k T = \begin{pmatrix} \alpha_1 & 0 & 0 & \ldots & & 0 \\ 0 & \alpha_2 & 0 & \ldots & & 0 \\ 0 & 0 & \ddots & \ldots & & \\ \vdots & & & \alpha_r & & \vdots \\ & & & & 0 & \\ & & & & & \ddots \\ 0 & 0 & 0 & \ldots & & 0 \end{pmatrix},$$

这里

$$\alpha_i | \alpha_{i+1}, \quad \forall 1 \leqslant i < r,$$

并且

$$\alpha_i = \frac{d_i(\Delta_k)}{d_{i-1}(\Delta_k)},$$

$d_i(\Delta_k)$ 是所有 $i \times i$ 阶子矩阵行列式的最大公因子.

4.6 伦型不变量

4.6.1 单纯映射

假设 $\varphi : M \to N$ 是拓扑空间之间的连续映射, 我们可以将 M 和 N 用单纯复形来逼近, 同时映射 φ 本身可以用所谓的单纯映射来逼近.

定义 4.9 (单纯映射) 假设 M 和 N 是单纯复形, 映射 $f : M \to N$ 称为一个单纯映射, 如果对于 M 中的任意一个单纯形 $\sigma \in M$, 其像 $f(\sigma) \in N$ 是 N 中的单纯形. ◆

给定一个连续映射, 我们可以将 M 和 N 进一步细分 (subdivision), 在细分后的复形上定义单纯映射来逼近连续映射. 可以证明, 对于任意给定的误差, 我们可以将 M 和 N 细分得足够细致, 使得单纯映射和连续映射的误差小于给定的阈值.

定理 4.3 (单纯逼近定理) 给定单纯复形 M 和 N, 在空间 N 上有

度量 d, 给定连续映射 $f : M \to N$, 对于任意的 $\varepsilon > 0$, 存在 M 和 N 的细分 $\tilde{M}$ 和 $\tilde{N}$, 以及单纯映射 $\tilde{f} : \tilde{M} \to \tilde{N}$, 满足对一切点 $p \in \tilde{M}$,

$$d(f(p), \tilde{f}(p)) < \varepsilon. \qquad\qquad \blacklozenge$$

单纯映射可以表示成分片线性映射, 在现实生活中, 所有的动漫动画都基于单纯映射的理论.

4.6.2 链映射

设 C 和 D 是 M 和 N 的链复形,

$$\cdots \longrightarrow C_{q+1} \xrightarrow{\partial_{q+1}} C_q \xrightarrow{\partial_q} C_{q-1} \xrightarrow{\partial_{q-1}} C_{q-2} \longrightarrow \cdots$$

$$\cdots \longrightarrow D_{q+1} \xrightarrow{\partial_{q+1}} D_q \xrightarrow{\partial_q} D_{q-1} \xrightarrow{\partial_{q-1}} D_{q-2} \longrightarrow \cdots$$

单纯映射诱导了链复形之间的映射, 称为链映射 $f = \{f_q : C_q \to D_q\}$. 同时对于每一维度, 单纯映射和边缘算子可交换, $f_{q-1} \circ \partial_q = \partial_q \circ f_q$, 即下面的图可交换,

因为单纯映射将闭链映为闭链, 链映射诱导了同调群间的同态, $f_* : H_*(C) \to H_*(D)$,

$$f_*([z_q]) := [f_q(z_q)], \quad \forall z_q \in Z_q(C).$$

4.6.3 链同伦

定义 4.10 (链同伦) 假如映射 $f, g : M \to N$ 彼此同伦, 它们诱导的链映射 $f = \{f_q : C_q \to D_q\}$, $g = \{g_q : C_q \to D_q\}$, 满足如下条件

这里 T 是一系列同态 $T = \{T_q : C_q \to D_{q+1}\}$, 满足

$$g_q - f_q = \partial_{q+1} \circ T_q + T_{q-1} \circ \partial_q,$$

这两个链映射称为链同伦. ◆

$F : [0,1] \times M \to N$ 是同伦, $F(0,\cdot) = f(\cdot)$ 并且 $F(1,\cdot) = g(\cdot)$, 那么同伦 F 将 M 中的低维链映到 N 中的高一维链, 诱导了同态 T. 如图 4.6 所示, $\gamma : [0,1] \to M$ 是 M 上的一条路径, 成立关系式:

$$\partial_2 \circ T_1(\gamma) + T_0 \circ \partial_1(\gamma) = g_1(\gamma) - f_1(\gamma).$$

我们考察 $f, g : M \to N$ 所诱导的同调群间的同态, 令 $\sigma \in Z_q(M)$ 为一闭链, 则 $\partial_q \sigma = 0$,

$$g_q(\sigma) - f_q(\sigma) = \partial_{q+1} \circ T_q(\sigma) + T_{q-1} \circ \partial_q(\sigma) = \partial_{q+1} \circ T_q(\sigma),$$

$g_q(\sigma)$ 和 $f_q(\sigma)$ 相差一个边缘链, 彼此同调, 因此 $f_*, g_* : H_*(C) \to H_*(D)$ 彼此相等. 如此, 我们证明了同伦映射诱导相同的同调群同态.

定理 4.4 假设 $f, g : M \to N$ 彼此同伦, 那么同调群间的同态 $f_*, g_* : H_*(M) \to H_*(N)$ 彼此相等. ◆

定义 4.11 (伦型等价) 假如存在连续映射 $f : M \to N$ 和 $g : N \to M$, 满足 $f \circ g \sim \mathrm{id}_N$, 并且 $g \circ f \sim \mathrm{id}_M$, 就是说 f 和 g 的复合同伦于 N 上恒同映射, g 和 f 的复合同伦于 M 上的恒同映射, 则我们说拓扑空间 M 和 N 同伦等价, 或 M 和 N 具有相同的伦型. ◆

如上讨论, 我们得出如下定理.

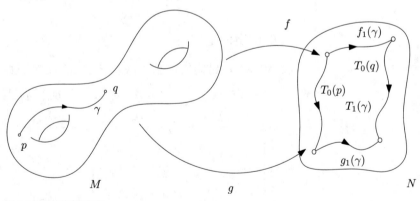

图 4.6 链同伦的直观解释.

定理 4.5 同伦等价的空间具有同构的同调群. ◆

证明 考察同调群间的同态 $f_* : H_*(M) \to H_*(N)$, $g_* : H_*(N) \to H_*(M)$, 我们有

$$g_* \circ f_* = \mathrm{id} : H_*(M) \to H_*(M), \quad f_* \circ g_* = \mathrm{id} : H_*(N) \to H_*(N),$$

由此 $H_*(M)$ 和 $H_*(N)$ 的维数必然相等, f_* 和 g_* 满秩, 即 f_* 和 g_* 为同构. 证明完毕. ■

定义 4.12 (形变收缩核) 假如 A 是 B 的子空间, A 是 B 的形变收缩核, 是指 B 可以在保持 A 上各点不变的情况下连续形变到 A 上. ◆

形变收缩映射 $f : B \to A$ 与自然包含 $i : A \to B$ 构成了同伦等价关系,

$$i \circ f \sim \mathrm{id}_B : B \to B, \quad f \circ i \sim \mathrm{id}_A : A \to A,$$

由此我们得到引理:

引理 4.1 一个拓扑空间和其形变收缩核具有相同的同调群. ◆

4.7 环柄圈和隧道圈算法

定义 4.13 (环柄圈和隧道圈) 给定一个嵌在三维欧氏空间中的高亏格曲面 S, 这里亏格 $g \geqslant 1$. 曲面 S 将三维欧氏空间分为内部 $\mathbb{I}$ 和外部 $\mathbb{O}$, 存在一族同调群 $H_1(S, \mathbb{Z})$ 的基底 $\{\gamma_1, \gamma_2, \cdots, \gamma_{2g}\}$, 其中有 g 条圈在内部 $\mathbb{I}$ 中同调于 0, 但在外部 $\mathbb{O}$ 中非同调于 0, 它们构成外部空间 $\mathbb{O}$ 的同调群 $H_1(\mathbb{O}, \mathbb{Z})$ 的基底, 称为环柄圈 (handle loop); 另外 g 条圈在外部 $\mathbb{O}$ 中同调于 0, 但在内部 $\mathbb{I}$ 中非同调于 0, 它们构成内部 $\mathbb{I}$ 的同调群 $H_1(\mathbb{I}, \mathbb{Z})$ 的基底, 称为隧道圈 (tunnel loop) (图 4.7). ◆

过滤和配对 计算环柄和隧道圈的核心想法有两个: 过滤 (filtration) 和配对 (pair).

定义 4.14 (过滤) 一个 n 维单纯复形 Σ 的过滤是一系列嵌套的复形:

$$\emptyset = \Sigma_{-1} \subset \Sigma_0 \subset \Sigma_1 \subset \cdots \subset \Sigma_n = \Sigma.$$ ◆

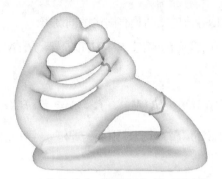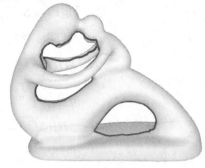

图 4.7 环柄圈 (绿色) 和隧道圈 (红色). 详情参见 Dey et al. [8].

包含映射 $f : \Sigma_{i-1} \hookrightarrow \Sigma_i$, $f(p) = p$ 诱导了下同调群之间的同态 $f_* : H_k(\Sigma_{i-1}) \to H_k(\Sigma_i)$. 复形间的嵌套序列对应了同调群的序列

$$0 = H_k(\Sigma_{-1}) \to H_k(\Sigma_0) \to \cdots \to H_k(\Sigma_n) = H_k(\Sigma).$$

我们将 Σ 的所有单纯形依照维数升序排列

$$\sigma_1, \sigma_2, \cdots, \sigma_{n-1}, \sigma_n,$$

这里 $i < j$ 蕴含 $\dim(\sigma_i) \leqslant \dim(\sigma_j)$. 我们构造 Σ 的一个过滤, 每一步添加一个单纯形,

$$\Sigma_i = \Sigma_{i-1} + \sigma_i.$$

每一次添加一个 k 维单纯形, 有两种情况可能发生. 第一种情况, σ_i 生成一个 k 维非边界闭链 c_k, 同调群的 k 维 Betti 数 β_k 加 1, 这时我们称 σ_i 为正的单形; 第二种情况, σ_i 消灭掉一个 $k - 1$ 维已经存在的闭链 c_{k-1}, 同调群的 $k - 1$ 维 Betti 数 β_{k-1} 减 1, 这时我们称 σ_i 为负的单形.

定义 4.15 (配对)　在上述过滤中, σ_i 是一个负单形, 消灭了 $k - 1$ 维已经存在的闭链 c_{k-1}, 我们将被消灭掉的闭链 c_{k-1} 中最后一个正单形和 σ_i 配对.　　　　　　　　　　　　　　　　　　　　　　　　　　♦

计算方法　我们简略解释环柄圈、隧道圈的算法 (Dey et al. [8]). 我们将曲面 S 三角剖分, 再取一个实心球 B, 包含曲面 S. 再对 B 进行四面体三角剖分, 使得 B 的三角剖分限制在 S 上等于 S 的三角剖分. 球外取一点 q, 边界 ∂B 上的每个三角形都和 q 连成一个四面体. 如此, 我们得到了三维球面 $\mathbb{S}^3$ 的一个四面体三角剖分 $\mathcal{T}$. 同时 $\mathcal{T}$ 给出了曲面 S 的三角剖分,

曲面 S 的内部体 $\mathbb{I}$ 和外部体 $\mathbb{O}$ 的三角剖分.

我们首先构造曲面 S 的一个过滤序列, 然后逐步添加单形构造内部 $\mathbb{I}$ 的过滤序列, 最后再添加单形, 构成整个 $\mathbb{S}^3$ 的过滤序列.

1. 我们将曲面 S 的 0-单形、1-单形、2-单形逐个加入过滤序列; 在完成曲面 S 的过滤后, 存在 $2g$ 个没有被配对的 1-正单形, 对应着 $2g$ 个同调群的基底.

2. 将内部 $\mathbb{I}$ 的不大于 2 维的单形加入过滤序列; 在完成内部 $\mathbb{I}$ 的过滤后, 会有 S 上 g 个 1-正单形被配对, 它们对应着 g 个环柄圈.

3. 将外部 $\mathbb{O}$ 的不大于 2 维的单形加入过滤序列; 在完成外部 $\mathbb{O}$ 的过滤后, 则剩下的 g 个 1-正单形被配对, 它们对应着 g 个隧道圈.

图 4.8 所示给出了花瓶曲面上的环柄圈和隧道圈. 环柄圈和隧道圈对于医学图像处理具有重要意义.

拓扑去噪应用 如图 4.9 所示, 我们用 CT 断层扫描技术获取直肠切面图像, 经过图像分割, 轮廓线提取, 得到直肠曲面上的稠密点云, 再通过曲面复建得到直肠曲面. 由于图像分割的误差, 复建的曲面有很多虚假的亏格 (环柄). 在实际应用中, 我们需要检测这些虚假亏格. 这些环柄非常微小, 用肉眼无法直接检测, 比较实用的方法就是通过计算拓扑方法得到, 这往

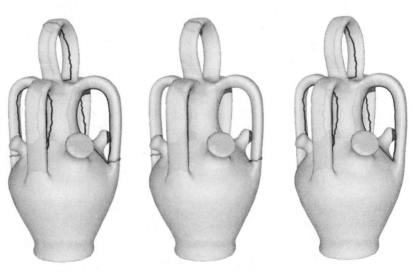

彩 图

图 4.8 花瓶曲面上的环柄圈 (绿色) 和隧道圈 (红色). 详情参见 Dey et al. [8].

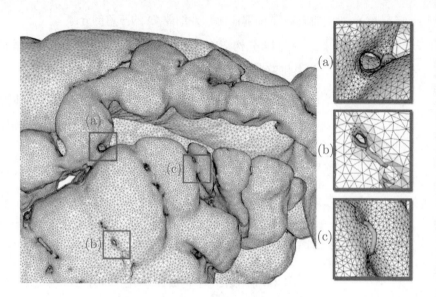

图 4.9 医学图像中的拓扑去噪. 详情参见 Dey et al. [8].

往依赖于曲面的环柄圈和隧道圈的算法. 得到这些虚假环柄之后, 我们将它们沿着环柄圈切开, 然后再填补洞隙来去除拓扑噪声.

第五章　　上同调理论

上同调理论

我们在本章介绍上同调理论. 上同调理论和下同调理论相互对偶: 下同调理论相对直观, 容易理解, 但是计算需要对组合结构进行操作, 算法相对复杂; 上同调理论相对抽象, 但是计算只涉及数值操作, 算法简单, 在实际应用中至关重要.

5.1 上同调群的直观解释

下同调理论的要义是考察流形上所有的封闭曲线 (圈) 和所有曲面片的边缘 (边), 所有的边必为圈, 反之不对, 存在不是边的圈, 因此圈和边的差别就是流形的下同调.

下面我们用场论来直观解释上同调的思想. 上同调理论的本质是考察流形上所有旋量为零的切向量场 (无旋场) 和所有函数的梯度场, 梯度场必为无旋场, 反之不对, 存在不是梯度场的无旋场, 因此无旋场和梯度场的差别就是流形的上同调.

例 5.1　我们先考察复平面 $\mathbb{C}$, 任给 C^1 光滑函数 $f : \mathbb{C} \to \mathbb{R}$, 其梯度为

$$\nabla f := \left(\frac{\partial f}{\partial x}, \frac{\partial f}{\partial y} \right),$$

梯度的旋度为零,

$$\nabla \times \nabla f = \begin{vmatrix} \partial_x & \partial_y \\ f_x & f_y \end{vmatrix} = f_{yx} - f_{xy} = 0.$$

反之, 假设 ω 是平面上的无旋场, 那么路径积分只和起点和终点有关, 和具体路径的选取无关. 假设路径 $\gamma_0, \gamma_1 : [0, 1] \to \mathbb{C}$ 相互同伦, 那么存在平面区域 $\Omega \subset \mathbb{C}$, 其边缘 $\partial\Omega = \gamma_0 - \gamma_1$, 由 Stokes 定理,

$$\int_{\gamma_0} \omega - \int_{\gamma_1} \omega = \int_{\gamma_0 - \gamma_1} \omega = \int_{\partial\Omega} \omega = \int_{\Omega} \nabla \times \omega = 0.$$

我们固定一个基点 $a \in \mathbb{C}$, 定义一个函数

$$g(b) = \int_a^b \omega,$$

这里积分路径任意选取, 那么 $\nabla g = \omega$. 这意味着平面上, 无旋场和梯度场彼此等价. ◆

例 5.2 我们再考察平面去掉原点 $\mathbb{C} \setminus \{0\}$, 向量场

$$\omega = \left(\frac{-y}{x^2 + y^2}, \frac{x}{x^2 + y^2} \right).$$

直接计算表明, 这个向量场是无旋场 $\nabla \times \omega = 0$. 我们选取单位圆周, 环绕原点, 积分为

$$\oint_\gamma \omega = \oint_\gamma d \tan^{-1} \frac{y}{x} = 2\pi.$$

因此在这种情形下, 无旋场 ω 不是梯度场. ◆

假设 ω_1, ω_2 都是无旋场, 它们相差一个梯度场 $\omega_1 - \omega_2 = \nabla f$, 则我们说它们是上同调等价的. 流形上, 所有上同调等价类在加法下成群, 这个群就是一维上同调群.

几乎所有的工程算法, 只要涉及复杂拓扑流形, 都会直接或者间接地应用上同调理论条件. 这些工程算法的基本步骤如下: 我们希望计算曲面间的映射或者向量值函数, 直接计算比较困难, 转而计算函数的导数或者梯度场, 然后通过积分来恢复原函数. 向量场可积具有局部条件和全局条件, 局部条件 (无旋场条件) 可以用偏微分方程来描述, 全局条件 (梯度场条件) 即为上同调.

5.2 单纯上同调群

给定单纯复形 Σ, 我们得到下链复形 $\{C_q(\Sigma, \mathbb{R}), \partial_q\}$,

$$\cdots \longrightarrow C_{q+1}(\Sigma, \mathbb{R}) \xrightarrow{\partial_{q+1}} C_q(\Sigma, \mathbb{R}) \xrightarrow{\partial_q} C_{q-1}(\Sigma, \mathbb{R}) \xrightarrow{\partial_{q-1}} C_{q-2}(\Sigma, \mathbb{R}) \longrightarrow \cdots$$

定义 5.1 (上链) 一个 q 维上链 (cochain) 是一个线性函数 ω : $C_q(\Sigma, \mathbb{R}) \to \mathbb{R}$, 所有 q 维上链构成的线性空间称为 q 维上链空间 (cochain space), 记为 $C^q(\Sigma, \mathbb{R})$. ◆

定义 5.2 (微分算子) q 维外微分 (上边缘) 算子 $d_q : C^q(\Sigma, \mathbb{R}) \to C^{q+1}(\Sigma, \mathbb{R})$, 可以由 Stokes 定理来直接定义: 令 $\sigma \in C_{q+1}(\Sigma, \mathbb{R})$ 为一 $q+1$ 维下链, $\omega \in C^q(\Sigma, \mathbb{R})$ 为一 q 维上链, 则 $d\omega \in C^{q+1}(\Sigma, \mathbb{R})$ 为一 $q+1$ 维上链,

$$d\omega(\sigma) := \omega(\partial\sigma). \qquad \blacklozenge$$

我们得到上链复形 (cochain complex)

$$C^0(\Sigma, \mathbb{R}) \xrightarrow{d_0} C^1(\Sigma, \mathbb{R}) \xrightarrow{d_1} C^2(\Sigma, \mathbb{R}) \xrightarrow{d_2} C^3(\Sigma, \mathbb{R}) \xrightarrow{d_3} \cdots$$

定义 5.3 (闭上链) 假设 k 维上链 $\omega \in C^k(\Sigma, \mathbb{R})$, 满足 $d_k\omega = 0$, 那么 ω 称为 k 维闭上链 (closed cochain). 所有 k 维闭上链构成的群记为 $Z^k(\Sigma, \mathbb{R})$. $\qquad \blacklozenge$

k 维闭上链群 $Z^k(\Sigma, \mathbb{R})$ 是线性算子 $d_k : C^k(\Sigma, \mathbb{R}) \to C^{k+1}(\Sigma, \mathbb{R})$ 的核, $Z^k(\Sigma, \mathbb{R}) = \operatorname{Ker} d_k$.

定义 5.4 (恰当上链) 假设 k 维上链 $\omega \in C^k(\Sigma, \mathbb{R})$, 存在一个 $k-1$ 维上链 $\tau \in C^{k-1}(\Sigma, \mathbb{R})$, 满足 $d_{k-1}\tau = \omega$, 那么 ω 称为 k 维恰当上链 (exact cochain). 所有 k 维恰当上链构成的群记为 $B^k(\Sigma, \mathbb{R})$. $\qquad \blacklozenge$

k 维恰当上链群 $B^k(\Sigma, \mathbb{R})$ 是线性算子 $d_{k-1} : C^{k-1}(\Sigma, \mathbb{R}) \to C^k(\Sigma, \mathbb{R})$ 的像, $B^k(\Sigma, \mathbb{R}) = \operatorname{Img} d_{k-1}$.

引理 5.1 设 Σ 是单纯复形, 那么外微分算子满足

$$d_{q+1} \circ d_q = 0. \qquad \blacklozenge$$

证明 假设 $\sigma \in C_{q+1}$, $\omega \in C^q$, 由定义有

$$\begin{aligned} d_{q+1} \circ d_q \omega(\sigma) &= d_q\omega\left(\partial_{q+1}\sigma\right) \\ &= \omega\left(\partial_q \circ \partial_{q+1}\sigma\right) \\ &= \omega(0) = 0. \end{aligned}$$

这里, 我们用到 $\partial_q \circ \partial_{q+1} = 0$. $\qquad \blacksquare$

由 $d_{q+1} \circ d_q = 0$, 我们得到恰当上链是闭上链, $B^k(\Sigma, \mathbb{R}) \subset Z^k(\Sigma, \mathbb{R}) \subset C^k(\Sigma, \mathbb{R})$. 由此, 我们得到单纯上同调群的定义.

定义 5.5 (上同调群) 假设 Σ 是单纯复形, 其 q 维上同调群定义为

$$H^q(\Sigma, \mathbb{R}) := \frac{\operatorname{Ker} d_q}{\operatorname{Img} d_{q-1}}. \qquad \blacklozenge$$

5.3 上下同调群的对偶

上同调群实际上是下同调群的对偶, 即下同调群的线性泛函构成的群为上同调群, 反之亦然,

$$H_k^*(\Sigma) = H^k(\Sigma), \quad H^{k*}(\Sigma) = H_k(\Sigma).$$

引理 5.2 假设 $[\sigma] \in H_k(\Sigma)$, $[\omega] \in H^k(\Sigma)$, 任取闭下链 $\sigma_1 \in [\sigma]$, 闭上链 $\omega_1 \in [\omega]$, 那么作用

$$\langle \omega_1, \sigma_1 \rangle := \omega_1(\sigma_1)$$

与同调类 $[\sigma]$ 和 $[\omega]$ 代表元的选取无关. $\qquad \blacklozenge$

证明 取下同调的闭下链 $\sigma_1, \sigma_2 \in [\sigma]$, 则存在 $k+1$ 维下链 τ, 使得

$$\sigma_1 - \sigma_2 = \partial_{k+1} \tau.$$

同样, 取上同调的闭微分形式 $\omega_1, \omega_2 \in [\omega]$, 则存在 $k-1$ 维上链 η, 满足

$$\omega_1 - \omega_2 = d_{k-1} \eta.$$

我们得到下面等式, 令 $k = 1, 2$,

$$\langle \omega_k, \sigma_1 \rangle - \langle \omega_k, \sigma_2 \rangle = \langle \omega_k, \sigma_1 - \sigma_2 \rangle = \langle \omega_k, \partial_{k+1} \tau \rangle = \langle d_k \omega_k, \tau \rangle = 0,$$

并且

$$\langle \omega_1, \sigma_k \rangle - \langle \omega_2, \sigma_k \rangle = \langle \omega_1 - \omega_2, \sigma_k \rangle = \langle d_{k-1} \eta, \sigma_k \rangle = \langle \eta, \partial_k \sigma_k \rangle = 0. \quad \blacksquare$$

因此我们可以定义上同调类在下同调类上的作用 (积分).

定义 5.6 令 Σ 为单纯复形, $[\sigma] \in H_k(\Sigma)$, $[\omega] \in H^k(\Sigma)$, 那么

$$\langle [\omega], [\sigma] \rangle := \langle \omega', \sigma' \rangle,$$

这里 $\omega' \in [\omega]$, $\sigma' \in [\sigma]$ 任选. $\qquad \blacklozenge$

由此, 我们得到对偶定理.

定理 5.1 令 Σ 为单纯复形, 那么 $H_k(\Sigma, \mathbb{R}), H^k(\Sigma, \mathbb{R})$ 互为对偶空间, 彼此线性同构

$$H_k(\Sigma, \mathbb{R}) \cong H^k(\Sigma, \mathbb{R}). \qquad \blacklozenge$$

证明 考察双线性形式

$$\langle \cdot, \cdot \rangle : H^k(\Sigma, \mathbb{R}) \times H_k(\Sigma, \mathbb{R}) \to \mathbb{R},$$

我们有 $\langle [\omega], [\sigma] \rangle$. 固定 $[\omega]$, 那么得到线性泛函

$$f_{[\omega]} : H_k(\Sigma, \mathbb{R}) \to \mathbb{R}, [\sigma] \mapsto \langle [\omega], [\sigma] \rangle.$$

由此, H^k 是 H_k 上所有线性泛函构成的线性空间, 即 H_k 的对偶空间, $H_k^* = H^k$. 同理可证, $H^{k*} = H_k$.

进一步, 线性空间和其对偶空间同构, 因此 $H_k(\Sigma, \mathbb{R}) \cong H^k(\Sigma, \mathbb{R})$. $\blacksquare$

5.4 外微分的概念

我们将单纯上同调群的概念推广到 de Rham 上同调, 这需要用到流形的概念和 Élie Cartan 的外微分 (exterior calculus) 理论. de Rham 上同调群用微分形式来表示上同调, 更加适合微分几何问题的建模. 单纯上同调群和 de Rham 上同调群同构,

$$H^q(S) \cong H_{dR}^q(S).$$

de Rham 上同调可以用单纯上同调来离散逼近, 从而用有限元方法来求解.

定义 5.7 (流形) 一个流形是一个拓扑空间 S, 被一族开集覆盖 $S \subset \bigcup U_\alpha$. 对于每一个开集 U_α, 存在拓扑同胚 $\varphi_\alpha : U_\alpha \to \mathbb{R}^n, (U_\alpha, \varphi_\alpha)$ 称为一个局部坐标卡. 如果两个局部坐标卡交集非空, $U_\alpha \cap U_\beta \neq \emptyset$, 那么

$$\varphi_{\alpha\beta} = \varphi_\beta \circ \varphi_\alpha^{-1} : \varphi_\alpha(U_\alpha \cap U_\beta) \to \varphi_\beta(U_\alpha \cap U_\beta)$$

称为局部坐标变换 (图 5.1). 如果所有的局部坐标变换都是光滑的, 那么流形称为光滑流形. 二维流形称为曲面. $\blacklozenge$

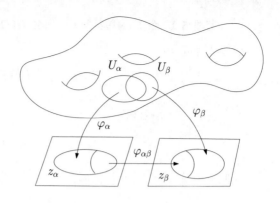

图 5.1 流形.

微分形式 固定一点 $p \in S$, 此点处的切空间记为 $T_p S$, 切向量 $v \in T_p S$. 选择一个局部坐标系 $(x_1, x_2, \cdots, x_n)$, 则切向量有局部表示 $v = \sum v_i \frac{\partial}{\partial x_i}$.

定义 5.8 (微分 1-形式) 定义在切空间 $T_p S$ 上的线性函数称为微分 1-形式, 所有微分 1-形式构成的线性空间称为余切空间 $T_p^* S$, 即切空间的对偶空间. (线性空间上所有线性函数构成对偶空间, 对偶空间和原空间线性同构.) ◆

设 $\omega \in T_p^* S, v_1, v_2 \in T_p S$, 则有微分 1-形式的线性性

$$\omega(\lambda_1 v_1 + \lambda_2 v_2) = \lambda_1 \omega(v_1) + \lambda_2 \omega(v_2).$$

假设切向量和微分 1-形式的局部表示为

$$\mathbf{v} = \sum \lambda_i \frac{\partial}{\partial x_i}, \quad \omega = \sum \omega_i dx_i,$$

我们有

$$\omega(\mathbf{v}) = \sum \lambda_i \omega_i.$$

定义 5.9 (外积) k 个微分 1-形式的外积是多重线性函数,

$$\omega_1 \wedge \omega_2 \wedge \cdots \wedge \omega_k : T_p S \times T_p S \times \cdots \times T_p S \to \mathbb{R}$$

称为微分 k-形式, 具体定义为

$$\omega_1 \wedge \omega_2 \wedge \cdots \wedge \omega_k(v_1, v_2, \cdots, v_k) = \begin{vmatrix} \omega_1(v_1) & \omega_1(v_2) & \dots & \omega_1(v_k) \\ \omega_2(v_1) & \omega_2(v_2) & \dots & \omega_2(v_k) \\ \vdots & \vdots & & \vdots \\ \omega_k(v_1) & \omega_k(v_2) & \dots & \omega_k(v_k) \end{vmatrix}. \quad \blacklozenge$$

我们看到外积是反称的, 假设 σ 是 $\{1, 2, \cdots, k\}$ 的排列, 则

$$\omega_{\sigma(1)} \wedge \omega_{\sigma(2)} \wedge \cdots \wedge \omega_{\sigma(k)} = (-1)^\sigma \omega_1 \wedge \omega_2 \wedge \cdots \wedge \omega_k,$$

这里, 如果 σ 是奇排列, 则 $(-1)^\sigma = -1$, 如果 σ 是偶排列, 则 $(-1)^\sigma = +1$.

外微分 外微分算子是场论中梯度、旋度、散度算子的推广. 首先我们定义 0-形式 (函数) 的外微分

$$df(x_1, x_2, \cdots, x_n) = \sum_{i=1}^{n} \frac{\partial f}{\partial x_i} dx_i,$$

1-形式的外微分

$$d\left(\sum \omega_i dx_i\right) = \sum_{i,j} \left(\frac{\partial \omega_j}{\partial x_i} - \frac{\partial \omega_j}{\partial x_j}\right) dx_i \wedge dx_j,$$

k-形式的外微分

$$d(\omega_1 \wedge \omega_2 \wedge \cdots \wedge \omega_k) = \sum (-1)^{i-1} \omega_1 \wedge \cdots \wedge \omega_{i-1} \wedge d\omega_i \wedge \omega_{i+1} \wedge \cdots \wedge \omega_k.$$

积分 微分形式可以在链上积分. 给定 k-形式

$$\omega = \sum \omega_{i_1, i_2, \ldots, i_k} dx^{i_1} \wedge dx^{i_2} \wedge \cdots \wedge dx^{i_k},$$

D 是 k 维链, 在局部坐标系下积分转化为经典的 Lebesgue 积分

$$\int_D \omega = \sum_{i_1, i_2, \ldots, i_k} \int_D \omega_{i_1, i_2, \ldots, i_k} dx^{i_1} dx^{i_2} \cdots dx^{i_k}.$$

可以看出, 微分形式的积分和局部坐标系的选取无关. 在非局部情况下, 我们可以用单位分解来定义积分.

微分形式的积分满足 Stokes 定理, 它将外微分算子和边缘算子对偶起来.

定理 5.2 (Stokes) 假设 M 为微分流形, ω 是 k 维微分形式, D 是 $k+1$ 维下链, 我们有

$$\int_D d^k \omega = \int_{\partial_{k+1} D} \omega. \qquad\qquad \blacklozenge$$

我们知道 "边的边为空", 即 $\partial_k \circ \partial_{k+1} = 0$, 对偶地我们得到 "梯度的旋度为零", 即下面定理.

定理 5.3 假设 Σ 为微分流形, 我们有

$$d^k \circ d^{k-1} = 0. \qquad\qquad \blacklozenge$$

证明 ω 是 $k-1$ 维微分形式, D 是 $k+1$ 维链, 由 Stokes 定理, 我们有

$$\int_D d^k \circ d^{k-1}\omega = \int_{\partial_k D} d^{k-1}\omega = \int_{\partial_{k-1} \circ \partial_k D} \omega = 0.$$

这里, 我们用到 $\partial_{k-1} \circ \partial_k = 0$. ∎

5.5 de Rham 上同调的概念

我们用 $\Omega^k(\Sigma)$ 表示微分流形 Σ 上所有 k-微分形式构成的空间, $d^k : \Omega^k(\Sigma) \to \Omega^{k+1}(\Sigma)$ 表示外微分算子.

定义 5.10 (闭微分形式) k-微分形式 $\omega \in \Omega^k(\Sigma)$ 称为闭形式, 如果 $d^k\omega = 0$, 即 $\omega \in \mathrm{Ker}\, d^k$. ◆

定义 5.11 (恰当微分形式) k-微分形式 $\omega \in \Omega^k(\Sigma)$ 称为恰当形式, 如果存在 $\tau \in \Omega^{k-1}(\Sigma)$, 使得 $\omega = d^{k-1}\tau$, 即 $\omega \in \mathrm{Img}\, d^{k-1}$. ◆

由 $d^k \circ d^{k-1} = 0$, 我们得到恰当形式必为闭形式, $\mathrm{Img}\, d^{k-1} \subset \mathrm{Ker}\, d^k$, 闭形式和恰当形式之差称为流形的 k 维 de Rham 上同调群.

定义 5.12 (de Rham 上同调群) 假设 Σ 是微分流形, 其 de Rham 复形为

$$\Omega^0(\Sigma, \mathbb{R}) \xrightarrow{d^0} \Omega^1(\Sigma, \mathbb{R}) \xrightarrow{d^1} \Omega^2(\Sigma, \mathbb{R}) \xrightarrow{d^2} \Omega^3(\Sigma, \mathbb{R}) \xrightarrow{d^3} \cdots$$

$$H^k_{dR}(\Sigma, \mathbb{R}) := \frac{\mathrm{Ker}\, d^k}{\mathrm{Img}\, d^{k-1}}.$$
◆

例如, 1 维 de Rham 上同调群 $H^1_{dR}(\Sigma, \mathbb{R})$, 分子是无旋场, 分母是梯度场, 所有无旋的非梯度场构成 1 维 de Rham 上同调群.

5.6 拉回上同调群同态

假设 M 和 N 是微分流形, $\varphi : M \to N$ 是一个光滑映射. 我们可以将 M 和 N 进行三角剖分, 用单纯复形 $\tilde{M}$ 和 $\tilde{N}$ 来逼近, 同时将 φ 用单纯映射 $\tilde{\varphi}$ 来逼近.

引理 5.3 单纯映射 $\tilde\varphi : \tilde M \to \tilde N$ 将闭链映成闭链, 将恰当链映成恰当链. ◆

证明 给定一个 k 维闭链 $\sigma \in C_k(\tilde M)$, 其像为 $\tilde\varphi(\sigma)$,

$$\partial_k \tilde\varphi(\sigma) = \tilde\varphi(\partial_k \sigma) = \tilde\varphi(0) = 0.$$

因此, $\tilde\varphi(\sigma)$ 也是闭链.

同样, 如果 σ 是恰当链, 则存在 $\tau \in C_{k+1}(\tilde M)$, $\sigma = \partial_{k+1}\tau$, 那么

$$\tilde\varphi(\sigma) = \tilde\varphi(\partial_{k+1}\tau) = \partial_{k+1}\tilde\varphi(\tau),$$

即 $\tilde\varphi(\sigma)$ 仍是恰当链. ■

引理 5.4 给定单纯复形 $\tilde M$, $\tilde N$ 和单纯映射 $\tilde\varphi : \tilde M \to \tilde N$, 那么 $\tilde\varphi$ 诱导了下同调群之间的同态:

$$\varphi_* : H_k(\tilde M) \to H_k(\tilde N).$$ ◆

证明 首先证明: 若 σ_1 和 σ_2 彼此下同调, $\sigma_1 \sim \sigma_2$, 则它们的像彼此下同调, $\tilde\varphi(\sigma_1) \sim \tilde\varphi(\sigma_2)$. 由 $\sigma_1 \sim \sigma_2$, 我们得到存在 $\tau \in C_{k+1}(\tilde M)$, 满足

$$\sigma_1 - \sigma_2 = \partial_{k+1}\tau.$$

由此,

$$\tilde\varphi(\sigma_1 - \sigma_2) = \tilde\varphi(\partial_{k+1}\tau), \quad \tilde\varphi(\sigma_1) - \tilde\varphi(\sigma_2) = \partial_{k+1}\tilde\varphi(\tau),$$

即 $\tilde\varphi(\sigma_1) \sim \tilde\varphi(\sigma_2)$. 由此我们可以定义群之间的映射 $\varphi_* : H_k(\tilde M) \to H_k(\tilde N)$ 如下: 对于任意闭链 $\sigma \in C_k(\tilde M)$,

$$\varphi_*([\sigma]) = [\tilde\varphi(\sigma)].$$

如果我们选取下同调类 $[\sigma]$ 中的另外一个闭链 σ', 那么 $\tilde\varphi(\sigma') \sim \tilde\varphi(\sigma)$, 即 $\tilde\varphi(\sigma') \in [\tilde\varphi(\sigma)]$. 因此 $\varphi_*([\sigma])$ 和类 $[\sigma]$ 的代表元选取无关, φ_* 可以被无歧义地定义.

其次, 由 φ_* 的定义和单纯映射 $\tilde\varphi$ 的线性性质, 我们有

$$\varphi_*(\lambda_1[\sigma_1] + \lambda_2[\sigma_2]) = \varphi_*([\lambda_1\sigma_1 + \lambda_2\sigma_2]) = [\tilde\varphi(\lambda_1\sigma_1 + \lambda_2\sigma_2)]$$

$$= [\lambda_1\tilde\varphi(\sigma_1) + \lambda_2\tilde\varphi(\sigma_2)] = \lambda_1\varphi_*([\sigma_1]) + \lambda_2\varphi_*([\sigma_2]),$$

即 $\varphi_* : H_k(\tilde M) \to H_k(\tilde N)$ 是 Abel 群之间的同态. ■

引理 5.5 给定单纯复形 $\tilde{M}$ 和 $\tilde{N}$, 以及单纯映射 $\tilde{\varphi}: \tilde{M} \to \tilde{N}$, 那么 $\tilde{\varphi}$ 诱导了上同调群之间的同态:

$$\varphi^*: H^k(\tilde{N}, \mathbb{R}) \to H^k(\tilde{M}, \mathbb{R}).$$ ◆

证明 那么我们定义群同态 $\varphi^*: H^k(\tilde{N}) \to H^k(\tilde{M})$ 如下: 假设闭形式 $\omega \in C^k(\tilde{N})$, 闭链 $\sigma \in C_k(\tilde{M})$, 那么 $[\omega] \in H^k(\tilde{N})$ 并且 $[\sigma] \in H_k(\tilde{M})$,

$$\langle \varphi^*([\omega]), [\sigma] \rangle := \langle [\omega], \varphi_*([\sigma]) \rangle,$$

换言之

$$\int_\sigma \varphi^*(\omega) := \int_{\varphi_*(\sigma)} \omega = \int_{\tilde{\varphi}(\sigma)} \omega.$$

可以直接验证, 以上运算与类 $[\sigma]$ 和 $[\omega]$ 的代表元选取无关, 拉回映射 $\varphi^*: H^k(\tilde{N}) \to H^k(\tilde{M})$ 可以无歧义地定义, 并且保持线性性质, 因此是 Abel 群之间的同态. ∎

由此, 我们得到流形间的光滑映射 $\varphi: M \to N$ 诱导了下同调群间的同态

$$\varphi_*: H_*(M, \mathbb{R}) \to H_*(N, \mathbb{R}),$$

同时诱导了上同调群间的同态

$$\varphi^*: H^*(N, \mathbb{R}) \to H^*(M, \mathbb{R}),$$

注意这里上下同调群之间的同态箭头方向正好相反. φ_* 将定义域中的下同调类 "推前" 为值域的下同调类, φ^* 将值域的上同调类 "拉回" 成定义域的上同调类. 正是因为箭头反向, 在实际应用中, 上同调理论更加方便.

5.7 上同调群的计算

给定一张光滑曲面, 我们将其三角剖分, 表示成单纯复形 Σ, 然后计算 Σ 的单纯上同调群的基底.

我们首先计算 Σ 的同伦群 $\pi_1(\Sigma, p)$, 即下同调群 $H_1(\Sigma)$, 其基底记为 $\{\gamma_1, \gamma_2, \cdots, \gamma_{2g}\}$. 对每一个下同调群基底 γ, 我们将曲面 Σ 沿着 γ 切开,

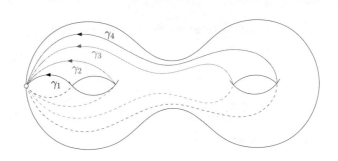

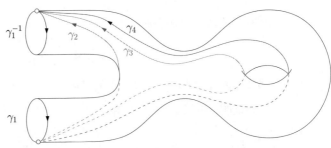

图 5.2 上同调群基底的算法.

得到开曲面 $\bar{\Sigma}$, 带有两个边缘环路 γ, γ^{-1}, 如图 5.2 所示. 然后我们构造函数 $f_\gamma : \bar{\Sigma} \to \mathbb{R}$, 使得

$$f_\gamma(p) = \begin{cases} 1, & p \in \gamma, \\ 0, & p \in \gamma^{-1}, \\ \text{随机}, & \text{其他情形}. \end{cases}$$

1-形式 $\omega_\gamma := df_\gamma$ 在边界 γ, γ^{-1} 上恒为 0, 所以 ω_γ 是定义在原来曲面上的闭 1-形式. 但是 ω_γ 不是恰当形式, 令 τ 是一条封闭曲线, 和 γ 横截相交, 假设代数相交数为 $\gamma \cdot \tau$, 那么

$$\int_\tau \omega_\gamma = \gamma \cdot \tau,$$

这样的微分 1-形式 ω_γ 称为 γ 的特征微分形式. 那么 $H^1(M, \mathbb{R})$ 的基底由 $\{\gamma_1, \gamma_2, \cdots, \gamma_{2g}\}$ 对应的特征微分形式给出, 即

$$H^1(\Sigma, \mathbb{R}) = \mathrm{Span}\left\{[\omega_{\gamma_1}], [\omega_{\gamma_2}], \cdots, [\omega_{\gamma_{2g}}]\right\}.$$

定义 5.13 (特征微分形式) 假设 Σ 是一张光滑曲面, $\gamma : [0,1] \to \Sigma$ 是一条光滑封闭曲线, ω_γ 是微分 1-形式. 我们称 ω_γ 是 γ 的特征微分形式

(characteristic differential form), 如果对于一切封闭曲线 τ, 都有

$$\int_\tau \omega_\gamma = \gamma \cdot \tau,$$

这里 $\gamma \cdot \tau$ 代表 γ 和 τ 的代数相交数. ◆

引理 5.6 假设 Σ 是一张亏格为 g 的可定向封闭曲面, 其 1 维下同调群的基底为

$$\{\gamma_1, \gamma_2, \cdots, \gamma_{2g}\},$$

其对偶的特征微分 1-形式为

$$\{[\omega_1], [\omega_2], \cdots, [\omega_{2g}]\},$$

那么 $\{\omega_k\}_{k=1}^{2g}$ 构成 $H^1(\Sigma, \mathbb{Z})$ 的基底. ◆

证明 根据定义, 我们有

$$\begin{pmatrix} \gamma_1 \\ \gamma_2 \\ \vdots \\ \gamma_{2g} \end{pmatrix} \begin{pmatrix} \omega_1 & \omega_2 & \cdots & \omega_{2g} \end{pmatrix} = \begin{pmatrix} \int_{\gamma_1} \omega_1 & \int_{\gamma_1} \omega_2 & \cdots & \int_{\gamma_1} \omega_{2g} \\ \int_{\gamma_2} \omega_1 & \int_{\gamma_2} \omega_2 & \cdots & \int_{\gamma_2} \omega_{2g} \\ \vdots & \vdots & & \vdots \\ \int_{\gamma_{2g}} \omega_1 & \int_{\gamma_{2g}} \omega_2 & \cdots & \int_{\gamma_{2g}} \omega_{2g} \end{pmatrix}. \quad (5.1)$$

我们不妨设下同调群的基底是典范基底,

$$\{\gamma_1, \gamma_2, \cdots, \gamma_{2g}\} = \{a_1, b_1, a_2, b_2, \cdots, a_g, b_g\},$$

这里

$$a_i \cdot b_j = \delta_i^j, \quad a_i \cdot a_j = 0, \quad b_i \cdot b_j = 0.$$

等式 (5.1) 右侧等于

$$\begin{pmatrix} \gamma_1 \cdot \gamma_1 & \gamma_2 \cdot \gamma_1 & \cdots & \gamma_{2g} \cdot \gamma_1 \\ \gamma_1 \cdot \gamma_2 & \gamma_2 \cdot \gamma_2 & \cdots & \gamma_{2g} \cdot \gamma_2 \\ \vdots & \vdots & & \vdots \\ \gamma_1 \cdot \gamma_{2g} & \gamma_2 \cdot \gamma_{2g} & \cdots & \gamma_{2g} \cdot \gamma_{2g} \end{pmatrix} = \begin{pmatrix} 0 & -1 & \cdots & 0 & 0 \\ +1 & 0 & \cdots & 0 & 0 \\ \vdots & \vdots & & \vdots & \vdots \\ 0 & 0 & \cdots & 0 & -1 \\ 0 & 0 & \cdots & +1 & 0 \end{pmatrix} = S.$$

固定 γ, 由代数相交数定义线性形式 $\langle \gamma, \cdot \rangle$, $\langle \gamma, \eta \rangle := \gamma \cdot \eta$, 那么容易证明线性形式关于 η 的同伦变换不变, 因此如果 η 是简单曲线, 则 $\langle \gamma, \eta \rangle = 0$; 如

果 η 恰当, 那么存在 2-链 $\sigma = \sum_i \Delta_i$, 这里 Δ_i 是 2-单形,

$$\eta = \partial_2 \sigma = \partial_2 \sum_i \Delta_i = \sum_i \partial_2 \Delta_i,$$

由此

$$\langle \gamma, \eta \rangle = \langle \gamma, \sum_i \partial_2 \Delta_i \rangle = \sum_i \langle \gamma, \partial_2 \Delta_i \rangle = 0. \tag{5.2}$$

进一步, 如果 η_1, η_2 下同调, $\eta_1 - \eta_2 = \partial \sigma$, 那么

$$\langle \gamma, \eta_1 \rangle = \langle \gamma, \eta_2 \rangle.$$

这意味着形式 $\langle \gamma, \cdot \rangle$ 是定义在下同调类上的线性形式, $\langle \gamma, \cdot \rangle : H_1(\Sigma, \mathbb{Z}) \to \mathbb{Z}$, 同时等式 (5.2) 意味着 $\langle \gamma, \cdot \rangle$ 是闭形式, 因此属于 $H^1(\Sigma, \mathbb{Z})$. 又因为

$$\langle \gamma, \eta \rangle = \int_\eta \omega_\gamma,$$

由此得到 $\omega_{\gamma_k} \in H^1(\Sigma, \mathbb{Z})$.

如果 $\omega = \sum_{k=1}^{2g} \lambda_k \omega_k = 0$, 那么

$$0 = \int_{b_1} \omega = \sum_i \lambda_i \int_{b_1} \omega_i = \sum_i \gamma_i \cdot b_1 = \lambda_1 a_1 \cdot b_1 = \lambda_1.$$

同理可证, 任意 $\lambda_k = 0$, $k = 1, 2, \cdots, 2g$. 由此, $\{\omega_k\}_{k=1}^{2g}$ 线性无关, 构成 $2g$ 维线性空间的 $H^1(\Sigma, \mathbb{Z})$ 基底.

对于一般情形, $\Gamma := \{\gamma_1, \cdots, \gamma_{2g}\}$ 不是典范基底, 其对应的特征微分形式为 $\Omega := \{\omega_1, \cdots, \omega_{2g}\}$. Γ 和典范基底相差一个非奇异的线性变换,

$$\Gamma := \begin{pmatrix} \gamma_1 \\ \gamma_2 \\ \vdots \\ \gamma_{2g-1} \\ \gamma_{2g} \end{pmatrix} = A \begin{pmatrix} a_1 \\ b_1 \\ \vdots \\ a_g \\ b_g \end{pmatrix},$$

这里 $A \in GL(\mathbb{Z}, 2g)$, 可逆整数矩阵, $\det(A) = 1$. 那么

$$\Gamma \cdot \Gamma^T := \begin{pmatrix} \gamma_1 \cdot \gamma_1 & \gamma_2 \cdot \gamma_1 & \cdots & \gamma_{2g} \cdot \gamma_1 \\ \gamma_1 \cdot \gamma_2 & \gamma_2 \cdot \gamma_2 & \cdots & \gamma_{2g} \cdot \gamma_2 \\ \vdots & \vdots & & \vdots \\ \gamma_1 \cdot \gamma_{2g} & \gamma_2 \cdot \gamma_{2g} & \cdots & \gamma_{2g} \cdot \gamma_{2g} \end{pmatrix} = ASA^T.$$

令

$$\Omega := \begin{pmatrix} \omega_1 \\ \omega_2 \\ \vdots \\ \omega_{2g-1} \\ \omega_{2g} \end{pmatrix} = A \begin{pmatrix} \omega_{a_1} \\ \omega_{b_1} \\ \vdots \\ \omega_{a_g} \\ \omega_{b_g} \end{pmatrix},$$

直接计算

$$\Gamma \cdot \Omega = A \begin{pmatrix} a_1 \\ b_1 \\ \vdots \\ a_g \\ b_g \end{pmatrix} \begin{pmatrix} \omega_{a_1} & \omega_{b_1} & \cdots & \omega_{a_g} & \omega_{b_g} \end{pmatrix} A^T = ASA^T = \Gamma \cdot \Gamma^T.$$

Ω 和典范基底对应的特征微分形式也相差同一个线性变换 A, 因此 Ω 构成 $H^1(\Sigma, \mathbb{Z})$ 的基底. ∎

5.8 Brouwer 不动点定理

我们用同调群理论可以为经典的 Brouwer 不动点定理给出简短证明.

定理 5.4 (Brouwer 不动点) 假设 $\Omega \subset \mathbb{R}^n$ 是紧的凸集, $f : \Omega \to \Omega$ 是连续映射, 那么存在 $p \in \Omega$, 满足 $f(p) = p$, 即 p 是映射 f 的不动点. ♦

证明 用反证法. 假设 Ω 是 n 维的紧凸集, $f : \Omega \to \Omega$ 不存在不动点, 即 $\forall p \in \Omega$, $f(p) \neq p$. 我们构造一个连续映射, $g : \Omega \to \partial\Omega$ 如下: 从 $f(p)$ 出发, 经过 p 的射线和 Ω 的边界相交. 由 Ω 的凸性, 交点只有一个, 记为 $g(p)$. 由定义, 我们看到 g 限制在边界 $\partial\Omega$ 上是恒同映射, $g|_{\partial\Omega} = \mathrm{id}$. 考察映射序列,

$$\partial\Omega \xrightarrow{\ \ i\ \ } \Omega \xrightarrow{\ \ g\ \ } \partial\Omega$$

这里 $i : \partial\Omega \to \Omega$ 是包含映射. 那么 $g \circ i : \partial\Omega \to \partial\Omega$ 是恒同映射, 其诱导

的同调群间的同态

$$(g \circ i)_{\#} : H_{n-1}(\partial\Omega, \mathbb{Z}) \to H_{n-1}(\partial\Omega, \mathbb{Z})$$

为恒同同态 $z \mapsto z$.

但另一方面, $H_{n-1}(\Omega, \mathbb{Z}) = 0$, 同态 $i_{\#} : H_{n-1}(\partial\Omega, \mathbb{Z}) \to H_{n-1}(\Omega, \mathbb{Z})$ 的像为 0, 复合上同态 $g_{\#} : H_{n-1}(\Omega, \mathbb{Z}) \to H_{n-1}(\partial\Omega, \mathbb{Z})$ 为 0 同态, $g_{\#} \circ i_{\#} = 0$. 由此, $(g \circ i)_{\#} \neq g_{\#} \circ i_{\#}$, 矛盾, 假设错误. 存在不动点. ∎

5.9 Lefschetz 不动点定理

给定紧的拓扑空间 M 和空间的连续自映射 $f : M \to M$, 其不动点的集合记为 $\Phi(f)$,

$$\Phi(f) := \{p \in M | f(p) = p\}.$$

映射 f 诱导了下同调群之间的同态, $f_* : H_*(M, \mathbb{Z}) \to H_*(M, \mathbb{Z})$. 我们记 k 维同调群间的同态为 $f_{*k} : H_k(M, \mathbb{Z}) \to H_k(M, \mathbb{Z})$. f_{*k} 可以被表示成矩阵, 这些矩阵的迹的交错和就是 Lefschetz 数.

定义 5.14 (Lefschetz 数) 紧拓扑空间自映射 $f : M \to M$ 的 Lefschetz 数 (Lefschetz number) 等于

$$\Lambda(f) := \sum_{k \geqslant 0} (-1)^k \operatorname{Tr}(f_{*k} | H_k(M, \mathbb{Z})),$$

这里 $f : M \to M$ 诱导了同调群间的同态

$$f_{*k} : H_k(M, \mathbb{Z}) \to H_k(M, \mathbb{Z}). \qquad \blacklozenge$$

定理 5.5 (Lefschetz 不动点) 紧拓扑空间连续自映射 $f : M \to M$ 的 Lefschetz 数非零, 则存在点 $p \in M$, $f(p) = p$. $\blacklozenge$

证明 我们将紧拓扑空间 M 用单纯复形来逼近, 连续映射 $f : M \to M$ 用单纯映射来逼近. 不妨假设 M 是单纯复形, f 是单纯映射, $f_k : C_k \to C_k$ 是链空间的自同态. 如果 $\operatorname{Tr}(f_k) \neq 0$, 那么存在一个 k-单形 $\sigma \in C_k$, $f_k(\sigma) \subset \sigma$, 由 Brouwer 不动点定理, 存在不动点 $p \in \sigma$, $f(p) = p$.

下面, 我们证明

$$\sum_{k \geqslant 0} (-1)^k \operatorname{Tr}(f_k | C_k) = \sum_{k \geqslant 0} (-1)^k \operatorname{Tr}(f_k | H_k) = \Lambda(f).$$

复形 M 的链空间具有直和分解 $C_k = C_k / Z_k \oplus Z_k$, 这里 Z_k 是闭链空间. 同时闭链空间有直和分解 $Z_k = B_k \oplus H_k$, 这里 B_k 是边缘链空间, H_k 是下同调群. 边缘算子在子空间 C_k / Z_k 上的限制是同构, $\partial_k : C_k / Z_k \to B_{k-1}$, 逆映射存在 $\partial_k^{-1} : B_{k-1} \to C_k / Z_k$. 单纯映射 $f_k : C_k \to C_k$ 和边缘算子可交换, $f_{k-1} \circ \partial_k = \partial_k \circ f_k$, 因此下面的图表可交换:

$$
\begin{array}{ccc}
C_k / Z_k & \xrightarrow{\ f_k\ } & C_k / Z_k \\
\Big\downarrow{\partial_k} & & \Big\downarrow{\partial_k} \\
B_{k-1} & \xrightarrow{\ f_{k-1}\ } & B_{k-1}
\end{array}
$$

$\partial_k \circ f_k \circ \partial_k^{-1} = f_{k-1}$, 我们得到

$$\operatorname{Tr}(f_k | C_k / Z_k) = \operatorname{Tr}(f_{k-1} | B_{k-1}),$$

$$
\begin{aligned}
\sum_{k \geqslant 0} (-1)^k \operatorname{Tr}(f_k | C_k) &= \sum_{k \geqslant 0} (-1)^k [\operatorname{Tr}(f_k | C_k / Z_k) + \operatorname{Tr}(f_k | Z_k)], \\
&= \sum_{k \geqslant 0} (-1)^k [\operatorname{Tr}(f_k | C_k / Z_k) + \operatorname{Tr}(f_k | B_k) + \operatorname{Tr}(f_k | H_k)] \\
&= \sum_{k \geqslant 0} (-1)^k [\operatorname{Tr}(f_{k-1} | B_{k-1}) + \operatorname{Tr}(f_k | B_k) + \operatorname{Tr}(f_k | H_k)] \\
&= \sum_{k \geqslant 0} (-1)^k \operatorname{Tr}(f_k | H_k) = \Lambda(f).
\end{aligned}
$$

$\Lambda(f) \neq 0$, 则某个 $\operatorname{Tr}(f_k | C_k) \neq 0$, 因此存在不动点. ∎

在上面的证明中, $\operatorname{Tr}(f_k | C_k)$ 是依赖于三角剖分的, 但是 $(f_k | H_k)$ 不再依赖于三角剖分, f_{*k} 是同调群间的同态. 如果两个映射 $f, g : M \to M$ 同伦, 则它们诱导相同的群同态 $f_* = g_* : H_*(M) \to H_*(M)$, 因此它们的 Lefschetz 数相同 $\Lambda(f) = \Lambda(g)$.

如果映射的 Lefschetz 数非零, 则映射存在不动点. 如果映射的 Lefschetz 数等于零, 映射可能不存在不动点, 也可能存在不动点, 这是因为不动点具有代数指标, 如果所有不动点的代数指标之和为 0, 则映射的 Lefschetz 数也等于 0.

定义 5.15 (不动点的代数指标) 给定 n 维拓扑空间到自身的连续映射 $f : M \to M$, 假设不动点 $p \in \Phi(f)$, 选取一个邻域 $p \in U \subset M$, 映射诱导了同调群间的同态 $f_* : H_{n-1}(\partial U, \mathbb{Z}) \to H_{n-1}(\partial U, \mathbb{Z})$,

$$f_* : \mathbb{Z} \to \mathbb{Z}, z \mapsto \lambda z,$$

这里 λ 是一个整数, 定义成不动点 p 的代数指标, $\text{Index}(p) = \lambda$. ◆

通过同伦变换, 不动点可合并分离, 合并后的不动点代数指标等于合并的不动点代数指标之和. Lefschetz 不动点理论只给出不动点的有无问题, 不动点类理论回答了映射的同伦类中不动点最少几何个数的问题.

5.10 不动点类理论

给定紧致、道路连通拓扑空间的连续自映射 $f : M \to M$, 在映射同伦变换下, 哪些不动点可以合并湮灭, 哪些不动点无法融合? 基于同伦论的 Nielsen 理论对此给出了回答.

令 $(\tilde{M}, \pi)$ 是拓扑空间 M 的万有覆盖空间, $\pi : \tilde{M} \to M$ 是投影映射, 将 f 提升到万有覆盖空间, 得到可交换的图表

$$
\begin{array}{ccc}
\tilde{M} & \xrightarrow{\tilde{f}} & \tilde{M} \\
\downarrow{\pi} & & \downarrow{\pi} \\
M & \xrightarrow{f} & M
\end{array}
$$

定义 5.16 (提升的等价类) 设 $\tilde{f}, \tilde{g} : \tilde{M} \to \tilde{M}$ 是映射 $f, g : M \to M$ 到覆盖空间上的提升, 若存在一个覆盖变换 (甲板映射) $\gamma \in \text{Deck}(\tilde{M})$, 满足

$$\tilde{g} = \gamma \circ \tilde{f} \circ \gamma^{-1},$$

即下面图表可交换

$$
\begin{array}{ccc}
\tilde{M} & \xrightarrow{\tilde{f}} & \tilde{M} \\
\downarrow{\gamma} & & \downarrow{\gamma} \\
\tilde{M} & \xrightarrow{\tilde{g}} & \tilde{M}
\end{array}
$$

那么, $\tilde{f}$ 和 $\tilde{g}$ 彼此等价. 每一个提升等价类称为一个提升类. 自映射 $f : M \to M$ 的所有提升类的个数称为映射的 Reidemeister 数, 记为 $R(f)$. ◆

提升的不动点具有如下的性质:

1. 考察提升 $\tilde{f} : \tilde{M} \to \tilde{M}$ 的不动点, 提升的不动点的投影必为映射的不动点, 如果 $\tilde{p} \in \Phi(\tilde{f})$, 那么由提升的定义 $\pi \circ \tilde{f} = f \circ \pi$, 必有

$$f \circ \pi(\tilde{p}) = \pi \circ \tilde{f}(\tilde{p}) = \pi(\tilde{p}),$$

即 $\pi(\tilde{p})$ 是 f 的不动点 $\pi(\tilde{p}) \in \Phi(f)$.

2. 对于映射的任意一个不动点, $p \in \Phi(f)$, 存在一个提升 $\tilde{f}$ 和提升的一个不动点 $\tilde{p} \in \Phi(\tilde{f})$, 使得 $\pi(\tilde{p}) = p$.

3. 若 $\tilde{f}$ 和 $\tilde{g}$ 彼此等价, $\tilde{g} = \gamma \circ \tilde{f} \circ \gamma^{-1}$, 并且 $\tilde{p} \in \Phi(\tilde{f})$, 那么必有 $\gamma(\tilde{p}) \in \Phi(\tilde{g})$. 因此彼此等价的提升的不动点集合一一对应, $\gamma(\Phi(\tilde{f})) = \Phi(\tilde{g})$, 它们的投影重合, $\pi(\Phi(\tilde{f})) = \pi(\Phi(\tilde{g}))$.

4. 若 $\tilde{f}$ 和 $\tilde{g}$ 彼此不等价, 那么它们不动点的交集为空, $\Phi(\tilde{f}) \cap \Phi(\tilde{g}) = \emptyset$.

由提升的等价类, 我们可以将映射的不动点分类, 每一不动点类对应一个提升类.

定义 5.17 (不动点类) 给定连续映射 $f : M \to M$ 的两个不动点 $p, q \in \Phi(f)$, 如果存在一个提升 $\tilde{f} : \tilde{M} \to \tilde{M}$, 使得 $\tilde{f}$ 的不动点覆盖它们, $p, q \in \pi(\Phi(\tilde{f}))$, 则我们说这两个不动点等价. 这样, 我们将映射 f 的所有不动点分类, 每一类就叫一个不动点类. ◆

定义 5.18 (不动点类指标) 不动点类中所有的不动点代数指标之和称为这一不动点类的指标. 如果不动点类的指标非零, 则这一类称为本质的不动点类, 否则是非本质的. ◆

不动点类和提升类一一对应, 同一类的所有不动点可以在映射同伦变换下合并融合, 或相消湮灭. 但是不动点类的指标在同伦变换下不变. 因此, 在同伦变换中, 每个本质不动点类至少保持一个不动点.

定义 5.19 (Nielsen 数) 给定连续映射 $f : M \to M$, 所有本质不动点类的个数称为这一映射的 Nielsen 数 (Nielsen number), 并记为

$N(f)$.   ◆

Nielsen 数给出了映射不动点几何个数的下界.

定理 5.6 (Nielsen) 设 $f : M \to M$ 是连续自映射, 对于所有和 f 同伦的连续自映射 $g : M \to M$, 都有

$$N(f) \leqslant \min_{g \sim f} |\Phi(g)|.$$ ◆

那么什么时候, 自映射不动点的几何个数达到下界, 等于 Nielsen 数呢? 1942 年, Wecken 证明: 如果流形 M 的维数大于等于 3, 那么自映射不动点的最少几何个数等于 Nielsen 数. 1984 年, 姜伯驹先生证明了如果曲面的 Euler 示性数为负, 则存在自映射 $f : M \to M$, 任何和此自映射同伦的映射的不动点个数严格大于 Nielsen 数 $N(f)$; 1993 年, 姜先生团队进一步证明, 如果 M 是紧曲面 (封闭或带边界), f 为拓扑同胚, 那么同胚的最少不动点个数等于 Nielsen 数.

5.11 Poincaré-Hopf 定理

给定一个光滑曲面 $S \subset \mathbb{R}^3$, 曲面的光滑向量场可以看成是一个光滑映射 $\mathbf{v} : S \to \mathbb{R}^3$. 向量场可以被分解为两部分: 切向量场和法向量场. 法向量场的结构非常简单, 可以表示成一个标量函数和曲面法向量场的乘积 $\lambda(p)\mathbf{n}(p)$, 这里 $\lambda : S \to \mathbb{R}$ 是定义在曲面上的标量函数, $\mathbf{n} : S \to \mathbb{S}^2$ 是曲面法向量场. 下面, 我们讨论切向量场. 我们依然用符号 $\mathbf{v} : S \to TS$ 来表示曲面的切向量场. 曲面的切向量场和拓扑存在着基本的关系, 由 Poincaré-Hopf 定理来刻画, 图 5.3 和图 5.4 显示了曲面的光滑切向量场.

定义 5.20 (孤立零点) 给定光滑曲面 S 和光滑切向量场 $\mathbf{v} : S \to TS$, 点 $p \in S$ 称为零点, 如果 $\mathbf{v}(p) = \mathbf{0}$. 如果存在 p 的一个邻域 $U(p)$, 使得 p 是 $U(p)$ 中唯一的零点, 那么我们说 p 是孤立零点.   ◆

我们考察切向量场的零点集合:

$$Z(\mathbf{v}) := \{p \in S | \mathbf{v}(p) = \mathbf{0}\}.   \tag{5.3}$$

经过微小扰动, 我们可以假设向量场的零点都是孤立零点.

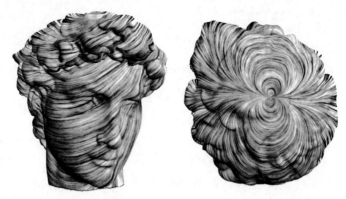

图 5.3 亏格为 0 的曲面上只有一个零点的光滑向量场.

定义 5.21 (零点的指标) 选定一个零点 $p \in Z(v)$, 围绕零点选定一个拓扑小圆盘 $B(p, \varepsilon)$, 定义映射从圆盘边缘映到单位圆 $\varphi : \partial B(p, \varepsilon) \to \mathbb{S}^1$:

$$q \mapsto \frac{\mathbf{v}(q)}{|\mathbf{v}(q)|}.$$

这个映射诱导了同伦群之间的映射: $\varphi_{\#} : \pi_1(\partial B) \to \pi_1(\mathbb{S}^1), \pi_1(\partial B)$, $\pi_1(\mathbb{S}^1)$ 都是整数加群, 因此 $\varphi_{\#}(z) = kz$, 这里的整数 k 称为零点的指标:

$$\text{Index}_p(\mathbf{v}) := k. \qquad \blacklozenge$$

如图 5.5 所示, 光滑流场中的源 (左) 和汇 (右) 的指标为正 1, 鞍点 (中) 的指标为负 1. 假设曲面上存在一个光滑切向量场 $\mathbf{v}$, 我们可以构造

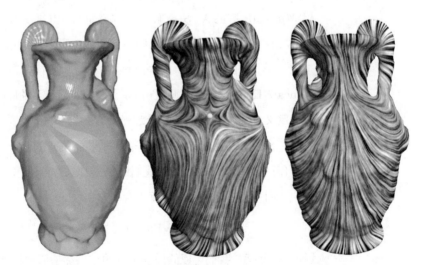

图 5.4 亏格为 2 的曲面上只有一个零点的向量场.

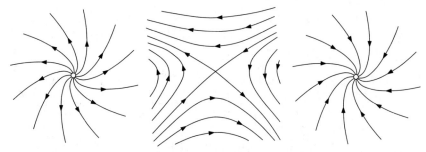

图 5.5 向量场中的源 (左)、汇 (右) 和鞍点 (中), 其指标分别为 +1, +1 和 −1.

同伦于恒等映射的自映射, $p \mapsto p + \varepsilon\mathbf{v}(p)$, 那么向量场的零点对应映射的不动点. 更进一步, 向量场零点的代数指标等于不动点的代数指标. 由 Lefschetz 不动点定理, 恒同映射的 Lefschetz 数等于曲面的 Euler 示性数, 因此等于曲面切向量场奇异点的总指标. 这给出了 Poincaré-Hopf 定理的不动点证明.

Poincaré-Hopf 定理将向量场奇异点的总指标和拓扑联系起来.

定理 5.7 (Poincaré-Hopf) 假设 S 是一个紧的可定向光滑曲面, $\mathbf{v}$ 是曲面上的一个光滑向量场, $\mathbf{v}$ 具有孤立零点. 如果 S 有边界, 向量场在边界上指向外法向, 我们有公式

$$\sum_{p \in Z(\mathbf{v})} \mathrm{Index}_p(\mathbf{v}) = \chi(S), \tag{5.4}$$

这里我们取遍所有孤立零点, $\chi(S)$ 是曲面的 Euler 示性数. ♦

Poincaré-Hopf 定理解释了为什么每个人的头顶都有发旋. 这一定理的现代观点如下: 假设曲面 S 封闭, 每一点处的单位切向量构成一个圆周. 我们定义曲面的单位切丛为曲面的所有单位切向量构成的流形, 则单位切丛为以圆周为纤维, 以曲面为底空间的纤维丛. 单位切丛的一个全局截面是和每根纤维相截的曲面. Poincaré-Hopf 定理断言这种全局截面不存在, 全局截面存在的拓扑障碍是曲面的 Euler 示性数. 换言之, 如果一个曲面的 Euler 示性数不为零, 那这个曲面上长的头发一定要有旋涡, 顺时针旋涡的数目加上逆时针旋涡的数目减去鞍点的数目正好等于 Euler 示性数.

证明 给定两个光滑切向量场, $\mathbf{v}_1, \mathbf{v}_2$ 具有不同的孤立零点. 我们构造一个三角剖分 $\mathcal{T}$, 使得每个三角形中至多只有一个零点, 这个零点可

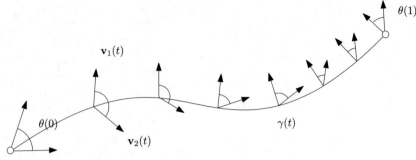

图 5.6 两个切向量场的相对旋转.

能来自 $\mathbf{v}_1$, 也可能来自 $\mathbf{v}_2$. 由此, 我们得到两个 2-形式, Ω_1 和 Ω_2. 这里 $\Omega_k(f)$, $k = 1, 2$ 表示 $\mathbf{v}_k$ 在三角形 $f \in \mathcal{T}$ 中零点的指标.

如图 5.6 所示, 沿着每条边 $\gamma(t)$, 有两个光滑切向量场 $\mathbf{v}_1 \circ \gamma(t)$ 和 $\mathbf{v}_2 \circ \gamma(t)$, 假设它们之间的夹角为 $\theta(t)$, 由此我们可以定义一个 1-形式,

$$\omega(\gamma) := \int \dot{\theta}(\tau) d\tau.$$

假设在某个三角形 $f \in \mathcal{T}$ 中, $\mathbf{v}_1$ 有一个零点 $p \in f$, $\mathbf{v}_2$ 没有零点, 那么在三角形的边缘 ∂f, $\mathbf{v}_1$ 相对于 $\mathbf{v}_2$ 旋转的角度为

$$\omega(\partial f) = d\omega(f).$$

可以看出

$$\text{Index}_p(\mathbf{v}_1) = \frac{1}{2\pi} d\omega(f),$$

由此, 我们得到

$$\Omega_1 - \Omega_2 = d\omega,$$

这意味着 Ω_1 和 Ω_2 上同调, 这一上同调类称为曲面的 Euler 类.

切向量场的零点总指标

$$\sum_{p \in \mathbf{v}_k} \text{Index}_p(\mathbf{v}_k) = \int_S \Omega_k.$$

如图 5.7 所示, 我们构造一个特殊的向量场, 使得零点总指标易于计算. 我们在曲面上任意构造一个三角剖分, 然后设计一个流场, 使得每个顶点是源 (source), 每个面的中心是一个汇 (sink), 每条边上有一个鞍点.

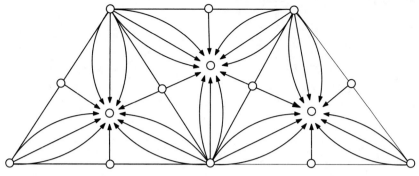

图 **5.7** 特殊的向量场.

如此, 我们得到零点的总指标和为:

$$\sum_{p \in \mathbf{v}_k} \mathrm{Index}_p(\mathbf{v}_k) = |V| + |F| - |E| = \chi(S). \qquad \blacksquare$$

延伸阅读

1. K. Crane, U. Pinkall, and P. Schröder. Spin transformations of discrete surfaces. *ACM Transactions on Graphics (TOG)*, 30(4):104, 2011.

2. X. Fang, W. Xu, H. Bao, and J. Huang. All-hex meshing using closed-form induced polycube. *ACM Transactions on Graphics (TOG)*, 35(4):1–9, 2016.

3. Y.-K. Lai, S.-M. Hu, and R. R. Martin. Automatic and topology-preserving gradient mesh generation for image vectorization. *ACM Trans. Graph.*, 28(3):1–8, 2009.

4. Y.-K. Lai, M. Jin, X. Xie, Y. He, J. Palacios, E. Zhang, S.-M. Hu, and X. Gu. Metric-driven RoSy field design and remeshing. *IEEE Transactions on Visualization and Computer Graphics*, 16(1):95–108, 2010.

在本章中, 我们介绍 Hodge 分解定理 (Hodge decomposition theory).
直观而言, 曲面上的切向量场, 如果光滑得无以复加, 那么这个向量场称
为调和场 (harmonic field). Hodge 分解定理是说曲面上任意一个光滑
切向量场, 可以被唯一地分解为三个切向量场: 梯度场、散度场和调和
场. Hodge 分解经常被用于光滑化一个向量场, 将一个不可积向量场变得
可积.

在几何应用中, 很多时候我们需要在一类对象中选择一个代表元. 在
最为理想的情况下, 代表元是唯一的. 比如我们考察曲面的同伦群, 每一
个同伦类中有无穷多条闭合曲线, 我们可以选择最短的测地线. 如果曲面
的曲率处处为负, 则每一个同伦类中有唯一的一条测地线. 但是, 如果曲
面配有一般的度量, 同伦类中的测地线可能有多条. de Rham 上同调群中
的调和形式就像测地线一样, 成为同一上同调类的唯一代表.

从另外角度来看, Hodge 理论是指标定理 (index theory)的最基本形
式. 调和形式是流形上椭圆型偏微分方程的解, 其解空间的维数 (同调群
的维数) 由流形的拓扑所决定, 这正是指标定理的要义. 指标定理联结了
分析 (偏微分方程) 和拓扑 (上同调群).

6.1 物理解释

曲面上所有无旋无散向量场成群, 此群和曲面的上同调群同构, 这就
是所谓的 Hodge 理论.

曲面上的无旋无散场 (旋度为 0、散度为 0 的场) 的现实模型就是静
电场, 具有 C^∞ 的光滑性 (Needham [32]).

平面静电场　　如图 6.1 所示, 假设 Ω 是平面区域, 具有边界

$$\partial\Omega = \gamma_0 - \gamma_1 - \gamma_2,$$

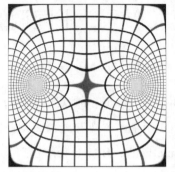

图 6.1 平面区域上的电场.

其中 γ_0 是外边界, γ_1, γ_2 是内边界. 我们在 Ω 上设置电场, 电势函数为 $u : \Omega \to \mathbb{R}$. 在左帧中, 电势在 γ_0 上为 0, 在 γ_1, γ_2 上为 +1; 在右帧中, 电势在 γ_0 上为 0, 在 γ_1, γ_2 上分别为 +1 和 −1. 带电粒子在电场中的每一点都受到电场力, 其在电场中的自由运动轨迹是红色轨道, 即电力线, 蓝色轨道是等势线. 平面区域 Ω 上的电场强度是平面上的光滑向量场, $\mathbf{f} : \Omega \to \mathbb{R}^2$, 分量表示为

$$\mathbf{f}(x, y) = f_1(x, y)\mathbf{e}_1 + f_2(x, y)\mathbf{e}_2.$$

假设 $\gamma : [0, 1] \to \Omega$ 是平面区域上的一条路径, 带电粒子沿着路径移动, 电场对于粒子做功, 总功为

$$W = q \int_\gamma \langle \mathbf{f}, d\gamma \rangle = q \int_\gamma \langle \mathbf{f}, \dot{r} \rangle d\tau.$$

假如 γ 是一条环路, 围绕 $D \subset \Omega$, D 是点 p 的邻域, $\partial D = \gamma$, 那么我们可以引进旋量的概念,

$$\operatorname{curl} \mathbf{f}(p) \cdot \mathbf{n} = \lim_{D \to \{p\}} \frac{1}{|D|} \oint_\gamma \langle \mathbf{f}, d\gamma \rangle,$$

直接计算得到

$$\operatorname{curl} \mathbf{f} = \nabla \times \mathbf{f} = \frac{\partial f_1}{\partial x} - \frac{\partial f_2}{\partial y}.$$

根据 Stokes 定理, 场强沿着一条封闭曲线 $\gamma = \partial D$ 做功等于旋量的面积分,

$$\oint_{\partial D} \langle \mathbf{f}, d\gamma \rangle = \int_D \nabla \times \mathbf{f} \cdot \mathbf{n} dA.$$

在电场情形, 电场强度是电势函数的梯度, $\mathbf{f} = \nabla u$, 电场沿着路径 $\gamma : [0, 1] \to \Omega$ 做功

$$\int_\gamma \langle \mathbf{f}, d\gamma \rangle = \int_\gamma \langle \nabla u, d\gamma \rangle = u \circ \gamma(1) - u \circ \gamma(0),$$

因此, 电场强度沿着任意封闭曲线做功都为 0, 电场强度的旋量处处为 0, $\nabla \times \mathbf{f} = 0$.

向量场电场强度的散度定义为无穷小面元的净流入量,

$$\operatorname{div} \mathbf{f}(p) = \lim_{D \to \{p\}} \frac{1}{|D|} \int_{\partial D} \langle \mathbf{f}, \mathbf{n} \rangle ds,$$

直接计算得到

$$\operatorname{div} \mathbf{f} = \nabla \cdot \mathbf{f} = \frac{\partial f_1}{\partial x} + \frac{\partial f_2}{\partial y}.$$

根据 Gauss 通量定理, 对于任意 $D \subset \Omega$, 电通量

$$\Phi = \oint_{\partial D} \langle \mathbf{f}, \mathbf{n} \rangle ds = \int_D \nabla \cdot \mathbf{f} \, dA$$

等于 D 的内部净电荷. 因为内部净电荷为 0, 所以电场强度的散度处处为 0, $\nabla \cdot \mathbf{f} = 0$. 由此, 平面区域上的电场强度向量场是无旋场和无散场, 我们称这种向量场为调和场.

曲面静电场   调和场的概念可以推广到曲面上, 如图 6.2 左帧所示, 蓝色轨道表示等势线, 红色轨道表示电力线. 曲面上的电场强度切向量场为无旋无散的调和场. 图 6.2 右帧显示的是另外一个调和切向量场, 同样无旋无散. 曲面上所有的调和场成群, 和曲面的一维上同调群同构.

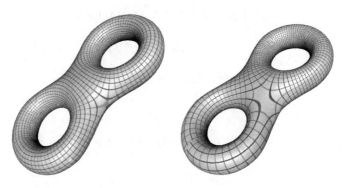

彩　图

图 6.2 亏格为 2 的曲面上的调和向量场.

6.2 Hodge 星算子

设 $(M, \mathbf{g})$ 是一个 n 维的 Riemann 流形, 在局部坐标系下, 度量张量被表示成正定矩阵 $\mathbf{g} = (g_{ij})$, 定义了切空间 $T_p(M)$ 上的内积,

$$g_{ij} = \langle \partial_i, \partial_j \rangle_{\mathbf{g}}.$$

度量矩阵 (g_{ij}) 的逆矩阵为 (g^{ij}), 满足

$$\sum_{j=1}^{n} g_{ij} g^{jk} = \delta_i^k. \tag{6.1}$$

(g^{ij}) 也是对称正定矩阵, 可以在余切空间上定义对偶内积.

定义 6.1 (对偶内积) 设 $(M, \mathbf{g})$ 是 n 维 Riemann 流形, 对偶内积 $\langle, \rangle_{\mathbf{g}} : T_p^* M \times T_p^* M \to \mathbb{R}$ 定义如下, 任给 1-形式 $\omega, \eta \in T_p^* M$, $\omega = \sum_{i=1}^{n} \omega_i dx^i$, $\eta = \sum_{i=1}^{n} \eta_i dx^i$, 那么

$$\langle \omega, \eta \rangle_{\mathbf{g}} = \sum_{i,j=1}^{n} g^{ij} \omega_i \eta_j. \quad \blacklozenge \tag{6.2}$$

令 $G = \det(g_{ij})$, 局部坐标下的 Riemann 体积元定义为

$$\omega_{\mathbf{g}} = \sqrt{G} \, dx^1 \wedge dx^2 \wedge \cdots \wedge dx^n.$$

令 $\{\theta_1, \theta_2, \cdots, \theta_n\}$ 是 $T_p^* M$ 的标准正交基,

$$\langle \theta_i, \theta_j \rangle_{\mathbf{g}} = \delta_i^j.$$

我们用 $\{\theta_i\}$ 来构造 $\Omega^k(M)$ 的基底,

$$\Omega^k(M) := \mathrm{Span}\{\theta_{i_1} \wedge \theta_{i_2} \wedge \cdots \wedge \theta_{i_k} | i_1 < i_2 \cdots < i_k\}.$$

我们定义对偶内积 $\langle, \rangle_{\mathbf{g}} : \Omega^k(M) \times \Omega^k(M)$ 如下:

$$\langle \theta_{i_1} \wedge \cdots \wedge \theta_{i_k}, \theta_{j_1} \wedge \cdots \wedge \theta_{j_k} \rangle_{\mathbf{g}} = \delta_{i_1 \cdots i_k}^{j_1 \cdots j_k}.$$

特别地, 我们有

$$\langle \omega_{\mathbf{g}}, \omega_{\mathbf{g}} \rangle = 1.$$

定义 6.2 (Hodge 星算子) Hodge 星算子 $* : \Omega^k(M) \to \Omega^{n-k}(M)$,

给定 k-微分形式 ω 和 τ, $*\tau$ 是 $(n-k)$-形式,

$$\omega \wedge^* \tau := \langle \omega, \tau \rangle \omega_{\mathbf{g}}. \tag{6.3}$$

由此,

$$*(1) = \omega_{\mathbf{g}} \quad \text{并且} \quad {}^*\omega_{\mathbf{g}} = 1. \qquad \blacklozenge$$

由 Hodge 星算子, 我们可以定义微分形式空间 $\Omega^k(M)$ 的另外一种 L^2 内积.

定义 6.3 设 $(M, \mathbf{g})$ 是 n 维 Riemann 流形, ζ 和 η 是 k-微分形式, $0 \leqslant k \leqslant n$ 是整数, 那么 ζ 和 η 的内积定义为

$$(\zeta, \eta) := \int_M \zeta \wedge^* \eta = \int_M \langle \zeta, \eta \rangle_{\mathbf{g}} \omega_{\mathbf{g}}. \quad \blacklozenge \tag{6.4}$$

由此我们得到余微分 (codifferential) 算子, $\delta : \Omega^k \to \Omega^{k-1}$, 它是外微分算子 d 关于微分形式空间内积 $(\cdot, \cdot)$ 的共轭算子.

定义 6.4 (余微分算子) 设 M 是 n 维光滑流形, ω 是 $(k-1)$-微分形式, η 是 k-微分形式, $0 \leqslant k \leqslant n$ 是整数, 那么余微分算子 $\delta : \Omega^k \to \Omega^{k-1}$ 满足

$$(d\omega, \eta) = (\omega, \delta\eta). \tag{6.5}$$

等价地, 余微分算子可以由外微分算子和 Hodge 星算子定义:

$$\delta := (-1)^{kn+n+1} {}^*d^*. \quad \blacklozenge \tag{6.6}$$

定义 6.5 (Hodge-Laplace 算子) 设 M 是 n 维光滑流形, Hodge-Laplace 算子 $\Delta : \Omega^k(\Sigma) \to \Omega^k(M)$ 定义为:

$$\Delta := d\delta + \delta d. \quad \blacklozenge \tag{6.7}$$

因为 $d^2 = 0$, $*^2 = \pm 1$, 我们得到 $\delta^2 = 0$, 由此

$$\Delta = (d + \delta)^2.$$

可以证明, Hodge 星算子具有如下性质:

$$\omega \wedge^* \eta = \eta \wedge^* \omega = \langle \omega, \eta \rangle_{\mathbf{g}} \omega_{\mathbf{g}},$$
$$**\omega = (-1)^{k(n-k)} \omega,$$

$$*(a\omega + b\eta) = a*\omega + b*\eta,$$

$$\omega \wedge^* \omega = 0 \implies \omega \equiv 0.$$

曲面 Hodge 星算子 曲面场论中的微分算子, 比如梯度、旋度和散度, 可以被外微分算子所统一. 给定可定向带度量的曲面 $(S, \mathbf{g})$, k 阶外微分算子将一个 k-形式变成一个 $(k+1)$-形式 $d^k : \Omega^k(S) \to \Omega^{k+1}(S)$. 对于 0-形式, $f : S \to \mathbb{R}$, $df \in \Omega_1(S)$ 就是函数的全微分,

$$df = \frac{\partial f}{\partial u_\alpha} du_\alpha + \frac{\partial f}{\partial v_\alpha} dv_\alpha.$$

对于 1-形式, $\omega = f du_\alpha + g dv_\alpha$, $d\omega$ 就是对于向量场的旋度,

$$d\omega = \left(\frac{\partial g}{\partial u_\alpha} - \frac{\partial f}{\partial v_\alpha} \right) du_\alpha \wedge dv_\alpha.$$

对于 2-形式, $\tau \in \Omega^2(S)$, 在曲面上 $d\tau$ 为 0. 曲面 $(S, \mathbf{g})$ 局部存在等温坐标 (u, v), 其 Riemann 度量张量可以被表示为:

$$\mathbf{g} = e^{2\lambda(u,v)}(du^2 + dv^2),$$

则曲面的面积元为

$$\omega_{\mathbf{g}} = e^{2\lambda(u,v)} du \wedge dv.$$

给定两个 1-形式, $\omega = \omega_1 du + \omega_2 dv$, $\tau = \tau_1 du + \tau_2 dv$, 则其外积为

$$\omega \wedge \tau = (\omega_1 \tau_2 - \omega_2 \tau_1) du \wedge dv;$$

其内积为

$$\langle \omega, \tau \rangle_{\mathbf{g}} = e^{-2\lambda}(\omega_1 \tau_1 + \omega_2 \tau_2).$$

由 Hodge 星算子定义 $\omega \wedge^* \tau = \langle \omega, \tau \rangle \omega_g$, 我们得到在等温坐标下,

$$*du = dv, \quad *dv = -du, \tag{6.8}$$

从而得到

$$*(\omega_1 du + \omega_2 dv) = \omega_1 dv - \omega_2 du,$$

同时,

$$*(1) = \omega_g, \quad *\omega_g = 1, \quad **\omega = -\omega.$$

假设 $\omega \in T_p^*S$, 我们可以定义与其对偶的切向量 $\mathbf{w} \in T_pS$, 使得对所有切向量 $\mathbf{v} \in T_pS$, 都成立等式

$$\omega(v) = \langle \mathbf{w}, \mathbf{v} \rangle_{\mathbf{g}}.$$

Hodge 星算子可以直观理解如下: 令切向量 $\mathbf{w} \in T_pS$ 和微分 1-形式 $\omega \in T_p^*S$ 对偶, $\tilde{\mathbf{w}} \in T_pS$ 和 $^*\omega \in T_p^*S$ 对偶, 那么

$$\tilde{\mathbf{w}} = \mathbf{n} \times \mathbf{w},$$

这里 $\mathbf{n}$ 是曲面在 p 点的法向量, 即 $\tilde{\mathbf{w}}$ 由 $\mathbf{w}$ 旋转 $\pi/2$ 得到. 那么余微分算子的物理意义就是散度.

6.3 Hodge 理论

调和微分形式 曲面上调和微分形式的直观物理意义就是无旋无散场, 如图 6.3 所示.

定义 6.6 (调和微分形式) 设 Σ 是光滑流形, $\omega \in \Omega^k(\Sigma)$ 是 k-微分形式. 我们说 ω 是调和微分形式, 如果

$$\begin{cases} d\omega = 0, \\ \delta\omega = 0. \end{cases} \quad \blacklozenge \tag{6.9}$$

等式 (6.9) 给出了调和场的椭圆型偏微分方程. Hodge 理论断言: 所有的调和 k-形式构成群, 调和 k-形式群和流形的 k 阶上同调群同构.

定理 6.1 (Hodge 定理) 设 Σ 是封闭光滑 Riemann 流形, $H_{dR}^k(\Sigma, \mathbb{R})$

图 6.3 女孩曲面上的调和 1-形式.

的每一个上同调类都有且仅有一个调和微分形式.　　　　　　　◆

这个定理有两层意思, 一是存在性, 二是唯一性. 我们下面针对封闭曲面情形给出简化证明.

证明 唯一性. 假设 (S, g) 是一个亏格为 g 的封闭曲面, $\{\gamma_1, \gamma_2, \cdots, \gamma_{2g}\}$ 是其一维同调群 $H_1(M, \mathbb{Z})$ 的生成元. 假设 ω_1, ω_2 是上同调等价的调和 1-形式, 这意味着

$$\int_{\gamma_k} \omega_1 = \int_{\gamma_k} \omega_2, \quad k = 1, 2, \cdots, 2g.$$

由外微分算子和余微分算子的线性性质, 我们有

$$d(\omega_1 - \omega_2) = d\omega_1 - d\omega_2 = 0, \quad \delta(\omega_1 - \omega_2) = \delta\omega_1 - \delta\omega_2 = 0,$$

所以 $\omega_1 - \omega_2$ 是调和 1-形式. 同时,

$$\int_{\gamma_k} (\omega_1 - \omega_2) = \int_{\gamma_k} \omega_1 - \int_{\gamma_k} \omega_2 = 0,$$

因此 $\omega_1 - \omega_2$ 是恰当的调和 1-形式, 存在调和函数 $f : S \to \mathbb{R}$, 使得

$$\omega_1 - \omega_2 = df.$$

由调和函数的极大值定理, f 的极值取在曲面 S 的边界, 但 S 是封闭曲面, 边界为空, 因此函数 f 没有极值, 必为常数. 由此, $\omega_1 - \omega_2 = df = 0$, 调和形式的唯一性得证.

存在性. 假设 $\omega \in \Omega^1(S)$ 是闭的 1-形式, $f : S \to \mathbb{R}$ 是一个光滑函数, 那么 $\omega + df$ 和 ω 上同调等价. 我们求解方程 $\delta(\omega + df) = 0$, 这等价于求解曲面上的 Poisson 方程:

$$\triangle_{\mathbf{g}} f = -\delta\omega.$$

根据椭圆型偏微分方程理论, Poisson 方程解存在, 并且彼此相差一个常数, 因此 df 唯一. $\omega + df$ 是唯一和 ω 上同调等价的调和形式. 存在性得证.　■

推论 6.1 设 Σ 是光滑 Riemann 流形, 全体调和微分 k-形式在加法下成群, 记为 $H_\triangle^k(\Sigma, \mathbb{R})$, 和 $H_{dR}^k(\Sigma, \mathbb{R})$ 同构,

$$H_\triangle^k(\Sigma, \mathbb{R}) \cong H_{dR}^k(\Sigma, \mathbb{R}).$$　　　　　　◆

Hodge 分解定理是说微分形式可以被唯一地分解成三个微分形式: 恰当形式、余恰当形式和调和形式.

定理 6.2 (Hodge 分解) 设 Σ 是光滑流形, 给定任意一个微分 k-形式 $\omega \in \Omega^k(\Sigma, \mathbb{R})$, 唯一存在 $\tau \in \Omega^{k-1}(\Sigma, \mathbb{R})$, $\eta \in \Omega^{k+1}(\Sigma, \mathbb{R})$ 和调和 k-形式 h, 满足

$$\omega = d\tau + \delta\eta + h, \tag{6.10}$$

换言之

$$\Omega^k(\Sigma, \mathbb{R}) = \operatorname{Img} d \oplus \operatorname{Img} \delta \oplus H_\triangle. \quad \blacklozenge \tag{6.11}$$

证明 利用微分形式间的内积

$$(\omega, \eta) = \int_\Sigma \omega \wedge^* \eta,$$

我们首先证明

$$\operatorname{Img} \delta \subset (\operatorname{Img} d)^\perp \quad 并且 \quad \operatorname{Img} d \subset (\operatorname{Img} \delta)^\perp.$$

这是因为对任意的 $(k+1)$-形式 ω 和 $(k-1)$-形式 η,

$$(d\omega, \delta\eta) = (\omega, \delta^2\eta) = (d^2\omega, \eta) = 0.$$

其次我们证明

$$H_\triangle = (\operatorname{Img} d)^\perp \cap (\operatorname{Img} \delta)^\perp.$$

这是因为如果 $\eta \in (\operatorname{Img} d)^\perp$, 那么对一切 ω 都有

$$0 = (d\omega, \eta) = (\omega, \delta\eta),$$

因此得到 $\delta\eta = 0$.

同样, 如果 $\eta \in (\operatorname{Img} \delta)^\perp$, 那么对一切 τ 都有

$$0 = (\delta\tau, \eta) = (\tau, d\eta),$$

由此得到 $d\eta = 0$.

所以 η 调和, $\eta \in H_\triangle$. 这意味着

$$(\operatorname{Img} d)^\perp \cap (\operatorname{Img} \delta)^\perp \subset H_\triangle.$$

反之, 如果 $\eta \in H_\triangle$, 则

$$(d\omega, \eta) = (\omega, \delta\eta) = 0 \quad \text{并且} \quad (\delta\omega, \eta) = (\omega, d\eta) = 0,$$

这意味着

$$H_\triangle \subset (\operatorname{Img} d)^\perp \cap (\operatorname{Img} \delta)^\perp,$$

我们得到

$$H_\triangle = (\operatorname{Img} d)^\perp \cap (\operatorname{Img} \delta)^\perp.$$

综合以上讨论,

$$\begin{aligned}
\Omega^k(\Sigma, \mathbb{R}) &= (\operatorname{Img} d \oplus \operatorname{Img} \delta) \oplus (\operatorname{Img} d \oplus \operatorname{Img} \delta)^\perp \\
&= (\operatorname{Img} d \oplus \operatorname{Img} \delta) \oplus ((\operatorname{Img} d)^\perp \cap (\operatorname{Img} \delta)^\perp) \\
&= (\operatorname{Img} d \oplus \operatorname{Img} \delta) \oplus H_\triangle.
\end{aligned}$$

■

6.4 离散 Hodge 理论

出于计算的目的, 我们需要将经典光滑流形的 Hodge 理论离散化.

对偶胞腔分解 假设 M 是 n 维三角剖分的多面体 (polyhedron), 带有多面体度量 $\mathbf{g}$. 我们将三角剖分记为 $\mathcal{T}$. 构造顶点的 Voronoi 图 (Voronoi diagram), 记为 $\mathcal{D}$. 对任意顶点 v_i, 其对应的 Voronoi 胞腔为

$$\Omega_i := \{p \in M | d_{\mathbf{g}}(p, v_i) \leqslant d_{\mathbf{g}}(p, v_j), \forall v_j \in M\}.$$

Voronoi 图构成多面体 $(M, \mathbf{g})$ 的一个 CW-胞腔分解.

我们定义对偶算子.

定义 6.7 (对偶算子) $D: C_k(\mathcal{T}) \to C_{n-k}(\mathcal{D})$, 假设 σ 是 $\mathcal{T}$ 的一个定向单形,

$$\sigma = [v_{i_1}, v_{i_2}, \cdots, v_{i_k}],$$

那么 σ 的对偶在 $\mathcal{D}$ 中的定向 CW-胞腔定义为:

$$D(\sigma) := \bigcap_{v_{i_k} \in \sigma} \Omega_{i_k},$$

同时 σ 和 $D(\sigma)$ 的定向满足代数相交数

$$\sigma \cdot D(\sigma) = +1. \quad \blacklozenge \qquad (6.12)$$

可以看出, $D(\sigma)$ 是 $n-k$ 维胞腔. 同样, 我们定义从 $\mathcal{D}$ 到 $\mathcal{T}$ 的对偶算子, $D : C_k(\mathcal{D}) \to C_{n-k}(\mathcal{T})$. 由定义, 我们得到对一切 $\sigma \in C_k(\mathcal{T})$,

$$D^2(\sigma) = -\sigma.$$

由此, 我们看到三角剖分 $\mathcal{T}$ 和 Voronoi 图 $\mathcal{D}$ 是互为对偶的 CW-复形.

我们考察配对, $C_k(\mathcal{T}) \otimes C_{n-k}(\mathcal{D}) \to \mathbb{Z}$, 代表 $\mathcal{T}$ 的 k-链和 $\mathcal{D}$ 的 $(n-k)$-链的代数交点个数, 由此得到同构 $C_k(\mathcal{T}) \cong C^{n-k}(\mathcal{D})$. 由链空间的同构, 我们可以得到同调群的 Poincaré 对偶.

定理 6.3 假设 M 是 n 维封闭流形, 那么有同调群的同构

$$H_k(M, \mathbb{Z}) \cong H_{n-k}(M, \mathbb{Z}). \qquad\qquad \blacklozenge$$

离散 Hodge 星算子 有了流形 M 的对偶 CW-复形 $\mathcal{T}$ 和 $\mathcal{D}$, 我们可以定义离散 Hodge 星算子.

定义 6.8 (离散 Hodge 星算子) 给定多面体 $(M, \mathbf{g})$ 的三角剖分 $\mathcal{T}$ 和对偶的 CW-复形 $\mathcal{D}$, $* : C^k(\mathcal{T}) \to C^{n-k}(\mathcal{D})$ 定义如下: 对一切 $\omega \in C^k(\mathcal{T})$, 对一切 $\sigma \in C_k(\mathcal{T})$, 其对偶 $D(\sigma) \in C_{n-k}(\mathcal{D})$,

$$\frac{\omega(\sigma)}{\mathrm{vol}(\sigma)} = \frac{{}^*\omega(D(\sigma))}{\mathrm{vol}(D(\sigma))}. \qquad (6.13)$$

这里 $\mathrm{vol}(\cdot)$ 是度量 $\mathbf{g}$ 下胞腔的体积. 0 维单形的体积为 1. $\quad \blacklozenge$

同样, 我们类似定义离散 Hodge 星算子 $* : C^k(\mathcal{D}) \to C^{n-k}(\mathcal{T})$.

定义 6.9 (离散余微分算子) 给定 n 维多面体 $(M, \mathbf{g})$ 的三角剖分 $\mathcal{T}$ 和对偶的 CW-复形 $\mathcal{D}$, 离散余微分算子 $\delta : C^k(\mathcal{T}) \to C^{k-1}(\mathcal{T})$,

$$\delta := (-1)^{kn+n+1} {}^* d\, {}^*. \qquad\qquad \blacklozenge$$

定义 6.10 (离散调和形式) 给定 n 维多面体 $(M, \mathbf{g})$ 的三角剖分 $\mathcal{T}$ 和对偶的 CW-复形 $\mathcal{D}$, $\omega \in C^k(\mathcal{T}, \mathbb{R})$ 称为调和的, 如果

$$d\omega = 0 \quad \text{并且} \quad \delta\omega = 0. \qquad\qquad \blacklozenge$$

所有离散调和形式成群, 记为 $H_\triangle(\mathcal{T})$. Hodge 定理在离散情形下依然

成立.

定理 6.4 (离散 Hodge 分解) 给定 n 维多面体 $(M, \mathbf{g})$ 的三角剖分 $\mathcal{T}$ 和对偶的 CW-复形 $\mathcal{D}$,

$$C^k(\mathcal{T}, \mathbb{R}) = \operatorname{Img} d \oplus \operatorname{Img} \delta \oplus H_\triangle. \quad \blacklozenge \tag{6.14}$$

证明方法和光滑情形类似.

证明 在离散情形, 三角剖分 $\mathcal{T}$ 和对偶 CW-复形上的微分算子

$$C_k(\mathcal{T}) \xrightarrow{d_k} C_{k+1}(\mathcal{T}), \quad C_k(\mathcal{D}) \xrightarrow{d_k} C_{k+1}(\mathcal{D}),$$

$$C_k(\mathcal{T}) \xrightarrow{*} C_{n-k}(\mathcal{D}), \quad C_k(\mathcal{D}) \xrightarrow{*} C_{n-k}(\mathcal{T}),$$

$$C_k(\mathcal{T}) \xrightarrow{\delta_k} C_{k-1}(\mathcal{T}), \quad C_k(\mathcal{D}) \xrightarrow{\delta_k} C_{k-1}(\mathcal{D})$$

都被表示为矩阵, 矩阵的元素由对偶胞腔的体积比给出. 容易验证, 相应的组合 Laplace 算子矩阵是半正定矩阵, 具有 1 维的零空间, 由向量 $(1, 1, \cdots, 1)^T$ 生成.

给定 $\omega \in C^k(\mathcal{T}, \mathbb{R})$, 下列方程

$$d\delta\eta = d\omega, \quad \delta\omega = \delta d\tau$$

的解 $\eta \in C^{k+1}(\mathcal{T})$, $\tau \in C^{k-1}(\mathcal{T})$ 存在并且唯一. 令

$$h = \omega - d\tau - \delta\eta,$$

那么 $dh = d\omega - d\delta\eta = 0$, $\delta h = \delta\omega - \delta d\tau = 0$, 因此 h 是离散调和形式. 我们得到

$$\omega = d\tau + \delta\eta + h.$$

定理得证. $\blacksquare$

离散曲面 Hodge 分解 我们以曲面情形为例, 解释如何计算调和形式. 如图 6.4 所示, 三角剖分为 $\mathcal{T}$, Voronoi 胞腔分解为 $\mathcal{D}$. 如图 6.5 所示, 过每个三角形 f_i 作外接圆, 其外心为 $\bar{v}_i$, 那么 f_i 和 $\bar{v}_i$ 互为对偶胞腔. 假设两个面 f_i, f_j 交于一条边 e, $f_i \cap f_j = e$, 那么 $\bar{v}_i, \bar{v}_j$ 的连线 $\bar{e}$ 为边 e 的对偶. 由此, 我们得到对偶边的长度之比为:

$$\frac{\operatorname{vol}(\bar{e})}{\operatorname{vol}(e)} = \frac{1}{2}(\cot\alpha + \cot\beta) = w_e, \tag{6.15}$$

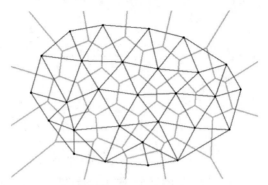

图 6.4 Voronoi 图和对偶 Delaunay 三角剖分.

这里 α, β 分别为 f_i 和 f_j 中和 e 相对的内角, w_e 称为边的余切权重.

给定 $\mathcal{T}$ 上的一个 1-形式 $\omega \in C^1(\mathcal{T}, \mathbb{R})$, 它的 Hodge 星是定义在对偶复形 $\mathcal{D}$ 上的 1-形式, $^*\omega \in C^1(\mathcal{D}, \mathbb{R})$, 满足如下的对偶公式:

$$^*\omega(\bar{e}) = w_e \omega(e).$$

那么, ω 是调和的 1-形式, 当且仅当如下条件被满足:

$$\begin{cases} d\omega = 0, & \text{旋量为 } 0, \\ \delta\omega = 0, & \text{散度为 } 0. \end{cases} \tag{6.16}$$

无旋条件等价于如下的线性等式: 对于任意一个三角形面 $f \in C_2(\mathcal{T})$, $\partial_2 f = e_0 + e_1 + e_2$, 那么

$$\omega(e_0) + \omega(e_1) + \omega(e_2) = 0. \tag{6.17}$$

无散条件等价于如下的线性等式: 对于任意顶点 $v \in C_0(\mathcal{T})$, 以 v 为起点的边逆时针排列为 $\{e_0, e_1, \cdots, e_k\}$; 那么 v 的对偶胞腔 $D(v)$ 是一个 Voronoi 胞腔,

$$\partial_2 D(v) = D(e_0) + D(e_1) + \cdots + D(e_k).$$

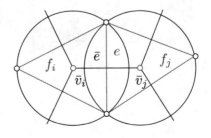

图 6.5 离散 Hodge 对偶.

无散条件为

$$\frac{1}{\mathrm{vol}(D(v))} \sum_{i=0}^{k} {}^*\omega(D(e_i)) = 0,$$

这等价于

$$\sum_{i=0}^{k} w_{e_i} \omega(e_i) = 0. \tag{6.18}$$

由此我们得到三角剖分的多面体曲面 $(M, \mathbf{g})$ 的调和 1-形式群 $H_\triangle^1(M, \mathbb{R})$ 的计算方法. 首先, 我们计算下同调群 $H_1(\mathcal{T}, \mathbb{Z})$ 的基底, $\{\gamma_1, \gamma_2, \cdots, \gamma_{2g}\}$; 然后计算上同调群 $H^1(\mathcal{T}, \mathbb{R})$ 的基底, 即 γ_k 的特征形式 $\{\eta_1, \eta_2, \cdots, \eta_{2g}\}$; 对每一个 η_k, 找到一个 0-形式 $f_k \in C^0(\mathcal{T})$, 使得 $\eta_k + df_k$ 为调和 1-形式, 满足方程 (6.16). 由定义 η_k 是闭形式, df_k 是恰当形式, 因此无旋条件 (6.17) 自动满足

$$d(\eta_k + df_k) = 0.$$

由无散条件 (6.18), $\delta(\eta_k + df_k) = 0$, 等价地

$$\sum_i w_{e_i}(\eta_k + df_k) = 0.$$

我们得到对称正定稀疏线性系统, 用共轭梯度方法可以求解. 图 6.6 显示了用这个算法得到的高亏格曲面上调和 1-形式群的基底.

图 6.6 曲面调和 1-形式群的基底.

第七章　相对同调 Mayer-Vietoris 序列

在代数拓扑中, 相对同调理论提供了计算空间拓扑不变量的有力工具. 在同伦论中, Seifert-van Kampen 定理提供了计算基本群的分而治之的方法. 相应地, 相对同调中的 Mayer-Vietoris 定理给出了计算同调群的分而治之的方法.

7.1　相对同调和切除定理

给定拓扑空间 X 及其子空间 $A \subseteq X$, $C_q(X)$ 为 X 中所有 q 维链构成的群, $C_q(A)$ 为 A 中所有 q 维链构成的群, 那么 $C_q(A)$ 为 $C_q(X)$ 的子群.

定义 7.1 (相对链群)　空间偶 (X, A) 的相对链群定义为商群,

$$C_q(X, A) := C_q(X)/C_q(A).$$ ◆

因为边缘算子 ∂_q 具有性质

$$\partial_q(C_q(A)) \subseteq C_{q-1}(A),$$

定义相对边缘算子

$$\partial_q : C_q(X, A) \to C_{q-1}(X, A).$$

可以定义相对闭链

$$Z_q(X, A) = \mathrm{Ker}\, \partial_q$$

和相对边缘链 (相对恰当链)

$$B_q(X, A) = \mathrm{Img}\, \partial_{q+1}.$$

我们有关系

$$B_q(X, A) \subseteq Z_q(X, A),$$

因此可以定义**相对同调群**

$$H_q(X,A) := \frac{Z_q(X,A)}{B_q(X,A)} = \frac{\operatorname{Ker}\partial_q}{\operatorname{Img}\partial_{q+1}}.$$

如果子空间 $A = \emptyset$, 则相对同调群 $H_q(X,A)$ 等于绝对同调群 $H_q(X)$.

考虑包含映射 $i : A \to X$, 我们得到包含映射诱导的同态映射

$$i_* : H_q(A) \to H_q(X),$$

同样的每一个绝对闭链都是一个相对闭链, 由此得到包含同态映射

$$j_* : H_q(X) \to H_q(X,A).$$

考虑一个相对闭链 $z \in Z_q(X,A)$, 其边缘必在 A 中, $\partial z \subset A$. 由此, 我们定义同态,

$$\partial_* : H_q(X,A) \to H_{q-1}(A),\ \partial_*(\{z\}_{(X,A)}) = \{\partial z\}_A.$$

组合以上三个同态映射, 得到正合序列,

$$\cdots \xrightarrow{j_*} H_{q+1}(X,A) \xrightarrow{\partial_*} H_q(A) \xrightarrow{i_*} H_q(X) \xrightarrow{j_*} H_q(X,A) \xrightarrow{\partial_*} \cdots$$

我们称之为空间偶的**同调序列** (homology sequence).

定义 7.2 (正合序列) 给定群和同态序列

$$\cdots G_0 \xrightarrow{f_1} G_1 \xrightarrow{f_2} G_2 \cdots \xrightarrow{f_n} G_n \cdots$$

如果对一切 k 都有

$$\operatorname{Img}(f_k) = \operatorname{Ker}(f_{k+1}),$$

那么此序列是正合序列 (exact sequence). ◆

定理 7.1 空间偶 (X,A) 的同调序列是正合的. ◆

这意味着每一个同态的像等于下一个同态的核. 空间偶的正合同调序列可以推广到空间三元组.

定理 7.2 给定子空间序列 $B \subset A \subset X$, 考虑包含映射 $i : (A,B) \to (X,B)$ 和 $j : (X,B) \to (X,A)$, 那么下列空间三元组 (X,A,B) 的相对同调序列

$$\cdots \xrightarrow{j_*} H_{q+1}(X,A) \xrightarrow{\partial_*} H_q(A,B) \xrightarrow{i_*} H_q(X,B) \xrightarrow{j_*} H_q(X,A) \xrightarrow{\partial_*} \cdots$$

是正合的. 这里, 边缘算子定义为

$$\partial_*(\{z\}_{(X,A)}) = \{\partial z\}_{(A,B)}.$$ ◆

直观而言, 相对链群 $C_q(X, A)$ 忽略了 A 中所有的信息, 我们期望相对同调群 $H_q(X, A)$ 只依赖于 A 的补集 $X \setminus A$. 如此, 我们有所谓的切除定理.

定理 7.3 (切除定理) 考虑子空间序列 $U \subset A \subset X$, 满足 $\bar{U} \subset \overset{\circ}{A}$, 那么包含映射 $i : (X \setminus U, A \setminus U) \to (X, A)$ 诱导同构

$$i_* : H_q(X \setminus U, A \setminus U) \to H_q(X, A).$$ ◆

7.2 约化同调

在传统同调论中, $Z_k(X) = \text{Ker}\,\partial_k$, $B_k(X) = \text{Img}\,\partial_{k+1}$, $H_k(X) = Z_k(X)/B_k(X)$. 特别地, 我们有 $\partial_0 = 0$. 我们可以用不同的同态 $\varepsilon : C_0(X) \to \mathbb{Z}$ 增广边缘算子,

$$\varepsilon\left(\sum_\sigma n_\sigma \sigma\right) = \sum_\sigma n_\sigma.$$

引理 7.1 增广边缘算子 $\varepsilon : C_0(X) \to \mathbb{Z}$ 满足 $\varepsilon \circ \partial_1 = 0$, 即 $\text{Img}\,\partial_1 \subset \text{Ker}\,\varepsilon$. ◆

证明 假设 σ_i 是 X 的 1-单形, 直接计算

$$\varepsilon \circ \partial_1\left(\sum_i \lambda_i \sigma_i\right) = \sum_i \lambda_i \partial_i(\sigma_i) = \sum_i \lambda_i \varepsilon(\partial_1 \sigma_i) = 0.$$ ∎

定义 7.3 (约化同调) 我们定义约化同调 (reduced homology),

$$\tilde{H}_0(X) = \frac{\text{Ker}\,\varepsilon}{\text{Img}\,\partial_1}.$$

对于任意 $q > 0$, 定义 $\tilde{H}_q(X) = H_q(X)$. ◆

零维同调群和增广同调群之间满足如下引理.

引理 7.2 (分解公式) 给定拓扑空间 X, $H_0(X, \mathbb{Z})$ 可以被分解为

$$H_0(X, \mathbb{Z}) \cong \tilde{H}_0(X, \mathbb{Z}) \oplus \mathbb{Z}.$$ ◆

证明 记 $\tilde{Z}_0(X) = \operatorname{Ker}\varepsilon$. 由 X 的增广复形 (augmented complex)

$$\cdots \longrightarrow C_2(X) \xrightarrow{\partial_2} C_1(X) \xrightarrow{\partial_1} C_0(X) \xrightarrow{\varepsilon} \mathbb{Z} \longrightarrow 0$$

得到 $\tilde{Z}_0(X)$ 是 $Z_0(X) = C_0(X)$ 的子群, $\tilde{Z}_0(X) \lhd Z_0(X)$,

$$H_0(X) = \frac{\operatorname{Ker}\partial_0}{\operatorname{Img}\partial_1} = \frac{Z_0(X)}{B_0(X)}, \quad \tilde{H}_0(X) = \frac{\operatorname{Ker}\varepsilon}{\operatorname{Img}\partial_1} = \frac{\tilde{Z}_0(X)}{B_0(X)},$$

因此 $\tilde{H}_0(X)$ 是 $H_0(X)$ 的子群. 定义包含同态 $\xi : \tilde{H}_0(X) \to H_0(X)$. 由 $\varepsilon(B_0(X)) = 0$, 得到同态 $\varepsilon_* : H_0(X) \to \mathbb{Z}$. 由此, 得到正合序列

$$0 \longrightarrow \tilde{H}_0(X) \xrightarrow{\xi} H_0(X) \xrightarrow{\varepsilon_*} \mathbb{Z} \longrightarrow 0$$

进而得到分解公式

$$H_0(X) \cong \tilde{H}_0(X) \oplus \mathbb{Z}.$$ ■

$H_0(X)$ 是自由 Abel 群 (free abelian group), 其秩等于道路连通分支的个数.

7.3 Mayer-Vietoris 序列

Mayer-Vietoris 序列是计算同调群的有力工具. 我们有如下的引理,

引理 7.3 (Barratt-Whitehead) 给定下列图, 每行都是正合序列, 每个长方形都可交换,

$$\cdots \longrightarrow A_q \xrightarrow{f_q} B_q \xrightarrow{g_q} C_q \xrightarrow{h_q} A_{q-1} \xrightarrow{f_{q-1}} B_{q-1} \longrightarrow \cdots$$
$$\downarrow{\alpha_q} \qquad \downarrow{\beta_q} \qquad \downarrow{\gamma_q} \qquad \downarrow{\alpha_{q-1}} \qquad \downarrow{\beta_{q-1}}$$
$$\cdots \longrightarrow A'_q \xrightarrow{f'_q} B'_q \xrightarrow{g'_q} C'_q \xrightarrow{h'_q} A'_{q-1} \xrightarrow{f'_{q-1}} B'_{q-1} \longrightarrow \cdots$$

如果每个 $\gamma_q : C_q \to C'_q$ 都是同构, 那么存在正合序列,

$$\cdots \xrightarrow{\Gamma_{q+1}} A_q \xrightarrow{\Phi_q} B_q \oplus A'_q \xrightarrow{\Psi_q} B'_q \xrightarrow{\Gamma_q} A_{q-1} \xrightarrow{\Phi_{q-1}} \cdots$$

这里

$$\Phi_q(a) = (f_q(a), \alpha_q(a)), \quad \Psi_q(b, a') = \beta_q(b) - f'_q(a'),$$

并且

$$\Gamma_q(b') = h_q \circ \gamma_q^{-1} \circ g_q'(b').$$

这个序列称为 Barratt-Whitehead 梯子序列 (Barratt-Whitehead sequence of ladder). ◆

对于复杂拓扑空间, 我们一般用分而治之的方法来计算其同调群. 首先将空间分解为两个子空间的并集, 分别计算每个子空间的同调群, 再用 Mayer-Vietoris 定理来推导全空间的同调群.

定理 7.4 (Mayer-Vietoris) 令 X_1 和 X_2 是拓扑空间 X 的子空间, 使

$$X = \mathring{X}_1 \bigcup \mathring{X}_2,$$

这里 $\mathring{X}_k$ 代表 X_k 的内点集合, 那么存在空间 X 的正合的 Mayer-Vietoris 序列,

$$\cdots \xrightarrow{\Delta} H_q(X_1 \cap X_2) \xrightarrow{\phi} H_q(X_1) \oplus H_q(X_2) \xrightarrow{\psi} H_q(X) \xrightarrow{\Delta} H_{q-1}(X_1 \cap X_2) \xrightarrow{\phi} \cdots$$

这里

$$\forall x \in H_q(X_1 \cap X_2), \quad \phi(x) = (i_*(x), j_*(x)),$$

并且

$$\forall x_1 \in H_q(X_1), x_2 \in H_q(X_2), \quad \psi(x_1, x_2) = k_*(x_1) - l_*(x_2).$$

包含映射

$$i : X_1 \cap X_2 \to X_1, \quad j : X_1 \cap X_2 \to X_2, \quad k : X_1 \to X, \quad l : X_2 \to X$$

诱导了同态 i_*, j_*, k_* 和 l_*, 最后

$$\Delta = d \circ h_*^{-1} \circ q_*,$$

这里 h 和 q 是包含映射, d 是空间偶 $(X_1, X_1 \cap X_2)$ 的边缘算子. ◆

证明 我们考虑空间偶所构成的图, 这里所有的映射都是包含映射,

并且是可交换的,

$$(X_1 \cap X_2, \emptyset) \xrightarrow{\ i\ } (X_1, \emptyset) \xrightarrow{\ p\ } (X_1, X_1 \cap X_2)$$

$$\downarrow j \qquad\qquad \downarrow k \qquad\qquad \downarrow h$$

$$(X_2, \emptyset) \xrightarrow{\ l\ } (X, \emptyset) \xrightarrow{\ q\ } (X, X_2)$$

由此诱导下列的 Barratt-Whitehead 梯子序列,

$$\cdots H_q(X_1 \cap X_2) \xrightarrow{i_*} H_q(X_1) \xrightarrow{p_*} H_q(X_1, X_1 \cap X_2) \xrightarrow{d_*} H_{q-1}(X_1 \cap X_2) \longrightarrow \cdots$$

$$\downarrow j_* \qquad\qquad \downarrow k_* \qquad\qquad \downarrow h_* \qquad\qquad\qquad \downarrow j_*$$

$$\cdots \quad H_q(X_2) \xrightarrow{l_*} H_q(X) \xrightarrow{q_*} H_q(X, X_2) \xrightarrow{d_*} H_{q-1}(X_2) \longrightarrow \cdots$$

根据切除定理,

$$h_* : H_q(X, X_1 \cap X_2) \to H_q(X, X_2)$$

是同构. 由 Barratt-Whitehead 引理, 定理得证. ∎

同样, 我们可以证明约化同调的 Mayer-Vietoris 定理.

定理 7.5 令 X_1 和 X_2 是拓扑空间 X 的子空间, 使得 $X = \mathring{X}_1 \cup \mathring{X}_2$, 那么存在空间 X 的正合 Mayer-Vietoris 序列,

$$\cdots \xrightarrow{\ \Delta\ } \tilde{H}_q(X_1 \cap X_2) \xrightarrow{\ \phi\ } \tilde{H}_q(X_1) \oplus \tilde{H}_q(X_2) \xrightarrow{\ \psi\ } \tilde{H}_q(X) \xrightarrow{\ \Delta\ } \tilde{H}_{q-1}(X_1 \cap X_2) \xrightarrow{\ \phi\ }$$

序列的结尾为

$$\cdots \xrightarrow{\ \phi\ } \tilde{H}_0(X_1) \oplus \tilde{H}_0(X_2) \xrightarrow{\ \psi\ } \tilde{H}_0(X) \xrightarrow{\ \Delta\ } 0. \qquad ◆$$

证明方法非常类似, 选取点 $x_0 \in X_1 \cap X_2$, 考虑下面的可交换图,

$$(X_1 \cap X_2, x_0) \xrightarrow{\ i\ } (X_1, x_0) \xrightarrow{\ p\ } (X_1, X_1 \cap X_2)$$

$$\downarrow j \qquad\qquad \downarrow k \qquad\qquad \downarrow h$$

$$(X_2, x_0) \xrightarrow{\ l\ } (X, x_0) \xrightarrow{\ q\ } (X, X_2)$$

推理过程雷同.

7.4 Jordan-Brouwer 分离定理

我们用 Mayer-Vietoris 序列来证明著名的 Jordan-Brouwer 分离定理.

引理 7.4 令 $B \subset \mathbb{S}^n$ 是 $\mathbb{S}^n$ 的子集, B 和 I^k 拓扑同胚, $0 \leqslant k \leqslant n$, 那么对于一切 q,

$$\tilde{H}_q(\mathbb{S}^n \setminus B) = 0. \qquad \blacklozenge$$

证明 用数学归纳法. 当 $k = 0$ 时, B 是独点集, $\mathbb{S}^n \setminus B \cong \mathbb{R}^n$, 结论成立.

假设定理在 $k - 1$ 时成立. 令 $z \in \tilde{Z}_q(\mathbb{S}^n \setminus B)$, 我们欲证明存在 $b \in C_{q+1}(\mathbb{S}^n \setminus B)$, 使得 $z = \partial b$, 由此 $\tilde{H}_q(\mathbb{S}^n \setminus B) = 0$.

如图 7.1 所示, 选定一个拓扑同胚 $f : I^{k-1} \times I \to B$, 令 $B_t = f(I^{k-1} \times t) \subset B \subset \mathbb{S}^n$, B_t 是一个 $k-1$ 维圆盘, 由归纳假设 $\tilde{H}_q(\mathbb{S}^n \setminus B_t) = 0$. 由 $z \in \tilde{Z}_q(\mathbb{S}^n \setminus B_t)$, 我们得到存在 $b_t \in C_{q+1}(\mathbb{S}^n \setminus B_t)$, 使得 $z = \partial b_t$. 假设

$$b_t = n_1 \sigma_1 + n_2 \sigma_2 + \cdots + n_l \sigma_l,$$

这里 $\sigma_i : \Delta_{q+1} \to \mathbb{S}^n \setminus B_t$ 是奇异单形. 考察集合

$$L = \bigcup_{i=1}^{l} \sigma_i(\Delta_{q+1})$$

为紧集, 并且 $L \cap B_t = \emptyset$, 因此存在 B_t 的一个邻域 U_t, 满足 $L \cap U_t = \emptyset$, 由此 $b_t \in C_{q+1}(\mathbb{S}^n \setminus U_t)$. 因为 $I^{k-1} \times t \subset f^{-1}(B \cap U_t)$, 存在 t 的一个邻域 V_t, 满足 $I^{k-1} \times V_t \subset f^{-1}(B \cap U_t)$.

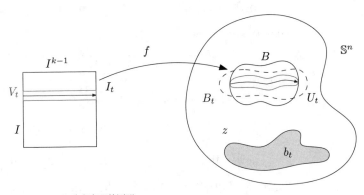

图 7.1 Jordan-Brouwer 分离定理的证明.

区间 I 被 V_t 的并集覆盖,

$$I \subset \bigcup_{t \in I} V_t.$$

I 是紧集, 存在有限个 t_j, 其并集依然覆盖 I,

$$I \subset \bigcup_{i=1}^{k} V_{t_j}.$$

我们选择足够大的 m, 使得对每一个区间 $I_j = [(j-1)/m, j/m]$, 存在 t_j 使得 $I_j \subset V_{t_j}$. 由此 $Q_j = f(I^{k-1} \times I_j)$, $Q_j \subset U_{t_j}$, 并且 $B = \bigcup_{j=1}^{m} Q_j$. 对于每一个 $1 \leqslant j \leqslant m$, 存在一个 $b_{t_j} \in C_{q+1}(\mathbb{S}^n \setminus Q_j)$, 使得 $z = \partial b_{t_j}$.

令 $X_1 = \mathbb{S}^n \setminus Q_1$ 和 $X_2 = \mathbb{S}^n \setminus Q_2$, 那么

$$X_1 \cup X_2 = \mathbb{S}^n \setminus (Q_1 \cap Q_2) = \mathbb{S}^n \setminus B_{1/m},$$
$$X_1 \cap X_2 = \mathbb{S}^n \setminus (Q_1 \cup Q_2).$$

考虑 $\mathbb{S}^n \setminus B_{1/m}$ 的 Mayer-Vietoris 正合序列

$$\tilde{H}_{q+1}(X_1 \cup X_2) \xrightarrow{\Delta} \tilde{H}_q(X_1 \cap X_2) \xrightarrow{\phi} \tilde{H}_q(X_1) \oplus \tilde{H}_q(X_2) \xrightarrow{\psi} \tilde{H}_{q-1}(X_1 \cup X_2)$$

因为 $B_{1/m}$ 是 $k-1$ 维圆盘, 因此 $\tilde{H}_{q+1}(X_1 \cup X_2) \cong \tilde{H}_q(X_1 \cup X_2) = 0$, ϕ 是同构. 考察 $z \in \tilde{Z}_q(X_1 \cap X_2)$, 得到在 X_1 中 $z = \partial b_{t_1}$, 在 X_2 中 $z = \partial b_{t_2}$, 因此 $\phi(\{z\}) = 0$, 进而得到 $\{z\} = 0$. 因此存在 $b \in C_{q+1}(\mathbb{S}^n \setminus (Q_1 \cup Q_2))$, $z = \partial b$.

同理, 再令 $X_1 = \mathbb{S}^n \setminus (Q_1 \cup Q_2)$ 和 $X_3 = \mathbb{S}^n \setminus Q_3$, 考察 Mayer-Vietoris 序列, 得到 z 是 $\mathbb{S}^n \setminus (Q_1 \cup Q_2 \cup Q_3)$ 中的边界链. 重复这一过程, 得到存在 $b \in C_{q+1}(\mathbb{S}^n \setminus (Q_1 \cup Q_2 \cdots Q_m))$, $z = \partial b$. 证明完毕. ■

定理 7.6 假设 $S \subset \mathbb{S}^n$ 是 $\mathbb{S}^n$ 的一个子集, S 和 $\mathbb{S}^k$ 拓扑同胚, $0 \leqslant k \leqslant n-1$. 那么

$$\tilde{H}_{n-k-1}(\mathbb{S}^n \setminus S) \cong \mathbb{Z},$$

并且对一切 $q \neq n-k-1$,

$$\tilde{H}_q(\mathbb{S}^n \setminus S) \cong 0.$$ ♦

证明 用数学归纳法. 当 $k=0$ 情形, S 包含两个点, $\mathbb{S}^n \setminus S$ 拓扑等价 $\mathbb{R}^n \setminus \{0\} \cong \mathbb{S}^{n-1}$, 因此 $\tilde{H}_{n-1}(\mathbb{S}^{n-1}) = \mathbb{Z}$ 并且对一切 $q \neq n-1$,

$$\tilde{H}_q(\mathbb{S}^{n-1}) = 0.$$

假设在 $k-1$ 时定理成立. 固定一个同胚映射 $f : \mathbb{S}^k \to S$, 令 $\mathbb{D}^k_+$ 和 $\mathbb{D}^k_-$ 分别是 $\mathbb{S}^k$ 的上半球面和下半球面. 那么 $B_1 = f(\mathbb{D}^k_+)$ 和 $B_2 = f(\mathbb{D}^k_-)$ 是 k 维拓扑圆盘, 则 $S = B_1 \cup B_2$, $T = B_1 \cap B_2$ 和 $\mathbb{S}^{k-1}$ 同伦,

$$(\mathbb{S}^n \setminus B_1) \cup (\mathbb{S}^n \setminus B_2) = \mathbb{S}^n \setminus T,$$
$$(\mathbb{S}^n \setminus B_1) \cap (\mathbb{S}^n \setminus B_2) = \mathbb{S}^n \setminus S.$$

应用 Mayer-Vietoris 序列,

$$\tilde{H}_{q+1}(\mathbb{S}^n \setminus B_1) \oplus \tilde{H}_{q+1}(\mathbb{S}^n \setminus B_2) \to \tilde{H}_{q+1}(\mathbb{S}^n \setminus T) \to \tilde{H}_q(\mathbb{S}^n \setminus S) \to \tilde{H}_q(\mathbb{S}^n \setminus B_1) \oplus \tilde{H}_q(\mathbb{S}^n \setminus B_2)$$

由引理, 我们得到对于所有 $q \geqslant 0$, $\tilde{H}_q(\mathbb{S}^n \setminus B_1) = \tilde{H}_q(\mathbb{S}^n \setminus B_2) = 0$, 由此得到

$$\tilde{H}_{q+1}(\mathbb{S}^n \setminus T) \cong \tilde{H}_q(\mathbb{S}^n \setminus S),$$

这完成了归纳. 证明完毕. ∎

定理 7.7 (Jordan-Brouwer 分离定理) 假设 $S \subset \mathbb{S}^n$ 是 $\mathbb{S}^n$ 的一个子集, S 和 $\mathbb{S}^{n-1}$ 拓扑同胚, 那么 $\mathbb{S}^n \setminus \mathbb{S}^{n-1}$ 恰有两个连通分支. ♦

证明 应用定理 7.6, 令 $k = n - 1$ 得到 $\tilde{H}_0(\mathbb{S}^n \setminus S) = \mathbb{Z}$, 因此 $H_0(\mathbb{S}^n \setminus S) = \mathbb{Z}^2$, 这意味着 $\mathbb{S}^n \setminus S$ 恰有两个道路连通分支. 证明完毕. ∎

Jordan 曲线定理 当 $n = 2$ 时, 这就是古典的 Jordan 曲线定理 (图 7.2).

图 7.2 Jordan 曲线定理.

推论 7.1 给定平面上的一条封闭连续曲线, 平面被分成连通分支, 即曲线的内部和外部.

证明 应用 Jordan-Brouwer 分离定理, 将 $\mathbb{R}^2$ 一点紧化成 $\mathbb{S}^2$. 封闭连续曲线 γ 和 $\mathbb{S}^1$ 拓扑同胚, 将 $\mathbb{S}^2$ 分成两个连通分支.

Schoenflies 定理证明每个连通分支都是拓扑圆盘 (Morse [29], Schoenflies [34]).

Alexander 角球 我们考虑拓扑中常见的 "Alexander 角球" (Alexander horned sphere) 的反例. 如图 7.3 所示, 我们从一个拓扑球面开始, 中间有一条赤道曲线, 如左上帧所示; 然后将其变形成钩子形状, 定义两个帽状区域, 帽子边缘线如右上帧所示; 我们固定钩子的中段, 将帽状区域变形成两

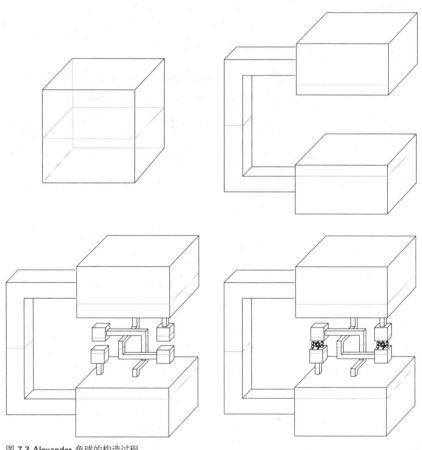

图 7.3 Alexander 角球的构造过程.

120

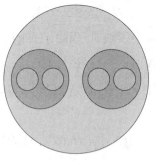
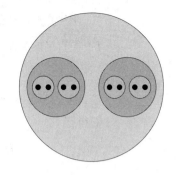

图 7.4 标准球面到 Alexander 角球的同胚映射.

个相互缠绕的次级钩子, 在每个次级钩子上我们标出了 "赤道" 和 "帽子边缘线", 如左下帧所示; 我们再固定次级钩子的中间区域, 变形次级钩子的帽状区域, 来生成第三级钩子, 如图右下帧所示. 如此迭代, 以至无穷. 第 n 步构造的角球记为 S_n.

Alexander 角球和标准球面彼此拓扑同胚, 如图 7.4 所示, 每个圆盘映到相应的帽状区域, 不同的颜色代表不同级别的帽状区域. 第 n 步, 我们可以构造同胚映射 $h_n : \mathbb{S}^2 \to S_n$, 第 $n+1$ 步的时候我们只改变第 n 级的帽状区域的映射. 然后令 n 趋向无穷, 得到 Alexander 角球和标准球面之间的同胚.

应用 Jordan-Brouwer 分离定理, 我们可以证明 Alexander 角球将 $\mathbb{R}^3$ 分成两个道路连通分支. 但是每个分支不是单连通的 (所有钩子上的赤道曲线彼此不同伦), 也不同胚于三维拓扑圆盘.

区域不变定理 由 Jordan-Brouwer 分离定理, 我们可以得到 Brouwer 的区域不变性定理, 这一定理在后面证明离散曲面 Ricci 流解的存在性时起到了至关重要的作用.

定理 7.8 (区域不变定理) 令 U 是 $\mathbb{R}^n$ 中的连通开集 (区域), 映射 $f : U \to \mathbb{R}^n$ 是连续单射, 那么 $V = f(U)$ 也是开集, 并且 $f : U \to V$ 是拓扑同胚. ♦

证明 我们首先添加 ∞ 点, 将 $\mathbb{R}^n$ 紧化成 $\mathbb{S}^n$. 任取 $x \in U$, 令 $y = f(x), y \in V$. 选取点 x 的一个闭邻域 $N \subset U$, 那么 N 和 I^n 拓扑同胚, 其边界和 $n-1$ 维球面同胚 $\partial N \cong \mathbb{S}^{n-1}$. $f(N) \subset V$ 是闭集, 并且包含点 y.

因为 f 是连续单射, N 是紧集, 不难验证 $f(N)$ 也是紧集, 逆映射 $f^{-1}: f(N) \to N$ 也是连续映射, 因此 $f(N)$(在 $\mathbb{S}^n$ 的诱导拓扑下) 和 I^n 拓扑同胚. 同理, $f(\partial N)$ 和 $\mathbb{S}^{n-1}$ 拓扑同胚.

由引理 7.4, 我们得到 $\tilde{H}_0(\mathbb{S}^n \setminus f(N)) = 0$, 由分解公式引理 7.2 我们得到

$$H_0(\mathbb{S}^n \setminus f(N)) = \tilde{H}_0(\mathbb{S}^n \setminus f(N)) \oplus \mathbb{Z} = \mathbb{Z},$$

因此 $\mathbb{S}^n \setminus f(N)$ 是道路连通的.

由 Jordan-Brouwer 分离定理, $\mathbb{S}^n \setminus f(\partial N)$ 有两个分立的连通分支,

$$\mathbb{S}^n \setminus f(\partial N) = (\mathbb{S}^n \setminus f(N)) \bigcup (f(N) \setminus f(\partial N)),$$

每个分立分支在全空间 $\mathbb{S}^n \setminus f(\partial N)$ 中都是开集, 因此 $f(N) \setminus f(\partial N)$ 在 $\mathbb{S}^n \setminus f(\partial N)$ 中是开集, $f(N) \setminus f(\partial N)$ 在 $\mathbb{S}^n$ 中是开集. 由此, $f(N) \setminus f(\partial N)$ 是点 y 在 V 中的开邻域, 因此 V 是开集. 证明完毕. ∎

这里, 定义域和值域都是欧氏空间的子集, 关键在于定义域所在的欧氏空间和值域所在的欧氏空间维数相等, 反之, 定理不再成立. 这一定理是欧氏空间所独有的性质, 在一般拓扑空间上并不成立.

第二部分

单复变函数的几何理论

第二部分介绍单复变函数的几何理论, 用正规函数族的方法证明 Riemann 映射定理, 各种平面区域典范共形映射的存在性定理, 特别是单值化定理的古典方法证明. 我们进一步给出各种典范共形映射的计算方法, 并且用 Brown 运动给出共形几何的概率解释, 以及用圆盘填充给出组合单值化定理。

第八章　　**正规函数族**

在构造各种共形映射的时候, 我们经常需要先构造一族函数 (映射) 来逐步逼近, 然后求取极限得到想要的结果. 这种操作需要函数族具备某种紧性, 即极限函数存在, 并且保持某种性质, 例如全纯、单叶性. 在复变函数理论中, 正规函数族就是这种函数族的代表.

8.1　正规函数族的概念

基本概念　我们首先介绍一些以后常用的基本概念.

定义 8.1 (Jordan 曲线)　平面上一条连续的简单曲线就叫作 Jordan 曲线 (Jordan curve).　　　　　　　◆

定义 8.2 (解析曲线)　设曲线 γ 由参数方程 $z = z(t), t \in (a, b)$ 所确定, 若对于任意的 $t_0 \in (a, b)$, 都存在它的邻域 $(t_0 - \delta, t_0 + \delta)$, 使得 γ 上与这个小区间对应的一小段曲线可用一个收敛幂级数

$$z(t) = \sum_{n=0}^{\infty} c_n (t - t_0)^n, \quad \forall n, c_n \in \mathbb{C}$$

来表示 (其中 $|t - t_0| < \delta$, $c_0 = z(t_0)$), 则称 γ 是一条解析曲线.　　◆

定义 8.3 (区域)　$\Omega \subset \mathbb{C}$ 称为复平面上的区域 (region), 若 Ω 是连通开集.　　　　　　　◆

定理 8.1 (Jordan 曲线)　设 γ 为复平面 $\mathbb{C}$ 上的一条 Jordan 曲线. 那么 γ 的像的补集由两个不同的连通分支组成, 其中一个分支是有界的 (内部), 另外一个是无界的 (外部). γ 的像就是任何一个分支的边界.　　◆

在以后讨论中, 很多时候我们要求区域的边界是 Jordan 曲线或者更强的分片解析曲线.

正规函数族　假设 Ω 是复平面 $\mathbb{C}$ 中的开集, 我们希望用全纯映射族的极限来构造新的全纯映射. 这里, 我们主要应用 "紧集上的一致收敛" 的概念.

定义 8.4 (一致收敛)　假设 $\{f_n : \Omega \to \mathbb{C}\}$, $n \geqslant 1$ 是一系列定义在开

集 $\Omega \subseteq \mathbb{C}$ 上的全纯函数, E 是 Ω 的一个子集. 我们说函数序列 $\{f_n\}$ 在 E 上一致收敛到函数 $f: E \to \mathbb{C}$, 如果对于任意 $\varepsilon > 0$, 都存在一个 n_0, 使得对一切 $n > n_0$ 和所有 $z \in E$, 有 $|f_n(z) - f(z)| < \varepsilon$. ♦

一致收敛的概念比逐点收敛要强, 例如 $f_n(z) = (1 + 1/n)z$ 在复平面 $\mathbb{C}$ 上逐点收敛到 $f(z) = z$, 但是在无界子集 $E \subset \mathbb{C}$ 上并非一致收敛.

等价地, 我们可以用 Cauchy 判据: 序列 $\{f_n\}$ 在紧集 E 上一致收敛, 当且仅当对于一切 $\varepsilon > 0$, 存在一个 $n_0 > 0$, 使得对所有的 $n, m \geqslant n_0$ 和所有的 $z \in E$, 有 $|f_n(z) - f_m(z)| \leqslant \varepsilon$.

定义 8.5 (紧集上一致收敛) 令 $\{f_n : \Omega \to \mathbb{C}\}$ 是定义在开集 $\Omega \subset \mathbb{C}$ 上的全纯函数序列. 我们说 f_n 在紧集上一致收敛到 $f : \Omega \to \mathbb{C}$, 如果对于任意紧集 E, 序列 f_n 在 E 上一致收敛到 f. ♦

定义 8.6 (正规函数族) 令 $\Omega \subset \mathbb{C}$ 是复平面 $\mathbb{C}$ 上的开集, $\mathcal{F}$ 是一族定义在 Ω 上的映射. 我们说 $\mathcal{F}$ 是正规函数族, 如果 $\mathcal{F}$ 中的每一个序列 $\{f_n\}$ 都存在一个子序列, 在 Ω 的任意一个紧子集上一致收敛. ♦

这里, 我们并不要求极限映射也在函数族 $\mathcal{F}$ 中.

8.2 全纯函数收敛到全纯函数

定理 8.2 (Weierstrass) 令 $\{f_n : \Omega \to \mathbb{C}\}$ 是定义在开集 $\Omega \subseteq \mathbb{C}$ 上的全纯函数序列. 假设序列 $\{f_n\}$ 在紧集上一致收敛到某个函数 $f : \Omega \to \mathbb{C}$, 那么 $f : \Omega \to \mathbb{C}$ 在 Ω 上是全纯的; 并且 $\{f_n' : \Omega \to \mathbb{C}\}$ 在紧集上一致收敛到 $f' : \Omega \to \mathbb{C}$. ♦

证明 令点 z_0 是 Ω 中的任意一点, 选取 $r > 0$ 使得圆盘 $|z - z_0| \leqslant r$ 包含在 Ω 中. 将圆周 $|z - z_0| = r$ 记为 γ. 因为每一个 f_n 在 Ω 上全纯, 对

圆盘 $|z - z_0| < r$ 中任意一个点 z_1, 我们有

$$\left| \frac{1}{2\pi i} \oint_\gamma \frac{f_n(z)}{z - z_1} dz - \frac{1}{2\pi i} \oint_\gamma \frac{f(z)}{z - z_1} dz \right|$$

$$= \left| \frac{1}{2\pi i} \oint_\gamma \frac{f_n(z) - f(z)}{z - z_1} dz \right|$$

$$\leqslant \frac{1}{2\pi} \oint_\gamma \left| \frac{f_n(z) - f(z)}{z - z_1} \right| |dz|$$

$$\leqslant \frac{r}{r - |z_1 - z_0|} \max_{z \in \gamma} |f_n(z) - f(z)|. \tag{8.1}$$

因为 γ 是紧集, 当 n 趋于无穷时, 右侧趋于 0, 因此

$$\frac{1}{2\pi i} \oint_\gamma \frac{f(z)}{z - z_1} dz = \lim_{n \to \infty} \frac{1}{2\pi i} \oint_\gamma \frac{f_n(z)}{z - z_1} dz.$$

由 Cauchy 积分公式,

$$f_n(z_1) = \frac{1}{2\pi i} \oint_\gamma \frac{f_n(z)}{z - z_1} dz,$$

令 n 趋于无穷大, 两边求取极限,

$$f(z_1) = \lim_{n \to \infty} f_n(z_1) = \lim_{n \to \infty} \frac{1}{2\pi i} \oint_\gamma \frac{f_n(z)}{z - z_1} dz = \frac{1}{2\pi i} \oint_\gamma \frac{f(z)}{z - z_1} dz,$$

这一等式对于任意被 γ 包围的 z_1 都成立. 同理, 我们可以证明

$$f'(z_1) = \frac{1}{2\pi i} \oint_\gamma \frac{f(z)}{(z - z_1)^2} dz, \tag{8.2}$$

对于任意圆盘 $|z - z_0| < r$ 内部的点 z_1, $f'(z_1)$ 存在, 并且是 z_1 的连续函数. 因此, 极限函数 $f(z)$ 在圆盘 $|z - z_0| < r$ 上全纯. 因为 $z_0 \in \Omega$ 任意选取, 所以 $f(z)$ 在 Ω 上全纯.

为了证明 $f'(z)$ 一致收敛, 令 E 是 Ω 中的一个紧集, 对于每一个 $z \in E$, 存在一个半径 $r_z > 0$, 圆盘 $B(z, 2r_z)$ 的闭包包含在 Ω 中. 因此我们得到 E 的一个开覆盖,

$$E \subset \bigcup_{z \in E} B(z, r_z).$$

因为 E 为紧集, 可以从中选择有限开覆盖

$$E \subset \bigcup_{i=1}^n B(z_i, r_i),$$

并且每个圆盘 $B(z_i, 2r_i)$ 都被包含在 Ω 中. 固定任意的一个 i, 令 γ_i 是圆周 $|z - z_i| = 2r_i$, 重复不等式 (8.1) 和 Cauchy 积分公式 (8.2), 我们得到

对一切 $z \in B(z_i, r_i)$,

$$
\begin{aligned}
|f'_n(z) - f'(z)| &= \left| \frac{1}{2\pi i} \oint_{\gamma_i} \frac{f_n(\zeta) - f(\zeta)}{(\zeta - z)^2} d\zeta \right| \\
&\leqslant \frac{1}{r_i} \max_{\zeta \in \gamma_i} |f_n(\zeta) - f(\zeta)|.
\end{aligned}
\tag{8.3}
$$

因为 f_n 在紧集 $B(z_i, r_i)$ 上一致收敛到 f, 上面不等式蕴含在圆盘 $B(z_i, r_i)$ 上 $f'_n(z)$ 一致收敛到 $f'(z)$. 因为 E 被有限个圆盘 $B(z_i, r_i)$ 覆盖, 在每个圆盘上函数序列一致收敛, 我们得出 f'_n 在 E 上一致收敛到 f'. 定理得证. ∎

8.3 单叶函数收敛到单叶函数

定义 8.7 (单叶映射) 令 $U \subset \mathbb{C}$ 是复平面上的开子集, 若全纯映射 $f : U \to \mathbb{C}$ 为单射, 即如果 $z_1 \neq z_2$, $z_1, z_2 \in U$, 那么 $f(z_1) \neq f(z_2)$, f 称为单叶映射 (univalent map) 或单叶函数. ♦

单叶函数最基本的性质为其导数无零点, 即如果 $f : U \to \mathbb{C}$ 为单叶函数, 则对于一切点 $z \in U$, 都有 $f'(z) \neq 0$. 单叶函数的复合也是单叶函数, 单叶函数的逆映射还是单叶函数. 如果一致收敛的函数族 $\mathcal{F}$ 中任意一个全纯函数都是单叶函数, 那么极限函数也是单叶函数.

定理 8.3 (Hurwitz) 令 $\{f_n : \Omega \to \mathbb{C}\}$ 是定义在开集 $\Omega \subset \mathbb{C}$ 上的全纯函数族, 使得对于一切 n 和 $z \in \Omega$, $f_n(z) \neq 0$. 如果 $\{f_n\}$ 在 Ω 的紧集上一致收敛到函数 $f : \Omega \to \mathbb{C}$, 那么或者 f 恒等于 0, 或者对于一切 $z \in \Omega$, $f(z) \neq 0$. ♦

证明 由 Weierstrass 定理 8.2, f 在 Ω 上是全纯的, 那么或者 $f(z) \equiv 0$, 或者 $f(z) = 0$ 的解集是 Ω 中的离散点集. 如果后者成立, 我们证明解集为空集. 假设 z_0 是 $f(z) = 0$ 的一个解, 则存在 $r > 0$ 使得 $B(z_0, r) \subset \Omega$, 并且方程 $f(z) = 0$ 在 $0 < |z - z_0| \leqslant r$ 中没有解. 令 γ 表示圆周 $|z - z_0| = r$, 因为 γ 在 Ω 上是紧集, f_n 在 γ 上一致收敛到 f. 由 Weierstrass 定理 8.2,

在 γ 上 f_n' 一致收敛到 f'. 于是, 我们有

$$\lim_{n\to+\infty} \frac{1}{2\pi i} \oint_\gamma \frac{f_n'(z)}{f_n(z)} dz = \frac{1}{2\pi i} \oint_\gamma \frac{f'(z)}{f(z)} dz.$$

对于任意一个 $n \geqslant 1$, $f_n(z) = 0$ 在 Ω 上无解. 因此 $f_n'(z)/f_n(z)$ 在 Ω 上全纯, 左侧积分为 0, 从而右侧积分也是 0. 但是右侧积分计算圆周 γ 内部的零点个数, 由此得到矛盾. 因此, $f(z) = 0$ 在 Ω 上没有解. 证明完毕. ∎

推论 8.1 令 Ω 是 $\mathbb{C}$ 中的开集, 令 $\{f_n : \Omega \to \mathbb{C}\}$ 是全纯函数序列, 在紧集上一致收敛到某个函数 $f : \Omega \to \mathbb{C}$. 如果每一个 f_n 在 Ω 上都是单叶函数, 那么或者 f 是一个常值函数, 或者 f 在 Ω 上是单叶函数. ◆

证明 如果 $f(z)$ 不是单叶函数, 则存在 Ω 中不同的点 a 和 b, 满足 $f(a) = f(b)$. 因为 f_n 在 Ω 上是单叶函数, 在开圆盘 $|z - a| < r$ 上 $f_n(z) - f_n(b)$ 没有零点. 由 Hurwitz 定理 8.3, 或者 $f(z) - f(b)$ 在 $|z-a| < r$ 上没有零点, 或者恒为常数 0. 因为 a 是 $f(z) - f(b)$ 的零点, 故 $f(z) - f(a)$ 在 $|z - a| < r$ 上恒为 0, $f(z)$ 在 Ω 上是常数. 证明完毕. ∎

8.4 Montel 定理

任意的全纯函数序列往往不存在收敛子列, 或者存在逐点收敛的子列但是极限函数非全纯, 因此全纯函数序列不是正规函数族. 在这里我们寻求全纯函数序列是正规函数族的判据.

定义 8.8 (在紧集上一致有界) 令 $\mathcal{F}$ 是定义在开集 $\Omega \subseteq \mathbb{C}$ 上的全纯函数族. 我们说函数族 $\mathcal{F}$ 在 Ω 的紧集上一致有界 (uniformly bounded), 如果对于任意紧集 $E \subset \Omega$, 存在常数 M 使得对一切 $z \in E$ 和所有的函数 $f \in \mathcal{F}$, 有 $|f(z)| \leqslant M$. ◆

定义 8.9 (等度连续) 令 $\mathcal{F}$ 是定义在开集 $\Omega \subseteq \mathbb{C}$ 上的全纯函数族, $K \subseteq \Omega$ 是子集. 我们说函数族 $\mathcal{F}$ 在 K 上等度连续 (equicontinuous), 如果对于任意 $\varepsilon > 0$ 存在 $\delta > 0$, 使得对 Ω 中的任意相异两点 z 和 z', 由 $|z - z'| \leqslant \delta$ 可推出对于函数族中的所有函数 $f \in \mathcal{F}$,

$$|f(z) - f(z')| \leqslant \varepsilon.$$ ◆

根据定义, 等度连续族中的任意函数都是一致连续的. 任意正规函数族都是等度连续的, 同时也在紧集上一致有界. 实际上, 紧集上一致有界的性质对于函数族的正规性更为根本. 这一点由下面的 Montel 定理所佐证.

定理 8.4 (Montel) 令 $\mathcal{F}$ 是定义在开集 $\Omega \subseteq \mathbb{C}$ 上的全纯函数族, 如果 $\mathcal{F}$ 在 Ω 的紧集上一致有界, 那么

1. $\mathcal{F}$ 在 Ω 的每一个紧集上等度连续;

2. $\mathcal{F}$ 是正规族. ♦

证明 1. 令 K 是 Ω 中的任意紧集, 存在 $r > 0$ 使得对任意 $z \in K$, 圆盘 $B(z, 3r) \subset \Omega$. 令 z 和 w 是 K 中的点, 满足 $|z - w| \leqslant r$. 根据 r 的选择, 圆盘 $B(z, 2r)$ 的闭包包含在 Ω 中. 令 γ_z 表示圆盘 $B(z, 2r)$ 的边界. 由 Cauchy 积分公式, 对于任意一个函数 $f \in \mathcal{F}$ 有

$$f(z) - f(w) = \frac{1}{2\pi i} \oint_{\gamma_z} f(\zeta) \left(\frac{1}{\zeta - z} - \frac{1}{\zeta - w} \right) d\zeta.$$

对于任意的 $\zeta \in \gamma_z$, 我们有

$$\left| \frac{1}{\zeta - z} - \frac{1}{\zeta - w} \right| \leqslant \frac{|z - w|}{|\zeta - z||\zeta - w|} \leqslant \frac{|z - w|}{r^2},$$

所以

$$|f(z) - f(w)| \leqslant \frac{1}{2\pi} \frac{4\pi r}{r^2} |z - w| \sup_{\zeta \in \gamma_z} |f(\zeta)|.$$

定义

$$\Gamma_K = \{a \in \Omega : d(a, K) \leqslant 2r\}$$

是一个 Ω 中的紧集. 根据定理的假设, 存在依赖于 Γ_K 的常数 $C(\Gamma_K)$, 使得对所有 $f \in \mathcal{F}$ 和所有的点 $a \in \Gamma_K$, 有 $|f(a)| \leqslant C(\Gamma_K)$, 因此 $\sup_{\zeta \in \gamma_z} |f(\zeta)| \leqslant C(\Gamma_K)$. 至此, 我们已经证明了对于所有的函数 $f \in \mathcal{F}$ 和所有的点 $z, w \in K$, 如果 $|z - w| \leqslant r$, 有

$$|f(z) - f(w)| \leqslant \frac{C(\Gamma_K)}{r} |w - z|.$$

对于任意的 $\varepsilon > 0$, 选取 $\delta = \varepsilon \min\{r, r/C(\Gamma_K)\}$, 那么

$$\forall f \in \mathcal{F}, \ \forall z, w \in K, \quad |z - w| < \delta, \quad |f(z) - f(w)| < \varepsilon,$$

即 $\mathcal{F}$ 是等度连续的.

2. 令 $\{f_n\}$ 是函数族 $\mathcal{F}$ 的任意序列. 在 Ω 中存在稠密点列 $\{w_i\}$. 选取 $\{f_n\}$ 的子序列 $\{f_{n_k}\}$, 使得 $\{f_{n_k}\}$ 在所有点 $\{w_i\}$ 处收敛. 用 Cantor 的对角线方法来选取子列 $\{f_{n_k}\}$.

由定理假设, $|f_n(w_1)|$ $(n \geqslant 1)$ 一致上有界, 因此存在收敛子列

$$\Gamma_1 = f_{1,1}, f_{2,1}, f_{3,1}, \cdots$$

使得 $\lim_{k \to \infty} f_{k,1}(w_1)$ 收敛到 $\mathbb{C}$ 中某点. 同样, 存在 Γ_1 的子序列

$$\Gamma_2 = f_{1,2}, f_{2,2}, f_{3,2}, \cdots$$

使得 $\lim_{k \to \infty} f_{k,2}(w_2)$ 在 $\mathbb{C}$ 中存在. 归纳下去, 对于 $l \geqslant 1$, 我们从 Γ_{l-1} 中选取子序列,

$$\Gamma_l = f_{1,l}, f_{2,l}, f_{3,l}, \cdots$$

使得 $\lim_{k \to \infty} f_{k,l}(w_l)$ 在 $\mathbb{C}$ 中存在.

我们定义映射序列 $g_n = f_{n,n}$ $(n \geqslant 1)$, 这是 $\{f_n\}$ 的子序列. 对于任意一个 $j \geqslant 1$, g_n 的极限 $\lim_{n \to \infty} g_n(w_j)$ 存在并且有限. 我们将证明 g_n 在 Ω 的紧集上一致收敛.

固定正数 $\varepsilon > 0$, 因为 $\mathcal{F}$ 在 K 上等度连续, 对于 $\varepsilon/3$ 存在 $\delta > 0$, 使得对于一切 $f \in \mathcal{F}$ 以及一切 K 中的点 z 和 w, 满足 $|z - w| < \delta$, 我们有 $|f(z) - f(w)| \leqslant \varepsilon/3$. 因为 K 为紧集, 存在有限个点 $w_1, w_2, \cdots, w_l$ 使得 $K \subset \bigcup_{i=1}^{l} B(w_i, \delta/2)$.

在任意点 w_i 处 $(i = 1, 2, \cdots, l)$, 序列的极限 $\lim_{n \to \infty} g_n(w_i)$ 存在, 特别地, 这些序列都是 Cauchy 列. 因为 w_i 的个数有限, 所以对于给定的 $\varepsilon/3$, 存在 $N > 0$, 使得对一切 $m, n \geqslant N$ 和所有 $i = 1, 2, \cdots, l$, 有

$$|g_m(w_i) - g_n(w_i)| < \varepsilon/3,$$

对于任意的 $w \in K$, 存在 $i \in \{1, 2, \cdots, l\}$ 使得 $w \in B(w_i, \delta/2)$. 于是对于任意的 $n, m \geqslant N$, 有

$$|g_n(w) - g_m(w)| \leqslant |g_n(w) - g_n(w_i)| + |g_n(w_i) - g_m(w_i)| + |g_m(w_i) - g_m(w)|$$

$$\leqslant \varepsilon/3 + \varepsilon/3 + \varepsilon/3 = \varepsilon.$$

这意味着在任意一点 $w \in \Omega$, 序列 $g_n(w)$ 收敛, 并且这种收敛是在紧集上的一致收敛. 证明完毕. ■

推论 8.2 令 $\mathcal{F}$ 是一族全纯映射 $f : \Omega \to \mathbb{D}$, 那么 $\mathcal{F}$ 是正规函数族. ◆

下面的引理经常用于判断正规函数族.

引理 8.1 在区域 Ω 上取定一点 p, 如果单叶全纯函数族 $\mathcal{F}$ 在此点的函数值和导数有界, 那么 $\mathcal{F}$ 是正规函数族. ◆

引理 8.2 给定一族全纯函数 $\mathcal{F}$, 如果存在三个相异的点 a, b, c, 使得对任意的 $f \in \mathcal{F}$, 都有 a, b, c 在 f 的值域之外, 那么 $\mathcal{F}$ 是正规函数族. ◆

引理 8.3 如果 $\mathcal{F} = \{f\}$ 是正规函数族, 那么

$$\mathcal{F}^{-1} = \{f^{-1} | f \in \mathcal{F}\}$$

也是正规函数族. ◆

9.1 全纯函数族

定义 9.1　所有定义在单位圆盘上, 同时满足归一化条件的单叶全纯映射构成函数族

$$\mathcal{S} = \{f : \mathbb{D} \to \mathbb{C} : f \text{ 是 } \mathbb{D} \text{ 上单叶函数}, f(0) = 0, f'(0) = 1\}. \quad (9.1)$$

每一个 $\mathcal{S}$ 的成员函数都在 0 点附近存在 Taylor 展开

$$f(z) = z + a_2 z^2 + a_3 z^3 + \cdots, \quad (9.2)$$

Taylor 级数在单位圆盘 $|z| < 1$ 内收敛. ◆

定义 9.2 (Koebe 函数)　全纯函数 $k(z) \in \mathcal{S}$,

$$k(z) = \frac{z}{(1-z)^2} = z + 2z^2 + 3z^3 + 4z^4 + \cdots \quad (9.3)$$

称为 Koebe 函数. Koebe 函数将单位圆盘 $\mathbb{D}$ 映到复平面上射线的补集 $\mathbb{C} \setminus (-\infty, -1/4]$. ◆

实际上, Koebe 映射可以改写成

$$k(z) = \frac{z}{(1-z)^2} = \frac{1}{4}\left(\frac{1+z}{1-z}\right)^2 - \frac{1}{4},$$

这里映射 $(1+z)/(1-z)$ 将单位圆盘映成右半平面 $\mathrm{Re}(z) > 0$, 平方后变成 $\mathbb{C} \setminus (-\infty, 0)$. Koebe 映射具有极值性质.

引理 9.1　假设全纯函数 $f \in \mathcal{S}$, 其平方根

$$g(z) = \sqrt{f(z^2)}$$

有一个连续的分支属于 $\mathcal{S}$. ◆

证明　因为 $f(z)$ 在 $z = 0$ 具有唯一的零点, 因此 $f(z^2)$ 在 $z = 0$ 具有 2 阶零点. 因此, 我们得到级数展开:

$$f(z^2) = z^2 + a_2 z^4 + a_3 z^6 + a_4 z^8 + \cdots = z^2(1 + a_2 z^2 + a_3 z^4 + a_4 z^6 + \cdots).$$

括号内部的表达式记为

$$H(z) = 1 + a_2 z^2 + a_3 z^4 + a_4 z^6 + \cdots,$$

在 $\mathbb{D}$ 上没有零点 (因为如果存在 $\zeta \in \mathbb{D}$, $\zeta \neq 0$, 满足 $H(\zeta) = 0$, 那么 $\zeta^2 \in \mathbb{D}$, 并且 $f(\zeta^2) = 0$, $\zeta^2 \neq 0$, 这和 $f(z)$ 在 $z = 0$ 具有唯一的零点相矛盾), 因此 $\sqrt{H(z)}$ 在 $\mathbb{D}$ 上有两个连续分支, 一个在原点取值为 $+1$, 另一个在原点取值为 -1. 我们选取第一个分支, 记为 $h(z)$. 由公式

$$\sqrt{1+x} = 1 + \frac{1}{2}x - \frac{1}{4}x^2 + \cdots,$$

得到

$$h(z) = \sqrt{H(z)} = 1 + \frac{a_2}{2}z^2 + \cdots,$$

由此

$$g(z) = \sqrt{f(z^2)} = z \cdot h(z) = z + \frac{a_2}{2}z^3 + \cdots, \tag{9.4}$$

有 $g(0) = 0$, $g'(0) = 1 \cdot h(z) + z \cdot h'(z)|_{z=0} = 1$. 我们再证明 $g(z)$ 在 $\mathbb{D}$ 上是单叶的.

假设 z_1 和 z_2 是 $\mathbb{D}$ 上两点, 满足 $g(z_1) = g(z_2)$, 那么 $f(z_1^2) = f(z_2^2)$. 因为 f 是单叶的, 所以 $z_1^2 = z_2^2$, $z_1 = \pm z_2$. $h(z)$ 是偶函数, $h(z) = h(-z)$; $g(z)$ 是奇函数, $g(-z) = -g(z)$. 因此, $g(z_1) = -g(z_2)$, 由此 $g(z_1) = 0$ 并且 $z_1 = 0$. 因此, $g(z)$ 在单位圆盘 $\mathbb{D}$ 上是单叶的. 证明完毕. ∎

同样, 我们定义单位圆的补空间为

$$\Delta := \{w \in \mathbb{C} : |w| > 1\}.$$

定义 9.3 所有定义在 Δ 上的满足归一化条件的全纯函数构成函数族,

$$\Sigma = \{g : \Delta \to \mathbb{C} : g \text{ 是 } \Delta \text{ 上单叶函数}, \lim_{z \to \infty} g(z) = \infty, g'(\infty) = 1\}.$$

Σ 的成员函数 $g \in \Sigma$ 在 ∞ 附近存在级数展开

$$g(z) = z + b_0 + \frac{b_1}{z} + \frac{b_2}{z^2} + \cdots, \tag{9.5}$$

级数在单位圆外 $|z| > 1$ 收敛. ◆

每个 $g \in \Sigma$ 将 Δ 映到某个紧单连通集的补集. 经过平行移动, Σ 可以变换成 Σ 子族,

$$\Sigma' = \{f : \Delta \to \mathbb{C} : f \in \Sigma, 0 \notin f(\Delta)\},$$

容易证明函数族 S 和 Σ' 之间存在一一对应. 每一个 $f \in \mathcal{S}$, 映射

$$g(z) = \frac{1}{f(1/z)}, \quad |z| > 1$$

属于函数族 Σ', 同时具有级数展开形式

$$g(z) = z - a_2 + \frac{a_2^2 - a_3}{z} + \cdots.$$

特别地, 函数族 Σ' 在取平方根的变换下不变: 假设 $G(z) \in \Sigma'$, 那么我们有

$$G(z) = \sqrt{g(z^2)} = z(1 + b_0 z^{-2} + b_1 z^{-4} + \cdots)^{1/2}.$$

定义 9.4 (零 Lebesgue 测度) 一个集合 $E \subset \mathbb{C}$ 称为零 Lebesgue 测度, 如果对于一切 $\varepsilon > 0$, 存在可数无穷多个点 $z_i \in \mathbb{C}$ 和 $\gamma_i \geqslant 0$, $i = 1, 2, \cdots$, 使得

$$E \subset \bigcup_i B(z_i, \gamma_i), \quad \sum_i \pi \gamma_i^2 < \varepsilon. \qquad \blacklozenge$$

定义 9.5 (全映射) 全纯函数族

$$\tilde{\Sigma} = \{f : \Delta \to \mathbb{C} : f \in \Sigma, \mathbb{C} \setminus f(\Delta) \text{ 的 Lebesgue 测度为零}\} \qquad (9.6)$$

称为 "全映射" 族. $\qquad \blacklozenge$

9.2 Gronwall 面积估计定理

在复平面 $\mathbb{C}$ 上, 复数 $z = x + iy, x, y \in \mathbb{R}$, 平面的 Lebesgue 测度为 μ, 面元为

$$dA = dx \wedge dy = \frac{i}{2} dz \wedge d\bar{z} = \frac{i}{2} d(z d\bar{z}) = \frac{1}{2i} d(\bar{z} dz).$$

引理 9.2 假设 Ω 是一个 Jordan 区域 (Jordan domain), 其边界 $\partial\Omega$ 是一条 Jordan 曲线 (Jordan curve), 解析映射 $f : \mathbb{D} \to \Omega$ 为单叶映射, 那

么

$$\mu(\Omega) = \frac{i}{2} \int_{\partial\mathbb{D}} f(z)\overline{f'(z)}d\bar{z}, \tag{9.7}$$

或者等价地

$$\mu(\Omega) = \frac{1}{2i} \int_{\partial\mathbb{D}} \overline{f(z)}f'(z)dz. \quad \blacklozenge \tag{9.8}$$

证明 Jordan 区域的面积为

$$\mu(\Omega) = \frac{i}{2} \int_{\mathbb{D}} d(wd\bar{w}) = \frac{i}{2} \int_{\partial\mathbb{D}} wd\bar{w},$$

代入 $w = f(z)$, 得到 $d\bar{w} = \overline{f'(z)}d\bar{z}$,

$$\mu(\Omega) = \frac{i}{2} \int_{\partial\mathbb{D}} f(z)\overline{f'(z)}d\bar{z}.$$

等式 (9.8) 的证明类似. 证明完毕. ∎

在 1941 年, Gronwall 发现了下列的面积估计定理.

定理 9.1 (Gronwall 面积定理) 如果函数族 Σ 的成员

$$g(z) = z + b_0 + \frac{b_1}{z} + \frac{b_2}{z^2} + \cdots,$$

那么

$$\sum_{n=1}^{\infty} n|b_n|^2 \leqslant 1, \tag{9.9}$$

等号成立当且仅当 $g \in \tilde{\Sigma}$, 即 g 为全映射. ♦

证明 对一切 $r > 1$, 令 C_r 是圆周 $\{|z| = r\}$ 在映射 g 下的像, $C_r = g(\{|z| = r\})$. 每个 C_r 都是光滑的简单闭曲线. E_r 表示 $\mathbb{C} \setminus C_r$ 的有限连通分支. 令 $w = u + iv$ 是 g 像的复坐标. 对于一切 $r > 1$, 计算 E_r 的面积,

$$\mu(E_r) = \oint_{C_r} udv = \frac{1}{2i} \oint_{C_r} \bar{w}dw = \frac{1}{2i} \oint_{|z|=r} \overline{g(z)}g'(z)dz$$

$$= \frac{1}{2} \int_0^{2\pi} \left(re^{-i\theta} + \sum_{n=0}^{\infty} \bar{b}_n r^{-n} e^{in\theta} \right)$$

$$\cdot \left(1 - \sum_{m=1}^{\infty} mb_m r^{-m-1} e^{-i(m+1)\theta} \right) re^{i\theta} d\theta$$

$$= \pi \left(r^2 - \sum_{n=1}^{\infty} n|b_n|^2 r^{-2n} \right). \tag{9.10}$$

等号两边取极限, 令 r 趋于 1,

$$\mu(\mathbb{C} \setminus g(\Delta)) = \pi \left(1 - \sum_{n=1}^{\infty} n|b_n|^2 \right).$$

因为左侧非负, 因此右侧非负, 我们得到不等式 (9.9). 定理证毕. ∎

推论 9.1 如果 $g \in \Sigma$, 那么 $|b_1| \leqslant 1$, 等式成立当且仅当

$$g(z) = z + b_0 + \frac{b_1}{z}, \quad |b_1| = 1.$$

这种共形映射 g 将 Δ 映成一个长度为 4 的线段的补集. ◆

证明 由 Gronwall 面积定理, 我们得到 $|b_1| \leqslant 1$. 当等号成立的时候, 对一切 $n \geqslant 2$, $b_n = 0$. 令 $a_1 = \sqrt{b_1}$, $a_2 = 1/a_1$, 构造复平面上的线性变换 $h_1(z) = a_1 z$ 和 $h_2(z) = a_2(z - b_0)$, 那么

$$f(z) = h_2 \circ g \circ h_1 = z + \frac{1}{z},$$

f 是单叶共形映射, 将 Δ 映成 $\mathbb{C} \setminus [-2, 2]$. 因为 $|b_1| = 1$, h_1 和 h_2 为旋转平移, 即刚体变换, 线段长度保持不变. 证明完毕. ∎

定理 9.2 (Bieberbach) 如果 $f \in \mathcal{S}$, 那么 $|a_2| \leqslant 2$, 等式成立当且仅当 f 是 Keobe 函数的一个旋转. ◆

证明 假设函数

$$f(z) = z + a_2 z^2 + a_3 z^3 + \cdots,$$

应用平方根变换, 由等式 (9.4) 得到

$$h(z) = \sqrt{f(z^2)} = z + \frac{a_2}{2} z^3 + \cdots.$$

由引理 9.1, $h(z)$ 属于函数族 $\mathcal{S}$. 构造函数

$$\begin{aligned} g(z) &= \frac{1}{h(1/z)} = \frac{1}{f(1/z^2)^{1/2}} = \frac{1}{1/z + \frac{a_2}{2z^3} + \cdots} \\ &= z \left(\frac{1}{1 + \frac{a_2}{2z^2} + \cdots} \right) = z - \frac{a_2}{2} \frac{1}{z} + \cdots, \end{aligned}$$

则 $g(z)$ 属于函数族 Σ. 由推论 9.1 得到 $|a_2| \leqslant 2$.

如果 $|a_2| = 2$, 函数 $g(z)$ 具有形式

$$g(z) = z - \frac{e^{i\theta}}{z},$$

这等价于

$$f(1/z^2) = \frac{z^2}{z^4 - 2e^{i\theta}z^2 + e^{i2\theta}},$$

进行坐标变换, $w = 1/z^2$ 在单位圆盘上, 那么

$$f(w) = \frac{w}{(1 - e^{i\theta}w)^2} = e^{-i\theta}\frac{e^{i\theta}w}{(1 - e^{i\theta}w)^2} = e^{-i\theta}k(e^{i\theta}w),$$

这里 $k(w)$ 是 Koebe 函数 (9.3). 证明完毕. ∎

全纯映射是开映射 (open mapping), 即全纯映射将任意开集映到开集. 因此对于每一个全纯函数 $f \in \mathcal{S}$, 其像 $f(\mathbb{D})$ 都包含一个以原点为圆心, 半径严格大于 0 的开圆. 1907 年左右, Koebe 发现所有的全纯映射 $f \in \mathcal{S}$ 的像 $f(\mathbb{D})$ 都包含某一个开圆, $B(0, \rho)$. Koebe 映射显示了 ρ 必须不大于 1/4, Koebe 猜测 $\rho = 1/4$. 后来, Bieberbach 证明了 Koebe 的猜想.

定理 9.3 (Koebe 1/4-定理)   对于每一个全纯函数 $f \in \mathcal{S}$, $f(\mathbb{D})$ 包含开圆盘 $|w| < 1/4$. 如果存在 $|w| = 1/4$ 并且 $w \notin f(\mathbb{D})$, 当且仅当 f 是 Koebe 函数, 或者与 Koebe 函数相差一个旋转. ♦

证明   令 $f(z) = z + a_2 z^2 + \cdots$ 是 $\mathcal{S}$ 中的函数, 单位圆盘在 f 下的像不包含 w 点, $w \notin f(\mathbb{D})$. 构造全纯函数

$$h(z) = \frac{wf(z)}{w - f(z)} = z + \left(a_2 + \frac{1}{w}\right)z^2 + \cdots,$$

那么 $h(z)$ 在函数族 $\mathcal{S}$ 中. 由定理 9.2 得到

$$\left|a_2 + \frac{1}{w}\right| \leqslant 2,$$

同时 $|a_2| \leqslant 2$, 我们得到 $|1/w| \leqslant 4$, $|w| \geqslant 1/4$. 等号成立当且仅当 f 是 Koebe 函数, 或者与 Koebe 函数相差一个旋转. 对于 $\mathcal{S}$ 中的其他函数, $g \in \mathcal{S}$, $g(\mathbb{D})$ 覆盖以原点为圆心的更大开圆盘. 定理得证. ∎

9.3 Koebe 畸变定理

单位圆盘 $\mathbb{D}$ 中的曲线在映射 $f \in \mathcal{S}$ 下发生畸变, 畸变的速率取决于导数 $f'(z)$. 举例而言, 如果 $|f'(z)|$ 变化迅速, 那么 z 附近具有同样长度

的曲线被映射到长度非常不同的曲线; 如果 $\arg f'(z)$ 变化迅速, 那么直线被映射成弯曲剧烈的曲线. 在 0 点处, 函数二阶导数的上界 $|a_2| \leqslant 2$, 使得 $f'(z)$ 的变化一致有界, 这里 z 在单位圆盘内变动. 这里的一致估计和具体的映射 $f \in \mathcal{S}$ 的选取无关. Koebe 畸变定理给出了这些一致的界限.

定理 9.4 任意一个 $f \in \mathcal{S}$, 都有

$$\left| \frac{z f''(z)}{f'(z)} - \frac{2r^2}{1-r^2} \right| \leqslant \frac{4r}{1-r^2}, \quad r = |z| < 1. \quad \blacklozenge \qquad (9.11)$$

证明 给定函数 $f \in \mathcal{S}$, 取定点 $z \in \mathbb{D}$, 我们用 Möbius 变换来构造全纯函数

$$F(w) = \frac{f\left(\frac{w+z}{1+\bar{z}w}\right) - f(z)}{(1-|z|^2)f'(z)} = w + \frac{1}{2}\left((1-|z|^2)\frac{f''(z)}{f'(z)} - 2\bar{z} \right) w^2 + \cdots.$$

因为映射 $F \in \mathcal{S}$, 由定理 9.2, w^2 系数的模不大于 2, 因此

$$\left| (1-|z|^2)\frac{f''(z)}{f'(z)} - 2\bar{z} \right| \leqslant 4,$$

这蕴含了定理中的不等式 (9.11). ∎

引理 9.3 假设 $f \in \mathcal{S}$, 则在单位圆盘 $\mathbb{D}$ 中存在 $\log f'(z)$ 的一个连续分支, 将 0 映到 0. 对一切 $z = re^{i\theta} \in \mathbb{D}$, 我们都有

$$\frac{z f''(z)}{f'(z)} = r\frac{\partial}{\partial r}(\log|f'(z)|) + ir\frac{\partial}{\partial r}(\arg f'(z)). \qquad \blacklozenge$$

证明 因为映射 $f(z)$ 是单值映射, 因此在单位圆内导数处处非 0, $\forall z \in \mathbb{D}$, $f'(z) \neq 0$. 因为 $f'(0) = 1$, 所以在 $\mathbb{D}$ 上存在 $\log f'(z)$ 的连续分支将 0 映到 0. 令 $u(z) = u(re^{i\theta})$ 是定义在某个开集 $U \subset \mathbb{C}$ 上的全纯函数, 由关系 $z = r\cos\theta + ir\sin\theta$, 我们有

$$r\frac{\partial u}{\partial r} = r\frac{\partial u}{\partial z} \cdot \frac{\partial z}{\partial r} = r\frac{\partial u}{\partial z} \cdot (\cos\theta + i\sin\theta) = z \cdot \frac{\partial u}{\partial z}.$$

将这一公式应用于函数 $\log f'(z)$, 并且用关系 $\log z = \log|z| + i\arg z$, 我们得到

$$\frac{z f''(z)}{f'(z)} = z \cdot \frac{\partial}{\partial z}(\log f'(z)) = r\frac{\partial}{\partial r}(\log|f'(z)|) + ir\frac{\partial}{\partial r}(\arg f'(z)).$$

引理得证. ∎

定理 9.5 (畸变定理) 对每一个 $f \in \mathcal{S}$, 我们有

$$\frac{1-r}{(1+r)^3} \leqslant |f'(z)| \leqslant \frac{1+r}{(1-r)^3}, \quad |z| = r < 1. \tag{9.12}$$

在某个 $z \neq 0$ 等号成立, 当且仅当 f 是 Koebe 函数的旋转. ◆

证明 不等式 $|w - c| < R$ 蕴含着 $c - R \leqslant \operatorname{Re} w \leqslant c + R$. 特别地, 由不等式 (9.11), 对 $|z| = r$, 我们有

$$\frac{2r^2}{1-r^2} - \frac{4r}{1-r^2} \leqslant \operatorname{Re}\left(\frac{zf''(z)}{f'(z)}\right) \leqslant \frac{2r^2}{1-r^2} + \frac{4r}{1-r^2},$$

简化后得到

$$\frac{2r^2 - 4r}{1-r^2} \leqslant \operatorname{Re}\left(\frac{zf''(z)}{f'(z)}\right) \leqslant \frac{2r^2 + 4r}{1-r^2}. \tag{9.13}$$

由引理 9.3, 我们得到存在 $\log f'(z)$ 在 $\mathbb{D}$ 上的连续分支, 将 0 映到 0, 更进一步, 由引理中的不等式, 我们得到

$$\frac{2r - 4}{1-r^2} \leqslant \frac{\partial}{\partial r} \log |f'(re^{i\theta})| \leqslant \frac{2r + 4}{1-r^2}, \tag{9.14}$$

固定 θ 积分 r,

$$\int_0^R \frac{2r+4}{1-r^2} dr = \int_0^R \frac{3}{1-r} + \frac{1}{1+r} dr$$

$$= -3\log(1-r) + \log(1+r)\Big|_{r=0}^{r=R} = \log\frac{1+R}{(1-R)^3},$$

我们得到

$$\log\frac{1-R}{(1+R)^3} \leqslant \log|f'(re^{i\theta})| \leqslant \log\frac{1+R}{(1-R)^3}, \tag{9.15}$$

因为指数映射 $x \mapsto e^x$ 单调递增, 因此得到定理的不等式 (9.12).

如果在某一点 $z = Re^{i\theta} \in \mathbb{D}$, $z \neq 0$, 不等式 (9.12) 成立, 那么不等式 (9.15) 对于 R 成立, 这意味着不等式 (9.13) 和 (9.14) 对于任意 $r \in (0, R)$ 都成立, 令 r 趋向于 0, 我们得到等式

$$\operatorname{Re}\left(e^{i\theta} f''(0)\right) = +4 \quad \text{或者} \quad \operatorname{Re}\left(e^{i\theta} f''(0)\right) = -4.$$

由定理 9.4, $|f''(0)| \leqslant 4$, 因此 $|f''(0)| = 4$, f 是 Koebe 函数的一个旋转.

反之, 考虑 Koebe 函数 $k(z) = z/(1-z)^2$, 我们有

$$k'(z) = \frac{1+z}{(1-z)^3},$$

对于所有 $z = r \in (0, 1)$, 不等式 (9.12) 的右侧成立. 再令 $h(z) = $

$e^{i\pi}k(e^{-i\pi}z)$, 我们得到

$$h'(z) = \frac{1-z}{(1+z)^3},$$

对于所有 $z = r \in (0,1)$, 不等式 (9.12) 的左侧成立. 由此完成证明. ∎

定理 9.6 (增长定理) 对每一个全纯函数 $f \in \mathcal{S}$,

$$\frac{r}{|1+r|^2} \leqslant |f(z)| \leqslant \frac{r}{|1-r|^2}, \quad |z| = r. \tag{9.16}$$

更多地, 对于任意 $z \in \mathbb{D}$, $z \neq 0$, 等号成立当且仅当 f 是 Koebe 函数的一个旋转. ◆

证明 定理 9.5 给定导数模 $|f'(z)|$ 的上界, 固定一点 $z = re^{i\theta} \in \mathbb{D}$, 观察到

$$f(z) = \int_0^r f'(\rho e^{i\theta}) d\rho,$$

于是

$$|f(z)| \leqslant \int_0^r |f'(\rho e^{i\theta})| d\rho \leqslant \int_0^r \frac{1+\rho}{(1-\rho)^3} d\rho = \frac{r}{|1-r|^2}.$$

假设 $z \in \mathbb{D}$ 是单位圆盘内部的任意一点, 我们考虑两种可能性:

1. $|f(z)| \geqslant 1/4$,

2. $|f(z)| \leqslant 1/4$.

假设第一种情况发生, 因为对于任意 $r \in (0,1)$, $r/(1+r)^2 \leqslant 1/4$, 我们得到不等式 $r/(1+r)^2 \leqslant |f(z)|$.

假设第二种情况发生, 根据定理 9.3, 径向直线段 $rf(z)$, $r \in [0,1]$ 在 f 的像里面. 因为 f 为单值映射, 径向直线段的原像在 $\mathbb{D}$ 中是一条简单曲线, 连接 0 和 z, 记为 C. 我们有

$$f(z) = \int_C f'(\zeta)\zeta.$$

根据 C 的定义, 对于 C 上的任意一点 $z \in C$, $dw = f'(z)dz$ 和 $f(z)$ 具有相同的辐角, 因此我们有

$$|f(z)| = \left| \int_C f'(\zeta) d\zeta \right| = \int_C |f'(\zeta) d\zeta| = \int_C |f'(\zeta)||d\zeta|$$
$$\geqslant \int_0^r \frac{1-\rho}{(1+\rho)^3} d\rho = \frac{r}{(1+r)^2}.$$

不等式 (9.16) 的两端, 如果有一端等号成立, 则不等式 (9.12) 的相应端等式成立, 由畸变定理这意味着 f 是 Koebe 函数的一个旋转. 反之, 通过选取 Koebe 函数的一个旋转, 不等式 (9.16) 的两端等式都可以达到. 定理证毕. ∎

定理 9.7 (径向畸变定理) 对于任意 $f \in \mathcal{S}$,

$$|\arg\ f'(z)| \leqslant 2 \log \frac{1+r}{1-r}, \quad |z| = r. \qquad \blacklozenge$$

证明 考虑畸变定理中的不等式 (9.11), 我们有

$$-\frac{4r}{1-r^2} \leqslant \mathrm{Im} \left(\frac{zf''(z)}{f'(z)} \right) \leqslant \frac{4r}{1-r^2},$$

由引理 9.3 得到

$$-\frac{4}{1-r^2} \leqslant \frac{\partial}{\partial r} \arg f'(re^{i\theta}) \leqslant \frac{4}{1-r^2},$$

通过积分得到

$$|\arg f'(z)| \leqslant \int_0^r \frac{4}{1-r^2} dr = 2 \log \frac{1+r}{1-r}.$$

证明完毕. ∎

这样, 我们对全纯函数的值和一阶导数的模都有了一致估计.

本章中, 我们证明 Riemann 映射定理, 证明方法如下: 首先定义一个全纯函数的正规族, 然后考察函数的 Taylor 或者 Laurent 级数展开, 构造一个序列使得某一个系数取得极值, 由正规族的紧性得到极值函数的存在性, 再证明这个极值函数就是所要求得的共形映射.

10.1　Riemann 映射定理

定理 10.1 (Riemann 映射定理)　给定复平面上非空、单连通、开子集 $\Omega \subset \mathbb{C}$, Ω 不是整个复平面 $\mathbb{C}$, 对于任意一点 $z_0 \in \Omega$, 存在唯一一个从 Ω 到单位开圆盘 $\mathbb{D}$ 的双全纯映射 $f : \Omega \to \mathbb{D}$, 满足条件: $f(z_0) = 0$ 和 $f'(z_0) > 0$. ◆

如果不要求条件 $f(z_0) = 0$ 和 $f'(z_0) > 0$, 则共形映射不唯一. 所有这种映射彼此相差一个圆盘到自身的 Möbius 变换 (Möbius transformation) $\varphi : \mathbb{D} \to \mathbb{D}$, 如图 10.1 所示,

$$\varphi(z) = e^{i\theta} \frac{z - z_0}{1 - \bar{z}_0 z}, \quad z_0 \in \mathbb{D}, \theta \in [0, 2\pi). \tag{10.1}$$

如果 Ω 是 Jordan 区域, Ω 的边界 $\partial\Omega$ 是分段解析曲线段, 那么共形映射 φ 可以延拓到边界上 $\varphi : \partial\Omega \to \partial\mathbb{D}$.

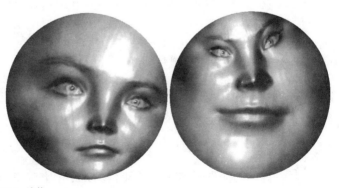

图 10.1 Möbius 变换.

视　频

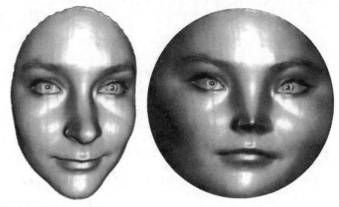

图 10.2 人脸曲面的 Riemann 映射.

如图 10.2 所示, 人脸曲面是一张单连通的曲面 S, 嵌入三维欧氏空间中 $S \hookrightarrow \mathbb{E}^3$, 因此带有欧氏度量所诱导的度量 $\mathbf{g}$. 带 Riemann 度量的曲面 $(S, \mathbf{g})$ 和平面单位开圆盘 $\mathbb{D}$ 之间存在 Riemann 映射 $f : (S, \mathbf{g}) \to \mathbb{D}$, 将人脸曲面映射到平面圆盘上. 图 10.2 中的右帧显示了共形映射的像 $f(S)$. 这种共形映射并不唯一, 彼此之间相差一个 Möbius 变换. 如图 10.1 所示, $f(S)$ 和左帧彼此相差一个 Möbius 变换; 同样, $f(S)$ 和右帧也相差一个 Möbius 变换, 同时左帧和右帧也相差一个 Möbius 变换.

10.2 唯一性证明

引理 10.1 (调和函数的平均值性质) 假设 $u : \Omega \to \mathbb{R}$ 是一个定义在开集 Ω 上的调和函数, 那么对于一切点 $z \in \Omega$, 对于一切 $r > 0$, 如果圆盘 $B(z, r) \subset \Omega$ 完全包含在开集 Ω 之中, Γ 为圆周 $|\zeta - z| = r$, 那么

$$u(z) = \frac{1}{2\pi r} \oint_\Gamma u(\zeta) ds,$$

这里 ds 是 Γ 的弧长. ◆

证明 函数 $u(z)$ 调和, 其全微分 $du(x, y) = u_x dx + u_y dy$ 为恰当 1-形式. 其共轭形式为 $\omega = -u_y dx + u_x dy$,

$$d\omega = (u_{yy} + u_{xx}) dx \wedge dy = 0,$$

因此为闭形式, 在平面开圆盘 $B(z, r)$ 上可积. 我们定义 $u(z)$ 的共轭调

和函数

$$v(\zeta) = \int_z^\zeta \omega,$$

由此构造辅助函数

$$f(z) = u(z) + iv(z),$$

$f(z)$ 是全纯函数. 由 Cauchy 积分公式

$$f(z) = \frac{1}{2\pi i} \oint_\Gamma \frac{f(\zeta)}{\zeta - z} d\zeta,$$

这里 $\zeta \in \Gamma$, $\zeta = z + re^{i\theta}$,

$$f(z) = \frac{1}{2\pi i} \int_0^{2\pi} \frac{f(\zeta)}{re^{i\theta}} rie^{i\theta} d\theta = \frac{1}{2\pi} \int_0^{2\pi} f(\zeta) d\theta = \frac{1}{2\pi r} \oint_\Gamma f(\zeta) ds,$$

然后再取实部,

$$u(z) = \mathrm{Re}(f(z)) = \frac{1}{2\pi r} \oint_\Gamma \mathrm{Re}(f(\zeta)) ds = \frac{1}{2\pi r} \oint_\Gamma u(\zeta) ds.$$

证明完毕. ■

引理 10.2 假设 $f : \Omega \to \mathbb{R}$ 是定义在复平面连通开集 Ω 上的调和函数. 如果 z_0 是 Ω 的内点, 使得 Ω 中的一切点 z, $f(z_0) \geqslant f(z)$, 那么函数 f 在 Ω 上是常数. ◆

证明 如果存在一个正数 $r > 0$, 使得开圆盘 $B(z_0, r)$ 被包含在 Ω 中, 我们证明函数 $f(z)$ 在此开圆盘中为常数. 此圆盘中的所有 $z \in B(z_0, r)$, $f(z) \leqslant f(z_0)$. 如果存在一点 $z_1 \in B(z_0, r)$, 使得 $f(z_1)$ 严格小于 $f(z_0)$. 设 $|z_0 - z_1| = r_1 < r$, 以 z_0 为圆心、以 r_1 为半径的圆周记为 Γ_1, 则 Γ_1 经过点 z_1. 由调和函数平均值性质, 我们有

$$f(z_0) = \frac{1}{2\pi r_1} \oint_{\Gamma_1} f(\zeta) d\zeta < \frac{1}{2\pi r_1} \oint_{\Gamma_1} f(z_0) d\zeta = f(z_0),$$

矛盾. 因此对于 $B(z_0, r)$ 中的所有点 z, $f(z) = f(z_0)$, $f(z)$ 在 $B(z_0, r)$ 为常数.

考虑 $B(z_0, r)$ 的闭包, 在其边界上选取一点 $z_2 \in \partial B(z_0, r)$, 同样推理, 我们得到对于任意的 $r > 0$, 使得 $B(z_2, r)$ 包含在 Ω 中, 则 $f(z)$ 在 $B(z_2, r)$ 中为常数. 如此拓展, Ω 为连通集合, 可以证明 $f(z)$ 在整个 Ω 上为常数. 引理得证. ■

定理 10.2 (最大值原理) 如果 $f : \Omega \to \mathbb{C}$ 是一个定义在开集 Ω 上的非常数的全纯函数, 那么在 Ω 上模 $|f(z)|$ 没有最大值点. 亦即, 不存在内点 $z_0 \in \Omega$, 使得对一切 $z \in \Omega$, 有 $|f(z)| \leqslant |f(z_0)|$. 另一方面, 在同样的条件下, 如果 f 在 Ω 内部有零点, 那么 $|f(z)|$ 在 Ω 上没有最小值点. ♦

证明 假设 $|f(z)|$ 在内点 $z_0 \in \Omega$ 处达到最大值. 因为 $f(z)$ 是全纯函数, 所以 $\log f(z)$ 也是全纯函数,

$$\log f(z) = \log |f(z)| + i \arg(f(z)),$$

因此 $\log |f(z)|$ 是调和函数. $\log |f(z)|$ 在内点 $z_0 \in \Omega$ 处达到最大值, 因此 $\log |f(z)|$ 为常数.

因为 $\log |f(z)|$ 和 $\arg(f(z))$ 为共轭调和函数, 所以 $\arg(f(z))$ 也是常数. 由此 $f(z)$ 为常数, 矛盾. 函数模的最小值证明类似. 证明完毕. ∎

假设 K 是 Ω 中的开集, 使得 K 的闭包依然包含在 Ω 中. 如果 $f : \Omega \to \mathbb{C}$ 是全纯函数, $|f(z)|$ 在 K 上连续, $|f|$ 在 K 的闭包上存在最大最小值. 但是由最大值原理, $|f|$ 在 K 上没最大极值, 这蕴含着 $|f|$ 的最大值一定在 K 的边界上达到. 同理, $|f|$ 的最小值也在 K 的边界上达到.

我们先用最大值原理来证明 Schwarz 引理.

引理 10.3 (Schwarz 引理) 假设 $f(z)$ 在 $\mathbb{D} = \{|z| < 1\}$ 上解析, 满足条件 $|f(z)| \leqslant 1$, 并且 $f(0) = 0$, 那么 $|f'(0)| \leqslant 1$, 并且对一切 $z \in \mathbb{D}$,

$$|f(z)| \leqslant |z|.$$

如果 $|f'(0)| = 1$, 或者存在一点 $0 \neq z_0 \in \mathbb{D}$, 使得 $|f(z_0)| = |z_0|$, 那么 $f(z)$ 是一个旋转,

$$f(z) = e^{i\theta} z.$$
♦

证明 因为 f 在 $\mathbb{D}$ 上全纯, f 在零点附近的级数展开

$$f(z) = a_0 + a_1 z + a_2 z^2 + \cdots$$

在 $\mathbb{D}$ 收敛. 因为 $f(0) = 0$, $a_0 = 0$, 我们得到

$$f(z) = a_1 z + a_2 z^2 + \cdots = z(a_1 + a_2 z + a_3 z^2 + \cdots).$$

特别地, 括号内的级数在 $\mathbb{D}$ 上收敛. 构造辅助全纯函数

$$g(z) = \begin{cases} f(z)/z, & z \neq 0, \\ f'(0), & z = 0, \end{cases}$$

那么辅助函数的级数展开

$$g(z) = a_1 + a_2 z + a_3 z^2 + \cdots$$

在单位圆盘 $\mathbb{D}$ 内收敛, 这里 $g(0) = a_1 = f'(0)$.

在每一个圆周 $|z| = r < 1$ 上, $|f(z)| < 1$ 函数的模

$$|g(z)| < 1/r.$$

由最大值原理, 在整个圆盘 $|z| < r$ 上, $|g(z)| < 1/r$. 令 $r \to 1$, 得到在单位圆盘 $\mathbb{D}$ 上,

$$|g(z)| \leqslant 1,$$

即 $|f(z)| \leqslant |z|$. 如果在一内点 z_0 处, 等式 $|g(z_0)| = 1$ 成立, 根据最大值原理, $g(z)$ 必为常数 a. 由 $|a| = 1$, 得到 $a = e^{i\theta}$,

$$f(z) = e^{i\theta} z.$$

证明完毕. ∎

引理 10.4 假设 $f : \mathbb{D} \to \mathbb{D}$ 是单位圆盘到自身的共形同胚, 那么 $f(z)$ 必为 Möbius 映射. ◆

证明 我们构造一个 Möbius 映射

$$\varphi(z) = \frac{z - f(0)}{1 - \overline{f(0)} z},$$

那么 $g = \varphi \circ f$ 为单位圆盘到自身的共形同胚, 并且 $g(0) = 0$. 根据 Schwarz 引理, 有对一切点 $z \in \mathbb{D}$,

$$|g(z)| \leqslant |z|.$$

同时由 $w = g(z)$, 有

$$|g^{-1}(w)| \leqslant |w|,$$

得到对一切点 $z \in \mathbb{D}$,

$$|g(z)| = |z|.$$

由 Schwarz 引理, 我们得到 $g(z) = e^{i\theta}z$. 因此 $f(z) = \varphi^{-1} \circ g(z)$ 为 Möbius 变换. 证明完毕. ∎

下面, 我们用引理 10.4 来证明 Riemann 映射 (定理 10.1) 的唯一性. 假设存在两个共形变换 $f_1, f_2 : \Omega \to \mathbb{D}$, 那么复合映射

$$\varphi := f_2 \circ f_1^{-1} : \mathbb{D} \to \mathbb{D}$$

是单位圆盘到自身的共形映射, 因此必为 Möbius 变换. 根据条件 $\varphi(0) = 0$ 和 $\varphi'(0) > 0$, 我们得到 $\varphi(z) = z$, 即 $f_1 = f_2$.

10.3 存在性证明

考察所有满足如下 3 个条件的函数 $g(z) : \Omega \to \mathbb{D}$ 构成的函数族 $\mathcal{F}$:

1. $g(z)$ 为解析函数, 在 Ω 上是单叶的 (univalent);

2. $\forall z \in \Omega$, $|g(z)| < 1$;

3. $g(z_0) = 0$ 并且 $g'(z_0) > 0$.

证明分三个步骤: (1) 函数族 $\mathcal{F}$ 非空, $\mathcal{F} \neq \emptyset$; (2) 存在一个函数 f, 使得 $f'(z_0)$ 达到最大; (3) 这个函数 f 就是定理中所要求的共形映射.

第一步: 首先, 证明函数族 $\mathcal{F}$ 非空, 即 $\mathcal{F} \neq \emptyset$. 根据假设, 存在一个点 $a \neq \infty$, 不在 Ω 中. 因为 Ω 是单连通的, 我们可以在 Ω 内定义 $\sqrt{z-a}$ 的一个单值分支, 将这个函数记为 $h(z)$. $h(z)$ 不会取同一个值两次, 也不会取相反的值: 如果 $w \in h(\Omega)$, 那么 $-w \notin h(\Omega)$. Ω 在 h 下的像覆盖一个小圆盘 $|w - h(z_0)| < \rho$, 因此和圆盘 $|w + h(z_0)| < \rho$ 没有交点. 换言之, 对于一切 $z \in \Omega$, $|h(z) + h(z_0)| > \rho$, 有

$$h_0(z) = \frac{\rho}{h(z) + h(z_0)}$$

在 Ω 上是单叶的, 并且 $\forall z \in \Omega$, $|h_0(z)| < 1$. 选择 $\theta_0 \in [0, 2\pi)$, 使得

$h_1(z_0) > 0$, 这里

$$h_1(z) := e^{i\theta_0} \frac{h_0(z) - h_0(z_0)}{1 - \overline{h_0(z_0)}h_0(z)},$$

那么 $h_1(z)$ 属于函数族 $\mathcal{F}$, 所以 $\mathcal{F}$ 非空.

第二步: 定义上确界

$$\beta = \sup_{g \in \mathcal{F}} g'(z_0),$$

存在序列 $\{g_n\} \subset \mathcal{F}$, 使得

$$\lim_{n \to \infty} g_n'(z_0) = \beta.$$

根据 Montel 定理, $\mathcal{F}$ 是一个正规函数族, 因此 $\{g_n\}$ 存在子序列 $\{g_{n_k}\}$, 在 Ω 上收敛到一个解析函数 f, 并且在 Ω 的任意一个紧集上都一致收敛. 由 Weierstrass 定理 8.2, 有 $\beta = f'(z_0)$, 因此 β 是有限的. 由 $\beta > 0$, 我们得到解析函数 f 不是常值函数.

第三步: 我们欲证 f 是定理中的共形映射. 在 Ω 上 g_n 是单叶的, 根据 Hurwitz 定理及其推论, 极限函数 f 必是单叶的.

我们已经证明 $f : \Omega \to \mathbb{D}$ 是保角变换, 需要进一步证明映射是满射, $f(\Omega) = \mathbb{D}$. 因为 $f : \Omega \to f(\Omega)$ 是双射, Ω 是单连通的, 因此 $f(\Omega)$ 也是单连通的. 如果存在单位圆内一点 $w_0 \in \mathbb{D}$, 不是像点, 即 $w_0 \notin f(\Omega)$, 那么, 在 Ω 上定义函数 $f_2 : \Omega \to \mathbb{D}$,

$$f_2(z) := \sqrt{\frac{f(z) - w_0}{1 - \overline{w}_0 f(z)}}$$

具有解析分支. 将 f_2 限制在像集上, $f_2 : \Omega \to f_2(\Omega)$ 为双射, $f_2(\Omega) \subset \mathbb{D}$. 令

$$F(z) = \frac{f_2(z) - f_2(z_0)}{1 - \overline{f_2(z_0)}f_2(z)},$$

那么 $F : \Omega \to \mathbb{D}$ 是单射, 由 $f(z_0) = 0$ 得到 $|f_2(z_0)| = \sqrt{|w_0|}$,

$$
\begin{aligned}
|F'(z)| &= \left| \frac{1 - \overline{f_2(z_0)}f_2(z_0)}{[1 - \overline{f_2(z_0)}f_2(z)]^2} \right| |f_2'(z)| \\
&= \left| \frac{1 - \overline{f_2(z_0)}f_2(z_0)}{[1 - \overline{f_2(z_0)}f_2(z)]^2} \right| \frac{1}{2\sqrt{\frac{f(z) - w_0}{1 - \overline{w}_0 f(z)}}} \left| \frac{1 - \overline{w}_0 w_0}{[1 - \overline{w}_0 f(z)]^2} \right| |f'(z)|, \quad (10.2)
\end{aligned}
$$

代入 $z = z_0$,

$$|F'(z_0)| = \left| \frac{1 - |f_2(z_0)|^2}{[1 - |f_2(z_0)|^2]^2} \right| \frac{1}{2\sqrt{\left|\frac{f(z_0) - w_0}{1 - \overline{w}_0 f(z_0)}\right|}} \left| \frac{1 - |w_0|^2}{[1 - \overline{w}_0 f(z_0)]^2} \right| |\beta|$$

$$= \frac{1}{1 - |w_0|} \frac{1}{2\sqrt{|w_0|}} |1 - |w_0|^2| \cdot |\beta|$$

$$= \frac{1 + |w_0|}{2\sqrt{|w_0|}} |\beta| > |\beta|. \tag{10.3}$$

构造函数

$$g(z) = \frac{|F'(z_0)|}{F'(z_0)} F(z),$$

那么 $g \in \mathcal{F}$ 并且 $g'(z_0) > \beta$, 这和 β 的定义相矛盾. 因此, 假设错误, 映射 $f : \Omega \to \mathbb{D}$ 为满射.

由此, 我们证明了 $f : \Omega \to \mathbb{D}$ 为所要求的共形映射. 证明完毕. ◆

10.4 Riemann 映射的计算方法

10.4.1 Schwarz-Christoffel 映射

当平面单连通区域是多边形时, Riemann 映射具有非常简洁的形式: Schwarz-Christoffel 映射. 这一公式在工程上被广泛应用.

给定平面多边形 $\Omega = \{z_1, z_2, \cdots, z_n\}$, 在顶点 z_k 处, 多边形外角 为 $\beta_k \pi$, 共形映射将多边形映到上半平面, 记为 $f : \Omega \to \mathbb{H}$, $w = f(z)$, $\mathbb{H} = \{\operatorname{Im}(z) > 0 | z \in \mathbb{C}\}$. 顶点的原像和像记为 z_k 和 w_k, 那么逆映射具 有形式

$$f^{-1}(w) = C_1 \int_0^w \prod_{k=1}^{n-1} (w - w_k)^{-\beta_k} dw + C_2,$$

这里 C_1, C_2 是两个复值常数, $f(z_n) = \infty$. 在实际应用中, 我们往往 需要探测 w_k 的位置, 这增加了算法的复杂度. 图 10.3 显示了一个 Schwarz-Christoffel 映射的实例, 这里顶点 z_5 被映到无穷远点.

虽然 Schwarz-Christoffel 公式具有显式表达, 但是无法直接处理三维 曲面. 在实际应用中, 我们更多使用全纯微分和离散 Ricci 流的方法.

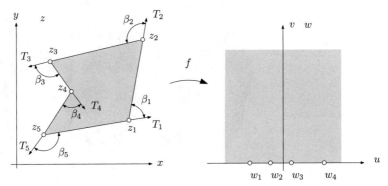

图 10.3 Schwarz-Christoffel 映射.

10.4.2　全纯微分形式的方法

图 10.2 显示了人脸曲面到平面单位圆盘的 Riemann 映射. 如图 10.4 所示, 我们用三维数据采集系统来扫描真实人脸 S, 所得曲面是拓扑圆盘, 即亏格为 0 带有一条边界的曲面. 连续曲面 S 被稠密采样, 采样点集合为 $v_1, v_2, \cdots, v_n$. 以采样点为顶点对曲面进行三角剖分 $\mathcal{T}$, 每个三角形是三个顶点 $\{v_i, v_j, v_k\}$ 张成的欧氏三角形, 如此构成离散曲面 (即分片线性多面体曲面), 在工程中称为三角网格.

基于全纯微分形式的方法本质上是有限元方法在流形上的直接推广. 我们首先在曲面内部打穿一个洞, 将曲面修改为拓扑环带, 用拓扑环带的共形映射方法将曲面映射到平面标准圆环. 当我们将洞的半径缩小, 趋向于 0, 并且保持边界上某个固定点映到 +1 点, 则这一系列的环带之间的共形映射收敛到 Riemann 映射. 由此, 我们看到所构造的映射具有 3 个自由度: 打洞的中心和边界上的固定点. 这验证了如下的定理: 单位圆盘的共形自同胚群、Möbius 变换群是 3 维的.

图 10.5、10.6 和 10.7 显示了计算过程. 首先, 选择曲面中心的一个三角形 $t_0 \in \mathcal{T}$, 将其去除, 这样得到一个拓扑环带曲面 $\tilde{S} = S \setminus t_0$. 然后, 计算拓扑环带内外边界之间的最短路径 γ. 左帧显示了中心的孔洞 t_0 和最短路径 γ. 再计算带有 Dirichlet 边界条件的调和函数 $f : \tilde{S} \to \mathbb{R}$, 设拓扑

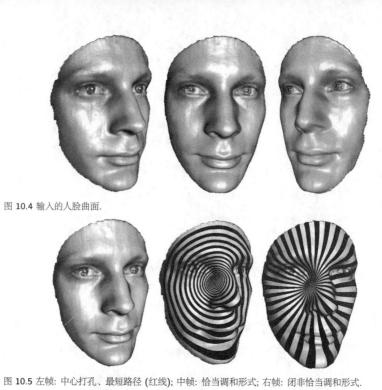

图 10.4 输入的人脸曲面.

图 10.5 左帧: 中心打孔、最短路径 (红线); 中帧: 恰当调和形式; 右帧: 闭非恰当调和形式.

图 10.6 计算过程.

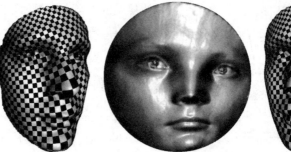

图 10.7 Riemann 映射的结果.

环带的边界为 $\partial \tilde{S} = \gamma_0 - \gamma_1$,

$$\begin{cases} \Delta f(v_i) = 0, & v_i \notin \partial \tilde{S}, \\ f(v_j) = 1, & v_j \in \gamma_1, \\ f(v_k) = 0, & v_k \in \gamma_0. \end{cases}$$

中帧显示了调和函数的水平集. 恰当调和形式 $\omega_1 = df$, 然后我们应用 6.4 节中的算法计算闭的非恰当调和形式 ω_2, 满足

$$\int_{\gamma_0} \omega_2 = 1.$$

将曲面 $\tilde{S}$ 沿着 γ 切开, 得到基本域 $\bar{S} = \tilde{S} \setminus \gamma$. γ 在 $\bar{S}$ 的边界上得出两个割线 γ^+ 和 γ^-. 然后构造函数 $\varphi : \bar{S} \to \mathbb{R}$,

$$\varphi(p) = \int_{p_0}^{p} \omega_2,$$

这里积分路径在 $\bar{S}$ 中任选. 右帧显示了函数 φ 的水平集.

再构造全纯 1-形式. 首先计算调和函数的调和能量记为 $\lambda(f)$,

$$\eta = \frac{2\pi}{\lambda(f)} \omega_1 + 2\pi \sqrt{-1} \omega_2.$$

在 γ_0 上选取一个基点 $p_0 \in \gamma_0$, 构造 η 的自然坐标 $\psi : \bar{S} \to \mathbb{C}$,

$$\psi(p) = \int_{p_0}^{p} \eta,$$

这里从 p_0 到 p 的积分路径在 $\bar{S}$ 中任选. 图 10.6 显示了曲面上的全纯 1-形式 η 的水平和铅直轨迹. 我们用 η 的自然坐标映射 $\psi(p)$ 将平面的坐标拉回到曲面上.

然后再复合上一个指数映射, 将 $\bar{S}$ 映到平面单位圆盘, $\tau : \bar{S} \to \mathbb{D}$,

$$\tau(p) = \exp(\psi(p)),$$

曲面 $\bar{S}$ 边界上的切割曲线 γ^+ 和 γ^- 在 τ 下的像相互重合. 对于切割线上任意一点 $p \in \gamma \subset \tilde{S}$, p 点对应两个边界点 $p^+ \in \gamma^+ \subset \partial \bar{S}$, $p^- \in \gamma^- \subset \partial \bar{S}$,

$$\tau(p^+) = \tau(p^-).$$

最后, 我们将中心的孔洞 (即曲线 $\tau(\gamma_1)$ 包围的区域) 填满, 得到 Riemann 映射. 图 10.7 显示了 Riemann 映射的结果. 我们在平面像上铺上棋盘格纹理图案, Riemann 映射将其拉回到人脸曲面, 所有棋盘格的直角被完美

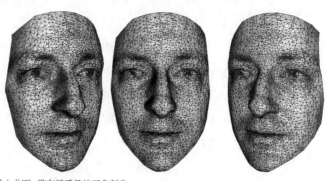

图 10.8 输入曲面, 带有低质量的三角剖分.

保持, 这验证了数值 Riemann 映射的保角性.

10.4.3 离散 Ricci 流

计算 Riemann 映射的另一种方法是基于离散曲率流的算法. 传统有限元方法对三角剖分的质量要求较高, 例如要求所有边的余切权重非负、三角剖分为 Delaunay 剖分等. 离散曲率流算法对于三角剖分的质量没有任何要求, 完全可以处理低质量的网格. 例如图 10.8, 人脸曲面的三角剖分质量较差, 有大量的接近退化的三角形, 传统计算方法在处理这种数据时稳定性较差, 但是离散曲率流的稳定性不受影响. 这是离散曲率流的一个显著优点.

曲率流的计算方法和全纯微分形式的计算方法比较类似. 首先在曲面中心打穿一个孔洞, 将曲面变换成拓扑环带. 然后, 设置内部顶点的目标 Gauss 曲率处处为 0, 边界顶点处的目标测地曲率也是处处为 0, 运行离散曲率流方法得到一个平直环带. 再将平直环带周期性地映到平面上, 每个

图 10.9 离散 Riemann 映射诱导的纹理贴图.

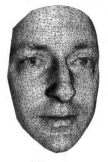

图 10.10 离散 Riemann 映射.

基本域是平面长方形, 然后用指数映射将基本域映到平面标准环带. 最后, 将标准环带的内边界填满, 如此构造了离散 Riemann 映射. 图 10.9 显示了由离散 Riemann 映射所诱导的棋盘格纹理贴图, 棋盘格的直角被完美保持, 由此可见离散 Riemann 映射具有很好的共形性, 图 10.10 显示了离散 Riemann 映射. 第三十三章详细介绍了这一算法.

第十一章

拓扑环带的典范共形映射

11.1 共形映射的存在性和唯一性

如图 11.1 所示, 一个新月形状

$$\Omega = \left\{ z : |z| < 1 \right\} \setminus \left\{ z : \left| z - \frac{1}{2} \right| < \frac{1}{2} \right\}$$

经过共形映射

$$\varphi_1(z) = \pi i \frac{1+z}{1-z}$$

映成水平无限带状区域, $\{z|0 < \operatorname{Im} z < \pi\}$; 考虑共形映射 $\varphi_2(z) = \exp z$, 将无限带状区域 $\{z|0 < \operatorname{Im} z < \pi\}$ 映成上半平面 $\{z|\operatorname{Im} z > 0\}$, 再用 $\varphi_3(z) = (z-i)/(z+i)$ 映成单位圆盘 $\mathbb{D}$. 复合映射 $\varphi_3 \circ \varphi_2 \circ \varphi_1 : \Omega \to \mathbb{D}$ 给出了从新月形状到单位圆盘的 Riemann 映射.

定理 11.1 每一个复平面上的双连通区域 Ω 都共形等价于一个标准环带. ◆

证明 假如 Ω 的一条边界只有一个孤立的点 z_0, 那么 $\Omega \cup \{z_0\}$ 是一个单连通区域. 如果 Ω 的另外一条边界包含多于一个点, 则存在共形映

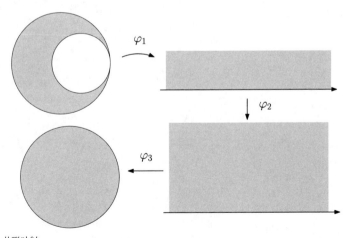

图 **11.1** 共形映射.

射 $\varphi : \Omega \cup \{z_0\} \to \mathbb{D}$, 将 $\Omega \cup \{z_0\}$ 映成单位圆盘, Ω 和 $\{z|0 < |z| < 1\}$ 共形等价; 如果 Ω 的另外一条边界只包含一个点, 则存在共形映射 $\varphi : \Omega \cup \{z_0\} \to \mathbb{C}$, 将 $\Omega \cup \{z_0\}$ 映成整个复平面 $\mathbb{C}$, Ω 和 $\{z|0 < |z| < \infty\}$ 共形等价.

现在假设 Ω 的两个边界 γ_1 和 γ_2 都包含多于一个点, $\partial\Omega = \gamma_2 - \gamma_1$. 假设 γ_1 是有界的. 那么如图 11.2 所示, 从 Ω 到平面标准环带的共形映射可以如下构造:

第 1 步: γ_1 的补集有两个连通分支, 其中包含 Ω 的分支记为 Ω_1. 将 Ω_1 共形映射到单位圆盘 $|z'| < 1$, Ω 映射成 Ω', γ_2 映射成曲线 γ_2', 包含在单位圆盘 $\{|z'| < 1\}$ 内.

第 2 步: γ_2' 的补集有两个连通分支, 其中包含 Ω' 的分支记为 Ω_2'. 将

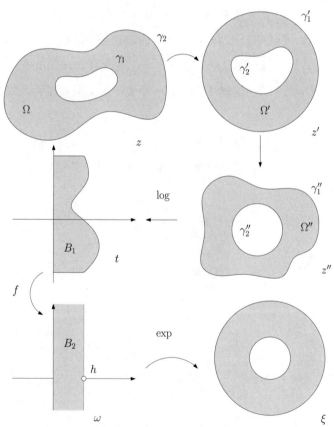

图 11.2 拓扑环带到标准环带的共形映射.

158

Ω'_2 共形映射到单位圆盘外部 $|z''| > 1$, 同时将 $z' = \infty$ 映成 $z'' = \infty$. γ'_1 映成曲线 γ''_1 包含在单位圆盘外部 $|z''| > 1$, Ω' 映射成 Ω'', Ω'' 不包含 ∞. Ω'' 的边界为 γ''_1 和 $\gamma''_2 = \{|z''| = 1\}$.

第 3 步: 应用映射 $t = \log z''$, 将 Ω'' 映到 B_1, B_1 包含在右半平面 $\{t | \operatorname{Re} t > 0\}$. 这个映射并不是单射, B_1 是一条铅直的无限长的带状单连通区域, 一条边界是虚轴, 另外一条边界是无限长的解析曲线. B_1 具有周期性, 对于任意 $t \in B_1$, $t + 2k\pi i, k \in \mathbb{Z}$ 都在 B_1 之中.

第 4 步: 应用 Riemann 映射定理, 存在一个映射 $\omega = f(t)$, 将 B_1 映成铅直带状区域 $B_2 = \{\omega | 0 < \operatorname{Re} \omega < h\}$, $t = -\infty i, 0, +\infty i$ 映到了 $\omega = -\infty i, 0, +\infty i$. (因为 B_1 和 B_2 都是单连通区域, 边界多于一个点, 由 Riemann 映射定理彼此共形等价.) 这个映射将 $t = 2\pi i$ 映到了正虚轴上的某个点 ω_0, 经过相似变换, 不妨设 $\omega_0 = 2\pi i$.

我们证明映射具有性质

$$f(t + 2\pi i) = f(t) + 2\pi i.$$

因为两个共形映射 $f(t + 2\pi i)$ 和 $f(t) + 2\pi i$ 都将 B_1 映到 B_2, 同时将 $-\infty i, 0, +\infty i$ 映到 $-\infty i, 2\pi i, +\infty i$. 由 Riemann 映射的唯一性, 我们得到 $f(t + 2\pi i) = f(t) + 2\pi i$.

第 5 步: 映射 $\xi = \exp(\omega)$ 将 B_2 映到标准环带 $1 < |\xi| < e^h$. 这个映射并非单射, 但是复合映射 $\xi = e^{f(\log z'')}$, 将 Ω'' 映到 $1 < |\xi| < e^h$, 是共形单射.

因此, 将上述映射复合, $z \to \xi$, 我们得到共形映射, 将 Ω 映到环带 $1 < |\xi| < e^h$, 这里 h 依赖于初始区域 Ω. ■

11.2 拓扑环带的全纯微分方法

图 11.3 显示了拓扑环带的共形映射. 给定一个拓扑环带 $(S, \mathbf{g})$, 亏格为 0 带有两条边界, $\partial S = \Gamma_0 - \Gamma_1$. 我们通过解 Dirichlet 问题来计算一个

演 示

视 频

图 11.3 拓扑环带的共形模. 左帧: 拓扑环带, 右帧: 共形模.

调和函数 $f : S \to \mathbb{R}$, 满足

$$\begin{cases} \triangle f = 0, \\ f|_{\Gamma_1} = 1, \\ f|_{\Gamma_0} = 0, \end{cases}$$

那么 df 是一个恰当调和 1-形式, 如图 11.4 左帧所示.

我们再计算连接 Γ_0 和 Γ_1 的最短路径 τ, 将曲面沿着最短路径切开, 记为 $\bar{S} = S \setminus \tau$, 其边界为

$$\partial \bar{S} = \gamma_1 - \gamma_0 + \tau^+ - \tau^-,$$

这里 τ^+ 和 τ^- 是曲面 S 沿着 τ 切开, 得到的两侧的切痕. 构造函数

图 11.4 调和微分形式诱导的叶状结构. 左帧: 恰当调和形式, 右帧: 非恰当调和形式.

160

$g : \bar{S} \to \mathbb{R}$, 满足边界条件:

$$g(p) = \begin{cases} 0, & p \in \gamma^-, \\ 1, & p \in \gamma^+, \\ \text{随机}, & \text{其他情形}. \end{cases}$$

虽然 g 是定义在切开曲面 $\bar{S}$ 上的, 但是 dg 限制在 τ^+ 和 τ^- 上恒为 0, 因此 dg 是可以定义在原来曲面 S 上的, 并且 dg 为闭的 1-形式, 记为 $\omega := dg$, 那么 ω 是环带曲面 S 上同调群 $H^1(S, \mathbb{R})$ 的生成元.

我们再寻找和 ω 同调的调和 1-形式. 构造一个函数 $h : S \to \mathbb{R}$, 使得 $\omega + dh$ 是调和 1-形式,

$$\delta(\omega + dh) = 0.$$

由此, 得到 Poisson 方程

$$\Delta_{\mathbf{g}} h = -\delta\omega.$$

我们得到调和 1-形式 $\eta = \omega + dh$, 如图 11.4 右帧所示.

类似拓扑四边形的情形, 我们计算调和能量 $\lambda = \int_S |\nabla_{\mathbf{g}} f|^2 dA_{\mathbf{g}}$, 那么

$$\Omega = df + \sqrt{-1}\lambda\eta$$

是一个全纯 1-形式. 在曲面 $\bar{S}$ 上做积分, 首先选择一个基 $p_0 \in \Gamma_0$, 对于任意一点 $p \in \bar{S}$, 定义映射

$$\varphi(p) = \int_{p_0}^{p} \Omega,$$

算出周期

$$\mu = \mathrm{Im}\left(\int_{\gamma_0} \Omega\right),$$

然后用指数映射将曲面映到标准圆环,

$$p \mapsto \exp\left(\frac{2\pi}{\mu}\varphi(p)\right).$$

如图 11.3 右帧所示.

图 11.5 拓扑环带的典范共形映射.

11.3 拓扑环带的 Ricci 流方法

离散曲面 Ricci 流方法也可以用于计算拓扑环带的共形模. 给定拓扑环带 $(S, \mathbf{g})$, 带有边界 $\partial S = \gamma_1 - \gamma_0$. 首先设定目标曲率, 在曲面所有的内点处, 目标 Gauss 曲率处处为 0, 在边界点处, 目标测地曲率也是 0. 然后, 运行 Ricci 流, 得到和原来度量共形等价的目标度量 $\bar{\mathbf{g}}$. 计算连接两条边界曲线的最短路径 τ, 将曲面 S 沿着 τ 切开, 得到单连通的曲面 $\bar{S}$. 将 $(\bar{S}, \bar{\mathbf{g}})$ 等距嵌入到复平面上, 使得 γ_1 的像和虚轴重合, 这一映射记为 $\varphi : \bar{S} \to \mathbb{C}$. 然后经过放缩变换, 使得 γ_1 的像 $\varphi(\gamma_1)$ 的长度为 2π. 最后用复指数映射 $\exp(z)$ 将曲面的像 $\varphi(\bar{S})$ 映入平面标准圆盘. 图 11.5 显示了用这种方法计算得出的拓扑环带共形模, 图 11.6 显示了最终映射将无穷小圆映成无穷小圆, 这表明离散共形映射很好地近似了连续共形映射.

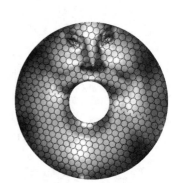

图 11.6 拓扑环带的共形模, 带有圆盘填充的纹理.

拓扑等价的度量曲面是否共形等价, 即拓扑同胚的带有 Riemann 度量的曲面间是否存在保角双射, 是一个微妙的问题. 几何上, 我们需要寻找共形变换下的全系不变量, 通过比较不变量, 可以判断曲面是否共形等价. 如果曲面是拓扑圆盘, 边界上选取四个角点, 则曲面称为拓扑四边形. 拓扑四边形的共形不变量, 称为曲面的共形模.

12.1 极值长度

图 12.1 显示了拓扑四边形的一个实例.

定义 12.1 (拓扑四边形)　设 $(S, \mathbf{g})$ 是一拓扑圆盘, 配有 Riemann 度量 $\mathbf{g}$, 边界上选取四个角点 $\{v_0, v_1, v_2, v_3\}$, 逆时针排列, 将边界分成 4 段,

$$\partial S = s_0 \cup s_1 \cup s_2 \cup s_3,$$

这里 s_k 连接 v_k 和 v_{k+1}, $k = 0, 1, 2, 3$ 模 4. 这样, 我们称 $(S, \mathbf{g}, \{v_0, v_1, v_2, v_3\})$ 为一个拓扑四边形. ◆

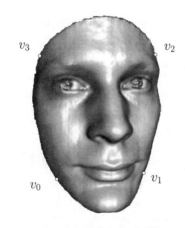

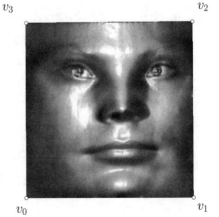

图 12.1 拓扑四边形和极值长度 (共形模).

考察所有连接左右两侧的路径,

$$\Gamma := \{\gamma : [0,1] \to S | \gamma(0) \in s_3, \gamma(1) \in s_1\}. \tag{12.1}$$

令 $\rho = e^{2\lambda}\mathbf{g}$ 是和初始度量共形等价的任意一个度量, 那么从左到右的最短距离为

$$L_\rho(\Gamma) = \inf_{\gamma \in \Gamma} L_\rho(\gamma),$$

这里 $L_\rho(\gamma)$ 是路径 γ 在度量 ρ 下的长度. 曲面在度量 ρ 下的面积为

$$A(\rho) := \int_S dA_\rho = \int_S \rho dA_{\mathbf{g}},$$

这里 $dA_{\mathbf{g}}$ 是曲面在度量 $\mathbf{g}$ 下的面元.

定义 12.2 (极值长度) 给定拓扑四边形 $(S, \mathbf{g}, \{v_0, v_1, v_2, v_3\})$, 曲面上曲线族 Γ 如式 (12.1) 所定义, Γ 的极值长度 (extremal length) 定义为

$$\mathrm{EL}(\Gamma) := \sup_{\rho \sim \mathbf{g}} \frac{L_\rho(\Gamma)^2}{A(\rho)}, \tag{12.2}$$

这里 L_ρ 是在度量 ρ 下曲线族 Γ 中最短路径的长度, $A(\rho)$ 是曲面在度量 ρ 下的面积, $\rho \sim \mathbf{g}$ 取遍所有和初始度量 $\mathbf{g}$ 共形等价的度量. ◆

12.1.1 共形不变量

首先, 我们来证明拓扑四边形的极值长度是共形不变量.

引理 12.1 假设两个拓扑四边形彼此共形等价, 即存在共形双射 $\varphi : (S_1, \mathbf{g}_1) \to (S_2, \mathbf{g}_2)$, 同时 φ 将角点映到角点. 那么它们的极值长度相等: $\mathrm{EL}(S_1) = \mathrm{EL}(S_2)$. ◆

证明 共形映射诱导的拉回度量满足

$$\varphi^* \mathbf{g}_2 = e^{2\mu} \mathbf{g}_1,$$

这里 $\mu : S_1 \to \mathbb{R}$ 是定义在 S_1 上的函数. 对于任意的 S_2 上与 $\mathbf{g}_2$ 共形等价的 Riemann 度量 $\mathbf{h}$, 我们有 $\mathbf{h} = e^{2\nu}\mathbf{g}_2$, 拉回度量为 $\varphi^*\mathbf{h} = e^{2(\mu+\nu)}\mathbf{g}_1$. 由此, $\varphi^*\mathbf{h}$ 和 $\mathbf{g}_1$ 等价, $\varphi^*\mathbf{h} \sim \mathbf{g}_1$. 根据极值长度的定义

$$\mathrm{EL}(S_1) = \sup_{\rho \sim \mathbf{g}_1} \frac{L_\rho^2(\Gamma)}{A(\rho)},$$

同时由 $\{\varphi^*\mathbf{h}|\mathbf{h} \sim \mathbf{g}_2\} \subset \{\rho|\rho \sim \mathbf{g}_1\}$, 得到

$$\mathrm{EL}(S_1) \geqslant \sup_{\varphi^*\mathbf{h}\sim\mathbf{g}_1} \frac{L^2_{\varphi^*\mathbf{h}}(\Gamma)}{A(\varphi^*\mathbf{h})} = \sup_{\mathbf{h}\sim\mathbf{g}_2} \frac{L^2_{\mathbf{h}}(\varphi(\Gamma))}{A(S_2)} = \mathrm{EL}(S_2).$$

同理, 考察 $\varphi^{-1} : (S_2, \mathbf{g}_2) \to (S_1, \mathbf{g}_1)$, 得到 $\mathrm{EL}(S_2) \geqslant \mathrm{EL}(S_1)$, 因此 $\mathrm{EL}(S_1) = \mathrm{EL}(S_2)$. 我们得到两个曲面的极值长度相等. 换言之, 极值长度是拓扑四边形曲面的共形不变量, 引理得证. ∎

12.1.2 平直度量是极值度量

我们证明, 拓扑四边形上的平直度量实现了极值长度, 即平直度量是极值度量.

引理 12.2 给定平面长方形 $\mathcal{R}$, 宽为 1, 高为 h, 则极值长度为 $\mathrm{EL}(\mathcal{R}) = 1/h$; 并且平直度量实现了极值长度. ♦

证明 如图 12.2 所示, 给定平面长方形 $(\mathcal{R}, dzd\bar{z})$, 宽为 1, 高为 h, 平直度量 $\rho = 1$, 则面积 $A(\rho) = h$, 曲线最短长度为 $L_\rho(\Gamma) = 1$, 极值长度 $\mathrm{EL}(\Gamma) \geqslant h^{-1}$.

在平面长方形上, 给定任意一个共形度量 $ds^2 = \rho^2(dx^2 + dy^2)$, 记为 $(\mathcal{R}, \rho^2 dzd\bar{z})$, 满足 $L_\rho(\Gamma) = 1$, 并且面积 $0 < A(\rho) < \infty$. 固定 $y \in [0, h]$, 考察水平直线 $\gamma_y(x) = (x, y)$, $0 \leqslant x \leqslant 1$, 其长度不小于 1,

$$1 \leqslant \int_0^1 \rho \circ \gamma_y(x)|\dot{\gamma}_y(x)|dx = \int_0^1 \rho(x, y)dx,$$

由此得到

$$h \leqslant \int_0^h \int_0^1 \rho(x, y)dxdy.$$

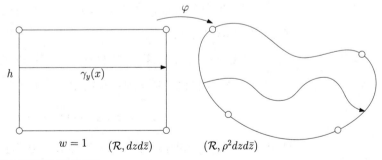

图 12.2 平直度量是极值度量.

应用 Cauchy-Schwarz 公式

$$h \leqslant \int_0^h \int_0^1 \rho(x,y)dxdy \leqslant \left(\int_0^h \int_0^1 \rho^2 dxdy \int_0^h \int_0^1 dxdy\right)^{\frac{1}{2}} = (A(\rho)h)^{\frac{1}{2}},$$

由此有 $A(\rho) \geqslant h$, 极值长度 $EL(\Gamma) = 1/A \leqslant h^{-1}$, 因此平直度量达到极值. 证明完毕. ∎

12.1.3 平直度量存在性

如图 12.1 所示的共形映射是存在的, 这一点可以简单地证明如下. 我们取曲面的一个拷贝, 定向取反, 沿着 s_0, s_2 黏合, 得到一个对称的圆筒曲面. 然后, 类似地, 我们取一个圆筒曲面的拷贝, 定向取反, 将两个圆筒曲面黏合, 得到一个对称的轮胎曲面. 根据曲面单值化定理, 存在和初始度量共形等价的平直度量. 由于对称性, 在原来拓扑四边形曲面上, 平直度量使得曲面成为一个平面长方形. 这个长方形的宽高之比称为曲面的共形模.

12.2 拓扑环带

共形模的概念可以自然推广到拓扑环带情形, 因为拓扑环带可以共形映射到长方形 (左右两侧重合), 如图 1.2 (圆柱面的共形模) 所示: 米开朗基罗的大卫王的雕塑被三维扫描成数字模型, 雕像头部是拓扑圆盘. 我们在头顶打了一个小洞, 曲面变成拓扑环带. 我们计算拓扑环带的共形模, 得到一个平直度量, 边界为测地线, 曲面变成一个标准圆柱面. 我们将圆柱面铺展在平面上, 得到一个平面长方形, 左右两侧代表圆柱面上的同一条垂直于边界的母线.

图 1.2

假设 Ω 是一个拓扑环带, $\mathbb{C}/\Omega = C_1 \cup C_2$, 这里 C_1 是有限的, C_2 是无限的. 考察 Ω 的同伦群 $\pi_1(\Omega) = \mathbb{Z}$, 其生成元记为 γ, 曲线族

$$\Gamma := \{\tau : \mathbb{S}^1 \to \Omega | \tau \sim \gamma\}$$

是和 γ 同伦的封闭曲线族. 令 $\rho : \Omega \to \mathbb{R} > 0$ 为正值函数, 定义了度量

$\rho^2(x,y)(dx^2 + dy^2)$. 曲线族中的最短长度为

$$L(\rho) := \inf_{\gamma \in \Gamma} \oint_{\gamma} \rho d\gamma,$$

拓扑环带的面积为

$$A(\rho) := \int_{\Omega} \rho^2(x,y)dx \wedge dy.$$

定义 12.3 (拓扑环带的共形模) 假设 Ω 是一个拓扑环带, 其共形模定义为

$$\mathrm{mod}\,(\Omega) := \sup_{\rho} \frac{L^2(\rho)}{A(\rho)}. \qquad \blacklozenge$$

引理 12.3 假设 Ω 是一个拓扑环带, Ω 和标准环带 $R = \{z \in \mathbb{C} | \gamma_0 < |z| < \gamma_1\}$ 共形等价 (图 12.3). 那么

$$\mathrm{mod}\,(\Omega) = 2\pi \left(\log \frac{\gamma_1}{\gamma_0} \right)^{-1},$$

并且平直度量为极值度量. $\qquad \blacklozenge$

证明 由假设, 存在共形变换将拓扑环带映成标准圆环 $R = \{z \in \mathbb{C} | \gamma_0 < |z| < \gamma_1\}$. 在标准环带上, 我们任取半径为 r 的圆, 这里 $\gamma_0 < r < \gamma_1$, 那么

$$L(\rho) \leqslant \int_0^{2\pi} \rho(re^{i\theta})rd\theta.$$

对半径进行积分, 然后平方得

$$\left(\int_{\gamma_0}^{\gamma_1} \frac{L(\rho)}{r} dr \right)^2 \leqslant \left(\int_{\gamma_0}^{\gamma_1} \int_0^{2\pi} \rho(re^{i\theta})d\theta dr \right)^2.$$

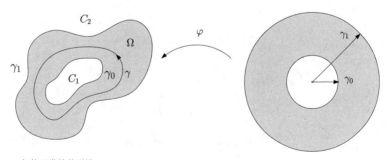

图 12.3 拓扑环带的共形模.

由 Schwarz 不等式, 右侧等于

$$\left(\int_{\gamma_0}^{\gamma_1}\int_0^{2\pi}\rho\sqrt{r}\cdot\frac{1}{\sqrt{r}}d\theta dr\right)^2 \leqslant \int_{\gamma_0}^{\gamma_1}\int_0^{2\pi}\rho^2 rdrd\theta\cdot\int_{\gamma_0}^{\gamma_1}\int_0^{2\pi}\frac{1}{r}d\theta dr,$$

于是得到

$$L^2(\rho)\left(\log\frac{\gamma_1}{\gamma_0}\right)^2 \leqslant \int_{\gamma_0}^{\gamma_1}\int_0^{2\pi}\rho^2 rd\theta dr\int_0^{2\pi}\int_{\gamma_0}^{\gamma_1}\frac{1}{r}drd\theta = A(\rho)2\pi\log\frac{\gamma_1}{\gamma_0},$$

由此得到

$$\frac{L^2(\rho)}{A(\rho)} \leqslant 2\pi\left(\log\frac{\gamma_1}{\gamma_0}\right)^{-1}.$$

等号成立当且仅当 $\rho(re^{i\theta}) = (2\pi r)^{-1}$, 即曲面为标准圆柱面. 证明完毕. ■

设 Ω 的内外边界曲线为 γ_0 和 γ_1, $\partial\Omega = \gamma_1 - \gamma_0$. 我们考虑 $\tilde{\Gamma} = \{\gamma : [0,1] \to R | \gamma(0) \in \gamma_0, \gamma(1) \in \gamma_1\}$, 那么可以直接证明拓扑环带中曲线族 $\tilde{\Gamma}$ 的共形模为

$$\mathrm{mod}\,(R) = \frac{1}{2\pi}\log\frac{\gamma_1}{\gamma_0}.$$

12.3 组合理论

极值长度理论在组合意义下依然成立. 假设 $G = (V, E)$ 是一张平面图 (planar graph), 其中一个面被选为 "外面" (包含无穷远点的面), 在 "外面" 的边界上选取四个顶点 $\{v_0, v_1, v_2, v_3\}$, 将外边界分成四段 $\{s_0, s_1, s_2, s_3\}$, s_k 的端点是 v_k 和 v_{k+1} 模 4. 图中的一条路径是一个顶点序列

$$\gamma = \{v_{i_0}, v_{i_1}, \cdots, v_{i_k}\},$$

$v_{i_j}, v_{i_{j+1}}$ 之间有边相连. 定义路径族

$$\Gamma := \{\gamma = \{v_{i_0}, v_{i_1}, \cdots, v_{i_k}\} | v_{i_0} \in s_0, v_{i_k} \in s_2\},$$

在顶点上定义离散共形因子 $\rho : V \to [0, \infty)$, 路径 $\gamma = \{v_{i_0}, v_{i_1}, \cdots, v_{i_k}\}$ 的长度定义为

$$L_\rho(\gamma) := \sum_{j=0}^{k}\rho(v_{i_j}),$$

整个图的总面积定义为

$$A(\rho) = \sum_{i=0}^{n} \rho(v_i)^2.$$

同样, 定义最短路径长度为

$$L_\rho(\Gamma) := \min_{\gamma \in \Gamma} L_\rho(\gamma).$$

定义 12.4 (组合极值长度) 假设 $G = (V, E)$ 是一个平面图, 选取一个面 f 为 "外面", 在 f 的边界上逆时针顺序选取四个顶点 $\{v_0, v_1, v_2, v_3\}$, 那么组合极值长度 $\mathrm{EL}(G, \{v_0, v_1, v_2, v_3\})$ 定义为

$$\mathrm{EL}(G, \{v_0, v_1, v_2, v_3\}) := \sup_\rho \frac{L_\rho(\Gamma)^2}{A(\rho)}. \quad \blacklozenge \tag{12.3}$$

12.3.1 存在性和唯一性

定理 12.1 (组合极值长度) 假设 $G = (V, E)$ 是一个平面图, 选取一个面 f 为 "外面", 在 f 的边界上逆时针顺序选取四个顶点 $\{v_0, v_1, v_2, v_3\}$, 那么如等式 (12.3) 所定义的组合极值长度 $\mathrm{EL}(G, \{v_0, v_1, v_2, v_3\})$ 存在并且唯一. $\quad \blacklozenge$

证明 我们将离散共形因子表示成空间中的向量

$$\rho = (\rho_1, \rho_2, \cdots, \rho_n),$$

每个分量非负, $\rho_i \geqslant 0$, 同时对于曲线族中的所有路径 $\gamma \in \Gamma$, 其长度不小于 1, $L_\rho(\gamma) \geqslant 1$, 所有满足这些线性不等式条件的 ρ 构成 $\mathbb{R}^n_{\geqslant 0}$ 中的凸集,

$$\Omega := \{\rho \in \mathbb{R}^n, \rho_i \geqslant 0 | \forall \gamma \in \Gamma, L_\rho(\gamma) \geqslant 1\}.$$

总面积 $A(\rho)$ 为 ρ 的二次函数, $A(\rho)$ 的水平集 $A^{-1}(c)$, $c \in (0, \infty)$ 为椭球族. 椭球和凸集的切触点存在并唯一, 在此点总面积达到最小, 组合极值长度被达到, 如图 12.4 所示. 证明完毕. $\quad \blacksquare$

因此, 计算组合极值长度等价于求解一个具有线性不等式限制的二次规划问题. 提高计算效率的关键在于: 每一步如何挑选路径族 Γ 中的关键几条 "活跃" 路径, 而非考察整个路径族.

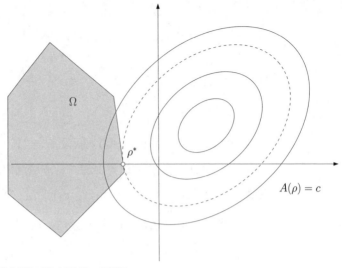

图 12.4 带有线性不等式限制的二次规划.

12.3.2 方块填充

组合极值长度有一个非常优雅的几何解释: 方块填充 (square tiling), 如图 12.5 所示.

定义 12.5 (方块填充) 给定一个 3-连通的平面图 (G, E), 我们选取一个面为 "外面", 并在 "外面" 的边界上, 顺序选取 4 个顶点作为角点. 所谓图的方块填充是指长方形的一个胞腔分解, 满足如下条件:

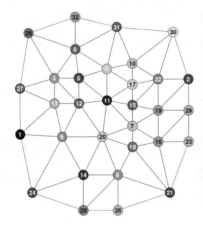
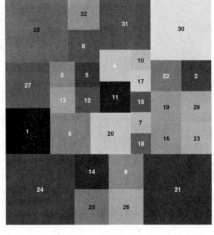

彩　图

图 12.5 方块填充.

1. 图 $G(V, E)$ 中的每一个顶点对应一个方块;

2. 如果两个顶点在图中通过一条边相连, 则它们对应的方块彼此接触;

3. 图的四个角点对应的方块被映成长方形的四个角. ♦

引理 12.4 给定 3-连通的平面图 G, 适当选取 "外面" 和角点之后, 存在方块填充, 并且在相似意义下, 这个方块填充是唯一的. ♦

证明 图 $G(V, E)$ 的组合极值长度所对应的度量实际上给出了图 G 的一个方块填充. 由组合极值长度的存在唯一性, 我们得到这个方块填充的存在性, 并且在相似意义下是唯一的. 如果极值度量是 ρ, 则顶点 v_i 对应的方块的边长为 $\rho(v_i)$, 这些方块之间的接触关系由图的组合结构所决定, 彼此严丝合缝地垒砌起来, 形成一个长方形, 如图 12.5 所示. 原图的共形模, 亦即极值长度, 由长方形的宽高之比给出. 证明完毕. ∎

我们将美国地图表示成平面图, 每个州成为一个节点, 州和州的邻接关系由边来表示.

如图 12.6 所示, 我们将平面图转化为方块填充, 每个州由一个方块来显示, 州和州之间的邻接关系被保持.

更进一步, 如图 12.7 所示, 我们用每个州的汽车牌照来取代方块填充中的方块.

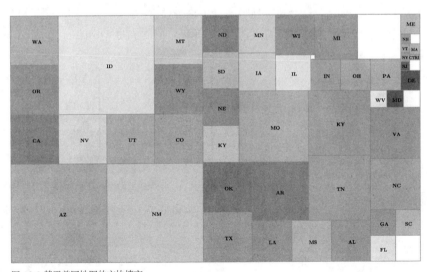

图 12.6 基于美国地图的方块填充.

图 12.7 基于美国地图的方块填充, 每个方块用所代表的州的汽车牌照来表示.

12.4 拓扑四边形共形模的计算方法

计算拓扑四边形和拓扑环带的共形模有多种方法, 最为常用的是全纯微分的方法和曲面 Ricci 流的方法.

12.4.1 拓扑四边形的全纯微分方法

给定亏格为 0 的曲面 $(S, \mathbf{g})$, 带有一条边界 $\Gamma = \partial S$, 边界上逆时针选取 4 个点 $\{v_0, v_1, v_2, v_3\}$, 则我们得到一个拓扑四边形. 根据极值长度理论, 存在一个共形变换 $\varphi: S \to R$, 将曲面映射到标准平面长方形, 并且把 $\{v_0, v_1, v_2, v_3\}$ 映成长方形的角点, 那么长方形的高宽之比是拓扑四边形的共形模.

角点 $\{v_0, v_1, v_2, v_3\}$ 将边界曲线 Γ 分成四段 $\Gamma_0, \Gamma_1, \Gamma_2, \Gamma_3$, 每段端点为 $\partial\Gamma_k = v_{k+1} - v_k$, 这里角标模 4. 求解两个 Dirichlet 问题, 得到两个调和函数 $f_1, f_2: (S, \mathbf{g}) \to \mathbb{R}$, 同时满足 Dirichlet 和 Neumann 边界条件:

$$\begin{cases} \triangle f_1 = 0, \\ f_1|_{\Gamma_0} = 0, \\ f_1|_{\Gamma_2} = 1, \\ \frac{\partial f_1}{\partial n}|_{\Gamma_1 \cup \Gamma_3} = 0, \end{cases} \qquad \begin{cases} \triangle f_2 = 0, \\ f_2|_{\Gamma_3} = 0, \\ f_2|_{\Gamma_1} = 1, \\ \frac{\partial f_2}{\partial n}|_{\Gamma_0 \cup \Gamma_2} = 0. \end{cases}$$

根据经典椭圆型偏微分方程理论, f_1 和 f_2 存在并且唯一, 同时是 C^∞ 光滑的. 梯度 ∇f_1 和 ∇f_2 彼此处处垂直, 但是并不共轭. 我们需要找到一个常数 λ, 使得共形映射

$$\varphi = \lambda f_2 + \sqrt{-1} f_1$$

172

将曲面映射到平面长方形上. 记长方形的复坐标为 z, $f_1 = \text{Im}(z)$. 那么标准长方形的高度为 1, 宽度就是常数 λ, 面积为 λ. 函数的调和能量在共形变换下不变, 因此在原来曲面上 $f_1 : S \to \mathbb{R}$ 的调和能量等于 $\text{Im}(z)$ 在标准长方形上的调和能量,

$$E(f_1) = \int_S |\nabla_{\mathbf{g}} f_1|^2 dA_{\mathbf{g}} = \int_R |\nabla \text{Im}(z)|^2 dA = \lambda,$$

由此, 我们得到共形变换的表达式:

$$\varphi = E(f_1) f_2 + \sqrt{-1} f_1.$$

12.4.2 拓扑四边形的 Ricci 流方法

拓扑四边形的极值长度也可以用曲面的 Ricci 流方法. 首先, 设定离散曲面 S 内点的目标离散 Gauss 曲率处处为 0; 边界上的四个角点目标离散 Gauss 曲率为 $\pi/2$, 其他边界顶点离散 Gauss 曲率 (测地曲率) 全是 0. 通过运行离散曲面 Ricci 流算法, 我们可以得到一个平直度量 $\bar{\mathbf{g}}$. 将 S 的三角形顺序排列 $\{\triangle_1, \triangle_2, \cdots, \triangle_n\}$ (引理 16.2 中的 van der Waerden 序列), 使得对一切 $1 \leqslant k \leqslant n$,

$$\Sigma_k = \bigcup_{i=1}^{k} \triangle_i$$

和 $\triangle_{k+1}$ 有一条或者两条公共边, 即 Σ_k 是拓扑圆盘. 我们将这些三角形的面逐个等距铺展在平面上, 最后将整个曲面铺成平面上的一个长方形.

图 12.8 显示了用 Ricci 流方法计算的极值长度结果, 和图 12.1 进行

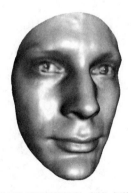

图 12.8 拓扑四边形的极值长度. 左帧: 拓扑四边形; 右帧: 极值长度.

比较, 我们看到同样的曲面, 由于四个角点的选取不同, 最后得到的平面四边形也不同.

第十三章 　　　**多连通区域的狭缝映射**

我们用较为初等的复变函数方法证明一种共形映射的存在性: 狭缝映射 (slit mapping). 如图 13.1 所示, 给定亏格为 0 的多连通曲面, 存在共形映射将其映射到平面区域, 每个边界的连通分支都被映成一条狭缝 (slit) 或者同心圆周.

13.1 狭缝映射的存在性 (Hilbert 定理)

13.1.1 Bieberbach 定理的推论

首先回忆 Bieberbach 定理: 单叶全纯函数族

$$\mathcal{S} = \left\{ g : \{|z| < 1\} \to \mathbb{C} \,\Big|\, g(0) = 0, g'(0) = 1, g(z) = z + \sum_{n=2}^{\infty} b_n z^n, |z| < 1 \right\},$$

对于一切 $w \notin g(\mathbb{D})$, 我们有

$$|b_2| \leqslant 2, \quad \left| b_2 + \frac{1}{w} \right| \leqslant 2. \tag{13.1}$$

考虑 Bieberbach 定理的推论.

演 示

视 频

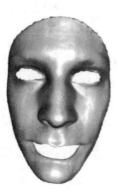

图 **13.1** 狭缝映射.

推论 13.1 考虑单叶全纯 (univalent holomorphic) 函数族,

$$\Sigma = \left\{ f : \{|z| > 1\} \to \bar{\mathbb{C}} \Big| f(\infty) = \infty, \lim_{z \to \infty} f'(z) = 1, \right.$$

$$\left. f(z) = z + b_0 + \frac{b_1}{z} + \frac{b_2}{z^2} + \cdots, |z| > 1 \right\},$$

那么对一切 $f \in \Sigma$,

$$\partial f(|z| > 1) = f(|z| = 1) \subset \{|w - b_0| \leqslant 2\}. \qquad \blacklozenge$$

证明 我们先证明如下命题: 如果 $f(z) \in \Sigma$, 那么 $f(z^{-1})^{-1} \in \mathcal{S}$.
考虑 $f(z^{-1})^{-1}$, 因为

$$f(z) = z + b_0 + \frac{b_1}{z} + \frac{b_2}{z^2} + \cdots,$$

所以

$$f(z^{-1}) = \frac{1}{z} + b_0 + b_1 z + b_2 z^2 + \cdots,$$

故而

$$\begin{aligned} f(z^{-1})^{-1} &= z(1 + b_0 z + b_1 z^2 + \cdots)^{-1} \\ &= z(1 - (b_0 z + b_1 z^2 + \cdots) + \cdots) \\ &= z - b_0 z^2 - b_1 z^3 + \cdots. \end{aligned} \qquad (13.2)$$

令 $g(z) = f(z^{-1})^{-1}$,

$$g(z) = z - b_0 z^2 - b_1 z^3 + \cdots,$$

则 $g(0) = 0$, $g'(0) = 1$, $g \in \mathcal{S}$.

给定任意一点 $\zeta \in \partial\mathbb{D}$, $|\zeta| = 1$, $w = g(\zeta) \notin g(\mathbb{D})$, 由 Bieberbach 不等式 (13.1),

$$\left| -b_0 + \frac{1}{w} \right| \leqslant 2,$$

由 $w = g(\zeta) = 1/f(\zeta^{-1})$, 得到 $1/w = f(1/\zeta)$, $\zeta' = 1/\zeta \in \partial\mathbb{D}$, 我们得到

$$| -b_0 + f(\zeta')| \leqslant 2.$$

证明完毕. $\qquad \blacksquare$

引理 13.1 在 ∞ 点附近, 解析函数

$$\alpha(z) = z + \frac{k_1}{z} + \cdots, \quad \beta(z) = z + \frac{l_1}{z} + \cdots,$$

那么

$$\beta \circ \alpha(z) = z + \frac{k_1 + l_1}{z} + \cdots. \qquad \blacklozenge$$

证明 直接计算即得. ∎

13.1.2 狭缝映射

如图 13.2 右帧所示, 我们定义狭缝区域.

定义 13.1 (狭缝区域) 复平面上的区域 (连通开集) $\Omega \subset \mathbb{C}$ 称为狭缝区域 (slit domain), 如果其边界 $\partial\Omega$ 的每个连通分支或者是一个点, 或者是水平闭区间. ♦

定理 13.1 (Hilbert) 复平面上的一切区域 $\Omega \subset \mathbb{C}$, 其边界 $\partial\Omega$ 具有有限个连通分支, 都和平面某个狭缝区域共形等价. ♦

证明 给定一个平面区域 $\Omega \subset \hat{\mathbb{C}}$, 我们用 Möbius 变换, 可以假设 $\infty \in \Omega$ 并且 $\Omega \subset \{|z| > 1\}$, 令单叶全纯映射族

$$\Sigma = \left\{ f : \Omega \to \hat{\mathbb{C}} \,\middle|\, f(\infty) = \infty, \lim_{z \to \infty} f'(z) = 1, \right.$$
$$\left. f(z) = z + b_0 + \frac{b_1}{z} + \frac{b_2}{z^2} + \cdots, |z| > 1 \right\}.$$

令 $f(z) = z \in \Sigma$, 所以 Σ 是非空集合, $\Sigma \neq \emptyset$.

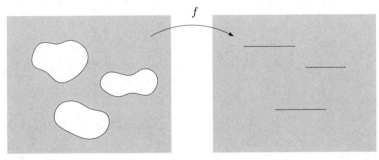

图 13.2 Hilbert 定理.

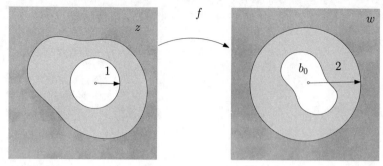

图 13.3 值域估计.

考察

$$\Sigma^{-1} = \{f^{-1} | f \in \Sigma\}.$$

如图 13.3 所示, 由推论 13.1, 我们得到

$$\{|z| < 1\} \subset [f^{-1}(|w - b_0| > 2)]^c,$$

因此, $f^{-1}(|w - b_0| > 2)$ 不包含三个点 $\{-1 + \epsilon, 0, 1 - \epsilon\}$, 由引理 8.2, Σ^{-1} 是一个正规函数族. 故而, 由引理 8.3, Σ 也是一个正规函数族.

由正规函数族的紧性, 存在函数序列的极限 $f \in \Sigma$, 使得

$$\operatorname{Re}_f(b_1) = \max_{g \in \Sigma} \operatorname{Re}_g(b_1).$$

我们欲证明 $f(\Omega)$ 是一个狭缝区域.

若反之, 则存在 $\partial f(\Omega)$ 的一个连通分支 Γ, Γ 既不是一个点, 也不是一条水平线段. 如图 13.4 所示, 可以构造一个映射

$$g : \hat{\mathbb{C}} \setminus \Gamma \to \hat{\mathbb{C}} \setminus [-2R, 2R].$$

构造方法如下: 首先构造 Riemann 映射的逆映射 $\alpha : \{|z| > R\} \to \hat{\mathbb{C}} \setminus \Gamma$,

$$\alpha(z) = z + \frac{\epsilon}{z} + \cdots$$

和狭缝映射 $\beta : \{|z| > R\} \to \hat{\mathbb{C}} \setminus [-2R, 2R]$,

$$\beta(z) = z + \frac{R^2}{z},$$

则复合映射 $g : \hat{\mathbb{C}} \setminus \Gamma \to \hat{\mathbb{C}} \setminus [-2R, 2R]$,

$$g(w) = \beta \circ \alpha^{-1}(w) = w + \frac{\lambda}{w} + \cdots.$$

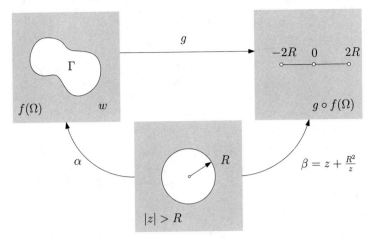

图 **13.4** 构造狭缝映射.

由 Gronwall 定理的推论, 比较 α, β, 它们将圆盘的补集映到平面区域, 狭缝映射 b_1 的实部达到最大, 因此

$$R^2 = \operatorname{Re}_\beta(b_1) > \operatorname{Re}_\alpha(b_1) = \varepsilon.$$

由引理 13.1, $\beta(z) = g \circ \alpha(z)$, 我们得到

$$R^2 = \operatorname{Re}_\beta(b_1) = \operatorname{Re}_{g \circ \alpha}(b_1) = \operatorname{Re}_g(b_1) + \operatorname{Re}_\alpha(b_1) = \lambda + \varepsilon > \varepsilon.$$

由此, 得到 $\operatorname{Re}_g(b_1) = \lambda > 0$.

由引理 13.1, 在 $\{|z| > 1\}$ 上, 复合映射

$$g \circ f(z) = z + \frac{\operatorname{Re}_f(b_1) + \lambda}{z} + \cdots.$$

由 $\lambda > 0$, 我们得到 $\operatorname{Re}_{g \circ f}(b_1) > \operatorname{Re}_f(b_1)$, 这和 f 的取法矛盾, 因此假设错误, 结论成立. 证明完毕. ■

如图 13.1 所示, 亏格为 0 的带度量曲面具有多个边界, 可以共形映射到平面环带, 其他边界映射成圆弧狭缝. 我们证明这种映射的唯一性.

定理 13.2 (狭缝映射的唯一性) 假设 $(S, \mathbf{g})$ 是一个亏格为 0 的带度量曲面, 其边界为

$$\partial S = \gamma_0 - \gamma_1 - \cdots - \gamma_n.$$

存在共形映射 $\varphi : S \to \mathbb{C}$, $\varphi(\gamma_0)$ 为单位圆周 $|z| = 1$, $\varphi(\gamma_1)$ 为圆周 $|z| = \mu$, $\varphi(\gamma_k)$ 为圆周 $|z| = \mu_k$ 上的一段圆弧, 且这种映射彼此相差一个旋转. ◆

证明 曲面上的全纯 1-形式群为实 n 维. 取一组基底为

$$\{\omega_1, \omega_2, \cdots, \omega_n\},$$

满足

$$\mathrm{Re} \int_{\gamma_i} \omega_j = \delta_{ij}.$$

取 n 个实数 $\lambda_1, \lambda_2, \cdots, \lambda_n$, 构造全纯 1-形式

$$\omega = \lambda_1 \omega_1 + \lambda_2 \omega_2 + \cdots + \lambda_n \omega_n,$$

满足

$$\mathrm{Im} \int_{\gamma_0} \omega = 2\pi, \quad \mathrm{Im} \int_{\gamma_1} \omega = -2\pi, \quad \mathrm{Im} \int_{\gamma_i} \omega = 0, \quad 2 \leqslant i \leqslant n.$$

我们得到线性系统,

$$\sum_{j=1}^{n} \lambda_j \int_{\gamma_i} \omega_j = 0, \quad 2 \leqslant i \leqslant n.$$

线性系统是满秩的, 解 $\{\lambda_i\}$ 存在并且唯一, 因此全纯 1-形式 ω 存在并且唯一. 构造映射, 固定一个基点 $p \in S$,

$$\psi(q) = \int_p^q \omega,$$

那么 $\varphi(q) = e^{i\theta} \exp \psi(q)$ 即为所求共形映射. 由此证明了解的唯一性. ■

13.2 狭缝映射的全纯微分形式计算方法

狭缝映射的算法主要基于全纯 1-形式的理论. 假设输入曲面 $(S, \mathbf{g})$ 是亏格为 0 带有多个边界的曲面,

$$\partial S = \gamma_0 - \gamma_1 - \gamma_2 - \cdots - \gamma_n.$$

13.2.1 恰当调和形式群

图 13.5 显示了曲面上恰当调和形式群的基底

$$\omega_1, \omega_2, \cdots, \omega_n.$$

图 13.5 恰当调和形式诱导的叶状结构.

首先构造 n 个调和函数 $f_1, f_2, \cdots, f_n$, 满足 Dirichlet 边界条件, 对于一切 $1 \leqslant k \leqslant n$,

$$
\begin{cases}
\Delta f_k(v_i) = 0, & v_i \notin \partial S, \\
f_k(v_j) = 1, & v_j \in \gamma_k, \\
f_k(v_l) = 0, & v_l \in \partial S \setminus \gamma_k.
\end{cases}
$$

恰当调和 1-形式群的基底为

$$
\omega_k = df_k, \quad 1 \leqslant k \leqslant n.
$$

图 13.5 显示了恰当调和形式 ω 所诱导的叶状结构 (foliation) $\mathcal{F}_\omega$. 给定微分形式 ω, 一片叶子是一条光滑曲线 $\gamma : [0,1] \to S$, 其切向量 $\dot\gamma(t)$ 在 $\omega \circ \gamma(t)$ 的零空间里, 亦即对一切 $t \in [0,1]$, 下列等式成立,

$$
\langle \omega \circ \gamma(t), \dot\gamma(t) \rangle = 0.
$$

调和微分形式诱导的叶状结构是光滑的, 可以视作一个调和向量场, 其旋量和散度处处为零.

13.2.2 封闭非恰当调和形式群

图 13.6 显示了曲面上封闭非恰当的调和微分形式

$$
\{\eta_1, \eta_2, \cdots, \eta_n\},
$$

调和形式 η_k 通过其诱导的叶状结构来显示. 首先我们采用代数拓扑方法计算曲面的一维上同调群 $H^1(S, \mathbb{R})$ 的基底, 记为

$$
\{\tau_1, \tau_2, \cdots, \tau_n\},
$$

图 13.6 封闭调和形式诱导的叶状结构.

满足条件

$$\int_{\gamma_j} \tau_i = \delta_j^i,$$

δ_j^i 是 Kronecker 符号. 然后, 寻找 n 个函数

$$\{g_1, g_2, \cdots, g_n\},$$

使得

$$\delta(\tau_k + dg_k) = 0, \quad 1 \leqslant k \leqslant n.$$

构造微分形式

$$\eta_k = \tau_k + dg_k, \quad 1 \leqslant k \leqslant n,$$

因为

$$d\eta_k = d\tau_k + d^2 g_k = 0 + 0 = 0,$$

得到

$$\begin{cases} d\eta_k = 0, \\ \delta\eta_k = 0, \end{cases}$$

因此 $\{\eta_k\}$ 都是调和微分形式.

13.2.3 全纯微分形式

图 13.7 显示了曲面上全纯微分形式群的基底

$$\{\Omega_1, \Omega_2, \cdots, \Omega_n\},$$

每个全纯微分形式 Ω_k 都诱导了水平叶状结构 (horizontal foliation) 和铅直叶状结构 (vertical foliation). 这里

$$\Omega_k = \eta_k + \sqrt{-1}\,{}^*\eta_k,$$

${}^*\eta_k$ 是 η_k 的共轭调和微分形式, * 是 Hodge 星算子. 调和微分形式的共轭微分形式也是调和的, 因此存在线性系数 $\{\lambda_{ij}, \mu_{ij}\}$, $1 \leqslant i,j \leqslant n$, 满足

$$ {}^*\eta_k = \sum_{i=1}^{n} \lambda_{ki}\omega_i + \sum_{j=1}^{n} \mu_{kj}\eta_j. $$

线性系数可以通过求解如下线性方程组得到

$$ \int_S \eta_l \wedge {}^*\eta_k = \sum_{i=1}^{n} \lambda_{ki} \int_S \eta_l \wedge \omega_i + \sum_{j=1}^{n} \mu_{kj} \int_S \eta_l \wedge \eta_j. $$

对于任意一条边界 γ_k, $1 \leqslant k \leqslant n$, 我们计算从 γ_k 到 γ_0 的最短路径 ι_k, 将曲面沿着这些最短路径切开,

$$ \tilde{S} = S \setminus \cup_{i=1}^{n} \iota_i, $$

然后构造映射, $\zeta_k : \tilde{S} \to \mathbb{C}$,

$$ \zeta_k(p) = \int_{p_0}^{p} \Omega_k, $$

ζ_k 是全纯微分形式 Ω_k 的自然坐标. 图 13.7 显示了由自然坐标诱导的纹理贴图. ζ_k 将复平面的水平直线拉回到曲面上, 形成 Ω_k 的水平轨迹, 水平轨迹的并集构成了 Ω_k 的水平叶状结构; ζ_k 将复平面的铅直直线拉回到曲面上, 形成 Ω_k 的铅直轨迹, 铅直轨迹的并集构成了 Ω_k 的铅直叶状结构. 我们用棋盘格作为纹理, 自然坐标将棋盘格拉回到曲面上. 通过检验

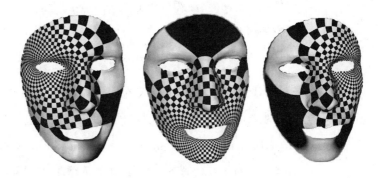

图 13.7 曲面上的全纯微分形式.

水平和铅直轨迹之间夹角和直角之间的差距, 我们可以判断数值共形映射的精确程度.

13.2.4 狭缝映射

在 $n+1$ 条边界曲线中任意选取两条, 例如 γ_i, γ_j, 我们计划将 γ_i 映成外圆周, γ_j 映成内圆周, 其他 γ_k 映射同心圆弧狭缝. 然后, 寻找一个全纯 1-形式 $\Omega_{i,j}$,

$$\Omega_{i,j} = \lambda_1\Omega_1 + \lambda_2\Omega_2 + \cdots + \lambda_n\Omega_n,$$

满足线性方程

$$\begin{cases} \operatorname{Im}\int_{\gamma_k}\Omega = 0, & k \neq i,j, \\ \operatorname{Im}\int_{\gamma_i}\Omega = 2\pi, \\ \operatorname{Im}\int_{\gamma_j}\Omega = -2\pi, \end{cases}$$

可以证明, 最后一个方程可冗余, 解存在并且唯一.

得到全纯微分 $\Omega_{i,j}$ 之后, 我们计算自然坐标 $\zeta_{i,j}$, 选取基点 $p_0 \in \gamma_i$, $\zeta_{i,j} : \tilde{S} \to \mathbb{C}$,

$$\zeta_{i,j}(p) = \int_{p_0}^{p}\Omega_{i,j},$$

这里积分路径在 $\tilde{S}$ 中任意选取.

再构造狭缝映射, $\varphi_{i,j} : \tilde{S} \to \mathbb{D}$,

$$\varphi_{i,j}(p) = \exp\zeta_{i,j}(p).$$

每条割痕曲线 $\iota_k \subset S$ 得到 $\tilde{S}$ 上的两条边界曲线段, ι_k^+ 和 ι_k^-. 对于 ι_k 上的任意一点 $p \in \iota_k$, 得到对应的一对点 $p^+ \in \iota_k^+$ 和 $p^- \in \iota_k^-$. 由 $\varphi_{i,j}$ 的构造方法, 得到

$$\varphi_{i,j}(p^+) = \varphi_{i,j}(p^-).$$

因此, 狭缝映射可以直接定义在原来曲面上, $\varphi_{i,j} : S \to \mathbb{D}$.

观察图 13.1 输入的人脸曲面, 我们将曲面边界加上标注, {轮廓线, 左眼, 右眼, 唇线} 记为 $\{\gamma_0, \gamma_1, \gamma_2, \gamma_3\}$. 图 13.1 右帧显示的是 $\varphi_{0,3}$ 的像; 图 13.8 左、右帧分别显示了 $\varphi_{0,2}$ 和 $\varphi_{0,1}$ 的像; 图 13.9 左、右帧分别显示了 $\varphi_{3,2}$ 和 $\varphi_{3,1}$ 的像.

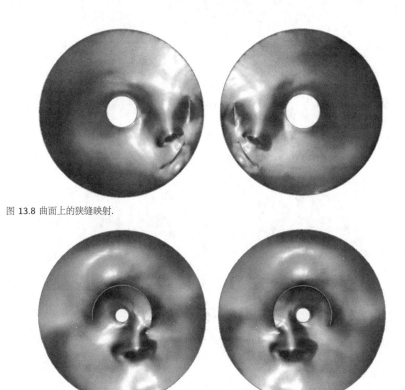

图 13.8 曲面上的狭缝映射.

图 13.9 曲面上的狭缝映射.

第十四章　多连通区域到圆域的共形映射

演示

彩图

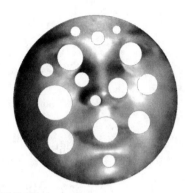

图 14.1 亏格为 0、带有多个边界的曲面到平面圆域的共形映射.

本章我们研究亏格为 0、带有多个边界曲面的共形模 (conformal module). 如图 14.1 所示, 带有多个孔洞的人脸曲面可以保角地映射到带有圆洞的平面圆盘上, 这种映射彼此相差一个 Möbius 变换. 这些内圆的圆心和半径构成了曲面的共形不变量, 即共形模.

定义 14.1 (圆域) 假设平面区域 $\Omega \subset \hat{\mathbb{C}}$, 如果 Ω 的边界具有有限个连通分支, 并且每个连通分支都是圆, 那么 Ω 称为一个圆域 (circle domain).　　　　　　　◆

我们的目的是证明下面的基本定理.

定理 14.1 (Koebe) 亏格为 0、带有多个边界连通分支的 Riemann 面和平面圆域共形等价, 并且这种共形映射彼此相差一个 Möbius 变换.

　　　　　　　◆

我们首先研究圆域的镜像反射, 然后证明唯一性, 最后证明存在性.

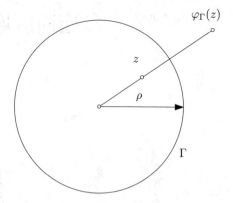

图 14.2 关于圆周反射.

14.1 Schwarz 反射原理

定义 14.2 (镜像反射)   给定圆周 $\Gamma : |z - z_0| = \rho$, 关于圆周 Γ 的反射 (图 14.2) 定义为:

$$\varphi_\Gamma : re^{i\theta} + z_0 \mapsto \frac{\rho^2}{r}e^{i\theta} + z_0.$$

我们说两个平面区域 S 和 S' 关于圆周 Γ 对称, 如果 $\varphi_\Gamma(S) = S'$.   ♦

对称的概念可以被拓广到一般的解析曲线. 如果 Γ 是解析曲线, 区域 S, S' 和曲线 Γ 同时包含在一个平面区域 Ω 中, 并且存在定义在 Ω 上的共形映射 $f : \Omega \to \hat{\mathbb{C}}$, 使得 $f(\Gamma)$ 成为标准圆周, $f(S)$ 和 $f(S')$ 关于 $f(\Gamma)$ 对称 (图 14.3), 这时我们依然说 S, S' 关于曲线 Γ 对称, 并记成

$$S|S' \quad (\Gamma).$$

定理 14.2 (Schwarz 反射原理)   假设 f 是一个解析函数, 定义在

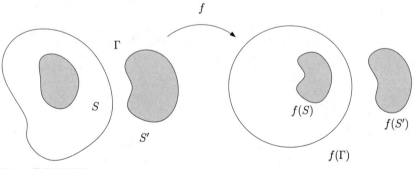

图 14.3 推广的对称性.

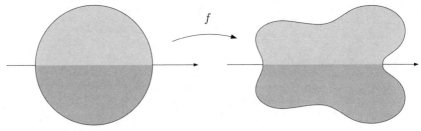

图 14.4 Schwarz 反射原理.

上半圆盘 $\{|z| < 1, \mathrm{Im}(z) > 0\}$. 如果 f 可以拓展成定义在实数轴上的一个连续函数, 那么 f 能够被拓展到定义在整个单位圆盘上的解析函数 (图 14.4), 满足

$$F(z) = \begin{cases} f(z), & \mathrm{Im}(z) \geqslant 0, \\ \overline{f(\bar{z})}, & \mathrm{Im}(z) < 0. \end{cases}$$

虽然我们只假设函数沿着实数轴连续, 没有关于可微性的假设, 但是拓展后的函数沿着实数轴是解析的. 通过应用 Schwarz 反射原理, 我们可以将一个解析函数的定义域进行拓展, 相应地, 值域也随之拓展. 如果全纯函数 $f : \mathbb{C} \to \mathbb{C}$ 定义在上半平面上, 同时 f 在实数轴上取值为实数, 那么函数 f 可以被延拓成定义在整个复平面上的全纯函数, 因为上半平面和单位圆盘共形等价, 因此如果全纯函数 f 定义在单位圆内部, 并且单位圆的取值在单位圆上, 那么应用 Schwarz 反射, f 可以被延拓到单位圆外部.

14.2 多重镜像反射

我们分析标准圆域关于自己边界的多重镜像反射. 这种反射过程是递归的, 可以用树 (tree) 来表示这一过程, 并且用共形模来估算第 m 级反射后孔洞的总面积和. 我们将会证明, 孔洞的总面积和指数级减小, 并且这种指数级衰减的现象在共形变换下不变.

如图 14.5 所示, 多重圆域镜像反射过程如下.

1. 初始圆域 $C^0 = (C)$: 复平面去掉三个圆洞, 其边缘记为 $\{\Gamma_1, \Gamma_2, \Gamma_3\}$.

2. 第一级反射: C^0 关于 Γ_{i_1} 反射, 所得的像是 C^{i_1}, $i_1 = 1, 2, 3$; C^{i_1} 的边界曲线记为 $\Gamma_j^{i_1}$, 当 $j \neq i_1$ 时为内边界, 当 $j = i_1$ 时为外边界, $\Gamma_{i_1}^{i_1}$

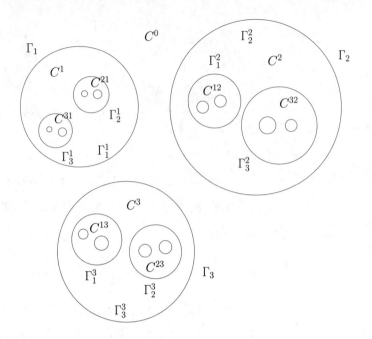

图 14.5 圆域多重镜像.

和 Γ_{i_1} 重合,

$$\partial C^{i_1} = \Gamma_{i_1}^{i_1} - \sum_{j \neq i_1} \Gamma_j^{i_1}.$$

3. 第二级反射: C^{i_1} 关于 Γ_{i_2} 反射, 所得的区域是 $C^{i_1 i_2}$, $i_1 \neq i_2$; $C^{i_1 i_2}$ 的边界曲线是 $\Gamma_j^{i_1 i_2}$, 当 $j \neq i_1$ 时为内边界, 当 $j = i_1$ 时为外边界, $\Gamma_{i_1}^{i_1 i_2} = \Gamma_{i_1}^{i_2}$,

$$\partial C^{i_1 i_2} = \Gamma_{i_1}^{i_2} - \sum_{j \neq i_1} \Gamma_j^{i_1 i_2}.$$

4. 第三级反射: $C^{i_1 i_2}$ 关于 Γ_{i_3} 反射, 所得区域是 $C^{i_1 i_2 i_3}$, $i_1 \neq i_2, i_2 \neq i_3$; $C^{i_1 i_2 i_3}$ 的边界曲线是 $\Gamma_j^{i_1 i_2 i_3}$, 当 $j \neq i_1$ 时为内边界, 当 $j = i_1$ 时为外边界, $\Gamma_{i_1}^{i_1 i_2 i_3} = \Gamma_{i_1}^{i_2 i_3}$,

$$\partial C^{i_1 i_2 i_3} = \Gamma_{i_1}^{i_2 i_3} - \sum_{j \neq i_1} \Gamma_j^{i_1 i_2 i_3}.$$

5. 第 m 级反射: $C^{i_1 i_2 \cdots i_{m-1}}$ 关于 Γ_{i_m} 反射, 所得区域是 $C^{i_1 i_2 \cdots i_{m-1} i_m}$, $i_k \neq i_{k+1}$; $C^{i_1 i_2 \cdots i_{m-1} i_m}$ 的边界曲线是 $\Gamma_j^{i_1 i_2 \cdots i_{m-1} i_m}$, 当 $j \neq i_1$ 时是

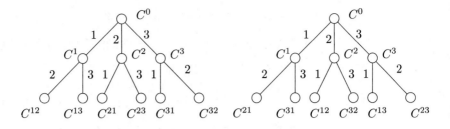

图 14.6 反射生成树 (左帧) 和嵌套关系树 (右帧).

内边界, 当 $j = i_1$ 时是外边界, $\Gamma_{i_1}^{i_1 i_2 \cdots i_m} = \Gamma_{i_1}^{i_2 \cdots i_m}$,

$$\partial C^{i_1 i_2 \cdots i_{m-1} i_m} = \Gamma_{i_1}^{i_2 i_3 \cdots i_m} - \sum_{j \neq i_1} \Gamma_j^{i_1 i_2 \cdots i_{m-1} i_m}.$$

如此反复, 以至无穷.

如图 14.6 所示, 这一过程可以用反射生成树 (左帧) 和嵌套关系树 (右帧) 来描述, 并且用递归算法实现. 反射生成树的节点、边、路径有着鲜明的几何意义.

1. 每个节点代表一个初始平面圆域的多重反射像 $C^{i_1 \cdots i_m}$.

2. 每条边上有一个标号 k, 代表一个边界圆 Γ_k.

3. 每条边连接两个节点,

$$C^{i_1 i_2 \cdots i_{m-1}} \overset{i_m}{\Rightarrow} C^{i_1 i_2 \cdots i_{m-1} i_m}$$

表示父亲节点代表的区域 $C^{i_1 i_2 \cdots i_{m-1}}$ 关于边界曲线 Γ_{i_m} 镜像反射, 得到儿子节点代表的区域 $C^{i_1 i_2 \cdots i_{m-1} i_m}$.

4. 每个节点 $C^{i_1 i_2 \cdots i_m}$ 有 1 条和父亲节点相连的边, 代表此节点的外边界,

$$\Gamma_{i_1}^{i_1 i_2 \cdots i_m} = \Gamma_{i_1}^{i_2 \cdots i_m}.$$

注意, 父亲节点和儿子节点有一条公共边界, 对应的下角标相同. 同时, 此节点有 $n-1$ 条与儿子节点相连的边, 代表此节点的内边界,

$$\Gamma_j^{i_1 i_2 \cdots i_m}, \quad j \neq i_1.$$

5. 每个节点的角标,

$$(i) = (i_1 i_2 \cdots i_{m-1} i_m)$$

等于从根节点到此节点的路径上所有边的标号, 顺序排列. (i) 代表了从初始圆域 C^0 经过一系列的镜像反射, 得到此节点所代表的区域 $C^{(i)}$: 第 k 步关于 Γ_{i_k} 反射, $k = 1, 2, \cdots, m$,

$$C^{i_1 i_2 \cdots i_m} = \varphi_{\Gamma_{i_m}} \circ \varphi_{\Gamma_{i_{m-1}}} \cdots \varphi_{\Gamma_{i_2}} \circ \varphi_{\Gamma_{i_1}}(C^0).$$

这里, φ_Γ 代表关于圆周 Γ 的镜像反射.

类似地, 我们可以构造嵌套关系树, 它反映了区域之间的空间嵌套关系, 如图 14.6 右帧所示.

1. 父亲节点 $C^{i_2 \cdots i_m}$ 和儿子节点 $C^{i_1 \cdots i_m}$ 由边 i_1 相连, 表示儿子节点填充了父亲节点的一个圆洞, 儿子节点的外边界 $\Gamma^{i_1 i_2 \cdots i_m}_{i_1}$ 等于父亲节点的一个内边界 $\Gamma^{i_2 \cdots i_m}_{i_1}$.

2. 从根节点 C^0 到某一节点 $C^{i_1 \cdots i_m}$ 的唯一路径和节点的角标恰好反向,

$$(i)^{-1} = i_m i_{m-1} \cdots i_2 i_1,$$

它代表了在复平面上从一点 $w \in C^0$ 出发, 找到 $C^{(i)}$ 的过程. 首先, 穿越 Γ_{i_m} 来到 C^{i_m}, 然后穿越 $\Gamma^{i_m}_{i_{m-1}}$ 来到 $C^{i_{m-1} i_m}$; 以此类推, 当到达 $C^{i_{k+1} \cdots i_m}$ 之后, 穿越 $\Gamma^{i_{k+1} \cdots i_m}_{i_k}$ 来到 $C^{i_k i_{k+1} \cdots i_m}$; 最后到达 $C^{(i)}$.

图 14.7 显示了嵌套关系树的递归构造过程: 假设, 经过了第 k 重循环, 我们得到的树如左帧所示, 以 C^i 为根节点的第一级子树记为 T^k_i. 到第 $k+1$ 重循环, 反射树演化成右帧所示, T^k_i 成为了第二级子树. 假如在第 k 步, $T^k_{i_k}$ 以 C^{i_k} 为根节点, $C^{i_1 \cdots i_k} \in T^k_{i_k}$; 在第 $k+1$ 步, $T^k_{i_k}$ 以 $C^{i_k i_{k+1}}$ 为根节点, 那么 $C^{i_1 \cdots i_k}$ 的角标变换成 $i_1 \cdots i_k i_{k+1}$.

孔洞面积估计

如图 14.5 所示, 平面圆域多重镜像反射之后, 整个复平面上的孔洞的个数指数级增加, 但是孔洞的总面积指数级减小. 这里, 我们证明这一结论. 在共形映射下, 这一结论被保持.

如图 14.8 所示, 我们将初始圆域 C^0 的所有边界圆同心放大 μ^{-1} 倍, 黑色的圆 Γ_k 放大成红色的 $\tilde{\Gamma}_k$. 选取最大的 μ^{-1}, 使得有两个红色的圆周彼此相切; 然后将 C^0 关于 Γ_2 反射,

1. 黑色的圆 Γ_k 反射成黑色的圆 Γ_k^2,

2. 红色的圆 $\tilde{\Gamma}_k$ 反射成蓝色的圆 $\tilde{\Gamma}_k^2$. 有两个红色的圆彼此相切, 它们对应的两个蓝色圆彼此相切.

由环带面积周长估计引理和不等式 (15.1), 我们得到如下估计,

$$\alpha(\widetilde{\Gamma}_1^2) = \mu^{-2}\alpha(\Gamma_1^2), \quad \alpha(\widetilde{\Gamma}_3^2) = \mu^{-2}\alpha(\Gamma_3^2),$$

这里 $\alpha(\Gamma)$ 代表 Γ 曲线所包围区域的面积. 同时,

$$\alpha(\widetilde{\Gamma}_1^2) + \alpha(\widetilde{\Gamma}_3^2) \leqslant \alpha(\widetilde{\Gamma}_2^2) = \mu^2\alpha(\Gamma_2),$$

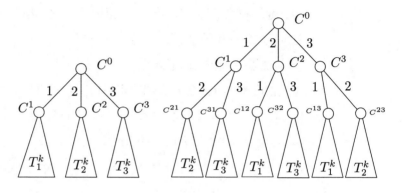

图 14.7 嵌套关系树的递归构造过程. 左帧: k 重嵌套关系树; 右帧: $k+1$ 重嵌套关系树.

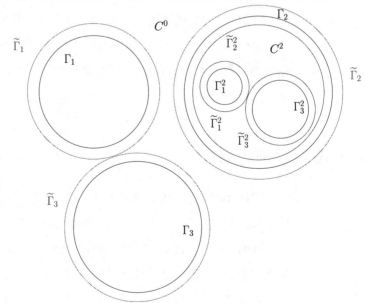

图 14.8 面积估计.

得到

$$\alpha(\Gamma_1^2) + \alpha(\Gamma_3^2) \leqslant \mu^4 \alpha(\Gamma_2).$$

由此, 我们得到关于面积的关键估计.

引理 14.1 (节点面积估计) 假设 $C^{(i)}$ 是反射树的一个内节点, $(i) = i_1, \cdots, i_m$, 其外边界记为 $\Gamma_{i_1}^{(i)}$, 其内边界为 $\Gamma_j^{(i)}$, $j \neq i_1$, 我们有估计

$$\sum_{j \neq i_1} \alpha(\Gamma_j^{(i)}) \leqslant \mu^4 \alpha(\Gamma_{i_1}^{(i)}),$$

即所有内边界所包围的面积之和小于等于外边界包围区域的面积乘以 μ^4. 等价地, 所有儿子节点外边界所包围的面积之和小于等于父亲节点外边界包围区域的面积乘以 μ^4.

由此, 我们得到以下推论.

推论 14.1 (嵌套关系树面积估计) 初始圆域 C 的边界为 $\Gamma_1, \Gamma_2, \cdots, \Gamma_n$. C 的 $m \geqslant 1$ 重嵌套关系树中, 所有叶子节点的内边界所包围面积总和小于等于 μ^{4m} 乘以 Γ_k 所包围面积之和,

$$\sum_{(i)=i_1 i_2 \cdots i_m} \sum_{k \neq i_1} \alpha(\Gamma_k^{(i)}) \leqslant \mu^{4m} \sum_{i=1}^n \alpha(\Gamma_i). \quad \blacklozenge \tag{14.1}$$

证明 在嵌套关系树上, 第 $k+1$ 重节点外边界所包围面积之和小于等于 μ^4 乘以第 k 重节点外边界所包围面积之和; 所有叶子节点的内边界所包围面积之和小于等于 μ^4 乘以所有叶子节点的外边界所包围面积之和. 证明完毕. ∎

14.3 圆域映射的唯一性

定理 14.3 (唯一性) 设圆域 $C_1, C_2 \subset \hat{\mathbb{C}}$, $f : C_1 \to C_2$ 是一个单叶全纯函数, 那么 f 是线性分式变换, 即 Möbius 变换. $\quad \blacklozenge$

证明 假设圆域 C_1 和 C_2 都包含无穷远点, 同时 $f(\infty) = \infty$ 保持无穷远点不动. 因为 f 是圆域之间的共形映射, 将 C_1 上的边界圆周映到 C_2 上的边界圆周, 由 Schwarz 反射原理, f 可以被延拓到圆域的多重反射域

上. 由多重反射域孔洞面积的估计 (14.1), 我们看到圆域的多重反射域的闭包覆盖整个增广复平面 $\hat{\mathbb{C}}$, 因此全纯单叶函数 f 可以延拓定义到整个增广复平面上. 因为 $f(\infty) = \infty$, 所以整函数 f 是线性函数.

如果 $f(\infty) \neq \infty$, 我们用 Möbius 变换 $\varphi : \hat{\mathbb{C}} \to \hat{\mathbb{C}}$ 将 $f(\infty)$ 变成 ∞, 那么 $\varphi \circ f$ 是一个线性函数, f 是一个 Möbius 变换. 证明完毕. ■

14.4 圆域映射的存在性

我们首先介绍单叶解析函数在一系列区域上的收敛定理. 假设 $\{B_n\}$ 是 z-平面上的一系列区域, 它们都包含无穷远点 ∞.

定义 14.3 区域 B 是序列 $\{B_n\}$ 的核 (kernel), 如果 B 是满足如下条件的最大集合: $\infty \in B$, 并且对一切闭集 $K \subset B$, 都存在一个 N, 使得对任意 $n > N$, 都有 $K \subset B_n$. ♦

定义 14.4 (区域收敛) 我们说序列 $\{B_n\}$ 收敛到它的核 B, 如果 $\{B_n\}$ 的任意子列 $\{B_{n_k}\}$ 都具有同样的核 B, 记为 $B_n \to B$. ♦

我们有如下的定理.

定理 14.4 (Goluzin [14], 5.4) 令 $\{A_n\}$ 是一系列 z-平面上的区域. 任意 A_n, $n = 1, 2, \cdots$, 都包含无穷远点 $z = \infty$. 假设这个序列收敛到它的核 A. 令 $\{f_n(z)\}$ 是一系列解析函数, 对一切 n, 函数 $\zeta = f_n(z)$ 将 A_n 映满 B_n, 满足 $f_n(\infty) = \infty$, $f_n'(\infty) = 1$. 那么序列 $\{f_n(z)\}$ 在区域 A 的内部一致收敛到一个单叶解析函数 $f(z)$ 的充分必要条件是序列 $\{B_n\}$ 收敛到它的核 B, 这时单叶函数 $f(z)$ 将 A 映满 B. ♦

我们用区域不变定理来证明多连通区域到圆域共形映射的存在性.

定理 14.5 (存在性) z-平面上, 每一个 n-连通区域 Ω 可被一个单叶全纯函数映射到 ζ-平面上的圆域. 选取一点 $a \in \Omega$, 存在唯一的映射将 a 映到 $\zeta = \infty$, 并且在 $z = a$ 的一个邻域中存在级数表示:

$$\frac{1}{z-a} + \alpha_1(z-a) + \cdots, \quad \text{如果 } a \neq \infty,$$
$$z + \frac{\alpha_1}{z} + \cdots, \quad \text{如果 } a = \infty.$$ ♦

证明 根据狭缝共形映射的 Hilbert 定理, 所有 n-连通的区域都和某个狭缝区域共形等价, 因此我们只需要考虑所有的狭缝区域. 用 $\mathcal{S}$ 来表示 z-平面上所有 n-连通的狭缝区域, 所有的狭缝和实数轴平行; 用 $\mathcal{C}$ 来表示 ζ-平面上所有 n-连通的圆域. 我们将这些区域的边界从 1 到 n 进行编号. 对于任意一个狭缝区域 $\Omega \in \mathcal{S}$,

$$\partial\Omega = \bigcup_{k=1}^{n} \gamma_k,$$

对于狭缝 γ_k, 我们用起始点坐标和长度来表示: (p_k, l_k), 如此得到了 Ω 的坐标表示

$$(p_1, l_1, p_2, l_2, \cdots, p_n, l_n).$$

由此, $\mathcal{S}$ 是 $\mathbb{R}^{3n}$ 中的一个连通开集. 同样, 对于一个圆域 $D \in \mathcal{C}$, 我们用每个边界圆周的圆心和半径 (q_k, r_k) 来表示 D,

$$(q_1, r_1, q_2, r_2, \cdots, q_n, r_n).$$

由此, $\mathcal{C}$ 也是 $\mathbb{R}^{3n}$ 中的一个连通开集.

考虑满足定理中归一化条件的单叶全纯函数 $f : \Omega \to D$, 这里 $\Omega \in \mathcal{S}$, $D \in \mathcal{C}$, 并且 f 将 Ω 的第 k 个边界曲线 (狭缝) γ_k 映到 D 的第 k 个边界 (圆周). 由狭缝共形映射存在性定理 13.1 和圆域映射唯一性定理 14.3, 我们有如下结论:

1. 每一个圆域 $D \in \mathcal{C}$ 对应着唯一的一个狭缝域 $\Omega \in \mathcal{S}$;
2. 每一个狭缝域 $\Omega \in \mathcal{S}$ 对应着不多于一个圆域 $D \in \mathcal{C}$.

建立从圆域到狭缝域的映射 $\varphi : \mathcal{C} \to \mathcal{S}$. 假设 $\{D_n\}$ 是一族圆域, 收敛到核 D^*. 这里, 区域收敛的定义和传统意义下区域坐标的收敛定义相一致, 即 D_n 的边界圆周逼近 D^* 对应的边界圆周, 记为

$$\lim_{n \to \infty} D_n = D^*.$$

狭缝区域的收敛性可以同样定义. 由函数在序列区域上的收敛定理 14.4, 可以得出这个映射 φ 是连续的, 即

$$\varphi\left(\lim_{n \to \infty} D_n\right) = \lim_{n \to \infty} \varphi(D_n).$$

同时由圆域映射的唯一性定理 14.3, 我们得出 φ 是单射. 我们的目的在于

证明这个映射也是满射.

$\mathcal{C}$ 是欧氏空间中的开集, $\varphi : \mathcal{C} \to \mathcal{S}$ 是连续单射, 根据区域不变定理 (定理 7.8), 其像 $\varphi(\mathcal{C})$ 为开集, $\varphi : \mathcal{C} \to \varphi(\mathcal{C})$ 为拓扑同胚.

任选圆域 $D_0 \in \mathcal{C}$, 其对应的狭缝域是 $\varphi(D_0) = \Omega_0 \in \mathcal{S}$, 那么 Ω_0 在映射 φ 的像集之中. 任选另一个狭缝域 $\Omega_1 \in \mathcal{S}$, 尚未确定 Ω_1 是否存在圆域与其对应. 我们画出一条从 Ω_0 到 Ω_1 的路径 $\Gamma : [0,1] \to \mathcal{S}$, $\Gamma(0) = \Omega_0$ 并且 $\Gamma(1) = \Omega_1$, 令

$$t^* = \sup \left\{ t \in [0,1] | \forall 0 \leqslant \tau \leqslant t, \Gamma(\tau) \in \varphi(\mathcal{C}) \right\},$$

即 Γ 从起点到 t^* 的一段属于 φ 的像集.

由区域收敛定义, 序列 $\{\Gamma(t_n)\}$ 逼近 $\Gamma(t^*)$,

$$\lim_{n\to\infty} \Gamma(t_n) \to \Gamma(t^*).$$

由 $\{\Gamma(t_n)\} \subset \varphi(\mathbb{C})$ 得到, 存在一系列圆域 $\{D_n\} \subset \mathcal{C}$, $\varphi(D_n) = \Gamma(t_n)$. 令 $D^* = \lim_{n\to\infty} D_n$, 由区域极限定理, 我们有

$$\varphi(D^*) = \varphi\left(\lim_{n\to\infty} D_n\right) = \lim_{n\to\infty} \varphi(D_n) = \lim_{n\to\infty} \Gamma(t_n) = \Gamma(t^*),$$

即 $\varphi(D^*) = \Gamma(t^*)$, 由此 $\Gamma(t^*)$ 本身属于 φ 的像集. 但是 φ 的像集是开集, 因此如果 $t^* < 1$, t^* 可以进一步延拓, 这与 t^* 的取法相矛盾. 由此得到 $t^* = 1$, 因此 $\Omega_1 \in \varphi(\mathcal{C})$. 因为 Ω_1 任意选取, 所以 $\varphi : \mathcal{C} \to \mathcal{S}$ 为满射. 由此我们证明了到圆域共形映射的存在性. 证明完毕. ∎

这里我们给出了多连通区域到圆域共形映射的存在性, 其证明方法是基于代数拓扑的区域不变原理. 这种证明方法依然不足以给出到圆域共形映射的构造方法. 在下一章, 我们将会用 Koebe 迭代方法来真正构造这种映射, 并且给出收敛速度的估计.

Koebe 迭代算法的收敛性

多连通区域到圆域的共形映射可以用 Koebe 迭代方法计算. 假设多连通区域为 R, 其边界为

$$\partial R = \gamma_0 - \gamma_1 - \cdots - \gamma_n,$$

这里 γ_0 为外边界, 其他 $\{\gamma_1, \gamma_2, \cdots, \gamma_n\}$ 为内边界. 如图 15.1–15.3 所示, 在第 k 步骤, 我们将所有内边界填充, 只留下 γ_k, 这里指标 k 代表模 n 再加 1, 得到 C_k, 然后计算共形映射: $h_k : C_k \to C_{k+1}$, 这里 C_{k+1} 是标准环带, $\partial C_{k+1} = \gamma_0 - \gamma_k$, γ_0, γ_k 为标准同心圆. 在第 $k+1$ 步骤, 我们将 C_{k+1} 的内圆 γ_k 填充, 将 γ_{k+1} 围绕的区域去除, 然后计算 $h_{k+1} : C_{k+1} \to C_{k+2}$, 将 γ_{k+1} 映成内圆. 这时, 原来的内圆 γ_k 不再是标准圆形. 如此反复, 以至无穷, 所有内边界形状越来越接近圆形, 最终所有内边界都收敛成标准圆形. Koebe 迭代算法优美和谐, 目前为止难以被其他方法所取代.

15.1 拓扑环带面积周长估计

为了证明 Koebe 迭代算法的收敛性, 我们需要用共形模来估计拓扑环带的面积和周长等几何量.

引理 15.1 (拓扑环带面积周长估计)　假设 $\mathcal{A}$ 是复平面上的一个拓扑环带, $\mathcal{A}$ 具有共形模 $\mu^{-1} > 1$, $\mathcal{A}$ 的内、外边界分别为 Jordan 曲线 Γ_1, Γ_0, $\partial \mathcal{A} = \Gamma_0 - \Gamma_1$, 那么有面积和直径估计:

$$\alpha(\Gamma_1) \leqslant \mu^2 \alpha(\Gamma_0), \tag{15.1}$$

并且

$$[\operatorname{diam} \Gamma_1]^2 \leqslant \frac{\pi}{2 \log \mu^{-1}} \alpha(\Gamma_0), \tag{15.2}$$

这里 $\alpha(\Gamma_k)$ 代表曲线 Γ_k $(k = 0, 1)$ 所围绕的面积.　　　♦

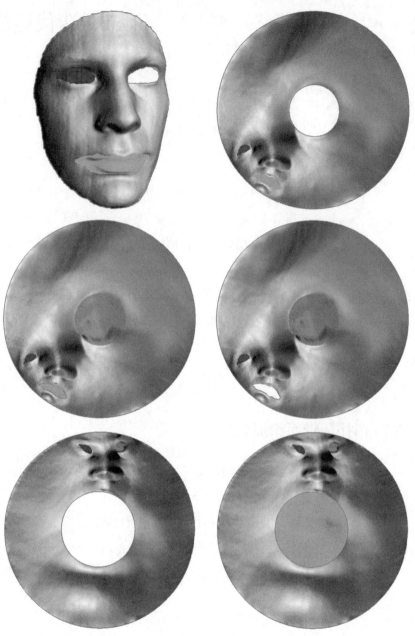

图 15.1 Koebe 迭代过程 (1).

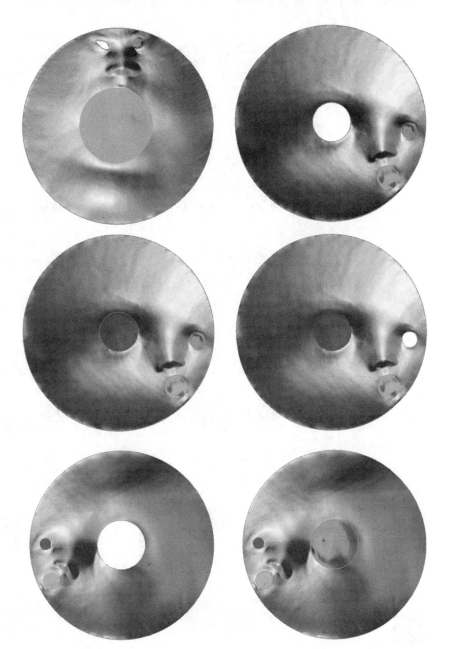

演　示

彩　图

图 15.2 Koebe 迭代过程 (2).

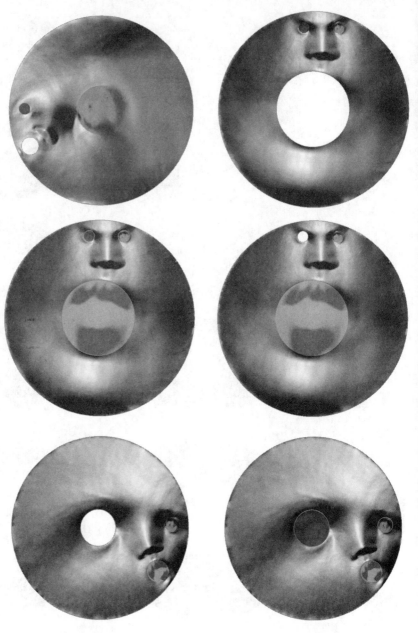

图 15.3 Koebe 迭代过程 (3).

证明 如图 15.4 所示, 令全纯函数 g 将标准环带 $\{1 \leqslant |w| \leqslant \mu^{-1}\}$ 映到拓扑环带 A,

$$g(w) = w + a_0 + \frac{a_1}{w} + \frac{a_2}{w^2} + \cdots.$$

那么, 由 Gronwall 面积估计有

$$\alpha(\Gamma_1) = \pi(1 - \sum_{n=1}^{\infty} n|a_n|^2),$$

$$\alpha(\Gamma_0) = \pi(\mu^{-2} - \sum_{n=1}^{\infty} n|a_n|^2\mu^{2n}).$$

因此, 我们得到

$$\alpha(\Gamma_0) - \mu^{-2}\alpha(\Gamma_1) = \pi \sum_{n=1}^{\infty} n|a_n|^2(\mu^{-2} - \mu^{2n}) \geqslant 0,$$

这证明了面积估计不等式 (15.1).

直径 $\operatorname{diam}\Gamma_1$ 被更大集合 $g(\{1 < |w| < \rho\})$ 的直径所界定, 这里 $\rho \in (1, \mu^{-1})$. 这些集合的直径被边界 $g(|w| = \rho)$ 长度的一半所界定, 于是有

$$2\operatorname{diam}\Gamma_1 \leqslant \int_{|w|=\rho} |g'(w)||dw| = \int_0^{2\pi} |g'(\rho e^{i\theta})|\rho d\theta = \int_0^{2\pi} |g'(\rho e^{i\theta})|\sqrt{\rho}\sqrt{\rho}d\theta,$$

由 Schwarz 不等式得到

$$[2\operatorname{diam}\Gamma_1]^2 \leqslant \int_0^{2\pi} |g'(\rho e^{i\theta})|^2 \rho d\theta \int_0^{2\pi} \rho d\theta = 2\pi\rho \int_0^{2\pi} |g'(\rho e^{i\theta})|^2 \rho \, d\theta.$$

等价地

$$\frac{2}{\pi\rho}[\operatorname{diam}\Gamma_1]^2 \leqslant \int_0^{2\pi} |g'(\rho e^{i\theta})|^2 \rho d\theta,$$

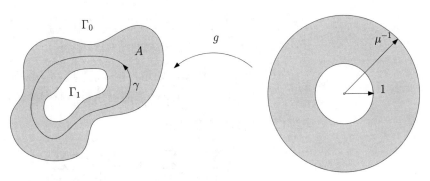

图 **15.4** 拓扑环带的共形模.

两边对 ρ 进行积分,

$$\int_1^{\mu^{-1}} \frac{2}{\pi\rho}[\operatorname{diam}\Gamma_1]^2 d\rho \leqslant \int_1^{\mu^{-1}} \int_0^{2\pi} |g'(\rho e^{i\theta})|^2 \rho d\theta d\rho = \operatorname{area}(\mathcal{A}) = \alpha(\Gamma_0) - \alpha(\Gamma_1),$$

计算出左侧

$$\frac{2\log\mu^{-1}}{\pi}[\operatorname{diam}\Gamma_1]^2 \leqslant \alpha(\Gamma_0) - \alpha(\Gamma_1) \leqslant \alpha(\Gamma_0),$$

即得第二个不等式 (15.2). 证明完毕. ∎

定义 15.1 (多重反射域) 给定圆域 C 的 m 重嵌套关系树, 树中所有节点代表的圆域的并集为

$$\Omega_m = \bigcup_{k \leqslant m} \bigcup_{(i)=i_1 i_2 \cdots i_k} C^{(i)} = \hat{\mathbb{C}} \setminus \bigcup_{(i)=i_1 i_2 \cdots i_m} \bigcup_{k \neq i_1} \alpha(\Gamma_k^{(i)}), \qquad (15.3)$$

这里, $\alpha(\Gamma)$ 代表曲线 Γ 所包围的区域. ◆

假设存在全纯单叶映射 $g_m : \Omega_m \to \hat{\mathbb{C}}$, 定义符号

$$C_m = g_m(C^0),$$

$$C_m^{(i)} = g_m(C^{(i)}),$$

$$\Gamma_{m,k} = g_m(\Gamma_k),$$

$$\Gamma_{m,k}^{(i)} = g_m(\Gamma_k^{(i)}).$$

同时, 由反射生成树的构造方法, 有对称关系:

$$C^{i_1 i_2 \cdots i_{m-1} i_m} | C^{i_1 i_2 \cdots i_{m-1}} \quad (\Gamma_{i_m}).$$

这一对称关系被全纯映射 g_m 保持:

$$C_m^{i_1 i_2 \cdots i_{m-1} i_m} | C_m^{i_1 i_2 \cdots i_{m-1}} \quad (\Gamma_{m,i_m}),$$

这样, g_m 将 $\{C^{(i)}\}$ 的嵌套关系树映成了 $\{C_m^{(i)}\}$ 的嵌套关系树. 我们证明共形双射保持嵌套关系树的面积估计 (14.1).

引理 15.2 区域 C_m 的边界为 $\Gamma_{m,1}, \Gamma_{m,2}, \cdots, \Gamma_{m,n}$. C_m 的 $m \geqslant 1$ 重嵌套关系树中, 所有叶子节点的内边界所包围面积总和小于等于 μ^{4m} 乘以 $\Gamma_{m,k}$ 所包围面积之和,

$$\sum_{(i)=i_1 i_2 \cdots i_m} \sum_{k \neq i_1} \alpha(\Gamma_{m,k}^{(i)}) \leqslant \mu^{4m} \sum_{i=1}^n \alpha(\Gamma_{m,i}). \quad \blacklozenge \qquad (15.4)$$

证明 应用拓扑环带面积周长估计引理中的面积不等式 (15.1), 以及

和嵌套关系树面积估计推论 14.1 同样的方法, 可以直接证明. ∎

利用这一关键的估计, 我们可以得到 Koebe 迭代算法的收敛性.

15.2 解析延拓

给定平面多连通区域 R, R 具有有限个边界. 从平面标准圆域 C 到 R 之间存在双全纯映射, $g : C \to R$. 此节的目的就在于证明在 Koebe 迭代过程中, 这个映射的定义域逐步延拓到 C 的多重镜像反射像上, 直至覆盖整个增广复平面.

引理 15.3 在 Koebe 迭代中, 在第 mn 步, 算法得到单叶全纯函数, 其定义域延拓到 C 的 m 重镜像反射域,

$$g_{mn} : \Omega_m \to \hat{\mathbb{C}},$$

这里 Ω_m 是由 C 的所有不大于 m 次镜像反射的像和 C 本身组成的并集, $\Omega_m = \bigcup_{k \leqslant m} \bigcup_{(i)=i_1 \cdots i_k} C^{(i)}$. ♦

证明 如图 15.5 所示, 初始多连通平面区域为 C_0, 包含无穷远点 $\infty \in C_0$, 其在扩展复平面上的补集为 $\{D_{0,1}, D_{0,2}, \cdots, D_{0,n}\}$, 其中 $D_{0,i}$ 为补集的连通分支, 其边界为 $\Gamma_{0,i}$, $\partial D_{0,i} = \Gamma_{0,i}$, $i = 1, 2, \cdots, n$.

由 Koebe 定理 14.1 存在双全纯函数, $f : C_0 \to C$, 将多连通区域 C_0 映到标准圆域 C. 圆域 C 的补集为标准圆盘 $\{D_1, D_2, \cdots, D_n\}$. 同时在无穷远点附近, 全纯函数 f 具有归一化的形式, $f(z) = z + O(z^{-1})$. 每个 D_k 的边界为标准圆, $\partial D_k = \Gamma_k$, $k = 1, 2, \cdots, n$.

根据 Riemann 映射定理, 存在 Riemann 映射

$$h_1 : \hat{\mathbb{C}} \setminus D_{0,1} \to \hat{\mathbb{C}} \setminus \mathbb{D}$$

将边界曲线 $\Gamma_{0,1}$ 映成单位圆 $\Gamma_{1,1}$, 将 C_0 映成 C_1, 同时满足归一化条件,

$$h_1(\infty) = \infty, \quad h_1'(\infty) = 1,$$

这样

$$D_{1,k} = h_1(D_{0,k}), \quad k = 2, \cdots, n.$$

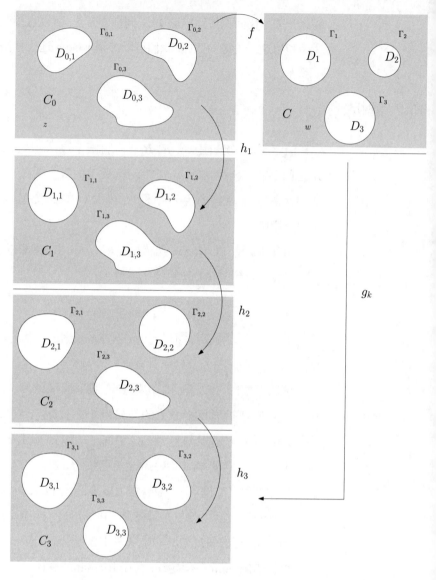

图 **15.5** Koebe 迭代图解.

如此反复, 在第 $k \leqslant n$ 步, 构造 Riemann 映射

$$h_k : \hat{\mathbb{C}} \setminus D_{k-1,k} \to \hat{\mathbb{C}} \setminus \mathbb{D},$$

将边界曲线 $\Gamma_{k-1,k}$ 映成单位圆, 将 C_{k-1} 映成 C_k, h_k 在 ∞ 点归一化,

$h_k(\infty) = \infty, h_k'(\infty) = 1.$ 递归地定义如下记号:

$$C_k = h_k(C_{k-1}),$$
$$\Gamma_{k,i} = h_k(\Gamma_{k-1,i}), \quad i \neq k,$$
$$D_{k,i} = h_k(D_{k-1,i}), \quad i \neq k.$$

同时, $D_{k,k}$ 是单位圆盘 $\mathbb{D}$, $\Gamma_{k,k}$ 是单位圆. 构造双全纯映射 $f_k : C_0 \to C_k$:

$$f_k = h_k \circ h_{k-1} \circ \cdots \circ h_1$$

和从标准圆域 C 到 C_k 的双全纯映射 $g_k : C \to C_k$,

$$g_k = f_k \circ f^{-1},$$

同时要求 g_k 在无穷远点归一化, $g_k(\infty) = \infty, g_k'(\infty) = 1$.

下面将 g_k 推广到标准圆域的多重反射域 (15.3) 上. 因为 $\Gamma_{1,1}$ 是标准单位圆, C_1 能够关于 $\Gamma_{1,1}$ 进行反射, 其镜像记为 C_1^1,

$$C_1 | C_1^1 \quad (\Gamma_{1,1}).$$

$h_2 : \hat{\mathbb{C}} \setminus D_{1,2} \to \hat{\mathbb{C}} \setminus \mathbb{D}$, 因此 h_2 在 $D_{1,1}$ 上有定义, 记

$$C_2^1 := h_2(C_1^1),$$

那么自然有

$$C_2^1 | C_2 \quad (\Gamma_{2,1}).$$

同理, 当 $k = 2, 3, \cdots, n$ 时, Riemann 映射 h_k 在 $C_k \cup D_{k,1}$ 上都有定义, 区域

$$C_k^1 := h_k \circ h_{k-1} \circ \cdots \circ h_1(C_1^1), \quad k = 2, \cdots, n$$

满足

$$C_k^1 | C_k \quad (\Gamma_{k,1}).$$

但是映射 h_{n+1} 在 $D_{n,1}$ 上没有定义, 无法用以上方法直接定义 C_{n+1}^1, 我们可以用 Schwarz 反射原理来定义 C_{n+1}^1.

考察复合映射

$$\beta_n := h_n \circ h_{n-1} \circ \cdots h_2 : C_1 \to C_n,$$

β_n 将 C_1 映到 C_n, β_n 在 $D_{1,1}$ 上有定义. $h_{n+1} \circ \beta_n : C_1 \to C_{n+1}$, 将圆周 $\Gamma_{1,1}$ 映到圆周 $\Gamma_{n+1,1}$, 但是在 $D_{1,1}$ 上没有定义. 根据 Schwarz 反射原理, 映射 $h_{n+1} \circ \beta_n$ 可以被延拓成

$$H_{n+1} : C_1 \cup C_1^1 \to C_{n+1} \cup C_{n+1}^1,$$

这里,

$$C_{n+1}^1 | C_{n+1} \quad (\Gamma_{n+1,1}).$$

由图

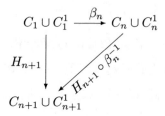

得到复合映射

$$H_{n+1} \circ \beta_n^{-1} : C_n \cup C_n^1 \to C_{n+1} \cup C_{n+1}^1.$$

为了方便起见, 仍然用 h_{n+1} 来表示 $H_{n+1} \circ \beta_n^{-1}$. 由此, 将 h_{n+1} 的定义域延拓到 C_n^1 上: $h_{n+1} : C_n \cup C_n^1 \to C_{n+1} \cup C_{n+1}^1$. 重复这一迭代过程, 我们可以得到结论: 对于一切 $k \geqslant 1$, C_k^1 和 C_k 对称,

$$C_k^1 | C_k \quad (\Gamma_{k,1}).$$

同样, 当 $k = 2$ 时, $\Gamma_{2,2}$ 是标准圆, C_2^2 是 C_2 关于 $\Gamma_{2,2}$ 的对称像. 当 $k > 2$ 时, 定义

$$C_k^2 := h_k \circ h_{k-1} \circ \cdots h_3(C_2^2),$$

同样, 每个 h_{kn+2} 映射都需要用 Schwarz 反射原理来解析延拓. 对于一切 $k \geqslant 2$, C_k^2 和 C_k 对称,

$$C_k^2 | C_k \quad (\Gamma_{k,2}).$$

同样, 对于任意的 $i = 3, \cdots, n$, 我们用 Schwarz 原理来拓展定义域, 从而定义区域 C_k^i 使得对称关系成立, 对于一切 $k \geqslant i$,

$$C_k^i | C_k \quad (\Gamma_{k,i}).$$

经过第一轮迭代, 所有的区域 $C_k^i, i = 1, 2, \cdots, n$ 都被定义. 因为 $\Gamma_{n+1,1}$ 再度成为单位圆, 定义 C_{n+1}^{i1} 为 C_{n+1}^i 关于 $\Gamma_{n+1,1}$ 的反射图像. $C_{n+1}^{11} = C_{n+1}$, 但是其他的 C_{n+1}^{i1} 为新生成的区域. 应用延拓后的 Riemann 映射, 得到一系列的镜像区域:

$$C_k^{i1} | C_k^i \quad (\Gamma_{k,1}), \quad \forall k \geqslant n+1, i = 2, \cdots, n.$$

同样, 可以定义镜像区域:

$$C_k^{ij} | C_k^i \quad (\Gamma_{k,j}), \quad \forall k \geqslant n+j.$$

经过 m 轮迭代, 得到 m 重镜像 $C_k^{i_1 i_2 \cdots i_m}$, 满足对称关系:

$$C_k^{i_1 i_2 \cdots i_m i_{m+1}} | C_k^{i_1 i_2 \cdots i_m} \quad (\Gamma_{k,i_{m+1}}), \quad k \geqslant mn + i_{m+1}.$$

这时, $C_k^{i_1 i_2 \cdots i_m i_{m+1}}$ 的第 j 个边界 $(j = 1, 2, \cdots, n)$ 记为 $\Gamma_{k,j}^{i_1 i_2 \cdots i_m i_{m+1}}$,

$$\partial C_k^{i_1 i_2 \cdots i_m i_{m+1}} = \Gamma_{k,i_1}^{i_1 i_2 \cdots i_m i_{m+1}} - \bigcup_{j \neq i_1}^n \Gamma_{k,j}^{i_1 i_2 \cdots i_m i_{m+1}}.$$

考察映射 $g_k^{-1} = f \circ f_k^{-1}$, 对于一切 k 都有

$$C = g_k^{-1}(C_k),$$

等式不依赖于角标 k. 同样, 所有 C_k 的多重镜像

$$C^{i_1 i_2 \cdots i_m} = g_k^{-1}(C_k^{i_1 i_2 \cdots i_m})$$

及其边界

$$\Gamma_j^{i_1 i_2 \cdots i_m} = g_k^{-1}(\Gamma_{k,j}^{i_1 i_2 \cdots i_m}),$$

这里 $\Gamma_j^{i_1 i_2 \cdots i_m}$ 是 $C^{i_1 i_2 \cdots i_m}$ 的第 j 个边界. 圆域 C 的 n 个边界 $\{\Gamma_j\}$ 都是圆, 彼此相离. 这些边界曲线 $\Gamma_j^{i_1 i_2 \cdots i_m}$ 都是 $\{\Gamma_j\}$ 多重镜像, 也都彼此相离. 引理得证. ∎

15.3 误差估计

我们的目的是估计全纯函数 $g_k(w)$ 和恒同映射的差别, 这里最终将证明这种误差指数级减小.

圆域 $C = C^0$ 依次关于 $\Gamma_{i_1}, \Gamma_{i_2}, \cdots, \Gamma_{i_k}$ 反射, 得到一个 k 重镜像反射像 $C^{i_1 i_2 \cdots i_k}$, 其内边界的连通分支是

$$\Gamma_j^{i_1 i_2 \cdots i_k} = \Gamma_j^{(i)}, \quad j \neq i_1. \tag{15.5}$$

满足任意相邻的一对角标 i_l, i_{l+1} 不相等, 并且 $j \neq i_1$. 经过解析延拓后, 全纯函数 g_k 的定义域是增广复平面去掉 $n(n-1)^{k-1}$ 个圆盘, 这些圆盘的边界是公式 (15.5) 表示的所有圆周,

$$\bigcup_{i_1 i_2 \cdots i_k, i_l \neq i_{l+1}} \bigcup_{j \neq i_1} \Gamma_j^{i_1 i_2 \cdots i_k},$$

这里 (i) 中任意相邻的角标不等, 并且 $j \neq i_1$.

选择一个足够大的圆周 Γ_ρ, 包括所有的初始边界 Γ_j. 对于一切属于初始圆域的点 $w \in C$, 根据 Cauchy 公式

$$g_k(w) - w = \frac{1}{2\pi i} \oint_{\Gamma_\rho} \frac{g_k(s) - w}{s - w} ds - \sum_{(i),j} \frac{1}{2\pi i} \oint_{\Gamma_j^{(i)}} \frac{g_k(s) - w}{s - w} ds.$$

因为在无穷远点附近, $g_k(w) - w = O(w^{-1})$, 当 $\rho \to \infty$ 时

$$\frac{1}{2\pi i} \oint_{\Gamma_\rho} \frac{g_k(s) - w}{s - w} ds = \frac{1}{2\pi i} \oint_{\Gamma_\rho} \left(\frac{g_k(s) - s}{s - w} + \frac{s - w}{s - w} \right) ds,$$

进一步

$$\left| \frac{1}{2\pi i} \oint_{\Gamma_\rho} \frac{g_k(s) - s}{s - w} ds \right| \leqslant \frac{1}{2\pi} \oint_0^{2\pi} \frac{|g_k(s) - s|}{|s - w|} \rho d\theta$$

$$= \frac{1}{2\pi} \oint_0^{2\pi} |g_k(s) - s| d\theta$$

$$\leqslant \frac{1}{2\pi} \oint_0^{2\pi} \frac{\text{const}}{\rho} d\theta = \frac{\text{const}}{\rho} \to 0,$$

同时,

$$\frac{1}{2\pi i} \oint_{\Gamma_\rho} \frac{s - w}{s - w} ds = \frac{1}{2\pi i} \oint_{\Gamma_\rho} ds = 0.$$

对于余下的积分, 因为 w 在所有的圆 $\Gamma_j^{(i)}$ 之外, 积分

$$\frac{1}{2\pi i} \int_{\Gamma_j^{(i)}} \frac{w}{s - w} ds = 0.$$

对于任意复数 $c_j^{(i)}$, 积分

$$\frac{1}{2\pi i} \int_{\Gamma_j^{(i)}} \frac{c_j^{(i)}}{s - w} ds = 0,$$

我们得到

$$g_k(w) - w = -\sum_{(i),j} \frac{1}{2\pi i} \int_{\Gamma_j^{(i)}} \frac{g_k(s) - c_j^{(i)}}{s-w} ds. \tag{15.6}$$

图 14.5

如图 14.5, 在初始圆域 C^0 中, 令距离常数

$$\delta := \min_{i \neq j} \text{dist}(\Gamma_i, \Gamma_j^{(i)}),$$

我们有 $\delta > 0$. 因为 $\Gamma_j^{(i)}$ 包含在 $\Gamma_{i_{m-1}}^{i_m}$ 之中, 所以 $|s-w| > \delta$. 更进一步, 定义

$$\delta_{k,j}^{(i)} := \text{diam}(\Gamma_{k,j}^{(i)}),$$

曲线 $\Gamma_{k,j}^{(i)} = g_k(\Gamma_j^{(i)})$ 包含在直径为 $\delta_{k,j}^{(i)}$ 的圆中, 将 $c_j^{(i)}$ 选成这个圆的圆心, 那么对于一切 $s \in \Gamma_j^{(i)}$,

$$|g_k(s) - c_j^{(i)}| \leqslant \delta_{k,j}^{(i)}.$$

积分路径的长度是 $\pi\delta_j^{(i)}$, 这里 $\delta_j^{(i)} = \text{diam}(\Gamma_j^{(i)})$, 由 (15.6) 式得到

$$|g_k(w) - w| \leqslant \sum_{(i),j} \frac{1}{2\pi} \oint_{\Gamma_j^{(i)}} \frac{|g_k(s) - c_j^{(i)}|}{|s-w|} |ds| \leqslant \sum_{(i),j} \frac{1}{2\pi} \frac{\delta_{k,j}^{(i)}}{\delta} \pi\delta_j^{(i)},$$

$$|g_k(w) - w| \leqslant \sum_{(i),j} \frac{1}{2\delta} \delta_{j,k}^i \delta_j^{(i)} \leqslant \sum_{(i),j} \frac{1}{4\delta} ([\delta_j^{(i)}]^2 + [\delta_{j,k}^{(i)}]^2).$$

我们先估计右侧第一项,

$$[\delta_j^{(i)}]^2 = \frac{4}{\pi} \alpha(\Gamma_j^{(i)}).$$

由推论 14.1 得到

$$\sum_{(i),j} [\delta_j^{(i)}]^2 = \frac{4}{\pi} \sum_{(i),j} \alpha(\Gamma_j^{(i)}) \leqslant \frac{4}{\pi} \mu^{4m} \sum_j \alpha(\Gamma_j) = \frac{4}{\pi} \mu^{4m} \gamma_1,$$

这里, 记 $\sum_j \alpha(\Gamma_j) = \gamma_1$.

再估计右侧第二项. 考虑以 $\widetilde{\Gamma}_{k,j}^{(i)}, \Gamma_{k,j}^{(i)}$ 为边界的拓扑环带, 由拓扑环带周长估计不等式 (15.2), 我们得到估计

$$[\delta_{j,k}^{(i)}]^2 \leqslant \frac{\pi}{2\log\mu^{-1}} \alpha(\widetilde{\Gamma}_{k,j}^{(i)}).$$

由引理 15.2 中的不等式 (15.4) 得到

$$\sum_{(i),j} [\delta_{j,k}^{(i)}]^2 \leqslant \frac{\pi}{2\log \mu^{-1}} \sum_{(i),j} \alpha(\widetilde{\Gamma}_{k,j}^{(i)}) \leqslant \frac{\pi}{2\log \mu^{-1}} \mu^{4m} \sum_j \alpha(\widetilde{\Gamma}_{k,j}) = \frac{\pi}{2\log \mu^{-1}} \mu^{4m} \gamma_2,$$

这里, 记 $\gamma_2 = \sum_j \alpha(\widetilde{\Gamma}_{k,j})$.

下面估计 γ_1 和 γ_2. 在 w 平面上选取一个大圆 $|w| < \rho$, 包含所有的圆周 $\widetilde{\Gamma}_i$, 则

$$\gamma_1 < \pi \rho^2.$$

再借助 $g_k(w)$ 来估计 γ_2. g_k 在 $|w| > \rho$ 上是单叶的, 在 ∞ 附近, $g_k(w) = w + O(w^{-1})$. 做坐标变换, $\zeta = 1/w$, $\eta = 1/z$, 构造单叶全纯函数 $\varphi : \zeta \to \eta$,

$$\varphi(\zeta) = \frac{1}{g_k(1/\zeta)},$$

φ 定义在圆盘 $|\zeta| < \rho^{-1}$ 上, $\varphi(0) = 0$, $\varphi'(0) = 1$. 由 Koebe 1/4-定理,

$$\left\{ |\eta| < \frac{1}{4\rho} \right\} \subset \varphi\left(\left\{ |\zeta| < \frac{1}{\rho} \right\} \right),$$

这等价于

$$\{ |z| > 4\rho \} \subset g_k(\{ |w| > \rho \}),$$

因此所有 $\widetilde{\Gamma}_{k,j}$ 都包含在 $|z| < 4\rho$ 的内部, 由此所有孔洞的面积和

$$\gamma_2 = \sum_j \alpha(\widetilde{\Gamma}_{k,j}) < 16\pi \rho^2.$$

综上所述, 我们得到最终的估计.

定理 15.1 (Koebe 迭代的收敛阶) 在 Koebe 迭代算法中, 当 $k > mn$ 时,

$$|g_k(w) - w| \leqslant \frac{1}{4\delta} \left(\frac{\pi}{2\log \mu^{-1}} 16\pi \rho^2 + \frac{4}{\pi} \pi \rho^2 \right) \mu^{4m}.$$

至此, 我们证明了 Koebe 迭代算法的收敛性, 给出了收敛阶 μ^{4m}. 因此, 收敛速度取决于多连通区域的共形模所决定的 μ 值. 如果圆域 C 中存在两个边界圆 Γ_i 和 Γ_j 接近, 那么 Koebe 迭代收敛速度会较慢. 反之, 如果边界圆彼此之间相距较远, 那么 Koebe 迭代收敛较快.

第十六章　　单值化定理的古典证明

图 1.5

图 1.5 展示了 Riemann 面单值化 (uniformization) 定理. 假设 M 是封闭的 Riemann 面, 它的万有覆叠空间 $\widetilde{M}$ 是单连通的开 Riemann 面. 那么如果曲面 M 亏格为 0, 其万有覆叠空间 $\widetilde{M}$ 同构于自身, 并且和扩展复平面 $\hat{\mathbb{C}} = \mathbb{C} \cup \{\infty\}$ 共形等价; 如果曲面 M 亏格为 1, 其万有覆叠空间 $\widetilde{M}$ 和复平面 $\mathbb{C}$ 共形等价; 如果曲面 M 亏格大于 1, 其万有覆叠空间 $\widetilde{M}$ 和复单位圆盘 $\mathbb{D}$ 共形等价.

Riemann 面单值化定理是曲面微分几何最为深刻而基本的定理之一, 其证明方法丰富多彩, 例如基于复分析的古典方法, 基于 Ricci 流的现代方法, 基于射影结构的代数方法等. 这里我们采用简单直观的复变函数方法, 这种方法可以直接推广到离散情形.

定理 16.1 (Poincaré-Koebe 单值化)　任意一个单连通的 Riemann 面都和三个标准 Riemann 面中的一个共形等价: 扩展复平面 $\hat{\mathbb{C}} = \mathbb{C} \cup \{\infty\}$ (单位球面 $\mathbb{S}^2$)、复平面 $\mathbb{C}$ 或者单位圆盘 $\mathbb{D}$.　　　　　　◆

本章给出曲面单值化定理的一个基于复分析原理的初等证明. 我们首先证明开单连通 Riemann 面的情形, 然后推广到闭单连通 Riemann 面的情形. 我们采用和组合单值化定理相似的证明方法. 给定单连通的开曲面 $\widetilde{M}$ 和一个可数无穷的三角剖分 $\mathcal{T}$, 将三角剖分的面进行排列

$$\mathcal{T} = \{\triangle_1, \triangle_2, \cdots, \triangle_n, \cdots\},$$

使得

$$\mathcal{T}_n = \bigcup_{i=1}^{n} \triangle_i$$

是单连通的拓扑圆盘. 然后构造一系列 Riemann 映射,

$$\varphi_n : \mathcal{T}_n \to \mathbb{C}$$

满足归一化条件. 当 n 趋向于无穷时, $\mathcal{T}_n$ 穷尽了可数无穷三角剖分 $\mathcal{T}$, 得

到极限映射,

$$\lim_{n \to \infty} \varphi_n = \varphi : \widetilde{M} \to \mathbb{C}.$$

φ 的极限行为分成两种情况, 或者覆盖整个复平面 $\mathbb{C}$, 或者覆盖单位圆盘 $\mathbb{D}$.

16.1 Liouville 定理

单位球面 $\mathbb{S}^2$ 和扩展复平面 $\hat{\mathbb{C}} = \mathbb{C} \cup \{\infty\}$ 彼此共形等价, 共形同胚由球极投影映射给出. 复平面 $\mathbb{C}$ 和单位圆盘 $\mathbb{D}$ 都是开集, 因此和单位球面不同胚, 更谈不上共形等价. Liouville 证明了复平面 $\mathbb{C}$ 和单位圆盘 $\mathbb{D}$ 彼此也不共形等价.

定理 16.2 (Liouville) 假设全纯函数 $f : \mathbb{C} \to \mathbb{C}$ 有界, $|f(z)| < C$, $\forall z \in \mathbb{C}$, 那么函数为常数, $f(z) = \text{const}$. ◆

证明 根据 Cauchy 积分公式:

$$f^{(n)}(a) = \frac{n!}{2\pi i} \oint_\Gamma \frac{f(z)}{(z-a)^{n+1}} dz, \tag{16.1}$$

这里积分路径 Γ 是以 a 为圆心, 以 γ 为半径的圆周.

$$\begin{aligned}
|f'(a)| &= \left| \frac{1}{2\pi i} \oint_\Gamma \frac{f(z)}{(z-a)^2} dz \right| \\
&\leqslant \frac{1}{2\pi} \int_0^{2\pi} \frac{C}{\gamma} d\theta \\
&= \frac{C}{\gamma},
\end{aligned}$$

当半径趋于无穷大的时候, $\gamma \to \infty$, 导数的模趋于 0, 因此全纯函数 $f(z)$ 为常数. 证明完毕. ■

推论 16.1 复平面 $\mathbb{C}$ 和单位圆盘 $\mathbb{D}$ 彼此共形不等价. ◆

证明 假设复平面 $\mathbb{C}$ 和单位圆盘 $\mathbb{D}$ 彼此共形等价, 那么存在双全纯函数, $f : \mathbb{C} \to \mathbb{D}$, 将整个复平面映到单位圆盘, 根据 Liouville 定理, $f(z)$ 为常数, 这和 f 双全纯矛盾. 因此假设错误, 推论成立. ■

16.2 新月–满月引理

　　我们用 Schwarz 反射原则来证明一个引理, 这个引理将定义在新月形状区域上的解析函数延拓到整个圆盘, 我们称之为新月–满月引理.

　　引理 16.1 (新月–满月)　如图 16.1 所示, 新月形状区域 A_1 的边界是圆弧 a_1 和 a_2, 这里圆弧 a_1 和 a_2 在交点处的夹角为 $\pi/2^m$, $m > 0$ 是个足够大的正整数. 共形映射 (解析函数) $\varphi_1 : A_1 \to B_1$ 的定义域为新月区域 A_1, $\varphi_1(a_k) = b_k$, $k = 1, 2$, b_2 是圆弧. 那么存在解析函数 $g, G : \mathbb{D} \to \mathbb{D}$, 如图 16.2 所示, 满足

1. $A^* = g(\bar{A})$, $C^* = g(A_1)$,
2. $B^* = G(\bar{B})$, $C^* = G(B_1)$,
3. $g|_{A_1} = G \circ \varphi_1|_{A_1}$,

并且限制在每个区域的边界上, g 和 G 为拓扑同胚.　　　　　　　　　　◆

　　证明　如图 16.3 所示, 新月区域 A_1 和 A_2 关于圆弧 a_2 对称, 应用 Schwarz 反射原则, 解析函数 $\varphi_1 : A_1 \to B_1$ 关于圆弧 a_2 拓展成

$$\Phi_1 : A_1 + A_2 \to B_1 + B_2,$$

用 Riemann 映射

$$\psi_1 : B_1 + B_2 + \bar{B} \to \mathbb{D}$$

将值域映成单位圆盘. 为了讨论方便, 我们将 $\psi_1(B_1), \psi_1(B_2)$ 重新标记为

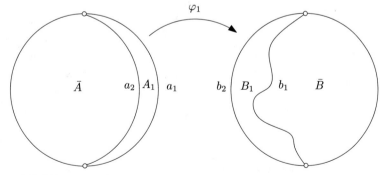

图 **16.1** 初始映射.

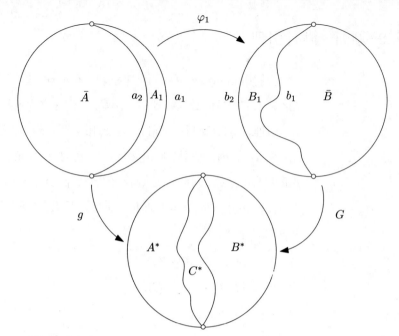

图 16.2 解析延拓结果.

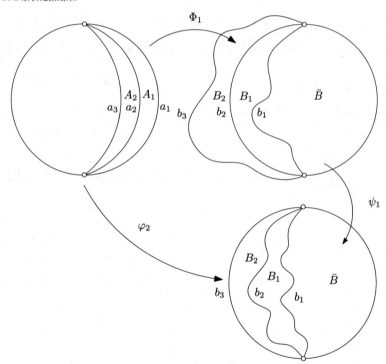

图 16.3 解析延拓第一步.

B_1 和 B_2, 那么复合映射为:

$$\varphi_2 = \psi_1 \circ \Phi_1 : A_1 + A_2 \to B_1 + B_2.$$

再次解析延拓, $A_1 + A_2$ 关于 a_3 反射, 得到新月形区域 A_3; 将解析函数 $\varphi_2 : A_1 + A_2 \to B_1 + B_2$ 应用 Schwarz 反射原则拓展成

$$\Phi_2 : A_1 + A_2 + A_3 \to B_1 + B_2 + B_3,$$

再复合 Riemann 映射 $\psi_2 : B_1 + B_2 + B_3 + \bar{B} \to \mathbb{D}$, 得到第二步解析延拓结果 (图 16.4):

$$\varphi_3 = \psi_2 \circ \Phi_2 : A_1 + A_2 + A_3 \to B_1 + B_2 + B_3,$$

如此重复, 我们得到由解析延拓得到的共形映射

$$\varphi_k : \sum_{i=1}^{k} A_i \to \sum_{j=1}^{k} B_j.$$

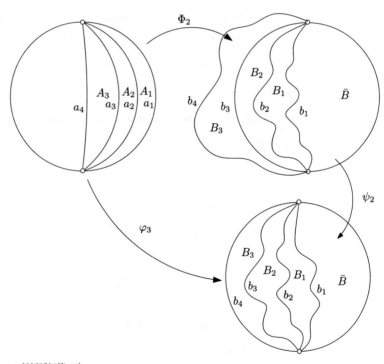

图 16.4 解析延拓第二步.

考察新月区域的内角, A_k 的内角为 θ_k, 我们有递推公式

$$\begin{cases} \theta_1 = \pi/2^m, \\ \theta_2 = \pi/2^m, \\ \theta_k = \sum_{j=1}^{k-1} \theta_j, \quad k > 2, \end{cases}$$

因此第 $m+1$ 步, 所有的新月区域覆盖整个圆盘. 由此, 我们可以得到解析函数

$$G = \psi_m \circ \psi_{m-1} \circ \cdots \circ \psi_2 \circ \psi_1,$$

并且

$$g = \psi_m \circ \psi_{m-1} \circ \cdots \circ \psi_2 \circ \psi_1 \circ \varphi_1,$$

引理证明完毕. ■

16.3 单值化定理

我们用组合方式定义 Riemann 面. 给定一个 Riemann 面 M 及其一个三角剖分 $\mathcal{T}$, 如果三角剖分具有有限个面, 则曲面 M 是**闭曲面**或**紧曲面**; 如果三角剖分具有可数无穷多个面, 则曲面 M 是**开曲面**. van der Waerden 引理证明了特殊三角剖分的存在性.

引理 16.2 (van der Waerden)　假设 $\widetilde{M}$ 是一个开曲面, 那么其三角剖分的面可以如下排列

$$\mathcal{T} = \{\triangle_1, \triangle_2, \triangle_3, \cdots, \triangle_n, \cdots\},$$

使得对一切 $n = 1, 2, \cdots$,

$$\mathcal{T}_n = \bigcup_{k=1}^{n} \triangle_k$$

和 $\triangle_{n+1}$ 只交于一条边 (和第三个顶点不交) 或两条边, 即 $\mathcal{T}_n$ 是拓扑圆盘. ◆

令 $\widetilde{M}$ 是 Riemann 面的万有覆叠空间, 则 $\widetilde{M}$ 是单连通的 Riemann 面, 其三角剖分 $\mathcal{T}$ 的面 $\triangle_1, \triangle_2, \cdots$ 依照 van der Waerden 方式排列, $\mathcal{T}$ 的所有边都是解析弧线, 并且每个三角形 $\triangle_k$ 都被某一个共形局部坐标系 (U_k, t_k) 覆盖. 我们证明如下引理.

引理 16.3 对于任意一个 $n > 0$, $E_n = \triangle_1 + \triangle_2 + \cdots + \triangle_n$ 的内部被共形映射到开单位圆盘, $\varphi_n : E_n \to R_n$ (R_n 是开单位圆盘), 并且映射限制在边界上,

$$\varphi_n|_{\partial E_n} : \partial E_n \to \partial R_n$$

是拓扑同胚. ◆

证明 应用数学归纳法.

第一步: 当 $n = 1$ 时, 如图 16.5 所示, E_1 只包含一个三角形 $\triangle_1$, 记 $\triangle = \triangle_1$. $\triangle$ 被局部共形坐标系 (U, t) 覆盖, $\triangle \subset U$. 令 $\bar{\triangle}, \bar{U}$ 是 $\triangle, U$ 在 t-平面中的原像,

$$t(\bar{\triangle}) = \triangle, \quad t(\bar{U}) = U.$$

$\bar{\triangle}$ 是单连通的区域, 其边界是解析弧线, 根据 Riemann 映射定理, 存在全纯映射, $\psi : \bar{\triangle} \to R_1$ 将 $\bar{\triangle}$ 映到 s-平面上的单位圆盘 R_1, 并且限制在边界上映射为拓扑同胚,

$$\psi|_{\partial \bar{\triangle}} : \partial \bar{\triangle} \to \partial R_1,$$

那么构造全纯映射 $\varphi_1 = \psi \circ t^{-1} : E_1 \to R_1$, 其在边界上的限制为拓扑同胚, 则引理成立.

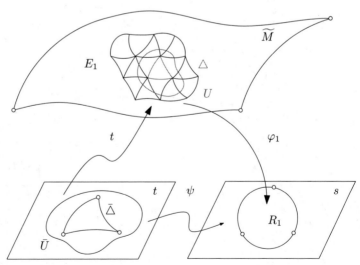

图 16.5 初始归纳步骤.

第二步: 当 $n > 1$ 时, 假设在第 n 步, E_n 被共形映到 s-平面上的单位圆盘 R_n 上, $\varphi_n : E_n \to R_n$, 共形映射在边界上的限制 $\varphi_n|_{\partial E_n} : \partial E_n \to \partial R_n$ 是拓扑同胚.

如图 16.6 所示, 我们考虑 $E_{n+1} = E_n + \triangle_{n+1}$. 令 $\triangle = \triangle_{n+1}$ 被局部共形坐标系 (U, t) 覆盖, U 和 $\triangle$ 在局部参数域中的原像分别为 $\bar{U}$ 和 $\bar{\triangle}$,

$$t(\bar{U}) = U, \quad t(\bar{\triangle}) = \triangle.$$

E_n 和 $\triangle$ 相交于解析弧线 a, $\triangle \cap E_n = a$. a 在 φ_n 下的像为 $\tilde{a}$, $\varphi_n(a) = \tilde{a}$, a 的共形局部参数表示为 $\bar{a}$, $t(\bar{a}) = a$.

在万有覆叠空间 $\widetilde{M}$ 中令开集 $V \subset U \cap E_n$, 并且 V 覆盖边界弧线 a, $a \subset V$; 在局部坐标 t-平面中, $t(\bar{V}) = V$; 在 s-平面中, $\tilde{V} = \varphi_n(V)$. 用局部坐标表示映射,

$$s = \varphi_n \circ t, \quad \tilde{V} = \varphi_n \circ t(\bar{V}).$$

我们在 s-平面的单位圆 R_n 内部, 作出另外一条圆弧 $\tilde{b}$, $\tilde{b} \subset \tilde{V} \subset R_n$. 两条圆弧 $\tilde{a}$ 和 $\tilde{b}$ 具有同样的端点, 并且在端点处, 两条圆弧的夹角为

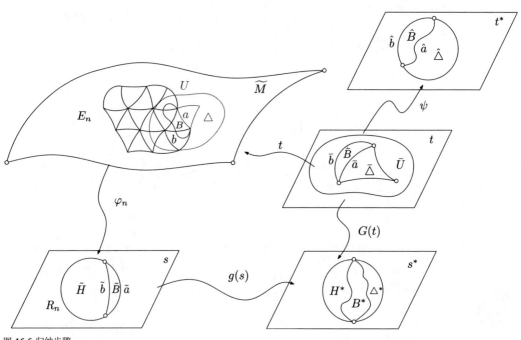

图 16.6 归纳步骤.

$\pi/2^k$, 这里 k 是一个足够大的正整数. 两条圆弧所夹的新月形区域记为 $\tilde{B}$, $\tilde{B} \subset \tilde{V}$; $\tilde{B}$ 在万有覆叠空间 $\widetilde{M}$ 中的原像记为 B, $B \subset V$; B 在局部坐标 t-平面中的像记为 $\bar{B}$, $\bar{B} \subset \bar{V}$. 这三个区域 $\tilde{B}$, B, $\bar{B}$ 彼此共形等价,

$$\varphi_n(B) = \tilde{B}, \quad t(\bar{B}) = B.$$

我们证明存在全纯映射 $s^* = g(s)$ 和 $s^* = G(t)$, 满足:

1. 共形映射 $g(s)$ 将新月区域 $\tilde{B}$ 映到 B^*, 将 $\tilde{H}$ 映到 H^*, 这里 $\tilde{H} = R_n - \tilde{B}$;

2. 共形映射 $G(t)$ 将 $\bar{B}$ 映到 B^*, 将 $\bar{\triangle}$ 映到 $\triangle^*$;

3. 在区域 $\bar{B}$ 上,

$$G(t) = g \circ \varphi_n \circ t;$$

4. $R_{n+1} = B^* + H^* + \triangle^*$ 为开单位圆盘.

这样, 映射 $g(s)$ 和 $G(t)$ 的合并给出了从 E_{n+1} 到单位圆盘 R_{n+1} 的共形映射, 如图 16.6 所示.

下面来构造映射 $g(s)$ 和 $G(t)$. 如图 16.7 所示, 根据 Riemann 映射定理, 存在共形映射 $t^* = \psi(t)$, 将 $\bar{\triangle} + \bar{B}$ 映到单位圆盘 $\triangle^* + B^*$, 圆盘的中心在 $\triangle^*$ 内部. 这样, 复合映射

$$\tau = \psi \circ \varphi_n^{-1}, \quad t^* = \tau(s)$$

将新月形区域 $\tilde{B}$ 映到 B^*. 注意, 共形映射 $\tau : \tilde{B} \to B^*$ 的定义域是新月

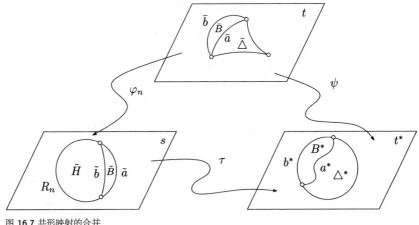

图 16.7 共形映射的合并.

形区域 $\tilde{B}$, 在 $\tilde{H}$ 上没有定义. 根据新月–满月引理 16.1, 存在满足要求的一对全纯函数 g 和 G. 这就证明了 $\varphi_{n+1} : E_{n+1} \to R_{n+1}$ 的存在性. 引理证明完毕. ■

定理 16.3 (开 Riemann 面的单值化) 单连通开 Riemann 面或者和整个复平面 $\mathbb{C}$ 共形等价, 或者和单位圆盘 $\mathbb{D}$ 共形等价. ◆

证明 构造函数序列

$$\varphi_{1,n}(s) = \varphi_n \circ \varphi_1^{-1}(s),$$

在 R_1 上为单值全纯函数, 在点 $s = 0$ 归一化, 因此由引理 8.1, $\{\varphi_{1,n}\}$ 是正规函数族. 从 $\{\varphi_{1,n}\}$ 中选择一个子序列 Γ_1, 在 R_1 内部收敛到单值函数, 记为

$$\Gamma_1 : \varphi_1^1(p), \varphi_2^1(p), \varphi_3^1(p), \cdots$$

在 E_1 内部收敛到单值全纯函数 $\varphi_0(p)$.

同样, 构造函数序列

$$\varphi_{2,n}(s) = \varphi_n^1 \circ \varphi_2^{-1}(s), \quad \varphi_n^1 \in \Gamma_1,$$

从 $\{\varphi_{2,n}\}$ 中挑选子序列

$$\Gamma_2 : \varphi_1^2(p), \varphi_2^2(p), \cdots$$

在 E_2 内部收敛到单值全纯函数, 并且在 E_1 上的限制等于 $\varphi_0(p)$, 仍然记之为 $\varphi_0(p)$.

进一步, 构造函数序列

$$\varphi_{3,n}(s) = \varphi_n^2 \circ \varphi_3^{-1}(s), \quad \varphi_n^2 \in \Gamma_2,$$

从 $\{\varphi_{3,n}\}$ 中挑选子序列

$$\Gamma_3 : \varphi_1^3(p), \varphi_2^3(p), \cdots$$

在 E_3 内部收敛到单值全纯函数, 并且在 E_2 上的限制等于 $\varphi_0(p)$, 仍然记之为 $\varphi_0(p)$.

重复这一步骤, 应用对角线法则, 我们得到函数序列

$$\varphi_1^1(p), \varphi_2^2(p), \varphi_3^3(p), \cdots,$$

这里 $\varphi_k^k(p)$ 在 E_n 上有定义 (只要 $k \geqslant n$), 并且在 E_n 上序列收敛到 $\varphi_0(p)$. 因为 E_n 穷尽整个开 Riemann 面 $\widetilde{M}$, $\varphi_0(p)$ 在 $\widetilde{M}$ 上单值, 将 $\widetilde{M}$ 映射到 s-平面的单连通区域 R. 因为 $\widetilde{M}$ 为开曲面, R 不可能是扩展复平面. 因此, R 或者是整个复平面 $\mathbb{C}$, 或者是复平面内的一个区域. 在后面的情形, 根据 Riemann 映射定理, R 可以映射到单位圆盘 $\mathbb{D}$. 定理证明完毕. ∎

定理 16.4 (紧 Riemann 面单值化定理) 紧单连通 Riemann 面和单位球面共形等价. ◆

证明 $\widetilde{M}$ 的三角剖分 $\mathcal{T}$ 包含有限个三角形,

$$\mathcal{T}_n = \triangle_1 + \triangle_2 + \cdots + \triangle_n,$$

最后一个三角形 $\triangle_n$ 和 $\mathcal{T}_{n-1}$ 有三条公共边. 选取一内点 $q \in \triangle_n$, 将这点去掉, 得到开 Riemann 面,

$$\widetilde{M}_0 = \widetilde{M} \setminus \{q\},$$

根据开 Riemann 面的单值化定理, 存在共形映射, $\varphi : \widetilde{M}_0 \to \mathbb{C}$, $s = \varphi(p)$, 将开 Riemann 面映到单位圆盘或者整个复平面.

在 s-复平面上, 令 $\varphi(\triangle_n \setminus \{q\}) = \triangle'$, $\varphi(E_{n-1}) = E_n'$, 点 $o \in E_{n-1}$, 映到原点 $\varphi(o) = 0$. 令 $R' \subset E_n'$ 是以原点为中心的圆盘, 那么 $\triangle'$ 在此圆盘之外 (图 16.8). 函数 $w = 1/z$ 将 $\triangle'$ 映到 w-平面上的有界区域. 考察定义在 $\widetilde{M} \setminus \{q\}$ 上的函数, $w = 1/\varphi(p)$, w 在 q 点的一个邻域内有界, 所以 q 点是函数 w 的可去奇异点. 令 q 点在 w-平面上的像点为 $w(q)$.

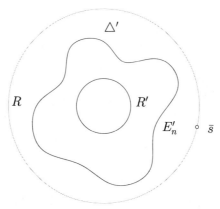

图 16.8 紧 Riemann 面单值化定理证明.

假设 $R = \varphi(\widetilde{M} \setminus \{q\})$ 不是整个复平面, 而是单位圆盘, 在 R 中选取点列 $s_1, s_2, \cdots$, 其聚点在单位圆周上, 对应的点列在曲面上为 $p_1, p_2, \cdots$. 因为 $\widetilde{M}$ 为紧曲面, 点列的聚点在曲面上, 但是 $\widetilde{M} \setminus \{q\}$ 的所有点在 s-平面上的像都不在单位圆周上, 因此

$$q = \lim_{n \to \infty} p_n.$$

对于单位圆周 ∂R 上的任意点 $\bar{s}$, 都存在点列收敛到点 $\bar{s}$, 因此

$$1/\bar{s} = w(q),$$

但是 $\bar{s}$ 有无穷多个取值, 这意味着 $w(q)$ 有无穷多个, 矛盾. 因此假设错误, $R = \varphi(\widetilde{M} \setminus \{q\})$ 是整个复平面, $\widetilde{M}$ 和扩展复平面共形等价. 定理得证. ∎

第十七章　　共形几何的概率解释

17.1 调和测度

令 $\Omega \subset \mathbb{C}$ 是复平面上区域, 其边界 $\partial\Omega$ 由有限条 Jordan 曲线 (Jordan curve) 组成, 即 Ω 是一个 Jordan 区域. 任何连续函数 $f : \partial\Omega \to \mathbb{R}$ 唯一确定一个调和函数 H_f 满足 Dirichlet 问题:

$$\begin{cases} \Delta H_f(z) = 0, & z \in \Omega, \\ H_f(z) = f(z), & z \in \partial\Omega. \end{cases}$$

如果 $z \in \Omega$ 取定, $H_f(z)$ 确定了 $\partial\Omega$ 上的一个测度 $\omega(z, \Omega)$, 满足

$$H_f(z) = \int_{\partial\Omega} f(y) d\omega(z, \Omega)(y).$$

定义 17.1 (调和测度)　概率测度 $\omega(z, \Omega)$ 称为区域 Ω 以 z 为极点 (pole) 的调和测度 (harmonic measure). ◆

等价地, 给定任意 Borel 子集 $E \subset \partial\Omega$, 我们定义函数 $f : \partial\Omega \to \mathbb{R}$,

$$f(z) = \begin{cases} 1, & z \in E, \\ 0, & z \in \partial\Omega \setminus E, \end{cases}$$

于是有

$$H_f(z) = \int_{\partial\Omega} f(y) d\omega(z, \Omega)(y) = \int_E d\omega(z, \Omega)(y) = \omega(z, \Omega)(E), \quad (17.1)$$

即调和测度 $\omega(z, \Omega)(E)$ 等于调和函数 H_f 在 z 点的值. 由调和函数的极大值原理, 我们有

$$0 \leqslant \omega(z, \Omega) \leqslant 1.$$

同样我们有

$$H_{1-f}(z) = \int_{\partial\Omega} (1 - f(y)) d\omega(z, \Omega)(y) = \int_{\Omega \setminus E} d\omega(z, \Omega)(y) = \omega(z, \Omega)(\Omega \setminus E).$$

进一步, 由调和函数的线性性质,

$$H_f(z) + H_{1-f}(z) = H_{f+(1-f)}(z) = H_1(z) = 1,$$

我们得到,

$$1 - \omega(z, \Omega)(E) = \omega(z, \Omega)(\partial \Omega \setminus E).$$

由此, 对于任意的极点 z 和 Ω, $\omega(z, \Omega)$ 是边界 $\partial \Omega$ 的概率测度. 如果存在 Ω 中某一点 z, 满足 $\omega(z, \Omega)(E) = 0$, 那么对一切 $y \in \Omega$, $y \mapsto \omega(y, \Omega)(E)$ 恒为 0, 这时称 E 的调和测度为 0.

定理 17.1 共形变换保持调和测度, 即给定 Riemann 映射 $\varphi : \mathbb{D} \to \Omega$ 和一个 Borel 集合 $B \subset \partial \mathbb{D}$, 对一切 $z \in \mathbb{D}$, 都有

$$\omega(z, \mathbb{D})(B) = \omega(\varphi(z), \Omega)(\varphi(B)). \qquad \blacklozenge \qquad (17.2)$$

证明 对于任意连续映射, $f : \partial \Omega \to \mathbb{R}$, 则调和函数

$$H_f(z) = \int_{\partial \Omega} f(y) d\omega(z, \Omega)(y).$$

构造从单位圆盘 $\mathbb{D}$ 到 Ω 的 Riemann 映射 $\varphi : \mathbb{D} \to \Omega$, Riemann 映射保持调和函数,

$$\mathbb{D} \xrightarrow{\ \varphi\ } \Omega \xrightarrow{\ H_f\ } \mathbb{R}$$

$H_f \circ \varphi : \mathbb{D} \to \mathbb{R}$ 是调和函数, 具有 Dirichlet 边界条件 $f \circ \varphi : \partial \mathbb{D} \to \mathbb{R}$,

$$\partial \mathbb{D} \xrightarrow{\ \varphi\ } \partial \Omega \xrightarrow{\ f\ } \mathbb{R}$$

我们得到

$$H_f \circ \varphi = H_{f \circ \varphi}, \qquad (17.3)$$

由此

$$H_f \circ \varphi(z) = H_f(\varphi(z)) = \int_{\partial \Omega} f(y) d\omega(\varphi(z), \Omega)(y),$$

同时 $y = \varphi(\zeta)$,

$$H_{f \circ \varphi}(z) = \int_{\partial \mathbb{D}} f(\varphi(\zeta)) d\omega(z, \mathbb{D})(\zeta) = \int_{\partial \Omega} f(y) d\omega(z, \mathbb{D})(\varphi^{-1}(y)) \frac{1}{|\varphi'(y)|},$$

我们得到

$$d\omega(\varphi(z), \Omega)(y) = d\omega(z, \mathbb{D})(\varphi^{-1}(y)) \frac{1}{|\varphi'(y)|}.$$

给定一个 Borel 集 $B \subset \partial \mathbb{D}$, 由等式 (17.1) 有 $\omega(z, \mathbb{D})(B) = H_{f \circ \varphi}(z)$, 同

时 $\omega(\varphi(z), \Omega)(\varphi(B)) = H_f \circ \varphi(z)$, 由等式 (17.3) 得到

$$\omega(z, \mathbb{D})(B) = \omega(\varphi(z), \Omega)(\varphi(B)). \qquad \blacksquare$$

17.2 Brown 运动和共形变换

定义 17.2 (Brown 运动) 一个随机行走表达成一个连续时间的随机过程 $\{B(t) : t \geqslant 0\}$, 具有如下性质:

1. 对所有时间 $0 \leqslant t_1 \leqslant t_2 \leqslant \cdots \leqslant t_n$, 随机变量

$$B(t_n) - B(t_{n-1}), B(t_{n-1}) - B(t_{n-2}), \cdots, B(t_2) - B(t_1)$$

彼此独立, 即独立增量;

2. 概率分布 $B(t+h) - B(t)$ 不依赖于时间 t, 即静态增量;

3. 随机过程 $\{B(t) : t \geqslant 0\}$ 为连续路径.

由中心极限定理, 我们可以推出存在 $\mu \in \mathbb{R}^d$ 和矩阵 $\Sigma \in \mathbb{R}^{d \times d}$, 对一切 $t \geqslant 0$ 和 $h \geqslant 0$, 增量 $B(t+h) - B(t)$ 满足正态分布, 均值为 $h\mu$, 协方差为 $h\Sigma\Sigma^T$. 如果 μ 为 0, 那么称随机过程 $\{B(t) : t \geqslant 0\}$ 为 Brown 运动. ♦

假设一个粒子在平面区域上做随机 Brown 运动, 那么在任一时刻, 粒子运动的速度方向在单位圆周上均匀分布. 如果我们对平面区域进行共形变换, 那么共形变换将无穷小圆变成无穷小圆, 因此方向空间上的概率分布没有改变. 因此, 我们得到共形变换的最为本质的特性.

定理 17.2 共形变换保持 Brown 运动. ♦

如图 17.1 所示, 一个粒子在一个单连通的区域 Ω 上做 Brown 运动, 运动的轨迹记为 $\gamma(t)$. $E \subset \partial\Omega$ 是区域边界上的一段弧线. 计算粒子从 E 走出 Ω 的概率. 我们可以用 Riemann 映射将曲面映成单位圆盘, $\varphi : \Omega \to \mathbb{D}$, 将 Brown 运动的起点 $\gamma(0)$ 映到原点. 因为共形变换保持 Brown 运动, $\varphi(\gamma(t))$ 仍然是 Brown 运动. 在单位圆盘上, 从中心出发的 Brown 运动到达边界各点的概率相等, 因此 $\varphi \circ \gamma(t)$ 到达 $\varphi(E)$ 的概率等于 $\varphi(E)$ 的长度除以 2π, 这等于 $\gamma(t)$ 到达 E 的概率.

引理 17.1 假设 Ω 是 Jordan 区域, 边界为 Jordan 曲线. 令 $z \in \Omega$

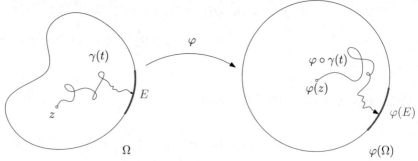

图 17.1 共形变换保持 Brown 运动.

为区域内一点, $E \subset \partial\Omega$ 为边界上一段曲线, 调和测度 $\omega(z, \Omega)(E)$ 等于从 z 出发的 Brown 运动到达边界 E 的概率. ◆

定理 17.3 设 $u : \mathbb{D} \to \mathbb{R}$ 是定义在单位圆盘上的调和函数, 其在边界上的限制等于函数 $g : \partial\mathbb{D} \to \mathbb{R}$,

$$u(z) = \frac{1}{2\pi} \int_{-\pi}^{\pi} P(e^{i\theta}, z) g(e^{i\theta}) d\theta, \tag{17.4}$$

这里 $|z| < 1$ 为单位圆盘内的任意一点. Poisson 核 $P(e^{i\theta}, z)$ 为

$$P(e^{i\theta}, z) = \frac{1 - |z|^2}{|z - e^{i\theta}|^2}. \quad ◆ \tag{17.5}$$

证明 由调和测度定义 17.1, 在单位圆盘上, 给定 Dirichlet 边界条件 $f : \partial\mathbb{D} \to \mathbb{R}$, 调和函数

$$H_f(z) = \frac{1}{2\pi} \int_{-\pi}^{\pi} P(e^{i\theta}, z) f(e^{i\theta}) d\theta = \int_{\partial\mathbb{D}} f(y) d\omega(z, \mathbb{D})(y),$$

这里

$$P(e^{i\theta}, z) = \frac{1 - |z|^2}{|z - e^{i\theta}|^2}.$$

由此, 在单位圆盘上 Poisson 核和调和测度相等,

$$P(e^{i\theta}, z) d\theta = d\omega(z, \mathbb{D})(e^{i\theta}).$$

同时, 我们考察从原点出发的 Brown 运动到达边界的概率为 $\frac{1}{2\pi}$, 等于 Poisson 核,

$$\frac{1}{2\pi} P(e^{i\theta}, 0) = \frac{1}{2\pi},$$

并且 Brown 运动到达边界的概率、调和测度和 Poisson 核都在共形变换

图 12.1

下不变, 因此它们都相当. ∎

极值长度 微观上的 Brown 运动表现为宏观上的电阻. 如图 12.1 (拓扑四边形曲面的极值长度) 所示, 我们有一张单连通带有 Riemann 度量的曲面 $(S, \mathbf{g})$, 边界上选取四个角点 $\{v_0, v_1, v_2, v_3\} \subset \partial S$. 我们将曲面边缘的曲线段 $[v_0, v_1]$ 和 $[v_2, v_3]$ 绝缘, 将另外的两端 $[v_1, v_2]$ 和 $[v_3, v_0]$ 接上电极. 一个从 $[v_3, v_0]$ 出发的粒子 p, 在曲面上做 Brown 运动 $\omega(p, t)$. 粒子最终有可能被侧壁吸收, 也有可能到达对边 $[v_1, v_2]$, 那么曲面的等效电阻可以解释成粒子到达彼岸的概率,

$$R((S, \mathbf{g}, \{v_0, v_1, v_2, v_3\})) \propto \mathrm{Prob}\{B(0) \in [v_3, v_0], \exists t \in (0, \infty), B(t) \in [v_1, v_2]\}.$$

我们通过共形变换将曲面映成平面长方形, $\varphi : (S, \mathbf{g}) \to \mathcal{R}$, 曲面边界上的四个点 $\{v_0, v_1, v_2, v_3\}$ 映成平面长方形的四个角点, 长方形的长和宽之比为曲面的极值长度,

$$\mathrm{EL}((S, \mathbf{g}, \{v_0, v_1, v_2, v_3\})) = \frac{l}{w},$$

这种变换保持 Brown 运动, 从而保持粒子到达对边的概率, 因此曲面的等效电阻不变,

$$R((S, \mathbf{g}, \{v_0, v_1, v_2, v_3\})) = R(\varphi(S)).$$

长方形的等效电阻正比于长和宽之比, 即曲面的极值长度等价于等效电阻,

$$R((S, \mathbf{g}, \{v_0, v_1, v_2, v_3\})) \propto \mathrm{EL}((S, \mathbf{g}, \{v_0, v_1, v_2, v_3\})).$$

这样, 我们将拓扑四边形曲面的共形不变量和曲面材料的等效电阻联系起来.

我们在连续曲面上均匀稠密采样, 建立三角剖分, 然后用三角网格来近似曲面, 并且用三角网格上的随机行走来近似 Brown 运动, 由此来估计曲面的共形模. 如果曲面为开曲面, 其三角剖分为无限剖分, 这种方法依然奏效. 我们用同样的观点来解释无限平面图 (infinite planar graph) 的组合单值化定理, 用图上的随机行走来解释无限图的共形不变量, 即等效电阻.

17.3 最大双曲圆盘填充

给定单连通的开曲面 S 和一个有限三角剖分 $\mathcal{T}$. 令每个三角形为双曲三角形, 每条边为双曲测地线, 边长和角度满足双曲余弦定理,

$$\cos\theta_i = \frac{\cosh l_j \cosh l_k - \cosh l_i}{\sinh l_j \sinh l_k},$$

双曲三角形的面积为

$$A = \frac{1}{2}\sinh l_j \sinh l_k \sin\theta_i.$$

下面定义 $\mathcal{T}$ 上的双曲圆盘填充 (hyperbolic circle packing) (图 17.2). 在每个顶点 $v_i \in V(\mathcal{T})$ 上定义一个圆盘 $C(v_i, \gamma_i)$, 每条边 $e_{ij} \in E(\mathcal{T})$ 的两个端点为

$$\partial e_{ij} = v_j - v_i,$$

e_{ij} 的长度等于两个顶点圆半径之和,

$$l_{ij} = \gamma_i + \gamma_j.$$

顶点的离散 Gauss 曲率定义为角欠,

$$K_i = \begin{cases} 2\pi - \sum_{jk}\theta_i^{jk}, & v_i \notin \partial\mathcal{T}, \\ \pi - \sum_{jk}\theta_i^{jk}, & v_i \in \partial\mathcal{T}, \end{cases}$$

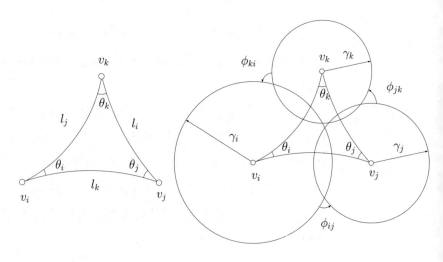

图 17.2 双曲三角形和圆盘填充.

Gauss 曲率满足离散 Gauss-Bonnet 定理.

定理 17.4 (Gauss-Bonnet) 假设 S 是一个拓扑曲面, $\mathcal{T}$ 是曲面的测地双曲三角剖分, 那么曲面的总曲率满足:

$$\sum_{v_i \notin \partial \mathcal{T}} K_i + \sum_{v_i \in \partial \mathcal{T}} K_i - \operatorname{area}(S) = 2\pi \chi(S). \qquad \blacklozenge$$

定义离散共形因子为

$$u_i = \log \tanh \frac{\gamma_i}{2},$$

可以直接得到对称性,

$$\frac{\partial \theta_i}{\partial u_j} = \frac{\partial \theta_j}{\partial u_i}.$$

更进一步,

$$\begin{pmatrix} d\theta_1 \\ d\theta_2 \\ d\theta_3 \end{pmatrix} = \frac{-1}{A} \begin{pmatrix} \sinh\theta_1 & 0 & 0 \\ 0 & \sinh\theta_2 & 0 \\ 0 & 0 & \sinh\theta_3 \end{pmatrix} \begin{pmatrix} -1 & \cos\theta_3 & \cos\theta_2 \\ \cos\theta_3 & -1 & \cos\theta_1 \\ \cos\theta_2 & \cos\theta_1 & -1 \end{pmatrix} \begin{pmatrix} dl_1 \\ dl_2 \\ dl_3 \end{pmatrix},$$

同时,

$$\begin{pmatrix} dl_1 \\ dl_2 \\ dl_3 \end{pmatrix} = \begin{pmatrix} 0 & \lambda(1,2,3) & \lambda(1,3,2) \\ \lambda(2,1,3) & 0 & \lambda(2,3,1) \\ \lambda(3,1,2) & \lambda(3,2,1) & 0 \end{pmatrix} \begin{pmatrix} \sinh\gamma_1 & 0 & 0 \\ 0 & \sinh\gamma_2 & 0 \\ 0 & 0 & \sinh\gamma_3 \end{pmatrix} \begin{pmatrix} du_1 \\ du_2 \\ du_3 \end{pmatrix},$$

这里

$$\lambda(i,j,k) = \frac{-\cosh\gamma_k + \cosh l_i \cosh\gamma_j}{\sinh l_i \sinh\gamma_j}.$$

由此可以定义离散熵能量为

$$E(u_1, u_2, \cdots, u_n) = \int^{(u_1, u_2, \cdots, u_n)} \sum_{i=1}^{n} K_i du_i,$$

那么离散熵能量为严格凸的. 对于任意给定的目标离散 Gauss 曲率 $\bar{K} : V(\mathcal{T}) \to \mathbb{R}$, 通过优化能量

$$\int^{(u_1, u_2, \cdots, u_n)} \sum_{i=1}^{n} (\bar{K}_i - K_i) du_i,$$

可以求得唯一的双曲度量实现目标曲率. 或者, 固定边界顶点处的圆周半径, 给定内顶点处的目标 Gauss 曲率 $\bar{K}$, 我们也可以实现目标双曲度量.

引理 17.2 假设 S 是一个拓扑圆盘 (单连通的曲面带有一个边界),

$\mathcal{T}$ 是 S 的三角剖分, 给定边界圆的半径, 内顶点离散 Gauss 曲率为 0, 则双曲圆盘填充的度量存在并且唯一. ◆

我们将离散曲面等距地嵌入在双曲平面 $\mathbb{H}^2$ 上, 例如 Poincaré 圆盘. 如果令边界顶点的圆盘半径都趋于无穷大, 那么边界顶点的圆盘趋于极限圆 (horocircle), 如此我们得到一个圆盘填充 (circle packing), 满足如下条件:

1. 每条边上的两个圆周彼此相切;

2. 边界顶点处的圆周和单位圆相切;

3. 每个双曲圆周以相应的顶点为圆心.

$\mathcal{T}$ 上的这种双曲度量是唯一的, 因此这种圆盘填充彼此相差一个双曲的等距变换, 即 Möbius 变换. 这种圆盘填充称为**最大圆盘填充** (maximal circle packing), 可以被视为离散 Riemann 映射. 图 17.3 显示了最大圆盘填充的计算过程: 边界圆的半径逐渐增大, 以至无穷, $\mathcal{T}$ 圆盘填充逐渐填满整个双曲平面, 最后边界的圆成为极限圆, 与单位圆相切.

定理 17.5 (最大圆盘填充)　给定平面区域 $\Omega \subset \mathbb{C}$ 的一个有限三角剖分 $\mathcal{T}$, 则存在最大圆盘填充, 并且两个最大圆盘填充间相差一个 Möbius 变换. ◆

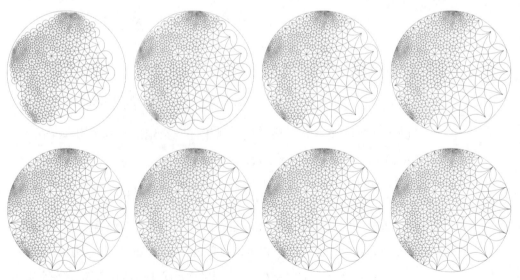

图 17.3 最大双曲圆盘填充.

17.4 组合单值化定理

如图 17.4 所示, 给定单连通的封闭曲面 S, 则 S 为紧曲面, 三角剖分 $\mathcal{T}$ 具有有限个三角形. 选取一个顶点 $v_0 \in V(\mathcal{T})$, 去除这一顶点和与其相邻的边, 得到 $\tilde{\mathcal{T}}$. 计算 $\tilde{\mathcal{T}}$ 的最大双曲圆盘填充, 记作 $\varphi : \tilde{\mathcal{T}} \to \mathbb{D}$. 这时, 将 v_0 的像视作无穷远点, $\varphi(v_0) = \infty$, $\varphi(C_0)$ 为单位圆周. 然后用球极投影将圆盘填充映到单位球面上, 我们得到 $\mathcal{T}$ 的一个球面圆盘填充.

给定单连通的开曲面 S 和一个无限的三角剖分 $\mathcal{T}$, 将三角剖分的三角形进行排列

$$\mathcal{T} = \{\triangle_1, \triangle_2, \cdots, \triangle_n, \cdots\},$$

使得对一切 $n > 1$,

$$\mathcal{T}_n = \triangle_1 \cup \triangle_2 \cup \cdots \cup \triangle_n$$

是单连通的拓扑圆盘. 或者等价地, $\mathcal{T}_{n-1}$ 和 $\triangle_n$ 交于一条边或者两条边 (而非一个顶点和三条边, 或者一条边和第三个顶点). 选取 $\triangle_1$ 的一个顶点 $v_0 \in \triangle_1$ 和一条边 $[v_0, v_1] \subset \triangle_1$, 然后构造一系列最大圆盘填充 (离散 Riemann 映射), 满足归一化条件,

$$\varphi_n : \mathcal{T}_n \to \mathbb{H}^2, \quad \varphi_n(v_0) = 0, \quad \varphi_n(v_1) > 1.$$

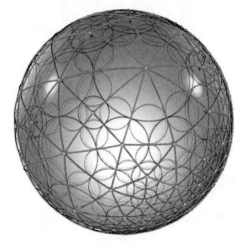

彩 图

图 17.4 球面的圆盘填充.

图 17.5 显示了一系列离散 Riemann 映射, $\varphi_n(v_0)$ 为圆盘中心的红点.

当 n 趋向于无穷时, $\mathcal{T}_n$ 穷尽了无穷三角剖分 $\mathcal{T}$, φ_n 的极限行为分成两种情况:

1. 中心处的圆周 $\varphi_n(C_0)$ 半径收敛到一个正的常数 $\lim_{n\to\infty} \varphi_n(\gamma_0) = c > 0$, 对一切 k, 每个圆周 $\varphi_n(C_k)$ 都收敛到稳定位置, $\lim_{n\to\infty} \varphi_n(\mathcal{T}_n)$ 覆盖整个双曲圆盘 $\mathbb{H}^2$;

2. 中心处的圆周 $\varphi_n(C_0)$ 半径收敛到 0. 如果通过缩放变换使得 $\varphi_n(v_1) = 1$, $\lim_{n\to\infty} \varphi_n(\mathcal{T}_n)$ 覆盖整个复平面 $\mathbb{C}$.

由此我们得到组合单值化定理.

定理 17.6 (组合单值化) 开单连通曲面 S 的任意一个无穷三角剖分 $\mathcal{T}$, 或者组合共形等价于整个复平面 $\mathbb{C}$, 或者组合共形等价于单位圆盘 $\mathbb{D}$. 如果单连通闭曲面的三角剖分 $\mathcal{T}$ 只有有限个面, 则 $\mathcal{T}$ 和单位球面组合共形等价. ♦

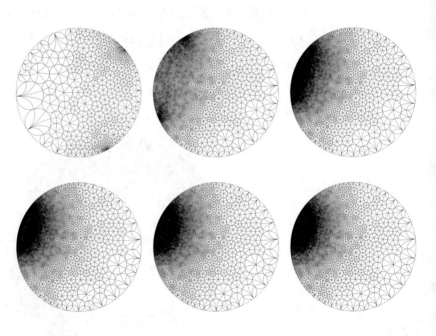

图 17.5 无限圆盘填充.

17.5 概率解释

组合单值化定理有一个概率解释. 假设有一个粒子沿着平面图 $\mathcal{T}$ 随机行走, 在每一个顶点处, 它以同样的概率随机选择一条邻边走向下一个顶点. 假设平面图 $\mathcal{T}$ 无穷大, 那么有两种可能情况:

1. 粒子一直无法走出去, 以一定概率回到起点. 这对应着 $\mathcal{T}$ 和复平面 $\mathbb{C}$ 组合共形等价, 这时 $\mathcal{T}$ 称为 "常返的" (recurrent).

2. 粒子有可能一去不复返, 以概率 0 回到起始点. 这对应着 $\mathcal{T}$ 和单位圆盘 $\mathbb{D}$ 组合共形等价, 这时 $\mathcal{T}$ 称为 "过渡的" (transient).

从组合角度讲, 我们考察 $\mathcal{T}$ 上顶点的拓扑度 (邻边的条数). 如果 $\mathcal{T}$ 只有有限个顶点其度小于 7, 那么 $\mathcal{T}$ 是过渡的, $\mathcal{T}$ 和单位圆盘 $\mathbb{D}$ 组合共形等价, 对应于双曲几何; 如果 $\mathcal{T}$ 只有有限个顶点其度大于 6, 那么 $\mathcal{T}$ 是常返的, $\mathcal{T}$ 和复平面 $\mathbb{C}$ 组合共形等价, 对应于欧氏几何.

如果从等效电阻角度而言, 我们假设 $\mathcal{T}$ 的每条边都具有单位电阻, 然后考察从原点到无穷远边界的等效电阻. 常返网络的等效电阻为无穷大, 因此没有电子可以逃逸出去; 过渡网络的等效电阻为有限值, 因此电子可以逃逸出去. 顶点的拓扑度反映了串联和并联的相对态势, 串联使得等效电阻增大, 并联使得等效电阻降低. 如果顶点拓扑度为 6, 那么串联占优势, 等效电阻为无穷大; 如果顶点拓扑度为 7, 那么并联占优势, 等效电阻为有限.

第三部分

曲面论和几何逼近论

第三部分介绍曲面微分几何和几何逼近理论. 我们用活动标架法证明了 Gauss 绝妙定理, 并且介绍了测地线、协变微分、共形变换等内蕴几何概念, 用微分拓扑的 Poincaré-Hopf 定理证明了 Gauss-Bonnet 定理. 然后, 我们介绍了离散曲面、离散曲率测度、离散法丛等概念, 给出了几何逼近理论, 并给出曲面离散化算法, 保证曲率测度收敛.

18.1 曲面的标架和活动标架法

假设 S 是带参数的 C^2 曲面, 嵌入在三维欧氏空间里 $S \hookrightarrow \mathbb{E}^3$, 其坐标函数为

$$\mathbf{x}(u,v) = (x^1(u,v), x^2(u,v), x^3(u,v)).$$

若固定一个参数 $u = u_0$, 变动另一个参数 v, 得到一条等参曲线; 反之, 固定参数 $v = v_0$, 变动另一个参数 u, 得到另一条等参曲线, 如图 18.1 所示.

对于这两组曲线, 每一条曲线在每一点都有一条切线, 所以在任意一点 x 有两条切线. 假设这两条切线不重合, 它们就张成一个平面, 称为曲面在这一点的切平面 (tangent plane). 等参曲线的切方向是 x 的向量分别对 u, v 求偏微分: $\mathbf{x}_u, \mathbf{x}_v$, 线性无关的条件是

$$\mathbf{x}_u \times \mathbf{x}_v \neq \mathbf{0}.$$

如果线性无关条件点点成立, 则 (u,v) 是曲面的正则参数, 曲面称为正则曲面.

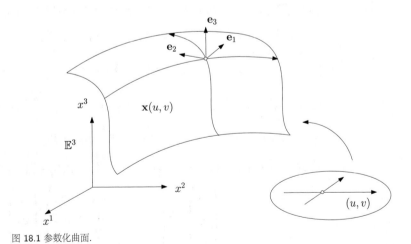

图 18.1 参数化曲面.

切面在 x 这一点有垂直方向, 这个方向称为法方向, 记为 $\mathbf{n}$. 曲面的法方向有两个选择, 我们选择使得 $\{\mathbf{x}_u, \mathbf{x}_v, \mathbf{n}\}$ 构成一个右手的坐标标架, 由此法向量定义为

$$\mathbf{n}(u, v) = \frac{\mathbf{x}_u \times \mathbf{x}_v}{|\mathbf{x}_u \times \mathbf{x}_v|},$$

行列式 $\det(\mathbf{x}_u, \mathbf{x}_v, \mathbf{n})$ 为正.

取切平面中的单位向量 $\{\mathbf{e}_1, \mathbf{e}_2\}$, 令 $\mathbf{e}_3$ 为法向量, $\{x; \mathbf{e}_1, \mathbf{e}_2, \mathbf{e}_3\}$ 构成一个右手系的单位正交标架场,

$$\langle \mathbf{e}_i, \mathbf{e}_j \rangle = \delta_{ij}, \quad i, j = 1, 2, 3, \tag{18.1}$$

这里 δ_{ij} 是 Kronecker 符号. 同时, 混合积

$$(\mathbf{e}_1, \mathbf{e}_2, \mathbf{e}_3) = \mathbf{e}_1 \cdot (\mathbf{e}_2 \times \mathbf{e}_3) = 1.$$

18.2 曲面的微分式及其几何

考察活动标架场 $\{\mathbf{x}; \mathbf{e}_1, \mathbf{e}_2, \mathbf{e}_3\}$, 我们对向量 $\mathbf{x}$ 微分, 得到切向量 $d\mathbf{x}$, 再对切向量标架 $\{\mathbf{e}_1, \mathbf{e}_2, \mathbf{e}_3\}$ 进行分解. 因为 $\mathbf{e}_3$ 和切平面垂直, 因此 $d\mathbf{x}$ 在 $\mathbf{e}_3$ 上的分量为 0, 由此我们得到第一公式

$$d\mathbf{x} = \omega_1 \mathbf{e}_1 + \omega_2 \mathbf{e}_2, \tag{18.2}$$

这里线性组合系数 ω_1 和 ω_2 是一次微分式 (微分 1-形式).

同样, 对标架的单位向量微分, 再关于标架进行分解, 得到

$$d\mathbf{e}_i = \sum_j \omega_{ij} \mathbf{e}_j,$$

这里 ω_{ij} 都是一次微分式. 由等式 $\langle \mathbf{e}_i, \mathbf{e}_j \rangle = \delta_{ij}$, 两边同时微分, 得到

$$\langle d\mathbf{e}_i, \mathbf{e}_j \rangle + \langle \mathbf{e}_i, d\mathbf{e}_j \rangle = 0.$$

由此, $\omega_{ij} + \omega_{ji} = 0$, 矩阵 $\omega = (\omega_{ij})$ 为反称矩阵, 我们得到第二公式

$$d \begin{pmatrix} \mathbf{e}_1 \\ \mathbf{e}_2 \\ \mathbf{e}_3 \end{pmatrix} = \begin{pmatrix} 0 & \omega_{12} & \omega_{13} \\ -\omega_{12} & 0 & \omega_{23} \\ -\omega_{13} & -\omega_{23} & 0 \end{pmatrix} \begin{pmatrix} \mathbf{e}_1 \\ \mathbf{e}_2 \\ \mathbf{e}_3 \end{pmatrix}. \tag{18.3}$$

因此, 该方阵实际上只有三个元素, 即一次微分式 $\omega_{12}, \omega_{13}, \omega_{23}$.

由 $d^2\mathbf{x} = 0$, 得到 $d(\omega_1\mathbf{e}_1) + d(\omega_2\mathbf{e}_2) = 0$, 由此, 我们得到第三公式

$$dw_1 = -\omega_2 \wedge w_{12}, \quad d\omega_2 = \omega_1 \wedge \omega_{12}. \tag{18.4}$$

然后令 $\mathbf{e}_3$ 的系数为 0, 我们就得到第四公式

$$d\omega_3 = \omega_1 \wedge \omega_{13} + \omega_2 \wedge \omega_{23} = 0. \tag{18.5}$$

ω_{12} 完全由等式 (18.4) 决定. 如果存在 ω_{12}', 适合同样的方程式, 即

$$d\omega_1 = -\omega_2 \wedge \omega_{12}', \quad d\omega_2 = \omega_1 \wedge \omega_{12}',$$

将这两个方程相减得到

$$\omega_1 \wedge (\omega_{12} - \omega_{12}') = 0, \quad \omega_2 \wedge (\omega_{12} - \omega_{12}') = 0.$$

如果两个一次微分式乘积为 0, 而且其中的一个不是 0, 则另外一个必为它的倍数, 即 $\omega_{12} - \omega_{12}'$ 既是 ω_1 的倍数又是 ω_2 的倍数, 因为 ω_1 和 ω_2 线性无关, 因此 $\omega_{12} - \omega_{12}'$ 必为 0. 由此 ω_{12} 完全由方程 (18.4) 决定.

我们用 ω_{12} 来引进 Levi-Civita 平行移动 (Levi-Civita's parallel transport), 即联络 (connection). 给定一个向量 $\mathbf{v}$, 取其微分 $d\mathbf{v}$ 在切平面上的正交投影, 如此得到协变微分 (covariant differential), 用 D 表示:

$$D\mathbf{e}_1 = \omega_{12}\mathbf{e}_2, \quad D\mathbf{e}_2 = -\omega_{12}\mathbf{e}_1. \tag{18.6}$$

给定一条曲线 $\gamma(s) : (a, b) \to M$, 一个沿着 γ 的向量场 $\mathbf{v}$ 是 Levi-Civita 平行的, 如果它满足微分方程:

$$D_{\dot\gamma}\mathbf{v} = \langle D\mathbf{v}(s), \dot\gamma(s) \rangle = 0.$$

平行性在 Euclid 平面上是绝对的, 但在曲面上 Levi-Civita 平行和曲线的选择有关系.

再考虑 $d(d\mathbf{e}_i) = 0$, 得到

$$d(d\mathbf{e}_i) = \sum_j (d\omega_{ij}\mathbf{e}_j - \omega_{ij} \wedge d\mathbf{e}_j) = 0,$$

如此得到第五公式

$$d\omega_{ij} = \omega_{ik} \wedge \omega_{kj}. \tag{18.7}$$

例如

$$d\omega_{13} = \omega_{12} \wedge \omega_{23}, \quad d\omega_{23} = -\omega_{12} \wedge \omega_{13}, \tag{18.8}$$

这两个公式就是所谓的 Weingarten 方程 (Weingarten equation), 和第三公式 (18.4) 非常相似.

18.3 曲面的基本不变式

引理 18.1 (Cartan) 设 $\omega_1, \cdots, \omega_p$ 是线性无关的一次微分式, 若存在 $\eta_1, \cdots, \eta_p$ 使得

$$\omega_1 \wedge \eta_1 + \cdots + \omega_p \wedge \eta_p = 0.$$

则存在 $h_{ij} = h_{ji}$, 使得

$$\omega_i = \sum_{j=1}^{p} h_{ij} \eta_j. \qquad\qquad \blacklozenge$$

由 Cartan 引理和第四公式 (18.5),

$$\omega_1 \wedge \omega_{13} + \omega_2 \wedge \omega_{23} = 0. \tag{18.9}$$

假设

$$\omega_{13} = a\omega_1 + b\omega_2, \quad \omega_{23} = \tilde{b}\omega_1 + c\omega_2.$$

带入等式 (18.9),

$$b\omega_1 \wedge \omega_2 + \tilde{b}\omega_2 \wedge \omega_1 = 0,$$

得到 $\tilde{b} = b$, 我们有

$$\begin{pmatrix} \omega_{13} \\ \omega_{23} \end{pmatrix} = \begin{pmatrix} a & b \\ b & c \end{pmatrix} \begin{pmatrix} \omega_1 \\ \omega_2 \end{pmatrix}. \tag{18.10}$$

由 $d\mathbf{x} = \omega_1 \mathbf{e}_1 + \omega_2 \mathbf{e}_2$ 和 $d\mathbf{e}_3 = \omega_{31} \mathbf{e}_1 + \omega_{32} \mathbf{e}_2$, 代入

$$\langle d\mathbf{x}, d\mathbf{x} \rangle = \omega_1^2 + \omega_2^2$$

和

$$\langle -d\mathbf{x}, d\mathbf{e}_3 \rangle = \omega_1 \omega_{13} + \omega_2 \omega_{23} = a\omega_1^2 + 2b\omega_1\omega_2 + c\omega_2^2.$$

定义 18.1 曲面的第一基本式为

$$\mathrm{I} = ds^2 = \langle d\mathbf{x}, d\mathbf{x} \rangle = \omega_1^2 + \omega_2^2. \tag{18.11}$$

第二基本式为

$$\mathrm{II} = \langle -d\mathbf{x}, d\mathbf{e}_3 \rangle = a\omega_1^2 + 2b\omega_1\omega_2 + c\omega_2^2. \quad \blacklozenge \tag{18.12}$$

定义 18.2 (Riemann 度量) 曲面的第一基本式 ds^2 又称为曲面的 Riemann 度量. $\blacklozenge$

曲面的 Gauss 映射 $G : M \to \mathbb{S}^2$ 将曲面上一点 $\mathbf{x}$ 映到此点处的法向量 $\mathbf{e}_3$, $G : \mathbf{x} \mapsto \mathbf{e}_3$. Gauss 映射的导映射称为 Weingarten 映射 (Weingarten map), $W : d\mathbf{x} \to d\mathbf{e}_3$, $\omega_1\mathbf{e}_1 + \omega_2\mathbf{e}_2 \mapsto \omega_{13}\mathbf{e}_1 + \omega_{23}\mathbf{e}_2$, W 的矩阵表示为 (18.10).

定义 18.3 (曲率) 第二基本式的两个特征值为 k_1, k_2, 叫作曲面的主曲率 (principle curvature); 第二基本式的迹, 即特征值之和为 $k_1 + k_2 = a + c$; 第二基本式的行列式, 即特征值的积为 $k_1k_2 = ac - b^2$. 一般地, $H = (a + c)/2$ 叫作曲面的平均曲率 (mean curvature), $K = ac - b^2$ 叫作曲面的 Gauss 曲率 (Gaussian curvature). $\blacklozenge$

定理 18.1 (Gauss 绝妙定理) Gauss 曲率只和曲面的 Riemann 度量有关, 和曲面在空间的位置无关. $\blacklozenge$

证明 由 $d\mathbf{x} = \omega_1\mathbf{e}_1 + \omega_2\mathbf{e}_2$, 我们得到曲面的面元为 $\omega_1 \wedge \omega_2$. Gauss 映射将曲面的面元 $\omega_1 \wedge \omega_2$ 映到单位球面的面元 $\omega_{13} \wedge \omega_{23}$, 面元之比就是 Gauss 曲率,

$$K = \frac{\omega_{13} \wedge \omega_{23}}{\omega_1 \wedge \omega_2} = ac - b^2.$$

由 $d\omega_{12} = \omega_{13} \wedge \omega_{32}$, 我们有

$$d\omega_{12} = -K\omega_1 \wedge \omega_2. \tag{18.13}$$

在这个公式里, ω_{12} 只和曲面的 Riemann 度量有关, $\omega_1 \wedge \omega_2$ 就是这个度量下的面积元素, 因此 Gauss 曲率只和 Riemann 度量有关. $\blacksquare$

在等距变换下, 曲面的 Riemann 度量不变, 因此 Gauss 曲率不变.

18.4 Gauss-Bonnet 定理

我们回忆一下向量场的 Poincaré-Hopf 定理 (5.11 节).

定理 5.7 (Poincaré-Hopf) 假设 S 是一个紧的可定向光滑曲面, $\mathbf{v}$ 是曲面上的一个光滑向量场, $\mathbf{v}$ 具有孤立零点. 如果 S 有边界, 向量场在边界上指向外法向, 有公式

$$\sum_{p \in Z(\mathbf{v})} \text{Index}_p(\mathbf{v}) := \chi(S), \tag{5.4}$$

这里我们取遍所有孤立零点, $\chi(S)$ 是曲面的 Euler 示性数. ◆

下面, 我们基于 Poincaré-Hopf 定理, 用活动标架法来证明著名的 Gauss-Bonnet 定理. 这一定理断言: 虽然局部上 Gauss 曲率由 Riemann 度量决定, 可是整体上 Gauss 总曲率由曲面的拓扑来决定, 和 Riemann 度量的选取无关.

定理 18.2 (Gauss-Bonnet) 设 M 是封闭的定向曲面, 则

$$\int_M K dA = 2\pi \chi(M), \tag{18.14}$$

其中 $dA = \omega_1 \wedge \omega_2$ 是曲面 M 的面积元素, $\chi(M)$ 是 M 的 Euler 示性数. ◆

证明 在曲面上取一个光滑切向量场 $\mathbf{v}$, 具有孤立零点 $\{x_1, x_2, \cdots, x_n\}$. 围绕每个零点 x_i, 选取一个圆盘邻域 $D(x_i, \varepsilon)$, 以 x_i 为中心, ε 为半径. 在曲面

$$\bar{M} = M \setminus \bigcup_{i=1}^{n} D(x_i, \epsilon)$$

上构造正交标架场 $\{x; \mathbf{e}_1, \mathbf{e}_2, \mathbf{e}_3\}$, 这里

$$\mathbf{e}_1(x) = \frac{\mathbf{v}(x)}{|\mathbf{v}(x)|}, \quad \mathbf{e}_3(x) = \mathbf{n}(x).$$

由公式 $K dA = K \omega_1 \wedge \omega_2$, 我们有

$$\int_{\bar{M}} K dA = \int_{\bar{M}} K \omega_1 \wedge \omega_2 = -\int_{\bar{M}} d\omega_{12},$$

根据 Stokes 定理, 上式等于

$$-\sum_{i=1}^{n} \int_{\partial D(x_i, \epsilon)} \omega_{12} = 2\pi \sum_{i=1}^{n} \text{Index}(x_i),$$

这里根据定义 $\omega_{12} = \langle d\mathbf{e}_1, \mathbf{e}_2 \rangle$, ω_{12} 是 $\mathbf{e}_1$ 的旋转速度, 其在圆盘 $D(x_i, \varepsilon)$ 边界上的积分等于 $\mathbf{e}_1$ 在边界上旋转的周数乘以 2π, 旋转的周数等于 x_i 的指标 $\text{Index}(x_i)$. 令 ε 趋近 0, 则等式成立. ∎

18.5 共形形变

引理 18.2 在活动标架法中,

$$\omega_{12} = \frac{d\omega_1}{\omega_1 \wedge \omega_2} \omega_1 + \frac{d\omega_2}{\omega_1 \wedge \omega_2} \omega_2. \qquad \blacklozenge$$

证明 设 $\omega_{12} = a\omega_1 + b\omega_2$, 由第三公式 (18.4), $d\omega_1 = -\omega_2 \wedge \omega_{12} = a\omega_1 \wedge \omega_2$, 得到

$$a = \frac{d\omega_1}{\omega_1 \wedge \omega_2}.$$

同理, $d\omega_2 = \omega_1 \wedge \omega_{12} = b\omega_1 \wedge \omega_2$,

$$b = \frac{d\omega_2}{\omega_1 \wedge \omega_2}.$$

因此, 引理得证. ∎

定理 18.3 给定带 Riemann 度量的曲面 $(S, \mathbf{g})$, 采用等温坐标 (x, y), Riemann 度量可表示为

$$\mathbf{g}(x, y) = e^{2u(x,y)}(dx^2 + dy^2).$$

那么 Gauss 曲率为

$$K(x, y) = -\frac{1}{e^{2u}} \left(\frac{\partial^2}{\partial x^2} + \frac{\partial^2}{\partial y^2} \right) u(x, y). \qquad \blacklozenge \qquad (18.15)$$

证明 采用活动标架法, 有

$$\begin{cases} \mathbf{e}_1 = e^{-u} \frac{\partial}{\partial x}, \\ \mathbf{e}_2 = e^{-u} \frac{\partial}{\partial y}, \end{cases} \qquad \begin{cases} \omega_1 = e^u dx, \\ \omega_2 = e^u dy, \end{cases}$$

由此得到 $d\omega_1 = -e^u u_y dx \wedge dy$, $d\omega_2 = e^u u_x dx \wedge dy$, $\omega_1 \wedge \omega_2 = e^{2u} dx \wedge dy$,

因此由引理 18.2 得到

$$\omega_{12} = -u_y dx + u_x dy,$$

Gauss 曲率为

$$K = -\frac{d\omega_{12}}{\omega_1 \wedge \omega_2} = -e^{-2u}(u_{xx} + u_{yy}). \qquad \blacksquare$$

例 18.1 考察 Poincaré 圆盘模型, $\mathbb{H}^2 = \{|z| < 1\}$, 其 Riemann 度量定义为

$$ds^2 = \frac{4dzd\bar{z}}{(1 - z\bar{z})^2},$$

由此

$$e^{2u} = \frac{4}{(1 - x^2 - y^2)^2}, \quad u = \log 2 - \log(1 - x^2 - y^2),$$

直接计算

$$u_x = \frac{2x}{1 - x^2 - y^2}, \quad u_{xx} = \frac{2(1 + x^2 - y^2)}{(1 - x^2 - y^2)^2}.$$

同理,

$$u_{yy} = \frac{2(1 + y^2 - x^2)}{(1 - x^2 - y^2)^2},$$

因此 $u_{xx} + u_{yy} = e^{2u}$, $K = -e^{-2u}(u_{xx} + u_{yy}) = -1$. $\qquad \blacklozenge$

引理 18.3 (共形形变) 给定带 Riemann 度量的曲面 $(S, \mathbf{g})$, 诱导 Gauss 曲率 $K : S \to \mathbb{R}$. 给定一个实值函数 $\lambda : S \to \mathbb{R}$, 度量变换为

$$\mathbf{g} \mapsto e^{2\lambda}\mathbf{g} = \bar{\mathbf{g}},$$

诱导 Gauss 曲率为 $\bar{K} : S \to \mathbb{R}$, 那么 $K, \bar{K}, \lambda$ 满足 Yamabe 方程:

$$\bar{K} = \frac{1}{e^{2\lambda}}(K - \triangle_{\mathbf{g}}\lambda). \qquad \blacklozenge \qquad (18.16)$$

证明 采用 $\mathbf{g}$ 的等温坐标 (x, y), 那么

$$\mathbf{g} = e^{2u}(dx^2 + dy^2), \quad \bar{\mathbf{g}} = e^{2(u+\lambda)}(dx^2 + dy^2),$$

由 Gauss 曲率公式 (18.15),

$$K = -e^{-2u}\triangle u, \quad \bar{K} = -e^{-2(u+\lambda)}\triangle(u + \lambda).$$

由此

$$\bar{K} = -\frac{1}{e^{2(u+\lambda)}} \triangle (u+\lambda) = \frac{1}{e^{2\lambda}} \left(-\frac{1}{e^{2u}} \triangle u - \frac{1}{e^{2u}} \triangle \lambda \right) = \frac{1}{e^{2\lambda}} (K - \triangle_{\mathbf{g}} \lambda),$$

这里 $\triangle_{\mathbf{g}} = e^{-2u} \triangle$. ∎

18.6 协变微分

在活动标架法下, 曲面的运动方式为

$$d\mathbf{e}_1 = \omega_{12} \mathbf{e}_2 + \omega_{13} \mathbf{e}_3,$$

$$d\mathbf{e}_2 = \omega_{21} \mathbf{e}_1 + \omega_{23} \mathbf{e}_3.$$

如果我们只保留切向分量, 去掉法向分量, 则得到协变微分 (covariant differential)

$$D\mathbf{e}_1 = \omega_{12} \mathbf{e}_2, \quad D\mathbf{e}_2 = \omega_{21} \mathbf{e}_1.$$

定义 18.4 协变微分是方向导数的推广, 满足如下性质. 假设 $\mathbf{v}$ 和 $\mathbf{w}$ 是曲面的切向量场, $f : S \to \mathbb{R}$ 是定义在曲面上的 C^1 函数, 则

1. $D(\mathbf{v} + \mathbf{w}) = D\mathbf{v} + D\mathbf{w}$,

2. $D(f\mathbf{v}) = df(\mathbf{v}) + fD\mathbf{v}$,

3. $D\langle \mathbf{v}, \mathbf{w} \rangle = \langle D\mathbf{v}, \mathbf{w} \rangle + \langle \mathbf{v}, D\mathbf{w} \rangle$. ◆

假设切向量场 $\mathbf{v} = f_1 \mathbf{e}_1 + f_2 \mathbf{e}_2$, 那么由以上法则得到:

$$D\mathbf{v} = df_1 \mathbf{e}_1 + f_1 D\mathbf{e}_1 + df_2 \mathbf{e}_2 + f_2 D\mathbf{e}_2,$$

$$D\mathbf{v} = (df_1 - f_2 \omega_{12}) \mathbf{e}_1 + (df_2 + f_1 \omega_{12}) \mathbf{e}_2.$$

定义 18.5 (平行移动) 假设 S 是带度量的曲面, $\gamma : [0,1] \to S$ 是曲面上的光滑曲线, $\mathbf{v}(t)$ 是沿着曲线的切向量场, 如果

$$\frac{D\mathbf{v}}{dt} \equiv 0,$$

我们说向量场 $\mathbf{v}(t)$ 沿着 $\gamma(t)$ 平行移动. ◆

这里

$$\frac{D\mathbf{v}}{dt} = \left(\frac{df_1}{dt} - f_2 \frac{\omega_{12}}{dt} \right) \mathbf{e}_1 + \left(\frac{df_2}{dt} + f_1 \frac{\omega_{12}}{dt} \right) \mathbf{e}_2,$$

其中 $\omega_{12}/dt = \omega_{12}(\dot{\gamma})$，如果 $\omega_{12} = adx + bdy$，那么 $\omega_{12}/dt = adx/dt + bdy/dt$. 因此平行切向量场满足常微分方程

$$\begin{cases} \dfrac{df_1}{dt} - f_2 \dfrac{\omega_{12}}{dt} = 0, \\ \dfrac{df_2}{dt} + f_1 \dfrac{\omega_{12}}{dt} = 0. \end{cases}$$

给定初始切向量 $\mathbf{v}(0)$，由常微分方程解的存在性和唯一性定理，我们可以将其沿着曲线 $\gamma(t)$ 平行移动，得到终点切向量 $\mathbf{v}(1)$.

假设两个向量场 $\mathbf{v}(t)$ 和 $\mathbf{w}(t)$ 都沿着 $\gamma(t)$ 平行，那么

$$\frac{d}{dt}\langle \mathbf{v}, \mathbf{w} \rangle = \left\langle \frac{D\mathbf{v}}{dt}, \mathbf{w} \right\rangle + \left\langle \mathbf{v}, \frac{D\mathbf{w}}{dt} \right\rangle = 0.$$

因此，平行移动保持内积，从而保持长度和角度.

定义 18.6 (测地曲率) 假设 $\gamma : [0,1] \to S$ 是曲面上的 C^2 光滑曲线，s 是曲线的弧长参数. 构造沿着曲线的正交归一化标架场 $\{\mathbf{e}_1, \mathbf{e}_2, \mathbf{e}_3\}$，$\mathbf{e}_1$ 是曲线的切向量场，$\mathbf{e}_3$ 是法向量，

$$\mathbf{k_g} = \frac{D\mathbf{e}_1}{ds} = k_{\mathbf{g}}\mathbf{e}_2$$

称为测地曲率向量，

$$k_{\mathbf{g}} = \left\langle \frac{D\mathbf{e}_1}{ds}, \mathbf{e}_2 \right\rangle$$

称为测地曲率. ◆

曲线的曲率向量满足

$$\frac{d^2\gamma}{ds^2} = k_{\mathbf{g}}\mathbf{e}_2 + k_{\mathbf{n}}\mathbf{e}_3,$$

这里 $k_{\mathbf{n}}$ 是曲线的法曲率 (normal curvature). 曲线的曲率 k、测地曲率 $k_{\mathbf{g}}$ 和法曲率 $k_{\mathbf{n}}$ 满足

$$k^2 = k_{\mathbf{g}}^2 + k_{\mathbf{n}}^2.$$

$k_{\mathbf{g}}$ 只和曲面的第一基本形式有关，和第二基本形式无关，即和曲面在背景空间的嵌入无关，因此是内蕴的. $k_{\mathbf{n}}$ 和曲面的嵌入有关，因而是外蕴的.

假设 $\gamma(s)$ 是曲面上的一条曲线，这里 s 是曲线的弧长参数. $\bar{\mathbf{e}}_1$ 是曲线的切向量场，和 $\mathbf{e}_1$ 的夹角为 $\theta(s)$. $\bar{\mathbf{e}}_2$ 是和 $\bar{\mathbf{e}}_1$ 处处垂直的切向量场，

满足

$$\begin{cases} \bar{\mathbf{e}}_1 = \cos\theta\mathbf{e}_1 + \sin\theta\mathbf{e}_2, \\ \bar{\mathbf{e}}_2 = -\sin\theta\mathbf{e}_1 + \cos\theta\mathbf{e}_2. \end{cases}$$

我们直接计算测地曲率

$$\begin{aligned} k_{\mathbf{g}} &= \left\langle \frac{D\bar{\mathbf{e}}_1}{ds}, \bar{\mathbf{e}}_2 \right\rangle \\ &= \left\langle \frac{D}{ds}(\cos\theta\mathbf{e}_1 + \sin\theta\mathbf{e}_2), \bar{\mathbf{e}}_2 \right\rangle \\ &= \left\langle \frac{d\cos\theta}{ds}\mathbf{e}_1 + \cos\theta\frac{D\mathbf{e}_1}{ds} + \frac{d\sin\theta}{ds}\mathbf{e}_2 + \sin\theta\frac{D\mathbf{e}_2}{ds}, \bar{\mathbf{e}}_2 \right\rangle \\ &= \left\langle -\sin\theta\left(\frac{d\theta}{ds} + \frac{\omega_{12}}{ds}\right)\mathbf{e}_1 + \cos\theta\left(\frac{d\theta}{ds} + \frac{\omega_{12}}{ds}\right)\mathbf{e}_2, -\sin\theta\mathbf{e}_1 + \cos\theta\mathbf{e}_2 \right\rangle \\ &= \frac{d\theta}{ds} + \frac{\omega_{12}}{ds}. \end{aligned}$$

因为 $\omega_{12} = -u_y dx + u_x dy$, 度量 $\mathbf{g}$ 下的弧长和欧氏弧长 dt 满足 $ds_{\mathbf{g}} = e^u dt$, 等温坐标保持角度, 因此

$$k_{\mathbf{g}} = e^{-u}\left(\frac{d\theta}{dt} - u_y\frac{dx}{dt} + u_x\frac{dy}{dt}\right) = e^{-u}(k - \partial_{\mathbf{n}}u), \tag{18.17}$$

这里 k 是等温参数域上平面曲线的曲率, $\mathbf{n}$ 是参数平面上曲线的法向, $\partial_{\mathbf{n}}u = \langle\nabla u, \mathbf{n}\rangle$ 是共形因子 u 在参数平面上的方向导数.

更一般地, 假设共形变换 Riemann 度量 $\bar{\mathbf{g}} = e^{2\lambda}\mathbf{g}$, (x, y) 是公共的等温坐标, 那么

$$\begin{aligned} k_{\bar{\mathbf{g}}} &= e^{-(u+\lambda)}(k - \partial_{\mathbf{n}}(u+\lambda)) \\ &= e^{-\lambda}(e^{-u}(k - \partial_{\mathbf{n}}u) - e^{-u}\partial_{\mathbf{n}}\lambda) \\ &= e^{-\lambda}(k_{\mathbf{g}} - \partial_{\mathbf{n},\mathbf{g}}\lambda), \end{aligned}$$

这里, $\partial_{\mathbf{n},\mathbf{g}} = e^{-u}\partial_{\mathbf{n}}$ 代表度量 $\mathbf{g}$ 下的微分算子. 由此, 我们证明了下面的引理.

引理 18.4 给定带度量的曲面 $(S, \mathbf{g})$, 在共形形变下, $\bar{\mathbf{g}} = e^{2\lambda}\mathbf{g}$, 边界曲线的测地曲率变换满足如下公式

$$k_{\bar{\mathbf{g}}} = e^{-\lambda}(k_{\mathbf{g}} - \partial_{\mathbf{n},\mathbf{g}}\lambda). \quad\blacklozenge \tag{18.18}$$

定义 18.7 (测地线) 曲面上的曲线称为测地线, 如果测地曲率处处为 0. $\quad\blacklozenge$

我们考察曲面上的一族曲线, $F : (-\varepsilon, \varepsilon) \times (0, 1) \to S$, 使得 $F(0, t) = \gamma(t)$, 同时

$$F(s, 0) = p, \quad F(s, 1) = q, \quad \frac{\partial F(s, t)}{\partial s} = f(t)\mathbf{e}_2(t),$$

这里 f 是一个实值函数 $f : [0, 1] \to \mathbb{R}$, $f(0) = f(1) = 0$. 固定参数 s, 曲线 $\gamma_s := F(s, \cdot)$, $\{\gamma_s\}$ 构成 γ_0 的一个变分. 计算 γ_s 的长度,

$$L(s) = \int_0^1 \left| \frac{\partial \gamma_s(t)}{dt} \right| dt,$$

那么

$$\frac{\partial L(s)}{\partial s} = -\int_0^1 f k_g(\tau) d\tau.$$

如果 γ 是连接 p 和 q 的最短曲线, 那么 $L(s)$ 在 $s = 0$ 时达到一个奇异点, $k_g \equiv 0$, 因此 γ 是一条测地线. 由此, 我们得到如下结论.

引理 18.5 如果曲线 γ 是曲面上连接 p 和 q 的最短曲线, 那么 γ 是一条测地线. ♦

长度变分 $L(s)$ 的二阶导数取决于曲面的 Gauss 曲率, 如果 Gauss 曲率为负, 那么二阶导数为正, 测地线的长度达到极小, 测地线是稳定的; 如果 Gauss 曲率为正, 那么二阶导数为负, 测地线是不稳定的.

19.1　多面体曲面

视　频

彩　图

图 **19.1** 离散曲面.

　　在计算机中, 绝大多数曲面被表示成离散形式, 如图 19.1 所示. 所谓的离散曲面 (discrete surface), 就是将许多欧氏三角形, 沿着边界等距地粘贴在一起, 形成一个二维流形. 也可以将双曲三角形或者球面三角形沿着边界粘贴在一起, 构成离散曲面. 图 19.2 显示了球面 (右)、欧氏 (左)和双曲 (中) 三角形.

　　定义 19.1 (多面体曲面)　给定一个拓扑曲面 S 和曲面上的有限点集 $V \subset S$, 称 (S, V) 是一个带标记的曲面. (S, V) 上的一个多面体度量 $\mathbf{d}$, 也称为分片线性度量 (piecewise linear metric), 简记为 PL 度量, 是一个

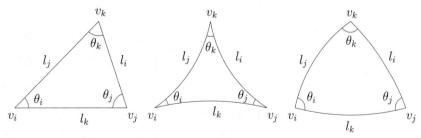

图 **19.2** 常曲率三角形.

平直度量带有锥奇异点 (cone singularity), 并且锥奇异点在集合 V 中, 则 $(S, V, \mathbf{d})$ 是一个多面体曲面 (polyhedral surface). ◆

定义 19.2 (三角网格) 给定多面体曲面 $(S, V, \mathbf{d})$ 和一个三角剖分 $\mathcal{T}$, $\mathcal{T}$ 以 V 为顶点集合, 每条边都是欧氏直线段, 每个面都是欧氏三角形, 则 $(S, V, \mathbf{d})$ 是一个三角网格 (triangle mesh). ◆

每个三角形的几何完全由其边长所决定, 因此离散 Riemann 度量可以表示成边长. 给定一个带三角剖分的多面体曲面 $(S, V, \mathbf{d}, \mathcal{T})$, 多面体度量 $\mathbf{d}$ 可以表示成三角剖分 $\mathcal{T}$ 的边长. 反之, 给定边长, 我们可以唯一确定 $(S, V, \mathcal{T})$ 的一个多面体度量.

定义 19.3 (离散 Riemann 度量) 给定一个带有三角剖分的带标记曲面 $(S, V, \mathcal{T})$, 离散度量表示成定义在边上的正值函数 $l : E(\mathcal{T}) \to \mathbb{R}^+$, 在每一个三角形上边长满足三角形不等式, 如图 19.2 所示, 常曲率三角形的边长满足:

$$l_i + l_j > l_k, \quad l_j + l_k > l_i, \quad l_k + l_i > l_j.$$

◆

给定两个离散度量, $l_0, l_1 : E(\mathcal{T}) \to \mathbb{R}^+$, 它们的凸线性组合 $\lambda l_0 + (1 - \lambda) l_1 : E(\mathcal{T}) \to \mathbb{R}^+$ $(1 \geqslant \lambda \geqslant 0)$ 还是一个离散 Riemann 度量. 我们有如下结论.

命题 19.1 给定一个带三角剖分的标记曲面 $(S, V, \mathcal{T})$, 则其上所有的离散度量构成一个凸集.

定义 19.4 (离散 Gauss 曲率) 给定带三角剖分的多面体曲面 $(S, V, \mathbf{d}, \mathcal{T})$, 离散 Gauss 曲率 $K : V(\mathcal{T}) \to \mathbb{R}$ 被定义成角欠 (angle deficit): 对于内顶点, 角欠就是围绕顶点的周角和 2π 的差别; 对于边界顶点, 角欠就是围绕顶点的周角和 π 的差别,

$$K(v_i) = \begin{cases} 2\pi - \sum_{jk} \theta_i^{jk}, & v_i \notin \partial M, \\ \pi - \sum_{jk} \theta_i^{jk}, & v_i \in \partial M. \end{cases} \tag{19.1}$$

如图 19.3 所示, 这里 θ_i^{jk} 是三角形 $[v_i, v_j, v_k]$ 中以 v_i 为顶点的内角. ◆

通过简单的组合推理, 我们可以轻易证明离散 Gauss-Bonnet 定理, 离散曲面的总曲率等于 2π 和 Euler 示性数的乘积.

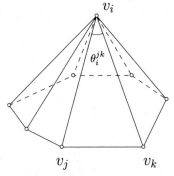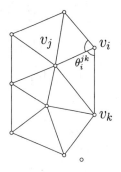

图 19.3 离散曲率.

定理 19.1 (离散 Gauss-Bonnet 定理) 给定多面体曲面 $(S, V, \mathbf{d})$, 顶点离散曲率的总和

$$\sum_{v \notin \partial M} K(v) + \sum_{v \in \partial M} K(v) = 2\pi \chi(S),$$

这里 $\chi(S)$ 是曲面的 Euler 示性数.

证明 记三角网格为 $M = (V, E, F)$, 这里 V, E, F 分别代表顶点、边和面的集合. 首先, 假设 M 为封闭多面体曲面, 那么有

$$\sum_{v_i \in V} K(v_i) = \sum_{v_i \in V} \left(2\pi - \sum_{jk} \theta_i^{jk} \right) = \sum_{v_i \in V} 2\pi - \sum_{v_i \in V} \sum_{jk} \theta_i^{jk} = 2\pi |V| - \pi |F|.$$

同时, 因为三角网格封闭, 每条边被两个面分享, 每个面有三条边, 有 $3|F| = 2|E|$,

$$\chi(S) = |V| + |F| - |E| = |V| + |F| - \frac{3}{2}|F| = |V| - \frac{1}{2}|F|,$$

因此我们得到

$$\sum_{v_i \in V} K(v_i) = 2\pi \chi(S).$$

再假设三角网格 M 带有边界 ∂M. 设内顶点集合为 V_0, 边界点集合为 V_1, 则 $|V| = |V_0| + |V_1|$; 再设内边 (连接至少一个内顶点) 的集合为 E_0, 边界边 (连接两个边界顶点) 的集合为 E_1, 则 $|E| = |E_0| + |E_1|$. 进一步, 每条边界都是封闭圈, 因此边界顶点数目等于边界边的数目 $|V_1| = |E_1|$. 同时, 每条内边和两个面相邻, 每条边界边和一个面相邻, 有

$3|F| = 2|E_0| + |E_1| = 2|E_0| + |v_1|$. 我们来计算 Euler 示性数:

$$\chi(M) = |V| + |F| - |E| = |V_0| + |V_1| + |F| - |E_0| - |E_1| = |V_0| + |F| - |E_0|,$$

由 $|E_0| = 1/2(3|F| - |V_1|)$,

$$\chi(M) = |V_0| - \frac{1}{2}|F| + \frac{1}{2}|V_1|.$$

我们有

$$
\begin{aligned}
\sum_{v_i \in V_0} K(v_i) + \sum_{v_j \in V_1} K(v_j) &= \sum_{v_i \in V_0} \left(2\pi - \sum_{jk} \theta_i^{jk} \right) + \sum_{v_i \in V_1} \left(\pi - \sum_{jk} \theta_i^{jk} \right) \\
&= 2\pi|V_0| + \pi|V_1| - \pi|F| \\
&= 2\pi \left(|V_0| - \frac{1}{2}|F| + \frac{1}{2}|V_1| \right) \\
&= 2\pi\chi(M).
\end{aligned}
\tag{19.2}
$$

证明完毕. ∎

更为深刻地, 可以证明给定光滑曲面, 我们可以在曲面上稠密采样, 计算采样点的测地 Delaunay 三角剖分, 然后用欧氏三角形来取代测地三角形, 这样得到的离散曲面可以逼近光滑曲面, 离散曲率逼近光滑曲率测度.

19.2 欧氏 Delaunay 三角剖分

给定一个多面体曲面 $(S, V, \mathbf{d})$, 我们有多种方式选择三角剖分, 其中最为自然的选择是 Delaunay 三角剖分, 这种剖分对偶于 Voronoi 图 (Voronoi diagram), 它提供了较优的计算稳定性.

定义 19.5 (Voronoi 图) 给定多面体曲面 $(S, V, \mathbf{g})$, $V = \{v_1, v_2, \cdots, v_n\}$, 对于每个顶点 $v_i \in V$, Voronoi 胞腔 (Voronoi cell) D_i 定义为

$$D_i(S, V, \mathbf{g}) := \{\mathbf{p} \in S | d_{\mathbf{g}}(\mathbf{p}, v_i) \leqslant d_{\mathbf{g}}(\mathbf{p}, v_j), \ \forall v_j \in V\},$$

$d_{\mathbf{g}}$ 是度量 $\mathbf{g}$ 下的测地距离. 曲面的 Voronoi 胞腔分解称为 Voronoi 图,

$$\mathrm{Vor}(S, V, \mathbf{g}) := \bigcup_{i=1}^n D_i(S, V, \mathbf{g}). \qquad \blacklozenge$$

给定一个多面体度量 $\mathbf{g}$, 我们会得到唯一的 Voronoi 图 $\mathrm{Vor}(S, V, \mathbf{g})$.

$(S, V, \mathbf{g})$ 的 Delaunay 三角剖分是 Voronoi 图的 Poincaré 对偶.

定义 19.6 (Poincaré 对偶) 假设 M 是一个封闭的 n 维多面体 (polyhedron), $\mathcal{T}$ 是 M 的一个三角剖分 (单纯复形). $\mathcal{T}$ 的 Poincaré 对偶是 M 的一个多面体胞腔分解. 假设 σ 是 $\mathcal{T}$ 的一个 k 维单纯形, 其 Poincaré 对偶是一个 $n-k$ 维胞腔, 记为 $\bar{\sigma}$. $\Delta \in \mathcal{T}$ 是一个包含 σ 的 n 维单纯形, $\sigma \subset \Delta$, σ 的顶点集合是 Δ 顶点集合的子集. 那么 $\bar{\sigma}$ 和 Δ 的交集等于 Δ 中所有包含 σ 的子单形重心的凸包,

$$\bar{\sigma} = \bigcup_{\sigma \subset \Delta} \bar{\sigma} \cap \Delta = \bigcup_{\sigma \subset \Delta} \text{凸包} \left(\bigcup_{\tau \subset \Delta, \sigma \subset \tau} \text{重心}(\tau) \right). \qquad \blacklozenge$$

定义 19.7 (Delaunay 三角剖分) 给定多面体曲面 $(S, V, \mathbf{g})$, 其 Delaunay 三角剖分的 Poincaré 对偶是 Voronoi 图, 记为 $\text{Del}(S, V, \mathbf{g})$. $\qquad \blacklozenge$

假设 Voronoi 图是 $\text{Vor}(S, V, \mathbf{g}) = \bigcup D_i$, 对偶 Delaunay 三角剖分为 $\text{Del}(S, V, \mathbf{g})$. 每个 Voronoi 2-胞腔 D_i 的对偶是 Delaunay 顶点 v_i; 如果两个 2-胞腔 D_i 和 D_j 相邻, 则 Voronoi 边 $D_i \cap D_j$ 对偶于 Delaunay 边 $[v_i, v_j]$, 即连接 v_i 和 v_j 的欧氏直线段; 如果三个 Voronoi 2-胞腔 D_i, D_j 和 D_k 相邻, Voronoi 顶点 $D_i \cap D_j \cap D_k$ 对偶于 Delaunay 面 $[v_i, v_j, v_k]$, 即欧氏三角形.

平面 Delaunay 三角剖分具有空圆性质. 在平面 Delaunay 三角剖分 $\mathcal{T}$ 中, 每个三角形的外接圆内部不包含第四个 Delaunay 顶点. 在多面体曲面上, 空圆性质可以用下面的内角性质来替代.

定义 19.8 (Delaunay 三角剖分 2) 给定多面体曲面 $(S, V, \mathbf{d})$, Delaunay 三角剖分 $\mathcal{T}$ 满足所有边上的余切权重非负. 等价地, 如图 19.4

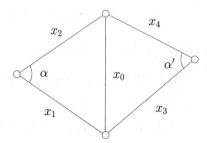

图 19.4 Delaunay 三角剖分的条件, 内角条件和边长条件.

对于任意的边, 其对角和不大于 π:

$$\alpha + \alpha' \leqslant \pi. \tag{19.3}$$

Delaunay 内角条件 (19.3) 等价于 $\cos\alpha + \cos\alpha' \geqslant 0$, 用边长表示

$$\frac{x_1^2 + x_2^2 - x_0^2}{2x_1x_2} + \frac{x_3^2 + x_4^2 - x_0^2}{2x_3x_4} \geqslant 0, \tag{19.4}$$

这称为 Delaunay 三角剖分的边长条件. ◆

更进一步, Delaunay 三角剖分的边长条件蕴含着三角形不等式.

引理 19.1 给定多面体曲面 $(S, V, \mathbf{d})$, 如果一个拓扑三角剖分 $\mathcal{T}$, 其边长函数 $x : E(\mathcal{T}) \to \mathbb{R}_{>0}$ 在任意一条边上满足 Delaunay 内角条件 (19.4), 那么在任意一个面上, 三角形不等式成立.

证明 用反证法. 假设存在边长函数 $x \in \mathbb{R}_{>0}^E$, 使得 (19.4) 成立, 但是存在一个三角形 $\{e_i, e_j, e_k\}$, 违反三角形不等式

$$x(e_i) \geqslant x(e_j) + x(e_k). \tag{19.5}$$

令 e_0 为满足上面不等式的最大者, e_0 的两个邻近三角形为 $\{e_0, e_1, e_2\}$ 和 $\{e_0, e_3, e_4\}$. 令 $x_i = x(e_i)$, 不妨设

$$x_1 + x_2 \leqslant x_0. \tag{19.6}$$

如果 $x_3 \geqslant x_0 + x_4$, 那么 e_3 违反三角形不等式, 并且比 e_0 更长, 这违背 e_0 是违反三角形不等式的最长边的假设. 由此有 $x_3 < x_0 + x_4$, 同理 $x_4 < x_0 + x_3$,

$$|x_3 - x_4| < x_0, \tag{19.7}$$

不等式 (19.4) 对于 $x_0, x_1, \cdots, x_4$ 成立, 我们得到

$$\frac{x_0^2 - x_1^2 - x_2^2}{2x_1x_2} \leqslant \frac{x_3^2 + x_4^2 - x_0^2}{2x_3x_4},$$

由不等式 (19.6), 上式左侧应该大于等于 1; 由不等式 (19.7), 上式右侧应该小于 1, 矛盾. 因此假设错误, 三角形不等式在所有面上都成立.

证明完毕. ■

定义 19.9 (边对换) 给定一个三角剖分 $\mathcal{T}$, 两个三角形相邻,

$$[v_i, v_j, v_k] \cap [v_j, v_i, v_l] = [v_i, v_j].$$

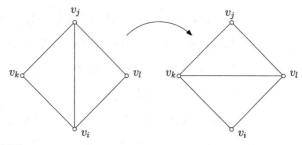

图 19.5 边对换操作.

用 $[v_l, v_k]$ 替代 $[v_i, v_j]$, 构成新的两个三角形,

$$[v_l, v_k, v_i] \cap [v_k, v_l, v_j] = [v_l, v_k].$$

这一操作称为边对换 (edge swap), 将 $[v_i, v_j]$ 对换成 $[v_l, v_k]$ (图 19.5). ◆

通常情况下, 三角剖分 $\mathcal{T}$ 中任意的面 $[v_i, v_j, v_k]$, 三个顶点彼此不同. 经过边对换操作后, 三角形的某些顶点有可能相同. 这时剖分不再是传统意义下的三角剖分, 但是对于计算至关重要. 我们需要推广三角剖分的定义.

定义 19.10 (广义三角剖分) 给定多面体曲面 $(S, V, \mathbf{d})$, 如果 $\mathcal{T}$ 是 (S, V) 的一个胞腔分解, $\mathcal{T}$ 的顶点在 V 中. 令 $p : \tilde{S} \to S \setminus V$ 是带孔曲面 $S \setminus V$ 的万有覆盖空间, $\tilde{\mathcal{T}}$ 是 $\mathcal{T}$ 的提升, 如果 $\tilde{\mathcal{T}}$ 是 $\tilde{S}$ 的三角剖分, 那么 $\mathcal{T}$ 是 (S, V) 的广义三角剖分. ◆

如图 19.6 所示, 给定四面体曲面, 经过两次边对换, 对换边 CD, 再对换边 AD, 我们得到了一个广义三角剖分, 其中一个三角形只有两个不同的顶点 B 和 D.

传统 Delaunay 三角剖分可以直接推广到广义 Delaunay 三角剖分.

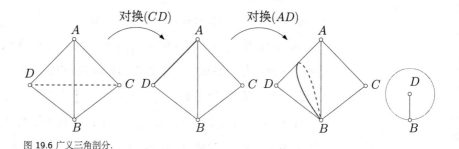

图 19.6 广义三角剖分.

给定多面体度量 **d**, 通常情况下 $(S, V, \mathbf{d})$ 的 Delaunay 三角剖分唯一. 但是, 如果 Delaunay 三角剖分存在一条边, 其余切权重为 0 (等价地, 其对角和为 π), 那么将这条边对换之后所得的三角剖分依然是 Delaunay 三角剖分. 一般地, 我们有如下结论.

命题 19.2 给定带标记曲面 (S, V), 对于任意多面体度量 **d**, 存在 Delaunay 三角剖分 $\mathcal{T}$; 反之, 对于任意以 V 为顶点集的三角剖分 $\mathcal{T}$, 存在多面体度量 **d**, 使得 $\mathcal{T}$ 为 Delaunay 三角剖分.

证明 给定多面体曲面 $(S, V, \mathbf{d})$, 我们可以得到唯一的 Voronoi 图, 对偶之就得到 Delaunay 三角剖分 $\mathcal{T}$; 反之, 给定三角剖分 $\mathcal{T}$, 令 $\mathcal{T}$ 中所有边的边长都是 1, 如此得到一个多面体度量 **d**. 在度量 **d** 下, $\mathcal{T}$ 是 Delaunay 三角剖分. 证明完毕. ∎

任意一个三角剖分经过一系列边对换操作可以变换到任意的另外一个三角剖分.

定理 19.2 (Mosher) 给定带标记的封闭拓扑曲面 (S, V), 任意两个以 V 为顶点的三角剖分 $\mathcal{T}_1$ 和 $\mathcal{T}_2$ 彼此相差一系列、有限个边对换. ♦

证明 为带标记曲面 (S, V) 配备一个完备的双曲度量 **h**, **h** 诱导有限面积, 每个顶点成为无穷远的尖点. 令 $\mathcal{T}$ 是 $(S, V, \mathbf{h})$ 的一个理想三角剖分 (ideal triangulation), 每条边都是无穷长的测地线, 每个面都是理想双曲三角形. 由引理 30.10, 每个连接两个顶点的同痕类中存在唯一的理想测地线, 两个同痕类中曲线的最小几何相交数等于对应的理想测地线的相交数. 因此理想双曲三角剖分简化了下面的推理过程.

假设 $\mathcal{T}_1$ 和 $\mathcal{T}_2$ 是 (S, V) 的两个三角剖分. 如图 19.7 所示, 蓝色的边属于 $\mathcal{T}_1$, 红色的边属于 $\mathcal{T}_2$. 假设 $\gamma \in E(\mathcal{T}_2)$ 是一条红色的边, 赋予定向如箭头所示. γ 的内部和蓝色边内部有一系列交点, $\{p_1, p_2, \cdots, p_k\}$, 这里 p_i 是 γ 和 $e_i \in E(\mathcal{T}_1)$ 的交点, $i = 1, 2, \cdots, k$. 我们一次对换蓝边 $e_1, e_2, \cdots, e_k$, 每一步减少一个交点, 直至红边和最后对换后的蓝边重合. 这一系列边对换操作不会改变 $\{e_1, e_2, \cdots, e_k\}$ 之外的所有蓝边.

将 $\mathcal{T}_2$ 中的所有边排序, $\gamma_0, \gamma_1, \cdots, \gamma_m$. 将初始三角剖分 $\mathcal{T}_1$ 和 γ_0 进行如上操作, 得到三角剖分 σ_0, γ_0 成为 σ_0 的一条边; 然后将 σ_0 和 γ_1 进

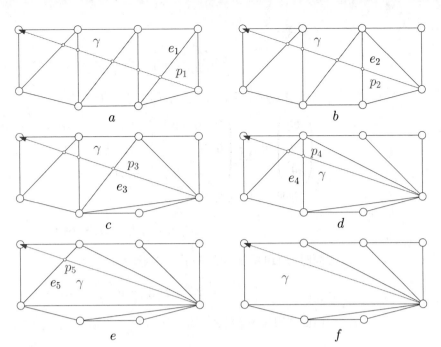

图 **19.7** 边对换操作从一个三角剖分变换到另外一个三角剖分.

行如上操作, 得到 σ_1, σ_0 中所有和 γ_1 内部相交的边被对换. 因为 γ_0 和 γ_1 的内部不相交, 因此 γ_0 被保持, 成为 σ_1 中的一条边. 同时, γ_1 也是 σ_1 的一条边. 重复上述过程, 在第 k 步, 我们将 σ_{k-1} 中所有和 γ_k 内部相交 的边对换掉, 得到 σ_k, 那么 $\gamma_0, \gamma_1, \cdots, \gamma_k$ 都是 σ_k 的边. 最后, 在第 n 步, σ_n 包含 $\mathcal{T}_2$ 的所有边, 因此 $\sigma_n = \mathcal{T}_2$. 因此, 经过有限步边对换操作, 我们 将 $\mathcal{T}_1$ 变换成 $\mathcal{T}_2$. 证明完毕. ∎

19.3 微分余弦定理

在连续情形下, Riemann 度量决定 Gauss 曲率; 在离散情形下, 欧氏 三角形的边长决定三角形内角, 这就是通常的余弦定理:

$$\cos\theta_k = \frac{l_i^2 + l_j^2 - l_k^2}{2l_i l_j}.$$

我们将三角形的边长 $\{l_i, l_j, l_k\}$ 看成自变量, 三个内角 $\{\theta_i, \theta_j, \theta_k\}$ 看成是 边长的函数, 可以证明微分余弦定理 (derivative cosine law).

定理 19.3 (微分余弦定理) 欧氏三角形内角关于边长的偏微分满足

关系式:

$$\frac{\partial \theta_i}{\partial l_i} = \frac{l_i}{2A}, \quad \frac{\partial \theta_i}{\partial l_j} = -\frac{l_i}{2A}\cos\theta_k,$$

这里 A 是三角形的面积. 等价地, 我们有矩阵表示:

$$\begin{pmatrix} d\theta_i \\ d\theta_j \\ d\theta_k \end{pmatrix} = \frac{1}{2A} \begin{pmatrix} l_i & 0 & 0 \\ 0 & l_j & 0 \\ 0 & 0 & l_k \end{pmatrix} \begin{pmatrix} 1 & -\cos\theta_k & -\cos\theta_j \\ -\cos\theta_k & 1 & -\cos\theta_i \\ -\cos\theta_j & -\cos\theta_i & 1 \end{pmatrix} \begin{pmatrix} dl_i \\ dl_j \\ dl_k \end{pmatrix}. \blacklozenge$$

证明 由余弦定理

$$l_i^2 = l_j^2 + l_k^2 - 2l_j l_k \cos\theta_i, \tag{19.8}$$

同时对 (19.8) 式两边关于 l_i 求导, 我们得到

$$2l_i = 2l_j l_k \sin\theta_i \frac{\partial \theta_i}{\partial l_i} = 4A\frac{\partial \theta_i}{\partial l_i},$$

由此得到第一个等式. 同时对 (19.8) 式两边关于 l_j 求导, 我们得到

$$0 = 2l_j - 2l_k \cos\theta_i + 2l_j l_k \sin\theta_i \frac{\partial \theta_i}{\partial l_j},$$

因此

$$\frac{\partial \theta_i}{\partial l_j} = -\frac{1}{2A}(l_j - l_k \cos\theta_i) = -\frac{1}{2A}l_i \cos\theta_k.$$

证明完毕. $\blacksquare$

几何逼近理论

在实际计算应用中, 光滑曲面由多面体曲面来逼近. 一般手法是在光滑曲面上稠密采样, 然后在曲面上以采样点为顶点, 计算测地三角剖分, 再将每个测地三角形换成欧氏三角形, 如此得到的多面体曲面作为光滑曲面的逼近. 不同的网格质量相差悬殊, 对于数值计算的稳定性, 收敛阶都有决定性影响.

我们将采样和三角剖分逐步加细, 得到一系列离散曲面. 由此, 我们可以考察离散曲面序列到光滑曲面的收敛性问题. 这里收敛有多种衡量标准, 例如拓扑的收敛性, Hausdorff 距离意义下的收敛, 法向量、Riemann 度量、微分算子、曲率测度的收敛性. 一般而言, Hausdorff 意义下的收敛无法保证 Riemann 度量和曲率测度的收敛性.

这里, 我们介绍离散法丛理论 (normal cycle theory) 和一种基于共形几何的曲面离散化方法. 这种方法保证在上面所有意义下, 从离散曲面到光滑曲面的收敛性. 同时, 这个理论统一了经典曲率和离散曲率测度.

20.1 曲率测度

假设 M 是嵌入在欧氏空间 $\mathbb{E}^3$ 中的 C^2 光滑曲面, 其曲率测度定义如下.

定义 20.1 (Gauss 曲率测度)　曲面 M 的 Gauss 曲率测度函数 ϕ_M^G, 将任意的 Borel 集合 $B \subset \mathbb{E}^3$ 赋予测度,

$$\phi_M^G(B) := \int_{B \cap M} G(p)dp,$$

这里 $G(p)$ 是定义在 p 点的 Gauss 曲率.　　　　　　　　　　　　　◆

我们可以同样定义平均曲率测度.

定义 20.2 (平均曲率测度)　曲面 M 的平均曲率测度函数 ϕ_M^H, 将任

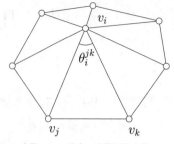
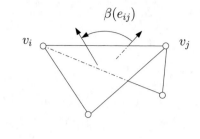

图 20.1 离散 Gauss 曲率、离散平均曲率.

意的 Borel 集合 $B \subset \mathbb{E}^3$ 赋予测度,

$$\phi_M^H(B) := \int_{B \cap M} H(p) dp,$$

这里 $H(p)$ 是定义在 p 点的平均曲率. ◆

如果 M 是带有三角剖分 $\mathcal{T}$ 的封闭多面体曲面, 我们可以定义离散曲率测度.

定义 20.3 (离散曲率) 给定 M 的一个顶点 v_i, 其离散 Gauss 曲率定义为:

$$G(v_i) = 2\pi - \sum_{jk} \theta_i^{jk},$$

这里 θ_i^{jk} 是三角形 $[v_i, v_j, v_k]$ 中以 v_i 为顶点的内角. 给定一条边 $e_{ij} = [v_i, v_j]$, 边上的离散平均曲率

$$H(e_{ij}) = |v_i - v_j| \beta(e_{ij}),$$

这里 $\beta(e_{ij})$ 是和 e_{ij} 相邻的两个面法向量间的夹角 (图 20.1). 若 e_{ij} 及其邻面为凸, 则 $\beta(e_{ij})$ 为正; 否则若 e_{ij} 及其邻面为凹, 则 $\beta(e_{ij})$ 为负. ◆

20.2 管状邻域体积

定义 20.4 (最近点) 假设 M 是欧氏空间 $\mathbb{E}^3$ 中的一个曲面, 给定任意一个点 $p \in \mathbb{E}^3$, p 到达曲面 M 的最近点 (closest point) 定义为

$$\mathrm{Cl}(p, M) := \{\mathrm{argmin}_{q \in M} d(p, q)\}.$$ ◆

最近点有可能不唯一.

定义 20.5 (中轴) 假设 Ω 是欧氏空间 $\mathbb{E}^n$ 中的一个区域, Ω 的中轴 (medial axis) 记为 $\mathrm{Sk}(\Omega)$,

$$\mathrm{Sk}(\Omega) := \{p \in \mathbb{E}^3 | \, |\mathrm{Cl}(p, \partial\Omega)| > 1\},$$

这里 $|\mathrm{Cl}(p, \partial\Omega)|$ 表示最近点集合的势 (cardinality), 即所包含点的个数. 中轴 $\mathrm{Sk}(\Omega)$ 是所有到边界曲面 $\partial\Omega$ 的最近点不唯一的点构成的集合. ◆

假设 V 是三维欧氏空间 $\mathbb{E}^3$ 中的一个体区域 (volumetric domain), 其边界曲面记为 $M = \partial V$. V 在 $\mathbb{E}^3$ 中的补空间记为 V^c, 其中轴为 $\mathrm{Sk}(V^c)$, 令 ρ 等于中轴 $\mathrm{Sk}(V^c)$ 到边界曲面 M 的距离. 我们定义 V 的 ε-管状邻域 (图 20.2).

定义 20.6 (ε-管状邻域) V 的 ε-管状邻域等于 V 的 ε-偏移 (ε-offset) 集合再减去 V 本身:

$$V_\varepsilon := \{p \in \mathbb{E}^3 | p \notin V, d(p, V) < \varepsilon\}.$$ ◆

如果 $B \subset M$ 是边界曲面的子集, 则 B 的 ε-管状邻域定义相类似:

$$V_\varepsilon(B) := \{p \in \mathbb{E}^3 | p \notin V, d(p, B) < \varepsilon\}.$$

管状邻域的体积是 ε 的多项式, 其系数是边界曲面 M 的曲率测度.

定理 20.1 (管状邻域公式) 如果 $\varepsilon < \rho$, 那么管状邻域的体积等于

$$\mathrm{vol}(V_\varepsilon) = \mathrm{area}(M)\varepsilon + \phi_V^H \frac{\varepsilon^2}{2} + \phi_V^G \frac{\varepsilon^3}{3}.$$

局部的管状邻域公式 (tubular formula) 如下: 令 $B \subset M$ 是一个 Borel 集

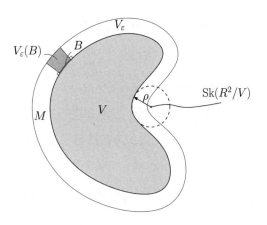

图 20.2 管状邻域.

合, 其管状邻域为 $V_\varepsilon(B)$, 则

$$\text{vol}(V_\varepsilon(B)) = \text{area}(B)\varepsilon + \phi_V^H(B)\frac{\varepsilon^2}{2} + \phi_V^G(B)\frac{\varepsilon^3}{3}. \qquad \blacklozenge$$

如果 M 是凸曲面, 无论 M 是光滑曲面, 还是多面体曲面 (polyhedral surface), 管状邻域体积公式成立, 这样我们统一了光滑曲率测度和离散曲率测度. 对于非凸的多面体曲面, ρ 值为 0, 管状邻域会出现自相交. 为了克服这个技术困难, 我们需要发展离散法丛理论, 将管状邻域在高维空间中展开.

20.3 离散法丛

定义 20.7 (法丛) 给定一个 C^2 光滑曲面 M, 其法丛 $N(M)$ 定义成曲面

$$N(M) := \{(p, \mathbf{n}(p)) | p \in M\},$$

这里 $\mathbf{n}(p)$ 是曲面在 p 点的法向量, $N(M)$ 的定向由 M 的定向所诱导. $\quad\blacklozenge$

离散法丛的定义比较曲折, 首先考虑凸体的离散法丛. 假设 V 是凸体, 其边缘 M 是多面体曲面. 我们用法锥来取代法向量.

定义 20.8 (法锥) 给定一个点 $p \in V$, 其法锥定义成单位向量 v 的集合

$$NC_V(p) := \{v | |v| = 1, \ \forall q \in V, \ \langle v, q - p \rangle \leqslant 0\}. \qquad \blacklozenge$$

定义 20.9 (离散法丛) 多面体曲面 M 的离散法丛定义为

$$N(M) := \{(p, \mathbf{n}(p)) | p \in M, \mathbf{n}(p) \in NC_V(p)\},$$

$N(M)$ 的定向由 M 的定向所诱导. $\qquad\blacklozenge$

图 20.3 显示了平面多边形的离散法丛, 这里我们将 $(p, \mathbf{n}(p))$ 投影到 $p + \mathbf{n}(p)$. 我们看到离散法丛满足可加性: 如果 V_1 和 V_2 是 $\mathbb{E}^3$ 中的凸体, 并且其并集 $V_1 \cup V_2$ 也是凸集, 那么

$$N(V_1 \cap V_2) + N(V_1 \cup V_2) = N(V_1) + N(V_2).$$

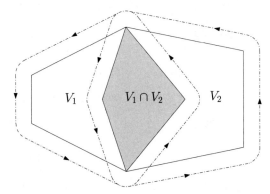

图 20.3 离散法丛.

由可加性, 我们可以定义一般非凸多面体的离散法丛.

定义 20.10 (离散法丛) 给定多面体 V 的一个四面体剖分 $\mathcal{T} = \{t_1, t_2, \cdots, t_n\}$ (图 20.4), 离散法丛 $N(C)$ 由下面的包含–排除公式定义:

$$N(V) = \sum_{k=1}^{n} (-1)^{k+1} \sum_{1 \leqslant i_1 < \cdots < i_k \leqslant n} N\left(\bigcap_{j=1}^{k} t_{i_j}\right). \qquad \blacklozenge$$

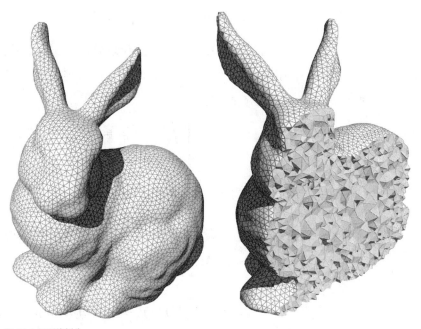

图 20.4 四面体剖分.

20.4 不变二次微分式

法丛可以嵌入空间 $\mathbb{R}^3 \times \mathbb{R}^3$, 记为 $\mathbb{E}_p \times \mathbb{E}_n$, 这里 $\mathbb{E}_p$ 和 $\mathbb{E}_n$ 分别称为点空间和法向量空间. 考虑 $\mathbb{R}^3$ 空间中的刚体变换 $g(p) = Rp + d$, 这里 R 是旋转矩阵, d 代表平移向量. g 可以扩展到空间 $\mathbb{E}_p \times \mathbb{E}_n$,

$$\hat{g}(p, \mathbf{n}) = (R(p) + d, R(\mathbf{n})).$$

我们说一个二次微分式 ω 在刚体变换下不变, 如果

$$\hat{g}^* \omega = \omega.$$

下面的不变二次微分式在离散法丛理论中起到了基本作用.

定义 20.11 (不变二次微分式) 设空间 $\mathbb{E}_p \times \mathbb{E}_n$ 的坐标为 $(x^1, x^2, x^3, y^1, y^2, y^3)$, 那么不变二次微分式:

$$\omega^A = y^1 dx^2 \wedge dx^3 + y^2 dx^3 \wedge dx^1 + y^3 dx^1 \wedge dx^2,$$

$$\omega^G = y^1 dy^2 \wedge dy^3 + y^2 dy^3 \wedge dy^1 + y^3 dy^1 \wedge dy^2,$$

$$\omega^H = y^1 (dx^2 \wedge dy^3 + dy^2 \wedge dx^3) + y^2 (dx^3 \wedge dy^1 + dy^3 \wedge dx^1)$$
$$+ y^3 (dx^1 \wedge dy^2 + dy^1 \wedge dx^2). \qquad \blacklozenge$$

通过直接计算, 我们可以用不变微分二次式来计算曲率测度.

引理 20.1 设 M 是光滑曲面或者多面体曲面, 给定 Borel 集合 $B \subset \mathbb{E}^3$, 那么曲率测度

$$\begin{cases} \displaystyle\int_{N(M)} \omega^G|_{i(B \cap M)} = \phi_M^G(B), \\[2mm] \displaystyle\int_{N(M)} \omega^H|_{i(B \cap M)} = \phi_M^H(B), \\[2mm] \displaystyle\int_{N(M)} \omega^A|_{i(B \cap M)} = \phi_M^A(B), \end{cases} \qquad (20.1)$$

这里 $\omega^G|_{i(B \cap M)}$ 表示 ω^G 在 $i(B \cap M)$ 上的限制. 如果 M 是光滑曲面, 映射 $i : M \to N(M)$ 将曲面映到法丛, $p \mapsto (p, \mathbf{n}(p))$; 如果 M 是多面体曲面,

$$i : M \to N(M), \quad p \mapsto (p, \mathbf{n}(p)), \quad \mathbf{n}(p) \in NC_V(p). \qquad \blacklozenge$$

20.5 Delaunay 加细算法

图 20.5 显示了一个 Delaunay 三角剖分和 Delaunay 剖分的判别标准: 空圆特性.

定义 20.12 (Delaunay 三角剖分) 假设 $\Omega \subset \mathbb{E}^2$ 是平面区域, $\mathcal{T}$ 是 Ω 的一个三角剖分. 如果任意一个三角形的外接圆 (内部) 不包含第四个顶点, 则 $\mathcal{T}$ 是 Delaunay 三角剖分 (Delaunay triangulation). ◆

可以证明, 给定平面点集, Delaunay 三角剖分在所有三角剖分中使得最小内角最大化. Delaunay 加细算法 (Delaunay refinement algorithm) 经常被用于生成高质量的三角剖分, 例如最为简单的 Chew 第二算法. 给定平面凸区域 Ω, 边界 $\partial\Omega$ 是光滑曲线. 给定任意正数 $\varepsilon > 0$, 首先在边界上均匀采样, $S_0 = \{v_1, v_2, \cdots, v_n\}$, 然后用折线来逼近边界曲线, 使得每个边长大致等于 ε. 然后, 计算 S_0 的 Delaunay 三角剖分 $\mathcal{T}_0$. 对于任意三角形 $t_k \in \mathcal{T}_0$, 如果其外接圆半径 $r(t_k)$ 大于 ε, 将其外接圆圆心 $c(t_k)$ 并入 S_0, 我们将 $c(t_k)$ 称为 Steiner 点,

$$S_1 \leftarrow S_0 \bigcup_{r(t_k) > \epsilon} c(t_k), \quad \forall t_k \in \mathcal{T}_0.$$

再计算 S_1 的 Delaunay 三角剖分 $\mathcal{T}_1$, 如此重复, 计算 S_k 的 Delaunay 三

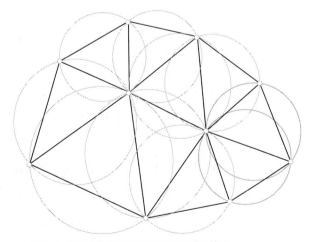

图 20.5 Delaunay 三角剖分, 所有三角形的外接圆内部为空 (空圆性质).

角剖分 $\mathcal{T}_k$, 找到外接圆半径大于 ε 的三角形, 然后将其外心 (Steiner 点) 加入点集 S_k, 更新成 S_{k+1}. 最终所有三角形外接圆的半径都不大于 ϵ.

定理 20.2 Chew 第二算法在有限步内终止, 所得的三角剖分满足:

1. 所有的边长都不小于 ε;
2. 所有的外接圆半径都不大于 ε.

由此, 所有的内角都不小于 $\pi/6$. ◆

证明 用数学归纳法. 在初始状态, $\mathcal{T}_0$ 中所有的边长不小于 ε. 假设在第 n 步 $\mathcal{T}_n$ 中所有的边长不小于 ε. 再假设 $t_k \in \mathcal{T}_n$, 外接圆半径 $r(t_k) > \varepsilon$, 将其外心 $c(t_k)$ 加入 S_n, 更新 Delaunay 三角剖分得到 $\mathcal{T}_{n+1}$. 那么, 所有的新边都和 $c(t_k)$ 相连. 由 Delaunay 三角剖分 $\mathcal{T}_n$ 的空圆特性, $c(t_k)$ 和 S_n 中所有点的距离都大于 ε, 因此 $\mathcal{T}_{n+1}$ 中所有的新边长度都大于 ε, 即 $\mathcal{T}_{n+1}$ 中所有的边长都不小于 ε. 由归纳法, 最终的三角剖分中所有的边长都不小于 ε.

由上述构造方法, Steiner 点 $c(t_k)$ 与 S_n 中所有点的距离都大于 ε. 假设在未来, t_j 是 $\mathcal{T}_m$, $m > n+1$ 中的三角形, 其外接圆半径 $r(t_j) > \varepsilon$, 加入的新 Steiner 点 $c(t_j)$ 与 $c(t_k)$ 的距离大于 ε. 因此, 以 $c(t_k)$ 为圆心, $\varepsilon/2$ 为半径的圆盘和所有的 Steiner 点都相离. 同理, 每个 Steiner 点都对应一个半径为 $\varepsilon/2$ 的圆盘, 这些圆盘彼此相离. 因为 Ω 的面积有限, 因此所有可能的 Steiner 点有限. 算法在有限步内终止.

当算法终止时, 所有外接圆半径都不大于 ε. 任意一个三角形的所有边长都不小于 ε, 外接圆直径不大于 2ε, 故所有的内角都不小于 $\pi/6$. 图 20.6 所示的三角网格由 Chew 第二算法生成. ∎

我们可以将欧氏空间的 Delaunay 三角剖分推广到 Riemann 流形情形.

定义 20.13 (测地 Delaunay 三角剖分) 假设 $(S, \mathbf{g})$ 是一个带 Riemann 度量的曲面, $\mathcal{T}$ 是一个足够稠密的测地三角剖分, 每条边都是测地线. 如果每个测地三角形的外接测地圆内部都不包含其他顶点, 则 $\mathcal{T}$ 是一个测地 Delaunay 三角剖分. ◆

我们可以证明下面共形映射的特性.

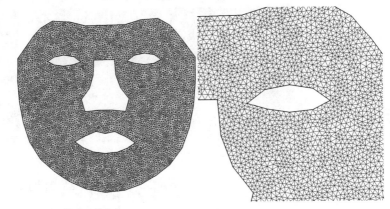

图 20.6 Delaunay 加细网格生成.

命题 20.1 共形映射将无穷小圆映成无穷小圆, 同时保持角度, 因此共形映射保持测地 Delaunay 三角剖分. ♦

给定曲面 $(S, \mathbf{g})$, 我们用单值化定理将其变换到常曲率曲面, 例如球面、欧氏平面或者双曲平面. 我们用球极投影将球面映到平面, 用 Poincaré 模型来表示双曲平面, 然后用欧氏平面上的 Delaunay 加细算法生成网格 (图 20.6). 在计算过程中, 我们将共形因子 e^{λ} 作为级别函数, 如果参数平面 p 点处三角形外接圆半径大于 $\varepsilon e^{-\lambda(p)}$, 将其外心加入采样点集合. 我们在曲面上均匀采样, 最后平面的三角剖分诱导曲面上的测地三角剖分. 测地三角形的外接测地圆半径不大于 ε, 顶点间的测地距离不小于 ε. 我们再将每个曲边三角形替换成欧氏三角形, 如此得到一个多面体曲面 P. 我们用多面体曲面 P 来逼近曲面 S.

P 的三角形大小均匀, 形状接近正三角形, 所有三角形的外接圆和内切圆半径之比有界. 由此, 我们有下面的估计.

引理 20.2 令 $t \in T$ 是一个三角形面, 其外接圆半径为 $r(t)$, $B \subset T$ 是一些三角形的并集, 那么

$$\sum_{t \subset B} r(t)^2 + \sum_{t \subset \bar{B}, t \cap \partial B \neq \emptyset} r(t) = O(\text{面积}(B)) + O(\text{长度}(\partial B)). \quad ♦ \quad (20.2)$$

例 20.1 如图 20.7 所示, 左帧显示了初始曲面, 其三角剖分质量较差; 我们将其共形映到平面, 如中帧所示, 然后在平面上用 Delaunay 加细

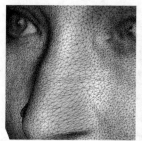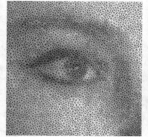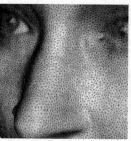

图 20.7 曲面网格生成. 左帧: 初始网格; 中帧: 平面 Delaunay 加细; 右帧: 重新网格化的结果.

生成网格; 右帧显示了重新三角剖分后的结果, 网格质量得到很大提高.

20.6 逼近误差估计

给定嵌在欧氏空间中的光滑曲面 $(S, \mathbf{g}) \hookrightarrow \mathbb{E}^3$, 我们用共形映射将其映射到平面区域 $\varphi : (S, \mathbf{g}) \to (\mathbb{D}, dz d\bar{z})$, 然后在平面上用 Delaunay 加细生成网格 $\mathcal{T}$, 其顶点集合为 $V(\mathcal{T}) = \{v_1, v_2, \cdots, v_n\} \subset \mathbb{D}$. $\varphi^{-1}(\mathcal{T})$ 诱导 $(S, \mathbf{g})$ 的一个三角测地剖分, $\{\varphi^{-1}(v_k)\}$ 是曲面上的采样点. 我们将每个测地三角形换成欧氏三角形, 得到多面体曲面 P, P 的每个顶点同样是曲面上的采样点 $\{\varphi^{-1}(v_k)\}$. 如此构造分片线性映射, $\psi : P \to \mathbb{D}$, 顶点映射 $\varphi^{-1}(v_k) \mapsto v_k$, 内部用中心坐标线性拓展. 我们得到了从离散曲面到光滑曲面的拓扑同胚 $\pi : P \to S$, $\pi = \varphi^{-1} \circ \psi$, 如下图所示.

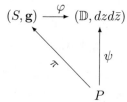

由离散法丛理论, 我们可以证明如下的逼近误差估计定理.

定理 20.3 令 M 是一个紧 Riemann 曲面, 嵌入在三维欧氏空间 $\mathbb{E}^3$ 中, 具有诱导的欧氏度量, $\mathcal{T}$ 是在共形单值化区域由 Delaunay 加细算法生成的网格, P 是由 $\mathcal{T}$ 诱导的多面体曲面. 如果外接圆半径的上界 ε 足

够小, 对于任意的 Borel 集, 有如下曲率测度逼近误差估计:

$$\begin{cases} |\phi_P^G(B) - \phi_M^G(\pi(B))| \leqslant K\varepsilon, \\ |\phi_P^H(B) - \phi_M^H(\pi(B))| \leqslant K\varepsilon, \\ |\phi_P^A(B) - \phi_M^A(\pi(B))| \leqslant K\varepsilon, \end{cases} \quad (20.3)$$

这里

$$K = O\left(\sum_{t \in \mathcal{T}, t \subset \bar{B}} r(t)^2\right) + O\left(\sum_{t \in \mathcal{T}, t \subset \bar{B}, t \cap \partial B \neq \emptyset} r(t)\right),$$

$r(t)$ 是三角形的外接圆半径. 更进一步,

$$K = O(\text{area}(B)) + O(\text{length}(\partial B)). \qquad \blacklozenge$$

证明的核心想法是估计连续法丛 $N(M)$ 和离散法丛 $N(P)$ 在 $\mathbb{E}_p \times \mathbb{E}_n$ 中之间的距离. 在连续曲面离散化的过程中, 关键是要保证所有三角形的外接圆都趋于 0; 或者当采样密度趋于无穷时, 三角剖分所有的内角一致有界. 这样可以保证离散曲面的法向量场收敛、Riemann 度量收敛、Laplace 算子收敛、曲率测度收敛.

20.7 离散逼近定理的证明

自然投影 如图 20.8 所示, 令 $(M, \mathbf{g})$ 是一个 C^2 度量曲面, $\mathbb{D}$ 是平面上的单位圆盘. 共形参数映射记为 $\varphi : \mathbb{D} \to M$, 参数坐标为 (u, v), Riemann 度量为 $\mathbf{g}(u, v) = e^{2\lambda(u,v)}(du^2 + dv^2)$. 假设 $p \in \mathbb{D}$ 是参数域上的一个点,

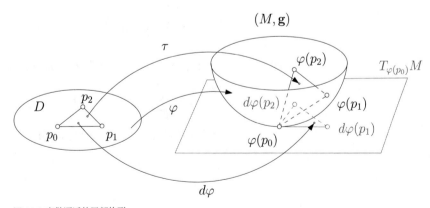

图 20.8 离散逼近的局部构形.

$\varphi(p)$ 是曲面上的对应点. 导映射 $d\varphi|_p : T_p\mathbb{D} \to T_{\varphi(p)}M$ 是一个线性映射,

$$d\varphi|_p = e^{\lambda(p)} \begin{pmatrix} \cos\theta & -\sin\theta \\ \sin\theta & \cos\theta \end{pmatrix}.$$

令 $\mathcal{T}$ 是参数域 $\mathbb{D}$ 的一个三角剖分, 共形参数化 φ 诱导了光滑曲面的三角剖分 $\varphi(\mathcal{T})$, T 是相应的多面体曲面. 每一个顶点 $v_i \in \mathcal{T}$ 对应于一个顶点 $\varphi(v_i) \in T$, $\mathcal{T}$ 的每一个面对应 T 的一个面. 我们得到分片线性映射 $\tau : \mathcal{T} \to T$.

定义 20.14 (自然投影) 从多面体曲面 T 到光滑曲面 M 的拓扑同胚

$$\eta = \varphi \circ \tau^{-1} : T \to M$$

称为自然投影. ◆

另外一个从多面体曲面到光滑曲面的映射是最近点投影 (closest point projection).

定义 20.15 (最近点投影) 假设多面体曲面 T 和光滑曲面 M 的中轴没有交点, 令 $p \in T$ 为多面体曲面上的一点, 其在光滑曲面上的最近点为

$$\pi(p) := \mathrm{argmin}_{q \in M} |p - q|,$$

从 p 到最近点 $\pi(p)$ 的映射 $\pi : T \to M$ 称为最近点投影. ◆

假设三角剖分由定理 20.3 中的 Delaunay 加细算法所生成, 我们估计自然投影和最近点投影所界定的 Hausdorff 距离和法向量误差.

引理 20.3 (自然投影) 假设 $q \in T$, 那么自然投影诱导的误差估计为

$$|q - \eta(q)| = O(\varepsilon^2), \tag{20.4}$$

$$|\mathbf{n}(q) - \mathbf{n}(\eta(q))| = O(\varepsilon). \quad ◆ \tag{20.5}$$

证明 设 $p \in \mathbb{D}$, $\tau(p) = q$, p 在三角形 $t = [p_0, p_1, p_2]$ 内部, 我们有

$$p = \sum_{k=0}^{2} \lambda_k p_k, \quad 0 \leqslant \lambda_k \leqslant 1,$$

这里 $(\lambda_0, \lambda_1, \lambda_2)$ 是重心坐标. t 的所有边长是 $\Theta(\varepsilon)$, 内角有界, 面积为

$\Theta(\varepsilon^2)$. 由 τ 和 $d\varphi$ 是线性映射, 并且 $|\varphi(p_k) - d\varphi(p_k)| = O(\varepsilon^2)$, 我们得到

$$
\begin{aligned}
|\tau(p) - d\varphi(p)| &= |\sum_k \lambda_k (\tau(p_k) - d\varphi(p_k))| \\
&= |\sum_k \lambda_k (\varphi(p_k) - d\varphi(p_k))| \\
&\leqslant \sum_k \lambda_k |\varphi(p_k) - d\varphi(p_k)| \\
&= O(\varepsilon^2).
\end{aligned}
$$

因此,

$$
|\varphi(p) - \tau(p)| \leqslant |\tau(p) - d\varphi(p)| + |d\varphi(p) - \varphi(p)| = O(\varepsilon^2),
$$

这里 $q = \tau(p)$, 并且 $\eta(q) = \varphi \circ \tau^{-1}(q) = \varphi(p)$, 这给出了等式 (20.4).

在切平面 $T_{\varphi(p_0)}M$ 上建立局部坐标系, 以 $\varphi(p_0)$ 为原点, $d\varphi(p_1)$ 在 x 轴上, $\mathbf{n} \circ \varphi(p_0)$ 为 z 轴. 那么 $\tau(p_1)$ 的坐标为 $(\Theta(\varepsilon), 0, O(\varepsilon^2))$, $\tau(p_2)$ 的坐标为 $(\Theta(\varepsilon)\cos\beta, \Theta(\varepsilon)\sin\beta, O(\varepsilon^2))$, 这里 β 是在 p_0 处的角度. 直接计算得到, 面 $\tau(t)$ 的法向量为 $(O(\varepsilon), O(\varepsilon), 1 - O(\varepsilon))$, 因此

$$
|\mathbf{n} \circ \tau(p) - \mathbf{n} \circ \varphi(p_0)| = O(\varepsilon).
$$

进一步,

$$
\begin{aligned}
|\mathbf{n} \circ \varphi(p) - \mathbf{n} \circ \varphi(p_0)| &= |W(\varphi(p) - \varphi(p_0))| \\
&\leqslant \|W\| |\varphi(p) - \varphi(p_0)| \\
&= O(\varepsilon),
\end{aligned}
$$

这里 W 是 Weingarten 映射. M 是紧的, 因此 $\|W\|$ 是有界的, $|\varphi(p) - \varphi(p_0)|$ 是 $O(\varepsilon)$,

$$
\begin{aligned}
|\mathbf{n} \circ \tau(p) - \mathbf{n} \circ \varphi(p)| &\leqslant |\mathbf{n} \circ \tau(p) - \mathbf{n} \circ \varphi(p_0)| + |\mathbf{n} \circ \varphi(p) - \mathbf{n} \circ \varphi(p_0)| \\
&= O(\varepsilon),
\end{aligned}
$$

我们得到等式 (20.5). ∎

引理 20.4 (最近点投影) 假设 $q \in T$, 那么最近点投影诱导的误差估计为

$$
|q - \pi(q)| = O(\varepsilon^2), \tag{20.6}
$$

$$
|\mathbf{n}(q) - \mathbf{n}(\pi(q))| = O(\varepsilon). \quad \blacklozenge \tag{20.7}
$$

证明 由最近点投影的定义和自然投影 Hausdorff 距离估计 (20.4), 我们有

$$|q - \pi(q)| \leqslant |q - \eta(q)| = O(\varepsilon^2),$$

同时

$$|\mathbf{n} \circ \eta(q) - \mathbf{n} \circ \pi(q)| \leqslant \|W\| |\eta(q) - \pi(q)| = O(\varepsilon^2).$$

由自然投影的法向量距离估计 (20.5),

$$|\mathbf{n}(q) - \mathbf{n}(\pi(q))| \leqslant |\mathbf{n}(q) - \mathbf{n} \circ \eta(q)| + |\mathbf{n} \circ \eta(q) - \mathbf{n} \circ \pi(q)|$$
$$= O(\varepsilon) + O(\varepsilon^2).$$

这给出了估计式 (20.7). ∎

Hausdorff 距离估计 (20.4) 和 (20.6) 只要求三角形的尺寸 (即外接圆半径) 足够小, 但是对于三角形的形状 (内切圆和外接圆半径之比) 没有要求. 但是法向量距离估计 (20.5) 和 (20.7) 既要求三角形尺寸足够小, 又要求三角形内切圆和外接圆半径之比有界. 在上面的证明中, 我们用到了参数域上三角剖分的所有内角有界和参数映射 φ 是共形映射这两个事实. 图 20.9 显示了一个反例: 圆柱面上和母线垂直的圆周上, 任取三点构成一个三角形. 取一系列三角形, 边长趋于 0, 内角 θ 也趋于 0, 但是它们的外

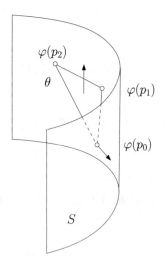

图 20.9 圆柱面内接三角形, 法向量不收敛.

接圆恒定, 它们的法向量一直和曲面法向量垂直.

全局拓扑同胚 自然投影映射和最近点投影映射都是全局拓扑同胚. 容易看出自然投影映射是全局拓扑同胚, 最近点投影的同胚性质需要证明.

引理 20.5 (最近点投影是拓扑同胚) 如果采样密度足够高 (ε 足够小), 最近点投影映射 $\pi : T \to M$ 是全局拓扑同胚. ♦

证明 首先我们证明 π 限制在任意顶点的邻域上是局部拓扑同胚. 假设 $p \in T$ 是一个顶点, 那么 $p \in M$, $U(p)$ 是所有和 p 相邻的三角形面的并集. 我们证明 $\pi : U(p) \to M$ 是双射. 令 $q \in U(p)$ 是邻域中的任意一点, $q \neq p$, 则 $|p - q| = O(\varepsilon)$,

$$|\pi(q) - p| \leqslant |\pi(q) - q| + |q - p| = O(\varepsilon^2) + O(\varepsilon).$$

因此

$$|\mathbf{n} \circ \pi(q) - \mathbf{n}(p)| \leqslant \|M\| |\pi(q) - p| = O(\varepsilon). \tag{20.8}$$

假设存在另外一个点 $r \in U(p)$, $r \neq q$, 满足 $\pi(q) = \pi(r)$. 定义单位向量

$$\mathbf{d} = \frac{r - q}{|r - q|},$$

因为 $r, q \in U(p)$, $\mathbf{d}$ 几乎和法向量 $\mathbf{n}(p)$ 相垂直,

$$\langle \mathbf{d}, \mathbf{n}(p) \rangle = O(\varepsilon). \tag{20.9}$$

另一方面, $r - \pi(r)$ 和 $\pi(r)$ 点处的法向量平行, 由此 $\mathbf{n}(\pi(q)) = \pm\mathbf{d}$. 不妨设 $\mathbf{d}$ 等于 $\mathbf{n}(\pi(q))$, 由等式 (20.8) 得到

$$|\mathbf{d} - \mathbf{n}(p)| = O(\varepsilon). \tag{20.10}$$

等式 (20.9) 和 (20.10) 相互矛盾, 因此假设错误, $\pi : U(p) \to M$ 为双射.

我们下一步证明, π 限制在每一个面上是微分同胚. 令 $\mathbf{r}(u, v)$ 和 $\mathbf{n}(u, v)$ 是 M 的位置向量和法向量, (u, v) 是 M 的沿着主方向的局部坐标, $t \in T$ 是一个三角形面. 最近点映射的逆映射为 $\pi^{-1} : M \to T$, $\mathbf{r}(u, v) \to \mathbf{q}(u, v)$, 这里 $\mathbf{q}(u, v)$ 是从 $\mathbf{r}(u, v)$ 出发, 沿着 $\mathbf{n}(u, v)$ 的射线和 t 的交点, 记为

$$\mathbf{q}(u, v) = \mathbf{r}(u, v) + s(u, v)\mathbf{n}(u, v),$$

直接计算得到

$$\langle \mathbf{q}_u \times \mathbf{q}_v, n \rangle = (1 + 2Hs + Ks^2)\langle \mathbf{r}_u \times \mathbf{r}_v, n \rangle, \tag{20.11}$$

这里 $s = O(\varepsilon^2)$, 因此 $1 + 2Hs + Ks^2$ 接近于 1. 这显示了 π^{-1} 的 Jacobi 矩阵非奇异, π 限制在 $U(p)$ 上是分片微分同胚.

最后, 我们证明 $\pi : T \to M$ 是全局拓扑同胚. 因为 π 是局部拓扑同胚, 因此是覆盖映射. 对于任意顶点 $p \in T$, 其最近点等于自身, $p = \pi(p)$, 因此覆盖映射的度为 1, 覆盖映射 $\pi : T \to M$ 为全局拓扑同胚. ∎

由最近点投影映射 Jacobi 行列式的估计 (20.11), 我们可以得到下面的估计: 令 $B \subset \mathbb{R}^3$ 是任意一个 Borel 集合, 那么

$$|\text{面积}(B \cap T) - \text{面积}(\pi(B) \cap M)| = |\text{面积}(B \cap T)|\varepsilon^2. \tag{20.12}$$

因为 T 的所有内角有界, 每个三角形 $t \in T$ 的外接圆半径为 $r(t)$, 面积为 $O(r(t)^2)$, 三角形的周长为 $O(r(t))$, 由此我们可以估计 $B \cap T$ 的面积加周长为

$$O\left(\sum_{t \in T, t \subset \bar{B}} r(t)^2\right) + O\left(\sum_{t \in T, t \subset \bar{B}, t \cap \partial B \neq \emptyset} r(t)\right).$$

最近点投影 这里, 我们证明如下定理.

定理 20.4 令 M 是一个紧的 Riemann 曲面, 嵌入在三维欧氏空间 $\mathbb{E}^3$ 中, 具有诱导的欧氏度量, $\mathcal{T}$ 是在共形单值化区域由 Delaunay 加细算法生成的网格, P 是由 $\mathcal{T}$ 诱导的多面体曲面. 如果外接圆半径的上界 ε 足够小, 对于任意的 Borel 集, 有如下曲率测度逼近误差估计:

$$|\phi_P^G(B) - \phi_M^G(\pi(B))| \leqslant K\varepsilon, \tag{20.13}$$

$$|\phi_P^H(B) - \phi_M^H(\pi(B))| \leqslant K\varepsilon, \tag{20.14}$$

$$|\phi_P^A(B) - \phi_M^A(\pi(B))| \leqslant K\varepsilon, \tag{20.15}$$

这里 $\pi : T \to M$ 是最近点映射,

$$K = O\left(\sum_{t \in \mathcal{T}, t \subset \bar{B}} r(t)^2\right) + O\left(\sum_{t \in \mathcal{T}, t \subset \bar{B}, t \cap \partial B \neq \emptyset} r(t)\right),$$

$r(t)$ 是三角形的外接圆半径. 更进一步,

$$K = O(\text{area}(B)) + O(\text{length}(\partial B)).\qquad\blacklozenge$$

这个证明是下面定理的简单推论. 一般情况下, 我们在 M 上稠密采样, 然后将采样点三角剖分, 得到多面体曲面 T.

定理 20.5 (Cohen-Steiner and Morvan [7]) 若 T 满足条件

1. T 的每个三角形面的内切圆和外接圆半径之比有界,

2. 最近点投影映射 $\pi : T \to M$ 是拓扑同胚,

则对于 T 的任意三角形面并集 B, 有如下曲率测度逼近误差估计:

$$\begin{cases} |\phi_P^G(B) - \phi_M^G(\pi(B))| \leqslant K\varepsilon, \\ |\phi_P^H(B) - \phi_M^H(\pi(B))| \leqslant K\varepsilon, \end{cases} \qquad (20.16)$$

这里 $\pi : T \to M$ 是最近点映射,

$$K = O\left(\sum_{t \in \mathcal{T}, t \subset \bar{B}} r(t)^2\right) + O\left(\sum_{t \in \mathcal{T}, t \subset \bar{B}, t \cap \partial B \neq \emptyset} r(t)\right),$$

$r(t)$ 是三角形的外接圆半径. $\qquad\blacklozenge$

下面, 我们证明定理 20.4.

证明 由引理 20.5, 最近点投影映射是拓扑同胚; 由定理 20.2, 三角剖分 T 的内角有界, 即内切圆和外接圆半径之比有界, 因此 Gauss 曲率测度误差估计 (20.13) 和平均曲率测度误差估计 (20.14) 成立. 由面积误差 (20.12), 我们得到面积测度估计 (20.15) 成立. $\qquad\blacksquare$

自然投影 这里, 我们证明如下定理.

定理 20.6 令 M 是一个紧的 Riemann 度量曲面, 嵌入在三维欧氏空间 $\mathbb{E}^3$ 中, 具有诱导的欧氏度量, $\mathcal{T}$ 是在共形单值化区域由 Delaunay 加细算法生成的网格, P 是由 $\mathcal{T}$ 诱导的多面体曲面. 如果外接圆半径的上界 ε 足够小, 对于任意的 Borel 集, 有如下曲率测度逼近误差估计:

$$|\phi_P^G(B) - \phi_M^G(\pi(B))| \leqslant K\varepsilon, \qquad (20.17)$$

$$|\phi_P^H(B) - \phi_M^H(\pi(B))| \leqslant K\varepsilon, \qquad (20.18)$$

$$|\phi_P^A(B) - \phi_M^A(\pi(B))| \leqslant K\varepsilon, \qquad (20.19)$$

这里 $\pi: T \to M$ 是自然投影映射,

$$K = O\left(\sum_{t \in \mathcal{T}, t \subset \bar{B}} r(t)^2\right) + O\left(\sum_{t \in \mathcal{T}, t \subset \bar{B}, t \cap \partial B \neq \emptyset} r(t)\right),$$

$r(t)$ 是三角形的外接圆半径. 更进一步,

$$K = O(\mathrm{area}(B)) + O(\mathrm{length}(\partial B)). \qquad \blacklozenge$$

证明 我们将自然投影映射 $\eta: T \to M$ 提升成法丛和之间的映射 $f: N(T) \to N(M)$, 使得下面图表可交换:

$$
\begin{array}{ccc}
N(M) & \xleftarrow{\ f\ } & N(T) \\
\uparrow{\scriptstyle i} & & \downarrow{\scriptstyle p_1} \\
M & \xleftarrow{\ \eta\ } & T
\end{array}
$$

这里 p_1 是从 $E_p \times E_n$ 到 E_p 的投影, $p_1: E_p \times E_n \to E_p$. 映射 $i: M \to N(M)$ 将任意 $q \in M$ 提升到 $i(q) = (q, \mathbf{n}(q))$. 给定一个点 $q \in T$, $\mathbf{n}(q)$ 在 q 点的法锥中, $(q, \mathbf{n}(q)) \in N(T)$,

$$f: (q, \mathbf{n}(q)) \to (\eta(q), \mathbf{n} \circ \eta(q)) \in N(M).$$

由引理 20.5, 我们有估计

$$|(q, \mathbf{n}(q)) - f(q, \mathbf{n}(q))| = O(\varepsilon). \tag{20.20}$$

显然, 映射 $f: N(T) \to N(M)$ 是连续映射.

令 $B \subset E_p$, 记 $N(T) \cap (B \times E_n)$ 为 D, $N(M) \times (\eta(B) \times E_n)$ 为 E, 如图 20.10 所示. 考虑 $f: N(T) \to N(M)$ 和恒同映射 $\mathrm{id}: N(T) \to N(T)$ 之间的仿射同伦,

$$h(x, \cdot) = (1 - x)\,\mathrm{id}(\cdot) + x f(\cdot), \quad x \in [0, 1].$$

如图 20.10 所示, 我们定义同伦扫过的体积为

$$C = h_{\#}([0, 1] \times D),$$

这是以两个法丛为上下底面的棱台, 其边界为

$$\partial C = E - D - h_{\#}([0, 1] \times \partial D).$$

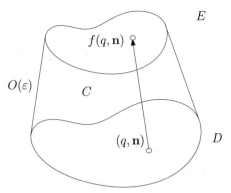

图 20.10 以法丛为上下底面的棱台.

曲率测度之差

$$\phi_M^G(\eta(B)) - \phi_T^G(B) = \int_{E-D} \omega^G = \int_{\partial C} \omega^G + \int_{h_\#([0,1]\times\partial D)} \omega^G.$$

由 Stokes 定理, 第一项

$$\int_{\partial C} \omega^G = \int_C d\omega^G,$$

不变微分式 ω^G 及其外微分 $d\omega^G$ 都有界.

用 $\mu(\cdot)$ 来表示欧氏测度 (体积、面积和长度). 我们需要估计 C 的体积和侧壁边界 $h_\#([0,1]\times\partial D)$ 的面积. C 的体积由其高度和截面的面积来界定, 高度由 $\sup|f-\mathrm{id}|$ 来界定, 截面的面积由 $\mu(D)$ 和模 $\|Dh(x,\cdot)\|^2$ 的乘积所界定.

$$\|Dh(x,\cdot)\|^2 = \|xDf + (1-x)\,\mathrm{id}\,\|^2 \leqslant (x\sup\|Df\| + (1-x))^2.$$

在后面的讨论中, 我们看到 $\sup\|Df\| \geqslant 1$, 因此

$$\|Dh(x,\cdot)\| \leqslant \sup\|Df\|.$$

我们得到上界

$$\mu(C) \leqslant \mu(D)\sup|f-\mathrm{id}|\ \sup\|Df\|^2,$$

$$\mu(h_\#([0,1]\times\partial D)) \leqslant \mu(\partial D)\ \sup|f-\mathrm{id}|\ \sup\|Df\|.$$

估计每一项.

1. 由公式 (20.20) 得到

$$\sup|f-\mathrm{id}| = O(\varepsilon).$$

2. 三角剖分的外接圆半径和内切圆半径之比有界, 我们有

$$\mu(D) = O\left(\sum_{t \in T, t \in \bar{B}} r(t)^2\right),$$

$$\mu(\partial D) = O\left(\sum_{t \in T, t \in \bar{B}, t \cap \partial B \neq \emptyset} r(t)\right).$$

我们用 K 来表示这两项之和, 由引理 20.2, K 由 B 的面积和 ∂B 的长度来界定.

3. 为了估计 $\|Df\|$, 我们注意到对任意 $t \in T$, 映射 τ 收敛到 $d\varphi$, Df 收敛到映射

$$(\mathbf{r}_u, 0)du + (\mathbf{r}_v, 0)dv \to (\mathbf{r}_u, \mathbf{n}_u)du + (\mathbf{r}_v, \mathbf{n}_v)dv,$$

这里 $\mathbf{r}(u, v)$ 和 $\mathbf{n}(u, v)$ 是 M 的位置向量和法向量, (u, v) 是共形参数, $|\mathbf{r}_u| = e^\lambda$, $|\mathbf{r}_v| = e^\lambda$, $\mathbf{r}_u \perp \mathbf{r}_v$.

假设 $(du, dv) = (\cos\theta, \sin\theta)$, 左侧切向量的模为 e^λ, 右侧切向量的模被下面矩阵的特征值界定,

$$\begin{pmatrix} \langle(\mathbf{r}_u, \mathbf{n}_u), (\mathbf{r}_u, \mathbf{n}_u)\rangle & \langle(\mathbf{r}_u, \mathbf{n}_u), (\mathbf{r}_v, \mathbf{n}_v)\rangle \\ \langle(\mathbf{r}_v, \mathbf{n}_v), (\mathbf{r}_u, \mathbf{n}_u)\rangle & \langle(\mathbf{r}_v, \mathbf{n}_v), (\mathbf{r}_v, \mathbf{n}_v)\rangle \end{pmatrix} = e^{2\lambda} \,\mathrm{id} + \mathrm{III}, \qquad (20.21)$$

这里第三基本形式是

$$\mathrm{III} = \begin{pmatrix} \langle\mathbf{n}_u, \mathbf{n}_u\rangle & \langle\mathbf{n}_u, \mathbf{n}_v\rangle \\ \langle\mathbf{n}_v, \mathbf{n}_u\rangle & \langle\mathbf{n}_v, \mathbf{n}_v\rangle \end{pmatrix}.$$

由公式 $\mathrm{III} - 2H\mathrm{II} + G\mathrm{I} = 0$, 这里第一基本形式 $\mathrm{I} = e^{2\lambda}\,\mathrm{id}$, 第二基本形式 $\mathrm{II} = e^{2\lambda}W$, W 是 Weingarten 矩阵, 我们得到

$$\mathrm{III} = 2H\mathrm{II} - G\mathrm{I} = e^{2\lambda}(2HW - G\,\mathrm{id}).$$

代入等式 (20.21), 我们得到 $\|Df\|^2$ 被下面矩阵的特征值界定

$$(1 - G)\,\mathrm{id} + 2HW,$$

每个三角形面上

$$\|Df\|^2 \leqslant \max\{1 + k_1^2, 1 + k_2^2\},$$

因此 $\|Df\|^2$ 全局有界.

将这些估计汇总, 我们得到

$$|\Phi_M^G(\eta(B)) - \Phi_T^G(B)| \leqslant K\varepsilon.$$

由引理 20.2, K 被 B 的面积和 ∂B 的长度所界定. 平均曲率测度的证明类似. ∎

第四部分

调和映射

第四部分介绍曲面调和映射理论, 主要用几何偏微分方程理论来证明调和映射的存在性和唯一性, 并给出计算方法.

第二十一章 　拓扑圆盘的调和映射

调和映射具有鲜明的物理意义, 理论完备, 算法简单直观, 在工程实践中被广泛应用. 本章讲解调和映射的几何理论和算法基础.

21.1 调和函数的物理意义

在 Hodge 理论的 6.1 节中, 我们讨论过平面静电场, 得到电场的场强可以用调和微分形式来表示的结论. 这里, 我们用调和能量变分的方法, 重新推导得出同样的结论.

Riemann 考察了 Dirichlet 问题: 假设 $\Omega \subset \mathbb{R}^2$ 是平面中的有界区域, Ω 的边界为分片解析曲线, Ω 内部电阻率处处相同. 在 Ω 的边缘 $\partial\Omega$ 处设置电压 $g : \partial\Omega \to \mathbb{R}$, 我们问 Ω 内部电压函数 $u : \Omega \to \mathbb{R}$ 是多少? 为了方便讨论, 这里不妨假设 $u \in C^2(\Omega)$ (存在性由定理 23.8 保证, 光滑性由定理 23.9 保证). 根据物理定律, Ω 内的电场诱导电流, 电流发热做功, 那么真实可能的电压函数必定使得发热功率最小. 电流强度正比于电压梯度, 电阻率处处相同, 因此电流发热功率可以表示成所谓的调和能量:

$$E(u) = \int_\Omega \langle \nabla u, \nabla u \rangle dx dy. \tag{21.1}$$

如果函数 $u : \Omega \to \mathbb{R}$ 极小化调和能量, 则我们称其为调和函数.

我们进一步考察调和函数应该满足的条件. 令试探函数为在边界 $\partial\Omega$ 上取值为 0 的无穷阶光滑函数 $C_0^\infty(\Omega)$. 假设 $h \in C_0^\infty(\Omega)$, 则对一切 ε, 函数族 $\{u + \varepsilon h\}$ 的调和能量在 ε 为 0 时取到极值, 因此

$$\frac{d}{d\varepsilon}\Big|_{\varepsilon=0} \int_\Omega \langle \nabla u + \varepsilon \nabla h, \nabla u + \varepsilon \nabla h \rangle dx dy = 2 \int_\Omega \langle \nabla u, \nabla h \rangle dx dy = 0. \tag{21.2}$$

由关系式

$$\nabla \cdot (h \nabla u) = \langle \nabla h, \nabla u \rangle + h \nabla \cdot \nabla u,$$

我们得到

$$\int_\Omega \langle \nabla u, \nabla h \rangle dxdy = \int_\Omega h \nabla \cdot \nabla u dxdy - \int_\Omega \nabla \cdot (h \nabla u) dxdy.$$

由 Stokes 定理和 $h \in C_0^\infty(\Omega)$, 我们有

$$\int_\Omega \nabla \cdot (h \nabla u) dxdy = \int_{\partial\Omega} h \nabla u ds = 0,$$

因为 h 任意, 因此得到调和函数的 Euler-Lagrange 方程

$$\begin{cases} \Delta u \equiv 0, \\ u|_{\partial\Omega} = g, \end{cases} \tag{21.3}$$

即所谓的 Laplace 方程. 这里 Laplace 算子 $\Delta = \nabla \cdot \nabla$ 的物理意义是梯度的散度.

事实上, 热力学问题中的稳恒温度场、弹性力学中橡皮膜的弹性位移、扩散过程中的化学浓度都是调和函数, 都满足 Laplace 方程.

21.2 调和函数的均值定理

给定调和函数 u, 其梯度场为 ∇u. 因为 $\nabla \cdot \nabla u$ 为 0, 所以 ∇u 的旋度和散度同时为 0. 考察 Hodge 星算子 (定义 6.2), 将 ∇u 逆时针旋转 90 度, 所得向量场记成 $^*\nabla u$, 那么 $^*\nabla u$ 的旋度和散度也为 0, 因此 $^*\nabla u$ 可积. 存在函数 $v : \Omega \to \mathbb{R}$, 满足 $\nabla v =^* \nabla u$, 那么 v 称为 u 的共轭函数, 满足 Riemann-Cauchy 方程,

$$\frac{\partial u}{\partial x} = \frac{\partial v}{\partial y}, \quad \frac{\partial u}{\partial y} = -\frac{\partial v}{\partial x},$$

所以它们一同组成解析函数: $\varphi(z) = u + iv$. 由 Cauchy 积分公式,

$$\varphi(z) = \frac{1}{2\pi i} \oint_\gamma \frac{\varphi(\zeta)}{\zeta - z} dz, \tag{21.4}$$

这里 γ 是以 z 为圆心的小圆. 因此, 我们得到调和函数的均值性质 (mean value property), 调和函数的每一点的值都是其邻域内所有点的值的平均.

定理 21.1 (调和函数的均值定理) 假设 $\Omega \subset \mathbb{R}^2$ 是平面上开集, $u : \Omega \to \mathbb{R}$ 是调和函数, 那么对于任意点 $p \in \Omega$,

$$u(p) = \frac{1}{2\pi\varepsilon} \oint_\gamma u(q) ds, \tag{21.5}$$

这里 γ 是以 p 为圆心, 以 ε 为半径的圆. ◆

由此, 我们可以得到调和函数的极大值原理.

推论 21.1 (调和函数的极值原理) 假设 $\Omega \subset \mathbb{R}^2$ 是平面上区域, $u : \overline{\Omega} \to \mathbb{R}$ 是调和函数, 并且 u 不恒等于常数, 则 u 在 Ω 的内点不能达到最大值和最小值. ◆

证明 假设 p 是 Ω 的内点, p 是 u 的极大值, $u(p) = C$, 由等式 (21.5) 得到围绕 p 的圆周 $B(p, \varepsilon)$ 上任意一点 q 都有 $u(q) = C$, 这里 ε 任意, 由此 u 在 p 的一个邻域内为常值 C. 这样 $u^{-1}(C)$ 是开集, 另一方面 u 连续, $u^{-1}(C)$ 是闭集, 因此 $u^{-1}(C) = \Omega$, 即 u 为常值函数, 矛盾. 同理可证, u 不能在内点达到最小值. ∎

我们用极大值定理来证明 Laplace 方程解的唯一性.

推论 21.2 假设 $\Omega \subset \mathbb{R}^2$ 是平面上的区域, $u_1, u_2 : \Omega \to \mathbb{R}$ 是调和函数, 并且 u_1, u_2 具有同样的边值, $u_1|_{\partial\Omega} = u_2|_{\partial\Omega}$, 那么在 Ω 上 $u_1 = u_2$. ◆

证明 $u_1 - u_2$ 也是调和函数, 并且边值为 0, 因此 $u_1 - u_2$ 的极大值和极小值都为 0, u_1, u_2 必处处相等. ∎

21.3 调和函数的共形不变性

下面, 我们再从微分几何角度来考察调和函数. 假设曲面带有 Riemann 度量 $(S, \mathbf{g})$, 我们采用等温参数 (x, y),

$$\mathbf{g} = e^{2\lambda(x,y)}(dx^2 + dy^2),$$

则 Riemann 度量 $\mathbf{g}$ 下的梯度算子

$$\nabla_{\mathbf{g}} = e^{-\lambda(x,y)}\nabla,$$

这里 ∇ 是欧氏平面上的微分算子; 面积元 $dA_{\mathbf{g}} = e^{2\lambda}dA$, dA 是欧氏平面上的面积元. 调和能量

$$\int_S \langle \nabla_{\mathbf{g}}u, \nabla_{\mathbf{g}}u \rangle dA_{\mathbf{g}} = \int_S \frac{1}{e^{2\lambda}}\langle \nabla u, \nabla u \rangle e^{2\lambda}dA = \int_S \langle \nabla u, \nabla u \rangle dA, \quad (21.6)$$

这证明了调和能量的共形不变性.

引理 21.1 给定拓扑曲面 S 的两个共形等价的 Riemann 度量

$\mathbf{h} = e^{2\lambda}\mathbf{g}$ 和定义在曲面 S 上的函数 $u : S \to \mathbb{R}$, 那么两个调和能量相等:

$$\int_S \langle \nabla_\mathbf{g} u, \nabla_\mathbf{g} u \rangle dA_\mathbf{g} = \int_S \langle \nabla_\mathbf{h} u, \nabla_\mathbf{h} u \rangle dA_\mathbf{h}. \qquad \blacklozenge$$

类似地, 调和函数在共形变换下不变.

引理 21.2 假设 $\varphi : (\Omega_1, \mathbf{g}_1) \to (\Omega_2, \mathbf{g}_2)$ 是共形映射, $u : \Omega_2 \to \mathbb{R}$ 是调和函数,

$$(\Omega_1, \mathbf{g}_1) \xrightarrow{\ \varphi\ } (\Omega_2, \mathbf{g}_2) \xrightarrow{\ u\ } \mathbb{R},$$

那么 $\varphi \circ u : \Omega_1 \to \mathbb{R}$ 也是调和函数. $\qquad \blacklozenge$

证明 $\varphi : (\Omega_1, \mathbf{g}_1) \to (\Omega_2, \mathbf{g}_2)$ 是共形映射, 那么存在函数 $\lambda : \Omega_1 \to \mathbb{R}$,

$$\varphi^* \mathbf{g}_2 = e^{2\lambda} \mathbf{g}_1,$$

因此

$$\Delta_{\mathbf{g}_1} = e^{-2\lambda} \Delta_{\mathbf{g}_2}.$$

如果 $u : \Omega_2 \to \mathbb{R}$ 是调和函数, 那么 $\Delta_{\mathbf{g}_2} u \equiv 0$, 因此 $\Delta_{\mathbf{g}_1} \varphi \circ u \equiv 0$, $\varphi \circ u$ 在 $(\Omega_1, \mathbf{g}_1)$ 上也是调和的. $\qquad \blacksquare$

这为计算带来极大的便利, 比如我们可以将拓扑圆盘曲面 Ω 用保角变换映到单位圆盘上, 然后在单位圆盘上解 Dirichlet 问题.

定理 21.2 设 $u : \mathbb{D} \to \mathbb{R}$ 是定义在单位圆盘上的调和函数, 其在边界上的限制等于函数 $g : \partial\mathbb{D} \to \mathbb{R}$,

$$u(z) = \frac{1}{2\pi} \int_{-\pi}^{\pi} P(e^{i\theta}, z) g(e^{i\theta}) d\theta, \qquad (21.7)$$

这里 $|z| < 1$ 为单位圆盘内的任意一点. Poisson 核 $P(e^{i\theta}, z)$ 为

$$P(e^{i\theta}, z) = \frac{1 - |z|^2}{|z - e^{i\theta}|^2}. \qquad \blacklozenge \qquad (21.8)$$

证明 我们用 Möbius 映射将 z_0 点映到圆盘中心, $\varphi(z) = \zeta$,

$$\zeta = \frac{z - z_0}{1 - \bar{z}_0 z},$$

那么,

$$d\zeta = \frac{1 - \bar{z}_0 z_0}{(1 - \bar{z}_0 z)^2} dz,$$

令 $z = e^{i\theta}$, 则 Möbius 映射将单位圆映到单位圆, 不妨设 $\zeta = e^{i\eta}$. 有

$$d\zeta = i\zeta d\eta,$$

$$\zeta d\eta = \frac{z - z_0}{1 - \bar{z}_0 z} d\eta = \frac{1 - \bar{z}_0 z_0}{(1 - \bar{z}_0 z)^2} z d\theta,$$

由此得到

$$d\eta = \frac{1 - |z_0|^2}{z - z_0} \frac{z}{1 - \bar{z}_0 z} d\theta = \frac{1 - |z_0|^2}{z - z_0} \frac{z\bar{z}}{\bar{z} - \bar{z}_0 z\bar{z}} d\theta.$$

代入 $z = e^{i\theta}$, 得到

$$d\eta = \frac{1 - |z_0|^2}{z - z_0} \frac{1}{\bar{z} - \bar{z}_0} d\theta = \frac{1 - |z_0|^2}{|e^{i\theta} - z_0|^2} d\theta.$$

在 z 平面上, $u(z)$ 是调和函数, φ 是全纯单叶函数, 因此 $u \circ \varphi^{-1}(\zeta)$ 是调和函数. 在 ζ 平面上, 根据调和函数的均值性质, 我们有

$$u(z_0) = u \circ \varphi^{-1}(0) = \int_{-\pi}^{\pi} g(e^{i\eta}) d\eta = \int_{-\pi}^{\pi} g(e^{i\theta}) \frac{1 - |z_0|^2}{|e^{i\theta} - z_0|^2} d\theta.$$

证明完毕. ■

Poisson 核公式 (21.8) 表明调和函数的值连续依赖于边值条件. 或者, 我们用调和函数的极大值原理来证明内点处调和函数值之差介于边值之差的最大和最小值之间.

一般的椭圆型偏微分算子为

$$a(x,y)\frac{\partial^2}{\partial x^2} + 2b(x,y)\frac{\partial^2}{\partial x \partial y} + c(x,y)\frac{\partial^2}{\partial y^2} + d(x,y)\frac{\partial}{\partial x} + e(x,y)\frac{\partial}{\partial y} + f(x,y),$$

这里矩阵

$$\begin{pmatrix} a(x,y) & b(x,y) \\ b(x,y) & c(x,y) \end{pmatrix}$$

处处正定. 从几何上讲, 我们可以找到一个定义在 Ω 上的 Riemann 度量 $\mathbf{g}$, 使得椭圆型微分算子是度量 $\mathbf{g}$ 下的 Laplace 算子. 进一步, 我们可以找到度量 $\mathbf{g}$ 的等温坐标

$$\mathbf{g} = e^{2\mu(\xi,\eta)}(d\xi^2 + d\eta^2),$$

则微分算子成为标准的 Laplace 算子,

$$\Delta_{\mathbf{g}} = \frac{1}{e^{2\mu(\xi,\eta)}}\left(\frac{\partial^2}{\partial \xi^2} + \frac{\partial^2}{\partial \eta^2}\right).$$

这意味着椭圆型偏微分方程本质上和 Laplace 方程是一致的, 只不过变换了度量和参数.

21.4 微分同胚性质

调和映射之所以在工程领域备受青睐, 除了算法简单、计算稳定之外, 主要是因为它具有微分同胚性质, 即下面的 Rado 定理.

定理 21.3 (Rado) 假设调和映射 $\varphi : (S, \mathbf{g}) \to (\Omega, dx^2 + dy^2)$ 满足

1. 平面区域 Ω 是凸的,

2. 映射在边界上的限制 $\varphi : \partial S \to \partial \Omega$ 是拓扑同胚,

那么调和映射在 S 内部是微分同胚. ◆

证明 由调和映射的正则性理论, 我们得到调和映射的光滑性. 这里证明映射为微分同胚. 假设映射 $\varphi : (x, y) \to (u, v)$ 不是微分同胚, 则在某一内点 $p \in \Omega$, φ 的 Jacobi 矩阵退化, 存在常数 $a, b \in \mathbb{R}$ 不同时为 0, 使得

$$a\nabla u(p) + b\nabla v(p) = 0.$$

由 $\Delta u = 0$, $\Delta v = 0$, 因此辅助函数

$$f(q) = au(q) + bv(q) = f \circ \varphi(q)$$

也是调和的. 因为 $\nabla f(p) = 0$, 因此调和函数 f 以 p 为极值点. 因为调和函数的极大值原理, 内点 p 必为鞍点. 考察 p 点附近 f 的水平集,

$$\Gamma = \{q \in \Omega | f(q) = f(p) - \varepsilon\},$$

Γ 具有两个连通分支, 和边界 ∂S 有四个交点.

但是 Ω 为平面凸区域, 其边界 $\partial \Omega$ 和直线 $au + bv = \mathrm{const}$ 只有两个交点. 根据假设, 映射 φ 在边界上的限制 $\varphi : \partial S \to \partial \Omega$ 是拓扑同胚, 矛盾. 因此假设错误, 映射 φ 必为微分同胚. 证明完毕. ■

工程上偏爱调和映射的另外一个原因是调和映射接近保角映射, 因此曲面的角度畸变比较小, 如图 21.1 所示. 通常意义下, 共形映射是调和映射, 调和映射不一定是共形映射. 如图 21.2 所示, 人脸曲面到平面区域的调和映射 $\varphi : (S, \mathbf{g}) \to (\Omega, dx^2 + dy^2)$, 可以表示成坐标映射 $\varphi : (x, y) \to (u, v)$, 这里 u, v 是相互独立的调和函数. 如果坐标分量函数彼此非独立而共轭, 则调和映射为共形映射.

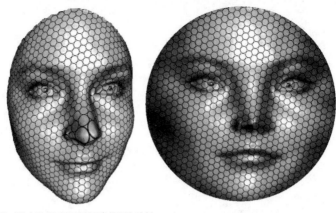

图 21.1 从三维人脸曲面到平面圆盘的调和映射.

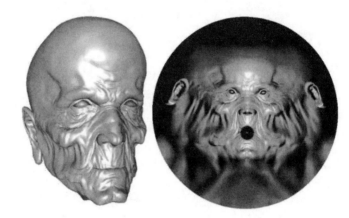

图 21.2 调和映射是微分同胚, 并且接近共形映射.

拓扑球面间的调和映射在医学图像领域被频繁使用, 特别是构造大脑皮层曲面到单位球面间的映射, 我们称之为 "共形脑图", 如图 1.17 所示.

22.1 非线性热流方法

图 22.1 显示了亏格为 0 的封闭曲面到单位球面间的调和映射. 我们将源曲面想象成橡皮膜制成的曲面, 目标曲面由表面抛光的大理石制成. 将橡皮膜罩在大理石上, 橡皮膜在抛光的大理石表面上自由无摩擦地滑动, 当系统到达稳恒状态, 橡皮膜的弹性形变势能达到最小, 所得映射即为调和映射. 这一物理图景启发我们设计拓扑球面调和映射的计算方法.

22.1.1 外蕴法

我们将目标曲面单位球面嵌在三维欧氏空间中, 这样曲面间的映射可以表示成从源曲面到三维欧氏空间的映射, 并且像集被限制在单位球面上,

$$\varphi : S \to \mathbb{R}^3, \quad \varphi(S) \subset \mathbb{S}^2.$$

 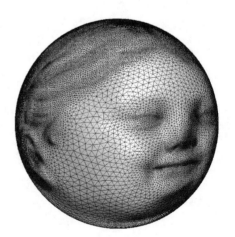

图 22.1 拓扑球面间的调和映射.

进一步, 这一映射由三个坐标函数来表示,

$$\varphi(p) = (x(p), y(p), z(p)), \quad \forall p \in S,$$

映射的 Laplace 由坐标函数的 Laplace 给出,

$$\nabla_{\mathbf{g}}\varphi = (\nabla_{\mathbf{g}}x, \nabla_{\mathbf{g}}y, \nabla_{\mathbf{g}}z).$$

传统的热流方法将一个函数经过 "热力学扩散" 成一个调和函数, 使得其调和能量随时间单调下降: $\forall p \in S$, $t \in [0, \infty)$,

$$\frac{\partial u(p,t)}{\partial t} = \Delta_{\mathbf{g}}u(p,t).$$

但是, 在目前的情况下, 映射的像被限制在单位球面上, 因此每一点的像只能沿着单位球面的切方向移动, 而无法沿着球面的法方向移动. 因此, 我们需要将传统的热流方法修改成非线性热流: $\forall p \in S$, $t \in [0, \infty)$,

$$\frac{\partial \varphi(p,t)}{\partial t} = \Delta_{\mathbf{g}}\varphi(p,t)^T,$$

这里等式右侧是映射 Laplace 的切向分量,

$$\Delta_{\mathbf{g}}\varphi(p,t)^T = \Delta_{\mathbf{g}}\varphi(p,t) - \langle \Delta_{\mathbf{g}}\varphi(p,t), \varphi(p,t)\rangle\varphi(p,t).$$

这样我们可以保证对任意时间和任意点, 映射像一直在单位球面上, $\forall p \in S$, $t \in [0, \infty)$, $\varphi(p,t) \in \mathbb{S}^2$, 由此可见, 所谓的 "非线性" 是指在每一点、每一步我们都需要向切空间投影, 因此能量泛函的 Euler-Lagrange 方程不是线性偏微分方程, 其离散化的近似不是线性方程组:

$$\Delta_{\mathbf{g}}\varphi(p,\infty)^T \equiv 0, \quad \forall p \in S.$$

非线性热流方法可以确保映射的调和能量单调递降, 但是由于调和映射不唯一, 计算并不稳定, 我们需要添加更多的条件来确保解的唯一性. 事实上, 如果存在两个映射都是调和映射, 则它们彼此相差一个球面到自身的共形变换. 首先, 我们用球极投影将球面映到扩展复平面上.

如图 22.2 所示, 我们在单位球的北极放置一个光源, 从北极发射的光线将球面上所有点映到过南极的切平面上, 同时将北极点映成无穷远点. 直接计算表明, 球极投影是共形映射. 扩展复平面到自身的所有共形变换

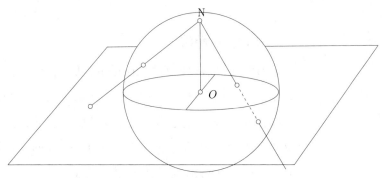

图 22.2 球极投影.

构成所谓的 Möbius 变换群, 每一个自映射都具有如下形式:

$$\mathrm{Mob}(\mathbb{S}^2) = \left\{ z \to \frac{az+b}{cz+d}, ad-bc=1, a,b,c,d \in \mathbb{C} \right\}.$$

如果存在两个调和映射, 则它们相差一个 Möbius 变换:

$$\varphi_1, \varphi_2 : (S, \mathbf{g}) \to \mathbb{S}^2, \quad \varphi_2 \circ \varphi_1^{-1} \in \mathrm{Mob}(\mathbb{S}^2).$$

为了去掉 Möbius 变换群带来的歧义性, 我们添加一些归一化条件, 例如要求映射满足

$$\int_S \varphi(p) dA_{\mathbf{g}} = 0,$$

这个限制去掉了 3 个自由度, 余下的 Möbius 变换是单位球面到自身的旋转. 非线性热流方法是稳定的, 不会诱发旋转, 因此这一归一化条件足够确保调和映射解的唯一性.

非线性热流方法将一个初始映射 "扩散" 成一个调和映射, 那么如何选取初始映射呢? 理论上, 任何一个映射度为 1 的映射都可以, 例如最为常见的 Gauss 映射. 但在实践中, 光滑曲面被离散的多面体网格所逼近, 优化过程有可能落入局部最优的陷阱. 一种有效地避免局部最优陷阱的方法如下: 将源曲面一分为二, 将每一半用拓扑圆盘的调和映射映到单位圆盘, 并且边界映射相互一致; 然后用球极投影将两个单位圆盘映到上半球面和下半球面, 如此得到曲面到单位球面的初始映射; 最后, 再用非线性热流方法将初始映射进一步扩散.

22.1.2　内蕴法

内蕴法只需要曲面的 Riemann 度量, 不需要曲面在欧氏空间中的等距嵌入. 外蕴法引导我们得到计算方法, 内蕴法使我们能够洞察调和映射更为深刻的性质. 假设带度量的曲面是 $(M, \mathbf{g})$ 和 $(N, \mathbf{h})$, 对应的曲面等温坐标是 $\mathbf{g} = \lambda dz d\bar{z}$, $\mathbf{h} = \rho dw d\bar{w}$. 给定曲面间的映射是 $u : (M, \mathbf{g}) \to (N, \mathbf{h})$. 我们构造辅助函数,

$$|\partial u|^2 = \frac{\rho(u(z))}{\lambda(z)}|u_z|^2, \quad |\bar{\partial} u|^2 = \frac{\rho(u(z))}{\lambda(z)}|u_{\bar{z}}|^2.$$

映射的调和能量密度为

$$e(u; \lambda, \rho) = |\partial u|^2 + |\bar{\partial} u|^2,$$

映射的调和能量为

$$E(u; \lambda, \rho) = \int_M e(u; \lambda, \rho)\lambda dx dy = \int_M \rho(u(z))(|u_z|^2 + |u_{\bar{z}}|^2)dx dy.$$

由此, 我们可以看到调和能量只和源曲面的共形结构 $\{z\}$ 有关, 和具体的共形 Riemann 度量无关. 进一步, 我们得到调和能量的 Euler-Lagrange 方程为

$$(\log \rho)_u u_{\bar{z}} u_z + u_{z\bar{z}} = 0,$$

从而, 内蕴的非线性热流方程为

$$\frac{\partial u(z, t)}{\partial t} = -\left(\frac{\rho_u(u)}{\rho(u)} u_{\bar{z}} u_z + u_{z\bar{z}} \right).$$

22.2　调和映射和共形映射的关系

图 22.3 显示了从人脸曲面到单位圆盘的调和映射和共形映射. 两个映射非常接近, 但是如果仔细考察, 我们发现在调和映射中, 平面上的小圆被拉回到曲面上成为小椭圆 (偏心率接近 0); 在共形映射中, 平面上的小圆被拉回到曲面上成为小圆.

通常情况下, 共形映射一定是调和的, 调和映射不一定是共形的. 在

图 22.3 的情形, 当固定边界映射, 优化调和能量, 我们得到调和映射. 如果放开边界, 令边界的像在单位圆上可以自由滑动, 从而进一步减小调和能量, 则我们得到共形映射. 换言之, 共形映射是所有调和映射中调和能量最小者.

曲面上所有的全纯二次微分构成一个复线性空间. 由 Riemann-Roch 定理, 亏格为 g 的闭 Riemann 面 ($g > 1$), 这个线性空间的复维数为 $3g - 3$. Riemann-Roch 定理是指标定理的特殊形式, 本质上是说流形上椭圆型偏微分方程解的空间维数由流形拓扑决定.

引理 22.1 拓扑球面上所有的全纯二次微分必然为 0.　　　　◆

证明 假如球面上存在一个全纯二次微分, 那么它诱导一个带有奇异点的平直度量, 奇异点对应全纯二次微分的零点, 因此奇异点处的曲率测度为 $-\pi$. 根据 Gauss-Bonnet 定理, 总曲率等于球面的 Euler 示性数乘以

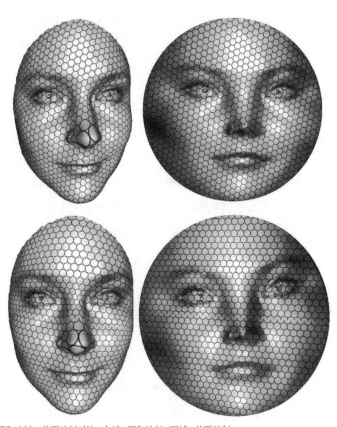

图 22.3 调和映射、共形映射对比. 上帧: 调和映射; 下帧: 共形映射.

2π, 从而奇异点的个数为 0, 全纯二次微分没有零点. 我们能够取其平方根的一个分支, 得到一个全纯 1-形式. 球面上的全纯 1-形式的实部为调和 1-形式. 因为球面的一阶上同调群为 0, 所以调和 1-形式必为 0, 进而全纯二次微分必为 0. 证明完毕. ■

另一种证明 定义球面 $\mathbb{S}^2$ 的两个局部坐标系, $z = f_1(x)$ 和 $f_2(x) = w = \frac{1}{z}, z \neq 0$. 全纯二次微分在局部坐标系 f_1 上的表示为

$$\varphi(z)dz^2, \quad \varphi : \mathbb{C} \to \mathbb{C} \text{ 为全纯函数}.$$

在局部坐标系 f_2 上,

$$\varphi(z)dz^2 = \varphi(z(w))\left(\frac{\partial z}{\partial w}\right)^2 dw^2 = \varphi(z(w))\frac{1}{w^4}dw^2.$$

因为全纯二次微分定义在 $\mathbb{S}^2$ 上, 当 $w \to 0$ 时, 上式有界,

$$\varphi(z(w))\frac{1}{w^4} < \infty,$$

因此当 $z \to \infty$ 时, $\varphi(z) \to 0$. 由 Liouville 定理, $\varphi \equiv 0$. ■

由引理 23.4, 我们得到: 给定带度量曲面之间的可微映射 $u : (M, \mathbf{g}) \to (N, \mathbf{h})$, 映射诱导的 Hopf 微分为

$$\Phi_u(z) = \rho(u)u_z \bar{u}_z dz^2, \tag{22.1}$$

如果 Hopf 微分 Φ_u 全纯, 则映射 u 必为调和; 如果 Hopf 微分 Φ_u 为 0, 则映射 u 必为共形映射.

定理 22.1 带度量拓扑球面间的调和映射一定是共形的. ◆

直观来说, 拓扑球面间的映射可以在球面上自由滑动, 从而使调和能量无障碍地达到最优, 从而得到共形映射. 下面, 我们将这一直觉述诸严格的证明.

证明 拓扑球面间的所有的调和映射, 其 Hopf 微分为全纯二次微分, 必然为 0. 我们得到拓扑球面间的所有调和映射必为共形映射. 证明完毕. ■

利用拓扑球面间的调和映射, 我们可以构造拓扑圆盘曲面间的共形映射, 亦称 Riemann 映射. 假设源曲面是亏格为 0 的曲面, 带有一条边界, 边界足够光滑. 我们取曲面的一个拷贝, 将其定向取反, 将两张曲面沿着

边界上的对应点黏合, 得到一张对称的拓扑球面. 这一技术称为曲面的双重覆盖. 我们用拓扑球面的调和映射将双重覆盖的曲面共形地映到单位球面上, 然后复合一个 Möbius 变换, 使得原来曲面的边界被映成单位球面的赤道, 再用球极投影将上半球面映成单位圆盘. 由此, 我们得到拓扑圆盘曲面的 Riemann 映射.

第二十三章　　　　调和映射理论

23.1 Sobolev 空间的基本概念

我们首先回忆一些基本定义.

定义 23.1　假设 $\Omega \subset \mathbb{R}^d$ 是开集, 实数 $p \in \mathbb{R}$, 并且 $p \geqslant 1$,

$$L^p(\Omega) := \left\{ \text{可测函数 } f : \Omega \to \mathbb{R} \cup \{\pm\infty\} \text{ 并且 } \|f\|_{L^p(\Omega)} := \left(\int_\Omega |f(x)|^p dx \right)^{\frac{1}{p}} < \infty \right\},$$

$$L^\infty(\Omega) := \left\{ \text{可测函数 } f : \Omega \to \mathbb{R} \cup \{\pm\infty\} \text{ 并且 } \|f\|_{L^\infty(\Omega)} := \text{ess sup}_{x \in \Omega} < \infty \right\},$$

这里

$$\text{ess sup}_{x \in \Omega} := \inf \left\{ a \in \mathbb{R} \cup \{\infty\} : \text{对几乎所有的 } x \in \Omega, \ f(x) \leqslant a \right\}. \ \blacklozenge$$

下面的事实对于证明椭圆型偏微分方程解的存在性至关重要. 如果 $1 \leqslant p \leqslant \infty$, 在 L^p 模下, $L^p(\Omega)$ 是 Banach 空间 (Banach space), 即完备赋范空间; 如果 $(f_n)_{n \in \mathbb{N}}$ 在 $L^p(\Omega)$ 中收敛到 f, 那么存在一个子序列几乎处处逐点收敛到 f; 如果 $1 \leqslant p < \infty$, $C^\infty(\Omega)$ 在 $L^p(\Omega)$ 中稠密, 但是在 $p = \infty$ 时不成立; 如果 $f \in L^2(\Omega)$ 并且对一切 $\varphi \in C_0^\infty(\Omega)$, $\int_\Omega f\varphi dx = 0$, 那么 $f = 0$.

$$L_{loc}^p(\Omega) := \left\{ f : \Omega \to \mathbb{R} \cup \{\pm\infty\} : \text{对一切 } \Omega' \subset\subset \Omega, \text{ 都有 } f \in L^p(\Omega') \right\},$$

这里 $\Omega' \subset\subset \Omega$ 表示 Ω' 是 Ω 的紧子集.

定义 23.2 (弱导数)　假设 $f \in L_{loc}^1(\Omega)$, 我们说 $v \in L_{loc}^1(\Omega)$ 是 f 沿着 x_i 方向的弱导数, 记为 $v = D_i f$, 如果对一切 $\varphi \in C_0^1(\Omega)$ (在 $\partial\Omega$ 上 $\varphi = 0$) 都有

$$\int_\Omega v(x)\varphi(x)dx = -\int_\Omega f(x)\frac{\partial\varphi(x)}{\partial x^i}dx,$$

这里 $x = (x^1, \cdots, x^n) \in \mathbb{R}^n$. $\blacklozenge$

f 的高阶弱导数可以类似定义.

定义 23.3 (Sobolev 空间)　$k \in \mathbb{N}$, $1 \leqslant p \leqslant \infty$. Sobolev 空间

(Sobolev space) 和 Sobolev 模定义如下:

$$W^{k,p}(\Omega) := \{f \in L^p(\Omega) : \forall \alpha, |\alpha| \leqslant k : D_\alpha f \in L^p(\Omega)\},$$

$$\|f\|_{W^{k,p}(\Omega)} := \left(\sum_{|\alpha| \leqslant k} \int_\Omega |D_\alpha f|^p\right)^{\frac{1}{p}}, \quad \forall 1 \leqslant p < \infty,$$

$$\|f\|_{W^{k,\infty}(\Omega)} := \sum_{|\alpha| \leqslant k} \operatorname{ess\,sup}_{x \in \Omega} |D_\alpha f(x)|. \qquad \blacklozenge$$

定义 23.4 C_0^∞ 在 $W^{k,p}(\Omega)$ 范数下的闭包定义成 $H_0^{k,p}(\Omega)$; C^∞ 在 $W^{k,p}(\Omega)$ 范数下的闭包定义成 $H^{k,p}(\Omega)$. $\qquad \blacklozenge$

$H^{k,2}(\Omega)$ 是一个 Hilbert 空间 (Hilbert space), 内积为

$$(f,g)_{H^{k,2}(\Omega)} := \sum_{|\alpha| \leqslant k} \int_\Omega D_\alpha f(x) D_\alpha g(x) dx.$$

Sobolev 空间是完备的.

定理 23.1 对一切 $1 \leqslant p < \infty$, $k \in \mathbb{N}$, $W^{k,p}(\Omega) = H^{k,p}(\Omega)$. 对一切 $1 \leqslant p \leqslant \infty$, $k \in \mathbb{N}$, $W^{k,p}$ 是 Banach 空间. $\qquad \blacklozenge$

Poincaré 不等式 (Poincaré's inequality) 允许我们用函数的调和能量来估计函数的 L^2 模.

引理 23.1 (Poincaré 不等式) $\Omega \subset \mathbb{R}^n$ 是有界开集, 如果 $f \in H_0^{1,2}(\Omega)$, 那么

$$\|f\|_{L^2(\Omega)} \leqslant \operatorname{const} \operatorname{vol}(\Omega)^{\frac{1}{n}} \|Df\|_{L^2(\Omega)}. \qquad \blacklozenge$$

定理 23.2 $\Omega \subset \mathbb{R}^n$ 是有界开集, 那么 $H_0^{1,2}(\Omega)$ 紧嵌入在 $L^2(\Omega)$ 中, 即如果 $(f_n)_{n \in \mathbb{N}} \subset H_0^{1,2}(\Omega)$ 满足

$$\|f_n\|_{W^{1,2}(\Omega)} \leqslant \operatorname{const},$$

那么存在一个子序列在 $L^2(\Omega)$ 中收敛. $\qquad \blacklozenge$

定义 23.5 (弱收敛) 令 H 是 Hilbert 空间, 其模为 $\|\cdot\|$, 内积为 $\langle \cdot \rangle$, 那么序列 $(v_n)_{n \in \mathbb{N}} \subset H$ 称为弱收敛到 $v \in H$,

$$v_n \rightharpoonup v,$$

当且仅当

$$\langle v_n, w \rangle \to \langle v, w \rangle, \quad \forall w \in H. \qquad \blacklozenge$$

定理 23.3 Hilbert 空间 H 中的每一个有界序列 $(v_n)_{n\in\mathbb{N}}$ 包含一个弱收敛子序列 (不妨设 (v_n) 本身收敛), 如果极限是 v, 那么

$$\|v\| \leqslant \liminf_{n\to\infty}\|v_n\|.\qquad\blacklozenge$$

23.2 C^α 正则性理论

定义 23.6 令 $f : \Omega \to \mathbb{R}$, $x_0 \in \Omega$ 并且 $\alpha \in (0,1)$, 如果

$$\sup_{x\in\Omega\setminus\{x_0\}} \frac{|f(x) - f(x_0)|}{|x - x_0|^\alpha} < \infty, \qquad (23.1)$$

那么我们说 f 在 x_0 点 α 次 Hölder 连续, α 为 Hölder 指数.

如果 f 在任意一点 $x_0 \in \Omega$ 都 α 次 Hölder 连续, 那么我们说 f 在 Ω 上 α 次 Hölder 连续, 记为 $f \in C^\alpha(\Omega)$. $\qquad\blacklozenge$

在等式 (23.1) 中, 如果 $\alpha = 1$, 那么 f 称为在 x_0 点 Lipschitz 连续.

定义 23.7 1. 如果 $f : \Omega \to \mathbb{R}$ 有界连续,

$$\|f\|_{C(\Omega)} := \sup_{x\in\Omega} |f(x)|.$$

2. $f : \Omega \to \mathbb{R}$ 的 α 次 Hölder 半模

$$|f|_{C^{0,\alpha}(\Omega)} := \sup_{x\neq y} \frac{|f(x) - f(y)|}{|x - y|^\alpha},$$

α 次 Hölder 模

$$\|f\|_{C^{0,\alpha}(\Omega)} := \|f\|_{C(\Omega)} + |f|_{C^{0,\alpha}(\Omega)}.\qquad\blacklozenge$$

定义 23.8 Hölder 空间 $C^{k,\alpha}(\Omega)$ 包含所有 Hölder 模有限的函数 $f \in C^k(\Omega)$, 这里 Hölder 模定义为

$$\|f\|_{C^{k,\alpha}(\Omega)} := \sum_{|\gamma|\leqslant k} \|D^\gamma f\|_{C(\Omega)} + \sum_{|\gamma|=k} |D^\gamma f|_{C^{0,\alpha}(\Omega)}.\qquad\blacklozenge$$

定理 23.4 令 $\Omega \subset \mathbb{R}^d$ 是开的真子集, $\Omega_0 \subset\subset \Omega$; 令 u 是 $\Delta u = f$ 的弱解, 那么

1. 如果 $f \in C^0(\overline{\Omega})$ (即 $f \in C^0(\Omega)$ 并且 $\sup_{x\in\Omega}|f(x)| < \infty$), 那么 $u \in C^{1,\alpha}(\Omega)$, 并且

$$\|u\|_{C^{1,\alpha}(\Omega_0)} \leqslant \mathrm{const}\left(\|f\|_{C^0(\Omega)} + \|u\|_{L^2(\Omega)}\right).\qquad (23.2)$$

2. 如果 $f \in C^{0,\alpha}(\Omega)$, 那么 $u \in C^{2,\alpha}(\Omega)$, 并且

$$\|u\|_{C^{2,\alpha}(\Omega_0)} \leqslant \text{const}\left(\|f\|_{C^{0,\alpha}(\Omega)} + \|u\|_{L^2(\Omega)}\right). \quad \blacklozenge \qquad (23.3)$$

定义 23.9 $u \in H^{1,2}(\Omega)$ 称为弱调和 (或 Laplace 方程的弱解), 如果

$$\int_\Omega Du \cdot Dv = 0 \quad \text{对一切 } v \in H_0^{1,2}(\Omega). \quad \blacklozenge \qquad (23.4)$$

定义 23.10 设 $f \in L^2(\Omega)$, 那么 $u \in H^{1,2}(\Omega)$ 称为 Poisson 方程 $\Delta u = f$ 的弱解, 如果对一切 $v \in H_0^{1,2}(\Omega)$,

$$\int_\Omega Du \cdot Dv + \int_\Omega f \cdot v = 0. \quad \blacklozenge \qquad (23.5)$$

对于给定的边值条件 f (这意味着 $u - f \in H_0^{1,2}(\Omega)$), 通过优化下列能量, 我们得到方程 (23.5) 的解

$$\frac{1}{2}\int_\Omega |Dw|^2 + \int_\Omega f \cdot w,$$

这里函数类 $w \in H^{1,2}(\Omega)$, 同时 $w - g \in H_0^{1,2}(\Omega)$.

定理 23.5 令 u 是方程 $\Delta u = f$ 的弱解, 这里 $f \in L^p(\Omega)$, $p > d$. 那么

$$u \in C^{1,\alpha}(\Omega),$$

这里 α 只依赖于 p 和 d. 并且对每一个 $\Omega_0 \subset\subset \Omega$, 我们有

$$\|u\|_{C^{1,\alpha}(\Omega_0)} \leqslant \text{const}(\|f\|_{L^p(\Omega)} + \|u\|_{L^2(\Omega)}). \qquad \blacklozenge$$

推论 23.1 如果 $u \in W^{1,2}(\Omega)$ 是 $\Delta u = f$ 的弱解, $f \in C^{k,\alpha}$, 那么 $u \in C^{k+2,\alpha}(\Omega)$ $(k \in \mathbb{N})$, 并且对于一切 $\Omega_0 \subset\subset \Omega$, 都有

$$\|u\|_{C^{k+2,\alpha}(\Omega_0)} \leqslant \text{const}(\|f\|_{C^{k,\alpha}(\Omega)} + \|u\|_{L^2(\Omega)}).$$

如果 $f \in C^\infty$, 那么 u 也是 C^∞. $\qquad \blacklozenge$

23.3 调和映射的概念

令 (Σ_1, z) 和 (Σ_2, u) 是两个 Riemann 面, Σ_1 和 Σ_2 上分别具有 Riemann 度量 $\sigma(z)dzd\bar{z}$ 和 $\rho(u)dud\bar{u}$. 设 C^1 映射 $u : \Sigma_1 \to \Sigma_2$, 定义 u

的调和能量为

$$E(z, \rho, u) := \int_{\Sigma_1} \rho^2(u)(u_z \bar{u}_{\bar{z}} + \bar{u}_z u_{\bar{z}}) \frac{i}{2} dz d\bar{z}$$

$$= \frac{1}{2} \int_{\Sigma_1} \rho^2(u)(u_x \bar{u}_x + u_y \bar{u}_y) dx dy, \tag{23.6}$$

这里用到公式

$$u_z := \frac{1}{2}(u_x - iu_y), \quad u_{\bar{z}} := \frac{1}{2}(u_x + iu_y),$$

以及 $dz \wedge d\bar{z} = -2i\ dx \wedge dy$. 可以证明调和能量和 Σ_1 和 Σ_2 的共形参数选取无关, 和 Σ_1 的共形 Riemann 度量选取无关, 但是和 Σ_2 的 Riemann 度量有关. 因此如果存在共形映射 $f : \Sigma_1 \to \Sigma_1$, 那么调和能量 $E(u) = E(u \circ f)$.

引理 23.2 给定 C^1 映射 $u : \Sigma_1 \to \Sigma_2$, 那么调和能量

$$E(u) \geqslant \mathrm{area}(\Sigma_2), \tag{23.7}$$

等号成立当且仅当 u 是共形映射或反共形映射 (anticonformal). ◆

证明

$$E(u, z, \rho) = \int_{\Sigma_1} \rho^2(u)(|u_z|^2 + |u_{\bar{z}}|^2) \frac{i}{2} dz d\bar{z}$$

$$= \int_{\Sigma_1} \rho^2(u) \frac{|u_z|^2 + |u_{\bar{z}}|^2}{|u_z|^2 - |u_{\bar{z}}|^2} J_u \frac{i}{2} dz d\bar{z}$$

$$= \int_{\Sigma_2} \rho^2(u) \frac{1 + |\mu|^2}{1 - |\mu|^2} \frac{i}{2} du d\bar{u}$$

$$= \frac{1}{2} \int_{\Sigma_2} \rho^2(u) \left(\frac{1 + |\mu|}{1 - |\mu|} + \frac{1 - |\mu|}{1 + |\mu|} \right) \frac{i}{2} du d\bar{u}$$

$$= \frac{1}{2} \int_{\Sigma_2} \rho^2(u) \left(K + \frac{1}{K} \right) \frac{i}{2} du d\bar{u}$$

$$\geqslant \int_{\Sigma_2} \rho^2(u) \frac{i}{2} du d\bar{u}$$

$$\geqslant \mathrm{area}(\Sigma_2),$$

这里 $\mu = u_{\bar{z}}/u_z$ 是映射的 Beltrami 微分, K 为映射的伸缩商, $K = (1 + |\mu|)/(1 - |\mu|)$, Jacobi 行列式 $J_u = |u_z|^2 - |u_{\bar{z}}|^2$. 等号成立当且仅当 K 恒等于 1, 即映射 u 是共形映射或反共形映射. ■

定义 23.11 如果 Riemann 面间的 C^1 映射 $u : \Sigma_1 \to \Sigma_2$ 使得调和能量达到极小, 那么 u 称为调和映射. ◆

23.4 Hopf 微分

引理 23.3 假设 Riemann 面间的 C^2 映射 $u : \Sigma_1 \to \Sigma_2$ 调和, 那么

$$u_{z\bar{z}} + \frac{2\rho_u}{\rho} u_z u_{\bar{z}} = 0. \quad \blacklozenge \qquad (23.8)$$

证明 如果 u 是调和映射, 在局部坐标系内 u 的变分 u_t 可以表示成

$$u + t\varphi, \quad \varphi \in C^0 \cap W_0^{1,2}(\Sigma_1, \Sigma_2).$$

我们推出

$$\frac{d}{dt} E(u + t\varphi)\Big|_{t=0} = 0, \qquad (23.9)$$

展开得到

$$0 = \frac{d}{dt} \left(\int \rho^2(u + t\varphi)((u + t\varphi)_z(\bar{u} + t\bar{\varphi})_{\bar{z}} + (\bar{u} + t\bar{\varphi})_z(u + t\varphi)_{\bar{z}}) i dz d\bar{z} \right)\Big|_{t=0}$$

$$= \int \big\{ \rho^2(u)(u_z \bar{\varphi}_{\bar{z}} + \bar{u}_{\bar{z}} \varphi_z + \bar{u}_z \varphi_{\bar{z}} + u_{\bar{z}} \bar{\varphi}_z)$$

$$+ 2\rho(\rho_u \varphi + \rho_{\bar{u}} \bar{\varphi})(u_z \bar{u}_{\bar{z}} + \bar{u}_z u_{\bar{z}}) \big\} i dz d\bar{z}.$$

令

$$\varphi = \frac{\psi}{\rho^2(u)},$$

上式化简为

$$0 = 2 \operatorname{Re} \int \left(u_z \bar{\psi}_{\bar{z}} - \frac{\rho_u}{\rho} u_z u_{\bar{z}} \bar{\psi} \right) i dz d\bar{z}$$

$$+ 2 \operatorname{Re} \int \left(\bar{u}_z \psi_z - \frac{\rho_{\bar{u}}}{\rho} \bar{u}_z \bar{u}_{\bar{z}} \psi \right) i dz d\bar{z}, \quad (23.10)$$

由假设 $u \in C^2$, 分部积分得到

$$0 = \operatorname{Re} \int \left(u_{z\bar{z}} + \frac{2\rho_u}{\rho} u_z u_{\bar{z}} \right) \bar{\psi} i dz d\bar{z} + \operatorname{Re} \int \left(\bar{u}_{z\bar{z}} + \frac{2\rho_{\bar{u}}}{\rho} \bar{u}_z \bar{u}_{\bar{z}} \right) \psi i dz d\bar{z}$$

$$= 2 \operatorname{Re} \int \left(u_{z\bar{z}} + \frac{2\rho_u}{\rho} u_z u_{\bar{z}} \right) \bar{\psi} \, i dz d\bar{z}. \qquad (23.11)$$

由此, 我们得到如果 $u \in C^2$ 是调和的, 那么

$$u_{z\bar{z}} + \frac{2\rho_u}{\rho} u_z u_{\bar{z}} = 0. \qquad \blacksquare$$

如果映射 u 的光滑性要求降低, 我们定义弱调和映射.

定义 23.12 (弱调和映射) 假设 $u \in C^0 \cap W^{1,2}(\Sigma_1, \Sigma_2)$, 等式

(23.10) 依然成立. 我们说 u 是弱调和 (weakly harmonic), 如果对一切 $\psi \in C^0 \cap W_0^{1,2}(\Sigma_1, \Sigma_2)$, 成立等式

$$\int \left(u_z \bar{\psi}_{\bar{z}} - \frac{2\rho_u}{\rho} u_z u_{\bar{z}} \bar{\psi} \right) idzd\bar{z} = 0. \quad \blacklozenge \qquad (23.12)$$

公式 (23.8) 和 (23.12) 在坐标的共形变换下不变; 特别地, 共形映射是调和的.

$$\Sigma_0 \xrightarrow{\ h\ } \Sigma_1 \xrightarrow{\ u\ } \Sigma_2$$

如上图所示, h 是共形映射, u 是调和映射, 那么 $u \circ h$ 还是调和的.

$$\Sigma_1 \xrightarrow{\ u\ } \Sigma_2 \xrightarrow{\ h\ } \Sigma_3$$

如上图所示, 如果调和映射 h 和共形映射 u 的次序颠倒, 那么 $h \circ u$ 不再是调和的. 这意味着调和映射中 Σ_1 和 Σ_2 不是对称的, 调和能量与 Σ_1 的共形结构和 Σ_2 上的度量有关.

引理 23.4 (调和映射的 Hopf 微分) 令 $u : (\Sigma_1, \mathbf{g}_1) \to (\Sigma_2, \mathbf{g}_2)$ 是调和映射, 这里 Riemann 度量 $\mathbf{g}_2 = \rho^2(u)dud\bar{u}$. z 是 $(\Sigma_1, \mathbf{g}_1)$ 的共形参数, 那么映射的 Hopf 微分

$$\Phi(u) := \rho^2 u_z \bar{u}_z dz^2$$

是 $(\Sigma_1, \mathbf{g}_1)$ 上的全纯二次微分. 进一步

$$\rho^2 u_z \bar{u}_z dz^2 \equiv 0$$

当且仅当 u 是全纯的或者反全纯的映射. $\qquad \blacklozenge$

证明 假设 u 是调和映射, 那么有

$$\frac{\partial}{\partial \bar{z}}(\rho^2 u_z \bar{u}_z) = (\rho^2 u_{z\bar{z}} + 2\rho\rho_u u_{\bar{z}} u_z)\bar{u}_z + (\rho^2 \bar{u}_{z\bar{z}} + 2\rho\rho_{\bar{u}} \bar{u}_{\bar{z}} \bar{u}_z)u_z = 0.$$

因此 Hopf 微分 $\Phi(u)$ 是全纯二次微分. 如果 $\rho^2 u_z \bar{u}_z \equiv 0$, 那么 $\bar{u}_z = 0$ 或者 $u_z = 0$. 映射的 Jacobi 行列式等于

$$|u_z|^2 - |u_{\bar{z}}|^2 > 0,$$

因此 $\bar{u}_z = 0$, $\overline{u_{\bar{z}}} = \bar{u}_z = 0$, u 是全纯映射或者反全纯映射.

我们需要进一步证明 u 不可能在 Σ_1 的一个子集上是全纯的, 但在子集的补集上是反全纯的. u 是全纯的, 等价于 L 恒为 0, u 是反全纯的, 等

价于 H 恒为 0 (见等式 (23.62)). 我们知道 H 或 L 的零点是孤立零点, 除非 H 或 L 恒为 0. 由此 u 一定是整体全纯或反全纯的. ∎

23.5 调和映射的存在性

我们的目的是证明下面的存在性定理.

定理 23.6 假设 Σ 是一个 Riemann 面, $(N, \rho(u)dud\bar{u})$ 是一个带 Riemann 度量的曲面. 那么任何光滑映射 $\varphi : \Sigma \to N$ 都和一个调和映射 $f : \Sigma \to N$ 同伦. ◆

我们称在两个光滑流形间的连续映射 $h : M \to N$ 属于 Sobolev 类 $H^{k,p}_{loc}$, 如果在 M 和 N 的局部坐标系上, 映射 h 属于 $H^{k,p}$ 类. 如果 M 是紧空间, 我们可以定义连续映射的 Sobolev 类 $H^{k,p}$.

23.5.1 Courant-Lebesgue 引理

Courant-Lebesgue 引理用映射的调和能量来控制其像点之间的测地距离.

引理 23.5 (Courant-Lebesgue) 令 Ω 是 $\mathbb{C}$ 中的区域, Σ 是一个带有 Riemann 度量的曲面 (图 23.1), 并且映射

$$u \in W^{1,2}(\Omega, \Sigma), \quad E(u) \leqslant K.$$

令 $z_0 \in \Omega$, $r \in (0,1)$, 圆盘 $B(z_0, \sqrt{r}) \subset \Omega$. 那么存在一个常数 $\delta \in (r, \sqrt{r})$

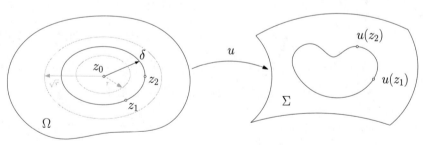

图 23.1 Courant-Lebesgue 引理.

使得对一切 $z_1, z_2 \in \partial B(z_0, \delta)$,

$$d(u(z_1), u(z_2)) \leqslant \sqrt{\frac{8\pi K}{\log \frac{1}{r}}}, \tag{23.13}$$

这里 $d(\cdot, \cdot)$ 代表 Σ 上的测地距离. ◆

证明 我们在 Ω 中以 z_0 为中心, 采用极坐标 (ρ, θ). 那么, 对于 $z_1, z_2 \in \partial B(z_0, \delta)$ 有

$$d(u(z_1), u(z_2)) \leqslant l(u(\delta, \cdot)) = \int_0^{2\pi} \lambda(u) \Big| \frac{\partial u}{\partial \theta}(\delta, \theta) \Big| d\theta, \tag{23.14}$$

这里 $\lambda^2(u) du d\bar{u}$ 是 Σ 上的度量. 由 Schwarz 不等式, 我们得到

$$
\begin{aligned}
d(u(z_1), u(z_2)) &\leqslant l(u(\delta, \cdot)) \\
&\leqslant (2\pi)^{\frac{1}{2}} \left(\int_0^{2\pi} \lambda^2(u) \Big| \frac{\partial u}{\partial \theta}(\delta, \theta) \Big|^2 d\theta \right)^{\frac{1}{2}} \\
&= (2\pi)^{\frac{1}{2}} f^{\frac{1}{2}}(\delta),
\end{aligned}
\tag{23.15}
$$

这里

$$f(s) = \int_0^{2\pi} \lambda^2(u) \Big| \frac{\partial u}{\partial \theta}(s, \theta) \Big|^2 d\theta.$$

在极坐标下, 映射 u 在圆盘 $B(z_0, \sqrt{r})$ 上的调和能量积分为

$$E(u, B(z_0, \sqrt{r})) = \frac{1}{2} \int_0^{2\pi} \int_0^{\sqrt{r}} \lambda^2(u) \left(\Big| \frac{\partial u}{\partial s} \Big|^2 + \frac{1}{s^2} \Big| \frac{\partial u}{\partial \theta} \Big|^2 \right) s \, ds \, d\theta,$$

由此,

$$
\begin{aligned}
2E(u, B(z_0, \sqrt{r})) &\geqslant \int_0^{2\pi} \int_0^{\sqrt{r}} \lambda^2(u) \Big| \frac{\partial u}{\partial \theta} \Big|^2 \frac{ds}{s} d\theta \\
&\geqslant \int_r^{\sqrt{r}} \left(\int_0^{2\pi} \lambda^2(u) \Big| \frac{\partial u}{\partial \theta} \Big|^2 d\theta \right) \frac{ds}{s} = \int_r^{\sqrt{r}} f(s) \frac{ds}{s},
\end{aligned}
$$

显然

$$\min_{s \in (r, \sqrt{r})} f(s) \int_r^{\sqrt{r}} \frac{ds}{s} \leqslant \int_r^{\sqrt{r}} f(s) \frac{ds}{s} \leqslant \max_{s \in (r, \sqrt{r})} f(s) \int_r^{\sqrt{r}} \frac{ds}{s}.$$

由连续函数中值定理, 存在 $\delta \in (r, \sqrt{r})$, 满足

$$f(\delta) \int_r^{\sqrt{r}} \frac{ds}{s} = \int_r^{\sqrt{r}} f(s) \frac{ds}{s} \leqslant 2E(u, B(z_0, \sqrt{r})).$$

由此, 我们有

$$f(\delta) = \int_0^{2\pi} \lambda^2(u) \left| \frac{\partial u}{\partial \theta}(\delta, \theta) \right|^2 d\theta \leqslant \frac{2E(u, B(z_0, \sqrt{r}))}{\int_r^{\sqrt{r}} \frac{ds}{s}}$$

$$= \frac{4E(u, B(z_0, \sqrt{r}))}{\log \frac{1}{r}} \leqslant \frac{4K}{\log \frac{1}{r}}. \tag{23.16}$$

引理得证. ∎

23.5.2 调和映射的最大值原则

定义 23.13 (距离收缩投影) 令 N 是一个 Riemann 流形, $B_0 \subset B_1 \subset N$, B_0 和 B_1 是闭集. 假设存在 C^1 光滑的投影映射 $\pi: B_1 \to B_0$, 在 B_0 上是恒同映射,

$$\pi|_{B_0} = \mathrm{id}|_{B_0}, \tag{23.17}$$

并且在 $B_1 \setminus B_0$ 上距离收缩, 即对一切 $x \in B_1 \setminus B_0$, $v \in T_x N$, $v \neq 0$ 都有

$$\|D\pi(v)\| < \|v\|, \tag{23.18}$$

那么我们说 $\pi: B_1 \to B_0$ 是一个距离收缩投影.

引理 23.6 (调和映射的最大值原则) 令 N 是一个 Riemann 流形, $B_0 \subset B_1 \subset N$, B_0 和 B_1 是闭集, 并且存在距离收缩投影 $\pi: B_1 \to B_0$ (图 23.2). 令 M 是一个 Riemann 流形, 带有边界 ∂M, 映射

$$h \in C^0 \cap H^{1,2}(M, B_1), \quad h(\partial M) \subset B_0. \tag{23.19}$$

在从 M 到 B_1、具有和 h 相同边值条件的映射族中, 极小化调和能量,

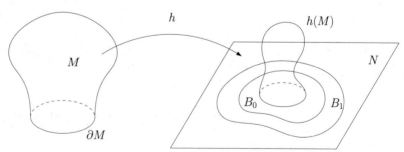

图 23.2 调和映射的最大值原则.

310

那么
$$h(M) \subset B_0. \quad \blacklozenge \qquad (23.20)$$

证明 假设
$$\Omega := h^{-1}(B_1 \setminus B_0) \neq \emptyset.$$

因为 h 连续, Ω 是开集, $h(\partial M) \subset B_0$, h 在 Ω 上不可能是常值. 由此 $E(h|_\Omega) > 0$.

$\pi \in C^1$, 因此 $\pi \circ h \in H^{1,2}$. 同时由条件 (23.17) 和 (23.19),
$$(\pi \circ h)|_{\partial M} = h|_{\partial M}.$$

$\pi \circ h$ 和 h 具有相同的边值条件, 由条件 (23.18), 我们得到 $E(\pi \circ h) < E(h)$, 这和 h 极小化调和能量矛盾, 因此 Ω 必为空集. ∎

引理 23.7 (测地收缩核) 令 N 是 Riemann 流形, $B_0 \subset B_1 \subset N$, B_0 和 B_1 是紧集. 假设对于 $B_1 \setminus B_0$ 中的每一个点 p, 存在唯一的测地线 γ 连接 p 和 ∂B_0, 并且和 ∂B_0 相垂直 (图 23.3). 同时假设对于任意两条这样的测地线 $\gamma_1(t)$ 和 $\gamma_2(t)$, t 为弧长参数 $(t \geqslant 0)$, $\gamma_i(0) \in \partial B_0$ $(i = 1, 2)$, 对 $t > 0$ 我们有
$$d(\gamma_1(t), \gamma_2(t)) > d(\gamma_1(0), \gamma_2(0)). \qquad (23.21)$$

那么存在距离收缩映射 $\pi : B_0 \to B_1$, 从而调和映射最大值原则, 即引理 23.6 的结论成立. 这时我们称 B_0 是 B_1 的测地收缩核. $\quad \blacklozenge$

证明 我们定义投影映射 $\pi : B_1 \to B_0$, 在 B_0 上为恒同映射, 即如果 $p \in B_0$, 那么 $\pi(p) = p$. 对于 $B_1 \setminus B_0$ 中的任意一点 p, 存在唯一的测地线

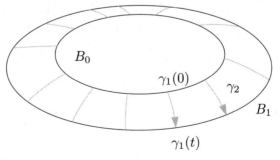

图 23.3 测地收缩核引理 23.7.

$\gamma(t)$, $\gamma(s) = p$, $\gamma(0) \in \partial B_0$, 那么 $\pi(\gamma(s)) = \gamma(0)$, 即将 p 沿着法向测地线 $\gamma(t)$ 投影到 ∂B_0 上.

映射 π 满足引理 23.6 的假设, 除了 π 只是 Lipschitz, 而非 C^1 光滑. 我们用 C^1 光滑的映射逼近 π, 满足同样的假设, 由引理 23.6 得到结果. ∎

引理 23.8 (内射半径−曲率条件) 令 N 是 Riemann 流形, $p \in N$, $i(p)$ 是 p 点的内射半径 (injectivity radius), 假设 N 的截面曲率上界为 k, 并且令

$$0 < \rho < \frac{1}{3} \min \left\{ i(p), \frac{\pi}{2\sqrt{k}} \right\}. \tag{23.22}$$

令 M 是一个 Riemann 流形, 具有边界 ∂M, 令 $h \in C^0 \cap H^{1,2}(M, N)$ 满足条件

$$h(\partial M) \subset B(p, \rho) = \{ q \in N : d(p, q) < \rho \}. \tag{23.23}$$

如果 h 在具有同样边界条件的映射中极小化调和能量, 那么

$$h(M) \subset B(p, \rho), \tag{23.24}$$

即调和映射最大值原则成立. ♦

证明 由条件 (23.22), 我们可以在 $B(p, 3\rho)$, $0 \leqslant r \leqslant 3\rho$ 上应用测地极坐标 (r, φ). 定义映射 $\pi : N \to B(p, \rho)$, 在极坐标下表示为:

$$\pi(r, \varphi) = (r, \varphi), \qquad \text{如果 } r \leqslant \rho,$$
$$\pi(r, \varphi) = (\tfrac{3}{2}\rho - \tfrac{1}{2}r, \varphi), \quad \text{如果 } \rho \leqslant r \leqslant 3\rho,$$
$$\pi(q) = p, \qquad \text{如果 } q \in N \setminus B(p, 3\rho).$$

因此, π 将半径不大于 3ρ 的同心球面映到同心球面, 半径可能会缩小. 显然, 在 $B(p, 3\rho) \setminus B(p, \rho)$ 上, π 沿着 r 方向, 长度减少. 我们下面说明 π 在 φ 方向也是长度减少的. 令 $\gamma(s)$ 是测地球面 $\partial B(p, r)$ 上的一条曲线, 在极坐标下为 $(r, \varphi(s))$. 对于每一个固定的 s, $c_s(t) := (t, \varphi(s))$ 是径向测地线, $c_s(0) = p$, $c_s(r) = \gamma(s)$. 那么

$$J_s(t) := \frac{\partial}{\partial s} c_s(t)$$

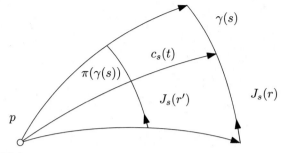

图 23.4 Rauch 比较定理.

是一个 Jacobi 场, 并且

$$\dot{\gamma}(s) = J_s(r), \quad 0 = J_s(0). \tag{23.25}$$

记 $(r', \varphi) = \pi(r, \varphi)$, 有

$$r' < \rho < r \leqslant 3\rho, \tag{23.26}$$

并且

$$D\pi(\dot{\gamma}(s)) = J_s(r'). \tag{23.27}$$

假设 $\dot{\gamma}(s) \neq 0$, $r' < r \leqslant 3\rho < \frac{\pi}{2\sqrt{k}}$, 由 Rauch 比较定理 (图 23.4),

$$\frac{|J_s(r)|}{|J_s(r')|} \geqslant \frac{\sin(\sqrt{k}r)}{\sin(\sqrt{k}r')} > 1, \tag{23.28}$$

由等式 (23.25) 和 (23.27) 以及不等式 (23.28), 我们得到

$$|D\pi(\dot{\gamma}(s))| < |\dot{\gamma}(s)|, \quad 如果 \ \dot{\gamma}(s) \neq 0. \tag{23.29}$$

因此, π 在 φ 方向也是长度减少的.

这里 π 只是 Lipschitz, 并不是 C^1. 但是, 我们可以用 C^1 映射来逼近 π, 并且保持长度减少的性质, 由引理 23.6, 得出结论. ■

23.5.3 Dirichlet 问题

定理 23.7 (Dirichlet) 令 N 是一个完备 Riemann 流形, 截面曲率不大于 $k > 0$, 内射半径 $i_0 > 0$, 点 $p \in N$ (图 23.5). 令

$$0 < r < \min\left\{\frac{i_0}{2}, \frac{\pi}{2\sqrt{k}}\right\}, \tag{23.30}$$

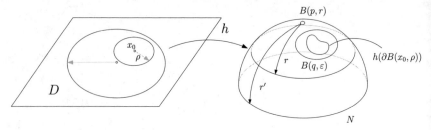

图 23.5 Dirichlet 定理 23.7.

假设连续映射 $g : \partial D \to B(p, r) \subset N$ 可以被扩展成具有有限调和能量的映射 $\bar{g} : D \to B(p, r)$. 那么存在调和映射

$$h : D \to B(p, r) \subset N,$$

具有边界条件

$$h|_{\partial D} = g,$$

并且在所有这种映射中, h 极小化调和能量.

h 的连续模被 $r, k, E(\bar{g})$ 和 g 的连续模所控制, 即给定 $\varepsilon > 0$, 存在依赖于 r, k, g 的正数 $\delta > 0$, 满足如果 $|x_1 - x_2| < \delta$, 那么就有 $d(h(x_1), h(x_2)) < \varepsilon$. 最后, 对于一切 $\sigma > 0$, h 在 $\{z : |z| \leqslant 1 - \sigma\}$ 上的连续模被 σ, r, k 和 $E(\bar{g})$ 控制. ◆

证明 选择 r' 满足

$$r < r' < \min \left\{ \frac{i_0}{2}, \frac{\pi}{2\sqrt{k}} \right\}, \tag{23.31}$$

与内射半径－曲率条件引理 23.8 的证明类似, 应用 Rauch 比较定理, 我们得到映射

$$\pi : B(p, r') \to B(p, r),$$

限制在 $B(p, r)$ 上为恒同映射 $\pi|_{B(p,r)} = \mathrm{id}$, 将 $B(p, r') \setminus B(p, r)$ 沿着测地径向投影到 $\partial B(p, r)$, 映射 π 满足测地收缩核引理 23.7 的假设条件, 因而是距离收缩投影, $B(p, r')$ 是 $B(p, r)$ 的测地收缩核.

首先用调和映射的最大值原理来证明: 对于任意两点 $p_1, p_2 \in B(p, r)$, 存在唯一的最短测地线 γ 连接这两个点, 同时 $\gamma \subset B(p, r)$. 任取 N 的一

个局部坐标系 $(x_1(\gamma(t)), \cdots, x_d(\gamma(t)))$, 定义

$$\dot{x}_i(t) := \frac{dx_i(\gamma(t))}{dt},$$

调和能量

$$E(\gamma) := \frac{1}{2} \int_a^b g_{ij}(x(\gamma(t)))\dot{x}_i(t)\dot{x}_j(t)dt.$$

在曲线族

$$\{\gamma : [0,1] \to B(p,r') : \gamma(0) = p_1, \gamma(1) = p_2\}$$

中做变分, 存在一条曲线 γ_0 实现极小值, γ_0 的像在 $B(p,r')$ 中. 因为 π 具有距离减小的性质, 测地收缩核引理 23.7 ($B_0 = B(p,r)$, $B_1 = B(p,r')$) 保证 γ_0 的像实际上被包含在小的测地球 $B(p,r)$ 中. 我们可以在 $B(p,r')$ 中做 γ_0 任意微小的变分. 因此, γ_0 是调和能量 $E(\gamma)$ 的临界点, γ_0 为测地线. 同时, $p_1, p_2 \in B(p,r)$, 它们可以被 $B(p,r)$ 中一条曲线相连, 这条曲线的长度 $\leqslant 2r < i_0$. 由内射半径的定义, 我们得到 γ_0 是连接 p_1 和 p_2 的唯一最短测地线. 更进一步, 由 Rauch 比较定理, γ_0 上没有共轭点.

我们下面证明调和映射的存在性. 为了找到调和映射, 我们在映射族中极小化调和能量

$$V := \left\{ v \in H^{1,2}(D, B(p,r')), v - g \in H_0^{1,2}(D, B(p,r')) \right\},$$

这里 $v - g \in H_0^{1,2}$ 是边值条件的弱形式. 因为 $B(p,r')$ 被一个极坐标系统覆盖, 我们可以谈论 $H^{1,2}$ 性质. 如果序列 $(v_n)_{n \in \mathbb{N}}$ 极小化调和能量, 那么调和能量有界, 由 Poincaré 不等式 (23.1), L^2 模有界, 因此 (v_n) 的 $W^{1,2}$ 模有界. 由定理 23.2, 一个极小化能量的序列存在子序列, 在 L^2 模下收敛到映射 h (因为 $H_0^{1,2}$ 紧嵌入 L^2). 因为相对于 L^2 收敛序列, 调和能量 $E(v)$ 下半连续, 因此 h 在 V 中极小化调和能量. 由测地收缩核引理 23.7, $h(D)$ 被包含在较小的测地球 $B(p,r)$ 中, 我们可以在 V 中做 h 的微小变分, 因此 h 是调和能量的临界点.

现在证明 h 是连续映射, 并且控制其连续模. 令 $q \in B(p,r)$, $v_1, v_2 \in T_q N$ 是单位切向量, $\|v_i\| = 1$, $i = 1, 2$,

$$\gamma_i(t) = \exp_q(tv_i).$$

令
$$\varepsilon_0 := \frac{\pi}{\sqrt{k}} - 2r,$$

对一切 $0 < \varepsilon \leqslant \varepsilon_0$,
$$\varepsilon \leqslant t \leqslant \frac{\pi}{\sqrt{k}} - \varepsilon,$$

再由 Rauch 比较定理, 我们得到
$$d(\gamma_1(t), \gamma_2(t)) \geqslant d(\gamma_1(\varepsilon), \gamma_2(\varepsilon)). \tag{23.32}$$

由条件 (23.31) 和 $B(p,r)$ 中测地线的唯一性, 我们得到任意一条测地线
$$\gamma(t) := \exp_q(tv), \quad \|v\| = 1 \quad (v \in T_q N, q \in B(p,r))$$

当 $t \geqslant 2r$ 时离开 $B(p,r)$. 因此
$$B_0 := B(q, \varepsilon) \cap B(p,r), \quad B_1 := B(p,r)$$

满足测地收缩核引理 23.7 的条件. 应用 Courant-Lesbegue 引理 23.5, 因为 h 极小化调和能量,
$$E(h) \leqslant E(\bar{g}).$$

对一切 $0 < \varepsilon \leqslant \varepsilon_0$, 计算 $\delta \in (0,1)$, 满足
$$\left(\frac{8\pi E(\bar{g})}{\log \frac{1}{\delta}} \right)^{\frac{1}{2}} \leqslant \varepsilon. \tag{23.33}$$

对一切 $x_0 \in D$, 由 Courant-Lesbegue 引理 23.5, 存在 ρ, $\delta \leqslant \rho \leqslant \sqrt{\delta}$ 具有性质: 任意一对 $x_1, x_2 \in D$, 如果 $|x_i - x_0| = \rho$ $(i = 1, 2)$, 那么
$$d(h(x_1), h(x_2)) \leqslant \varepsilon, \tag{23.34}$$

因此
$$h(\partial B(x_0, \rho) \cap D) \subset B(q, \varepsilon), \tag{23.35}$$

这里 q 是 N 上某点, $q \in N$.

因为 g 是连续映射, 存在 $\delta' > 0$, 对一切 $y_1, y_2 \in \partial D$, 满足 $|y_1 - y_2| \leqslant \delta'$, 有
$$d(g(y_1), g(y_2)) \leqslant \varepsilon. \tag{23.36}$$

我们可以在条件 (23.33) 中增加一条:

$$\sqrt{\delta} \leqslant \delta'.$$

因为 $h|_{\partial D} = g$, ρ 如上定义, 我们有

$$h(\partial(B(x_0, \rho) \cap D)) \subset B(q, \varepsilon),$$

$$\partial(B(x_0, \rho) \cap D) = (\partial B(x_0, \rho) \cap D) \cup (\partial D \cap B(x_0, \rho)), \tag{23.37}$$

这里 q 是 N 上某点. 调和映射的最大值原则引理 23.6 蕴含

$$h(B(x_0, \rho) \cap D) \subset B(q, \varepsilon). \tag{23.38}$$

类似地, 如果 $|x_0| + \rho < 1$, 那么 $\partial(B(x_0, \rho) \cap D) = \partial B(x_0, \rho) \cap D$, 在这种情况下, 我们不必用 g 来控制 h 在 $\partial(B(x_0, \rho) \cap D)$ 上的行为. 特别地, 对一切 $x_0 \in D$, 存在 $q \in N$ (q 依赖于 x_0), 我们有

$$h(B(x_0, \rho) \cap D) \subset B(q, \varepsilon). \tag{23.39}$$

这给出了 h 的连续性, 也给出了 h 连续模的估计. ■

23.5.4 全局调和映射的存在性

定理 23.8 假设 Σ 是一个 Riemann 面, $(N, \rho(u)dud\bar{u})$ 是一个带 Riemann 度量的曲面. 那么任何光滑映射 $\varphi : \Sigma \to N$ 都和一个调和映射 $u : \Sigma \to N$ 同伦. ♦

我们称在两个光滑流形间的连续映射 $h : M \to N$ 属于 Sobolev 类 $H^{k,p}_{loc}$, 如果在 M 和 N 的局部坐标系上, 映射 h 属于 $H^{k,p}$ 类. 如果 M 是紧空间, 我们可以定义连续映射的 Sobolev 类 $H^{k,p}$.

证明 定义

$$[\varphi] := \{v \in C^0 \cap H^{1,2}(\Sigma, N) : v \text{ 同伦于 } \varphi\}.$$

我们选择

$$\rho := \frac{1}{3} \min \left\{ i_0(N), \frac{\pi}{2\sqrt{k}} \right\}, \tag{23.40}$$

这里 $i_0(N)$ 是 N 的内射半径, 并且 $k \geqslant 0$ 是 N 的截面曲率上界. 选择

$\delta_0 < 1$, 满足

$$\left(\frac{8\pi E(\varphi)}{\log \frac{1}{\delta_0}}\right)^{\frac{1}{2}} \leqslant \frac{\rho}{2}. \tag{23.41}$$

对任意一个 $\delta \in (0, \delta_0)$, 存在有限个点 $x_i \in \Sigma$, $i = 1, \cdots, m = m(\delta)$, 圆盘 $B(x_i, \frac{\delta}{2})$ 覆盖 Σ. 这里, 我们可以在 Σ 上的任意一个共形度量下定义圆盘 $B(x_i, \frac{\delta}{2})$, 也可以假设对每一个 x_i, 存在一个局部坐标系 f_i, 其像包含

$$\{z \in \mathbb{C} : |f(x_i) - z| \leqslant 1\},$$

圆盘的局部表示为

$$B(x_i, \delta) := \{z \in \mathbb{C} : |f(x_i) - z| \leqslant \delta\}.$$

假设 $(u_n)_{n \in \mathbb{N}}$ 是 $[\varphi]$ 中调和能量极小化的序列. 由 $[\varphi]$ 的定义, 所有 u_n 都是连续的, 并且不失一般性, 对所有的 n,

$$E(u_n) \leqslant E(\varphi). \tag{23.42}$$

由 Courant-Lebesgue 引理 23.5 和半径条件 (23.41), 我们得到对任意的 $n \in \mathbb{N}$, 存在 $r_{n,1} \in (\delta, \sqrt{\delta})$ 和点 $p_{n,1} \in N$,

$$u_n(\partial B(x_1, r_{n,1})) \subset B(p_{n,1}, \rho). \tag{23.43}$$

另一方面, 对任意一点 $x \in \Sigma$, $r > 0$, 如果 $u_n(\partial B(x, r)) \subset B(p, \rho)$, $p \in N$, 由定理 23.7, Dirichlet 问题存在解

$$\begin{aligned} &h : B(x, r) \to B(p, \rho) \text{ 是调和映射}, \\ &h|_{\partial B(x,r)} = u_n|_{\partial B(x,r)}. \end{aligned} \tag{23.44}$$

在圆盘 $B(x_1, r_{n,1})$ 上, 我们将 u_n 替换成 Dirichlet 问题 (23.44) 的解 $(x = x_1, r = r_{n,1})$, 圆盘 $B(x_1, r_{n,1})$ 外部的 u_n 不变, 如此得到 u_n^1. 因为 $\pi_2(N) = 0$, u_n^1 和 u_n 同伦, 因此和 φ 同伦, 于是 $u_n^1 \in [\varphi]$.

我们选取子序列, $(r_{n,1})_{n \in \mathbb{N}}$ 收敛到正数 $r_1 \in [\delta, \sqrt{\delta}]$. 由 Dirichlet 解的存在性定理 23.7 中连续模的估计, 对一切 $\eta \in (0, \delta)$, 映射 (u_n^1) 在 $B(x_1, \delta - \eta)$ 上一致连续, 同时

$$E(u_n^1) \leqslant E(u_n). \tag{23.45}$$

重复上述操作, 我们找到 $r_{n,2} \in (\delta, \sqrt{\delta})$, 满足

$$u_n^1(\partial B(x_2, r_{n,2})) \subset B(p_{n,2}, \rho),$$

这里 $p_{n,2} \in N$. 在 $B(x_2, r_{n,2})$ 上我们将 u_n^1 替换成 Dirichlet 问题 (23.44) 的解 $(x = x_2, r = r_{n,2})$ 得到 u_n^2. 选取子序列, $(r_{n,2})_{n \in \mathbb{N}}$ 收敛到某个正数 $r_2 \in [\delta, \sqrt{\delta}]$, u_n^2 和 φ 同伦, $u_n^2 \in [\varphi]$.

因为对一切 $0 < \eta < \delta$, 映射 u_n^1 在 $B(x_1, \delta - \frac{\eta}{2})$ 上等度连续, 对于第二次替换而言, 边界值在

$$\partial B(x_2, r_{n,2}) \cap B\left(x_1, \delta - \frac{\eta}{2}\right)$$

上等度连续. 由定理 23.7 的连续模估计, 对一切 $\eta \in (0, \delta)$, 映射 u_n^2 在

$$B(x_1, \delta - \eta) \cup B(x_2, \delta - \eta)$$

上等度连续, 并且有

$$E(u_n^2) \leqslant E(u_n^1) \leqslant E(u_n).$$

我们依次在以 $x_3, \cdots, x_m$ 为圆心的圆盘上替换成 Dirichlet 问题的解, 得到序列 $v_n := u_n^m \in [\varphi]$, 满足

$$E(v_n) \leqslant E(u_n) \leqslant E(\varphi). \tag{23.46}$$

v_n 在每个圆盘 $B(x_i, \frac{\delta}{2})$ 上都是等度连续, $i = 1, \cdots, m$, 因此在整个曲面 Σ 上等度连续, 因为这些圆盘覆盖曲面.

选取子序列, $(v_n)_{n \in \mathbb{N}}$ 一致收敛到映射 u, u 依然和 φ 同伦. $(v_n)_{n \in \mathbb{N}}$ 在 L^2 模下收敛到 u. 由调和能量的下半连续性,

$$E(u) \leqslant \liminf_{n \to \infty} E(v_n), \tag{23.47}$$

因为 $u \in [\varphi]$, 由不等式 (23.46), (u_n) 因而 (v_n) 都是能量极小化序列, 不等式 (23.47) 蕴含着 u 在 $[\varphi]$ 中极小化调和能量, 特别是 u 在小圆盘上极小化调和能量. 由极小化能量映射的最大值原则, 即引理 23.8, 和 Dirichlet 问题解的存在性定理 23.7, u 的连续模被 N 的几何控制, 即被 $i_0(N)$, k 和 $E(\varphi)$ 控制. ∎

23.6 调和映射的正则性

通过前面的讨论, 我们构造了紧 Riemann 面之间的连续调和映射, $u: \Sigma_1 \to \Sigma_2$. 下面证明调和映射是光滑的. 光滑性本身是局部问题, 我们任选 $z_0 \in \Sigma_1$ 的邻域 U, 考察从 U 到 Σ_2 的调和映射. 在 Σ_2 上配备双曲度量, 将映射提升到 Σ_2 的万有覆盖空间, 即双曲平面 $\mathbb{H}$ 上,

$$u: B(0, R) \to \mathbb{H},$$

这里 $B(0, R) := \{z \in \mathbb{C} : |z| < R\}$ 是复平面上的圆盘, $\mathbb{H}$ 上的双曲度量为

$$\frac{1}{(\operatorname{Im} w)^2} dw d\bar{w} = \rho^2(w) dw d\bar{w}.$$

引理 23.9 令 $u: B(0, R) \to \mathbb{H}$ 是 (弱) 调和映射, $w_0 \in \mathbb{H}$, $h(w) := d^2(w_0, w)$. 那么 $h \circ u$ 是 (弱) 下调和函数. ◆

证明 假定调和映射 $u: B(0, R) \to \mathbb{H}$ 是光滑的, 给定一个光滑函数 $h: \mathbb{H} \to \mathbb{R}$, 计算 $\Delta(h \circ u)$,

$$\frac{1}{4}\Delta(h \circ u) = (h \circ u)_{z\bar{z}} = h_{uu}u_z u_{\bar{z}} + h_{u\bar{u}}(u_z \bar{u}_{\bar{z}} + \bar{u}_z u_{\bar{z}})$$
$$+ h_{\bar{u}\bar{u}}\bar{u}_z \bar{u}_{\bar{z}} + h_u u_{z\bar{z}} + h_{\bar{u}}\bar{u}_{z\bar{z}}. \tag{23.48}$$

因为 u 是调和映射, 得到

$$u_{z\bar{z}} = -\frac{2\rho_u}{\rho} u_z u_{\bar{z}}, \tag{23.49}$$

$$\frac{1}{4}\Delta(h \circ u) = \left(h_{uu} - \frac{2\rho_u}{\rho}h_u\right) u_z u_{\bar{z}}$$
$$+ h_{u\bar{u}}(u_z \bar{u}_{\bar{z}} + \bar{u}_z u_{\bar{z}}) + \left(h_{\bar{u}\bar{u}} - \frac{2\rho_{\bar{z}}}{\rho}h_{\bar{u}}\right)\bar{u}_z \bar{u}_{\bar{z}}. \tag{23.50}$$

令 $d(\cdot, \cdot)$ 为双曲距离, $d(i, w) = \log \operatorname{Im} w$, $h(w) = d^2(i, w)$. 进一步计算

$$h_{w\bar{w}} = \frac{1}{2|w|^2}, \quad h_{ww} - \frac{2\rho_w}{\rho}h_w = \frac{1}{2w^2}, \quad h_{\bar{w}\bar{w}} - \frac{2\rho_{\bar{w}}}{\rho}h_{\bar{w}} = \frac{1}{2\bar{w}^2}, \tag{23.51}$$

将等式 (23.51) 代入等式 (23.48),

$$\frac{1}{4}\Delta(h \circ u) = \frac{1}{2w^2}u_z u_{\bar{z}} + \frac{1}{2|w|^2}(u_z \bar{u}_{\bar{z}} + \bar{u}_z u_{\bar{z}}) + \frac{1}{2\bar{w}^2}\bar{u}_z \bar{u}_{\bar{z}}.$$

由 Cauchy-Schwarz 不等式, 我们得到 $\Delta(h \circ u) \geqslant 0$. 因此 $h \circ u$ 是下调和 (subharmonic). 如果 u 只是弱调和, 不必光滑, 类似方法可以证明 $h \circ u$

是弱下调和 (weakly subharmonic), 即对一切 $\varphi \in C_0^\infty(B(0,R))$,

$$\int_{B(0,R)} h \circ u(z) \Delta \varphi(z) \geqslant 0. \qquad \blacksquare \qquad (23.52)$$

我们将上面的推导推广, 令 $u, v : B(0,R) \to \mathbb{H}$ 是两个调和映射, 函数 $h : \mathbb{H} \times \mathbb{H} \to \mathbb{R}$ 为双曲距离的平方

$$h(w^1, w^2) := d^2(w^1, w^2),$$

$h(u(z), v(z))$ 为定义在圆盘 $B(0,R)$ 上的函数 $h : B(0,R) \to \mathbb{R}$.

引理 23.10 令 $u, v : B(0,R) \to \mathbb{H}$ 为 (弱) 调和映射, 那么

$$d^2(u(z), v(z))$$

是 (弱) 下调和函数. $\qquad\qquad\qquad\qquad\qquad\qquad\qquad\qquad\qquad\qquad \blacklozenge$

证明 直接计算

$$\frac{1}{4} \Delta h(u(z), v(z))$$

$$= \left(h_{w^1 w^1} - \frac{2\rho_w(u(z))}{\rho(u(z))} h_{w^1} \right) u_z u_{\bar{z}} + h_{w^1 \bar{w}^1}(u_z \bar{u}_{\bar{z}} + \bar{u}_z u_{\bar{z}})$$

$$+ \left(h_{\bar{w}^1 \bar{w}^1} - \frac{2\rho_{\bar{w}}(u(z))}{\rho(u(z))} h_{\bar{w}^1} \right) \bar{u}_z \bar{u}_{\bar{z}}$$

$$+ \left(h_{w^2 w^2} - \frac{2\rho_w(v(z))}{\rho(v(z))} h_{w^2} \right) v_z v_{\bar{z}} + h_{w^2 \bar{w}^2}(v_z \bar{v}_{\bar{z}} + \bar{v}_z v_{\bar{z}})$$

$$+ \left(h_{\bar{w}^2 \bar{w}^2} - \frac{2\rho_{\bar{w}}(v(z))}{\rho(v(z))} h_{\bar{w}^2} \right) \bar{v}_z \bar{v}_{\bar{z}}$$

$$+ h_{w^1 w^2}(u_z v_{\bar{z}} + u_{\bar{z}} v_z) + h_{w^1 \bar{w}^2}(u_z \bar{v}_{\bar{z}} + u_{\bar{z}} \bar{v}_z)$$

$$+ h_{\bar{w}^1 w^2}(\bar{u}_z v_{\bar{z}} + \bar{u}_{\bar{z}} v_z) + h_{\bar{w}^1 \bar{w}^2}(\bar{u}_z \bar{v}_{\bar{z}} + \bar{u}_{\bar{z}} \bar{v}_z). \qquad (23.53)$$

假设 w^1 和 w^2 处于特殊位置, 都在虚轴上, $\operatorname{Im} w^1 \geqslant \operatorname{Im} w^2 \geqslant 1$, 于是

$$d^2(w^1, w^2) = \left(\int_{|w^1|}^{|w^2|} \frac{1}{y} dy \right)^2 = (\log |w^1| - \log |w^2|)^2,$$

$$h_{w^1 w^2} = -\frac{1}{2w^1 w^2}, \quad h_{\bar{w}^1 \bar{w}^2} = -\frac{1}{2\bar{w}^1 \bar{w}^2},$$

$$h_{w^1 \bar{w}^2} = -\frac{1}{2w^1 \bar{w}^2}, \quad h_{\bar{w}^1 w^2} = -\frac{1}{2\bar{w}^1 w^2}.$$

由 Cauchy-Schwarz 不等式, 等式 (23.53) 中的交叉项被其余项之和的绝对值控制, 和引理 23.9 的方法类似, 我们得到式 (23.53) 非负. $\qquad\qquad \blacksquare$

下面, 我们用调和能量来控制像点之间的双曲距离.

引理 23.11 令 $u : B(0, R) \to \mathbb{H}$ 是具有有限能量的弱调和映射, 那么对所有 $z_0, z_1 \in B(0, \frac{R}{4})$,

$$d(u(z_0), u(z_1)) \leqslant c_1 \frac{|z_0 - z_1|}{R} E^{\frac{1}{2}}(u), \tag{23.54}$$

这里 c_1 是一个通用常数. ◆

证明 令 $\xi := z_1 - z_0$, 通过选择坐标系, 我们可以假设 ξ 和实轴平行. $u(z)$ 和 $u(z + \xi)$ 都是 $B(0, \frac{R}{2})$ 上的调和映射. 因此, 由引理 23.10 得到

$$d^2(u(z), u(z + \xi))$$

是 z 的弱下调和函数, 由调和函数的均值公式

$$\begin{aligned} d^2(u(z_0), u(z_1)) &= d^2(u(z_0), u(z_0 + \xi)) \\ &\leqslant \frac{4}{\pi R^2} \int_{B(z_0, \frac{R}{2})} d^2(u(z), u(z + \xi)), \end{aligned} \tag{23.55}$$

u 在几乎所有的水平线上绝对连续, 由 Hölder 不等式, 我们有

$$\begin{aligned} d^2(u(z), u(z + \xi)) &\leqslant \left(\int_z^{z+\xi} \rho(u(x))|Du(x)|dx \right)^2 \\ &\leqslant |\xi| \int_z^{z+\xi} \rho^2(u(x))|Du(x)|^2 dx, \end{aligned} \tag{23.56}$$

代入不等式 (23.55), 得到

$$\begin{aligned} d^2(u(z_0), u(z_1)) \\ &\leqslant \frac{4}{\pi R^2} \int_{B(z_0, \frac{R}{2})} \left(|\xi| \int_z^{z+\xi} \rho^2(u(x))|Du(x)|^2 dx \right) dA \\ &\leqslant \frac{4}{\pi R^2} |\xi|^2 \int_{B(z_0, R)} \rho^2(z)|Du(z)|^2 dA \\ &= \frac{4}{\pi} \frac{|\xi|^2}{R^2} E(u). \end{aligned} \tag{23.57}$$

由此

$$d(u(z_0), u(z_1)) \leqslant \frac{2}{\sqrt{\pi}} \frac{|z_0 - z_1|}{R} E^{\frac{1}{2}}(u). \blacksquare$$

下面我们证明调和映射的正则性.

定理 23.9 令 $u : \Sigma_1 \to \Sigma_2$ 是 Riemann 面间的一个弱调和映射, Σ_2 配备双曲 Riemann 度量, u 的调和能量有限, 那么 u 是光滑映射. ◆

证明 设 $z_0 \in \Sigma_1$, 在 z_0 的一个邻域 U 中, 选择局部共形坐标, 使得

U 被表示为圆盘 $B(0, R) \subset \mathbb{C}$, z_0 对应于 0. 由引理 23.11 得到 u 可以被表示为连续映射, u 的弱导数可以由极限得到:

$$D_i u(z) = \lim_{h \to 0} \frac{u(z + h\mathbf{e}_i) - u(z)}{h}, \quad i = 1, 2, \qquad (23.58)$$

这里 $\mathbf{e}_i$ 是单位坐标向量. 由引理 23.11, 我们得到极限有上界, 对一切 $z \in B(0, \frac{R}{4})$,

$$|Du(z)| \leqslant C, \qquad (23.59)$$

这里常数 C 依赖于映射 u 的调和能量. 因为 u 弱调和, u 满足条件 (在弱意义下)

$$\Delta u = -8\frac{\rho_u}{\rho} u_z u_{\bar{z}}. \qquad (23.60)$$

由不等式 (23.59), 我们得到

$$\Delta u = f, \qquad (23.61)$$

这里 $f \in L^\infty$. 由定理 23.5, 我们得到 u 具有 Hölder 连续的一阶导数, $u \in C^{1,\alpha}(\Omega)$.

因此, 等式 (23.60) 右侧 Hölder 连续, $f \in C^{0,\alpha}(\Omega)$. 由定理 23.4, u 具有 Hölder 连续的二阶导数, $u \in C^{2,\alpha}(\Omega)$. 因此, 等式 (23.60) 右侧具有 Hölder 连续的一阶导数, $f \in C^{1,\alpha}(\Omega)$. $D_i f \in C^{0,\alpha}(\Omega)$, $D_i u \in W^{1,2}(\Omega)$ 是方程

$$\Delta D_i u = D_i f$$

的弱解, 由定理 23.4, $D_i u \in C^{2,\alpha}(\Omega)$, 于是 $u \in C^{3,\alpha}(\Omega)$. 迭代这一推理过程, 由数学归纳法, 我们得到 u 是无穷阶光滑 C^∞. ∎

23.7 Bochner 公式

为了讨论调和映射的微分同胚性, 我们需要应用 Bochner 公式. 假设 Σ_1 的 Riemann 度量为 $\lambda^2(z)dzd\bar{z}$, 曲率为 K_1; Σ_2 的 Riemann 度量为

$\rho(u)dud\bar{u}$, 曲率为 K_2. 我们定义辅助函数:

$$H := \frac{\rho^2(u(z))}{\lambda^2(z)} u_z \bar{u}_{\bar{z}}, \quad L := \frac{\rho^2(u(z))}{\lambda^2(z)} \bar{u}_z u_{\bar{z}}. \tag{23.62}$$

定理 23.10 令 $u: \Sigma_1 \to \Sigma_2$ 是调和映射, 那么有: 在 $H \neq 0$ 的点,

$$\Delta \log H = 2K_1 - 2K_2(H - L). \tag{23.63}$$

同样, 在 $L \neq 0$ 的点,

$$\Delta \log L = 2K_1 + 2K_2(H - L), \tag{23.64}$$

这里

$$\Delta := \frac{4}{\lambda^2} \frac{\partial^2}{\partial z \partial \bar{z}} \tag{23.65}$$

是 Σ_1 上的 Laplace-Beltrami 算子. ♦

证明 由曲率公式

$$\Delta \log \frac{1}{\lambda^2(z)} = 2K_1. \tag{23.66}$$

另一方面, 对于处处非 0 的 C^2 函数 f, 我们有

$$\Delta \log f = \frac{4}{\lambda^2} \left(\frac{f_{z\bar{z}}}{f} - \frac{f_z f_{\bar{z}}}{f^2} \right). \tag{23.67}$$

直接计算, 由 u 是调和映射,

$$\rho(u)\bar{u}_{z\bar{z}} + 2\rho_{\bar{u}}\bar{u}_{\bar{z}}\bar{u}_z = 0,$$

我们有

$$\begin{aligned}
\frac{\partial}{\partial z} &(\rho^2(u)u_z\bar{u}_{\bar{z}}) \\
&= \rho^2(u)u_{zz}\bar{u}_{\bar{z}} + \rho^2(u)\bar{u}_{\bar{z}z}u_z + 2\rho(\rho_u u_z + \rho_{\bar{u}}\bar{u}_z)u_z\bar{u}_{\bar{z}} \\
&= \rho^2(u)u_{zz}\bar{u}_{\bar{z}} + 2\rho\rho_u u_z u_z \bar{u}_{\bar{z}} + (\rho^2(u)\bar{u}_{\bar{z}z} + 2\rho\rho_{\bar{u}}\bar{u}_z\bar{u}_{\bar{z}})u_z \\
&= \rho^2(u)u_{zz}\bar{u}_{\bar{z}} + 2\rho\rho_u u_z u_z \bar{u}_{\bar{z}}.
\end{aligned} \tag{23.68}$$

同样,

$$\frac{\partial}{\partial \bar{z}}(\rho^2(u)u_z\bar{u}_{\bar{z}}) = \rho^2(u)u_z\bar{u}_{\bar{z}\bar{z}} + 2\rho\rho_u u_z\bar{u}_{\bar{z}}\bar{u}_{\bar{z}}. \tag{23.69}$$

由此, 我们得到

$$
\begin{aligned}
\frac{\partial^2}{\partial z \partial \bar{z}}(\rho^2(u)u_z\bar{u}_{\bar{z}}) = {} & \rho^2(u)u_{zz\bar{z}}\bar{u}_{\bar{z}} + \rho^2(u)u_{zz}\bar{u}_{\bar{z}\bar{z}} \\
& + 2\rho(\rho_u u_{\bar{z}} + \rho_{\bar{u}}\bar{u}_{\bar{z}})u_{zz}\bar{u}_{\bar{z}} \\
& + 4\rho\rho_u u_z u_{z\bar{z}}\bar{u}_{\bar{z}} + 2\rho\rho_u u_z u_z \bar{u}_{\bar{z}\bar{z}} \\
& + 2(\rho_u u_{\bar{z}} + \rho_{\bar{u}}\bar{u}_{\bar{z}})\rho_u u_z u_z \bar{u}_{\bar{z}} \\
& + 2\rho(\rho_{uu}u_{\bar{z}} + \rho_{u\bar{u}}\bar{u}_{\bar{z}})u_z u_z \bar{u}_{\bar{z}}.
\end{aligned}
\tag{23.70}
$$

另一方面 u 是调和映射,

$$
\rho^2 u_{z\bar{z}} + 2\rho\rho_u u_z u_{\bar{z}} = 0,
\tag{23.71}
$$

关于 z 微分, 得到

$$
\begin{aligned}
& \rho^2 u_{z\bar{z}z} + 2\rho(\rho_u u_z + \rho_{\bar{u}}\bar{u}_z)u_{z\bar{z}} + 2(\rho_u u_z + \rho_{\bar{u}}\bar{u}_z)\rho_u u_z u_{\bar{z}} \\
& + 2\rho(\rho_{uu}u_z + \rho_{u\bar{u}}\bar{u}_z)u_z u_{\bar{z}} + 2\rho\rho_u u_{zz}u_{\bar{z}} + 2\rho\rho_u u_z u_{z\bar{z}} = 0,
\end{aligned}
\tag{23.72}
$$

同时关于 $\bar{z}$ 微分, 得到

$$
\begin{aligned}
& \rho^2 u_{z\bar{z}z} + 2\rho\rho_u u_z u_{z\bar{z}} + 2\rho_u^2 u_z u_z u_{\bar{z}} - 2\rho_{\bar{u}}\rho_u \bar{u}_z u_z u_{\bar{z}} \\
& + 2\rho(\rho_{uu}u_z + \rho_{u\bar{u}}\bar{u}_z)u_z u_{\bar{z}} + 2\rho\rho_u u_{zz}u_{\bar{z}} + 2\rho\rho_u u_z u_{z\bar{z}} = 0.
\end{aligned}
\tag{23.73}
$$

由 (23.70) 和 (23.73) 得到

$$
\begin{aligned}
\frac{\partial^2}{\partial z \partial \bar{z}}(\rho^2(u)u_z\bar{u}_{\bar{z}}) = {} & \rho^2 \left(u_{zz} + \frac{2\rho_u}{\rho}u_z u_z\right)\left(\bar{u}_{\bar{z}\bar{z}} + \frac{2\rho_{\bar{u}}}{\rho}\bar{u}_{\bar{z}}\bar{u}_{\bar{z}}\right) \\
& + (2\rho\rho_{u\bar{u}} - 2\rho_u\rho_{\bar{u}})(u_z\bar{u}_{\bar{z}} - \bar{u}_z u_{\bar{z}})u_z\bar{u}_{\bar{z}},
\end{aligned}
\tag{23.74}
$$

由 (23.68) 和 (23.69) 得到

$$
\begin{aligned}
& \frac{\partial}{\partial z}(\rho^2 u_z\bar{u}_{\bar{z}}) \cdot \frac{\partial}{\partial \bar{z}}(\rho^2 u_z\bar{u}_{\bar{z}}) \\
& = (\rho^2 u_z\bar{u}_{\bar{z}})\rho^2\left(u_{zz} + \frac{2\rho_u}{\rho}u_z u_z\right)\left(\bar{u}_{\bar{z}\bar{z}} + \frac{2\rho_{\bar{u}}}{\rho}\bar{u}_{\bar{z}}\bar{u}_{\bar{z}}\right).
\end{aligned}
\tag{23.75}
$$

由曲率公式

$$
K_2 = -\frac{4}{\rho^4}(\rho\rho_{u\bar{u}} - \rho_u\rho_{\bar{u}}).
\tag{23.76}
$$

因此, 由 (23.67), (23.74), (23.75) 和 (23.76) 推出

$$
\Delta \log(\rho^2 u_z\bar{u}_{\bar{z}}) = \frac{2}{\lambda^2(z)}K_2\rho^2(u_z\bar{u}_{\bar{z}} - \bar{u}_z u_{\bar{z}}) = -2K_2(H - L),
\tag{23.77}
$$

$$
\Delta \log H = \Delta \log(\rho^2 u_z\bar{u}_{\bar{z}}) + \Delta \log\frac{1}{\lambda^2} = 2K_1 - 2K_2(H - L).
\tag{23.78}
$$

这样, 我们得到了等式 (23.63). 等式 (23.64) 的证明类似. ∎

除非 $H \equiv 0$, H 的零点是孤立的, 在一个零点 z_i 附近,

$$H = a_i|z - z_i|^{n_i} + O(|z - z_i|^{n_i}), \tag{23.79}$$

这里 $a_i > 0$, 并且 $n_i \in \mathbb{N}$. 同样的结论对于 L 也成立.

23.8 调和微分同胚

这里, 我们应用 Bochner 公式来证明到负曲率曲面上度为 1 的调和映射为微分同胚.

定理 23.11 如果 $u : \Sigma_1 \to \Sigma_2$ 是调和映射, H 不恒为 0, 那么

$$\chi(\Sigma_1) - d(u)\chi(\Sigma_2) = -\frac{1}{2}\sum_{i=1}^{k} n_i, \tag{23.80}$$

这里 $d(u)$ 是映射 u 的度, n_i 是 H 零点的阶. 特别地, 如果

$$\chi(\Sigma_1) = d(u)\chi(\Sigma_2), \quad d(u) > 0 \tag{23.81}$$

(例如, $d(u) = 1$ 且 $\chi(\Sigma_1) = \chi(\Sigma_2)$), 那么对一切 $z \in \Sigma_1$,

$$H(z) > 0. \quad \blacklozenge \tag{23.82}$$

证明 由 Gauss-Bonnet 公式

$$\int_{\Sigma_1} K_1 \lambda^2 i dz d\bar{z} = 2\pi\chi(\Sigma_1), \quad \int_{\Sigma_2} K_2 \rho^2 i du d\bar{u} = 2\pi\chi(\Sigma_2).$$

由积分变换公式

$$\int_{\Sigma_1} K_2(H - L)\lambda^2 i dz d\bar{z} = \int_{\Sigma_1} K_2(u_z \bar{u}_{\bar{z}} - \bar{u}_z u_{\bar{z}})\rho^2(u(z)) i dz d\bar{z}$$
$$= 2\pi d(u)\chi(\Sigma_2),$$

这里 $d(u)$ 是映射 u 的度. 由公式

$$\Delta \log H = 2K_1 - 2K_2(H - L),$$

由 H 的零点附近局部表示, 我们得到

$$\lim_{\varepsilon \to 0} \int_{\Sigma_1 \setminus \bigcup_{i=1}^{k} B(z_i, \varepsilon)} \Delta \log H = 2\pi \sum_{i=1}^{k} n_i, \tag{23.83}$$

上式左侧等于

$$\int_{\Sigma_1} 2K_1 - 2K_2(H - L) = 4\pi\chi(\Sigma_1) - 4\pi d(u)\chi(\Sigma_2),$$

我们得到

$$\chi(\Sigma_1) - d(u)\chi(\Sigma_2) = -\frac{1}{2}\sum_{i=1}^k n_i.$$

如果 $\chi(\Sigma_1) = d(u)\chi(\Sigma_2)$, 例如 $d(u) = 1$ 且 $\chi(\Sigma_1) = \chi(\Sigma_2)$, 左侧等于 0, H 没有零点, H 恒正或者恒负. 因为 $L \geqslant 0$, $H - L$ 是 u 的 Jacobi 行列式. 若 H 恒负, 则 Jacobi 行列式非正, 映射度为负, 矛盾. 由此, 我们得到对一切 $z \in \Sigma_1$, $H(z) > 0$. ∎

定理 23.12 令 Σ_1 和 Σ_2 为亏格相同的紧 Riemann 面, Σ_2 上的曲率 $K_2 \leqslant 0$. 度为 1 的调和映射 $u : \Sigma_1 \to \Sigma_2$ 是微分同胚. ◆

证明 映射 u 的 Jacobi 行列式等于

$$H - L = \frac{\rho^2(u(z))}{\lambda^2(z)}(u_z\bar{u}_{\bar{z}} - \bar{u}_z u_{\bar{z}}).$$

我们欲证 $H - L > 0$ 处处成立, 因为 u 的映射度为 1, 因此 u 为微分同胚.

首先证明 $H - L \geqslant 0$. 令

$$B := \{z \in \Sigma_1 : H(z) - L(z) < 0\}.$$

我们知道在 Σ_1 上, 处处成立 $H > 0$. 因此在 $\bar{B}$ 上 $L > 0$, 由公式 (23.63) 和 (23.64) 并且 $K_2 \leqslant 0$, 得到在 $\bar{B}$ 上,

$$\Delta \log \frac{L(z)}{H(z)} = 4K_2(H(z) - L(z)) \geqslant 0.$$

因此 $\log\frac{L(z)}{H(z)}$ 是下调和函数, 在 B 内为正, 在边界 ∂B 上为 0, 和最大值原理相矛盾. 因此 $B = \emptyset$, $H - L \geqslant 0$.

假设在某个点 $z_0 \in \Sigma_1$, $H(z_0) - L(z_0) = 0$. 由定理 23.11 我们得到在 z_0 的某个邻域 U 内

$$H(z_0) > 0, \quad L(z_0) > 0. \tag{23.84}$$

因为 $H - L \geqslant 0$, 我们可以找到常数 c_1 和 c_2, 满足对一切 $z \in U$,

$$(H - L)(z) \leqslant c_1\left(\frac{H(z)}{L(z)} - 1\right) \leqslant c_2 \log\frac{H(z)}{L(z)} = -c_2 \log\frac{L(z)}{H(z)}.$$

在 U 上

$$\Delta f = \Delta \log \frac{L}{H} = 4K_2(H - L),$$

我们得到

$$\Delta f - 4c_2 f \geqslant 0,$$

f 在 $z_0 \in U$ 取到最大值. 由引理 23.12, 我们得到在 U 内 $f \equiv 0$. 这意味着集合

$$\{z \in \Sigma_1 : H(z) - L(z) = 0\}$$

是开集. 同时, 这个集合显然是闭集. 因为 u 的映射度为 1, 这个集合不是整个 Σ_1, 因此必为空集. 证明完毕. ∎

这里我们用到下面的不等式.

引理 23.12 (Jost) 给定一个有界函数 f 和常数 $c \geqslant 0$, 在 $\mathbb{R}^d$ 的一个区域 Ω 中成立

$$\Delta f - cf \geqslant 0, \tag{23.85}$$

并且 f 在 Ω 的一个内点取到非负最大值, 那么 f 是一个常值函数. ◆

23.9 调和映射的唯一性

调和映射的唯一性需要用到度量曲面上测地线的性质. 我们首先推导等温参数下的测地线方程, 然后证明双曲曲面上每一同伦类中测地线的存在唯一性.

引理 23.13 (负曲率空间测地线) 令 Σ 是一个紧的双曲 Riemann 面 (即 Σ 具有常值曲率 -1), 令 $p, q \in \Sigma$, 那么在连接 p 和 q 的曲线的每一个同伦类中, 存在唯一的一条测地线 γ; γ 也是这一同伦类中的最短线, 并且 γ 连续依赖 p 和 q. ◆

证明 给定一条路径 $\tau : [0, 1] \to \Sigma$ 连接 p 和 q. 令 $\pi : \mathbb{H} \to \Sigma$ 是万有覆盖, 固定一点 $\tilde{p} \in \pi^{-1}(p)$, 那么存在唯一的 τ 的提升 $\tilde{\tau} : [0, 1] \to \mathbb{H}$, $\tilde{\tau}(0) = \tilde{p}$, $\tilde{\tau}(1) = \tilde{q}$. τ 的同伦类取决于终点 $\tilde{q} \in \pi^{-1}(q)$. 在双曲平面上, 过

$\tilde{p}$ 和 $\tilde{q}$ 的测地线存在且唯一, 并且为最短线, 记为 $\tilde{\gamma}$. 同时 $\tilde{\gamma}$ 连续依赖 $\tilde{p}$ 和 $\tilde{q}$. $\tilde{\gamma}$ 的投影为 γ. ■

引理 23.14 (测地线方程) 在光滑度量曲面 $(\Sigma, \lambda(z)^2 dz d\bar{z})$ 上, 曲线 $\gamma : [0, 1] \to \Sigma$ 是测地线, 那么 γ 满足

$$\ddot{\gamma}(t) + \frac{2\lambda_\gamma(\gamma(t))}{\lambda(\gamma(t))} \dot{\gamma}^2(t) = 0. \quad \blacklozenge \qquad (23.86)$$

证明 给定度量曲面 $(\Sigma, \lambda(z)^2 dz d\bar{z})$ 和一条光滑曲线 $\gamma : [0, 1] \to \Sigma$, 曲线的长度为

$$l(\gamma) = \int_0^1 \lambda(\gamma(t)) |\dot{\gamma}(t)| dt,$$

我们有

$$\frac{1}{2} l^2(\gamma) \leqslant E(\gamma) = \frac{1}{2} \int_0^1 \lambda^2(\gamma(t)) \dot{\gamma}(t) \dot{\bar{\gamma}}(t) dt,$$

这里 $E(\gamma)$ 是曲线的能量. 等号成立当且仅当

$$\lambda(\gamma(t)) |\dot{\gamma}(t)| \equiv \mathrm{const}, \qquad (23.87)$$

此时 γ 的参数是弧长参数的常数倍. 因此长度 $l(\gamma)$ 和曲线参数选取无关, 能量 $E(\gamma)$ 和参数选取相关. 在总长度一定的情况下, 满足等式 (23.87) 的弧长参数使得能量 $E(\gamma)$ 达到极小.

在局部坐标系下, 我们对曲线进行变分. 令

$$\gamma(t) + s\eta(t)$$

是曲线 γ 的光滑变分, $-s_0 \leqslant s \leqslant s_0$, 这里 $s_0 > 0$ 为一正的常数. 如果 γ 极小化 E, 我们有

$$\begin{aligned} 0 &= \frac{d}{ds} E(\gamma + s\eta) \Big|_{s=0} \\ &= \frac{1}{2} \int_0^1 \left\{ \lambda^2(\gamma)(\dot{\gamma}\dot{\bar{\eta}} + \dot{\bar{\gamma}}\dot{\eta}) + 2\lambda(\lambda_\gamma \eta + \lambda_{\bar{\gamma}}\bar{\eta}) \dot{\gamma}\dot{\bar{\gamma}} \right\} dt \\ &= \mathrm{Re} \int_0^1 \left\{ \lambda^2(\gamma)\dot{\gamma}\dot{\bar{\eta}} + 2\lambda\lambda_\gamma \dot{\gamma}\dot{\bar{\gamma}}\bar{\eta} \right\} dt, \end{aligned}$$

这里 $\lambda_\gamma := \partial\lambda/\partial\gamma$. 如果变分固定曲线 γ 的端点, 即 $\eta(0) = \eta(1) = 0$, 由分部积分, 我们得到

$$0 = -\mathrm{Re} \int_0^1 \left\{ \lambda^2(\gamma)\ddot{\gamma} + 2\lambda\lambda_\gamma \dot{\gamma}^2 \right\} \bar{\eta} dt.$$

如果上式对所有光滑变分都成立, 我们得到

$$\ddot{\gamma}(t) + \frac{2\lambda_\gamma(\gamma(t))}{\lambda(\gamma(t))}\dot{\gamma}^2(t) = 0. \quad \blacksquare \tag{23.88}$$

下面我们证明调和映射的唯一性.

定理 23.13 令 Σ_1 和 Σ_2 是紧 Riemann 面; Σ_2 的 Riemann 度量诱导非正曲率 K. 令 $u \in C^2(\Sigma_1, \Sigma_2)$, $\varphi(z,t)$ 是 u 的变分, $\dot{\varphi} \not\equiv 0$. 如果 u 是调和的, 或者对于每一固定点 $z \in \Sigma_1$, $\varphi(z,\cdot)$ 是测地线, 那么

$$\frac{d^2}{dt^2}E(u+\varphi(t))\Big|_{t=0} \geqslant 0. \tag{23.89}$$

如果 K 是负值, 那么或者

$$\frac{d^2}{dt^2}E(u+\varphi(t))\Big|_{t=0} > 0, \tag{23.90}$$

或者

$$u_z\bar{u}_{\bar{z}} - u_{\bar{z}}\bar{u}_z \equiv 0, \tag{23.91}$$

即 u 的秩处处 $\leqslant 1$. $\qquad\qquad\qquad\qquad\qquad\qquad\qquad\qquad\qquad\qquad\blacklozenge$

证明 我们计算一个映射 $u : \Sigma_1 \to \Sigma_2$ 的二次变分. 在局部坐标系内, 我们考虑映射 u 的变分 $u(z) + \varphi(z,t)$, 这里 $\varphi(z,0) \equiv 0$, 令 $\dot{\varphi} := \frac{\partial}{\partial t}\varphi$, $\ddot{\varphi} := \frac{\partial^2}{\partial t^2}\varphi$. 利用公式

$$K = -\Delta\log\rho = -\frac{4}{\rho^2}\frac{\partial^2}{\partial u\partial\bar{u}}\log\rho, \quad \text{即} \quad K = -\frac{4}{\rho^4}(\rho\rho_{u\bar{u}} - \rho_u\rho_{\bar{u}}),$$

我们有

$$\begin{aligned}
&\frac{d^2}{dt^2}E(u+\varphi(t))\Big|_{t=0} \\
&= 2\int\Bigg\{\rho^2\left(\dot{\varphi}_z + 2\frac{\rho_u}{\rho}u_z\dot{\varphi}\right)\left(\dot{\bar{\varphi}}_{\bar{z}} + 2\frac{\rho_{\bar{u}}}{\rho}\bar{u}_{\bar{z}}\dot{\bar{\varphi}}\right) \\
&\quad + \rho^2\left(\dot{\bar{\varphi}}_z + 2\frac{\rho_{\bar{u}}}{\rho}\bar{u}_z\dot{\bar{\varphi}}\right)\left(\dot{\varphi}_{\bar{z}} + 2\frac{\rho_u}{\rho}u_{\bar{z}}\dot{\varphi}\right) \\
&\quad - \rho^4\frac{K}{2}(u_z\dot{\bar{\varphi}} - \bar{u}_z\dot{\varphi})(\bar{u}_{\bar{z}}\dot{\varphi} - u_{\bar{z}}\dot{\bar{\varphi}}) \\
&\quad - (\rho^2\ddot{\varphi} + 2\rho\rho_u\dot{\varphi}^2)\left(\bar{u}_{z\bar{z}} + \frac{2\rho_{\bar{u}}}{\rho}\bar{u}_z\bar{u}_{\bar{z}}\right) \\
&\quad - (\rho^2\ddot{\bar{\varphi}} + 2\rho\rho_{\bar{u}}\dot{\bar{\varphi}}^2)\left(u_{z\bar{z}} + \frac{2\rho_u}{\rho}u_zu_{\bar{z}}\right)\Bigg\}idzd\bar{z}.
\end{aligned} \tag{23.92}$$

$\gamma(t)$ 是测地线, 当且仅当

$$\rho^2(\gamma)\ddot{\gamma} + 2\rho\rho_\gamma\dot{\gamma}^2 = 0,$$

因此

$$\rho^2\ddot{\varphi} + 2\rho\rho_u\dot{\varphi}^2 = 0,$$

或者 u 是调和映射, 那么

$$u_{z\bar{z}} + \frac{2\rho_u}{\rho}u_z u_{\bar{z}} = 0.$$

因此等式 (23.92) 的最后两项为 0. 由曲率 $K \leqslant 0$, 前三项非负. 由此不等式 (23.89) 成立.

如果 $\frac{d^2}{dt^2}E(u+\varphi) = 0$, 被积函数每一项逐点非负, 因此一定处处为 0. 如果 $K < 0$, 我们有

$$u_z\dot{\bar{\varphi}} - \bar{u}_z\dot{\varphi} \equiv \bar{u}_{\bar{z}}\dot{\varphi} - u_{\bar{z}}\dot{\bar{\varphi}} \equiv 0, \tag{23.93}$$

并且

$$\frac{\partial}{\partial z}(\rho^2\dot{\varphi}\dot{\bar{\varphi}}) = (\rho^2\dot{\varphi}_z + 2\rho\rho_u u_z\dot{\varphi})\dot{\bar{\varphi}} + (\rho^2\dot{\bar{\varphi}} + 2\rho\rho_u\bar{u}_z\dot{\bar{\varphi}})\dot{\varphi} = 0. \tag{23.94}$$

同样, 我们有

$$\frac{\partial}{\partial\bar{z}}(\rho^2\dot{\varphi}\dot{\bar{\varphi}}) = 0. \tag{23.95}$$

由以上两式推出

$$\rho^2\dot{\varphi}\dot{\bar{\varphi}} \equiv \text{const.} \tag{23.96}$$

由假设 $\dot{\varphi} \neq 0$, 这个常数非零, 因此 $\dot{\varphi}$ 和 $\dot{\bar{\varphi}}$ 处处非零, 由等式 (23.93) 我们得到

$$|u_z||\dot{\varphi}| = |\bar{u}_z||\dot{\bar{\varphi}}|,$$

因此

$$|u_z| = |\bar{u}_z| = |u_{\bar{z}}|,$$

即得到等式 (23.91). ∎

由此, 我们得到调和映射的唯一性定理.

定理 23.14 (双曲曲面间调和映射的唯一性) 令 Σ_1 和 Σ_2 是紧 Riemann 面, Σ_2 带有双曲度量. $u_0, u_1 : \Sigma_1 \to \Sigma_2$ 是彼此同伦的调和映射, 如果至少其中一个映射的 Jacobi 行列式在某点非零, 那么

$$u_0 \equiv u_1. \qquad \blacklozenge$$

证明 令连接 u_0 和 u_1 的同伦为

$$h(z,t) : \Sigma_1 \times [0,1] \to \Sigma_2,$$

满足 $h(z,0) = u_0(z)$, $h(z,1) = u_1(z)$. 令 $\psi(z,t)$ 是从 $u_0(z)$ 到 $u_1(z)$ 的测地线, 并且和 $h(z,t)$ 同伦, 参数满足

$$\rho(\gamma(t))|\dot{\gamma}(t)| \equiv \mathrm{const}.$$

($\psi(z,t)$ 存在并且唯一, 测地线 $\psi(z,t)$ 连续依赖于 z.) 于是 $u_t(z) := \psi(z,t)$ 也是连接 u_0 和 u_1 的同伦. 定义函数

$$f(t) := E(u_t).$$

由定理 23.13, 我们推出对于一切 $t \in [0,1]$,

$$\ddot{f}(t) \geqslant 0, \tag{23.97}$$

因此 $f(t)$ 是一个凸函数. 同时, 因为 u_0 和 u_1 都是调和映射, 我们有

$$\dot{f}(0) = 0 = \dot{f}(1). \tag{23.98}$$

由关于 Jacobi 行列式的假设和定理 23.13, 我们有

$$\ddot{f}(0) > 0 \quad \text{或者} \quad \ddot{f}(1) > 0, \tag{23.99}$$

故至少对于 u_0 和 u_1 中的一个, 等式 (23.91) 不成立, 除非 $\dot{\psi} \equiv 0$, 即 $u_0 = u_1$. 由于非平庸的凸函数至多只有一个奇异点, 因此等式 (23.97), (23.98) 和 (23.99) 不能同时成立. 必有 $\dot{\psi} \equiv 0$, 即 $u_0 \equiv u_1$. $\blacksquare$

推论 23.2 令 Σ 是一个紧双曲曲面, 那么 Σ 和恒同映射同伦的等距或者共形自映射是恒同映射本身. $\qquad \blacklozenge$

证明 因为等距和共形映射都是调和映射, 由定理 23.14, 如果它们和恒同自映射同伦, 那么它们和恒同自映射重合. $\blacksquare$

推论 23.3 一个紧双曲曲面 Σ 具有至多有限个等距变换 (或者共形

自映射). ♦

证明 不同的等距变换在不同的同伦类中. 另一方面, 不同的等距映射都具有相同的调和能量, 等于 Σ 的面积. 因此所有的等距映射在每一个 C^k 模下都是一致有界的. 如果存在无穷多个等距自映射, 由 Arzelà-Ascoli 定理, 存在收敛子列. 但是不同的等距自映射在不同的同伦类中, 矛盾. ■

　　调和映射的计算主要基于有限元方法. 给定光滑曲面嵌入在三维欧氏空间中, 具有由欧氏度量诱导的 Riemann 度量 $(S, \mathbf{g})$. 我们构造一系列曲面的测地三角剖分, 将每个曲面三角形用欧氏三角形取代, 如图 24.1 所示, 得到一系列多面体曲面 (分片线性曲面) $\{M_n\}$, 同时得到一系列拓扑同胚, $\varphi_n : S \to M_n$. 运用严格算法, 可以保证 M_n 的 Riemann 度量、曲率测度、Laplace-Beltrami 算子收敛到 S 上相应的几何量.

　　固定一个三角网格 M_n, 我们考察 M_n 上面的分片线性函数, $g_n : M_n \to \mathbb{R}$, 可以算出 g_n 的调和能量 $E(g_n)$, 从而在线性分片函数空间中做变分, 求得离散调和函数, 记为 f_n. 光滑曲面上的函数序列 $\{\varphi \circ f_n\}$ 收敛到 S 上的调和函数. 通过有限元法, 椭圆型偏微分算子被转化成正定对称阵, 椭圆型偏微分方程被转化成求解大型稀疏线性系统. 这样我们可以计算离散调和映射, 来逼近光滑调和映射.

　　定义 24.1 (重心坐标)　设平面欧氏三角形的顶点位置为 $\mathbf{v}_i, \mathbf{v}_j, \mathbf{v}_k$, $\mathbf{p}$ 是平面上任意一点, 平面的法向量为 $\mathbf{n}$, 那么 $\mathbf{p}$ 关于三角形的重心坐标

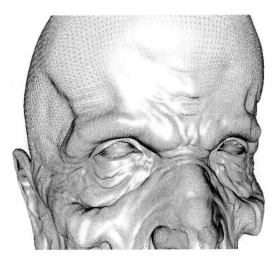

图 24.1 曲面的三角剖分.

(bary-centric coordinate) 为 $(\lambda_i, \lambda_j, \lambda_k)$, 这里

$$\lambda_i = \frac{(\mathbf{v}_j - \mathbf{p}) \times (\mathbf{v}_k - \mathbf{p}) \cdot \mathbf{n}}{(\mathbf{v}_j - \mathbf{v}_i) \times (\mathbf{v}_k - \mathbf{v}_i) \cdot \mathbf{n}},$$

即由 $\mathbf{p}, \mathbf{v}_j, \mathbf{v}_k$ 构成的三角形与由 $\mathbf{v}_i, \mathbf{v}_j, \mathbf{v}_k$ 构成的三角形的有向面积之比. λ_j 和 λ_k 类似定义. ◆

可以直接验证, 重心坐标的三个分量之和为 1,

$$\lambda_i + \lambda_j + \lambda_k = 1.$$

如果 $\mathbf{p}$ 在三角形的内部, 则重心坐标的三个分量都为正数.

命题 24.1 设 $\{\mathbf{v}_i, \mathbf{v}_j, \mathbf{v}_k\}$ 是一个欧氏三角形, 线性函数

$$f(\mathbf{p}) = \lambda_i f(\mathbf{v}_i) + \lambda_j f(\mathbf{v}_j) + \lambda_k f(\mathbf{v}_k),$$

这里 $(\lambda_i, \lambda_j, \lambda_k)$ 是点 $\mathbf{p}$ 的重心坐标,

$$\mathbf{p} = \lambda_i \mathbf{v}_i + \lambda_j \mathbf{v}_j + \lambda_k \mathbf{v}_k.$$

那么线性函数的梯度为

$$\nabla f(\mathbf{p}) = \frac{1}{2A} \left(\mathbf{s}_i f(v_i) + \mathbf{s}_j f(v_j) + \mathbf{s}_k f(v_k) \right). \tag{24.1}$$

如图 24.2 所示,

$$\mathbf{s}_i = \mathbf{n} \times (\mathbf{v}_k - \mathbf{v}_j), \quad \mathbf{s}_j = \mathbf{n} \times (\mathbf{v}_i - \mathbf{v}_k), \quad \mathbf{s}_k = \mathbf{n} \times (\mathbf{v}_j - \mathbf{v}_i),$$

其调和能量等于

$$\int_\Delta \langle \nabla f, \nabla f \rangle dA = \frac{\cot \theta_i}{2} (f_j - f_k)^2 + \frac{\cot \theta_j}{2} (f_k - f_i)^2$$
$$+ \frac{\cot \theta_k}{2} (f_i - f_j)^2. \quad ◆ \tag{24.2}$$

证明 如图 24.2 所示, 我们有

$$\mathbf{s}_i + \mathbf{s}_j + \mathbf{s}_k = \mathbf{n} \times \{(\mathbf{v}_k - \mathbf{v}_j) + (\mathbf{v}_i - \mathbf{v}_k) + (\mathbf{v}_j - \mathbf{v}_i)\} = \mathbf{0},$$

由此

$$\langle \mathbf{s}_i, \mathbf{s}_i \rangle = \langle \mathbf{s}_i, -\mathbf{s}_j - \mathbf{s}_k \rangle = -\langle \mathbf{s}_i, \mathbf{s}_j \rangle - \langle \mathbf{s}_i, \mathbf{s}_k \rangle.$$

任取三角形内一点 $\mathbf{p}$,

$$\mathbf{p} = \lambda_i \mathbf{v}_i + \lambda_j \mathbf{v}_j + \lambda_k \mathbf{v}_k,$$

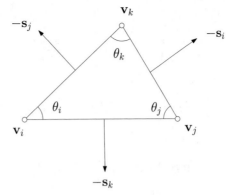

图 24.2 线性函数的梯度.

重心坐标为

$$\lambda_i = \frac{1}{2A}\langle \mathbf{p} - \mathbf{v}_j, \mathbf{s}_i\rangle, \quad \lambda_j = \frac{1}{2A}\langle \mathbf{p} - \mathbf{v}_k, \mathbf{s}_j\rangle, \quad \lambda_k = \frac{1}{2A}\langle \mathbf{p} - \mathbf{v}_i, \mathbf{s}_k\rangle,$$

这里 A 是三角形的面积. 因此, 线性函数为

$$
\begin{aligned}
f(\mathbf{p}) &= \lambda_i f_i + \lambda_j f_j + \lambda_k f_k \\
&= \frac{1}{2A}\langle \mathbf{p} - \mathbf{v}_i, f_i \mathbf{s}_i\rangle + \frac{1}{2A}\langle \mathbf{p} - \mathbf{v}_j, f_j \mathbf{s}_j\rangle + \frac{1}{2A}\langle \mathbf{p} - \mathbf{v}_k, f_k \mathbf{s}_k\rangle \\
&= \left\langle \mathbf{p}, \frac{1}{2A}(f_i \mathbf{s}_i + f_j \mathbf{s}_j + f_k \mathbf{s}_k)\right\rangle \\
&\quad - \frac{1}{2A}(\langle \mathbf{v}_i, f_i \mathbf{s}_i\rangle + \langle \mathbf{v}_j, f_j \mathbf{s}_j\rangle + \langle \mathbf{v}_k, f_k \mathbf{s}_k\rangle).
\end{aligned}
$$

由此, 我们得到线性函数的梯度

$$\nabla f = \frac{1}{2A}(f_i \mathbf{s}_i + f_j \mathbf{s}_j + f_k \mathbf{s}_k).$$

计算调和能量

$$
\begin{aligned}
\int_\Delta \langle \nabla f, \nabla f\rangle dA &= \frac{1}{4A}\langle f_i \mathbf{s}_i + f_j \mathbf{s}_j + f_k \mathbf{s}_k, f_i \mathbf{s}_i + f_j \mathbf{s}_j + f_k \mathbf{s}_k\rangle \\
&= \frac{1}{4A}\left(\sum_i \langle \mathbf{s}_i, \mathbf{s}_i\rangle f_i^2 + 2\sum_{i<j} \langle \mathbf{s}_i, \mathbf{s}_j\rangle f_i f_j\right) \\
&= \frac{1}{4A}\left(-\sum_i \langle \mathbf{s}_i, \mathbf{s}_j + \mathbf{s}_k\rangle f_i^2 + 2\sum_{i<j} \langle \mathbf{s}_i, \mathbf{s}_j\rangle f_i f_j\right) \\
&= -\frac{1}{4A}\left(\langle \mathbf{s}_i, \mathbf{s}_j\rangle(f_i - f_j)^2 + \langle \mathbf{s}_j, \mathbf{s}_k\rangle(f_j - f_k)^2\right. \\
&\quad \left. + \langle \mathbf{s}_k, \mathbf{s}_i\rangle(f_k - f_i)^2\right).
\end{aligned}
$$

因为

$$\frac{\langle \mathbf{s}_i, \mathbf{s}_j \rangle}{2A} = -\cot\theta_k, \quad \frac{\langle \mathbf{s}_j, \mathbf{s}_k \rangle}{2A} = -\cot\theta_i, \quad \frac{\langle \mathbf{s}_k, \mathbf{s}_i \rangle}{2A} = -\cot\theta_j,$$

因此调和能量等于

$$\int_\Delta \langle \nabla f, \nabla f \rangle dA = \frac{\cot\theta_i}{2}(f_j - f_k)^2 + \frac{\cot\theta_j}{2}(f_k - f_i)^2 + \frac{\cot\theta_k}{2}(f_i - f_j)^2.$$

证明完毕. ■

命题 24.2 内角关于离散共形因子的 Jacobi 矩阵 (33.5) 是半正定的, 其零空间为

$$\text{null}\left(\frac{\partial\theta_i}{\partial u_j}\right) = \left\{\lambda(1,1,1)^T | \lambda \in \mathbb{R}\right\}. \quad \blacklozenge \tag{24.3}$$

证明 由命题 24.1, 我们有线性函数的调和能量,

$$E_h(f) := \int_\Delta \langle \nabla f, \nabla f \rangle dx dy$$

$$= \cot\theta_i/2(f_j - f_k)^2 + \cot\theta_j/2(f_k - f_i)^2$$

$$+ \cot\theta_k/2(f_i - f_j)^2. \quad \blacklozenge \tag{24.4}$$

显然任何函数的调和能量非负, 如果调和能量为 0, 当且仅当函数为常值函数,

$$(f_i, f_j, f_k) = f_i(1,1,1).$$

等价地,

$$2E_h(f) := -\begin{pmatrix} f_i & f_j & f_k \end{pmatrix}$$

$$\cdot \begin{pmatrix} -\cot\theta_k - \cot\theta_j & \cot\theta_k & \cot\theta_j \\ \cot\theta_k & -\cot\theta_k - \cot\theta_i & \cot\theta_i \\ \cot\theta_j & \cot\theta_i & -\cot\theta_j - \cot\theta_i \end{pmatrix} \begin{pmatrix} f_i \\ f_j \\ f_k \end{pmatrix}. \tag{24.5}$$

因此, 矩阵 (33.5) 半负定, 零空间由 $(1,1,1)^T$ 生成. 证明完毕. ■

图 24.3 解释了余切边权重 (cotangent edge weight) 的概念.

定义 24.2 (余切边权重) 假设 $[v_i, v_j] \in E(\mathcal{T})$ 是两个三角形 $[v_i, v_j, v_k] \in F(\mathcal{T})$ 和 $[v_j, v_i, v_l] \in F(\mathcal{T})$ 的公共边, 那么 $[v_i, v_j]$ 的余切权重等于

$$w_{ij} = \cot\theta_k^{ij} + \cot\theta_l^{ji}, \tag{24.6}$$

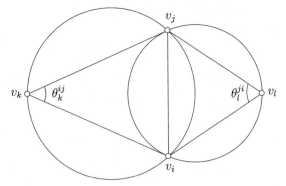

图 24.3 边上的余切权重.

这里 θ_k^{ij} 是三角形 $[v_i, v_j, v_k]$ 中以 v_k 为顶点的内角, θ_l^{ji} 类似定义. 如果 $[v_i, v_j]$ 只和一个三角形 $[v_i, v_j, v_k]$ 相邻, 那么余切权重等于

$$w_{ij} = \cot \theta_k^{ij}. \quad \blacklozenge \tag{24.7}$$

定义 24.3 (离散 Laplace-Beltrami 算子) 给定多面体网格 $(S, V, \mathbf{d}, \mathcal{T})$, $|V(\mathcal{T})| = n$, 离散 Laplace-Beltrami 算子是一个 $n \times n$ 矩阵 $\Delta = (d_{ij})$, 这里

$$d_{ij} := \frac{\partial K_i}{\partial u_j} = \begin{cases} -w_{ij}, & v_i \sim v_j, i \neq j, \\ \sum_k w_{ik}, & i = j, \\ 0, & v_i \nsim v_j, \end{cases} \tag{24.8}$$

w_{ij} 是边 $[v_i, v_j]$ 的余切权重. $\quad \blacklozenge$

引理 24.1 多面体网格 $(S, V, \mathbf{d}, \mathcal{T})$ 的离散 Laplace-Beltrami 算子是半正定矩阵, 零空间为

$$\mathrm{null}(\Delta) = \{\lambda(1, 1, \cdots, 1)^T | \lambda \in \mathbb{R}\}. \quad \blacklozenge \tag{24.9}$$

证明 构造分片线性函数 $g : V(\mathcal{T}) \to \mathbb{R}$, $g(v_i) = g_i$, 在任意三角形内 $\mathbf{p} \in [v_i, v_j, v_k]$,

$$\mathbf{p} = \lambda_i v_i + \lambda_j v_j + \lambda_k v_k,$$

这里 $(\lambda_i, \lambda_j, \lambda_k)$ 是点 $\mathbf{p}$ 关于 v_i, v_j, v_k 的重心坐标 (24.1), 我们有

$$g(\mathbf{p}) = \lambda_i g_i + \lambda_j g_j + \lambda_k g_k.$$

那么, 计算函数的调和能量,

$$E_S(g) := \int_S \langle \nabla g, \nabla g \rangle dA_{\mathbf{d}}, \tag{24.10}$$

函数在整个多面体曲面 S 上的调和能量 $E_S(g)$ 等于函数在所有面上 f_i 的调和能量 $E_{f_i}(g)$ 之和. 根据每个面上的调和能量公式 (24.4), 自然有

$$E_S(g) = \sum_{f_i \in F(\mathcal{T})} E_{f_i}(g) = \frac{1}{2} \sum_{[v_i, v_j] \in E(\mathcal{T})} w_{ij}(g_i - g_j)^2.$$

根据每个面上的调和能量的矩阵表示公式 (24.5), 多面体曲面上调和能量的矩阵表示为

$$E_S(\mathbf{g}) = \frac{1}{2}\mathbf{g}^T \Delta \mathbf{g}, \tag{24.11}$$

这里向量 $\mathbf{g} = (g_1, g_2, \cdots, g_n)^T$. 根据调和能量的定义, $E_S(\mathbf{g}) \geqslant 0$, 因此离散 Laplace-Beltrami 算子矩阵 Δ 半正定. 调和能量为 0, 当且仅当 $\mathbf{g} = g_1(1, 1, \cdots, 1)^T$, 即 Δ 的零空间由 $(1, 1, \cdots, 1)^T$ 线性生成. 证明完毕. ∎

定理 24.1 (凸函数的梯度映射定理) 设 $f : \Omega \to \mathbb{R}$ 是定义在凸开集 $\Omega \subset \mathbb{R}^n$ 上的 C^2 光滑、严格凸函数, 那么梯度映射 $\nabla f : \mathbf{p} \mapsto \nabla f(\mathbf{p})$ 的像集 $\nabla f(\Omega)$ 是 $\mathbb{R}^n$ 中的开集, $\nabla f : \Omega \to \nabla f(\Omega)$ 是微分同胚. ♦

证明 首先, 我们证明梯度映射是单射. 假设 $\mathbf{p}_0, \mathbf{p}_1 \in \Omega$ 是定义域中不同的点, 但是 $\nabla f(\mathbf{p}_0) = \nabla f(\mathbf{p}_1)$. 构造线段连接 $\mathbf{p}_0$ 和 $\mathbf{p}_1$, $\gamma : [0, 1] \to \Omega$,

$$\gamma(t) = (1 - t)\mathbf{p}_0 + t\mathbf{p}_1.$$

因为 Ω 为凸集, 线段包含于 Ω, $\gamma([0, 1]) \subset \Omega$. 我们考察定义在线段上的辅助函数 $g(t) = f \circ \gamma(t)$. 计算辅助函数的二阶导数

$$g''(t) = (\mathbf{p}_1 - \mathbf{p}_0)^T \left(\frac{\partial^2 f}{\partial x_i \partial x_j}\right) \circ \gamma(t)(\mathbf{p}_1 - \mathbf{p}_0) > 0,$$

因此 $g'(1) > g'(0)$, 但是

$$
\begin{aligned}
g'(0) &= (\mathbf{p}_1 - \mathbf{p}_0)^T \nabla f \circ \gamma(0) = (\mathbf{p}_1 - \mathbf{p}_0)^T \nabla f(\mathbf{p}_0) \\
&= (\mathbf{p}_1 - \mathbf{p}_0)^T \nabla f(\mathbf{p}_1) = (\mathbf{p}_1 - \mathbf{p}_0)^T \nabla f \circ \gamma(1) \\
&= g'(1).
\end{aligned}
$$

矛盾. 因此假设错误, 梯度映射为单射.

由区域不变性原理, $\nabla f: \Omega \to \nabla f(\Omega)$ 为拓扑同胚, 因此 $\nabla f(\Omega)$ 为开集, 梯度映射为开映射. 梯度映射 ∇f 的 Jacobi 矩阵为函数 f 的 Hesse 矩阵, f 为严格凸函数, 因此 Hesse 矩阵为正定, Jacobi 矩阵在 Ω 上处处非奇异, 梯度映射为微分同胚. 证明完毕. ■

第五部分

Riemann 面

第五部分介绍 Riemann 面
理论、Teichmüller 空间理论
以及拟共形几何, 主要包括
Riemann-Roch 定理, 曲面叶状
结构定理, 广义 Riemann 映射
定理, Teichmüller 映射的存在
性和唯一性定理. 我们介绍了
通过求解 Beltrami 方程来构造
拟共形映射的算法、亚纯微分
的构造算法和 Teichmüller 映射
的算法等.

Riemann 面理论基础

本章讲解紧 Riemann 面理论 (Jost [22])、拟共形映射理论 (Ahlfors [1]) 和 Teichmüller 空间理论 (Gardiner [13]）.

25.1 Riemann 面

定义 25.1 (全纯函数) 假设复值函数 $f : \mathbb{C} \to \mathbb{C}$ 将 $z = x + iy$ 映到 $w = u + iv$，如果函数满足所谓的 Cauchy-Riemann 方程:

$$\frac{\partial u}{\partial x} = \frac{\partial v}{\partial y}, \quad \frac{\partial u}{\partial y} = -\frac{\partial v}{\partial x},$$

则函数称为全纯函数. 如果函数可逆, 并且逆函数也是全纯的, 则函数称为双全纯的. ♦

Cauchy-Riemann 方程具有更为简洁的复表示, 记复算子

$$\frac{\partial}{\partial z} = \frac{1}{2}\left(\frac{\partial}{\partial x} - i\frac{\partial}{\partial y}\right), \quad \frac{\partial}{\partial \bar{z}} = \frac{1}{2}\left(\frac{\partial}{\partial x} + i\frac{\partial}{\partial y}\right),$$

则 Cauchy-Riemann 方程等价于

$$\frac{\partial w}{\partial \bar{z}} = 0.$$

假设映射 $w = f(z)$ 是双全纯的, 那么

$$dw = \frac{\partial w}{\partial z}dz + \frac{\partial w}{\partial \bar{z}}d\bar{z} = \frac{\partial w}{\partial z}dz.$$

源 z 平面的 Riemann 度量为 $dzd\bar{z}$, 目标 w 平面的 Riemann 度量为 $dwd\bar{w}$, 那么由映射 $w = f(z)$ 诱导的拉回度量为

$$dwd\bar{w} = |w_z|^2 dzd\bar{z},$$

和初始度量相差一个标量函数, 因此映射为共形映射, 即保角映射.

定义 25.2 (共形图册) 假设 S 是一个二维拓扑流形 (曲面), 配有图册 $\mathcal{A} = \{(U_\alpha, \varphi_\alpha)\}$, 每个局部坐标为复数坐标 $\varphi_\alpha : U_\alpha \to \mathbb{C}$, 记为 z_α, 并

且坐标变换为双全纯函数,

$$\varphi_{\alpha\beta} : \varphi_\alpha(U_\alpha \cap U_\beta) \to \varphi_\beta(U_\alpha \cap U_\beta), \quad z_\alpha \mapsto z_\beta,$$

则图册称为共形图册. ◆

定义 25.3 (共形结构) 设 $\mathcal{A}_1, \mathcal{A}_2$ 都是共形图册, 如果它们的并集 $\mathcal{A}_1 \cup \mathcal{A}_2$ 也是共形图册, 则称 $\mathcal{A}_1, \mathcal{A}_2$ 共形等价. 我们可以用共形等价的关系将曲面的所有共形图册分成等价类, 每一个共形等价类都是一个共形结构或者一维复结构. ◆

定义 25.4 (Riemann 面) 一个带有共形结构的拓扑曲面是一个 Riemann 面 (图 25.1). ◆

共形结构弱于 Riemann 度量, 它可以用来测量角度, 但是无法测量面积和长度. 假如两条曲线 $\gamma_0, \gamma_1 : [0,1] \to S$ 在 Riemann 面上相交, $\gamma_0 \cap \gamma_1 = \{p\}$, 它们的交角可以在局部坐标上测量, 如果 $p \in U_\alpha$, 我们在局部坐标卡 U_α, φ_α 上测量 $\varphi_\alpha(\gamma_0), \varphi_\alpha(\gamma_1)$ 在 $\varphi_\alpha(p)$ 处的交角, 记为 θ_α. 同理, 如果同时 $p \in U_\beta$, 我们可以同法得到 $\varphi_\beta(\gamma_0), \varphi_\beta(\gamma_1)$ 在 $\varphi_\beta(p)$ 处的交角 θ_β. 因为坐标变换 $\varphi_{\alpha\beta}$ 保角, 我们有

$$\theta_\alpha = \theta_\beta,$$

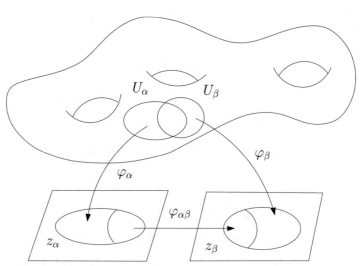

图 25.1 Riemann 面的概念.

因此曲线交角的测量值和局部坐标的选取无关. 换言之, 曲线的交角可以全局无歧义地定义在 Riemann 面上.

我们现在可以用 Riemann 面来定义共形映射.

定义 25.5 (共形映射) 假设 $f:(S,\{(U_\alpha,\varphi_\alpha)\}),(T,\{(V_\beta,\psi_\beta)\})$ 是 Riemann 面之间的映射,

$$
\begin{array}{ccc}
S & \xrightarrow{\quad f \quad} & T \\
\Big\downarrow{\scriptstyle\varphi_\alpha} & & \Big\downarrow{\scriptstyle\psi_\beta} \\
\varphi_\alpha(U_\alpha) & \xrightarrow{\ \psi_\beta\circ f\circ\varphi_\alpha^{-1}\ } & \psi_\beta(V_\beta)
\end{array}
$$

如果每一个局部表示

$$
\psi_\beta\circ f\circ\varphi_\alpha^{-1}:\varphi_\alpha(U_\alpha)\to\psi_\beta(V_\beta)
$$

都是双全纯函数, 那么 f 称为 Riemann 面间的双全纯映射 (图 25.2), 即共形映射. ◆

如图 1.1 所示, 我们在办公桌面上放了一个相框, 然后将整个办公室的照片嵌入相框. 相框内部还有相框, 这形成无限递归嵌套结构. 所有相框的共同交点记为 p, 相邻两级相框之间相差一个相似变换, $\varphi:z\mapsto\lambda z$, 这里 $\lambda>1$ 是一个正的常数. 这个相似变换生成一个群 $G=\{\varphi^k\}$, $k\in\mathbb{Z}$.

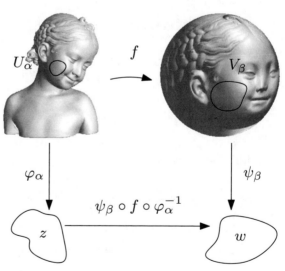

图 25.2 Riemann 面间的双全纯映射.

点 p 是这个群的不动点, 商空间

$$S := \frac{\mathbb{C} \setminus \{p\}}{G}$$

是一个拓扑轮胎, 也是一个 Riemann 面. 然后, 我们将整个复平面用一个双全纯函数进行变换, 封闭的相框变成了无穷的螺旋线. 但是, 局部形状被完美保持, 例如兔子模型、米开朗基罗的大卫雕塑、毕加索的《镜中少女》, 等等. 这显示了单叶双全纯函数等价于平面区域间的共形映射, 共形变换保持局部形状不变. 这一变换由荷兰画家 M. C. Escher 发明, 因此被称为 Escher 效果 (Escher effect). 这一变换可以视作是 Riemann 面 S 到自身的双全纯变换, 即共形变换.

命题 25.1 (全纯函数) 假设 $(S, \{z_\alpha\})$ 是一个紧 Riemann 面, 如果函数 $f : S \to \mathbb{C}$ 是全纯的, 那么 f 是常数. ◆

证明 因为 S 是紧 Riemann 面, 所以 f 的模在某点 $p \in S$ 达到最大值. 由最大模定理, 如果最大模在内点处达到, 则全纯函数为常数. 命题得证. ∎

定义 25.6 (亚纯函数) 考察一个 Riemann 面 $(S, \{z_\alpha\})$, 这里 z_α 是 S 的复结构, 复值函数 $f : S \to \mathbb{C} \cup \{\infty\}$ 称为亚纯函数, 如果 f 在 $S \setminus P$ 是全纯的, 这里 P 是一个离散点集 (可能为空), 每一点 $p \in P$ 是 f 的极点. ◆

亚纯函数在每个局部坐标系上的表示 $f_\alpha : z_\alpha \to \mathbb{C} \cup \{\infty\}$ 都是亚纯函数.

命题 25.2 一个亚纯函数可以被视为从 Riemann 面到单位球面的全纯映射. ◆

25.2 覆盖空间

定义 25.7 (覆盖空间) 一个局部拓扑同胚 $\pi : \tilde{M} \to M$ 称为覆盖映射, 如果对每一点 $p \in M$, 存在一个连通的邻域 V, 使得 $\pi^{-1}(V)$ 的每一个连通分支都被 π 同胚地映到 V (图 25.3). ◆

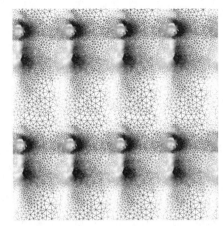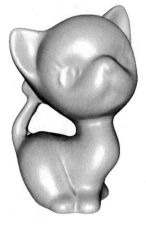

图 25.3 覆盖空间.

对一切点 $p \in M$, 其轨道 $\pi^{-1}(p)$ 是覆盖空间 $\tilde{M}$ 的离散集, 如果 M 是连通的, 那么存在一个离散空间 F, 对每一点 $p \in M$, 存在一个连通的邻域 V, 使得 $\pi^{-1}(V)$ 和 $V \times F$ 拓扑同胚. 我们将 F 的势 (cardinality) 称为覆盖映射 π 的度 (degree). 如果每一个轨道有 n 个元素, 我们说 π 是 n 重覆盖.

命题 25.3 如果映射 $f : \tilde{M} \to M$ 是流形间的连续满射, 满足如下条件

1. f 是一个局部拓扑同胚,

2. 对于任意一个紧集 $K \subset M$, 集合 $f^{-1}(K) \subset \tilde{M}$ 也是紧集,

那么 f 是一个覆盖映射, 并且任意一点 $p \in M$ 的轨道 $f^{-1}(p)$ 都是有限的. ♦

定义 25.8 令 $f : X \to Y$ 是 Riemann 面之间的全纯映射, a 是 Riemann 面 X 上的一点, $f(X)$ 关于 $f(a)$ 的环绕数 (turning number) 是一个正整数, 称为 a 的分歧指数 (ramification index). 如果分歧指数大于 1, 那么 a 称为 f 的分歧点 (ramification point), $f(a)$ 称为代数支点. 等价地, a 是分歧点, 具有分歧指数 k, 如果存在 a 的一个邻域和定义在这个邻域上的全纯函数 $\varphi(z)$, 使得 $f(z) = \varphi(z)(z-a)^k$. ♦

命题 25.4 令 $f : X \to Y$ 是紧连通 Riemann 面之间的全纯映射, 则

1. $f(X) = Y$;

2. 对一切点 $y \in Y$, y 的轨道 $f^{-1}(y)$ 是有限集;

3. X 上的分歧点有限; 若 $S \subset Y$ 包含所有分歧点的像, 则 $f : X \setminus f^{-1}(S) \to Y \setminus S$ 是覆盖映射;

4. 若此覆盖映射的度为 n, 且 $f^{-1}(y) = \{x_1, \cdots, x_k\}$ 是一点 $y \in Y$ 的原像, 则 $\sum_{i=1}^{k} e_i = n$, 这里 e_i 是分歧点 x_i 的分歧指数. ◆

证明 1. 因为 X 是紧集, f 是连续映射, $f(X)$ 是 Y 中闭集; 同时, f 是全纯映射, $f(X)$ 是 Y 中开集. Y 是连通的, 因此 $f(X) = Y$.

2. $f^{-1}(y)$ 不能有一个聚点 $x_0 \in X$, 否则 f 在 x_0 的一个邻域是常数, 因此处处为常数. 故 $f^{-1}(y)$ 是离散的, X 是紧曲面, $f^{-1}(y)$ 是有限的.

3. 从局部表示的观点来看, 一个分歧点可以看成映射 f 导数的零点 (f 局部表示为 $z \mapsto z^2$). 导数的零点不会有聚点, 否则导数处处为 0, f 是常数. 因此分歧点必是离散而有限的. 为了证明 f 的限制 $X \setminus f^{-1}(S) \to Y \setminus S$ 是覆盖映射, 我们用命题 25.3, 令 $\tilde{M} = X \setminus f^{-1}(S)$, $M = Y \setminus S$. 因为 X 是紧集, 所以命题 25.3 的第二个条件被满足.

4. 对于任意一个 x_i, 我们可以找到一个邻域 U_i, 使得 f 的局部表示为 $(z - x_i)^{e_i}$, 所以 f 在 $U_i \setminus \{x_i\}$ 的限制覆盖其像 e_i 次, 因为对于一切和 y 足够接近的点 y', 我们有 $f^{-1}(y') \subset \bigcup_i U_i$, $f^{-1}(y')$ 有 n 个原像点. 因为 y' 足够接近 y, 等式 $\sum_{i=1}^{k} e_i = n$ 成立.

证明完毕. ∎

命题 25.5 Riemann 面上的亚纯函数零点个数等于极点个数. ◆

证明 Riemann 面上的亚纯函数可以视为从 Riemann 面 X 到拓展复平面 $\hat{\mathbb{C}}$ 的全纯映射, 由命题 25.4, f 对应一个从 X 到 $\hat{\mathbb{C}}$ 的覆盖映射, 映射度等于任意一点 $p \in \overline{\mathbb{C}}$ 的原像的个数 (计数时考虑分歧指数). 对于所有点, 映射度都相同, 特别地, 零点和极点映射度相等. 因此, 零点的原像个数 (即 f 的零点, 计数时考虑分歧指数) 等于无穷远点原像的个数 (即 f 的极点, 计数时考虑分歧指数). 证明完毕. ∎

定理 25.1 (代数基本定理) 每一个非常数、单变量的 n 次复多项式有 n 个根 (计数时考虑重数). ◆

证明 f 看成 Riemann 面 $\hat{\mathbb{C}}$ 上的亚纯函数, 故零点和极点个数相同 (考虑重数), f 只有一个 n 重的极点, 故 f 有 n 个零点. 证明完毕. ∎

定理 25.2 (Riemann-Hurwitz 公式) 令 $f: X \to Y$ 是紧 Riemann 面间的非常数全纯映射, 映射度为 n, $\deg f = n$. X 的亏格为 $g(X)$, Y 的亏格为 $g(Y)$, f 有 m 个分歧点, 分歧指数是 $e_1, e_2, \cdots, e_m$. 那么我们有

$$2 - 2g(X) = n(2 - 2g(Y)) - \sum_{i=1}^{m}(e_i - 1). \quad \blacklozenge \tag{25.1}$$

证明 我们以分歧点为顶点将 Y 进行三角剖分, 顶点、边和面的数目是 $\{V, E, F\}$. f 是从 X 到 Y 上的分支覆盖, 将 Y 上的三角剖分拉回到 X 上的三角剖分, 顶点、边和面的数目是 $\{V', E', F'\}$. 显然 $E' = nE$, $F' = nF$. 每个分歧点对应 e_i 个规则点, 因此有

$$V' = nV - \sum_{i=1}^{m}(e_i - 1).$$

计算 Euler 示性数:

$$
\begin{aligned}
2 - 2g(X) &= V' - E' + F' \\
&= nV - \sum_{i=1}^{m}(e_i - 1) - nE + nF \\
&= n(V - E + F) - \sum_{i=1}^{m}(e_i - 1) \\
&= n(2 - 2g(Y)) - \sum_{i=1}^{m}(e_i - 1).
\end{aligned}
$$

证明完毕. ∎

25.3 Riemann 面上的全纯和亚纯 1-形式

定义 25.9 (全纯 1-形式) Riemann 面 X 上的一个全纯 1-形式是 X 上的 1 次复微分形式, 在局部坐标系下可以被表示成

$$\omega = f(z)dz,$$

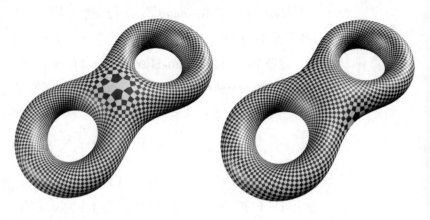

图 25.4 全纯微分形式.

这里函数 $f(z)$ 是局部坐标 z 的全纯函数. 如果改变局部坐标 $z = z(w)$, 那么在 w 坐标系下, ω 表示为

$$\omega = f(z)dz = f(z(w))z'(w)dw,$$

这里 $f(z(w))z'(w)$ 仍然是全纯函数. 图 25.4 显示了亏格为 2 的 Riemann 曲面上的两个全纯 1-形式. ♦

定义 25.10 (亚纯微分 1-形式) Riemann 面 X 上的一个亚纯微分 1-形式是 $X \setminus S$ 上的 1 次全纯微分形式, 这里 $S \subset X$ 是 X 上的一个离散子集, 满足如下条件: 对于任意点 $a \in S$, 存在一个邻域 U, ω 在 U 上的限制可以被写成 $f\omega'$, 这里 f 是一个定义在 U 上以 a 为极点的亚纯函数, ω' 是 U 上的全纯 1-形式. ♦

等价地, 一个亚纯 1-形式 ω 在局部坐标系下可以被表示成 $f(z)dz$, 这里 $f(z)$ 是亚纯函数, a 点是 ω 的极点, 当且仅当 a 点是 $f(z)$ 的极点.

命题 25.6 假设 ω_1 和 ω_2 是紧 Riemann 面上的两个亚纯微分 1-形式, 那么存在一个亚纯函数 f, 使得 $\omega_1 = f\omega_2$.

证明 设在某个邻域 $U \subset X$ 中, 亚纯 1-形式具有局部表示 $\omega_1 = f_1 dz$, $\omega_2 = f_2 dz$, 这里 f_1 和 f_2 是 U 上的亚纯函数, z 是局部坐标. 我们在 U 上定义半纯函数 $f_U = f_1/f_2$. 假设, 另外一个邻域 $V \subset X$ 和 U 具有非空交集, 有 $\omega_1 = g_1 dw$, $\omega_2 = g_2 dw$, 那么在 $U \cap V$ 上有 $g_1 = f_1 \cdot (dz/dw)$ 和

$g_2 = f_2 \cdot (dz/dw)$, 因此 $f_1/f_2 = g_1/g_2$, 函数 $f = f_1/f_2$ 是全局整体定义的, 并且 $\omega_1 = f\omega_2$. 证明完毕. ∎

命题 25.7 (留数定理) 紧 Riemann 面上的亚纯 1-形式的所有留数之和为 0. ♦

证明 令 $a_1, a_2, \cdots, a_n$ 是亚纯微分 1-形式 ω 的所有极点, 因为极点是离散的, 我们用小圆盘 D_i 来覆盖极点 a_i, D_i 中不包含其他极点. 在补集 $X' = X \setminus \bigcup \mathrm{int}\, D_i$ 上, ω 是全纯 1-形式, 由 Stokes 定理, 我们有

$$-\sum_i \int_{\partial D_i} \omega = \int_{\partial X'} \omega = \int_{X'} d\omega = 0.$$

证明完毕. ∎

定义 25.11 一个亚纯函数 $f(z) = \sum_{-\infty}^{+\infty} a_k(z-a)^k$ 在点 $z = a$ 的主部是其 Laurent 级数表示中所有负次幂项之和. 换言之, $\sum_{k=-\infty}^{-1} a_k(z-a)^k$ 是 f 在点 $z = a$ 的主部. ♦

定理 25.3 (逆留数定理) 在紧 Riemann 面上, 指定离散点集 $\{a_1, \cdots, a_n\}$ 和对应的主部 $\{f_1, \cdots, f_n\}$, 那么下面条件彼此等价:

1. 存在一个亚纯函数 f, 在极点 a_i 处的主部是 f_i, 并且没有其他极点;
2. 对于一切全纯 1-形式 ω, 都有

$$\sum_i \mathrm{Res}_{a_i} f_i\omega = 0.$$ ♦

证明 假设存在亚纯函数 f, 那么对于一切全纯 1-形式 ω, $f\omega$ 是亚纯 1-形式, 由留数定理 25.7, 我们有 $\sum_i \mathrm{Res}_{a_i} f\omega = 0$. f 的极点集合是 $\{a_1, \cdots, a_n\}$, f 在 a_i 处的主部等于 f_i. f 在极点 a_i 处的留数等于 f_i 的 Laurent 级数中 z^{-1} 的系数. ω 是全纯 1-形式, 乘以 ω 只会增加每一项的幂次, 不会降低它们. 我们有

$$\mathrm{Res}_{a_i} f\omega = \mathrm{Res}_{a_i} f_i\omega,$$

所以 $\sum_i \mathrm{Res}_{a_i} f_i\omega = 0$.

反之, 如果 f_i 满足条件 2, 由 Serre 对偶性 (Serre duality), 我们得到亚纯函数 f 的整体存在性. 证明完毕. ∎

定理 25.4 如果闭 Riemann 面 X 的亏格为 g, 那么其全纯 1-形式的

空间为复 g 维.

证明 每一个全纯 1-形式可以分解成一对共轭的实调和 1-形式. 由 Hodge 定理, 调和 1-形式构成的群和曲面的一维上同调群 H^1 同构, H^1 为实 $2g$ 维. 证明完毕. ∎

25.4 除子

定义 25.12 (除子) Riemann 面上的点生成的自由 Abel 群称为除子群, 每个元素称为一个除子 (divisor). 换言之, 一个除子是有限个点的整系数线性组合. ◆

除子在加减法下封闭, 如果 $D_1 = \sum_p n_p p$, $D_2 = \sum_p m_p p$, 那么 $D_1 \pm D_2 = (n_p \pm m_p)p$. 我们也可以比较除子, $D_1 \leqslant D_2$ 当且仅当对一切点 p, $n_p \leqslant m_p$.

定义 25.13 (除子的度) 给定一个除子 $D = \sum_p n_p p$, 那么 D 的度定义为

$$\deg(D) = \sum_p n_p.$$

◆

因为 $\deg(D_1 + D_2) = \deg(D_1) + \deg(D_2)$, 我们得到除子的度 (degree of divisor) 是除子群到整数群的同态.

定义 25.14 (重数) 设 f 是 Riemann 面 X 上的亚纯函数, 对于任意一点 $p \in X$, 我们定义 f 在 p 的重数 (order) 为

$$\mathrm{Ord}_p(f) = \begin{cases} k, & p \text{ 点为 } f \text{ 的 } k \text{ 重零点,} \\ -k, & p \text{ 点为 } f \text{ 的 } k \text{ 重极点.} \end{cases}$$

◆

给定紧 Riemann 面上的一个亚纯函数 f, 其零点和极点定义了一个除子,

$$\sum_p \mathrm{Ord}_p(f)p.$$

定义 25.15 (主除子) 一个亚纯函数 f 的除子 $\sum_p \mathrm{Ord}_p(f)$ 称为主除子 (principle divisor), 记为 (f). ◆

显然, 我们有 $(f \cdot g) = (f) + (g)$, 并且 $(f/g) = (f) - (g)$.

引理 25.1 如果 f 是紧 Riemann 面上的一个亚纯函数, 那么 $\deg((f)) = 0$. ◆

证明 紧 Riemann 面上亚纯函数的零点个数和极点个数 (计数重数) 相等, 由 Ord 和 deg 的定义, $\deg((f)) = 0$. 证明完毕. ∎

定义 25.16 如果 ω 是 Riemann 面 X 上的一个亚纯微分, $p \in X$ 是 Riemann 面上的一点, 我们定义 ω 在 p 点的秩 (order)

$$\mathrm{Ord}_p(\omega) = \mathrm{Ord}_p(f_p),$$

这里 f_p 是 ω 在 p 点的局部表示: 在 p 点的某个邻域 U_p 内, $\omega = f_p dz$. ◆

定义 25.17 (典范除子) 紧 Riemann 面上的一个亚纯微分 ω 的零点和极点定义了一个除子 $\sum_p \mathrm{Ord}_p(\omega)p$, 称为典范除子 (canonical divisor), 记为 (ω). ◆

对于任意两个亚纯微分 ω_1 和 ω_2, 其商是一个亚纯函数 $f = \omega_1/\omega_2$. $(f) = (\omega_1) - (\omega_2)$, 由 $\deg((f)) = 0$ 得到 $\deg(\omega_1) = \deg(\omega_2)$. 所以, 所有典范除子的度都相等.

引理 25.2 如果 ω 是紧 Riemann 面 X 上的一个亚纯微分, 那么

$$\deg((\omega)) = -\chi(X),$$

这里 $\chi(X)$ 是 Riemann 面的 Euler 示性数. ◆

证明 我们只需证明对于一个特定的亚纯微分结论成立. 选择一个非常数的亚纯函数 f, 然后考察其微分 df. 我们将 f 视为从 X 到 Riemann 球面 $\hat{\mathbb{C}}$ 的全纯映射.

我们可以假设 ∞ 的原像中没有分歧点, 否则可以复合一个 Möbius 变换. 设 f 的覆盖度为 n, f 的分歧指数为 $e_1, \cdots, e_m$. 函数 f 恰好有 n 个单极点 (∞ 的原像), 在 f 的每一个极点处, df 有一个 2 重极点 (因为 $d(1/z) = -1/z^2$). 另一方面, df 的零点是 f 的分歧点, 如果在某点 p 处 f 的分歧指数是 e, 那么 df 在 p 点具有 $e-1$ 重零点. 由此, df 具有 n 个双

重极点和 m 个零点, 重数为 $e_1 - 1, e_2 - 1, \cdots, e_m - 1$,

$$\deg((df)) = \sum_{i=1}^{m}(e_i - 1) - 2n.$$

由 Riemann-Hurwitz 公式, 我们得到上式等于 X 的 Euler 示性数. 证明
完毕. ∎

定义 25.18 假设 D 是一个除子,

$$L(D) := \{亚纯函数 f \,|\, (f) + D \geqslant 0\},$$

$L(D)$ 是一个 $\mathbb{C}$ 上的线性空间, 其维数记为 $l(D)$. ◆

定义 25.19 假设 D 是一个除子,

$$I(D) := \{亚纯微分 \omega \,|\, (\omega) \geqslant D\},$$

$I(D)$ 是一个 $\mathbb{C}$ 上的线性空间, 其维数记为 $i(D)$. ◆

推论 25.1 如果 $\deg(D) < 0$, 那么 $l(D) = 0$. ◆

证明 因为任意亚纯函数 f 满足 $\deg((f)) = 0$, 因此 $L(D) = \emptyset$,
$l(D) = 0$. 证明完毕. ∎

推论 25.2 如果 $D = 0$, 那么 $l(D) = 1$. ◆

证明 任意一个亚纯函数 f 满足 $(f) \geqslant 0$, 那么 f 没有极点, 因而是
一个全纯函数, 必为常数. 因此 $L(D)$ 同构于 $\mathbb{C}$, $l(D) = 1$. 证明完毕. ∎

引理 25.3 线性空间 $I(D)$ 和空间 $L(K - D)$ 同构, 这里 K 是一个
典范除子. 线性空间 $I(K - D)$ 和空间 $L(D)$ 同构. ◆

证明 我们假设 ω 是一个固定的亚纯微分 1-形式, $K = (\omega)$. 如果 f
是一个亚纯函数, 那么

$$(f) + D = (f\omega) - (\omega) + D = (f\omega) - (K - D).$$

因此, $f \in L(D) = \{g \,|\, (g) + D \geqslant 0\}$ 当且仅当 $f\omega \in \{\beta \,|\, (\beta) \geqslant K - D\}$, 所
以我们有映射: $f \mapsto \omega f$, $L(D) \to I(K - D)$. 同时, 任何一个 $I(K - D)$ 中
的亚纯微分都可以表示成 $f\omega$, 这里 f 是一个亚纯函数, 由此得到逆映射
$f\omega \mapsto f$, $I(K - D) \to L(D)$. 映射显然是线性的, 因此我们得到线性同构
$L(D) \to I(K - D)$. 如果将 D 替换成 $K - D$, 我们得到第一个同构. 证明
完毕. ∎

引理 25.4 Riemann 面上的线性空间 $L(K)$ 和全纯 1-形式的空间同构, 这里 K 是典范除子. ◆

证明 由引理 25.3, $L(K)$ 和 $I(K-K) = I(0) = \{\omega|(\omega) \geqslant 0\}$ 同构, $I(0)$ 是全纯 1-形式构成的空间. 因此, 我们有 $l(K) = \dim(L(K)) = g$. 证明完毕. ∎

定义 25.20 Riemann 面上两个除子 D_1 和 D_2 称为线性等价的, 如果存在一个亚纯函数 f, D_1 和 D_2 的差别是 f 的主除子, $D_2 = D_1 + (f)$. ◆

引理 25.5 线性等价的除子具有同样的度. ◆

证明 如果 $D_2 = D_1 + (f)$, 那么

$$\deg(D_2) = \deg(D_1 + (f)) = \deg(D_1) + \deg((f)) = \deg(D_1),$$

因为 $\deg((f)) = 0$. 证明完毕. ∎

引理 25.6 如果除子 D_1 和 D_2 线性等价, 那么空间 $L(D_1)$ 和 $L(D_2)$ 同构, 并且空间 $I(D_1)$ 和 $I(D_2)$ 同构. ◆

证明 假设 $D_2 = D_1 + (f)$, 这里 f 是某个确定的亚纯函数. 如果 g 是亚纯函数 $g \in L(D_2)$, 那么 $(fg) + D_1 = (f) + (g) + D_1 = (g) + D_2$, 因此 $(g) + D_2 \geqslant 0$ 当且仅当 $(fg) + D_1 \geqslant 0$, $fg \in L(D_1)$, 所以我们有映射 $L(D_2) \to L(D_1)$. 因为 f 是亚纯函数, f^{-1} 也是亚纯函数, 如此得到映射 $L(D_2) \to L(D_1)$. 映射的线性性质显然, 因此我们得到 $L(D_1)$ 和 $L(D_2)$ 之间的同构. $I(D_1)$ 和 $I(D_2)$ 之间的同构可以同样证明. 证明完毕. ∎

25.5 Riemann-Roch 定理

定理 25.5 (Riemann-Roch) 如果 D 是亏格为 g 的紧 Riemann 面上的一个除子, 那么

$$l(D) - i(D) = \deg(D) + 1 - g. \quad ◆ \tag{25.2}$$

证明 证明分成三部分.

第一部分 首先证明当 $\deg(D) \geqslant 0$ 时, 等式 (25.2) 成立.

考虑一个度为 n 的除子 $D \geqslant 0$, $\deg(D) = n$,

$$D = \sum_{i=1}^{k} m_i p_i, \quad \sum_{i=1}^{k} m_i = n.$$

令 $\mathcal{F}$ 是函数组 $\{f_1, \cdots, f_n\}$ 构成的集合, 主部 f_i 具有形式

$$f_i = \frac{c_{m_i}}{z^{m_i}} + \cdots + \frac{c_1}{z}.$$

$\mathcal{F}$ 称为 Laurent 尾, 即某个亚纯函数的主要部分. $\mathcal{F}$ 是 $\mathbb{C}$ 上的线性空间, 其维数为 $\deg(D) = n$, 和 $\mathbb{C}^{\deg(D)}$ 同构.

我们构造一个线性映射 $\Phi : L(D) \to \mathcal{F}$, 将 $f \in L(D)$ 映射到亚纯函数 f 在 Riemann 面上的主要部分 $\{f_1, f_2, \cdots, f_n\}$. 然后, 再构造另外一个线性映射 $\Psi : \mathcal{F} \to \mathbb{C}^g$. 首先, 对于任意的全纯 1-形式 ω, 定义映射: $\lambda_\omega : \mathcal{F} \to \mathbb{C}$,

$$\lambda_\omega(\{f_1, \cdots, f_n\}) := \sum_{i=1}^{n} \operatorname{Res}_{p_i} f_i \omega. \tag{25.3}$$

选取 Riemann 面全纯 1-形式的基底 $\{\omega_1, \omega_2, \cdots, \omega_g\}$, 对于一切 Laurent 尾 $\{f_1, f_2, \cdots, f_n\} \in \mathcal{F}$,

$$\Psi(\{f_1, \cdots, f_k\}) = \left(\lambda_{\omega_1}, \lambda_{\omega_2}, \cdots, \lambda_{\omega_g}\right)^T,$$

我们有

$$L(D) \xrightarrow{\Phi} \mathcal{F} \xrightarrow{\Psi} \mathbb{C}^g. \tag{25.4}$$

考虑 Φ 的核

$$\operatorname{Ker}(\Phi) = \{f \in L(D) | \Phi(f) = 0\}.$$

因为 $D \geqslant 0$, 函数 f 满足 $(f) \geqslant -D$, 并且 f 在核中, 意味着 f 在 p_i 没有主部, 并且也没有其他极点. 这意味着 f 是全纯函数, 因此是常数. 所以 $\dim(\operatorname{Ker}(\Phi))$ 一定是 1.

再考虑 Φ 的像集 $\operatorname{Im}(\Phi)$, $\{f_i\}$ 属于 $\operatorname{Im}(\Phi)$, 当且仅当存在亚纯函数 $f \in L(D)$, f 的 Laurent 尾等于 $\{f_i\}$. 根据定理 25.3, 这样的亚纯函数 f 存在等价于对一切全纯 1-形式 ω, 我们都有 $\lambda_\omega(\{f_i\}) = 0$. 这意味着 $\operatorname{Ker}(\Psi) = \operatorname{Im}(\Phi)$, 换言之, 序列 (25.4) 是个正合列.

再考虑映射 Ψ 的核. 如果一个全纯 1-形式诱导的映射 λ_ω 恒为 0, 则 ω 使得主要部分 f_i

$$\frac{c_{m_i}}{z^{m_i}} + \cdots + \frac{c_1}{z}$$

在 p_i 处为 0, 则 $\mathrm{Ord}_{p_i}(\omega) \geqslant m_i$, 因此 $(\omega) \geqslant D$, $\omega \in I(D)$. 所有全纯 1-形式构成的线性空间为 g 维, 线性算子 Ψ 的零空间为 $i(D)$ 维, Ψ 的秩为 $g - i(D)$. 线性映射 $\Psi : \mathcal{F} \to \mathbb{C}^g$ 的像空间 $\mathrm{Im}(\Psi)$ 的维数是 $g - i(D)$, Ψ 的核空间的维数为

$$\dim \mathrm{Im}(\Phi) = \dim \mathrm{Ker}(\Psi) = \dim \mathcal{F} - \dim \mathrm{Im}(\Psi) = \deg(D) - (g - i(D)).$$

又由 $\dim \mathrm{Ker}(\Phi) + \dim \mathrm{Im}(\Phi) = \dim L(D) = l(d)$, 我们得到

$$l(D) - i(D) = 1 + \deg(D) - g.$$

第二部分 其次证明对一切因子 D, 成立不等式

$$l(D) - i(D) \geqslant 1 + \deg(D) - g. \tag{25.5}$$

命题 25.8 设 $p \in X$ 是紧 Riemann 面上的任意一点, D 是一个因子, 那么 $l(D - p) = l(D) - 1$ 和 $i(D - p) = i(D) + 1$ 不可能同时发生. ♦

证明 假设 $l(D - p) = l(D) - 1$, 那么存在亚纯函数 $f \in L(D) \setminus L(D - p)$. 如果 $D = np + \cdots$, 那么 $-n + 1 > \mathrm{Ord}_p(f) \geqslant -n$, 这意味着 $\mathrm{Ord}_p(f) = -n$. 同样, 假设 $i(D - p) = i(D) + 1$, $\omega \in I(D - p) \setminus I(D)$, 则 $n > \mathrm{Ord}_p(\omega) \geqslant n - 1$, $\mathrm{Ord}_p(\omega) = n - 1$. 因此, $\mathrm{Ord}(f\omega) = -1$. 对于所有其他点 $q \neq p$, $(f) \geqslant -D$, $(f\omega) \geqslant -p$, 因此 $\mathrm{Ord}_q(f\omega) \geqslant 0$. 因此, $f\omega$ 在全局只有一个极点 p. 但是, 我们有

$$\lambda_\omega(f) = \sum_{i=1}^{k} \mathrm{Res}_{p_i} f\omega = 0,$$

同时

$$\mathrm{Res}_p f\omega = c_{-1} \neq 0,$$

矛盾, 因此假设不成立, 命题正确. 证明完毕. ∎

因为 $l(D) \geqslant l(D - p) \geqslant l(D) - 1$ 并且 $i(D) + 1 \geqslant i(D - p) \geqslant i(D)$,

由此

$$l(D - p) - i(D - p) = (l(D) - i(D)) + \{-2, -1, 0\},$$

由命题 25.8, 我们知道 -2 的情形不会发生, 因此

$$l(D - p) - i(D - p) \geqslant (l(D) - i(D)) - 1.$$

由第一部分的证明, 当 $D \geqslant 0$ 时, 我们有

$$l(D) - i(D) = 1 + \deg(D) - g,$$

又有 $\deg(D - p) = \deg(D) - 1$, 因此

$$l(D - p) - i(D - p) \geqslant (l(D) - i(D)) - 1$$
$$= 1 + \deg(D) - g - 1$$
$$= 1 + \deg(D - p) - g.$$

由数学归纳法, 每次减去一个点, 可以证明对于任意因子, 不等式 (25.5) 成立.

第三部分 最后证明对一切因子 D, 成立不等式

$$l(D) - i(D) \leqslant 1 + \deg(D) - g. \tag{25.6}$$

根据引理 25.3 有 $l(K - D) = i(D)$, 由不等式 (25.5), 我们得到

$$l(K - D) - i(K - D) \geqslant \deg(K - D) + 1 - g,$$
$$i(D) - l(D) \geqslant \deg(K - D) + 1 - g,$$
$$i(D) - l(D) \geqslant \deg(K) - \deg(D) + 1 - g.$$

根据引理 25.2, 我们知道 $\deg(K) = \deg(\omega) = -\chi = 2 - 2g$,

$$i(D) - l(D) \geqslant g - 1 - \deg(D).$$

结合第二步和第三步的不等式, 我们得到等式

$$l(D) - i(D) = 1 - g + \deg(D).$$

至此, Riemann-Roch 定理证明完毕. ∎

25.6 亚纯微分

定义 25.21 (亚纯微分) 假设 ω 是 Riemann 面上的复微分形式, 具有局部表示

$$\omega = f_\alpha(z_\alpha)dz_\alpha^m d\bar{z}_\alpha^n,$$

这里 $f_\alpha(z_\alpha)$ 是亚纯函数, $m, n \in \mathbb{Z}$ 是整数, 则 ω 称为 (m, n) 型的亚纯微分; 如果 $f_\alpha(z_\alpha)$ 是全纯函数, 则 ω 称为全纯微分. ◆

Riemann 面上的微分形式的定义非常抽象, 但是其背后具有非常丰富的几何内涵, 对理解 Riemann 面的几何具有根本的重要性. $(1, 0)$ 型的全纯微分称为全纯 1-形式 (holomorphic 1-form). 全纯 1-形式可以用于计算曲面的共形不变量, 计算共形等价的曲面间的共形映射; $(2, 0)$ 型的全纯微分称为全纯二次微分 (holomorphic quadratic differential). 全纯二次微分可以用于计算曲面的叶状结构 (foliation), 非共形等价的曲面间最接近共形映射的极值映射; $(-1, 1)$ 型的微分称为 Beltrami 微分, 固定两个 Riemann 面, 则 Beltrami 微分控制了曲面间的微分同胚; 全纯四次微分可以用于计算曲面的四边形网格剖分.

我们下面应用 Riemann-Roch 定理来计算各种亚纯微分构成的线性空间的维数.

例 25.1 假设 ω 是一个亚纯微分 1-形式, 那么 $\deg(\omega) = 2g - 2$, 这里 g 是曲面的亏格. ◆

解 我们固定一个亚纯微分 ω_0. 假设 ω 是一个亚纯微分, $\omega \in I((\omega_0))$. 那么

$$f = \frac{\omega}{\omega_0}$$

是一个亚纯函数. 如果 $(f) \geqslant 0$, 则 f 是一个全纯函数, 因此必为常数 c. 由此 $\omega = c\omega_0$, $i((\omega_0)) = 1$.

假设 f 是亚纯函数, $(f) + (\omega_0) \geqslant 0$, 则 $(f\omega_0) \geqslant 0$, $f\omega_0$ 是一个全纯 1-形式. $L((\omega_0))$ 和 Riemann 面一维上同调群同构, $L((\omega_0)) \simeq H^1$, $l((\omega_0)) = g$.

由 Riemann-Roch 定理, $l((\omega_0)) - i((\omega_0)) = \deg((\omega_0)) + 1 - g$. 我们得到 $\deg((\omega_0)) = 2g - 2$. ∎

例 25.2 假设非平庸亚纯微分形式 ω 处处非零, 那么亏格 g 为 1. ◆

解 我们知道 $\deg((\omega)) = 2g - 2$, ω 没有零点, 只可能有极点, 因此 $\deg((\omega)) \leqslant 0$, 所以 $g \leqslant 1$. 因为 ω 非平庸, 因此曲面非球面, $g = 1$. ∎

例 25.3 Riemann 面上全纯微分构成的线性空间维数为 g. ◆

解 令 $D \cong 0$, 则 $f \in L(D)$ 等价于 $(f) + D \geqslant 0$, f 为全纯函数, 因此为常数, $l(D) = 1$. 亚纯微分 $\omega \in I(D)$ 等价于 $(\omega) - D \geqslant 0$, ω 为全纯微分. 由 Riemann-Roch 定理, 我们有

$$l(D) - i(D) = \deg(D) + 1 - g,$$

因此 $i(D) = g$, 即全纯微分构成的线性空间的维数为 g. ∎

例 25.4 亏格大于 1 的紧 Riemann 面上全纯二次微分构成的线性空间维数为 $3g - 3$. ◆

解 令 ω_0 是一个固定的微分 1-形式, ω 为任意一个全纯二次微分, 构造半纯函数

$$f = \frac{\omega}{\omega_0^2},$$

我们有

$$(f) = (\omega) - (\omega_0^2).$$

因为 $(f) + (\omega_0^2) = (\omega) - (\omega_0^2) + (\omega_0^2) = (\omega) \geqslant 0$, 所以 $f \in L((\omega_0^2))$. 另一方面, 如果 $f \in L((\omega_0^2))$, 则 $(f) + ((\omega_0^2)) = (f\omega_0^2) \geqslant 0$, $f\omega_0^2$ 是一个全纯二次微分. 因此, 从 $L((\omega_0^2))$ 到全纯二次微分构成的线性空间的映射为可逆双射. 进一步, 这一映射保持线性关系, 因此为线性同构. 由 Riemann-Roch 定理,

$$l((\omega_0^2)) - i((\omega_0^2)) = \deg((\omega_0^2)) + 1 - g = 2(2g - 2) + 1 - g = 3g - 3,$$

假设存在半纯微分 $\omega \in I((\omega_0^2))$, 则 $(\omega) - (\omega_0^2) \geqslant 0$. 但是

$$\deg(\omega) - \deg(\omega_0^2) = 2 - 2g < 0,$$

因此 $I((\omega_0^2))$ 为 0, $i((\omega_0^2)) = 0$. 由此 $l((\omega_0^2)) = 3g - 3$, 全体全纯二次微分构成的线性空间维数是 $3g - 3$. ∎

25.7 全纯 1-形式的计算

我们下面讨论全纯 1-形式的具体计算方法. 给定一张亏格为 g 的 Riemann 面 S, 其调和 1-形式群的基底为 $\{\tau_1, \tau_2, \cdots, \tau_{2g}\}$. 每个调和 1-形式 τ_k 经过 Hodge 星算子的作用, 得到其共轭的 1-形式 $^*\tau_k$, $^*\tau_k$ 也是调和的. 如此得到所有调和 1-形式群基底的共轭调和 1-形式 $\{^*\tau_1, ^*\tau_2, \cdots, ^*\tau_{2g}\}$. 每对调和 1-形式与其共轭的调和 1-形式构成一个全纯 1-形式, 如此得到全纯 1-形式群的基底,

$$\{\tau_1 + \sqrt{-1}^*\tau_1, \tau_2 + \sqrt{-1}^*\tau_2, \cdots, \tau_{2g} + \sqrt{-1}^*\tau_{2g}\}.$$

如图 25.5 所示, 左帧显示的是调和 1-形式 τ_k, 中间帧是其共轭调和 1-形式 $^*\tau_k$, 右帧是全纯 1-形式 $\tau_k + \sqrt{-1}^*\tau_k$.

假设 $^*\tau_i = \sum_{j=1}^{2g} \lambda_{ij}\tau_j$, 利用 Wedge 积构造线性方程:

$$\int_S \tau_i \wedge^* \tau_j = \sum_{k=1}^{2g} \lambda_{jk} \int_S \tau_i \wedge \tau_k, \quad 1 \leqslant i, j \leqslant 2g.$$

由此我们通过解线性系统, 求得未知变量 $\{\lambda_{ij}\}$, 从而得到共轭调和 1-形式.

这里, 我们需要用到微分形式和其向量场的对偶关系. 给定一个带度

演　示

视　频

图 25.5 全纯 1-形式的算法.

量的曲面 (S, g), 任意一个微分形式 τ, 则存在唯一一个切向量场 $\mathbf{v}_\tau$, 使得

$$\forall p \in S, \quad \mathbf{w} \in T_p S, \quad \langle \mathbf{v}_\tau, \mathbf{w} \rangle_{\mathbf{g}}|_p = \tau(\mathbf{w})|_p,$$

这里 $\langle \cdot, \cdot \rangle_g$ 是 Riemann 度量定义的在切空间上的内积. 我们将 $\mathbf{v}_\tau$ 称为微分形式的切向量场表示. 直接计算可得, 微分 1-形式的 Hodge 星运算等价于其向量场表示的旋转 90 度,

$$\forall p \in S, \quad \mathbf{v}_{*\tau}|_p = \mathbf{n} \times \mathbf{v}_\tau|_p.$$

我们用多面体网格来逼近光滑曲面, 用单纯 1-形式来逼近调和 1-形式, 在每个面上, 可以算出调和形式的切向量表示, 然后将微分形式运算转换成向量运算. 假设在一个三角形 $\triangle$ 上,

$$\int_\triangle \tau \wedge \omega = (\mathbf{v}_\tau \times \mathbf{v}_\omega \cdot \mathbf{n}) A_\triangle,$$

并且

$$\int_\triangle \tau \wedge^* \omega = \langle \mathbf{v}_\tau, \mathbf{v}_\omega \rangle A_\triangle.$$

由此, 我们可以计算曲面全纯 1-形式群的基底, 如图 25.6 所示.

　　Riemann 面上所有的全纯 1-形式构成一个 g 维复向量空间, 通过复线性组合基底, 我们可以遍历所有可能的全纯 1-形式. 根据实际应用的需要, 我们从中挑选最优者, 如图 25.7 所示.

图 25.6 亏格为 2 的曲面上全纯 1-形式群的基底.

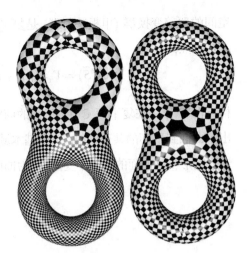

图 25.7 Riemann 面上的全纯 1-形式构成复线性空间.

演 示

图 2.15

拓扑轮胎的共形模 如图 2.15 所示, 亏格为 1 的曲面的共形模可以通过全纯 1-形式计算出来. 曲面 $(S, \mathbf{g})$ 带有 Riemann 度量 $\mathbf{g}$, 诱导的共形图册记为 $\mathcal{A}$. 我们在前面证明了调和微分形式的存在性和在每一个上同调类中的唯一性. 假设 τ 是一个调和 1-形式, 其共轭调和 1-形式为 $^*\tau$, 那么

$$\omega = \tau + \sqrt{-1}^*\tau$$

是全纯 1-形式. 选取一个特殊的全纯 1-形式 ω, 满足如下条件: 取曲面同伦群基底 $\{a, b\}$, $\pi_1(S, p_0) = \langle a, b | aba^{-1}b^{-1} \rangle$, ω 沿着 a 积分为 1,

$$\int_a \omega = 1.$$

设 ω 沿着 b 积分为 η.

令 $p : \widetilde{S} \to S$ 是曲面的万有覆盖空间 (universal covering space), p 是投影映射. 那么投影映射诱导 $\widetilde{S}$ 的拉回度量为 $p^*\mathbf{g}$, 拉回度量诱导了覆盖空间的共形结构, 记为 $p^*\mathcal{A}$. 投影映射诱导的拉回全纯 1-形式为 $p^*\omega$, 那么 $p^*\omega$ 在共形结构 $p^*\mathcal{A}$ 上仍然为全纯 1-形式. 因为 $\widetilde{S}$ 是单连通的, 且全纯 1-形式的实部和虚部都是调和的, 因此是恰当的. 我们定义全纯函数 $f : \widetilde{S} \to \mathbb{C}$, 固定基点 $p_0 \in \widetilde{S}, \forall p \in \widetilde{S}$,

$$f(p) := \int_{p_0}^p \omega.$$

如图 2.15 所示, f 将万有覆盖空间共形地映到复平面上. 这时, 万有覆盖

空间的覆盖变换群 (甲板映射群) 是复平面上的刚体变换群的子群, 实际上是格点群,

$$\mathrm{Deck}(\widetilde{S}) = \Gamma = \{m + n\eta | m, n \in \mathbb{Z}\}.$$

格点群 Γ 作用在复平面 $\mathbb{C}$ 上, 所得的商空间是一个平环 $\mathbb{C}/\Gamma$, 映射 f 给出了曲面到平环的共形映射. 每个基本域是一个平行四边形, 这个平行四边形的形状是曲面的共形不变量, 称为曲面的共形模.

第二十六章　全纯二次微分

我们应用从度量曲面到带度量的图的调和映射来计算全纯二次微分. 全纯二次微分和曲面上的叶状结构同曲面间拟共形映射具有紧密的联系.

全纯二次微分和叶状结构的理论历史发展如下: Hubbard-Masur [19] 证明了全纯二次微分和叶状结构的等价性; Jenkins [20] 和 Strebel [35] 证明了满足特定组合、几何条件的全纯二次微分的存在性; Wolf [43] 证明了全纯二次微分可以由广义调和映射得到; Gromov-Schoen [15] 证明了广义调和映射的存在性和唯一性.

26.1　全纯 1-形式

全纯 1-形式

定义 26.1 (全纯 1-形式)　给定一张 Riemann 面 $(R, \{z_\alpha\})$, 复坐标为 z_α, 那么全纯 1-形式具有局部表示

$$\Phi = \varphi_\alpha(z_\alpha)dz_\alpha,$$

这里 $\varphi_\alpha(z_\alpha)$ 是全纯函数. 如果两个坐标邻域彼此相交, $U_\alpha \cap U_\beta \neq \emptyset$, 那么

$$\Phi = \varphi_\beta(z_\beta)dz_\beta,$$

这里

$$\varphi_\alpha(z_\alpha) = \varphi_\beta(z_\beta(z_\alpha))\frac{dz_\beta}{dz_\alpha}.$$

如果 $\Phi(p) = 0$, 那么 p 称为 Φ 的零点.　　　　　　　　　♦

定义 26.2 (自然坐标)　给定全纯 1-形式 Φ, 我们局部可以定义自然坐标. 给定开集 $\Omega \subset R$, Ω 不包含 Φ 的零点,

$$\zeta(p) = \int_q^p \Phi,$$

这里 p 是曲面上开集 Ω 内的任意一点, $q \in \Omega$ 是事先选取的基点, 积分路

径包含在 Ω 内. 因为 Φ 是闭的微分形式, $\zeta(p)$ 和积分路径选取无关. $\zeta(p)$ 是 Φ 的自然坐标. ◆

定义 26.3 (水平、铅直、临界轨迹) 自然坐标 $\zeta : \Omega \to \mathbb{C}$ 将平面上的水平线和铅直线拉回到曲面上, 得到所谓的水平轨迹和铅直轨迹. 等价地, 设 $\gamma(t)$ 是水平轨迹, 那么有

$$\operatorname{Img} \zeta(\gamma(t)) \equiv c \in \mathbb{R}, \quad \langle \Phi, \dot{\gamma}(t) \rangle \in \mathbb{R}.$$

类似地, 如果 $\gamma(t)$ 是铅直轨迹, 那么有

$$\operatorname{Re} \zeta(\gamma(t)) \equiv c \in \mathbb{R}, \quad \langle \Phi, \dot{\gamma}(t) \rangle \in i\mathbb{R}.$$

过零点的轨迹称为临界轨迹 (critical trajectory). ◆

同时, 全纯 1-形式 Φ 诱导了带有奇异点的平直度量,

$$\mathbf{g}_\Phi = |\varphi_\alpha(z_\alpha)|^2 |dz_\alpha|^2 = |d\zeta|^2.$$

Φ 的零点成为度量的锥奇异点 (cone singularity), 锥角为 4π.

全纯二次微分 如果 Φ 是 Riemann 面上的一个全纯二次微分, 在局部复坐标 (z_α) 下, Φ 具有局部表示:

$$\Phi = \varphi_\alpha(z_\alpha)dz_\alpha^2,$$

这里 $\varphi_\alpha(z_\alpha)$ 是全纯函数. 当我们转换到另一个局部坐标 (z_β) 下, 全纯二次微分的局部表示相应变为

$$\Phi = \varphi_\beta(z_\beta)dz_\beta^2,$$

由此我们得到关系式:

$$\varphi_\alpha(z_\alpha) = \varphi_\beta(z_\beta(z_\alpha))\Big(\frac{\partial z_\beta}{\partial z_\alpha}\Big)^2.$$

假设在离散点 $\{z_0, z_1, \cdots, z_k\}$ 处, $\Phi(z_i) = 0$, 这些点称为全纯二次微分的零点.

定义 26.4 (自然坐标) 给定全纯二次微分 Φ, 任取一个正常点 $p \in S$, $\Phi(P) \neq 0$, 取此点的一个开邻域 $\Omega \subset R, p \in \Omega$, 定义映射 $\zeta : \Omega \to \mathbb{C}$,

$$\zeta(q) = \int_p^q \sqrt{\Phi}.$$

如此我们为曲面定义了局部坐标, 所谓的由全纯二次微分 Φ 所确定的自然坐标. ◆

定义 26.5 (水平、铅直、临界轨迹) 如果在 Φ 的任意自然坐标下, 曲面上的一条曲线 $\gamma \subset R$ 都是水平线, 那么称这条曲线为水平轨迹 (horizontal trajectory). 类似地, 我们可以定义铅直轨迹 (vertical trajectory). 等价地, 设 $\gamma(t)$ 是水平轨迹, 那么有

$$\operatorname{Img} \zeta(\gamma(t)) \equiv c \in \mathbb{R}, \quad \langle \Phi, \dot{\gamma}(t) \rangle > 0.$$

类似地, 如果 $\gamma(t)$ 是铅直轨迹, 那么有

$$\operatorname{Re} \zeta(\gamma(t)) \equiv c \in \mathbb{R}, \quad \langle \Phi, \dot{\gamma}(t) \rangle < 0.$$

过零点的水平和铅直轨迹称为临界轨迹. ◆

全纯二次微分的轨迹有可能是有限的圈, 也有可能是无限的螺旋曲线.

定义 26.6 (Strebel 微分) Riemann 面上的全纯二次微分 Φ 称为 Strebel 微分, 如果 Φ 的所有水平轨迹都是有限的 (图 26.1). ◆

曲面上所有的全纯二次微分构成一个线性空间, 根据 Riemann-Roch 定理, 这个空间的维数是实的 $6g - 6$ 维, 这里 g 是曲面的亏格.

同样地, 全纯二次微分 Φ 诱导一个 Riemann 度量

$$\mathbf{g}_\Phi = |d\zeta|^2 = |\varphi(z_\alpha)||dz_\alpha|^2.$$

图 26.1 Strebel 微分及其水平轨迹.

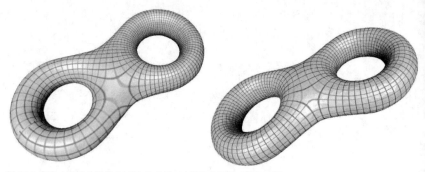

图 26.2 全纯 1-形式的轨线 (左帧) 和全纯二次微分的轨线 (右帧) 对比.

根据 Gauss-Bonnet 定理, 零点的个数等于 $4g - 4$.

局部上看, 给定全纯二次微分 Φ 和曲面上的任意一个邻域 Ω, 如果 Ω 不包含 Φ 的零点, 那么 $\pm\sqrt{\Phi}$ 是全纯 1-形式. 我们自然可以用 $\pm\sqrt{\Phi}$ 的水平和铅直轨线来定义 Φ 的轨线.

实际上, 全纯 1-形式整体平方后也是全纯二次微分, 因此全纯二次微分是全纯 1-形式的自然推广. 图 26.2 显示了全纯 1-形式的轨线和全纯二次微分轨线的对比. 我们看到在正常点附近, 两者区别不大; 但是在零点附近, 两者性状差异较大. 在零点处, 全纯 1-形式可以被看作 $z^k dz$, 二次微分具有局部表示 $\Phi = z^k dz^2$, k 为正整数, 通常为 1.

26.2 叶状结构

定义 26.7 (可测叶状结构) 令 S 为一个亏格 $g > 1$ 的紧 Riemann 面, $\{z_1, z_2, \cdots, z_l\} \subset S$ 为 S 上的离散点集, $\{k_1, k_2, \cdots, k_l\}$ 为一个正整数集. 如果存在 $S \setminus \{z_1, z_2, \cdots, z_l\}$ 的开覆盖 $\{U_i\}$,

$$S \setminus \{z_1, z_2, \cdots, z_l\} \subset \bigcup U_i$$

和围绕奇异点 $\{z_1, z_2, \cdots, z_l\}$ 的开集 $\{V_1, V_2, \cdots, V_l\}$,

$$z_i \in V_i, \quad i = 1, 2, \cdots, l,$$

以及定义在 U_i 上的 C^k 实值函数, $\nu_i : U_i \to \mathbb{R}$, 满足

1. 在 $U_i \cap U_j$ 上, $|d\nu_i| = |d\nu_j|$,

2. 在 $U_i \cap V_j$ 上，$|d\nu_i| = |\operatorname{Im}(z - z_j)^{k_j/2} dz|$.

微分形式 $d\nu_i$ 的核 $\operatorname{Ker} d\nu_i$ 定义了 Riemann 面 S 上的一个 C^k 线场，其积分曲线给出了 $S \setminus \{z_1, z_2, \cdots, z_l\}$ 上一个 C^k 可测叶状结构 $\mathcal{F}$，带有奇异点 $z_1, z_2, \cdots, z_l$，奇异点的阶为 $k_1, k_2, \cdots, k_l$. 更进一步，设曲线 $\gamma \subset S$，我们定义测度 μ，

$$\mu(\gamma) = \int_\gamma |d\nu|,$$

这里

$$|d\nu||_{U_i} = |d\nu_i|.$$

如果可测叶状结构 $(\mathcal{F}, \mu)$ 的每一片叶子都是有限圈，那么 $\mathcal{F}$ 称为一个有限的可测叶状结构. ◆

  如图 26.3 所示，全纯二次微分诱导了自然坐标 $\zeta : \Omega \to \mathbb{C}$，自然坐标将 ζ 平面上的等参数直线映成 Riemann 面上的水平和铅直轨迹. 水平和铅直轨线族构成了曲面的两个叶状结构. 直观上是将曲面分解为曲线的并集，每一条曲线称为一片叶子. 每片叶子没有自相交，任意两片叶子没有交点. 局部上看，在相差一个微分同胚的意义下，叶子彼此平行. 每片叶子有可能是有限的圈，也有可能是无限的螺旋线. 如果一个叶状结构的所有

图 26.3 由全纯二次微分的水平轨迹诱导的曲面上的叶状结构.

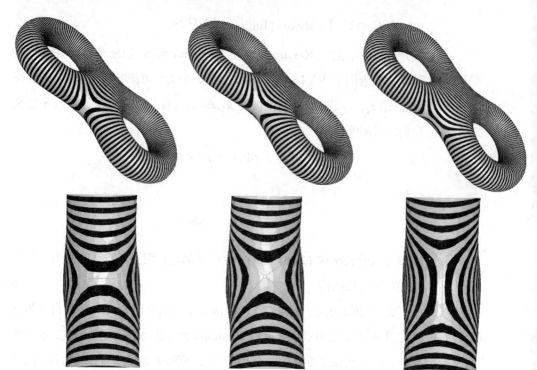

图 26.4 Whitehead 变换.

叶子都是有限圈, 则这一叶状结构称为有限的.

定义 26.8 (Whitehead 变换) Whitehead 变换是将 $\mathcal{F}$ 中连接两个奇异点的有限叶子塌缩, 然后再在横截方向扩张, 如图 26.4 所示. ◆

定义 26.9 (叶状结构等价) 两个可测叶状结构 $(\mathcal{F}, \mu)$ 和 $(\mathcal{G}, \nu)$ 彼此等价, 如果经过 Whitehead 移动之后, 存在曲面到自身的同胚 $\varphi : S \to S$, 将 $\mathcal{F}$ 映到 $\mathcal{G}$, μ 映到 ν, 同时 φ 和曲面恒同自映射同伦. ◆

命题 26.1 假设可测叶状结构 $(\mathcal{F}, \mu)$ 和 $(\mathcal{G}, \nu)$ 彼此等价, γ 和 τ 彼此同伦, 那么

$$\int_\gamma d\mu = \int_\tau d\nu.$$
◆

证明 由假设 $(\mathcal{F}, \mu)$ 和 $(\mathcal{G}, \nu)$ 彼此等价, 则存在曲面到自身的同胚 $\varphi : S \to S$, 将 $\mathcal{F}$ 映到 $\mathcal{G}$, μ 映到 ν, 因此

$$\int_\gamma d\mu = \int_{\varphi(\gamma)} d\nu.$$

φ 和曲面到自身的恒同自映射同伦, 因此 $\varphi(\gamma)$ 和 γ 同伦, 也和 τ 同伦,

$$\int_{\varphi(\gamma)} d\nu = \int_{\tau} d\nu.$$

证明完毕. ∎

对于曲面上任意的可测叶状结构 $\mathcal{F}$, 存在唯一的全纯二次微分 Φ, 满足 Φ 的水平叶状结构和 $\mathcal{F}$ 等价.

定理 26.1 (Hubbard and Masur [19]) 如果 $(\mathcal{F}, \mu)$ 是紧 Riemann 面 S 上的一个可测叶状结构 (图 26.5), 那么存在 S 上唯一的全纯二次微分 Φ, 其水平叶状结构和 $(\mathcal{F}, \mu)$ 等价. ♦

我们知道, 所有的全纯二次微分构成线性空间, 根据 Riemann-Roch 定理, 紧 Riemann 面上这一空间实维数为 $6g - 6$, 这里 g 是曲面的亏格. 由此, 如果我们掌握了全纯二次微分的计算方法, 理论上就可以构造所有的叶状结构.

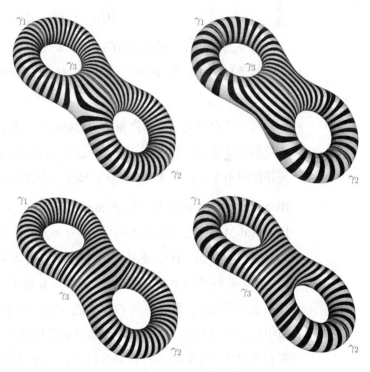

彩 图

图 26.5 Hubbard-Masur 全纯二次微分, 及其诱导的可测叶状结构.

26.3 广义调和映射

Hubbard-Masur 全纯二次微分

定义 26.10 (可容许曲线系统) 给定亏格为 $g > 1$ 的紧曲面 S, 一族不相交的简单闭曲线

$$\Gamma = \{\gamma_1, \gamma_2, \cdots, \gamma_n\} \quad (n \leqslant 3g - 3)$$

称为可容许曲线系统. ◆

定理 26.2 (Jenkins [20], Strebel [35]) 给定可容许曲线系统

$$\Gamma = \{\gamma_1, \gamma_2, \cdots, \gamma_{3g-3}\}$$

和正数 $\{h_1, h_2, \cdots, h_{3g-3}\}$, 存在唯一的全纯二次微分 Φ, 满足下列条件:

1. Φ 的临界轨迹构成的图将曲面分解成 $3g - 3$ 条拓扑柱面,

$$\{C_1, \cdots, C_{3g-3}\},$$

使得 γ_k 是 C_k 同伦群 $\pi_1(C_k)$ 的生成元;

2. 每个柱面 C_k 在 Φ 诱导的度量 $|\Phi|$ 下的高度为 h_k, $k = 1, 2, \cdots, 3g - 3$. ◆

这意味着全纯二次微分 Φ, 其自然坐标 ζ 诱导了平直度量 $|\Phi|$, 在零点处的锥角为 3π. 全纯二次微分 Φ 过零点的轨迹将曲面分解成 $3g - 3$ 个拓扑柱面 $\{C_k\}$, 在度量 $|\Phi|$ 下 $(C_k, |\Phi|)$ 为平直柱面, 其高度为 h_k.

Riemann 面的柱面分解 如图 26.6 所示, 我们由 $\{\gamma_k\}$ 和 $\{h_k\}$ 得到了 Hubbard-Masur 定理中的 Strebel 微分 Φ, Φ 的奇异轨迹将曲面分割成 $3g - 3$ 个圆柱面, $\{(C_k, |\Phi|)\}$, $(C_k, |\Phi|)$ 的高度为 h_k, 底面周长为 l_k. 我们将 C_k 分解成四个长方形, 长和高各为 $l_k/2$ 和 $h_k/2$. 如左上帧所示, 在某个零点处, 三个圆柱面 C_i, C_j, C_k 汇合, 三个长方形缝合得到右上帧中所示的半片裤子. 两个半片裤子缝合得到左下帧所示的整条裤子. 在右下帧中, 两条裤子缝合时可以旋转一个角度 θ_k. 由此, 我们得到 Riemann 面 S, 配上全纯二次微分 Φ 诱导的度量 $|\Phi|$, 固定可容许曲线系统 $\{\gamma_1, \cdots, \gamma_{3g-3}\}$ 和高度 $\{h_1, \cdots, h_{3g-3}\}$ 时, 每个柱面的底面周长

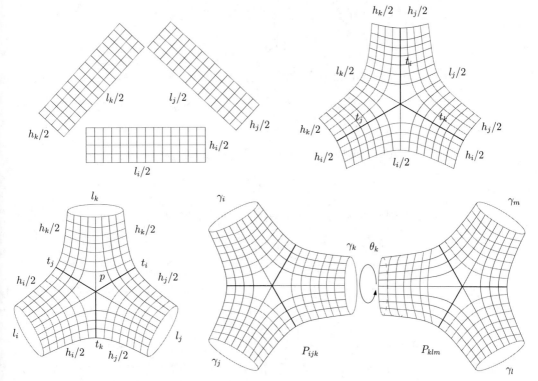

图 26.6 $(S, |\Phi|)$ 的圆柱面分解. 左上: 三个长方形; 右上: 半片裤子; 左下: 整条裤子; 右下: 两条裤子缝合.

$\{l_1, \cdots, l_{3g-3}\}$ 和扭转角度 $\{\theta_1, \cdots, \theta_{3g-3}\}$ 完全刻画了这一 Riemann 面的共形结构. 由此, 我们看到亏格为 $g > 1$ 的 Riemann 面的 Teichmüller 空间为 $6g - 6$ 维, Teichmüller 坐标为

$$(l_1, \cdots, l_{3g-3}, \theta_1, \cdots, \theta_{3g-3}).$$

广义调和映射

定义 26.11 (带度量的图)　图 $G = (V, E)$ 是一个一维的单纯复形, 具有顶点集合 V 和边集合 E, 一个 Riemann 度量 $d : E \to \mathbb{R}^+$ 为每一条边 $e \in E$ 赋予一个正数. $(G, \mathbf{d})$ 称为带度量的图 (metric graph). ♦

假设 $\varphi : (S, \mathbf{g}) \to (G, \mathbf{d})$ 是从度量曲面到度量图的光滑映射, 图的顶点的原像记为 Γ. Γ 的测度为 0, 图上每条边 $e_i \in E$ 等距嵌入在 $\mathbb{R}$ 中, e_i 的原像是拓扑柱面 C_i, 映射限制在 C_i 上可被视为实值函数, 因此我们可

以定义调和能量. 整个映射的调和能量定义为

$$E(\varphi) := \int_{S \setminus \Gamma} |\nabla_{\mathbf{g}} \varphi|^2 dA_{\mathbf{g}}.$$

定义 26.12 (图值调和映射) 假设 $(S, \mathbf{g})$ 是一个带有 Riemann 度量的曲面, $(G, \mathbf{d})$ 是一个度量图. 映射 $\varphi : (S, \mathbf{g}) \to (G, \mathbf{d})$ 是调和的, 如果 φ 在同伦类中极小化调和能量. ◆

定义 26.13 (裤子分解) 曲面 S 上的 $3g - 3$ 条简单闭曲线

$$\Gamma = \{\gamma_1, \gamma_2, \cdots, \gamma_{3g-3}\}$$

彼此相离, $\gamma_i \cap \gamma_j = \emptyset$. 这些曲线将曲面分割为 $2g - 2$ 个连通分支, 每个连通分支都是一个零亏格带有三条边界的曲面. 这种分解方式称为曲面的裤子分解, 每个连通分支称为一条 "裤子". ◆

如图 26.7 所示, 给定可容许曲线系统 (admissible curve system) $\Gamma = \{\gamma_1, \cdots, \gamma_{3g-3}\}$ 和相应的高度 $\mathbf{h} = \{h_1, \cdots, h_{3g-3}\}$. Γ 将曲面分割成 $2g - 2$ 个连通分支 $\{P_1, P_2, \cdots, P_{2g-2}\}$, 每个连通分支 P_k 都是零亏格带有三条边界的曲面, 即一条拓扑裤子. 我们构造曲面的裤子分解图 (pants decomposition graph), 记为 $G(\Gamma, \mathbf{h})$. 每一条裤子 P_k 抽象成 $G(\Gamma, \mathbf{h})$ 中的一个顶点, 每条可容许曲线 γ_k 对应 $G(\Gamma, \mathbf{h})$ 中的一条边. 如果两条裤子 P_i, P_j 以一条曲线 γ_k 为界, 则在 $G(\Gamma, \mathbf{h})$ 中 P_i, P_j 所对应的顶点被 γ_k 所对应的边连接. 然后, 我们为 $G(\Gamma, \mathbf{h})$ 中每条边 γ_k 附上一个正数 h_k, 代表边的长度, 那么 $G(\Gamma, \mathbf{h})$ 成为一个带度量的图、一个距离空间.

我们构造从曲面到裤子分解图的映射 $\varphi : (S, \mathbf{g}) \to G(\Gamma, \mathbf{h})$. 给定一条

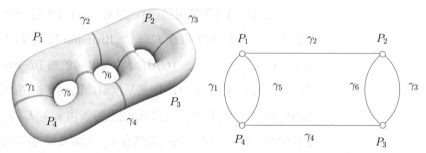

图 26.7 可容许曲线系统和裤子分解图.

裤子 P_l, 其边界为 $\gamma_i, \gamma_j, \gamma_k$,

$$\partial P_l = \gamma_i + \gamma_j + \gamma_k,$$

定义边界的三个领子邻域 (tubular neighborhood), 对于足够小的正数 $\varepsilon > 0$,

$$U_k^l := \{p \in P_l, d_{\mathbf{g}}(p, \gamma_k) < \varepsilon\}.$$

裤子去掉三个领子邻域之后得到

$$\tilde{P}_l := P_l \setminus \{U_i^l \cup U_j^l \cup U_k^l\}.$$

假设两条裤子 P_i, P_j 相交于曲线 γ_k, $P_i \cap P_j = \gamma_k$, 我们定义

$$W_k = U_k^i \cup U_k^j,$$

那么 W_k 是一个拓扑柱面. 构造映射 $\varphi : (S, \mathbf{g}) \to G(\Gamma, \mathbf{h})$, 满足

1. φ 将 $\tilde{P}_k$ 映射到代表 P_k 的顶点,

2. φ 将柱面 W_k 均匀映到代表 γ_k 的边.

Gromov 和 Schoen 证明了唯一存在和如此构造的 φ 同伦的调和映射.

定理 26.3 (Gromov and Schoen [15]) 度量图 $G(\Gamma, \mathbf{h})$ 是非正曲率空间, 每一个从度量曲面 $(S, \mathbf{g})$ 到 $G(\gamma, \mathbf{h})$ 的同伦类中, 调和映射存在并且唯一. ◆

定理 26.4 (Wolf [43]) 在亏格为 $g > 1$ 的紧 Riemann 面上, 给定可容许曲线系统 Γ 和高度向量 $\mathbf{h}$, 诱导曲面的裤子分解图 $G(\Gamma, \mathbf{h})$. $\varphi : (S, \mathbf{g}) \to G(\Gamma, \mathbf{h})$ 是调和映射, 其 Hopf 微分是定理 26.2 中的全纯二次微分. ◆

如图 26.8 所示, 我们构造从曲面到带度量图的调和映射, $\varphi : (S, \mathbf{g}) \to G(\Gamma, \mathbf{h})$. 对应图上的任意一点 $p \in G$, 其原像 $\varphi^{-1}(p)$ 是曲面上的一片叶子, 顶点的原像是奇异叶子, 由此得到叶状结构 $\mathcal{F}$. 图上的度量 $\mathbf{h}$ 给出了叶状结构的测度 μ: 曲线段 $\gamma \subset S$, $\mu(\gamma) = l_{\mathbf{h}}(\varphi(\gamma))$, 这里 $l_{\mathbf{h}}(\cdot)$ 是度量 $\mathbf{h}$ 下的长度. 调和映射的 Hopf 微分即为可测叶状结构 $(\mathcal{F}, \mu)$ 对应的全纯二次微分 Φ. 右帧显示了 Φ 的水平和铅直轨迹.

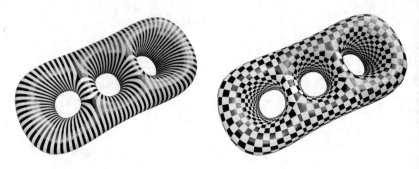

图 26.8 由调和映射的 Hopf 微分诱导的叶状结构. 左帧: 水平轨迹; 右帧: 水平和铅直轨迹.

延伸阅读

1. N. Lei, X. Zheng, J. Jiang, Y.-Y. Lin, and D. X. Gu. Quadrilateral and hexa-hedral mesh generation based on surface foliation theory I. *Computer Methods in Applied Mechanics and Engineering*, 316:758–781, 2017.

2. N. Lei, X. Zheng, Z. Luo, and D. X. Gu. Quadrilateral and hexahedral mesh generation based on surface foliation theory II. *Computer Methods in Applied Mechanics and Engineering*, 321:406–426, 2017.

27.1 曲面映射类群

定义 27.1 (映射类群) 给定曲面 S, 曲面自同胚的同伦类在复合意义下成群, 称为曲面的映射类群 (mapping class group), 记为 $\mathrm{MCG}(S)$. ◆

首先考察圆柱面的情形, $A = \mathbb{S}^1 \times [0, 1]$, Dehn 扭曲是一个保持边界不动的映射 $T : A \to A$,

$$T(\theta, t) = (\theta + 2\pi t, t),$$

如图 27.1 所示.

假设 α 是曲面 S 上一条简单非平庸的闭曲线, 简单意味着曲线不自相交, 非平庸意味着曲线不能缩成一点, 则 α 在曲面上的一个邻域 A_α 是拓扑柱面. 如图 27.2 所示, 我们构造曲面的自同胚 $T_\alpha : S \to S$, 使得 T_α 在 A_α 之外是恒同映射, T_α 限制在 A_α 上是如上的 Dehn 扭曲. 直观上, 我们将 S 沿着曲线 α 切开, 这样新产生两个边界连通分支, 然后将一个边界连通分支的邻域拧转 2π 角度, 再将两个边界连通分支重新黏合, 如此得到的映射就是 T_α.

实际上, 沿着不同的简单非平庸圈的 Dehn 扭曲生成了曲面映射类群. Humphries 在 1979 年证明了亏格为 g 的闭曲面上 $2g + 1$ 条曲线对应的 Dehn 扭曲就足以生成 $\mathrm{MCG}(S)$.

彩 图

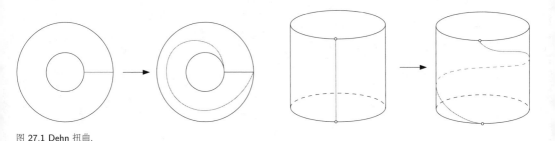

图 27.1 Dehn 扭曲.

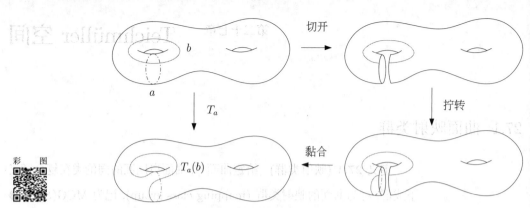

图 27.2 曲面上关于简单闭曲线 α 的 Dehn 扭曲.

如图 27.3 所示, 简单非平庸闭曲线 $\{c_0, c_1, \cdots, c_{2g}\}$ 对应的 Dehn 扭曲是群 MCG(S) 的生成元. 曲面映射类群的关系式非常复杂. 我们有如下关于曲面映射类群的表示定理.

定理 27.1 对于亏格 $g \geqslant 3$ 的封闭曲面, 曲面映射类群 MCG(S) 允许一个表示: 生成元 $B, A_1, A_2, \cdots, A_{2g}$, 这里 B 是定义在 c_0 上的 Dehn 扭曲, A_k 是定义在 c_k 上的 Dehn 扭曲, $1 \leqslant k \leqslant 2g$. 成立如下关系式:

1. 如果 $i \neq 4$, 那么 $BA_i = A_iB$; 如果 $|j - k| \geqslant 2$, 那么 $A_jA_k = A_kA_j$;

2. $BA_4B = A_4BA_4$; 如果 $1 \leqslant i \leqslant 2g-1$, 那么 $A_iA_{i+1}A_i = A_{i+1}A_iA_{i+1}$;

3. $(A_1A_2A_3)^4 = B(A_4A_3A_2A_1^2A_2A_3A_4)B(A_4A_3A_2A_1^2A_2A_3A_4)^{-1}$;

4. $A_1A_3A_5wBw^{-1} = (t_2t_1)^{-1}B(t_2t_1)t_2^{-1}Bt_2B$, 这里

$$t_1 = A_2A_1A_3A_2, \quad t_2 = A_4A_3A_5A_4,$$

并且

$$w = A_6A_5A_4A_3A_2(t_2A_6A_5)^{-1}B(t_2A_6A_5)(A_4A_3A_2A_1)^{-1}. \quad \blacklozenge$$

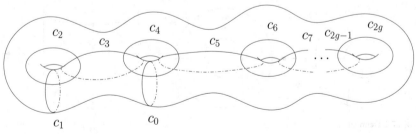

图 27.3 Dehn 扭曲生成元.

Thurston 将曲面映射类进一步分成三类, 更为深刻地揭示了曲面映射的性质. 假设 S 是一个可定向紧曲面, 亏格 $g \geqslant 2$, 其映射类群是 MCG(S).

定理 27.2 (Nielsen-Thurston) 一个映射类 $\varphi \in$ MCG(S), 属于下面三个类别中的唯一一类:

1. 周期: 存在正整数 $n > 0$, 映射 φ^n 和曲面的恒同映射同伦;

2. Pseudo-Anosov: 存在 $\lambda > 1$ 和两个横截的可测叶状结构 (measurable foliations) $\mathcal{F}^s$ 和 $\mathcal{F}^u$, 曲面的一个微分自同胚 f 代表同伦类 φ, 满足

$$f_*(\mathcal{F}^s) = \lambda^{-1} \mathcal{F}^s, \quad f_*(\mathcal{F}^u) = \lambda \mathcal{F}^u.$$

3. 可约简: 存在一族彼此分离的简单闭曲线 $\Gamma = \{\gamma_1, \cdots, \gamma_k\}$, φ 保持 Γ, 重新排列了这些闭曲线; $S \setminus \Gamma$ 将曲面分解成数个连通分支, φ 在每个连通分支上的限制归结为前面两类. ◆

27.2 模空间和 Teichmüller 空间

模空间

定义 27.2 (共形等价) 给定两个 Riemann 面 S_k, $k = 1, 2$, 如果存在一个双全纯映射, $f: S_1 \to S_2$, 则这两个 Riemann 面彼此共形等价. ◆

我们也可以从微分几何角度来定义共形等价.

定义 27.3 (共形等价) 给定两个可定向的度量曲面 $(S_k, \mathbf{g}_k)$, $k = 1, 2$, 如果存在一个共形映射, $f: S_1 \to S_2$, 则这两个带度量的曲面彼此共形等价. ◆

更为详细地, f 是共形映射则映射诱导的拉回度量和初始度量之间相差一个标量函数, $\lambda: S_1 \to \mathbb{R}$,

$$f^* \mathbf{g}_2 = e^{2\lambda} \mathbf{g}_1.$$

定义 27.4 (模空间) 考虑所有亏格为 g、带有 b 个边界的 Riemann 面 (等价地, 可定向度量曲面), 在共形等价关系下被分成共形等价类. 所有共形等价类构成的集合称为 (g, b) 型曲面的模空间 (moduli space), 记

为

$$\mathcal{M}^{(g,b)} := \{\text{所有 } (g,b) \text{ 型 Riemann 面的共形等价类}\}. \qquad \blacklozenge$$

Teichmüller 空间 共形等价对于映射 $f: S_1 \to S_2$ 的同伦类没有要求, 如果限制映射的同伦类, 那么我们会得到 Teichmüller 等价的概念.

定义 27.5 (标记曲面) 假设 S 是一个拓扑曲面,

$$\Gamma = \{\gamma_1, \gamma_2, \cdots, \gamma_k\}$$

构成 S 基本群 $\pi_1(S, p)$ 的一组基底, 那么 (S, Γ) 称为一个标记曲面 (marked surface). $\qquad \blacklozenge$

定义 27.6 (Teichmüller 等价) 给定两个带度量的标记曲面 $(S_k, \mathbf{g}_k, \Gamma_k)$, $k = 1, 2$, 如果存在一个保持标记的共形映射, $f: S_1 \to S_2$, 则这两个带度量的标记曲面彼此 Teichmüller 等价. $\qquad \blacklozenge$

更为详细地, 假设曲面的标记是

$$\Gamma_k = \{\gamma_1^k, \gamma_2^k, \cdots, \gamma_n^k\}, \quad k = 1, 2,$$

映射 $f: S_1 \to S_2$ 诱导曲面基本群之间的同态, 记为 $f_*: \pi_1(S_1, p) \to \pi_1(S_2, f(p))$. 映射 f 保持标记, 意味着

$$f_*([\gamma_j^1]) = [\gamma_j^2], \quad 1 \leqslant j \leqslant n.$$

定义 27.7 (Teichmüller 空间) 考虑所有亏格为 g、带有 b 个边界的带标记的 Riemann 面, 在 Teichmüller 等价关系下被分成 Teichmüller 共形等价类. 所有 Teichmüller 共形等价类构成的集合称为 (g, b) 型 Riemann 面的 Teichmüller 空间, 记为

$$\mathcal{T}^{(g,b)} := \{\text{所有 } (g,b) \text{ 型 Riemann 面的 Teichmüller 等价类}\}. \qquad \blacklozenge$$

Teichmüller 空间有几个等价定义, 从不同侧面来反映同一个本质.

形变空间 令 X 是一个 Riemann 面, 拟共形映射 f 将 X 映到另外一个 Riemann 面 X^*, $f: X \to X^*$, 我们用 (f, X^*) 来表示, 称之为 Riemann 面 X 共形结构的形变.

定义 27.8 一对共形结构的形变 (f_0, X_0) 和 (f_1, X_1) 称为 Teichmüller 等价,

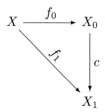

如果存在一个共形映射 $c: X_0 \to X_1$, 且同伦 g_t 连接 $c \circ f_0$ 和 f_1, 满足

1. 对一切 $z \in X$, 有 $g_0(z) = c \circ f_0(z)$ 并且 $g_1(z) = f_1(z)$;

2. 对一切 $z \in \partial X$, $0 \leqslant t \leqslant 1$, 都有 $g_t(z) = c \circ f_0(z) = f_1(z)$. ◆

定义 27.9 (Teichmüller 空间) 给定一个 Riemann 面 X, 其 Teichmüller 空间 $T(X)$ 由所有这种 (f, X^*) 的等价类构成,

$$T(X) := \left\{ [(f, X^*)] \,|\, f: X \to X^*, \text{拟共形映射} \right\}.$$ ◆

轨道空间 (orbit space)

定义 27.10 (Beltrami 微分) Riemann 面 X 上的 Beltrami 微分 μ 为每一个局部参数 z_α 指定一个可测复值函数 μ_α, 满足

1. 坐标变换

$$\mu_\alpha(z_\alpha)\frac{d\bar{z}_\alpha}{dz_\alpha} = \mu_\beta(z_\beta)\frac{d\bar{z}_\beta}{dz_\beta};$$

2. 有限模

$$\|\mu\|_\infty = \sup\{\|\mu_\alpha(z_\alpha)\|_\infty \text{ 对所有参数 } z_\alpha\} < \infty.$$ ◆

Riemann 面 X 上所有的 Beltrami 微分 μ 组成 Banach 空间 $L_\infty(X)$, 我们用 $M(X)$ 来表示 $L_\infty(X)$ 中的单位开球,

$$M(X) := \{\mu \in L_\infty(X)|\ \|\mu\|_\infty < 1\}.$$

由 Beltrami 方程理论, 对一切 $\mu \in M(X)$ 存在一个拟共形同胚 $f: X \to X^\mu$, 满足 Beltrami 方程

$$f_{\bar{z}} = \mu f_z,$$

f 连续拓展到 X 的边界上. 令 $D_0(X)$ 表示 X 的与恒同映射同伦的拟共形自同胚构成的群, 同时这些自同胚保持边界不动. 也就是说, 假如

$h \in D_0(X)$, 那么存在同伦 g_t,

1. 对一切 $z \in X$, 都有 $g_0(z) = z$ 并且 $g_1(z) = h(z)$;

2. 对一切 $z \in \partial X$, $0 \leqslant t \leqslant 1$, 都有 $g_t(z) = h(z) = z$.

h 与拟共形映射 w 的复合 $w \circ h$ 给出了 $D_0(X)$ 的群作用

$$D_0(X) \times M(X) \to M(X), \quad (h, \mu) \to h^*(\mu),$$

这里 $\mu = w_{\bar{z}}/w_z$, $h^*(\mu) = (w \circ h)_{\bar{z}}/(w \circ h)_z$. 假设 $\nu = h_{\bar{z}}/h_z$, 那么

$$h^*(\mu) = \frac{\nu(z) + \mu \circ h(z)\theta(z)}{1 + \overline{\nu(z)}\mu \circ h(z)\theta(z)},$$

此处 $\theta(z) = \overline{(h_z)}/h_z$. 显然 $h^*(\mu)$ 也属于 $M(X)$.

定义 27.11 (Teichmüller 空间) $M(X)$ 在群 $D_0(X)$ 作用下的轨道组成的空间称为 Teichmüller 空间. ◆

Fuchs 群的 Teihmüller 空间 给定 Riemann 面 X, 标记基本群的基底,

$$\pi_1(S) = \langle a_1, b_1, a_2, b_2, \cdots, a_g, b_g | \Pi_{k=1}^g [a_k, b_k] \rangle,$$

这里几何相交数满足

$$i(a_i, b_j) = \delta_{ij}, \quad i(a_i, a_j) = 0, \quad i(b_i, b_j) = 0.$$

Riemann 面的万有覆盖空间 $\tilde{X}$ 和上半平面 $\mathbb{H}$ 共形等价, 万有覆盖空间的覆盖变换群可以被 $\mathbb{H}$ 的双曲等距变换群 $\mathrm{PSL}(2, \mathbb{R})$ 的子群 Γ 来表示, 即 Γ 是 Möbius 变换子群, 并且这些 Möbius 变换没有不动点. Γ 称为 Riemann 面的 Fuchs 群. Riemann 面 X 可以表示成轨道空间 $\mathbb{H}/\Gamma$, 如图 27.4 所示.

$$
\begin{array}{ccc}
\mathbb{H} & \xrightarrow{\tilde{h}} & \mathbb{H} \\
\downarrow{\scriptstyle\pi} & & \downarrow{\scriptstyle\pi} \\
X & \xrightarrow{h} & X
\end{array}
$$

曲面的 Fuchs 群和基本群 $\pi_1(X)$ 同构, Fuchs 群的每个生成元

$$g_k = \begin{pmatrix} \alpha_k & \beta_k \\ \gamma_k & \theta_k \end{pmatrix} \in \mathrm{PSL}(2, \mathbb{R})$$

具有 3 个独立变量.

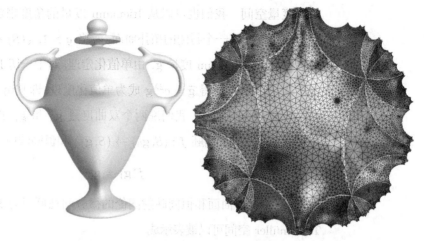

图 27.4 高亏格曲面的双曲度量, Fuchs 群的基本域用不同颜色来标识.

给定 $A \in \mathrm{PSL}(2,\mathbb{R})$, Fuchs 群 $\Gamma_1 = A \circ \Gamma \circ A^{-1}$, 那么 $z \mapsto A(z)$ 将 Γ 的轨道一一映射到 Γ_1 的轨道上, 这样就给出了解析同构 $\mathbb{H}/\Gamma \mapsto \mathbb{H}/\Gamma_1$. 反之, 假设 $h : X \to X_1$ 是底空间 X 和 X_1 之间的拟共形同胚, $\tilde{h} : \tilde{X} \to \tilde{X}_1$ 是 h 的提升, 满足 $\pi_1 \circ \tilde{h} = h \circ \pi$, $\tilde{h}$ 也是拟共形同胚. 如果 h 是共形的, 那么 $\tilde{h}$ 也是共形的, 因此 $\tilde{h} : \mathbb{H} \to \mathbb{H}$ 必然是一个 Möbius 变换, 群 Γ 和 Γ_1 彼此共轭:

$$\Gamma_1 = \tilde{h} \circ \Gamma \circ \tilde{h}^{-1}.$$

如果 $\tilde{h}$ 是拟共形同胚, 上式依然成立, $\tilde{h}$ 将 Γ 变形成 $\mathrm{PSL}(2,\mathbb{R})$ 中非共轭的子群 Γ_1.

基本群到双曲等距变换群的离散嵌入共轭类构成了所谓的 Fricke 空间 $\mathcal{F}(X)$, $\rho : \pi_1(X) \to \mathrm{PSL}(2,\mathbb{R})$. Fricke 空间和 Teichmüller 空间 $\mathcal{T}(X)$ 之间存在同构,

$$\Phi : \mathcal{T}(X) \to \mathcal{F}(X),$$

每个 Riemann 面具有 Fricke 坐标,

$$\Phi([X]) = \{(\alpha_k, \beta_k, \gamma_k), k = 1, 2, \cdots, 2g\},$$

归一化的 Fricke 坐标只有 $6g - 6$ 个自由度.

双曲度量空间 我们也可以从 Riemann 度量的角度来定义 Teichmüller 空间. 假设 S 是一个封闭的拓扑曲面, 亏格 $g > 1$, $\chi(S) < 0$. 我们可以赋予 S 不同的 Riemann 度量 $\mathbf{g}$. 由单值化定理, 对于一切 Riemann 度量 $\mathbf{g}$, 存在 $\lambda: S \to \mathbb{R}$, 使得 $\tilde{\mathbf{g}} = e^{2\lambda}\mathbf{g}$ 成为单值化度量, 即其诱导的 Gauss 曲率为 -1, $\tilde{\mathbf{g}}$ 为双曲度量. 我们说两个双曲度量 $\mathbf{g}_0$ 和 $\mathbf{g}_1$ Teichmüller 等价, 如果存在一个微分同胚 $f: (S, \mathbf{g}_0) \to (S, \mathbf{g}_1)$ 和恒同映射同伦, 满足

$$f^*\mathbf{g}_1 = \mathbf{g}_0,$$

记为 $\mathbf{g}_0 \sim \mathbf{g}_1$. 曲面和恒同映射同伦的微分同胚群记为 $\mathrm{Diff}_0(S)$. 曲面的 Teichmüller 空间可以被表示成

$$T(S) := \left\{ \mathbf{g} \mid S \text{上的双曲度量} \right\} / \mathrm{Diff}_0(S).$$

模空间和 Teichmüller 空间的关系

定理 27.3 Teichmüller 空间是模空间的万有覆盖空间, 覆盖变换群为曲面映射类群,

$$\mathcal{M}^{(g,b)} = \mathcal{T}^{(g,b)} / \mathrm{MCG}(S). \qquad \blacklozenge$$

由 Nielsen-Thurston 曲面映射类的分类定理, 周期性的映射类作用在 Teichmüller 空间上具有不动点, 因此 Teichmüller 空间关于曲面映射类群的商空间 (即模空间) 不是流形, 而是轨形 (orbiford).

27.3 Teichmüller 度量

定义 27.12 Teichmüller 度量 $d: \mathcal{T}(X) \times \mathcal{T}(X) \to \mathbb{R}_+ \cup \{0\}$ 定义为

$$d([f_0, Y_0], [f_1, Y_1]) = \inf_g \frac{1}{2} \log K(g), \qquad (27.1)$$

这里下确界取遍同伦等价类 $f_1 \circ (f_0)^{-1}$ 中所有的拟共形映射 g. $\qquad \blacklozenge$

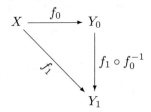

定理 **27.4** Teichmüller 度量 (等式 (27.1)) 是 Teichmüller 空间的完备度量. ◆

证明 首先证明对称性

$$d([f_0, Y_0], [f_1, Y_1]) = d([f_1, Y_1], [f_0, Y_0]).$$

给定任意 $g: Y_0 \to Y_1$, $g \sim f_1 \circ f_0^{-1}$, 其逆映射 $g^{-1}: Y_1 \to Y_0$ 同伦于 $f_0 \circ f_1^{-1}$. 最大伸缩商

$$K(g) = K(g^{-1}),$$

因此对称性成立. 再证明三角形不等式

$$d([f_0, Y_0], [f_2, Y_2]) < d([f_0, Y_0], [f_1, Y_1]) + d([f_1, Y_1], [f_2, Y_2]),$$

$$(f_0, Y_0) \xrightarrow{\ f_1 \circ f_0^{-1}\ } (f_1, Y_1)$$

其中左下箭头标注 $f_2 \circ f_0^{-1}$, 右侧箭头标注 $f_2 \circ f_1^{-1}$, 指向 (f_2, Y_2).

构造拟共形映射 $g_1: Y_0 \to Y_1$, $g_2: Y_1 \to Y_2$, 满足同伦关系

$$g_1 \sim f_1 \circ f_0^{-1}, \quad g_2 \sim f_2 \circ f_1^{-1},$$

那么

$$g_2 \circ g_1 \sim (f_2 \circ f_1^{-1}) \circ (f_1 \circ f_0^{-1}) \sim f_2 \circ f_0^{-1}.$$

最大伸缩商满足不等式

$$K(g_2 \circ g_1) \leqslant K(g_2)K(g_1),$$

因此

$$\frac{1}{2}\log K(g_2 \circ g_1) \leqslant \frac{1}{2}\log K(g_2) + \frac{1}{2}\log K(g_1),$$

由此推出三角形不等式.

我们需要证明 d 非退化, 如果

$$d([f_0, Y_0], [f_1, Y_1]) = 0,$$

那么存在一系列拟共形映射 $g_n : Y_0 \to Y_1$, $g_n \sim f_1 \circ f_0^{-1}$,

$$\log K(g_n) \leqslant \frac{1}{n}.$$

由拟共形映射的紧性, 存在一致收敛的子序列, 其极限映射为共形映射:

$$g = \lim_{n \to \infty} g_n, \quad \log K(g) = 0, \quad g \sim f_1 \circ f_0^{-1},$$

因此 $g \circ f_0$ 和 f_1 同伦, (f_0, Y_0) 和 (f_1, Y_1) Teichmüller 等价, 为 $\mathcal{T}(X)$ 中的同一个点. 由此度量 d 非退化, 三角形不等式成立. d 的完备性由拟共形映射的紧性得出. ∎

直接计算表明

$$d([f_0, Y_0], [f_1, Y_1]) = \inf \frac{1}{2} \log \frac{1 + \left\| \frac{\mu_1 - \mu_0}{1 - \bar{\mu}_0 \mu_1} \right\|_\infty}{1 - \left\| \frac{\mu_1 - \mu_0}{1 - \bar{\mu}_0 \mu_1} \right\|_\infty},$$

这里 μ_0 和 μ_1 取遍等价类 $[f_0, Y_0]$ 和 $[f_1, Y_1]$ 中所有映射的 Beltrami 微分.

定理 27.5 令 X 是一个有限解析类型的 Riemann 面, 亏格为 g, 带有 n 个标记点, $3g - 3 + n > 0$. 那么 Teichmüller 空间 $\mathcal{T}(X)$ 和 $3g - 3 + n$ 的胞腔同胚. ◆

证明 由 Teichmüller 理论, 我们知道每一个等价类 $[f, Y]$ 除了恒同映射的等价类, 都可以表示成一个 Beltrami 微分 $k|\varphi|/\varphi$, 常数 $0 < k < 1$, 全纯二次微分 $\|\varphi\| = 1$. 令 $Q(X)$ 是 X 上所有可积全纯二次微分组成的空间, 考虑 $Q(X)$ 中的单位开球到 Teichmüller 空间的映射 $\Psi : Q(X) \to \mathcal{T}(X)$,

$$\varphi \mapsto [f^{k|\varphi|/\varphi}, f^{k|\varphi|/\varphi}(X)],$$

这里

$$k = \|\varphi\| = \iint_X |\varphi| dx dy.$$

由 Teichmüller 的存在性和唯一性, 我们得到映射 Ψ 既是单射也是满射.

我们来证明 Ψ 是连续映射. 考察 $Q(X)$ 单位开球中的序列 $\{\varphi_n\}$ 收敛到 φ. 令 $k_n = \|\varphi_n\|$, 并且 $k = \|\varphi\|$, 那么 k_n 收敛到 k, $0 \leqslant k < 1$. 如果 $k = 0$, 那么 Beltrami 微分 $\mu_n = k_n |\varphi_n|/\varphi_n$ 一致收敛到 0,

$$d([f^{\mu_n}, Y_n], [\mathrm{id}, X]) \leqslant \frac{1}{2} \log \frac{1 + k_n}{1 - k_n} \to 0,$$

因此 Ψ 在 0 点连续. 如果 $k > 0$, 那么 Beltrami 系数 $\mu_n = k_n|\varphi_n|/\varphi_n$ 逐点收敛到 $\mu = k|\varphi|/\varphi$. 由拟共形映射理论, 映射 f^{μ_n} 收敛到 f^{μ}. 由 $\mathcal{T}(X)$ 的局部紧性, 得到 $[f^{\mu_n}, Y_n]$ 在 Teichmüller 度量下收敛到 $[f^{\mu}, Y]$.

最后, 我们证明 Ψ 将紧集映到紧集. 令 C 是 $Q(X)$ 单位开球中的紧集, 如果 $\{\varphi_n\}$ 在 C 中收敛到 φ, 那么存在 $r < 1$, 满足

$$\|\varphi_n\| \leqslant r < 1.$$

令 f_n 是规范化的拟共形映射, 其 Beltrami 微分具有形式

$$\|\varphi_n\| \frac{|\varphi_n|}{\varphi_n},$$

那么 $\Psi(C)$ 构成了 $\mathcal{T}(X)$ 中的有界集合. 由拟共形映射的紧性, 我们得到 $\Psi(C)$ 同时也是闭集合. ∎

27.4 拓扑环面的模空间

图 2.15

假设 $(S, \mathbf{g})$ 是亏格为 1 的环面, $\{a, b\}$ 是其基本群的基底. 我们知道所有亏格为 1 的带 Riemann 度量的曲面都和平环 (flat torus) 共形等价 (图 2.15). 每个平环的基本域是复平面上的一个平行四边形, 底边是 ω 沿着 a 的积分, 斜边是 ω 沿着 b 的积分. 经过规范化, 我们可以令平行四边形的底边为 1, 斜边表示为一个复数 η, η 的虚部为正数,

$$\mathcal{T}^{(1,0)} := \{\eta \in \mathbb{C} \mid \operatorname{Im}(\eta) > 0\},$$

这意味着拓扑轮胎的 Teichmüller 空间和上半复平面同胚.

我们知道, 曲面到自身的所有自同胚的同伦等价类构成了曲面映射类群, 记为 $\mathrm{MCG}(T^2)$. 假设 $\varphi : T^2 \to T^2$ 是一个自同胚, 它诱导了曲面同调群之间的同构, $\varphi_* : H_1(T^2, \mathbb{Z}) \to H_1(T^2, \mathbb{Z})$, 那么

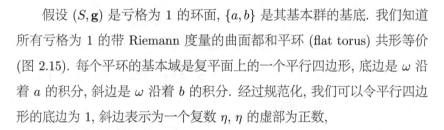

$$\varphi_* = \begin{pmatrix} \alpha & \beta \\ \gamma & \delta \end{pmatrix}, \quad \alpha\delta - \beta\gamma = 1, \quad \alpha, \beta, \gamma, \delta \in \mathbb{Z},$$

所以 $\mathrm{MCG}(T^2)$ 和特殊线性群 $\mathrm{SL}(2, \mathbb{Z})$ 同构. 曲面基本域平行四边形由

其周期确定, 设其周期为

$$\left(\int_a \omega, \int_b \omega\right) = (1, \eta),$$

在 φ 作用下, 周期变成

$$\left(\int_{\varphi(a)} \omega, \int_{\varphi(b)} \omega\right)^T = \begin{pmatrix} \alpha & \beta \\ \gamma & \delta \end{pmatrix} \begin{pmatrix} 1 \\ \eta \end{pmatrix},$$

重整化之后, 新的周期是

$$\left(1, \frac{\int_{\varphi(b)} \omega}{\int_{\varphi(a)} \omega}\right) = \left(1, \frac{\gamma + \delta\eta}{\alpha + \beta\eta}\right).$$

从原来的周期到新的周期, 彼此相差一个 Möbius 变换,

$$\eta \mapsto \frac{\gamma + \delta\eta}{\alpha + \beta\eta}.$$

同时我们可以看出, $\pm\varphi_* \in \mathrm{MCG}(T^2)$ 诱导同样的新周期.

Teichmüller 空间是模空间的万有覆盖空间, 由上面的讨论, 我们知道覆盖变换群是模群 (modular group),

$$z \to \frac{az + b}{cz + d}, \quad ad - bc = 1,$$

这个群和射影特殊线性群 $\mathrm{PSL}(2, \mathbb{Z})$ 同构. 模群有两个生成元:

$$S : z \mapsto -1/z, \quad T : z \mapsto z + 1,$$

模群的表示为

$$\Gamma = \langle S, T | S^2, (ST)^3 \rangle,$$

因此拓扑轮胎的模空间等于上半平面关于射影特殊线性群 $\mathrm{PSL}(2, \mathbb{Z})$ 的商空间,

$$\mathrm{PSL}(2, \mathbb{Z}) = \mathrm{SL}(2, \mathbb{Z})/\{I, -I\},$$

这里 I 是单位矩阵.

简单计算表明, 轮胎的模空间同胚于图 27.5 中的阴影区域:

$$\mathcal{M}^{(1,0)} = \left\{ z \in \mathbb{C} \,\middle|\, |\mathrm{Re}(z)| \leqslant \frac{1}{2}, |z| \geqslant 1 \right\}.$$

我们可以看出模空间具有奇异点, 因而整体不是流形, 而是轨形. Teichmüller 空间是流形, 但是映射类群作用在 Teichmüller 空间上有不动点, 因

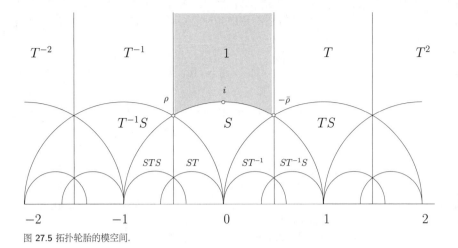

图 27.5 拓扑轮胎的模空间.

此商空间 (模空间) 不是流形.

27.5 Teichmüller 空间坐标

给定一个 Riemann 面, 我们需要计算它在 Teichmüller 空间中的坐标. 计算方法有很多种, 这里我们介绍比较常用的方法.

0 亏格曲面　显然, 所有带度量的 0 亏格封闭曲面都可以保角地映射到单位球面上, 所以所有的 0 亏格度量曲面都彼此共形等价, 换言之, 0 亏格曲面的 Teichmüller 空间 $\mathcal{T}^{(0,0)}$ 只有一个点, 维数为 0.

1 亏格曲面　亏格为 1 的环面的 Teichmüller 空间 $\mathcal{T}^{(1,0)}$ 是 2 维的. 对于亏格为 1 的环面而言, 它共形等价于一个平环, $\mathbb{E}^2/\Gamma, \Gamma = \{m+n\eta|m, n \in \mathbb{Z}\}$, 复数 η 有两个实自由度, 可以作为 Riemann 面的 Teichmüller 坐标.

高亏格曲面 (Fricke 坐标)　任意高亏格的封闭曲面 $(S, \mathbf{g})$, 共形等价于一个带有双曲度量的曲面, $\mathbb{H}/\Gamma(S)$, 这里 $\Gamma(S)$ 是曲面的 Fuchs 群. Fuchs 群的每个元素是 Fuchs 变换, 每个 Fuchs 变换是一个双曲型的 Möbius 变换, 具有形式 $\varphi \in \mathrm{PSL}(2, \mathbb{R})$,

$$\varphi(z) = \frac{az+b}{cz+d}, \quad a+d > 4.$$

每个双曲型的 Möbius 变换在实数轴上有两个不动点, ξ 和 η. 对于任意 $z \in \mathbb{C}$, 都有

$$\xi = \lim_{n \to \infty} \varphi^n(z), \quad \eta = \lim_{n \to \infty} \varphi^{-n}(z),$$

因此 ξ 称为 φ 的吸引子, η 称为 φ 的排斥子. 我们可以定义 Möbius 变换

$$\gamma(z) = \frac{z - \xi}{z - \eta},$$

那么 $\gamma \circ \varphi \circ \gamma^{-1}$ 的不动点为 0 和 ∞,

$$\gamma \circ \varphi \circ \gamma^{-1}(z) = kz, \quad k \neq 0, 1.$$

每个 Fuchs 变换 φ 可以用 (ξ, η, k) 来表示.

Fuchs 群和曲面的万有覆盖空间 (universal covering space) 的覆盖变换群 (deck transformation group) 同构, 并且是双曲空间等距变换群的子群,

$$\Gamma(S) = \langle \alpha_1, \beta_1, \alpha_2, \beta_2, \cdots, \alpha_g, \beta_g | \Pi_{i=1}^g \alpha_i \beta_i \alpha_i^{-1} \beta_i^{-1} = \mathrm{id} \rangle. \quad (27.2)$$

每个生成元都是 Möbius 变换, $\alpha_i, \beta_i \in \mathrm{PSL}(2, \mathbb{R})$, 需要 3 个实参数来确定, 同时关系式 (27.2) 给出了 3 个实限制,

$$\Pi_{i=1}^g \alpha_i \beta_i \alpha_i^{-1} \beta_i^{-1} = \mathrm{id}.$$

对于任意一个 Möbius 变换 $\eta \in \mathrm{SL}(2, \mathbb{R})$, 经过共轭变换后, 我们得到 $\tilde{\alpha}_i = \eta \alpha_i \eta^{-1}$, $\tilde{\beta}_j = \eta \alpha_j \eta^{-1}$,

$$\langle \tilde{\alpha}_1, \tilde{\beta}_1, \cdots, \tilde{\alpha}_g, \tilde{\beta}_g | \Pi_{i=1}^g \tilde{\alpha}_i \tilde{\beta}_i \tilde{\alpha}_i^{-1} \tilde{\beta}_i^{-1} = \mathrm{id} \rangle,$$

使得 $\tilde{\beta}_g$ 的吸引子为 ∞, 排斥子为 0; $\tilde{\alpha}_g$ 的吸引子为 1, 这给出了 Fuchs 群的 Fricke 坐标. 因此, 曲面的 Teichmüller 空间为复 $3g - 3$ 维.

高亏格曲面 (Fenchel-Nielsen 坐标) 另外一种更为直观的方法是基于曲面的裤子分解, 如图 27.6 所示.

我们假设曲面上配有双曲度量, 选择 $3g - 3$ 条分割线 $\{\gamma_k\}$ 为测地线. 每条裤子都是一条双曲裤子, 三条边界皆为测地线, 如图 27.7、27.8 和 27.9 所示.

图 27.6 曲面的裤子分解.

图 27.7 拓扑裤子, 亏格为 0 的曲面带有 3 条边界.

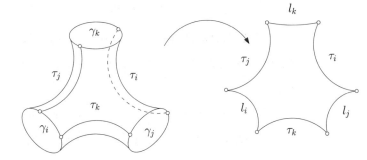

图 27.8 双曲拓扑裤子.

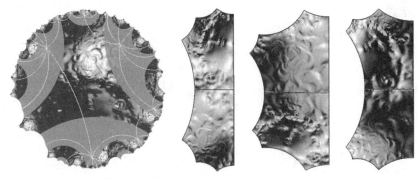

图 27.9 双曲裤子的共形模是边界测地线长度.

选取一条双曲裤子 P, 其边界为 $\partial P = \gamma_i + \gamma_j + \gamma_k$, $\gamma_i, \gamma_j, \gamma_k$ 的长度分别为 l_i, l_j, l_k. 连接两条边界 γ_i, γ_j 的最短线记为 τ_k, 那么 τ_k 也是测地线. 沿着这样的三条最短线 τ_i, τ_j, τ_k 将双曲裤子切开, 我们得到两个全等的双曲六边形. 六边形的每个内角都为直角, 每条边都为测地线. 双曲直角六边形的边长满足关系式:

$$\cosh l_i/2 = \sinh l_j/2 \sinh l_k/2 \cosh \tau_i - \cosh l_j/2 \cosh l_k/2.$$

因此, 双曲直角六边形完全由边长 $\{l_i, l_j, l_k\}$ 所决定. 如果两条双曲裤子对应的边界长度相同, 则它们必然等距. 所以如果 $3g-3$ 条切割线的长度相同, 则所有对应的裤子都等距.

但是, 两条裤子沿着公共边界测地线黏合的时候, 其中的一条裤子可以相对于另外一条裤子转动. 所以为了描述一个带双曲度量的曲面, 我们需要每条割线 γ_i 的长度 l_i 和这条割线两侧裤子黏合时的相对扭角 θ_i 来描述整个双曲曲面, 共需 $6g-6$ 个实数参数,

$$\{(l_1, \theta_1), (l_2, \theta_2), \cdots, (l_{3g-3}, \theta_{3g-3})\}. \tag{27.3}$$

定义 27.13 (Fenchel-Nielsen 坐标) 双曲裤子分解得到的测地长度和扭角 (27.3) 称为曲面在 Teichmüller 空间中的 Fenchel-Nielsen 坐标. ♦

从 Fenchel-Nielsen 坐标, 我们可以推出 Teichmüller 空间是单连通的.

图 27.10 给出了一种计算扭角的方法. 双曲曲面被分解为三种基本构建单元, 每个单元的边界为测地线, 如图所示的所有同伦类中的测地线都

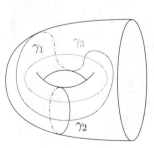
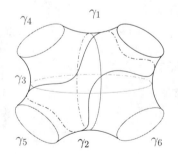
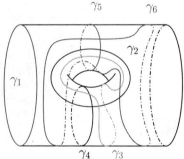

图 27.10 计算相对扭角的方法.

被计算出来. 从这些测地线的长度, 我们可以推演出扭角. 由此, 曲面的 Teichmüller 空间为 $6g - 6$ 实数维.

周期矩阵 周期矩阵可以用来判断两个 Riemann 面是否是 Teichmüller 空间中的同一个点, 即它们是否 Teichmüller 等价. 虽然周期矩阵的变量个数多于 Teichmüller 空间的维数, 但是这些变量彼此并不独立.

如图 27.11 所示, 假设 S 是一拓扑曲面, 带有标准同伦群基底:

$$\pi_1(S, p) = \langle a_1, b_1, a_2, b_2, \cdots, a_g, b_g | a_1 b_1 a_1^{-1} b_1^{-1} \cdots a_g b_g a_g^{-1} b_g^{-1} \rangle.$$

我们来考察亏格为 $g > 1$ 的曲面, 如图 25.7 所示, 曲面全纯 1-形式群的基底

$$\Omega(S) = \mathrm{Span}\{\omega_1, \omega_2, \cdots, \omega_g\}$$

满足如下条件

$$\int_{a_i} \omega_j = \delta_i^j.$$

我们定义从曲面万有覆盖空间到 g 维复空间的全纯映射

$$\varphi : \widetilde{S} \to \mathbb{C}^g, p \mapsto \left(\int_{p_0}^p \omega_1, \int_{p_0}^p \omega_2, \cdots, \int_{p_0}^p \omega_g \right).$$

定义 27.14 (周期矩阵) 如上构造的矩阵

$$P(S) = \begin{pmatrix} \int_{b_1} \omega_1 & \int_{b_2} \omega_1 & \cdots & \int_{b_g} \omega_1 \\ \int_{b_1} \omega_2 & \int_{b_2} \omega_2 & \cdots & \int_{b_g} \omega_2 \\ \vdots & \vdots & \ddots & \vdots \\ \int_{b_1} \omega_g & \int_{b_2} \omega_g & \cdots & \int_{b_g} \omega_g \end{pmatrix}$$

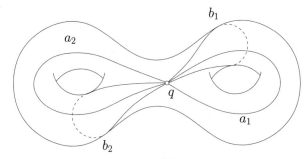

图 27.11 亏格为 2 的曲面, 及其上的一族标准同伦群基底.

称为 Riemann 面的周期矩阵.

周期矩阵是曲面的共形不变量, 我们有如下定理.

定理 27.6 两个封闭的紧 Riemann 面 Teichmüller 共形等价, 当且仅当它们具有相同的周期矩阵.

在工程和医学实践领域, 寻找曲面间满足特定限制条件的高质量微分同胚, 一直是最为根本的问题之一. 研究曲面间映射的数学分支是拟共形映射 (quasi-conformal map) 理论, 其主要内容是研究曲面间映射的表示、满足特定限制映射的存在性和唯一性、在映射空间中的优化和变分、最优映射和全纯微分的内在关系, 等等.

如图 28.1 所示, 给定两个曲面, 上面标注着相应特征点 $(S_1, \{p_k\}_{k=1}^n)$ 和 $(S_2, \{q_k\}_{k=1}^n)$, 我们希望找到微分同胚 $\varphi : S_1 \to S_2$, 满足

$$\varphi(p_k) = q_k, \quad k = 1, 2, \cdots, n.$$

同时此微分同胚尽量光滑, 减小几何畸变. 在通常情况下, 满足这些限制的共形变换是不存在的. 我们需要将共形映射拓广到一般的微分同胚, 如图 28.2 所示的拟共形映射.

图 28.2 显示了曲面间的拟共形映射. 男子人脸曲面上的每一个小圆盘区域都映射到女子人脸曲面上的椭圆盘区域. 椭圆域的偏心率和方向给出了 Beltrami 系数, Beltrami 系数决定了映射.

彩　图

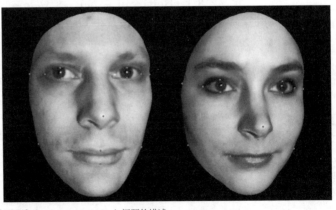

图 28.1 曲面配准 (surface registration) 问题的描述.

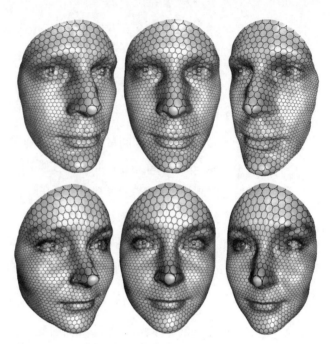

图 28.2 基于拟共形映射的曲面配准.

28.1 拟共形映射, Beltrami 系数和伸缩商

如图 28.3 所示, 共形变换将曲面的无穷小圆映到无穷小圆; 一般的微分同胚将无穷小椭圆映到无穷小圆. 如果无穷小椭圆的偏心率有界, 那么微分同胚称为拟共形映射.

定义 28.1 (Beltrami 系数) 令 Ω 是复平面上的区域, 给定 C^1 映射 $f : \Omega \to \mathbb{C}$. 我们记 $w = f(z)$, 复参数 $z = x + iy$, $w = u + iv$, 导映射

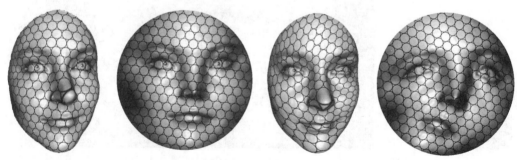

图 28.3 共形映射和拟共形映射比较. 左两帧: 共形映射; 右两帧: 拟共形映射.

表示成
$$dw = w_z dz + w_{\bar{z}} d\bar{z} = w_z(dz + \mu d\bar{z}),$$

这里
$$\mu(z) := \frac{f_{\bar{z}}}{f_z} = \frac{w_{\bar{z}}}{w_z}$$

是映射的 Beltrami 系数. ◆

定义 28.2 (伸缩商) 映射 f 在点 z 的伸缩商 (dilatation) 定义为
$$K_z(f) := \frac{1 + |\mu(z)|}{1 - |\mu(z)|},$$

映射 f 的最大伸缩商定义为 $K(z)$ 的上确界
$$K(f) := \sup_{z \in \Omega} |K_z(f)| = \frac{1 + \|\mu\|_\infty}{1 - \|\mu\|_\infty}.$$

如果 $K < \infty$, 那么映射 f 称为 K-拟共形映射. ◆

如果映射 f 保持定向的同胚, 那么 Jacobi 行列式
$$J_f(z) = |w_z|^2 - |w_{\bar{z}}|^2 = |w_z|^2(1 - |\mu|^2) > 0,$$

因此 $|\mu| < 1$. 如图 28.4 所示, 我们考察切平面上的单位圆周 $|dz|^2 = 1$ 被 df 映射到 w 平面上的椭圆, $|(df)^{-1}dw|^2 = 1$, 映射 df 的畸变由椭圆的偏

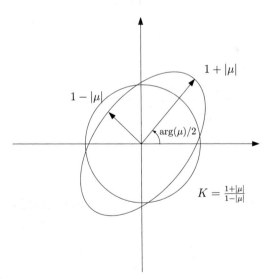

图 28.4 Beltrami 系数的几何意义.

心率来表示, 即椭圆的长短轴之比,

$$K_z(f) = \frac{1 + |\mu|}{1 - |\mu|},$$

这给出了映射伸缩商的几何意义.

我们考察两个映射的复合 $f_2 \circ f_1$, 如果两个映射的最大拉伸方向重合, 因为最大收缩方向和最大拉伸方向垂直, 那么最大收缩方向也重合, 在这时复合映射的最大伸缩商等于两个映射的最大伸缩商之积. 一般情形下, 我们有不等式:

$$K(f_2 \circ f_1) \leqslant K(f_2)K(f_1).$$

命题 28.1 (复锁链法则) 假设 Ω_1, Ω_2 和 Ω_3 是 $\mathbb{C}$ 中的开集, 并且 $f : \Omega_1 \to \Omega_2$ 和 $g : \Omega_2 \to \Omega_3$ 是 C^1 映射. 令 $z \in \Omega_1$, 并且 $w = f(z) \in \Omega_2$, 证明:

$$\frac{\partial(g \circ f)}{\partial z} = \left(\frac{\partial g}{\partial w} \circ f\right) \cdot \frac{\partial f}{\partial z} + \left(\frac{\partial g}{\partial \bar{w}} \circ f\right) \cdot \frac{\partial \bar{f}}{\partial z}$$

和

$$\frac{\partial(g \circ f)}{\partial \bar{z}} = \left(\frac{\partial g}{\partial w} \circ f\right) \cdot \frac{\partial f}{\partial \bar{z}} + \left(\frac{\partial g}{\partial \bar{w}} \circ f\right) \cdot \frac{\partial \bar{f}}{\partial \bar{z}}. \qquad \blacklozenge$$

证明 直接计算可以得出. $\qquad\blacksquare$

命题 28.2 令 μ_1 和 μ_2 是 f_1 和 f_2 的 Beltrami 系数, 那么

$$\mu(f_2 \circ f_1^{-1}) = \left(\frac{\mu_2 - \mu_1}{1 - \bar{\mu}_1\mu_2}\right) \frac{1}{\theta_1}, \tag{28.1}$$

这里 $\theta_1 = \overline{\left(\frac{\partial f_1}{\partial z}\right)} \Big/ \frac{\partial f_1}{\partial z} = \frac{\partial \bar{f}_1}{\partial \bar{z}} \Big/ \frac{\partial f_1}{\partial z}$. $\qquad\blacklozenge$

证明 假设

$$df_k = A_k dz + B_k d\bar{z}, \quad k = 1, 2.$$

我们有

$$\begin{cases} dw = A_1 dz + B_1 d\bar{z}, \\ d\bar{w} = \bar{A}_1 d\bar{z} + \bar{B}_1 dz, \end{cases}$$

其逆变换为

$$df_1^{-1}(dw) = dz = \frac{\bar{A}_1 dw - B_1 d\bar{w}}{|A_1|^2 + |B_1|^2},$$

那么

$$d(f_2 \circ f_1^{-1})(dw)$$

$$= df_2 \circ df_1^{-1}(dw)$$

$$= \frac{1}{|A_1|^2 + |B_1|^2} \left(A_2(\bar{A}_1 dw - B_1 d\bar{w}) + B_2(A_1 d\bar{w} - \bar{B}_1 dw) \right)$$

$$= \frac{1}{|A_1|^2 + |B_1|^2} \left((\bar{A}_1 A_2 - \bar{B}_1 B_2) dw + (A_1 B_2 - A_2 B_1) d\bar{w} \right),$$

由此

$$\mu(f_2 \circ f_1^{-1}) = \frac{A_1 B_2 - A_2 B_1}{\bar{A}_1 A_2 - \bar{B}_1 B_2}$$

$$= \left(\frac{B_2}{A_2} - \frac{B_1}{A_1} \right) \left(\frac{\bar{A}_1}{A_1} - \frac{\bar{B}_1 B_2}{A_1 A_2} \right)^{-1}$$

$$= (\mu_2 - \mu_1) \left(\frac{\bar{A}_1}{A_1} - \frac{\bar{A}_1}{A_1} \frac{\bar{B}_1 B_2}{\bar{A}_1 A_2} \right)^{-1}$$

$$= \left(\frac{\mu_2 - \mu_1}{1 - \bar{\mu}_1 \mu_2} \right) \frac{1}{\theta_1}. \qquad \blacksquare$$

命题 28.3 令 μ_1 和 μ_2 是 f_1 和 f_2 的 Beltrami 系数, 那么

$$\mu(f_2 \circ f_1) = \frac{\mu_1 + \mu_2 \theta_1}{1 + \bar{\mu}_1 \mu_2 \theta_1}, \tag{28.2}$$

这里 $\theta_1 = \overline{\left(\frac{\partial f_1}{\partial z} \right)} / \frac{\partial f_1}{\partial z}$. $\qquad\qquad \blacklozenge$

证明 令 Ω_1, Ω_2 和 Ω_3 是 $\mathbb{C}$ 中的开集, $f_1 : \Omega_1 \to \Omega_2$ 和 $f_2 : \Omega_2 \to \Omega_3$ 是 C^1 映射, $z \in \Omega_1$, $w = f_1(z) \in \Omega_2$, 我们有

$$\frac{\partial(f_2 \circ f_1)}{\partial z} = \left(\frac{\partial f_2}{\partial w} \right) \cdot \frac{\partial f_1}{\partial z} + \left(\frac{\partial f_2}{\partial \bar{w}} \right) \cdot \frac{\partial \bar{f}_1}{\partial z},$$

并且

$$\frac{\partial(f_2 \circ f_1)}{\partial \bar{z}} = \left(\frac{\partial f_2}{\partial w} \right) \cdot \frac{\partial f_1}{\partial \bar{z}} + \left(\frac{\partial f_2}{\partial \bar{w}} \right) \cdot \frac{\partial \bar{f}_1}{\partial \bar{z}}.$$

两式相除, 我们得到

$$\mu_{f_2 \circ f_1} = \frac{\mu_1 + \mu_2 \theta_1}{1 + \bar{\mu}_1 \mu_2 \theta_1}. \qquad \blacksquare$$

定义 28.3 (拟共形映射) 给定一个 Riemann 面间的 C^1 同胚 $f : X \to Y$, $w = f(z)$, 我们说 f 是拟共形的, 如果

$$K(f) = \sup_{z \in X} K_z(f) < \infty,$$

这里

$$K_z(f) = \frac{1 + k(z)}{1 - k(z)}, \quad k(z) = |f_{\bar{z}}/f_z|.$$

如果 $K = K(f)$, 我们说 f 是 K-拟共形的.

28.2 Beltrami 方程

Beltrami 系数和映射的 Jacobi 矩阵并不等价, Beltrami 系数并不反映椭圆的面积大小, 因此 Beltrami 系数的信息少于 Jacobi 矩阵的信息. 但问题的关键是, 我们可以通过映射的 Beltrami 系数完全复制出原来的映射. 换言之, 如下的广义 Riemann 映射定理成立.

令 Ω 是平面区域, $\mu(z) : \Omega \to \mathbb{C}$ 是一个连续复值函数, 满足 $\|\mu\|_\infty < 1$. 考察方程

$$f_{\bar{z}}(z) = \mu(z) f_z(z), \tag{28.3}$$

其称为 Beltrami 方程, 一个满足这一方程的映射 f 称为一个解, μ 称为 f 的 Beltrami 系数.

如果 $\varphi(z)$ 是一个定义在 Ω 上的全纯函数, Beltrami 系数具有形式

$$\mu(z) = k \frac{|\varphi(z)|}{\varphi(z)},$$

那么 Beltrami 方程具有局部同胚解, 构造过程如下. 二次微分 $\varphi(z)(dz)^2$ 的自然坐标为

$$\zeta = \int \sqrt{\varphi(z)} dz,$$

自然坐标 $\zeta = \xi + i\eta$ 给出了局部同胚. 函数

$$f(z) = \zeta + k\bar{\zeta} = \int \sqrt{\varphi(z)} dz + k \overline{\int \sqrt{\varphi(z)} dz},$$

由此 $f_{\bar{\zeta}}/f_\zeta = k$, 等价于 $f_{\bar{z}}/f_z = k|\varphi|/\varphi$.

定理 28.1 (可测 Riemann 映射) 设 $\mu(z) : \mathbb{C} \cup \{\infty\} \to \mathbb{C}$ 可测, 满足 $\|\mu\|_\infty < 1$, 那么存在一个全局的拓扑同胚 $f : \mathbb{C} \cup \{\infty\} \to \mathbb{C} \cup \{\infty\}$ 满足 Beltrami 方程, 这里 f_z 和 $f_{\bar{z}}$ 是分布意义下的偏导数. ◆

证明 我们考察算子 ([1], [12])

$$P\mu(z) = -\frac{1}{\pi} \iint \mu(\zeta) \left\{ \frac{1}{\zeta - z} - \frac{1}{\zeta} \right\} d\xi d\eta$$

和

$$T\mu(z) = \lim_{\varepsilon \to 0} -\frac{1}{\pi} \iint_{|\zeta - z| > \varepsilon} \frac{\mu(\zeta)}{(\zeta - z)^2} d\xi d\eta$$

$$= -\frac{1}{\pi} \iint \mu(\zeta) \left\{ \frac{1}{(\zeta - z)^2} - \frac{1}{\zeta^2} \right\} d\xi d\eta.$$

P 是光滑算子: 如果 $\mu(\zeta)$ 具有紧致支集, 在 L^p 中 $p > 2$, 那么

$$|P\mu(z_1) - P\mu(z_2)| \leqslant C|z_1 - z_2|^{1-\frac{2}{p}}.$$

T 保持光滑性,

$$\|T\mu\|_p \leqslant C_p \|\mu\|_p,$$

当 p 降至 2 时, C_p 趋于 1. 更进一步, 我们可以得到

$$(P\mu(z))_{\bar{z}} = \mu(z), \tag{28.4}$$

并且

$$(P\mu(z))_z = T\mu(z). \tag{28.5}$$

Beltrami 方程的非归一化解可以表示成

$$f^\mu(z) = z + P\mu(z) + P\mu T\mu(z) + P\mu T\mu T\mu(z) + \cdots, \tag{28.6}$$

直接计算得到

$$(f^\mu(z))_z = 1 + T\mu(z) + T\mu T\mu(z) + T\mu T\mu T\mu(z) + \cdots,$$

并且

$$(f^\mu(z))_{\bar{z}} = \mu(z) + \mu T\mu(z) + \mu T\mu T\mu(z) + \cdots$$

$$= \mu(z)(1 + T\mu(z) + T\mu T\mu(z) + T\mu T\mu T\mu(z) + \cdots)$$

$$= \mu(z)(f^\mu(z))_z.$$

假设 $\|\mu\|_\infty = k < 1$, μ 具有紧支集. 算子 $\mu T : L^p \to L^p$ 的模满足 $\|\mu T\|_p \leqslant C_p k$. 因为 $k < 1$, 当 $p > 2$ 足够接近 2 时, C_p 逼近 1, 所以 $C_p k$ 严格小于 1, 故 μT 是模小于 1 的算子, $(I - \mu T)^{-1}$ 是 L^p 的有界算子. 因

此 Beltrami 方程的解可以被重写成恒同映射的扰动:

$$f^\mu(z) = z + P((I - \mu T)^{-1})(\mu).$$

L^p 函数 $(I - \mu T)^{-1}(\mu)$ 被算子 P 光滑化, 所得的解是 Hölder 连续的, Hölder 指数为 $1 - \frac{2}{p}$. 进一步分析, 我们可以证明如果 $\|\mu\|_\infty < 1$, 那么无穷级数得到 Riemann 球面到自身的拓扑同胚. ∎

进一步考虑 Beltrami 方程的解 $f^{t\mu}(z)$, $f^{t\mu}(z)$ 可以表示成 t 的级数和, 当 $|t| < 1/\|\mu\|_\infty$ 时, 级数收敛. 假设 $f^{t\mu}(z)$ 以 $0, 1, \infty$ 为不动点,

$$f^{t\mu}(z) = z + tV(z) + o(t),$$

这里向量场 $V(z)\frac{\partial}{\partial z}$ 具有公式

$$
\begin{aligned}
V(z) &= -\frac{1}{\pi} \iint \mu(\zeta) \left\{ \frac{1}{\zeta - z} - \frac{z}{\zeta - 1} + \frac{z-1}{\zeta} \right\} d\xi d\eta \\
&= -\frac{z(z-1)}{\pi} \iint \mu(\zeta) \left\{ \frac{1}{\zeta(\zeta-1)(\zeta-z)} \right\} d\xi d\eta.
\end{aligned}
\tag{28.7}
$$

下面给出基于微分几何的另外一种证明, 这个证明给出了求解 Beltrami 方程的计算方法.

定理 28.2 (可测 Riemann 映射定理) 假设 $\mu : \mathbb{D} \to \mathbb{C}$ 是定义在单位圆盘上的光滑复值函数, $\| \mu \|_\infty < 1$, 那么存在单位圆盘到自身的同胚 $\varphi : \mathbb{D} \to \mathbb{D}$, 使得 Beltrami 方程

$$\frac{\partial f(z)}{\partial \bar{z}} = \mu(z) \frac{\partial f(z)}{\partial z}$$

成立, 并且不同的映射彼此相差一个单位圆盘上的 Möbius 变换,

$$z \mapsto e^{i\theta} \frac{z - z_0}{1 - \bar{z}_0 z}, \quad |z_0| < 1. \qquad \blacklozenge$$

证明 这个定理可以用辅助度量 (auxiliary metric) 的方法证明, 思路如下.

1. $f : (\mathbb{D}, |dz|^2) \to (\mathbb{D}, |dw|^2)$ 是拟共形映射, 在其诱导的拉回度量为 $f^*(|dw|^2)$, 根据定义 $f^*(|dw|^2) = |dw|^2$. 同样的映射, 在拉回度量下 $f : (\mathbb{D}, f^*(|dw|^2)) \to (\mathbb{D}, |dw|^2)$ 是等距变换.

2. 假设映射的 Beltrami 系数为 μ, 则其诱导的拉回度量为

$$f^*(|dw|^2) = dw d\bar{w} = |w_z dz + w_{\bar{z}} d\bar{z}|^2 = |w_z|^2 |dz + \mu d\bar{z}|^2.$$

那么辅助度量 $|dz + \mu d\bar{z}|^2$ 和拉回度量 $f^*(|dw|^2)$ 共形等价, 因此同样的映射在辅助度量下面成为共形映射:

$$f : (\mathbb{D}, |dz + \mu d\bar{z}|^2) \to (\mathbb{D}, dw d\bar{w}).$$

根据经典的 Riemann 映射定理, 这种映射存在, 并且彼此相差一个 Möbius 变换. ■

广义 Riemann 映射定理实际上在曲面间的微分同胚和源曲面上的 Beltrami 系数之间建立了双射. 固定两个带有一个边界的单连通曲面, 它们之间所有的微分同胚关于 Möbius 变换群的商空间, 和源曲面上所有 Beltrami 系数组成的函数空间一一对应. 这样, 我们就可以在 Beltrami 系数函数空间中做变分, 从而操控优化曲面间的微分同胚. 图 28.5 就显示了这样一个例子, 我们求解从多连通的人脸曲面到平面圆域 (圆盘去掉圆洞) 的拟共形映射. 通过改变 Beltrami 系数, 求解 Beltrami 方程, 我们能够得到相应的微分同胚. 我们看到, 当 Beltrami 系数改变时, 目标曲面的共形模发生变化, 圆洞的圆心位置和半径相应改变.

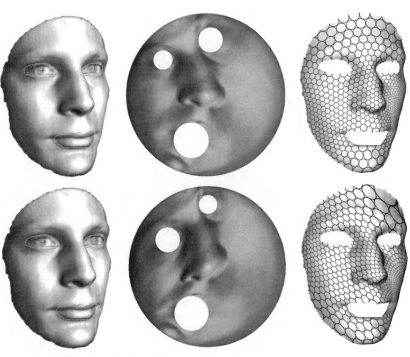

图 28.5 通过操控 Beltrami 系数来控制曲面间的映射.

28.3 等温坐标

流形无法用一个坐标系整体覆盖, 只能被一族局部坐标系覆盖. 局部坐标的选取具有很大的自由度, 选取合适的局部坐标, 可以简化微分算子, 因而简化理论证明和实际计算. 在曲面上, 最为常用的一种特殊局部坐标系, 叫作等温坐标 (isothermal coordinate).

定义 28.4 (等温坐标) 假设曲面 S 配备有 Riemann 度量 **g**, 开集 $U \subset S$ 的局部坐标为 (x, y), 使得度量张量具有表示形式

$$\mathbf{g}(x, y) = e^{2\lambda(x,y)}(dx^2 + dy^2),$$

这里 $\lambda : U \to \mathbb{R}$ 是定义在开集上的函数, 那么 (x, y) 称为等温坐标或者等温参数. 这意味着曲面的 Riemann 度量和平面的欧氏度量共形等价. ◆

在等温参数下, Laplace-Beltrami 算子具有极为简洁的形式:

$$\Delta_{\mathbf{g}} = \frac{1}{e^{2\lambda(x,y)}} \left(\frac{\partial^2}{\partial x^2} + \frac{\partial^2}{\partial y^2} \right),$$

曲面 Gauss 曲率的公式得到极大简化:

$$K(x, y) = -\Delta_{\mathbf{g}} \lambda(x, y).$$

等温坐标的存在性是一个饶有兴味的问题.

定理 28.3 假设 $(S, \mathbf{g})$ 是带 Riemann 度量的光滑曲面. 对于曲面上的任意一点 $p \in S$, 存在开集 $U(p) \subset S$, 使得此开集内存在等温坐标 (x, y),

$$\mathbf{g}(x, y) = e^{2\lambda(x,y)}(dx^2 + dy^2).$$ ◆

证明 我们用拟共形映射理论来证明等温参数的局部存在性. 假设曲面 $(S, \mathbf{g})$ 的局部坐标为 (x, y), Riemann 度量的局部表示为

$$ds^2 = \begin{pmatrix} dx & dy \end{pmatrix} \begin{pmatrix} E(x,y) & F(x,y) \\ F(x,y) & G(x,y) \end{pmatrix} \begin{pmatrix} dx \\ dy \end{pmatrix}.$$

几何直观上, 如图 28.6 所示, 我们在曲面上放上一个 "无穷小测地圆域", 用非常密集的彼此相切的测地圆来填充曲面, 每个小测地圆满足方程

$$E dx^2 + 2F dx dy + G dy^2 = \varepsilon^2.$$

视 频

彩 图

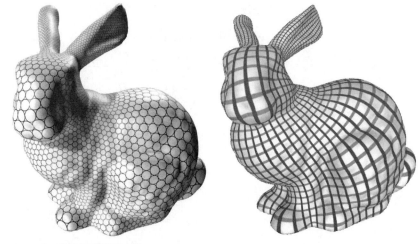

图 28.6 兔子曲面上面的等温坐标.

那么在参数平面上, (dx, dy) 的轨迹是一个小椭圆, 椭圆的偏心率 ρ, 长轴和水平方向的夹角 θ 都可以由度量矩阵系数直接算出. 由此, 我们可以构造 Beltrami 系数 $\mu = \rho e^{2i\theta}$. 令 $z = x + iy$, $w = u + iv$, 解 Beltrami 方程

$$\frac{\partial z}{\partial \bar{w}} = \mu \frac{\partial z}{\partial w}.$$

根据广义 Riemann 映射定理, 方程的解存在. 映射 $\varphi : w \to z$ 将 w 平面上的小圆映到 z 平面上的小椭圆, 椭圆的偏心率为 ρ, 长轴方向为 θ. 如果我们用 $w = u + iv$ 作为曲面的局部参数, 则曲面上的无穷小圆映到 w 平面上的无穷小圆. 换言之, w 是曲面的等温参数.

通过直接计算, 我们可以得到定向曲面上的 Riemann 度量为

$$ds^2 = E(x, y)dx^2 + 2F(x, y)dxdy + G(x, y)dy^2.$$

用复坐标 $z = x + iy$,

$$ds^2 = \lambda|dz + \mu d\bar{z}|^2,$$

λ 和 μ 都是光滑函数, $\lambda > 0$ 并且 $|\mu| < 1$, 这里

$$\lambda = \frac{1}{4}(E + G + 2\sqrt{EG - F^2}), \quad \mu = (E - G + 2iF)/4\lambda.$$

我们进行验算:

$$dz + \mu d\bar{z} = (dx + idy) + \mu(dx - idy)$$
$$= (dx + idy) + \frac{E - G + 2Fi}{4\lambda}(dx - idy)$$
$$= \frac{E - G + 4\lambda}{4\lambda}dx + \frac{2F}{4\lambda}dy + \left(\frac{2F}{4\lambda}dx + \frac{G - E + 4\lambda}{4\lambda}dy\right)i$$
$$= \frac{(E - G + 4\lambda) + 2Fi}{4\lambda}dx + \frac{2F + (G - E + 4\lambda)i}{4\lambda}dy.$$

$16\lambda^2|dz + \mu d\bar{z}|^2$ 中 dx^2 的系数

$$(E - G + 4\lambda)^2 + 4F^2 = (E - G + E + G + 2\sqrt{EG - F^2})^2 + 4F^2$$
$$= 4(E + \sqrt{EG - F^2})^2 + 4F^2$$
$$= 4(E^2 + EG - F^2 + F^2 + 2E\sqrt{EG - F^2})$$
$$= 4E(E + G + 2\sqrt{EG - F^2})$$
$$= 16\lambda \cdot E. \tag{28.8}$$

dy^2 的系数

$$(G - E + 4\lambda)^2 + 4F^2 = (G - E + E + G + 2\sqrt{EG - F^2})^2 + 4F^2$$
$$= 4(G + \sqrt{EG - F^2})^2 + 4F^2$$
$$= 4(G^2 + EG - F^2 + F^2 + 2G\sqrt{EG - F^2})$$
$$= 4G(G + E + 2\sqrt{EG - F^2})$$
$$= 16\lambda \cdot G. \tag{28.9}$$

$dxdy$ 的系数

$$4F(E - G + 4\lambda) + 4F(G - E + 4\lambda) = 2F \cdot 16\lambda. \tag{28.10}$$

由等式 (28.8)、(28.9) 和 (28.10) 得到

$$|dz + \mu d\bar{z}|^2 = \frac{1}{\lambda}(Edx^2 + 2Fdxdy + Gdy^2),$$

因此我们有

$$ds^2 = \lambda|dz + \mu d\bar{z}|^2.$$

构造拟共形变换 $w(z)$,

$$\frac{\partial w}{\partial \bar{z}} = \mu \frac{\partial w}{\partial z},$$

我们有

$$|dw|^2 = |w_z dz + w_{\bar{z}} d\bar{z}|^2 = |w_z|^2 \left| dz + \frac{w_{\bar{z}}}{w_z} d\bar{z} \right|^2 = |w_z|^2 |dz + \mu d\bar{z}|^2,$$

$$ds^2 = \lambda |dz + \mu d\bar{z}|^2 = \lambda |w_z|^{-2} |dw|^2.$$

于是 w 是等温坐标. ■

推论 28.1 所有可定向的度量曲面都是 Riemann 面. ♦

证明 假设度量曲面 $(S, \mathbf{g})$ 可定向, 那么曲面上所有的等温坐标构成曲面的一个图册, 并且局部坐标之间的变换是共形双射的, 平面上的共形双射等价于双全纯映射, 因此等温坐标构成的图册是一个共形图册. 换言之, 曲面上的度量自然诱导了一个共形结构, 即和 Riemann 度量相容的共形结构. 由此我们得出结论成立. ■

由此可见, 等温坐标架设了 Riemann 面理论和曲面微分几何之间的桥梁.

28.4 从共形结构到 Riemann 度量

反过来, 我们可以由共形结构来构造度量. 首先, 从曲面的共形图册中选取一个局部有限的开覆盖 $\{U_\alpha, \alpha \in I\}$, 即曲面上的每一个点被有限个开集覆盖. 然后, 我们构造关于这个有限开覆盖的光滑单位分解 $\{f_\alpha : U_\alpha \to [0,1], \alpha \in I\}$, 满足紧支集的条件

$$\forall \alpha \in I, \quad \text{Supp} f_\alpha \subset U_\alpha$$

和单位分解的条件

$$\forall p \in S, \quad \sum_\alpha f_\alpha(p) = 1.$$

在每个开集 U_α 上选取参数平面上的欧氏度量, 记为 $\mathbf{g}_\alpha$, 因为 Riemann 度量的凸组合还是 Riemann 度量, 我们得到一个全局定义的度量,

$$\mathbf{g} = \sum_\alpha f_\alpha \mathbf{g}_\alpha.$$

可以看出来, 共形图册的局部坐标就是这一度量的等温坐标. 由此, 给定共形结构, 我们可以非常轻而易举地构造与之匹配的 Riemann 度量.

我们考虑两个拓扑同胚的 Riemann 面之间的所有微分同胚, 这些微分同胚可以由同伦等价进行分类, 这些同伦等价类构成一个结构复杂的非交换群, 即曲面映射类群. 我们固定一个同伦类, 进一步考察这一类中所有的微分同胚. 自然, 同伦等价的微分同胚有无穷多个, 那么在这无穷多个微分同胚中, 是否存在某种意义下的极值映射? 这种极值映射是否唯一? 它的几何特征如何刻画? Teichmüller 理论对这些问题给出了完美的解答.

Teichmüller 极值问题   我们这里关心的是微分同胚所带来的角度的畸变. 从拟共形映射理论, 我们知道微分同胚将源曲面上的无穷小椭圆映成目标曲面上的无穷小圆, 映射所诱导的角度畸变由无穷小椭圆的偏心率 (长轴、短轴之比) 来刻画.

给定两个 Riemann 面 $(S, \{z_\alpha\})$ 和 $(R, \{w_\alpha\})$, 给定一个微分同胚 (diffeomorphism) $f : S \to R$, 其 Beltrami 微分为

$$\mu_f = \frac{w_{\bar{z}_\alpha}}{w_{z_\alpha}} \frac{d\bar{z}_\alpha}{dz_\alpha}.$$

映射的最大伸缩商 (dilatation) 为

$$K(f) = \frac{1 + \| \mu_f \|_\infty}{1 - \| \mu_f \|_\infty},$$

最大伸缩商衡量了映射诱导的角度畸变. 我们考察所有和 $f : S \to R$ 同伦的拟共形映射,

$$\mathcal{QC}[f] = \{g : S \to R \mid g \text{ 和 } f \text{ 同伦的拟共形映射}\}.$$

令极值最大伸缩商定义为

$$K^*[f] = \inf_{g \in \mathcal{QC}[f]} K(g),$$

著名的 Teichmüller 极值问题询问是否存在一个拟共形映射实现 $K^*[f]$? 以及这样的映射具有哪些性质?

Grötzsch 问题 我们首先来考察最为简单的情形: 拓扑四边形. 给定一张单连通的带度量的光滑曲面 $(S, \mathbf{g})$, 假设其边界 ∂S 光滑. 在其边界上指定四个角点,

$$P = \{p_0, p_1, p_2, p_3\} \subset \partial S,$$

那么称 $(S, \mathbf{g}, P)$ 为一个拓扑四边形. 根据共形几何中的极值长度理论, 存在一个共形映射, 将拓扑四边形映成平面上的标准长方形, 这个长方形的长宽之比是由曲面的几何以及四个角点所确定, 称为曲面的共形模 (图 29.1).

给定两个拓扑四边形曲面 S_k $(k = 0, 1)$ 和相应的共形映射 $\varphi_k : S_k \rightarrow R_k$, 这里 R_k 是平面长方形.

不失一般性, 我们假设 $R_0 = [0, a] \times [0, 1]$, $R_1 = [0, a_1] \times [0, 1]$ 是平面上的两个矩形, Grötzsch 问题是寻求一个拟共形映射 $w = f(z)$, 使得 $f(R_0) = R_1$, 保持顶点之间的依次对应, 并且使得 $K(f)$ 最小.

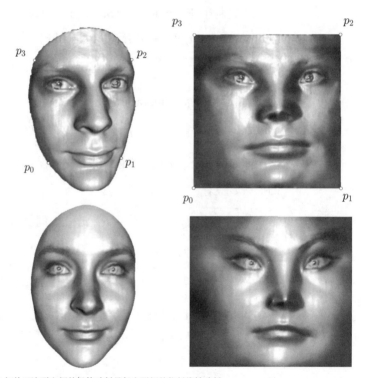

图 29.1 拓扑四边形之间的极值映射是长方形间的仿射线性映射.

定理 29.1 (Grötzsch) 极值映射存在并且唯一, 并且是 $R_0 \to R_1$ 的仿射拉伸映射, $(x, y) \mapsto (\frac{a_1}{a}x, y)$.   ♦

证明 这里我们采用经典的面积长度方法. 假定 $a_1 \geqslant a$, 仿射拉伸映射 f_0 是

$$x \mapsto \frac{a_1}{a}x, \quad y \mapsto y,$$

那么 $K(f_0) = a_1/a$.

设 $f: R_0 \to R_1$ 是任意一个拟共形映射, 保持矩形顶点的依次对应. 对于几乎所有的 $y \in [0, 1]$, $f(x + iy)$ 是 x 的绝对连续函数. 对这样的 y, 我们有

$$a_1 \leqslant \int_0^a |f_x(x + iy)| dx.$$

两边再对 y 积分, 又得

$$a_1 \leqslant \int_0^1 dy \int_0^a |f_x(x + iy)| dx = \iint_{R_0} |f_x(x + iy)| dx dy$$
$$= \iint_{R_0} \frac{|f_x(x + iy)|}{J_f^{1/2}} \cdot J_f^{1/2} dx dy,$$

这里 J_f 是 f 的 Jacobi 行列式. 使用 Schwarz 不等式, 我们有

$$a_1^2 \leqslant \iint_{R_0} \frac{|f_x(x + iy)|^2}{J_f} dx dy \iint_{R_0} J_f dx dy$$
$$\leqslant \iint_{R_0} \frac{(|f_z| + |f_{\bar{z}}|)^2}{|f_z|^2 - |f_{\bar{z}}|^2} dx dy \cdot a_1$$
$$\leqslant K(f) \cdot a \cdot a_1,$$

这里用到 $|f_x| \leqslant |f_z| + |f_{\bar{z}}|$ 和 $J_f = |f_z|^2 - |f_{\bar{z}}|^2$. 由此, 我们得到

$$K(f) \geqslant a_1/a = K(f_0).$$

下面证明: 若 $K(f) = K(f_0)$, 则 $f = f_0$. 若 $K(f) = K(f_0)$, 则在上述推导中所有不等式均成立等号, 这要求

$$\frac{(|f_z| + |f_{\bar{z}}|)^2}{|f_z|^2 - |f_{\bar{z}}|^2} \equiv K(f),$$

即 $|f_z|/|f_{\bar{z}}|$ 是常数 k. 同时要求

$$|f_x| = |f_z| + |f_{\bar{z}}|,$$

这意味着 $f_{\bar{z}}/f_z$ 是实数. Schwarz 不等式等号成立的必要条件是 $|f_x|J_f^{1/2}$ 和 $J_f^{1/2}$ 之比为常数, 设为 λ, 我们有

$$|f_x|^2/J_f = \lambda J_f.$$

上式左侧等于常数 $K(f)$, 因此 J_f 也是常数. $\mu = f_{\bar{z}}/f_z$, 得到 $|\mu| = k$. $J_f = |f_z|^2(1 - |\mu|^2)$, 得到 $|f_z|$ 为常数, 进而 $|f_{\bar{z}}|$ 也是常数. 由

$$a_1 = \int_0^{a_1} |f_x(x+iy)|dx$$

推出对于几乎所有的 y 而言, $x \mapsto f(x+iy)$ 的像集是一条水平直线段, 且 $f_x \geqslant 0$. 由 $f_x = |f_x| = |f_z| + |f_{\bar{z}}|$ 推出 f_x 为常数. 根据定义 $f_x = f_z + f_{\bar{z}}$, 我们得到 f_z 和 $f_{\bar{z}}$ 均为非负常值实数, 因而 f 是仿射变换. ∎

拓扑环面 我们再来考察亏格为 1 的曲面情形. 根据曲面单值化定理, Riemann 面可以共形地、周期性地映到平面上, 换言之, 映到平环 $\mathbb{E}^2/\Gamma$ 上, 这里格群 $\Gamma = \{ma + nb | a, b \in \mathbb{C}\}$. 平环的一个基本域是平行四边形. 曲面间的 Teichmüller 映射由平行四边形之间的线性映射给出, 由此可见, Teichmüller 映射都是在曲面的某个共形平直度量下的线性映射. Teichmüller 将这一简单情形系统地推广到了拓扑复杂曲面的情形, 将 Teichmüller 映射和 Riemann 面上的全纯二次微分联系在一起, 从而彻底澄清了极值映射的内在几何意义.

Teichmüller 理论 Teichmüller 理论保证在每一个同伦类中, 必定存在唯一的微分同胚, 它使得最大伸缩商 (无穷小椭圆偏心率的最大者) 最小, 我们称这种映射为 Teichmüller 映射. 在一般情形, 在任一同伦类中, Teichmüller 映射唯一. 更进一步, Teichmüller 映射具有非常简洁优美的几何解释.

  给定两个 Riemann 面 S, R 和一个微分同胚 $\varphi: S \to R$, 存在唯一的 Teichmüller 映射和 φ 同伦. 存在源曲面上的全纯二次微分 Φ_S 和目标曲面上的全纯二次微分 Φ_R, φ 把 Φ_S 的轨迹映到 Φ_R 的轨迹, 把 Φ_S 的零点映到 Φ_R 的零点. 我们用 Φ_S 的自然坐标和 Φ_R 的自然坐标, 则 Teichmüller 映射的局部表示为线性映射, 把水平轨迹处处均匀拉伸, 把铅直轨迹处处均匀压缩. 换言之, 在特殊的共形平直度量 $|\Phi_S|$ 和 $|\Phi_R|$ 下,

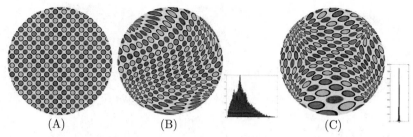

图 29.2 一般微分同胚 (B) 和 Teichmüller 映射 (C) 对比 (雷乐铭计算绘制).

Teichmüller 映射就是线性映射; 但是这种特殊的共形平直度量取决于两个曲面的几何和曲面映射的同伦类. Teichmüller 映射的 Beltrami 微分具有特殊形式:

$$\mu = k\frac{\bar{\Phi}_S}{|\Phi_S|} = k\frac{|\Phi_S|}{\Phi}.$$

一般的微分同胚把源曲面上的无穷小圆映到目标曲面上的无穷小椭圆, 这些无穷小椭圆的偏心率彼此不同; Teichmüller 映射将源曲面上的无穷小圆映到目标曲面上的无穷小椭圆, 这些无穷小椭圆具有相同的偏心率. 如图 29.2 所示, 中帧显示了一个微分同胚及其无穷小椭圆偏心率的直方图; 右帧显示了一个 Teichmüller 映射及其无穷小椭圆偏心率的直方图. 我们看到, Teichmüller 映射所诱导的无穷小椭圆具有相同的偏心率.

直接应用 曲面参数化和纹理贴图是计算机图形学领域的基本问题之一, Teichmüller 理论可以直接用来求解参数化问题 (图 29.3). 曲面注册和追踪是计算机视觉和医学图像领域最为基本的问题之一. 对于大形变、动态变化、复杂拓扑曲面, 求解曲面间的微分同胚是一个非常具有挑战性的问

图 29.3 Teichmüller 映射应用于纹理贴图 (雷乐铭计算绘制).

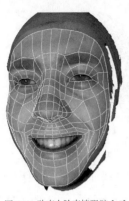
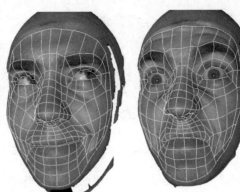
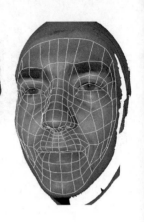

图 29.4 动态人脸表情跟踪 [45].

题. Teichmüller 映射理论和调和映射理论, 为解决这个问题提供了强有力的理论依据.

在 [45] 中, 我们运用这种方法计算 Teichmüller 映射, 来追踪人脸动态变化, 自动提取分析表情 (图 1.13, 图 29.4). 带有动态表情的三维人脸曲面由高速三维摄像设备采集下来, 帧率大概每秒 60 帧, 每帧数十万采样点, 纹理和三维点云同时获得. 我们首先计算一些特征点, 然后将眼睛和嘴部的边界曲线计算出来, 从而得到带有特征点和边缘的动态曲面. 我们运用 Teichmüller 映射方法建立这些曲面间的微分同胚.

29.1 极值长度的变分

给定一个 Riemann 面 S, 考虑一族可容许共形度量, 即在每个局部坐标系上定义一个非负可测函数 ρ_α, 满足对于任意一对局部坐标 z_α 和 z_β,

$$\rho_\alpha(z_\alpha)|dz_\alpha| = \rho_\beta(z_\beta)|dz_\beta|,$$

总面积

$$A(\rho) = \frac{1}{2i} \int_S \rho^2 dz \wedge d\bar{z} \neq 0 \text{ 或者 } \infty.$$

给定一族曲线 Γ, 每条曲线 $\gamma \in \Gamma$ 的长度记为

$$L_\gamma = \int_\gamma \rho|dz|.$$

令 $L(\rho, \Gamma) = \inf_\gamma L_\gamma(\rho)$,那么曲线族 Γ 的极值长度为

$$\Lambda(\Gamma) = \sup_\rho \frac{L(\rho, \Gamma)^2}{A(\rho)}.$$

如图 29.5 所示,令 $w = f(z)$ 是可微拟共形映射,将标准环带 $S = \{z : 1 < |z| < R\}$ 映射成另外一个环带 $\tilde{S} = f(S) = \{\tilde{z} : 1 < |\tilde{z}| < \tilde{R}\}$,这里 $\tilde{R} > R$. 映射的 Beltrami 系数为 μ,$f_{\bar{z}} = \mu f_z$. 令 Γ 为 S 中所有连接内外边界的曲线族,$\Gamma^\mu = f(\Gamma)$ 为 $f(S)$ 中所有连接内外边界的曲线.

构造映射 $f_0 : S \to \tilde{S}$,

$$f_0 : z = re^{i\theta} \mapsto r^{K_0} e^{i\theta},$$

我们进行坐标变换,$\zeta = \log z$,并且 $\tilde{\zeta} = \log \tilde{z}$,那么 ζ 是 S 上的全纯二次微分 $(dz/z)^2$ 的自然坐标,$\tilde{\zeta}$ 是 $\tilde{S}$ 上的全纯二次微分 $(d\tilde{z}/\tilde{z})^2$ 的自然坐标. 将映射 f_0 用这些自然坐标来表示,

$$\zeta = \xi + i\eta \mapsto \tilde{\zeta} = K_0\xi + i\eta.$$

命题 29.1 令 $f : S \to \tilde{S}$ 是任意一个拟共形映射,将 S 的内、外边

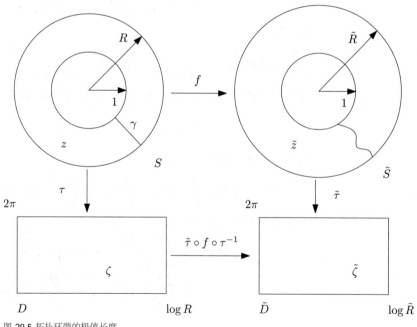

图 29.5 拓扑环带的极值长度.

界映射到 $\tilde{S}$ 的内、外边界, 那么我们有

$$K_0 = \frac{\Lambda(\Gamma^\mu)}{\Lambda(\Gamma)} \leqslant \iint_S \frac{|1 + \mu\frac{\varphi}{|\varphi|}|^2}{1 - |\mu|^2} |\varphi| dxdy. \tag{29.1}$$

更多地, 如果 f 的 Beltrami 系数是 μ, 那么 $\|\mu\|_\infty > k_0$, 除非

$$\mu = k_0 \varphi/|\varphi| \quad \text{a.e.},$$

这里 $k_0 = (K_0 - 1)/(K_0 + 1)$, 并且

$$\varphi(z) = \frac{1}{(2\pi \log R) z^2}. \qquad\qquad \blacklozenge$$

证明 首先, 我们定义坐标变换 $\tau : S \to D$, D 为长方形 $\{\zeta : 0 \leqslant \xi \leqslant \log R, 0 \leqslant \eta \leqslant 2\pi\}$,

$$\tau : z \to \zeta, \quad \tau(z) = \log z = \zeta,$$

τ 的导数满足

$$\tau_z = \zeta_z = \frac{1}{z}.$$

全纯二次微分

$$\varphi(z) dz^2 = \frac{1}{2\pi \log R} (d\tau)^2 = \frac{1}{2\pi \log R} \frac{dz^2}{z^2},$$

其积分满足

$$\int_S |\varphi(z)| dxdy = \frac{1}{2\pi \log R} \int_S \frac{1}{|z^2|} dxdy = \frac{1}{2\pi \log R} \int_0^{2\pi} \int_0^{\log R} d\xi d\eta = 1.$$

同样, 我们构造全纯映射 $\tilde{\tau} : \tilde{S} \to \tilde{D}$. 定义映射 $g : D \to \tilde{D}$, $\zeta \mapsto \tilde{\zeta}$,

$$g(\zeta) = \tilde{\tau} \circ f \circ \tau^{-1}(\zeta).$$

在 D 中取水平直线 γ,

$$\log \tilde{R} \leqslant \int_{g(\gamma)} |d\tilde{\zeta}| = \int_\gamma |dg| = \int_0^{\log R} |g_\zeta| |1 + \mu_g| d\xi,$$

将 η 从 0 到 2π 进行积分,

$$2\pi \log \tilde{R} \leqslant \int_0^{2\pi} \int_0^{2\log R} |g_\zeta| |1 + \mu_g| d\xi d\eta$$

$$= \iint_D |g_\zeta| \sqrt{1 - |\mu_g|^2} \frac{|1 + \mu_g|}{\sqrt{1 - |\mu_g|^2}} d\xi d\eta.$$

由 Schwarz 不等式, 我们得到

$$(2\pi \log \tilde{R})^2 \leqslant \iint_D |g_\zeta|^2 (1 - |\mu_g|^2) d\xi d\eta \iint_D \frac{|1 + \mu_g|^2}{1 - |\mu_g|^2} d\xi d\eta,$$

$|g_\zeta|^2 (1 - |\mu_g|^2)$ 是映射的 Jacobi 行列式, 因此右侧第一个积分等于目标 $\tilde{\zeta}$ 长方形的面积 $2\pi \log \tilde{R}$, 我们得到不等式

$$2\pi \log \tilde{R} \leqslant \iint_D \frac{|1 + \mu_g|^2}{1 - |\mu_g|^2} d\xi d\eta.$$

考察一系列映射, $g = \tilde{\tau} \circ f \circ \tau^{-1}$,

$$\zeta \xrightarrow{\ \tau^{-1}\ } z \xrightarrow{\ f\ } \tilde{z} \xrightarrow{\ \tilde{\tau}\ } \tilde{\zeta},$$

因此有

$$\mu_g = \mu(\tilde{\tau} \circ f \circ \tau^{-1}).$$

因为 $\tilde{\tau}$ 是双全纯映射, $\mu_{\tilde{\tau}} = 0$, 所以

$$\mu_g = \mu(f \circ \tau^{-1}).$$

进一步

$$\mu_g = \frac{\mu_f - \mu_\tau}{1 - \bar{\mu}_\tau \mu_f} \frac{\tau_z}{\overline{\tau_z}} = \mu_f \frac{\bar{z}}{z} = \mu_f \frac{|z|^2}{z^2} = \mu \frac{\varphi}{|\varphi|},$$

同时

$$d\xi d\eta = \frac{1}{|z|^2} dx dy = 2\pi \log R |\varphi| dx dy,$$

代入不等式, 我们得到

$$2\pi \log \tilde{R} \leqslant 2\pi \log R \iint_{1 < |z| < R} \frac{|1 + \mu\varphi/|\varphi||^2}{1 - |\mu\varphi/|\varphi||^2} |\varphi| dx dy,$$

由此得到不等式

$$K_0 = \frac{\Lambda(\Gamma^\mu)}{\Lambda(\Gamma)} \leqslant \iint_{1 < |z| < R} \frac{|1 + \mu\varphi/|\varphi||^2}{1 - |\mu|^2} |\varphi| dx dy.$$

因为

$$\frac{|1 + \mu\varphi/|\varphi||^2}{1 - |\mu|^2} \leqslant \frac{(1 + k(f))^2}{1 - k(f)^2} = \frac{1 + k(f)}{1 - k(f)},$$

我们得到

$$K_0 = \frac{1 + k_0}{1 - k_0} \leqslant \iint_{1 < |z| < R} \frac{|1 + \mu\varphi/|\varphi||^2}{1 - |\mu|^2} |\varphi| dx dy \leqslant \iint_{1 < |z| < R} \frac{1 + k(f)}{1 - k(f)} |\varphi| dx dy.$$

因为
$$\iint_{1<|z|<R} |\varphi| dxdy = 1,$$
上式积分的右侧不大于 $(1 + \|\mu_f\|_\infty)/(1 - \|\mu_f\|_\infty)$, 所以
$$\|\mu_f\|_\infty \geqslant k_0.$$

如果 $\|\mu_f\|_\infty = k_0$, 那么
$$\frac{1 + k_0}{1 - k_0} \leqslant \iint_{1<|z|<R} \frac{1 + k(f)}{1 - k(f)} |\varphi| dxdy \leqslant \frac{1 + k_0}{1 - k_0},$$
等号处处成立. 被积函数满足
$$\mu \frac{\varphi}{|\varphi|} \equiv k_0,$$
由此 $\mu = k_0 |\varphi|/\varphi$. ∎

命题 29.2 令 $f : S \to \tilde{S}$ 是任意一个拟共形映射, 将 S 的内、外边界映射到 $\tilde{S}$ 的内、外边界, Γ 是以原点为圆心的同心圆组成的曲线族, 那么我们有
$$\frac{\Lambda(\Gamma)}{\Lambda(\Gamma^\mu)} \leqslant \iint_S \frac{|1 - \mu \frac{\varphi}{|\varphi|}|^2}{1 - |\mu|^2} |\varphi| dxdy, \tag{29.2}$$
由此, 对于足够小的复数 t,
$$\log \Lambda(\Gamma^{t\mu}) = \log \Lambda(\Gamma) + 2\operatorname{Re}\left(t \iint_{1<|z|<R} \mu\varphi dxdy\right) + o(t), \tag{29.3}$$
这里 $\Gamma^{t\mu} = f_t(\Gamma)$, f_t 满足 Beltrami 方程 $(f_t)_{\bar{z}} = t\mu(f_t)_z$. ♦

证明 不等式 (29.2) 的证明方法和上面不等式 (29.1) 类似.

由不等式 (29.1) 的右侧, 我们有
$$\frac{\Lambda(\Gamma^{t\mu})}{\Lambda(\Gamma)} - 1 \leqslant \iint_S \left(\frac{|1 + t\mu \frac{\varphi}{|\varphi|}|^2}{1 - |t\mu|^2} - 1\right) |\varphi| dxdy$$
$$= \iint_S \frac{1}{1 - t^2|\mu|^2}((1 + t\mu\varphi/|\varphi|)(1 + \bar{t}\bar{\mu}\bar{\varphi}/|\varphi|) - (1 - t^2|\mu|^2))|\varphi| dxdy$$
$$= \iint_S \frac{1}{1 - t^2|\mu|^2}(2\operatorname{Re}(t\mu\varphi/|\varphi|) + 2t^2|\mu|^2)|\varphi| dxdy$$
$$= 2\operatorname{Re}\left(t \iint_S \mu\varphi dxdy\right) + o(t).$$

同理, 由不等式 (29.2), 我们有

$$\frac{\Lambda(\Gamma)}{\Lambda(\Gamma^{t\mu})} - 1 \leqslant \iint_S \left(\frac{|1 - t\mu\frac{\varphi}{|\varphi|}|^2}{1 - |t\mu|^2} - 1 \right) |\varphi| dxdy$$

$$= \iint_S \frac{1}{1 - t^2|\mu|^2} ((1 - t\mu\varphi/|\varphi|)(1 - \bar{t}\bar{\mu}\bar{\varphi}/|\varphi|) - (1 - t^2|\mu|^2)) |\varphi| dxdy$$

$$= \iint_S \frac{1}{1 - t^2|\mu|^2} (-2\operatorname{Re}(t\mu\varphi/|\varphi|) + 2t^2|\mu|^2) |\varphi| dxdy$$

$$= -2\operatorname{Re}\left(t \iint_S \mu\varphi dxdy \right) + o(t).$$

因此, 我们得到

$$\frac{\Lambda(\Gamma^{t\mu})}{\Lambda(\Gamma)} - 1 = 2\operatorname{Re}\left(t \iint_S \mu\varphi dxdy \right) + o(t).$$

考虑 $\log(1 + t) = t + o(t)$, 我们有

$$\log \frac{\Lambda(\Gamma^{t\mu})}{\Lambda(\Gamma)} = 2\operatorname{Re}\left(t \iint_S \mu\varphi dxdy \right),$$

即等式 (29.3) 成立. ∎

命题 29.3 假设 $f: S \to \tilde{S}$ 是一个 C^1 拟共形映射, 将 Riemann 面 S 映到 Riemann 面 $\tilde{S}$, 其最大伸缩商为 K, Γ 是 S 上的曲线族, 那么我们有

$$K^{-1}\Lambda(\Gamma) \leqslant \Lambda(f(\Gamma)) \leqslant K\Lambda(\Gamma). \quad \blacklozenge \qquad (29.4)$$

证明 令 z 和 w 分别是 S 和 $\tilde{S}$ 的局部参数, 映射局部表示为 $w = f(z)$, 对 S 上的任何可容许度量 ρ, 我们定义 $\tilde{S}$ 上的可容许度量

$$\tilde{\rho}(w) = \left| \frac{\rho(z)}{|w_z| - |w_{\bar{z}}|} \right|.$$

对于任意曲线 $\tilde{\gamma} = w(\gamma)$, 我们有

$$\int_{\tilde{\gamma}} \tilde{\rho}(w)|dw| = \int_{\tilde{\gamma}} \left| \frac{\rho(z)}{|w_z| - |w_{\bar{z}}|} \right| |w_z dz + w_{\bar{z}} d\bar{z}|$$

$$= \int_{\gamma} \left| \frac{\rho(z)}{|w_z| - |w_{\bar{z}}|} \right| \left| w_z + w_{\bar{z}} \frac{d\bar{z}}{dz} \right| |dz|$$

$$\geqslant \int_{\gamma} \rho(z)|dz|,$$

并且

$$\iint_{\tilde{S}} \tilde{\rho}(w)^2 dudv = \iint_S \frac{\rho(z)^2}{(|w_z| - |w_{\bar{z}}|)^2} (|w_z|^2 - |w_{\bar{z}}|^2) dxdy$$

$$= \iint_S \rho(z)^2 \frac{|w_z| + |w_{\bar{z}}|}{|w_z| - |w_{\bar{z}}|} dxdy \leqslant KA(\rho).$$

对于 S 上的任意度量, 我们可以在 $\tilde{S}$ 上构造相应度量, 使得曲线长度不减少, 同时曲面面积不大于 K 倍, 由此我们得到 $\Lambda(\Gamma) \leqslant K\Lambda(f(\Gamma))$. 因为 S 和 $\tilde{S}$ 对称, 考虑 $f^{-1} : \tilde{S} \to S$, $|\mu(f)| = |\mu(f^{-1})|$, 我们得到 $\Lambda(f(\Gamma)) \leqslant K\Lambda(\Gamma)$. ■

29.2 最小模原理

定义 29.1 (有限解析类型) S 是一个有限解析类型 (finite analytic type) 的 Riemann 面, 即 S 是一个紧 Riemann 面, 或者没有边界, 或者边界由有限个点组成. ♦

定义 29.2 (高度) φ 是一个全纯二次微分, 其自然坐标是 $\zeta = \xi + i\eta$, ψ 是一个关于 $d\xi d\eta$ L^1 可积的二次微分. 令 β 是 φ 的铅直轨迹, 我们定义

$$h_\psi(\beta) = \int_\beta |\operatorname{Im}(\sqrt{\psi(z)}dz)|, \qquad (29.5)$$

称为 β 关于 ψ 的高度. ♦

定理 29.2 (最小模原理) S 是一个有限解析类型的 Riemann 面, φ 是一个全纯二次微分,

$$\|\varphi\| = \iint_S |\varphi| dxdy < \infty,$$

ψ 是一个局部可积的二次微分. 假设存在一个常数 M, 使得对于任意一个非奇异的 φ 的铅直轨迹上的曲线 β, 都有

$$h_\varphi(\beta) \leqslant h_\psi(\beta) + M,$$

那么

$$\|\varphi\| \leqslant \iint_S |\sqrt{\varphi}| \cdot |\sqrt{\psi}| dxdy. \quad ♦ \qquad (29.6)$$

证明 假设 $\zeta = \xi + i\eta$ 是 φ 的自然坐标, 等价地, $(d\zeta)^2 = \varphi(z)(dz)^2$. 定义连续函数

$$g(p) = \int_{\beta_p} |\operatorname{Im}(\sqrt{\psi(\zeta)}d\zeta)|,$$

这里 β_p 是 φ 的铅直轨迹, 以 p 为中点, 高度为 b. φ 的零点有限, 最终到

422

达零点的 φ 的铅直轨迹至多可数, 因此 $g(p)$ 的定义域满测度.

如果 β_p 的方向选定, 那么函数 $g(p)$ 可以被表达成

$$g(p) = \int_{-b/2}^{b/2} |\operatorname{Im}(\sqrt{\psi(p+it)}idt)|$$

$$= \int_{0}^{b/2} (|\operatorname{Re}\sqrt{\psi(p+it)}| + |\operatorname{Re}\sqrt{\psi(p-it)}|)dt,$$

因此

$$\iint_S g(p)d\xi d\eta = \iint_S \int_0^{b/2} (|\operatorname{Re}\sqrt{\psi(p+it)}| + |\operatorname{Re}\sqrt{\psi(p-it)}|)d\xi d\eta dt$$

$$= 2\int_0^{b/2} \iint_S |\operatorname{Re}\sqrt{\psi(\zeta)}|d\xi d\eta dt,$$

我们得到

$$\iint_S g(p)d\xi d\eta = b\iint_S |\operatorname{Re}\sqrt{\psi(\zeta)}|d\xi d\eta.$$

但是, 通常情况下二次微分无法全局定义定向, 因此 β_p 的定向无法定义. 我们考虑 Riemann 面 S 的双重覆盖 $\tilde{S}$, 以 φ 的零点为分支点, φ 提升到 $\tilde{S}$ 上成为全纯 1-形式 $\tilde{\varphi}$, 定向可以全局定义, 积分可以定义.

由假设

$$b - M = h_\varphi(\beta_p) - M \leqslant h_\psi(\beta_p) = g(p),$$

我们得到

$$(b-M)\iint_S d\xi d\eta \leqslant \iint_S g(p)d\xi d\eta = b\iint_S |\operatorname{Re}\sqrt{\psi(\zeta)}|d\xi d\eta.$$

两边令 b 趋于 ∞, 并且同时除以 b, 我们得到

$$\iint_S d\xi d\eta \leqslant \lim_{b\to\infty} \frac{b}{b-M}\iint_S |\operatorname{Re}\sqrt{\psi(\zeta)}|d\xi d\eta$$

$$= \iint_S |\operatorname{Re}\sqrt{\psi(\zeta)}|d\xi d\eta$$

$$\leqslant \iint_S |\sqrt{\psi(\zeta)}|d\xi d\eta. \tag{29.7}$$

再对不等式进行坐标变换, $d\zeta = \sqrt{\varphi(z)}dz$,

$$d\xi d\eta = \frac{1}{2}|d\zeta \wedge d\bar{\zeta}| = \frac{1}{2}|\varphi dz \wedge d\bar{z}| = |\varphi|dxdy,$$

同时由 $\psi(\zeta)(d\zeta)^2 = \psi(\zeta)\varphi(z)(dz)^2 = \psi(z)(dz)^2$, 我们得到

$$\sqrt{\psi(\zeta)} = \frac{\sqrt{\psi(z)}}{\sqrt{\varphi(z)}},$$

不等式 (29.7) 左侧为

$$\iint_S d\xi d\eta = \iint_S |\varphi(z)| dx dy,$$

右侧等于

$$\iint_S |\sqrt{\psi(\zeta)}| d\xi d\eta = \iint_S \frac{|\sqrt{\psi(z)}|}{|\sqrt{\varphi(z)}|} |\varphi(z)| dx dy$$
$$= \iint_S |\sqrt{\psi(z)}||\sqrt{\varphi(z)}| dx dy,$$

最后我们得到

$$\iint_S |\varphi(z)| dx dy \leqslant \iint_S |\operatorname{Re}\sqrt{\psi(\zeta)}| d\xi d\eta$$
$$\leqslant \iint_S |\sqrt{\psi(z)}||\sqrt{\varphi(z)}| dx dy. \tag{29.8}$$

证明完毕. ∎

更为直接地, 如果铅直高度给定, 那么全纯二次微分诱导的度量面积最小.

定理 29.3 令全纯二次微分 φ 和局部可积的二次微分 ψ 满足定理 29.2 中的条件, 那么

$$\|\varphi\| \leqslant \|\psi\|, \tag{29.9}$$

并且如果等式成立, 那么几乎处处 $\varphi = \psi$. ◆

证明 由 Schwarz 不等式, 我们有

$$\|\varphi\| \leqslant \iint_S |\sqrt{\varphi}| \cdot |\sqrt{\psi}| dx dy \leqslant \|\varphi\|^{\frac{1}{2}} \|\psi\|^{\frac{1}{2}},$$

从而不等式 (29.9) 成立.

如果等式成立, 由不等式 (29.8) 和 (29.9),

$$\|\varphi\| \leqslant \|\psi\| \leqslant \iint_S |\sqrt{\varphi(z)}\sqrt{\psi(z)}| dx dy \leqslant \|\varphi\|^{\frac{1}{2}} \|\psi\|^{\frac{1}{2}} = \|\varphi\|.$$

由 Schwarz 不等式条件, $|\sqrt{\varphi}| = c|\sqrt{\psi}|$, 这里 c 是常数. 由不等式 (29.9)

得到 $c = 1$. 同时不等式 (29.8) 也蕴含了

$$\iint_S d\xi d\eta = \iint_R |\varphi(z)|dxdy = \iint_S |\operatorname{Re}\sqrt{\psi(\zeta)}|d\xi d\eta,$$

因此对一切自然参数 ζ, $\operatorname{Im}\sqrt{\psi(\zeta)} = \pm 1$. 因为 $\varphi(\zeta) = 1$, 并且 $|\varphi(\zeta)| = |\psi(\zeta)|$, 所以对一切自然参数 $\psi(\zeta) = 1$, $\psi = \varphi$ 几乎处处成立. ■

29.3 二次微分诱导的高度

引理 29.1 令 φ 是 Riemann 面 S 上的一个全纯二次微分, β 是 φ 的一段铅直轨迹. γ 是 S 上的一段曲线, 其端点和 β 的端点重合. 封闭曲线圈 $\beta\gamma^{-1}$ 同伦于一个点. 那么

$$h_\varphi(\beta) \leqslant h_\varphi(\gamma). \qquad\qquad\blacklozenge$$

证明 令 $\pi: \tilde{S} \to S$ 是 Riemann 面的万有覆盖空间, 将曲线 γ, β 和全纯二次微分 φ 提升到万有覆盖空间 $\tilde{S}$ 上, 提升的像依然记为 γ, β 和 φ. 因为 $\beta\gamma^{-1}$ 同伦于点, 其提升在 $\tilde{S}$ 上是可收缩的. 令 $\Omega \subset \tilde{S}$ 是一个单连通区域, 包含 $\beta\gamma^{-1}$ 的提升. φ 的提升在 Ω 上具有有限个零点. 零点将 β 分成几个线段, 每个线段发出的水平轨迹构成水平带子 (horizontal strip). 每个水平带子必然和 γ 相交. 每个水平带子的高度是常数, β 和 γ 与同一个带子相交的两段曲线的高度相同. β 的高度等于这些水平带子的高度之和. 因此 β 的高度不大于 γ 的高度. ■

引理 29.2 令 φ 是 Riemann 面 S 上的一个全纯二次微分, 满足 $\|\varphi\| < \infty$. 令 f 是 Riemann 面到自身的拟共形自同胚, f 和恒同映射同伦. 那么存在一个常数 M, 使得对于 φ 的任意一个非奇异的铅直线段 β, 我们有

$$h_\varphi(\beta) \leqslant h_\varphi(f(\beta)) + M, \qquad\qquad (29.10)$$

这里常数 M 只依赖于 f 和 φ, 并不依赖于 β. ♦

证明 令 $\overline{S}$ 是 Riemann 面 S 的完备化, S 的刺孔 (punctures) 被填补. 拟共形自同胚 $f: S \to S$ 可以被拓展成 $\overline{S}$ 的拟共形自同胚, 以刺孔为

不动点. 全纯二次微分 φ 在 S 上诱导了带锥奇异点的平直度量 $|\varphi|^{1/2}|dz|$. φ 在刺孔处至多具有简单极点. 给定一条曲线, 以某个刺孔为终点, 其距离需要计算积分

$$\int_0^a \frac{dt}{\sqrt{t}} = 2\sqrt{t}\Big|_0^a = 2\sqrt{a},$$

积分收敛.

令 f_t 是连接恒同自映射到 f 的同伦, 因此 $f_0(p) = p$ 并且 $f_1(p) = f(p)$, 那么

$$\beta_p : t \mapsto f_t(p)$$

给出了一条连接 p 和 $f(p)$ 的曲线. 考察所有和 β_p 同伦的曲线, $\gamma \sim \beta_p$, $\gamma(0) = p$, $\gamma(1) = f(p)$, 我们定义函数

$$l(p) := \inf_{\gamma \sim \beta_p} \int_\gamma |\sqrt{\varphi(z)}||dz|,$$

即和 β_p 同伦的曲线中最短的 φ-长度. 显然 $l : \overline{S} \to \mathbb{R}$ 是定义在紧曲面上的连续函数, 我们取其最大值为 M_1:

$$M_1 := \sup_{p \in \overline{S}} l(p).$$

令 β 是 φ 的非奇异铅直曲线段, 其端点为 p 和 q. 那么 β, $f(\beta)$, $\beta_p : t \mapsto f_t(p)$ 和 $\beta_q : t \mapsto f_{1-t}(q)$ 构成了一条封闭曲线 (图 29.6), 并且可以缩成一个点. 由上面的引理, 我们有

$$h_\varphi(\beta) \leqslant h_\varphi(f_t(p)) + h_\varphi(f(\beta)) + h_\varphi(f_{1-t}(p)) \leqslant M_1 + h_\varphi(f(\beta)) + M_1.$$

令 $M = 2M_1$, 引理得证. ∎

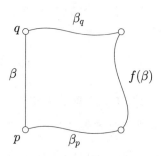

图 29.6 高度比较.

426

29.4 Reich-Strebel 不等式

定义 29.3 (Teichmüller 形式) 假设 S 是一个有限解析类型 (finite analytic type) 的 Riemann 面 (没有边界或者边界由有限个点组成). φ_0 是 S 上的一个全纯二次微分, 满足

$$\int_S |\varphi_0| dxdy = 1.$$

Beltrami 微分形式

$$\mu = k_0 \frac{|\varphi_0|}{\varphi_0}$$

称为 Teichmüller 形式. $\quad\blacklozenge$

假设拟共形映射 $f_0 : S \to S^\mu$ 的 Beltrami 微分是 Teichmüller 形式, $\mu = k_0|\varphi_0|/\varphi_0$. $f : S \to S^\mu$ 是和 f_0 同伦的另外一个拟共形映射, 其 Beltrami 微分为 ν. 我们的目的是证明 Reich-Strebel 不等式:

$$K_0 \leqslant \iint_S \frac{|1 + \nu\varphi_0/|\varphi_0||^2}{1 - |\nu|^2} |\varphi_0| dxdy. \tag{29.11}$$

我们先证明一个类似的不等式.

定理 29.4 假设 f 是一个 S 的拟共形自同胚, 和恒同映射同伦, 其 Beltrami 微分为 μ. 令 φ 是 Riemann 面上的任意一个全纯二次微分, 满足

$$\|\varphi\| = \iint_S |\varphi| dxdy = 1,$$

那么

$$1 \leqslant \iint_S \frac{|1 + \mu\frac{\varphi}{|\varphi|}|^2}{1 - |\mu|^2} |\varphi| dxdy. \quad\blacklozenge \tag{29.12}$$

证明 我们构造二次微分

$$\psi(z)(dz)^2 = \varphi(f(z))f_z^2(z)(1 - \mu\varphi/|\varphi|)^2(dz)^2.$$

根据定义

$$h_\varphi(f(\beta)) = \int_{f(\beta)} |\operatorname{Im}(\sqrt{\varphi(f)}df)| = \int_\beta |\operatorname{Im}(\sqrt{\varphi(f(z))}(f_z dz + f_{\bar{z}}d\bar{z}))|$$

$$= \int_\beta |\operatorname{Im}(\sqrt{\varphi(f(z))}f_z(1 + \mu d\bar{z}/dz))dz|,$$

在自然坐标下, $d\zeta = \sqrt{\varphi(z)}dz$, β 是 φ-铅直线, $\zeta = it$, $\overline{d\zeta}/d\zeta = -1$,

$$-1 = \frac{\overline{d\zeta}}{d\zeta} = \frac{\overline{\sqrt{\varphi(z)}}}{\sqrt{\varphi(z)}}\frac{d\bar{z}}{dz} = \frac{|\varphi(z)|}{\varphi(z)}\frac{d\bar{z}}{dz},$$

由此 $d\bar{z}/dz = -\varphi/|\varphi|$. 所以

$$h_\varphi(f(\beta)) = \int_\beta |\operatorname{Im}(\sqrt{\varphi(f(z))}f_z(1 - \mu\varphi/|\varphi|))dz| = h_\psi(\beta).$$

由不等式 (29.10), 存在依赖于 φ 和 f 的常数 M, 满足

$$h_\varphi(\beta) \leqslant h_\varphi(f(\beta)) + M = h_\psi(\beta) + M.$$

由最小模原理的不等式 (29.6),

$$
\begin{aligned}
\|\varphi\| &\leqslant \iint_S |\sqrt{\varphi}| \cdot |\sqrt{\psi}|dxdy \\
&= \iint_S |\varphi(f(z))|^{1/2}|f_z| \cdot |1 - \mu\varphi/|\varphi|| \cdot |\varphi|^{1/2}dxdy \\
&= \iint_S |\varphi(f(z))|^{1/2}|f_z|(1 - |\mu|^2)^{1/2} \cdot \frac{|1 - \mu\varphi/|\varphi|| \cdot |\varphi|^{1/2}}{(1 - |\mu|^2)^{1/2}}dxdy.
\end{aligned}
$$

由 Schwarz 不等式, 得到

$$\|\varphi\| \leqslant \left(\iint_S |\varphi \circ f(z)||f_z|^2(1 - |\mu|^2)dxdy\right)^{1/2} \left(\iint_S \frac{|1 - \mu\varphi/|\varphi| |^2}{1 - |\mu|^2}|\varphi|dxdy\right)^{1/2},$$

右侧第一项等于 $\|\varphi\|^{1/2}$, 得到

$$1 = \|\varphi\| \leqslant \iint_S \frac{|1 - \mu\varphi/|\varphi| |^2}{1 - |\mu|^2}|\varphi|dxdy.$$

我们将 φ 替换为 $-\varphi$, 得到等式 (29.12). 定理得证. ∎

我们下面证明 Reich-Strebel 主不等式 (main inequality).

定理 29.5 (Reich-Strebel 主不等式) 令 $f, g : X \to Y$ 是从 Riemann 面 X 到 Y 的拟共形映射, Beltrami 微分为 μ_f 和 μ_g. 假设 $g \circ f^{-1} : Y \to Y$ 和 Y 上的恒同自映射同伦, $w = u + iv = f(z)$. 令 $\psi(w)(dw)^2$ 是 Y 上的可积全纯二次微分

$$\iint_Y |\psi|dudv = 1,$$

那么我们有

$$1 \leqslant \iint_Y \frac{\left|1 + \mu_g \frac{1}{\theta}\frac{\psi}{|\psi|}\right|^2}{1 - |\mu_g|^2} \frac{\left|1 - \mu_f \frac{1}{\theta}\frac{\psi}{|\psi|}\left(\frac{1 + \mu_g\theta\frac{\overline{\mu_f}}{\mu_f}\frac{\overline{\psi}}{|\psi|}}{1 + \mu_g\frac{1}{\theta}\frac{\psi}{|\psi|}}\right)\right|^2}{1 - |\mu_f|^2} |\psi(w)|dudv, \quad (29.13)$$

428

这里 $\theta = \overline{p}/p$, $p = f_z$. ♦

证明 由复合函数的 Beltrami 微分, 我们有

$$\mu_{g \circ f^{-1}} = \left[\frac{\mu_g - \mu_f}{1 - \overline{\mu_f} \mu_g} \cdot \frac{1}{\theta} \right] \circ f^{-1}. \tag{29.14}$$

在 Riemann 面 Y 上应用不等式 (29.12), 将 μ 替换成 (29.14), 由 $\|\psi\| = 1$ 我们得到

$$1 \leqslant \iint_Y \frac{\left| 1 + \sigma \frac{\psi}{|\psi|} \right|^2}{1 - |\sigma|^2} |\psi(w)| du dv, \tag{29.15}$$

这里

$$\sigma(w) = \left[\frac{\mu_g - \mu_f}{1 - \overline{\mu_f} \mu_g} \cdot \frac{1}{\theta} \right] \circ f^{-1}(w).$$

不等式 (29.15) 简化为

$$1 \leqslant \iint_Y \frac{\left| (1 - \overline{\mu_f} \mu_g) + (\mu_g - \mu_f) \frac{1}{\theta} \frac{\psi}{|\psi|} \right|^2}{|1 - \overline{\mu_f} \mu_g|^2 - |\mu_g - \mu_f|^2} |\psi(w)| du dv. \tag{29.16}$$

分子绝对值内部可以改写成

$$
\begin{aligned}
(1 - \overline{\mu_f} \mu_g) + (\mu_g - \mu_f) \frac{1}{\theta} \frac{\psi}{|\psi|} &= 1 + \mu_g \frac{1}{\theta} \frac{\psi}{|\psi|} - \overline{\mu_f} \mu_g - \mu_f \frac{1}{\theta} \frac{\psi}{|\psi|} \\
&= \left(1 + \mu_g \frac{1}{\theta} \frac{\psi}{|\psi|} \right) - \mu_f \frac{1}{\theta} \frac{\psi}{|\psi|} \left(1 + \mu_g \theta \frac{\overline{\mu_f}}{\mu_f} \frac{\overline{\psi}}{|\psi|} \right) \\
&= \left(1 + \mu_g \frac{1}{\theta} \frac{\psi}{|\psi|} \right) \left[1 - \mu_f \frac{1}{\theta} \frac{\psi}{|\psi|} \left(\frac{1 + \mu_g \theta \frac{\overline{\mu_f}}{\mu_f} \frac{\overline{\psi}}{|\psi|}}{1 + \mu_g \frac{1}{\theta} \frac{\psi}{|\psi|}} \right) \right],
\end{aligned}
$$

分母为

$$
\begin{aligned}
|1 - \overline{\mu_f} \mu_g|^2 - |\mu_g - \mu_f|^2 &= (1 - \overline{\mu_f} \mu_g)(1 - \mu_f \overline{\mu_g}) - (\mu_g - \mu_f)(\overline{\mu_g} - \overline{\mu_f}) \\
&= (1 + |\mu_f|^2 |\mu_g|^2 - \overline{\mu_f} \mu_g - \mu_f \overline{\mu_g}) - (|\mu_f|^2 + |\mu_g|^2 - \overline{\mu_f} \mu_g - \mu_f \overline{\mu_g}) \\
&= (1 - |\mu_f|^2)(1 - |\mu_g|^2),
\end{aligned}
$$

由此我们得到 Reich-Strebel 主不等式 (29.13). 证明完毕. ∎

现在我们来证 Reich-Strebel 不等式 (29.11).

定理 29.6 (Reich-Strebel 不等式) 假设拟共形映射 $f: S \to S^\mu$ 的 Beltrami 微分是 Teichmüller 形式, $\mu = k|\varphi|/\varphi$. $g: S \to S^\mu$ 是和 f 同伦的另外一个拟共形映射, 其 Beltrami 微分为 μ_g. 那么 Reich-Strebel 不等式成立:

$$K \leqslant \iint_S \frac{|1 + \mu_g \varphi/|\varphi||^2}{1 - |\mu_g|^2} |\varphi| dx dy. \quad \blacklozenge \qquad (29.17)$$

证明 假设 $\omega = f(z)$ 具有 Teichüller 形式, 其 Beltrami 微分形式为

$$\mu = k \frac{|\varphi(z)|}{\varphi(z)},$$

这里 φ 是全纯二次微分, $\|\varphi\| = 1$. φ 的自然坐标为

$$\zeta = \int \sqrt{\varphi(z)} dz,$$

因而

$$f(\zeta) = \tilde{\zeta} = \tilde{\xi} + i\tilde{\eta} = \sqrt{K}\xi + i\frac{1}{\sqrt{K}}\eta.$$

映射 $f : S \to S^\mu$ 将 S 上的全纯二次微分 φ 推前到 S^μ 上的全纯二次微分 ψ,

$$\psi(\tilde{\zeta})(d\tilde{\zeta})^2 = (d\tilde{\zeta})^2,$$

同时 ψ 的模等于 1, $\|\psi\| = 1$. 用 φ 和 ψ 的自然参数 ζ 和 $\tilde{\zeta}$, 我们有

$$\theta \equiv 1, \quad \psi \equiv 1, \quad \mu_f \equiv k,$$

应用 Riech-Strebel 主不等式 (29.13), 我们得到

$$\frac{\psi}{|\psi|} = \frac{\overline{\psi}}{|\psi|} \equiv 1, \quad \frac{1}{\theta} = 1,$$

由 $d\zeta = \sqrt{\varphi} dz$ 和

$$\mu_g(\zeta)\frac{d\bar{\zeta}}{d\zeta} = \mu_g(z)\frac{d\bar{z}}{dz}$$

得到

$$\mu_g(\zeta)\frac{\overline{\sqrt{\varphi}}}{\sqrt{\varphi}} = \mu_g(\zeta)\frac{|\varphi|}{\varphi} = \mu_g(z).$$

由此

$$1 \leqslant \iint_{S^\mu} \frac{|1 + |\mu_g \circ f^{-1}(\tilde{\zeta})||^2}{1 - |\mu_g \circ f^{-1}(\tilde{\zeta})|^2} \frac{(1-k)^2}{1-k^2} d\tilde{\xi} d\tilde{\eta}$$

$$= \frac{1}{K} \iint_{S^\mu} \frac{|1 + \mu_g(\zeta)|^2}{1 - |\mu_g(\zeta)|^2} d\xi d\eta$$

$$= \frac{1}{K} \iint_S \frac{|1 + \mu_g(z)\frac{\varphi(z)}{|\varphi(z)|}|^2}{1 - |\mu_g(z)|^2} |\varphi(z)| dx dy.$$

证明完毕. $\blacksquare$

29.5 Teichmüller 映射的唯一性

定理 29.7 (Teichmüller 映射的唯一性) 假设 $f_0 : X \to Y$ 是从 Riemann 面 X 到 Y 的拟共形映射, 其 Beltrami 微分具有 Teichmüller 形式 $k_0|\varphi_0|/\varphi_0$, $0 < k_0 < 1$, 这里 φ_0 是 X 上的一个全纯二次微分, 具有单位模 $\|\varphi_0\| = 1$. $f_1 : X \to Y$ 是和 f_0 同伦的拟共形映射, 具有 Beltrami 微分 μ, 那么或者 f 和 f_0 具有相同的 Beltrami 微分, 或者

$$\|\mu\|_\infty > k_0.$$

更进一步, 如果 f_0 和 f_1 的 Beltrami 微分都具有 Teichmüller 形式, 即 $k_0|\varphi_0|/\varphi_0$ 和 $k_1|\varphi_1|/\varphi_1$, 那么 $k_0 = k_1$ 并且 $\varphi_0 = \varphi_1$. ♦

证明 显然

$$\frac{|1 + \mu\varphi_0/|\varphi_0| \, |^2}{1 - |\mu|^2} \leqslant \frac{(1 + k(f_1))^2}{1 - k(f_1)^2} = \frac{1 + k(f_1)}{1 - k(f_1)}.$$

由 Reich-Strebel 不等式 (29.17), 我们得到

$$
\begin{aligned}
K_0 &\leqslant \iint_X \frac{|1 + \mu\varphi_0/|\varphi_0| \, |^2}{1 - |\mu|^2} |\varphi_0| dx dy \\
&\leqslant \iint_X \frac{1 + k(f_1)}{1 - k(f_1)} |\varphi_0| dx dy \leqslant K(f_1),
\end{aligned}
\tag{29.18}
$$

这等价于

$$\frac{1 + k_0}{1 - k_0} \leqslant \iint_X \frac{|1 + \mu\varphi_0/|\varphi_0| \, |^2}{1 - |\mu|^2} |\varphi_0| dx dy \leqslant \frac{1 + k(f_1)}{1 - k(f_1)}. \tag{29.19}$$

如果 f_1 也是同一同伦类中的极值映射, 那么我们有 $k(f) = k_0$, 这些不等式成为等式, 必然有

$$\mu \frac{\varphi_0}{|\varphi_0|} = k_0,$$

因此 $\mu = k_0|\varphi_0|/\varphi_0$. 定理得证. ■

29.6 Teichmüller 存在性定理

定义 29.4 (极值映射) 假设 $f : X \to Y$ 是 Riemann 面之间的拟共形映射, 其 Beltrami 微分为 $f_{\bar{z}}(z)/f_z(z) = \mu(z)$. 我们说 f 在其同伦类

中是极值映射 (extremal map), 如果对一切 $g : X \to Y$, g 和 f 同伦, 我们都有

$$\|\mu_g\|_\infty \geqslant \|\mu_f\|_\infty. \qquad \blacklozenge$$

定理 29.8 (Teichmüller 存在定理) 给定拟共形同胚 $f : X \to Y$, 存在极值映射 $g : X \to Y$, g 在 f 的同伦类中. $\qquad \blacklozenge$

证明 令

$$K = \inf\{K(g) : g \text{ 和 } f \text{ 彼此同伦}\}.$$

根据定义, 存在 f 同伦类中的映射序列 $\{g_n\}$ 满足

$$K(g_n) < K + 1/n,$$

同时映射序列是一致 Hölder 连续 (uniformly Hölder continuous), 因此是一个正规映射族. 令 g 是某一子序列的极限, 那么 g 也是 Hölder 连续, 并且

$$K(g) \leqslant K.$$

更进一步, g 在 f 的同伦类中, 这是因为同伦类由 X 中封闭曲线的像所决定. 两个映射 g_0 和 g_1 彼此同伦, 刺孔在 g_0 和 g_1 下的像相同, 同时对于 X 上的封闭曲线 γ, $g_0(\gamma)$ 和 $g_1(\gamma)$ 在 Y 中自由同伦. 因此, 极限 g 一定在 f 的同伦类中, 由此得到

$$K(g) = K. \qquad \blacksquare$$

极值映射的 Beltrami 微分具有 Teichmüller 形式, 通过 Beltrami 微分和全纯二次微分的作用, 我们可以得到 Hamilton 和 Krushkal 条件.

定理 29.9 (Hamilton-Krushkal 条件) 如果 $f : X \to Y$ 是其同伦类中的极值拟共形映射, 其 Beltrami 微分为 μ, 那么

$$k = \frac{K-1}{K+1} = \|\mu\|_\infty = \sup_\varphi \operatorname{Re} \iint_X \mu\varphi dxdy,$$

这里上确界取遍所有的全纯二次微分 φ, 满足单位 L^1 模,

$$\|\varphi\| = \iint_X |\varphi| dxdy = 1. \qquad \blacklozenge$$

证明 显然对于任意的 μ,

$$\sup_{\|\varphi\|=1} \operatorname{Re} \iint_X \mu\varphi dxdy \leqslant \|\mu\|_\infty,$$

如果 μ 满足 Hamilton-Krushkal 条件, 则等式成立.

令 $k = \|\mu\|_\infty$, k_0 是不等式左侧的上确界. 我们用反证法证明 $k = k_0$. 假设 $k > k_0$, 由 Hanh-Banach 和 Riesz 表示定理, 存在 L^∞-复数值函数 ν, 满足对一切全纯二次微分

$$\iint_X \mu\varphi dxdy = \iint_X \nu\varphi dxdy,$$

同时 $\|\nu\|_\infty = k_0$. 因此 $\mu - \nu$ 是无穷小平庸, 由此得出存在 Beltrami 微分的一条光滑曲线 σ_t, 满足

$$\|\sigma_t - t(\mu - \nu)\|_\infty = O(t^2),$$

对于任意一个 t, f^{σ_t} 是 X 的自映射, 和恒同映射同伦. 我们构造拟共形映射

$$f^\tau = f^\mu \circ (f^{\sigma_t})^{-1},$$

f^τ 和 f^μ 同伦. 我们将要证明: 对于足够小的 $t > 0$, $\|\tau\|_\infty < \|\mu\|_\infty$, 这和 f^μ 是其同伦类中的极值映射相矛盾. 因此假设错误, $k = k_0$.

直接计算得到

$$\tau(f^\mu \circ (f^{\sigma_t})^{-1}) = \frac{\mu - \sigma_t}{1 - \bar{\sigma}_t\mu} \cdot \frac{1}{\theta}, \tag{29.20}$$

这里 $\theta = \bar{p}/p$, $p = f_z^{\sigma_t}$, 由此

$$|\tau \circ f^{\sigma_t}|^2 = \frac{|\mu|^2 - 2\operatorname{Re}\mu\bar{\sigma}_t + |\sigma_t|^2}{1 - 2\operatorname{Re}\mu\bar{\sigma}_t + |\mu\sigma_t|^2},$$

进一步

$$|\tau \circ f^{\sigma_t}| = |\mu| - \frac{1 - |\mu|^2}{|\mu|}\operatorname{Re}(\mu\bar{\sigma}_t) + O(t^2).$$

将 σ_t 替换为 $t(\mu - \nu)$, 得到

$$|\tau \circ f^{\sigma_t}| = |\mu| - t\frac{1 - |\mu|^2}{|\mu|}\operatorname{Re}(|\mu|^2 - \mu\bar{\nu}) + O(t^2). \tag{29.21}$$

因为 $k_0 = \|\nu\|_\infty < k = \|\mu\|_\infty$, 设

$$S_1 = \{z \in X : |\mu(z)| \leqslant (k + k_0)/2\},$$

$$S_2 = \{z \in X : (k + k_0)/2 < |\mu(z)| \leqslant k\},$$

我们得到 $X = S_1 \bigcup S_2$. 由等式 (29.20) 得到, 存在 $\delta_1 > 0$ 和 $c_1 > 0$, 使得 $0 < t < \delta_1$,

$$|\tau \circ f^{\sigma_t}(z)| \leqslant k - c_1 t, \quad \text{对一切 } z \in S_1.$$

对于 $z \in S_2$, 等式 (29.21) 中 t 的系数下界为

$$\frac{1 - k^2}{k}\left[\left(\frac{k + k_0}{2}\right)^2 - k_0 k\right] = \frac{1 - k^2}{k} \cdot \left(\frac{k - k_0}{2}\right)^2 > 0.$$

因此, 等式 (29.21) 蕴含着存在 $\delta_2 > 0$ 和 $c_2 > 0$, 满足对于 $0 < t < \delta_2$,

$$|\tau \circ f^{\sigma_t}| \leqslant k - c_2 t, \quad \text{对于一切 } z \in S_2.$$

将这两个关于 S_1 和 S_2 的事实相结合, 我们得到对于足够小的 t, $\|\tau\|_\infty < k$. 定理得证. ∎

定理 29.10 设 X 是一个有限解析类型的 Riemann 面, $f : X \to Y$ 是一个从 X 到另一个 Riemann 面 Y 的拟共形映射. 那么在 f 的同伦类中, 存在一个极值映射 f_0, 其 Beltrami 微分具有形式 $k_0|\varphi_0|/\varphi_0$. 常数 k_0 被映射 f 所唯一决定. 如果 $k_0 > 0$, 那么 φ 在相差一个正的系数意义下被唯一决定. ◆

证明 定理 29.8 给出了极值映射 f_0 的存在性, 定理 29.9 给出了 Hamilton-Krushkal 条件,

$$\|\mu\|_\infty = \sup_{\|\varphi\|=1} \mathrm{Re} \iint_X \mu\varphi \, dxdy.$$

由 Riemann 面 X 上全纯二次微分空间的有限维数, 我们得到存在一个全纯二次微分 φ_0, 满足 $\|\varphi_0\| = 1$,

$$\sup_\varphi \mathrm{Re} \iint_X \mu\varphi dxdy = \mathrm{Re} \iint_X \mu\varphi_0 dxdy,$$

于是有

$$\iint_X \left(\|\mu\|_\infty|\varphi_0| - \mathrm{Re}(\mu\varphi_0)\right) \, dxdy = 0. \tag{29.22}$$

因为 $\mathrm{Re}(\mu\varphi_0) \leqslant \|\mu\|_\infty|\varphi_0|$, 所以等式 (29.22) 保证

$$\mu = \|\mu\|_\infty \frac{|\varphi_0|}{\varphi_0}$$

几乎处处成立. ∎

29.7 无穷小平庸 Beltrami 微分

下面讨论中, 我们假设 X 是一个 Riemann 面, 亏格为 g, 其边界为 n 个刺孔, $3g - 3 + n > 0$. 令 $M(X)$ 是 Beltrami 微分空间, 满足条件 $\|\mu\|_\infty < 1$. $M(X)$ 是复 Banach 空间中的单位开球, 同时也是一个复流形. 一个自然的映射从 $M(X)$ 到 Teichmüller 空间 $T(X)$, $\Phi : M(X) \to T(X)$, 将 Beltrami 微分映射到 Teichmüller 等价类 $\Phi(\mu)$. 在 $T(X)$ 的复结构下, Φ 是全纯映射. 恒同自映射的 Teichmüller 等价类在 Φ 下的原像记为 $M_0(X)$, 我们称 $M_0(X)$ 为平庸 Beltrami 微分空间. 如果一个拟共形映射 $f : X \to X_0$ 属于 $M_0(X)$, 则存在一个共形映射 $c : X_0 \to X$, 使得 $c \circ f$ 是 X 的拟共形自映射, 和恒等映射同伦.

Teichmüller 平庸曲线的切线 由不等式 (29.12), 设 $\mu \in M_0(X)$, 将 φ 替换成 $-\varphi$,

$$\left| 1 - \mu \frac{\varphi}{|\varphi|} \right|^2 |\varphi| = |\varphi|(1 - |\mu|^2) - 2\operatorname{Re}\mu\varphi + 2|\mu|^2|\varphi|.$$

由不等式 (29.12), 我们得到

$$1 \leqslant \iint_X \frac{|\varphi|(1 - |\mu|^2) - 2\operatorname{Re}\mu\varphi + 2|\mu|^2|\varphi|}{1 - |\mu|^2} dxdy,$$

由 $\|\varphi\| = 1$, 上式化简为

$$\operatorname{Re} \iint_X \frac{\mu\varphi}{1 - |\mu|^2} dxdy \leqslant \iint_X \frac{|\mu|^2}{1 - |\mu|^2} |\varphi| dxdy. \tag{29.23}$$

如果将 φ 乘以一个正数, 则这一不等式依然成立. 因此这一不等式对于一切全纯二次微分 φ, $\|\varphi\| < \infty$ 都成立.

现在令 μ_t 是一条 Beltrami 微分的光滑曲线, 在 $t = 0$ 的时刻经过 0 点, 切向量为 ν, 这意味着

$$\lim_{t \to 0} \left\| \frac{\mu_t - \nu t}{t} \right\|_\infty = 0,$$

令 t 为实的参数, 对不等式 (29.23) 求一阶变分,

$$\operatorname{Re} \iint_X \frac{t\nu\varphi}{1 - |t\nu|^2} dxdy \leqslant \iint_X \frac{|t\nu|^2}{1 - |t\nu|^2} |\varphi| dxdy,$$

$$\operatorname{Re} \iint_X \frac{\nu\varphi}{1 - |t\nu|^2} dxdy \leqslant t \iint_X \frac{|\nu|^2}{1 - |t\nu|^2} |\varphi| dxdy,$$

令 $t \to 0$, 我们得到

$$\mathrm{Re} \iint_X \nu\varphi = 0.$$

令 t 为虚的参数, 对不等式 (29.23) 求一阶变分, 我们得到

$$\mathrm{Im} \iint_X \nu\varphi = 0.$$

引理 29.3 如果 ν 是 $M_0(X)$ 中的光滑曲线 μ_t 的切向量, 那么对于一切可积全纯二次微分 φ, $\|\varphi\| < \infty$,

$$\iint_X \nu\varphi = 0. \quad \blacklozenge \tag{29.24}$$

等变全纯二次微分 (equivariant holomorphic quadratic differential) 假设 X 是一个 Riemann 面, Γ 为其 Fuchs 群, $X = \mathbb{H}/\Gamma$. φ 是 X 上的一个可积全纯二次微分, φ 可以被提升为 $\mathbb{H}$ 上的一个自守函数 (automorphic function), 具有下列性质: $\varphi(z)$ 在上半平面 $\mathbb{H}$ 上全纯; 对一切 Fuchs 变换 A 属于 Γ 满足

$$\varphi(A(z))A'(z)^2 = \varphi(z). \tag{29.25}$$

$\varphi(z)$ 在 X 上可积,

$$\iint_{\mathbb{H}/\Gamma} |\varphi(z)|dxdy = \iint_\Omega |\varphi(z)|dxdy < \infty,$$

这里 Ω 是 Γ 在 $\mathbb{H}$ 中的基本域.

我们下面证明初等的等式

$$\iint_{\mathbb{H}} \frac{d\xi d\eta}{|\zeta - z|^4} = \frac{\pi}{4}y^{-2}, \tag{29.26}$$

这里 $\zeta = \xi + i\eta$ 和 $z = x + iy$ 分别是上半平面和下半平面的复参数. 上式在平移 $\zeta \to \zeta - x$ 下不变, 因此等于

$$\iint_{\mathbb{H}} \frac{d\xi d\eta}{|\zeta - iy|^4}.$$

做共形参数变换

$$w = \frac{\zeta + iy}{\zeta - iy},$$

将上半平面映射到单位圆内 $|w| < 1$, $w = u + iv$. 因为

$$\frac{dw}{d\zeta} = \frac{-2iy}{(\zeta - iy)^2},$$

我们得到

$$\iint_{\mathbb{H}} \frac{4y^2 d\xi d\eta}{|\zeta - iy|^4} = \iint_{|w|<1} dudv = \pi,$$

因此等式 (29.26) 成立.

由 Fuchs 群, 我们构造级数

$$\varphi_z(\zeta) = \sum_{A\in\Gamma} \frac{A'(\zeta)^2}{(A(\zeta)-z)^4}, \qquad (29.27)$$

因为

$$\begin{aligned}
\|\varphi_z\| &= \iint_{\mathbb{H}/\Gamma} \left| \sum_{A\in\Gamma} \frac{A'(\zeta)^2}{(A(\zeta)-z)^4} \right| d\xi d\eta \\
&\leqslant \iint_{\mathbb{H}/\Gamma} \sum_{A\in\Gamma} \left| \frac{A'(\zeta)^2}{(A(\zeta)-z)^4} \right| d\xi d\eta \\
&= \iint_{\mathbb{H}} \frac{d\xi d\eta}{|\zeta-z|^4} = \frac{1}{4} y^{-2}\pi,
\end{aligned}$$

所以级数绝对收敛, $\varphi_z(\zeta)$ 是全局定义的全纯函数.

等变 Beltrami 微分 (equivariant Beltrami differential)　给定 Riemann 面 X 上的一个 Beltrami 微分, 我们将其提升到 $\mathbb{H}$ 上, 得到一个可测复值函数 μ, 满足 $\|\mu\|_\infty < 1$,

$$\mu(A(\zeta)) \frac{\overline{A'(\zeta)}}{A'(\zeta)} = \mu(\zeta), \qquad (29.28)$$

这样的 Beltrami 微分表示了 Teichmüller 空间 $T(X)$ 中的一个点 $[\mu]$. 我们将 μ 拓展到整个复平面上, 使得 μ 在下半平面上取值恒为 0. 求解 Beltrami 方程

$$f^\mu_{\bar{z}}(z) = \mu(z) f^\mu_z(z), \qquad (29.29)$$

得到复平面上的唯一拟共形映射 f^μ, 同时 f^μ 以 $0, 1$ 和 ∞ 为不动点. f^μ 在下半平面是全纯的.

可以证明, f^μ 在整个实数轴上的取值取决于也决定了 Teichmüller 等价类 $[\mu]$. f^μ 在下半平面是 Riemann 映射, 这个 Riemann 映射取决于也决定了 Teichmüller 等价类 $[\mu]$.

Schwarz 导数 (Schwarzian derivative) 一个函数 f 的 Schwarz 导数定义为

$$S_f(z) = N_f(z)' - \frac{1}{2} N_f(z)^2 = 6 \lim_{w \to z} \frac{\partial^2}{\partial w \partial z} \log \frac{f(w) - f(z)}{w - z}, \quad (29.30)$$

这里

$$N_f(z) = \frac{f''(z)}{f'(z)}.$$

我们记 f 的 Schwarz 导数为 $\{f, z\}$.

等式 (29.29) 中定义的拟共形映射 f^μ 的 Schwarz 导数

$$\varphi = \{f^\mu, z\}$$

在下半平面是全纯二次微分. Nehari 和 Kraus 证明: 如果 f 在下半平面是单叶全纯函数, 那么 $\|\varphi(z)y^2\|_\infty \leqslant 3/2$.

Ber 嵌入 给定 Riemann 面 X 上的一个 Beltrami 微分 μ, μ 决定了一个 Teichmüller 等价类 $[\mu]$, 进而得到了 f^μ 的 Schwarz 导数 $\{f^\mu, z\}$, 这个映射称为 Ber 嵌入 Φ. Φ 将一个等变 Beltrami 系数 μ ($\|\mu\|_\infty < 1$, 满足等式 (29.28)) 映射到下半平面上的等变全纯二次微分 φ ($\|\varphi y^2\| < 3/2$, 满足等式 (29.25)). 实际上, Φ 是从 Teichmüller 空间 $T(X)$ 到 Banach 空间中的开集 $B(X)$ 的一一全纯映射,

$$B(X) = \{\varphi : \mathbb{C} \to \mathbb{C}, \varphi(A(z))A'(z)^2 = \varphi(z), \forall A \in \Gamma,$$

$$\partial\varphi(z)/\partial\bar{z} = 0, \forall z \in \mathbb{H}^*, \|y^2\varphi(z)\|_\infty < \infty\}.$$

Ahlfors-Weill 构造 如果 $\varphi : \mathbb{C} \to \mathbb{C}$ 在下半平面 $\mathbb{H}^*$ 是全纯的, 并且满足 $\|-\varphi(z)y^2\|_\infty \leqslant 1/2$, 那么我们构造 Beltrami 系数

$$\mu(z) = \begin{cases} -2y^2\varphi(\bar{z}), & z \in \mathbb{H}, \\ 0, & z \in \mathbb{H}^*, \end{cases}$$

然后求解 Beltrami 方程 $f_{\bar{z}}^\mu = \mu f_z^\mu$, $0, 1, \infty$ 为不动点, 那么 f^μ 的 Schwarz 导数满足

$$\{f^\mu, z\} = \{f^{-2y^2\varphi(\bar{z})}, z\} = \varphi(z).$$

如果 φ 在下半平面是全纯、等变的, 那么 μ 也是等变的.

无穷小平庸的 Beltrami 微分

定义 29.5 (无穷小平庸的 Beltrami 微分) 一个 Beltrami 微分称为无穷小平庸的, 如果对于一切可积全纯二次微分 φ, 它满足等式

$$\iint_X \mu\varphi = 0. \qquad\blacklozenge$$

给定一个无穷小平庸的 Beltrami 微分 ν, 因为对于一切可积全纯二次微分 φ, $\iint_X \nu\varphi dxdy = 0$, 因此对于一切属于下半平面的 z, 我们都有

$$0 = \iint_\Omega \nu\varphi_z d\xi d\eta = \iint_{\mathbb{H}} \frac{\nu(\zeta)}{(\zeta - z)^4} d\xi d\eta. \qquad(29.31)$$

定理 29.11 如果 ν 是一个无穷小平庸的 Beltrami 微分, 那么存在一条平庸 Beltrami 微分的曲线 μ_t, 当 $t = 0$ 时, μ_t 为 0. μ_t 具有性质, 当 $t \to 0$ 时,

$$\left\| \frac{\mu_t - t\nu}{t} \right\|_\infty \to 0. \qquad\blacklozenge$$

证明 令 ν 是无穷小平庸的 Beltrami 微分, 满足对一切全纯二次微分 φ,

$$\iint_X \nu\varphi = 0,$$

我们来计算 Ber 嵌入 $\Phi(t\nu)$,

$$\Phi : t\nu \longrightarrow f^{t\nu} \longrightarrow \{f^{t\nu}, z\} = \varphi^t.$$

根据 Beltrami 方程解的级数解, 我们有

$$f^{t\nu}(z) = z + t\dot{f} + o(t),$$

这里

$$\dot{f}(z) = -\frac{z(z-1)}{\pi} \iint_{\mathbb{C}} \frac{\nu(\zeta)}{\zeta(\zeta-1)(\zeta-z)} d\xi d\eta$$
$$= -\frac{1}{\pi} \iint_{\mathbb{C}} \nu(\zeta) \left\{ \frac{1}{\zeta - z} - \frac{z}{\zeta - 1} + \frac{z-1}{\zeta} \right\} d\xi d\eta.$$

关于 z 求偏导,

$$\frac{\partial}{\partial z} f^{t\nu} = 1 - \frac{t}{\pi} \iint_{\mathbb{C}} \nu(\zeta) \left\{ \frac{1}{(\zeta - z)^2} - \frac{1}{\zeta - 1} + \frac{1}{\zeta} \right\} d\xi d\eta + o(t),$$
$$\frac{\partial^2}{\partial z^2} f^{t\nu} = -\frac{t}{\pi} \iint_{\mathbb{C}} \nu(\zeta) \frac{2}{(\zeta - z)^3} d\xi d\eta + o(t),$$

$$\frac{\partial^3}{\partial z^3} f^{t\nu} = -\frac{t}{\pi} \iint_{\mathbb{C}} \nu(\zeta) \frac{6}{(\zeta - z)^4} d\xi d\eta + o(t).$$

由此

$$\lim_{t \to 0} \frac{1}{t} \{f^{t\nu}, z\} = \lim_{t \to 0} \frac{1}{t} \left\{ \frac{\partial^3}{\partial z^3} f^{t\nu} \Big/ \frac{\partial}{\partial z} f^{t\nu} - \frac{3}{2} \left(\frac{\partial^2}{\partial z^2} f^{t\nu} \Big/ \frac{\partial}{\partial z} f^{t\nu} \right)^2 + o(t) \right\},$$

这里用到

$$\lim_{t \to 0} \frac{\partial}{\partial z} f^{t\nu} = 1,$$

因此

$$\dot{\Phi}(t\nu)|_{t=0} = \lim_{t \to 0} \frac{1}{t} \{f^{t\nu}, z\} = \frac{\partial}{\partial t} \frac{\partial^3}{\partial z^3} f^{t\nu} = -\frac{6}{\pi} \iint_{\mathbb{C}} \frac{\nu(\zeta)}{(\zeta - z)^4} d\xi d\eta.$$

因为 ν 在下半平面上为 0, 所以上式等于

$$\dot{\Phi}(t\nu)|_{t=0} = -\frac{6}{\pi} \iint_{\mathbb{H}} \frac{\nu(\zeta)}{(\zeta - z)^4} d\xi d\eta,$$

由等式 (29.31), 我们得到

$$\dot{\Phi}(t\nu)|_{t=0} = 0.$$

将 $\Phi(t\nu)$ 表示成收敛级数

$$\Phi(t\nu) = \varphi^t = t\varphi_1 + t^2 \varphi_2 + t^3 \varphi_3 + \cdots,$$

$\varphi_1 \equiv 0$.

再由 φ^t 进行 Ahlfors-Weill 构造,

$$\varphi^t \longrightarrow \nu_t \longrightarrow f^{\nu_t} \longrightarrow \{f^{\nu_t}, z\} = \varphi^t.$$

定义

$$\nu_t = -2y^2 \varphi^t(\bar{z}) = -2y^2 (t^2 \varphi_2(\bar{z}) + t^3 \varphi_3(\bar{z}) + \cdots),$$

由此我们得到

$$\|\nu_t\|_{\infty} = \| -2y^2 \varphi^t(\bar{z})\|_{\infty} \leqslant Ct^2.$$

现在, 我们构造 Beltrami 系数的曲线 μ_t. 因为 $f^{t\nu}, f^{\nu_t} : \mathbb{C} \to \mathbb{C}$ 都以 $0, 1, \infty$ 为不动点, 所以我们可以定义

$$f^{\mu_t} = (f^{\nu_t})^{-1} \circ f^{t\nu}. \tag{29.32}$$

令 $\tilde{\nu}$ 为 $(f^{\nu_t})^{-1}$ 的 Beltrami 系数,

$$\hat{\nu} = \tilde{\nu}\theta, \quad \theta = \frac{\bar{p}}{p}, \quad p = f_z^{t\nu},$$

于是

$$\|\hat{\nu}\|_\infty = \|\nu_t\|_\infty = Ct^2.$$

由复合映射的 Beltrami 系数公式, 我们有

$$\mu_t = \frac{t\nu + \hat{\nu}}{1 + \overline{t\nu}\hat{\nu}} = t\nu + \hat{\nu}\left(\frac{1 - |t\nu|^2}{1 + \overline{t\nu}\hat{\nu}}\right) = t\nu + O(t^2).$$

Ber 嵌入将 Teichmüller 等价类映到全纯二次微分上, 且是单射, 因为

$$\Phi(t\nu) = \Phi(\nu_t) = \varphi^t,$$

所以 $t\nu$ 和 ν_t Teichmüller 等价. 再由 μ_t 的定义 (29.32), 我们得到 μ_t 属于 $M_0(X)$. ∎

例 29.1 我们用亏格为 0 的 Riemann 面作为例子, 进行仔细分析. 假设 X 是 0 亏格的 Riemann 面, 具有 $n \geqslant 4$ 个刺孔, 我们用一个 Möbius 变换将 3 个刺孔变成 $\{0, 1, \infty\}$. 这样, 不妨设

$$X = \mathbb{C} \setminus \{0, 1, p_1, p_2, \cdots, p_{n-3}\},$$

任意一个可积全纯二次微分具有形式

$$\varphi(z)(dz)^2 = \frac{a_0 + a_1 z + \cdots + a_{n-4} z^{n-4}}{z(z-1)(z-p_1)\cdots(z-p_{n-3})}(dz)^2, \tag{29.33}$$

这里 $a_0, a_1, \cdots, a_{n-4}$ 是任意复数. 这些全纯二次微分至多在 n 个点上具有简单极点 (simple pole), 即 $0, 1, p_1, \cdots, p_{n-3}$ 和 ∞. 为了看出 $\varphi(z)dz^2$ 在 ∞ 处的极点阶数, 我们进行坐标变换, $w = 1/z$, $\varphi(z)(dz)^2 = \varphi^w(w)(dw)^2$, 得到

$$\varphi^w(w) = \frac{1}{w^4}\frac{a_0 + a_1(1/w) + \cdots + a_n(1/2)^{n-4}}{1/w((1/w) - 1)((1/w) - p_1)\cdots((1/w) - p_{n-3})}.$$

分子、分母同时乘以 w^{n-4}, 我们得到

$$\varphi^w(w) = \frac{1}{w} \cdot \frac{a_0 w^{n-4} + a_1 w^{n-5} + \cdots + a_n}{1(w-1)(1 - wp_1)\cdots(1 - wp_{n-3})}$$

在 0 点具有简单极点, 除非 $a_n = 0$. 如果 $a_n = 0$, 那么 $\varphi^w(w)$ 在 $w = 0$ 处是全纯的. 因为 $\varphi(z)(dz)^2$ 在任意的刺孔处至多具有简单零点, 因此在

任意刺孔的邻域内可积, 因此在 $\mathbb{C} \cup \{\infty\}$ 上整体可积.

考虑一族圆盘 D_j, D_j 的圆心在 p_j $(1 \leqslant j \leqslant n-3)$ 具有正的半径. 构造映射 $\Psi : M(X) \to (\mathbb{C} \setminus \{0,1\})^{n-3}$,

$$\Psi : \mu \mapsto (f^\mu(p_1), f^\mu(p_2), \cdots, f^\mu(p_{n-3})),$$

这里 f^μ 是 $\mathbb{C} \cup \{\infty\}$ 到自身的拟共形变换, 以 $0, 1, \infty$ 为不动点. 由 Beltrami 方程理论, $f^\mu(p_j)$ 连续全纯地依赖于 μ. 特别地, 存在一个正数 $\delta > 0$, 使得如果 $\|\mu\|_\infty < \delta$, 那么对一切 j, $f^\mu(p_j)$ 在 D_j 内. 映射 Ψ 是局部全纯满射, 并且

$$\Psi^{-1}(p_1, p_2, \cdots, p_{n-3}) \bigcap \{\mu \in M(X), \|\mu\|_\infty < \delta\} = \{\mu \in M_0(X), \|\mu\|_\infty < \delta\},$$

因此 $M_0(X)$ 在 $\mu = 0$ 附近具有流形结构, 一个向量 ν 和 $M_0(X)$ 在 $\mu = 0$ 相切, 如果 $D\Psi(\nu) = (0, \cdots, 0)$,

$$f^{t\nu}(p_j) = p_j - \frac{t}{\pi} \iint_{\mathbb{C}} \frac{p_j(p_j - 1)}{\zeta(\zeta - 1)(\zeta - p_j)} \nu(\zeta) d\xi d\eta + O(t^2).$$

由假设, ν 是无穷小平庸, 对于任意 $1 \leqslant j \leqslant n-3$,

$$\frac{p_j(p_j - 1)}{z(z - 1)(z - p_j)} (dz)^2$$

是可积全纯二次微分, 我们得到 $D\Psi_0(\nu) = (0, \cdots, 0)$. 因此, ν 和 $M_0(X)$ 中的曲线 μ_t 相切. ♦

29.8 Teichmüller 映射和调和映射

29.8.1 目标度量变分

Teichmüller 映射和调和映射具有非常密切的关系. 我们回忆一下调和能量的定义. 给定度量曲面间的 C^1 光滑映射, $f : (S, \sigma(z)|dz|^2) \to (R, \rho(w)|dw|^2)$, 调和能量密度定义为

$$e(f, \sigma, \rho) = \frac{\rho(w(z))}{\sigma(z)} (|w_z|^2 + |w_{\bar{z}}|^2),$$

映射的调和能量为

$$E_\rho(f) = \int_S e(f, \sigma, \rho) dA_\sigma = \int_S \frac{\rho(w(z))}{\sigma(z)}(|w_z|^2 + |w_{\bar{z}}|^2)\sigma(z)dxdy$$
$$= \int_S \rho(|w_z|^2 + |w_{\bar{z}}|^2)dxdy. \tag{29.34}$$

在一族映射中, 使得调和能量达到最小者称为调和映射. 应用变分法, 我们可以得到调和映射的 Euler-Lagrange 方程,

$$w_{z\bar{z}} + (\log \rho)_z w_z w_{\bar{z}} = w_{z\bar{z}} + \frac{\rho_w}{\rho} w_z w_{\bar{z}} = 0. \tag{29.35}$$

映射诱导的拉回度量为

$$w^*\rho = \rho w_z \overline{w_{\bar{z}}} dz^2 + (\rho|w_z|^2 + \rho|w_{\bar{z}}|^2)dzd\bar{z} + \overline{\rho w_z \overline{w_{\bar{z}}}} d\bar{z}^2$$
$$= \Phi dz^2 + \sigma e(w, \sigma, \rho)dzd\bar{z} + \bar{\Phi}d\bar{z}^2. \tag{29.36}$$

调和映射和全纯二次微分具有本质的联系. 映射的 Hopf 微分定义为

$$\Phi(f)dz^2 = \rho w_z \overline{w_{\bar{z}}} dz^2 = \rho w_z \overline{w}_z dz^2, \tag{29.37}$$

那么可以证明: 映射 $f : S \to R$ 是调和映射, 当且仅当其 Hopf 微分 $\Phi(f)dz^2$ 是全纯二次微分; 映射 $f : S \to R$ 是共形映射, 当且仅当其 Hopf 微分为 0.

我们考察映射 $f : (S, z) \to (R, \rho(w)|dw|^2)$ 的调和能量, $\rho \in \mathcal{CM}(R)$ (见下面定义),

$$E(f, z, \rho) = \int_S \rho(|w_z|^2 + |w_{\bar{z}}|^2)dxdy = \int_S \rho(w(z))\frac{|w_z|^2 + |w_{\bar{z}}|^2}{|w_z|^2 - |w_{\bar{z}}|^2}J_f dxdy,$$

这里 Jacobi 行列式 $J_f = |w_z|^2 - |w_{\bar{z}}|^2$, 由此得到

$$E(f, z, \rho) = \frac{1}{2}\int_R \rho(w)\left(K(w) + \frac{1}{K(w)}\right)dudv \geqslant A(R, \rho),$$

这里 K 是伸缩商, 等号成立当且仅当映射为共形映射.

如果目标曲面具有负曲率度量, 则在每一同伦类中, 调和映射存在并且唯一. 由调和映射的微分同胚性, 我们有下列的 Schoen-Yau 定理.

定理 29.12 (Schoen and Yau [33]) 假设 $f : S \to R$ 是封闭曲面间的调和映射, 两个曲面具有相同的亏格, 映射度为 1, $\deg(f) = 1$, 目标曲面处处具有负 Gauss 曲率, 那么映射为微分同胚. ♦

由上述讨论, 我们看到调和能量和源曲面的共形结构有关, 和源曲

面的具体共形度量 $\sigma(z)dzd\bar{z}$ 无关, 但是和目标曲面的 Riemann 度量 $\rho(w)dwd\bar{w}$ 有关. 我们固定源曲面的共形结构, 同时变换目标曲面上的共形 Riemann 度量. 对于给定的 Riemann 度量 ρ, 映射 $f : (S, z) \to (R, \rho(w)|dw|^2)$ 的调和能量记为 $E_\rho(f)$. Gerstenhaber-Rauch 猜测

$$\sup_{\rho \in \mathcal{CM}(R)} \inf_{g \sim f} E_\rho(g) = \frac{1}{2}\Big(K^*[f] + \frac{1}{K^*[f]} \Big), \tag{29.38}$$

这里 $K^*[f]$ 是和 f 同伦的拟共形映射族的极值最大伸缩商, 共形 Riemann 度量族

$$\mathcal{CM}(R) = \Big\{ \rho(w) : R \to \mathbb{R}_{>0} \Big| \int_R \rho(w)dudv = 1 \Big\}.$$

下面的定理揭示了调和能量、Teichmüller 映射、全纯二次微分之间的内在关系 (Mese [26], Kuwert [23]).

定理 29.13 Teichmüller 映射 $f^* : (S, z) \to (R, w)$, 和目标曲面上对应的全纯二次微分 ψ 所诱导的奇异度量 $\rho^* = |\psi|$ 实现了 Gerstenhaber-Rauch 的极大–极小能量 (29.38). ◆

这给出了 Teichmüller 映射的一种计算方法.

29.8.2 源共形结构变分

令 $(S, \sigma|dz|^2)$ 和 $(R, \rho|dw|^2)$ 代表带有 Riemann 度量的曲面, z 和 w 分别是曲面 S 和 R 上的共形坐标. 对于一个 Lipschitz 映射 $f : (S, \sigma|dz|^2) \to (R, \rho|dw|^2)$, 其调和能量记为 $E(f; \sigma, \rho)$,

$$E(f; \sigma, \rho) = \int_S \rho(w(z))(|w_z|^2 + |w_{\bar{z}}|^2)\frac{dz \wedge d\bar{z}}{2i},$$

调和能量依赖于 S 上的共形结构 σ 和 R 上的 Riemann 度量 ρ. f 诱导的 Hopf 微分为

$$\Phi(f)dz^2 = \rho(w)w_z\overline{w}_z dz^2.$$

f 是调和的当且仅当 Φ 是全纯二次微分.

我们固定目标曲面 $(R, \rho(w)|dw|^2)$, 固定映射的同伦类 f_0, 变动共形结构 σ, 相应变动调和映射 $f_\sigma : (S, \sigma|dz|^2) \to (R, \rho|dw|^2)$. 调和映射 f_σ 的

调和能量 $E(f_\sigma; \sigma, h)$ 定义了 Teichmüller 空间 $\mathcal{T}(S)$ 上的 C^1 实值函数,

$$E(f_\sigma; \sigma, \rho) : \mathcal{T}(S) \to \mathbb{R}, \ [\sigma] \mapsto E(f_\sigma; \sigma, \rho),$$

记为 $E(\sigma)$, f_σ 对应的 Hopf 微分记为 $\Phi(\sigma)$.

定理 29.14 (Fischer and Tromba [11], Tromba [37], Wolf [44], Jost [21]) 初始 Riemann 面 M 的共形结构为 $[\sigma]$, τ 是 M 上的 Beltrami 微分. 共形结构的变分记为

$$\sigma \mapsto \sigma + t\tau,$$

$t \in (-\varepsilon, \varepsilon)$, 调和能量的变分为

$$\frac{d}{dt} E(\sigma)[\tau] = -4 \operatorname{Re} \int_M \Phi(\sigma)\tau, \qquad (29.39)$$

这里 $[\tau]$ 表示 τ 的无穷小 Teichmüller 等价类. ♦

证明 Wolf [42] 考察一个映射 $u : (S, \sigma) \to (R, \rho)$ 的调和能量 $E(\sigma, u)$, $E(\sigma, u)$ 可以视作两个变元的函数, 第一个变元是共形结构 σ, 第二个变元是映射 u, 那么调和能量的变分

$$\delta E(\sigma, u) = \frac{\partial E}{\partial \sigma} \delta \sigma + \frac{\partial E}{\partial u} \delta u.$$

如果 u 是调和函数, 那么 u 是调和能量的驻点, $\partial E / \partial u = 0$.

我们对共形结构进行变分 $\sigma \to \sigma + t\tau$, $t \in (-\varepsilon, \varepsilon)$, 相应的调和映射为 $f_{\sigma + t\tau}$, 因此我们有

$$E(\sigma + \varepsilon\tau, f_{\sigma + \varepsilon\tau}) - E(\sigma + \varepsilon\tau, f_\sigma) = o(\varepsilon^2),$$

从而

$$\frac{d}{dt} E(\sigma)[\tau] = \frac{\partial}{\partial \varepsilon}\Big|_{\varepsilon=0} E(\sigma + \varepsilon\tau, f_{\sigma + \varepsilon\tau}) = \frac{\partial}{\partial \varepsilon}\Big|_{\varepsilon=0} E(\sigma + \varepsilon\tau, f_\sigma).$$

由定义

$$E(\sigma + \varepsilon\tau, f_\sigma) = \int \rho(w)(|w_\zeta|^2 + |w_{\bar\zeta}|^2) \frac{d\zeta \wedge d\bar\zeta}{2i},$$

这里 ζ 表示共形结构 $\sigma + \varepsilon\tau$ 下的局部坐标, 满足 Beltrami 方程

$$\frac{\partial \zeta}{\partial \bar{z}} = \varepsilon\tau \frac{\partial \zeta}{\partial z}.$$

由此得到

$$\begin{pmatrix} d\zeta \\ d\bar{\zeta} \end{pmatrix} = \begin{pmatrix} \zeta_z & \varepsilon\tau\zeta_z \\ \varepsilon\bar{\tau}\bar{\zeta}_{\bar{z}} & \bar{\zeta}_{\bar{z}} \end{pmatrix} \begin{pmatrix} dz \\ d\bar{z} \end{pmatrix} + o(\varepsilon),$$

对偶地

$$\begin{pmatrix} \partial_\zeta & \partial_{\bar{\zeta}} \end{pmatrix} = \begin{pmatrix} \partial_z & \partial_{\bar{z}} \end{pmatrix} \begin{pmatrix} \zeta_z & \varepsilon\tau\zeta_z \\ \varepsilon\bar{\tau}\bar{\zeta}_{\bar{z}} & \bar{\zeta}_{\bar{z}} \end{pmatrix}^{-1} + o(\varepsilon).$$

由此, 我们有

$$\partial_\zeta = \frac{1}{|\zeta_z|^2(1 - \varepsilon^2|\tau|^2)} \left(\bar{\zeta}_{\bar{z}}\partial_z - \varepsilon\bar{\tau}\bar{\zeta}_{\bar{z}}\partial_{\bar{z}} \right) + o(\varepsilon),$$

$$\partial_{\bar{\zeta}} = \frac{1}{|\zeta_z|^2(1 - \varepsilon^2|\tau|^2)} \left(\zeta_z\partial_{\bar{z}} - \varepsilon\tau\zeta_z\partial_z \right) + o(\varepsilon).$$

首先考察面元的变化

$$d\zeta \wedge d\bar{\zeta} = (\zeta_z dz + \varepsilon\tau\zeta_z d\bar{z}) \wedge (\varepsilon\bar{\tau}\bar{\zeta}_{\bar{z}} dz + \bar{\zeta}_{\bar{z}} d\bar{z})$$

$$= |\zeta_z|^2(1 - \varepsilon^2|\tau|^2) dz \wedge d\bar{z}, \tag{29.40}$$

再考察调和能量密度的变化

$$|w_\zeta|^2 + |w_{\bar{\zeta}}|^2$$

$$= \frac{|\bar{\zeta}_{\bar{z}}|^2}{|\zeta_z|^4(1 - \varepsilon^2|\tau|^2)^2}|w_z - \varepsilon\bar{\tau}w_{\bar{z}}|^2 + \frac{|\zeta_z|^2}{|\zeta_z|^4(1 - \varepsilon^2|\tau|^2)^2}|w_{\bar{z}} - \varepsilon\tau w_z|^2$$

$$= \frac{1}{|\zeta_z|^2(1 - \varepsilon^2|\tau|^2)^2} \left\{ (w_z - \varepsilon\bar{\tau}w_{\bar{z}})(\bar{w}_{\bar{z}} - \varepsilon\tau\bar{w}_z) + (w_{\bar{z}} - \varepsilon\tau w_z)(\bar{w}_z - \varepsilon\bar{\tau}\bar{w}_{\bar{z}}) \right\}$$

$$= \frac{1}{|\zeta_z|^2(1 - \varepsilon^2|\tau|^2)^2} \left\{ (|w_z|^2 - \varepsilon^2 \operatorname{Re}\bar{\tau}w_{\bar{z}}\bar{w}_{\bar{z}} + \varepsilon^2|\tau|^2|w_{\bar{z}}|^2) \right.$$

$$\left. + (|w_{\bar{z}}|^2 - \varepsilon^2 \operatorname{Re}\tau w_z\bar{w}_z + \varepsilon^2|\tau|^2|w_z|^2) \right\}. \tag{29.41}$$

由面元变分公式 (29.40) 和调和能量密度变分公式 (29.41), 我们得到

$$\frac{d}{d\varepsilon}E(\sigma)[\tau] = \frac{d}{d\varepsilon}E(\sigma + \varepsilon\tau, f_\sigma)\Big|_{\varepsilon=0}$$

$$= -4\operatorname{Re}\int_S \tau w_z\bar{w}_z \frac{dz \wedge d\bar{z}}{2i}$$

$$= -4\operatorname{Re}\int_S \Phi(\sigma)\tau \frac{dz \wedge d\bar{z}}{2i}. \quad \blacksquare \tag{29.42}$$

由变分定理, 给定共形结构 $[\sigma]$, 计算调和映射 $f_\sigma : (S, \sigma) \to (R, \rho)$,

得到 f_σ 的 Hopf 微分 $\Phi(\sigma)$, 选取 Beltrami 微分的变化方向,

$$\tau = \frac{\overline{\Phi}(\sigma)}{\Phi(\sigma)},$$

变化共形结构 $\sigma + \varepsilon\tau$, 调和能量 $E(\sigma + \varepsilon\tau) < E(\sigma)$. 重复这一步骤, 调和能量单调下降. 因为调和能量下有界, 因此序列收敛到目标的共形结构 $[\rho]$. 这种变分方法在实际应用中具有重要作用.

延伸阅读

1. G. Daskalopoulos and R. Wentworth. *Handbook of Teichmüller Theory, Volume I*, chapter Harmonic maps and Teichmüller theory, pages 33–109. European Mathematical Society, 2007.

2. E. Kuwert. Harmonic maps between flat surfaces with conical singularities. *Mathematische Zeitschrift*, 221:421–436, 1996.

3. L. M. Lui, X. Gu, and S.-T. Yau. Convergence of an iterative algorithm for Teichmüller maps via harmonic energy optimization. *Mathematics of Computation*, 84:2823–2842, 2015.

4. R. Schoen and S.-T. Yau. On univalent harmonic maps between surfaces. *Inventiones Mathematicae*, 44:265–278, 1978.

5. X. Yu, N. Lei, Y. Wang, and X. Gu. Intrinsic 3D dynamic surface tracking based on dynamic Ricci flow and Teichmüller map. In *IEEE International Conference on Computer Vision*, pages 5400–5408, October 2017.

第六部分

双曲几何

第六部分介绍双曲几何理论, 主要为离散曲面 Ricci 流理论做准备.

第三十章 双曲几何

30.1 平面双曲几何

上半复平面 $\mathbb{H}^2 = \{z \in \mathbb{C} \mid z = x + iy, z > 0\}$ 上配备 Riemann 度量

$$\mathbf{h} = \frac{dx^2 + dy^2}{y^2} = \frac{|dz|^2}{y^2},$$

称为双曲平面的 Poincaré 模型. 我们看到双曲平面的度量和 $\mathbb{C}$ 上的欧氏度量 $|dz|^2$ 共形等价, 因此用 $\mathbf{h}$ 测量的角度等于用欧氏度量测量的角度.

30.1.1 双曲测地线和双曲等距变换

考察一条曲线 $\gamma(t) = (x(t), y(t))$, $t \in [a, b]$, 曲线的双曲长度等于

$$L(\gamma) = \int_a^b |\dot{\gamma}(t)|_{\mathbf{h}} dt = \int_a^b \frac{\sqrt{\dot{x}^2(t) + \dot{y}^2(t)}}{y(t)} dt,$$

这里 $\dot{\gamma}(t) = (\dot{x}(t), \dot{y}(t))$.

引理 30.1 正的虚轴是双曲测地线 (图 30.1), 并且

$$d(ia, ib) = \left| \ln \frac{b}{a} \right|. \qquad \blacklozenge$$

证明 构造一条光滑曲线 $\gamma(a) = ia$, $\gamma(b) = ib$, 实数 $a < b$, $y(t) > 0$,

$$L(\gamma) \geqslant \int_a^b \frac{|\dot{y}(t)|}{y(t)} dt \geqslant \left| \int_a^b \frac{\dot{y}(t)}{y(t)} dt \right| = \ln \frac{b}{a},$$

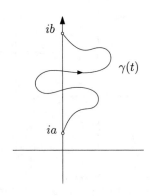

图 30.1 虚轴是双曲测地线.

等号成立当且仅当 $\dot{x}(t) \equiv 0$, $\dot{y}(t) \geqslant 0$, 等价地 $\gamma([a,b])$ 是虚轴子集, 并且 $y(t)$ 单调递增. ∎

引理 30.2 Möbius 变换 $f : \mathbb{H}^2 \to \mathbb{H}^2$

$$f(z) = \frac{az+b}{cz+d}, \qquad \begin{pmatrix} a & b \\ c & d \end{pmatrix} \in \mathrm{SL}(2,\mathbb{R})$$

是等距变换, 这里 $\mathrm{SL}(2,\mathbb{R})$ 是特殊线性变换群, $ad - bc = 1$. ◆

证明 f 是下面几个变换的合成

$$z \mapsto z+b, \quad b \in \mathbb{R}; \quad z \mapsto \lambda z, \quad \lambda \in \mathbb{R}; \quad z \mapsto -\frac{1}{z},$$

显然 $f(z) = z + b \in \mathrm{Iso}(\mathbb{H}^2)$. 现在, 令 $w = \lambda z$,

$$w^*(\mathbf{h}) = \frac{|dw|^2}{\mathrm{Im}(w)^2} = \frac{\lambda^2|dz|^2}{\lambda^2 \mathrm{Im}(z)^2} = \frac{|dz|^2}{\mathrm{Im}(z)^2},$$

因此 $f(z) = \lambda z \in \mathrm{Iso}(\mathbb{H}^2)$. 令 $w = -\frac{1}{z}$, $dw = \frac{1}{z^2}dz$, $\mathrm{Im}(w) = \frac{1}{2i}(\frac{1}{\bar{z}} - \frac{1}{z})$,

$$w^*(\mathbf{h}) = \frac{|dw|^2}{\mathrm{Im}(w)^2} = \frac{\frac{1}{|z|^4}|dz|^2}{-\frac{1}{4}(\frac{1}{\bar{z}} - \frac{1}{z})^2} = \frac{\frac{1}{|z|^4}|dz|^2}{-\frac{1}{4}\frac{1}{(\bar{z}z)^2}(z - \bar{z})^2} = \frac{|dz|^2}{\mathrm{Im}(z)^2},$$

因此 $f(z) = -\frac{1}{z} \in \mathrm{Iso}(\mathbb{H}^2)$. ∎

推论 30.1 所有的双曲测地线都是和实轴垂直的直线 $\mathrm{Re}(z) = c$ 或者和实轴垂直的圆弧 $|z - a| = r$, $a \in \mathbb{R}$ (图 30.2). ◆

证明 虚轴是测地线, $f(z) = z + b \in \mathrm{Iso}(\mathbb{H}^2)$, 所以 $\mathrm{Re}(z) = c$ 都是测地线. 反射变换 $z \mapsto -\frac{1}{z}$ 将直线 $\mathrm{Re}(z) = c$ 映成圆弧 $|w + 1/(2c)| =$

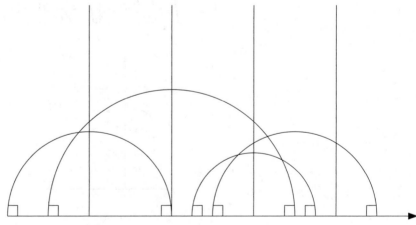

图 30.2 所有的双曲测地线都是垂直于实轴的直线或者圆弧.

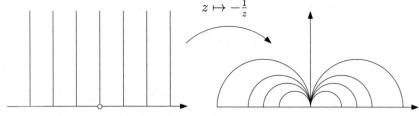

图 30.3 反射变换将垂直于实轴的直线变成垂直于实轴的圆弧.

$1/(2|c|)$ (图 30.3),

$$\left| \frac{-1}{c+iy} + \frac{1}{2c} \right| = \left| \frac{iy-c}{iy+c} \frac{1}{2c} \right| = \frac{1}{2|c|}.$$

再复合上等距变换 $z \mapsto z + b$, 我们得到圆弧 $|z-a| = r$, $a \in \mathbb{R}$, 因此所有的 $|z-a| = r$ 都是双曲测地线.

下面再证明所有的测地线都是和实轴垂直的直线或者圆弧. 如图 30.4 所示, 过 $\mathbb{H}^2$ 上任意的一点 p 和方向 v 相切的测地线 γ 唯一. 我们可以构造过点 p 和方向 v 相切的圆弧或者直线 τ, τ 和实轴垂直, 那么 τ 是测地线, 因此和 γ 重合, $\gamma = \tau$. 因此, 所有的测地线都是和实轴垂直的直线或者圆弧. 证明完毕. ∎

引理 30.3 双曲平面的等距变换群和 Möbius 变换群同构:

$$\mathrm{PSL}(2, \mathbb{R}) = \mathrm{SL}(2, \mathbb{R}) / \pm \mathrm{id} \cong \mathrm{Iso}(\mathbb{H}^2). \qquad \blacklozenge$$

证明 定义 Möbius 变换

$$\varphi_\theta(z) = \frac{\cos\theta z + \sin\theta}{-\sin\theta z + \cos\theta}, \qquad \begin{pmatrix} \cos\theta & \sin\theta \\ -\sin\theta & \cos\theta \end{pmatrix} \in \mathrm{SL}(2, \mathbb{R}),$$

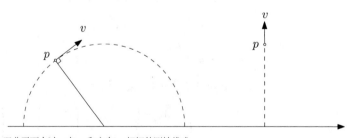

图 30.4 双曲平面上过一点 p 和方向 v 相切的测地线唯一.

我们有
$$\varphi_\theta(i) = i, \quad \varphi_\theta'(z) = \frac{1}{(\cos\theta - \sin\theta z)^2}, \quad \varphi_\theta'(i) = e^{i2\theta}.$$

任选 $\tau \in \mathrm{Iso}(\mathbb{H}^2)$, 假设 $\tau(i) = ai + b$. 构造 $f \in \mathrm{PSL}(2,\mathbb{R})$, $f(z) = az + b$, 那么 $f(i) = \tau(i)$. 因为 $\tau(z)$ 和 $f(z)$ 都是等距变换, 因此

$$|\tau'(i)| = \mathrm{Im}(\tau(i)) = |f'(i)|.$$

我们可以构造复合映射 $g = f \circ \varphi_\theta$, 满足

$$g'(i) = f'(i)\varphi_\theta'(i) = e^{i2\theta} f'(i).$$

令 $\theta = \frac{1}{2}(\arg \tau'(i) - \arg f'(i))$, 那么得到 $g(i) = \tau(i)$ 并且 $g'(i) = \tau'(i)$. 下面, 我们欲证明 $g(z) = \tau(z)$.

构造等距映射 $\eta = \tau \circ g^{-1}$, 则 $\eta(i) = i$, 并且 $\eta'(i) = 1$. 给定一点 $z \in \mathbb{H}^2$, $z \neq i$, 则存在唯一的测地线 γ 连接 i 和 z, $\gamma(0) = i$, $\gamma(s) = z$, 这里弧长参数 s 等于 i 和 z 之间的双曲距离. 等距映射 η 将测地线 γ 映成测地线 $\tilde\gamma = \eta(\gamma)$, 保持弧长参数 s, 因此

$$\eta(z) = \eta(\gamma(s)) = \tilde\gamma(s). \tag{30.1}$$

由构造方式

$$\tilde\gamma(0) = \eta(\gamma(0)) = \eta(i) = i = \gamma(0),$$

并且

$$\tilde\gamma'(0) = \eta'(\gamma(0))\gamma'(0) = \eta'(i)\gamma'(0) = \gamma'(0).$$

因此测地线 γ 和 $\tilde\gamma$ 重合, $\gamma(s) = \tilde\gamma(s)$, 结合等式 (30.1), 我们有

$$\eta(z) = \tilde\gamma(s) = \gamma(s) = z.$$

因此 $\eta = \tau \circ g^{-1} = \mathrm{id}$, $\tau = g$, $\tau \in \mathrm{SL}(\mathbb{R}, 2)$.

由 Möbius 变换的定义, 我们有

$$f(z) = \frac{az + b}{cz + d}, \quad \text{对应} \quad \begin{pmatrix} a & b \\ c & d \end{pmatrix} \text{ 和 } \begin{pmatrix} -a & -b \\ -c & -d \end{pmatrix},$$

因此 Möbius 变换群同构于 $\mathrm{PSL}(\mathbb{R}, 2)$. 命题得证. ∎

30.1.2 复交比

定义 30.1 (交比) 设 $a, b, c, d \in \hat{\mathbb{C}}$ 是扩展复平面上不同的点, 复交比 (cross ratio) 定义成

$$(a, b, c, d) = \frac{a-c}{a-d} : \frac{b-c}{b-d}. \qquad \blacklozenge$$

引理 30.4 假设 $a, b, c, d \in \hat{\mathbb{C}}$, 那么四点共圆的充要条件是其交比为实数 $(a, b, c, d) \in \mathbb{R}$. $\qquad \blacklozenge$

证明 如图 30.5 所示, 四点共圆的充要条件是 θ_1 等于 θ_2, 这等价于 (a, b, c, d) 为实数. $\qquad \blacksquare$

引理 30.5 假设 $f \in \mathrm{PSL}(2, \mathbb{C})$, 即 Möbius 变换

$$f(z) = \frac{\alpha z + \beta}{\gamma z + \delta}, \quad \begin{pmatrix} \alpha & \beta \\ \gamma & \delta \end{pmatrix} \in \mathrm{SL}(2, \mathbb{C}),$$

那么

$$(f(a), f(b), f(c), f(d)) = (a, b, c, d). \quad \blacklozenge \qquad (30.2)$$

证明 我们考察 Möbius 变换群的生成元. $f(z) = z + b$ 和 $f(z) = az$, 显然保持交比. 如果 $f(z) = -\frac{1}{z}$, 我们有

$$\left(-\frac{1}{a}, -\frac{1}{b}, -\frac{1}{c}, -\frac{1}{d}\right) = \frac{a^{-1} - c^{-1}}{a^{-1} - d^{-1}} : \frac{b^{-1} - c^{-1}}{b^{-1} - d^{-1}}$$

$$= \frac{a-c}{a-d}\frac{ad}{ac} : \frac{b-c}{b-d}\frac{bd}{bc} = (a, b, c, d),$$

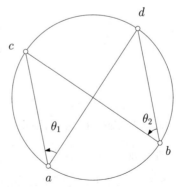

图 30.5 交比为实数等价于四点共圆.

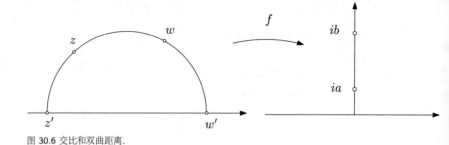

图 30.6 交比和双曲距离.

因此所有的生成元保持交比, 所有的群元素保持交比. 证明完毕. ■

推论 30.2 Möbius 变换 $f \in \mathrm{PSL}(2, \mathbb{C})$ 保持圆弧. ♦

证明 Möbius 变换保持交比, 四点共圆的充要条件是交比为实数, 因此 Möbius 变换保持圆弧. 推论得证. ■

推论 30.3 假设 $z, w \in \mathbb{H}^2$, 过 z, w 的双曲直线和实轴交于无穷远点 z', w', 如图 30.6 所示, 那么 z 和 w 两点之间的双曲距离等于交比 (z, w, w', z') 的自然对数,

$$d(z, w) = \ln(z, w, w', z').$$ ♦

证明 我们选取一个 Möbius 变换 $f_k \in \mathrm{PSL}(2, \mathbb{R})$ 如下:

$$f(z) = \frac{z - z'}{z - w'},$$

那么 $f(z') = 0$, 并且 $f(w') = \infty$, 原来的测地线映成了正的虚轴. 不妨设 $f(z) = ia$, $f(w) = ib$, $a < b$. 因为 f 是等距变换, 我们有

$$d(z, w) = d(ia, ib) = \ln \frac{b}{a}$$
$$= \ln(ia, ib, \infty, 0)$$
$$= \ln(z, w, w', z').$$

证明完毕. ■

30.1.3 理想双曲三角形

如图 30.7 所示, 给定 $\mathbb{H}^2$ 中的三个相异的点 a, b, c, 它们的双曲凸包是一个双曲三角形, 记为 $\triangle$, 三条边是双曲直线. 假设三个内角是 α, β, γ,

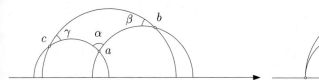 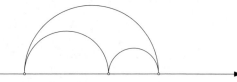

图 30.7 双曲三角形.

那么根据 Gauss-Bonnet 定理,

$$\int_{\triangle} K dA_{\mathbf{h}} + \int_{\partial} \triangle k_g ds + (\pi - \alpha) + (\pi - \beta) + (\pi - \gamma) = 2\pi \chi(\triangle),$$

$\chi(\triangle) = 1$, 于是我们有双曲三角形的面积为

$$A(\triangle) = \pi - \alpha - \beta - \gamma.$$

如果三角形的三个顶点都是无穷远点, 则三角形称为理想双曲三角形 (hyperbolic ideal triangle), 三个内角为 0, 面积为 π.

如图 30.8 所示, 对于任意给定的一个理想双曲三角形, 三个顶点为 (a, b, c), 我们构造 Möbius 变换

$$f(z) = \frac{z-a}{z-c} \frac{b-c}{b-a}$$

将 $\{a, b, c\}$ 映射成 $\{0, 1, \infty\}$. 所有的理想双曲三角形都和标准理想三角形 $(0, 1, \infty)$ 等距, 因此所有的理想双曲三角形彼此等距. 理想双曲三角形的三条高交于一点, 这一点也是理想双曲三角形内切圆的圆心. 内切圆和三条边的交点也是三条高的垂足, 称为边的中点.

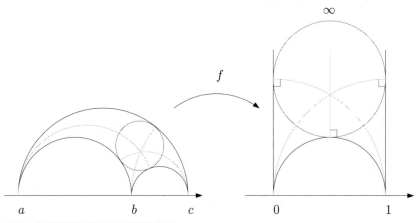

彩　图

图 30.8 所有的理想双曲三角形都彼此等距.

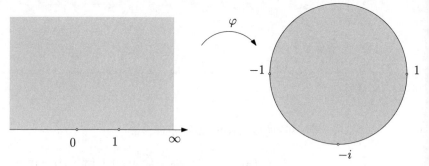

图 30.9 上半平面模型到单位圆盘模型的转换.

30.1.4　Poincaré 圆盘模型

如图 30.9 所示, 考察 Möbius 变换 $\varphi : \mathbb{H} \to \mathbb{D}$, $\mathbb{D} = \{z \in \mathbb{C} \,|\, |z| < 1\}$,

$$\varphi(z) = \frac{z-i}{z+i},$$

则 φ 将 $\{0, 1, \infty\}$ 映成 $\{-1, -i, 1\}$, 将上半平面映成单位圆盘. $\mathbb{D}$ 上的双曲度量使得 φ 为等距变换,

$$\frac{4(dx^2 + dy^2)}{(1 - x^2 - y^2)^2} = \frac{4|dz|^2}{(1 - |z|^2)^2}.$$

Poincaré 圆盘模型 $\mathbb{D}$ 上的等距变换是 Möbius 变换

$$z \mapsto e^{i\theta} \frac{z - a}{1 - \bar{a}z}.$$

Poincaré 圆盘模型 $\mathbb{D}$ 上的测地线是直径或者和单位圆垂直的圆弧, 如图 30.10 所示.

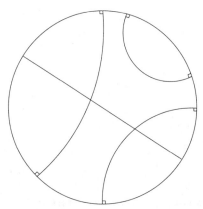

图 30.10 Poincaré 单位圆盘模型中的测地线.

引理 30.6 Poincaré 圆盘模型和上半平面模型中的双曲圆周和欧氏圆周重合. ♦

证明 在 $\mathbb{D}$ 中给定一个双曲圆周 $d(z, a) = r$, 我们用 Möbius 变换

$$f(z) = \frac{z - a}{1 - \bar{a}z},$$

将圆心映到原点, 得到双曲圆周 $d(z, 0) = r$. 根据双曲度量的对称性, 圆心在原点的双曲圆周是欧氏圆周,

$$|z| = \frac{e^r - 1}{e^r + 1} = \tanh \frac{r}{2}.$$

再用 f^{-1} 将欧氏圆周映回原来位置, 因为 Möbius 变换的保圆性, 我们得到 $d(z, a) = r$ 是一个欧氏圆周. Poincaré 上半平面模型和圆盘模型彼此相差一个 Möbius 变换, 因此在上半平面模型中, 双曲圆周也是欧氏圆周. 证明完毕. ∎

30.1.5 极限圆

定义 30.2 (极限圆) 双曲平面上的一个极限圆 (horocircle) 是一条曲线 γ, 所有和 γ 垂直的双曲测地线都渐近收敛到同一个方向. ♦

如图 30.11 和 30.12 所示, 直观上一个极限圆的圆心在无穷远处, 半径也是无穷大. 在上半平面模型中, 极限圆是和实轴相切的欧氏圆盘或者平面区域 $\{z \in \mathbb{C} \mid \mathrm{Im}(z) > c\}$.

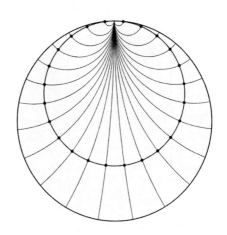

图 30.11 极限圆.

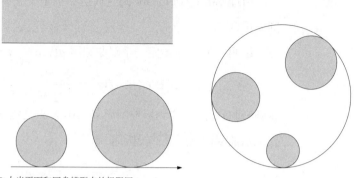

图 30.12 上半平面和圆盘模型中的极限圆.

30.2 双曲正弦、余弦定理

定理 30.1 (双曲直角三角形) 双曲平面的 Poincaré 模型, 三角形 $\triangle ABC$ 为双曲直角三角形, 角 C 为直角, 那么

$$\sin(B) = \frac{\sinh(b)}{\sinh(c)}, \quad \cos(A) = \frac{\tanh(b)}{\tanh(c)}.$$ ◆

证明 如图 30.13 所示, 不失一般性, 我们假设 A 是 Poincaré 圆盘的中心. 三角的边 AB 和 AC 表示成直线, 边 BC 表示成圆 C_1 的圆弧, C_1 和 Poincaré 圆相垂直. AB 和 AC 与圆 C_1 的另外一个交点分别为 B' 和 C', B_1 是圆心 O_1 在直线 AB 上的垂直投影. 因为 Poincaré 圆盘和圆周 C_1 彼此垂直, 欧氏距离 AB 满足 $AB \cdot AB' = 1$, 同时欧氏距离

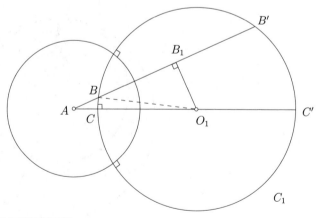

图 30.13 双曲勾股定理的证明.

$AB = \tanh(c/2)$, 因此

$$BB' = AB' - AB = 1/AB - AB = 1/\tanh(c/2) - \tanh(c/2)$$

$$= \frac{\cosh(c/2)}{\sinh(c/2)} - \frac{\sinh(c/2)}{\cosh(c/2)} = \frac{\cosh^2(c/2) - \sinh^2(c/2)}{\sinh(c/2) \cdot \cosh(c/2)}$$

$$= \frac{2}{2\sinh(c/2) \cdot \cosh(c/2)} = \frac{2}{\sinh(c)}.$$

同理, AC 的欧氏距离等于 $\tanh(b/2)$, 我们有 $CC' = 2/\sinh(b)$. 三角形 $\triangle ABC$ 的角 B 等于 C_1 在 B 点的切线和直线 AB 的交角, 由弦切角和圆周角的关系, 角 B 等于 $\angle BO_1B'$ 的一半, 等于 $\angle BO_1B_1$. 因此, 由直角三角形 $\triangle BO_1B_1$, 我们可以计算 $\sin(B)$,

$$\sin(B) = \frac{BB_1}{O_1B} = \frac{BB'}{2O_1C} = \frac{BB'}{CC'} = \frac{\sinh(b)}{\sinh(c)}.$$

我们再计算 $\cos(A) = AB_1/AO_1$, 这里

$$AB_1 = AB + BB'/2 = \tanh(c/2) + 1/\sinh(c)$$

$$= \frac{\sinh(c/2)}{\cosh(c/2)} + \frac{1}{2\sinh(c/2)\cosh(c/2)} = \frac{2\sinh^2(c/2) + 1}{2\sinh(c/2)\cosh(c/2)}$$

$$= \frac{2\sinh^2(c/2) + \cosh^2(c/2) - \sinh^2(c/2)}{\sinh(c)}$$

$$= \frac{\cosh^2(c/2) + \sinh^2(c/2)}{\sinh(c)} = \frac{\cosh(c)}{\sinh(c)} = \frac{1}{\tanh(c)}.$$

同理, 由 $AO_1 = AC + CC'/2$ 得到 $AO_1 = 1/\tanh(b)$, 因此

$$\cos(A) = \frac{AB_1}{AO_1} = \frac{\tanh(b)}{\tanh(c)}. \qquad \blacksquare$$

定理 30.2 (双曲勾股定理) 给定双曲直角三角形, 其边长为 a, b, c, 其中 c 为直角的对边, 那么

$$\cosh(c) = \cosh(a)\cosh(b). \qquad \blacklozenge$$

证明 与 $\sin(B)$ 和 $\cos(A)$ 的公式相类比, 我们有

$$\sin(A) = \frac{\sinh(a)}{\sinh(c)}, \quad \cos(B) = \frac{\tanh(a)}{\tanh(c)}.$$

由 $\sin^2(A) + \cos^2(A) = 1$, 我们得到

$$1 = \frac{\sinh^2(a)}{\sinh^2(c)} + \frac{\tanh^2(b)}{\tanh^2(c)} = \frac{\sinh^2(a) + \tanh^2(b) \cdot \cosh^2(c)}{\sinh^2(c)}$$

$$= \frac{\sinh^2(a)\cosh^2(b) + \sinh^2(b)\cosh^2(c)}{\cosh^2(b)\sinh^2(c)},$$

两边同乘 $\cosh^2(b)\sinh^2(c)$ 得到

$$\cosh^2(b)\sinh^2(c) = \sinh^2(a)\cosh^2(b) + \sinh^2(b)\cosh^2(c). \qquad (30.3)$$

由等式 $\sinh^2(x) = \cosh^2(x) - 1$, 我们可以去除上式中的双曲正弦,

$$\cosh^2(b)(\cosh^2(c) - 1) = (\cosh^2(a) - 1)\cosh^2(b) + (\cosh^2(b) - 1)\cosh^2(c),$$

即

$$\cosh^2(b)\cosh^2(c) - \cosh^2(b)$$
$$= \cosh^2(a)\cosh^2(b) - \cosh^2(b) + \cosh^2(b)\cosh^2(c) - \cosh^2(c),$$

得到

$$\cosh^2(c) = \cosh^2(a)\cosh^2(b).$$

双曲余弦函数为正, 取平方根, 我们得到双曲勾股定理. ∎

定理 30.3 (双曲正弦定理) 双曲三角形满足

$$\frac{\sin(A)}{\sinh(a)} = \frac{\sin(B)}{\sinh(b)} = \frac{\sin(C)}{\sinh(c)}. \qquad \blacklozenge$$

证明 见图 30.14, 由双曲勾股定理, 在双曲直角三角形 $\triangle AB_1B$ 中,

$$\sin(A) = \frac{\sinh(h)}{\sinh(c)},$$

由此得到

$$\sinh(h) = \sin(A)\sinh(c).$$

同理, 在三角形 $\triangle CBB_1$ 中,

$$\sinh(h) = \sin(C)\sinh(a),$$

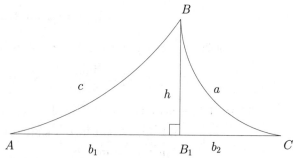

图 30.14 双曲正弦、余弦定理的证明.

由此有
$$\frac{\sin(A)}{\sinh(a)} = \frac{\sin(C)}{\sinh(c)}.$$

同理, 我们得到
$$\frac{\sin(A)}{\sinh(a)} = \frac{\sin(B)}{\sinh(b)}. \qquad \blacksquare$$

定理 30.4 (双曲余弦定理 I) 双曲三角形满足
$$\cosh(a) = \cosh(b)\cosh(c) - \sinh(b)\sinh(c)\cos(A). \qquad \blacklozenge$$

证明 如图 30.14 所示, 在双曲直角三角形 $\triangle BB_1C$ 中,
$$\cosh(a) = \cosh(b_2)\cosh(h).$$

用 $b - b_1$ 来替代 b_2, 由 $\cosh(x-y) = \cosh(x)\cosh(y) - \sinh(x)\sinh(y)$, 我们得到
$$\cosh(a) = \cosh(b)\cosh(b_1)\cosh(h) - \sinh(b)\sinh(b_1)\cosh(h).$$

在双曲直角三角形 $\triangle BB_1A$ 中, $\cosh(h) = \cosh(c)/\cosh(b_1)$, 我们得到
$$\cosh(a) = \cosh(b)\cosh(c) - \sinh(b)\sinh(b_1)\frac{\cosh(c)}{\cosh(b_1)},$$
即
$$\cosh(a) = \cosh(b)\cosh(c) - \sinh(b)\sinh(c)\frac{\tanh(b_1)}{\tanh(c)}.$$

在 $\triangle BB_1A$ 中, $\cos(A) = \tanh(b_1)/\tanh(c)$, 上式化简为
$$\cosh(a) = \cosh(b)\cosh(c) - \sinh(b)\sinh(c)\cos(A). \qquad \blacksquare$$

定理 30.5 (双曲余弦定理 II) 给定双曲三角形 $\triangle ABC$, 那么
$$\cos(B) = -\cos(C)\cos(A) + \sin(A)\sin(C)\cosh(b). \qquad \blacklozenge$$

证明 如图 30.14 所示, 由双曲直角三角形 $\triangle BB_1A$, 我们有
$$\cosh(c) = \cosh(h)\cosh(b_1),$$

由双曲直角三角形 $\triangle BB_1C$, 我们有
$$\cosh(a) = \cosh(h)\cosh(b_2),$$

上面两式相乘,

$$\cosh(a)\cosh(c) = \cosh^2(h)\cosh(b_1)\cosh(b_2).$$

两边乘以 $\cosh(b_1 + b_2) = \cosh(b)$, 我们得到

$$\cosh(a)\cosh(c)(\cosh(b_1)\cosh(b_2) + \sinh(b_1)\sinh(b_2))$$
$$= \cosh(b)\cosh^2(h)\cosh(b_1)\cosh(b_2).$$

将 $\cosh^2(h)$ 用 $1 + \sinh^2(h)$ 来取代, 两侧除以 $\cosh(b_1)\cosh(b_2)$, 得到

$$\cosh(a)\cosh(c)(1 + \tanh(b_1)\tanh(b_2)) = \cosh(b)(1 + \sinh^2(h)).$$

重新整理,

$$\cosh(a)\cosh(c) - \cosh(b)$$
$$= -\tanh(b_1)\tanh(b_2)\cosh(c)\cosh(a) + \sinh^2(h)\cosh(b).$$

由双曲余弦定理, 左侧 $\cosh(a)\cosh(c) - \cosh(b) = \cos(B)\sinh(a)\sinh(c)$,

$$\cos(B)\sinh(a)\sinh(c)$$
$$= -\tanh(b_1)\tanh(b_2)\cosh(c)\cosh(a) + \sinh^2(h)\cosh(b).$$

两侧除以 $\sinh(a)\sinh(c)$, 我们得到

$$\cos(B) = -\frac{\tanh(b_1)}{\tanh(c)}\frac{\tanh(b_2)}{\tanh(a)} + \frac{\sinh(h)}{\sinh(c)}\frac{\sinh(h)}{\sinh(a)}\cosh(b).$$

由双曲勾股定理, 在 $\triangle BB_1A$ 和 $\triangle BB_1C$ 中, $\tanh(b_1)/\tanh(c) = \cos(A)$, $\tanh(b_2)/\tanh(a) = \cos(C)$, $\sinh(h)/\sinh(c) = \sin(A)$, $\sinh(h)/\sinh(a) = \sin(C)$, 我们得到

$$\cos(B) = -\cos(A)\cos(C) + \sin(A)\sin(C)\cosh(b). \qquad \blacksquare$$

30.3 曲面的双曲结构

根据曲面单值化定理, 假设连通曲面 Σ 具有负的 Euler 示性数 $\chi(\Sigma) < 0$, 对于一切 Riemann 度量 $\mathbf{g}$, 存在唯一一个共形因子函数 $u : \Sigma \to \mathbb{R}$, 满足 $(\Sigma, e^{2u}\mathbf{g})$ 是一个完备双曲度量曲面, Gauss 曲率处处等于 -1.

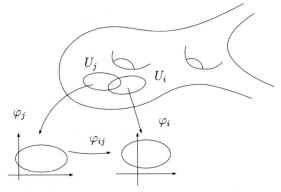

图 30.15 曲面的双曲结构.

定义 30.3 如图 30.15 所示, 曲面的一个双曲结构是一族坐标卡 $\{(U_i, \varphi_i) | i \in I\}$, 使得:

1. $\Sigma = \bigcup_i U_i$,

2. $\varphi_i : U_i \to \mathbb{H}^2$ 给出局部坐标,

3. 局部坐标变换 $\varphi_{ij} = \varphi_i \circ \varphi_j^{-1} = g|_{\varphi_j(U_i \cap U_j)}, g \in \mathrm{Iso}(\mathbb{H}^2)$. ♦

如果任意一条测地线都可以无限延长, 双曲结构称为完备的. (Σ, φ) 上的测地线和角度可以用双曲平面上的局部坐标来定义.

例 30.1 如图 30.16 所示, 令 $\gamma(z) = z + 1$, γ 生成变换群 $\Gamma = \langle \gamma^n \rangle$, $\Gamma \subset \mathrm{Iso}(\mathbb{H}^2)$. 商空间 $\Sigma = \mathbb{H}^2/\Gamma$ 有一个双曲尖点, $\pi : \mathbb{H}^2 \to \Sigma$ 为投影映射, 局部坐标卡为 $(\varphi_i, \mathbb{H}^2)$, $\varphi_i = (\pi|_{V_i})^{-1}$, $\varphi_j = (\pi|_{V_j})^{-1}$, 局部坐标变换 $\varphi_{ij} \in \langle \gamma \rangle$.

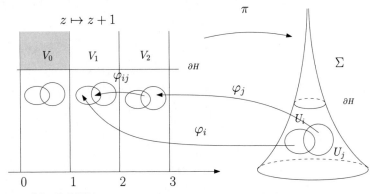

图 30.16 双曲曲面尖点结构.

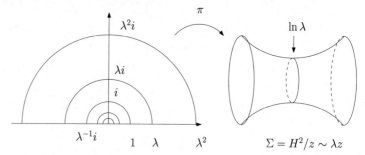

图 30.17 双曲环带.

假设我们在尖点处放置一个极限圆 H, 极限圆包含 Σ 的区域是尖点的一个邻域 (图中阴影区域), 极限圆和 Σ 的交线记为 ∂H. 假设, ∂H 在 $\mathbb{H}^2$ 中的表示为 $\mathrm{Im}(z) = y$, 那么交线的长度为

$$L(\partial H) = \int_0^1 \frac{dx}{y} = \frac{1}{y}.$$

邻域的面积为

$$\mathrm{area}(H) = \int_0^1 \int_y^\infty \frac{dxdy}{y^2} = \frac{1}{y}. \qquad \blacklozenge$$

例 30.2 如图 30.17 所示, 令 $\gamma(z) = \lambda z$, $\lambda > 1$, γ 生成变换群 $\Gamma = \langle \gamma^n \rangle$, $\Gamma \subset \mathrm{Iso}(\mathbb{H}^2)$. 商空间 $\Sigma = \mathbb{H}^2/\Gamma = \mathbb{H}^2/z \sim \lambda z$, 那么 Σ 是一个双曲环带, 最短测地闭曲线的长度为

$$\int_i^{\lambda i} \frac{dy}{y} = \ln \lambda. \qquad \blacklozenge$$

例 30.3 如图 30.18 所示, 双曲等距子群

$$\Gamma(2) = \left\{ \begin{pmatrix} a & b \\ c & d \end{pmatrix} \in \mathrm{SL}(2, \mathbb{Z}) \,\middle|\, \begin{pmatrix} a & b \\ c & d \end{pmatrix} \equiv \begin{pmatrix} 1 & 0 \\ 0 & 1 \end{pmatrix} \pmod 2 \right\} / \pm \mathrm{id}.$$

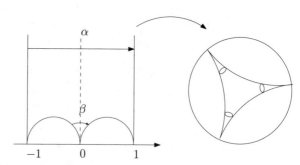

图 30.18 理想双曲三角形的双重覆盖.

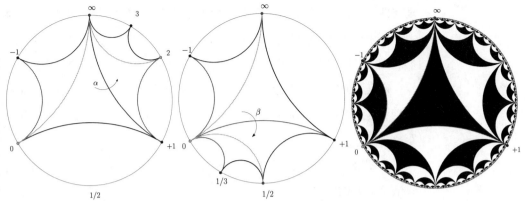

图 30.19 理想双曲三角形的双重覆盖 $\mathbb{H}^2/\Gamma(2)$. 左帧: α 变换; 中帧: β 变换; 右帧: 万有覆盖空间.

$\Gamma(2)$ 自由、离散地作用在 $\mathbb{H}^2$ 上, 有两个生成元,

$$\alpha(z) = z + 2, \quad \alpha = \begin{pmatrix} 1 & 2 \\ 0 & 1 \end{pmatrix}, \quad \beta(z) = \frac{z}{2z+1}, \quad \beta = \begin{pmatrix} 1 & 0 \\ 2 & 1 \end{pmatrix},$$

如果我们令 $w = 1/z$, 那么 $\beta(w) = w + 2$. 如图 30.19 所示, α 以 ∞ 为不动点, β 以 0 为不动点, 中间的双曲四边形 $\{0, 1, \infty, -1\}$ 和 0 相邻的两条边彼此等价, 和 ∞ 相邻的两条边彼此等价. 由 Schottky 群作用, 所得的商空间是理想双曲三角形的双重覆盖, 与 $\mathbb{C} \setminus \{0, 1\}$ 同构, $\mathbb{H}^2/\Gamma(2) \cong \mathbb{C} \setminus \{0, 1\}$. ◆

理想四边形

给定 4 个无穷远点 $v_1, v_2, v_3, v_4 \in \partial \mathbb{H}^2$, 其双曲凸包称为一个理想四边形 (ideal quadrilateral). 如图 30.20 所示, 不同的理想四边形彼此不一定等距.

定义 30.4 (带标记的理想四边形) 如图 30.20 所示, 一个带标记的

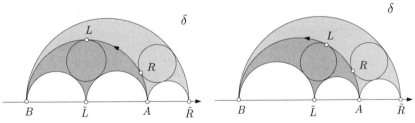

图 30.20 理想双曲四边形.

理想四边形是两个可定向的理想三角形沿着边等距粘贴得到的并集. ◆

每个理想三角形都有一个内切圆, 内切圆和三角形交于三条高的垂足. 理想四边形的对角线上两个垂足间的有向距离给出了四边形的剪切坐标.

定义 30.5 (剪切坐标) 给定一个可定向带标记的四边形 δ, Thurston 的剪切坐标 (shear coordinate) $d(\delta)$ 等于沿着对角线从 L 到 R 的有向距离. ◆

从图 30.20 中我们可以看出, 剪切坐标不依赖于公共边的定向选取, 只依赖于 δ 的定向.

引理 30.7 假设 $\delta = (A, \tilde{R}, B, \tilde{L})$, 那么

$$d(\delta) = \ln(-(A, B, \tilde{R}, \tilde{L})).$$ ◆

证明 如图 30.21 所示, 经过一个 Möbius 变换, $\{A, B, \tilde{L}, \tilde{R}\}$ 变换成 $\{0, \infty, -1, t > 0\}$, 那么

$$(A, B, \tilde{R}, \tilde{L}) = (0, \infty, t, -1) = \frac{0 - t}{0 + 1} : \frac{\infty - t}{\infty + 1} = -t.$$

从图 30.21 中可以看到, $L = i$, $R = it$, 因此 $d(\delta) = \ln t$. 证明完毕. ■

引理 30.8 假设理想四边形 δ' 是将 δ 进行对角线对换, 那么

$$d(\delta') = -d(\delta).$$ ◆

证明 如图 30.22 所示, 通过一个 Möbius 变换, 我们可以将理想四边形的四个顶点变换到某个圆内接长方形的顶点位置, 做双曲反射

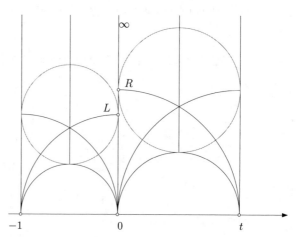

彩　图

图 30.21 理想双曲四边形的剪切坐标和顶点交比的关系.

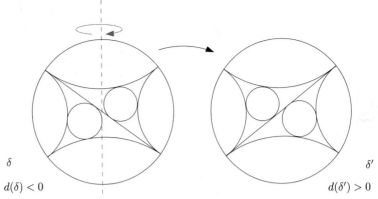

δ δ'

$d(\delta) < 0$ $d(\delta') > 0$

图 30.22 理想双曲四边形对角线对换, 剪切坐标取负.

$(x, y) \mapsto (-x, y)$, 由对称性, 我们有 $d(\delta) = -d(\delta')$. 证明完毕. ∎

30.4 Thurston 的剪切坐标

假设亏格为 g 的曲面去掉 n 个点, $\Sigma = \Sigma_g - \{v_1, v_2, \cdots, v_n\}$, $n \geqslant 1$, $\chi(\Sigma) < 0$, $(\Sigma, \mathcal{T})$ 是一个理想三角剖分 (图 30.23).

对每一个定义在边上的函数 $x : E(\mathcal{T}) \to \mathbb{R}$, 也记为 $x \in \mathbb{R}^{E(\mathcal{T})}$, 我们可以依照如下的方法构造 Σ 上的一个双曲结构 $\pi(x)$:

1. 对于每一个三角形 $\triangle \in \mathcal{T}$, 构造一个理想双曲三角形, $\triangle \to \triangle^*$;
2. 对于每一条边 $e \in E(\mathcal{T})$ 和两个三角形相邻 $\triangle_1 \cap \triangle_2 = e$, 将两个理想双曲三角形 $\triangle_1^*$ 和 $\triangle_2^*$ 沿着 e 等距粘贴起来, 使得在 e 上的剪切坐标等于 $x(e)$, 如图 30.24 和图 30.25 所示.

引理 30.9 $\pi(x)$ 是具有有限面积的完备度量, 即每个顶点都是尖点,

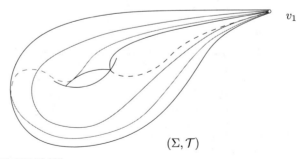

v_1

$(\Sigma, \mathcal{T})$

图 30.23 曲面的理想三角剖分.

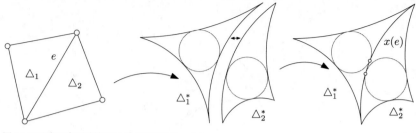

图 **30.24** 理想三角形的粘贴方式: 剪切坐标为 $x(e)$.

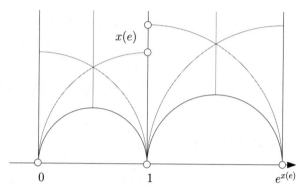

图 **30.25** 理想三角形的粘贴方式: 剪切坐标为 $x(e)$.

当且仅当对于任意顶点 $v \in \{v_1, v_2, \cdots, v_n\}$,

$$\sum_{e \sim v} x(e) = 0. \quad \blacklozenge \tag{30.4}$$

证明　如图 30.26 所示, 假设 v 是 ∞, 那么 z 和 z' 等价, $z \sim z'$, 由构造方法

$$\mathrm{Im}(z')/\mathrm{Im}(z) = e^{x_1 + x_2 + x_3}.$$

v 是尖点, 当且仅当连接 z 和 z' 的直线是极限圆. 因此 $x_1 + x_2 + x_3 = 0$. ∎

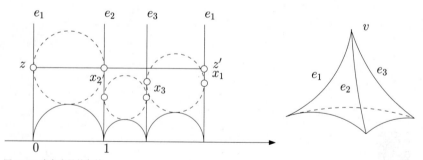

图 **30.26** 完备度量的条件.

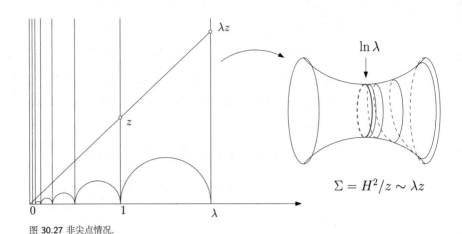

图 30.27 非尖点情况.

如图 30.27 所示, 如果尖点条件 (30.4) 不被满足, 即 $\sum_{e \sim v} x(e) \neq 0$, 那么顶点的邻域可被看作商空间 $\mathbb{H}^2 / z \sim \lambda z$, 即双曲环带; $\mathbb{H}^2$ 上的曲线 (欧氏直线) $\{z = \lambda z_0\}$ 成为环带上的无穷螺旋线. 这时曲面的双曲结构不再完备.

引理 30.10 假设 $(\Sigma, \mathbf{d})$ 是带有双曲结构的曲面, $\mathcal{T}$ 是理想三角剖分, 那么每一条边 $e \in E(\mathcal{T})$ 和唯一一条无穷长测地线 e^* 同伦. ♦

证明 假设边 $e \in E(\mathcal{T})$ 连接 v_1 和 v_2. 我们做过 v_1 和 v_2 的极限球 (horosphere) h_1 和 h_2, 它们和曲面交于极限圆 ∂h_1 和 ∂h_2, 连接 ∂h_1 和 ∂h_2 的最短路径为测地线 (图 30.28). 我们将极限球逐渐缩小, 则测地线无限延长至 e^*. ∎

引理 30.11 假设 $(\Sigma, \mathbf{d})$ 是一个带有双曲结构的曲面, 连接两个尖点

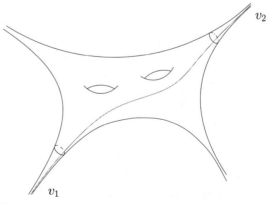

图 30.28 构造测地线.

的测地线唯一. ◆

证明 如图 30.29 所示, 假如存在两条相异的测地线连接两个尖点 v_1 和 v_2, 则如图右侧所示, 存在一个双曲四边形, 两条对边为测地线, 另外两条对边为极限圆. 如图左侧所示, 这样的双曲四边形是不存在的. 因此, 测地线唯一. ∎

定理 30.6 (Thurston) 定义线性子空间

$$\mathbb{R}^E_P = \left\{ x \in \mathbb{R}^E \Big| \forall v \in V, \sum_{v \sim e} x(e) = 0 \right\}.$$

映射

$$\Phi_{\mathcal{T}} : \mathbb{R}^E_P \to T(\Sigma), x \mapsto [\pi(x)]$$

是一个一一映射, $\Phi_{\mathcal{T}}(x)$ 在三角剖分 $\mathcal{T}$ 下, 具有剪切坐标 $x(e)$, 这里 $T(\Sigma)$ 是 Teichmüller 空间. ◆

证明 Φ 是满射: 如果 $[\mathbf{d}] \in T(\Sigma)$, $\mathcal{T}$ 是一个理想三角剖分, 我们可以将 $\mathcal{T}$ 同痕变换成 $(\Sigma, \mathbf{d})$ 的一个测地三角剖分, 使得每条边都变成无穷长的简单测地线, 连接两个尖点. 再令 $x(e)$ 等于 e 上的剪切坐标, 则 $x \in \mathbb{R}^E_P$.

Φ 是单射: 假设存在一个等距映射

$$h : (\Sigma, \Phi_{\mathcal{T}}(x)) \to h : (\Sigma, \Phi_{\mathcal{T}}(x')),$$

$h \simeq \mathrm{id}$, h 同伦于恒同映射, $h(\mathcal{T}_x) = \mathcal{T}_{x'}$, 这里 $\mathcal{T}_x$ 和 $\mathcal{T}_{x'}$ 分别是度量 $\Phi(x)$

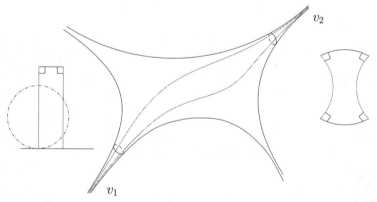

图 30.29 测地线唯一.

472

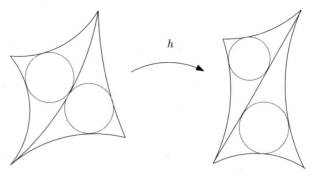

图 30.30 等距变换下剪切坐标不变.

和 $\Phi(x')$ 下的测地三角剖分. h 保持双曲距离, 因此剪切坐标相等. 关键在于 $\mathcal{T}_x$ 是唯一的 (图 30.30). ■

定理 30.7 假设理想三角剖分 $\mathcal{T}$ 和 $\mathcal{T}'$ 彼此相差一个对角线对换, 那么坐标变换函数

$$\Phi_{\mathcal{T}'}^{-1} \circ \Phi_{\mathcal{T}} : \mathbb{R}^{E(\mathcal{T})} \to \mathbb{R}^{E(\mathcal{T}')}$$

具有如图 30.31 的形式. ♦

证明 我们应用交比的基本规则, 假设尖点的坐标如图 30.32 所示, $x = \ln t$,

$$c = \ln(-1)(t, \infty, s, 0) = \ln\left(\frac{t-s}{t-0}\right)(-1) = \ln\frac{s-t}{t}.$$

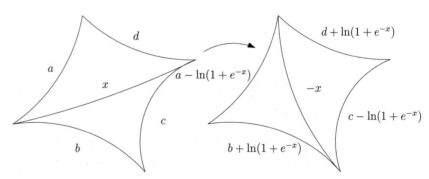

图 30.31 对角线对换诱导的坐标变换.

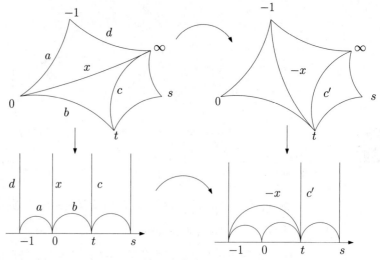

图 **30.32** 对角线对换诱导的坐标变换.

那么

$$c' = \ln(-1)(t, \infty, s, -1)$$
$$= \ln(-1)\frac{t-s}{t+1}$$
$$= \ln\frac{s-t}{t+1}$$
$$= \ln\frac{s-t}{t} + \ln\frac{t}{1+t}$$
$$= c - \ln\left(1 + \frac{1}{t}\right)$$
$$= c - \ln(1 + e^{-x}).$$

基本规则是: 右肩加上 $\ln(1+e^x)$, 左肩减去 $\ln(1+e^{-x})$. ■

推论 30.4 Teichmüller 空间 $T(\Sigma)$ 是一个实解析流形, 和 $\mathbb{R}^{6g-6+2n}$ 微分同胚. ◆

证明 由定理 30.7, 我们知道 $T(\Sigma)$ 是一个实解析流形. 由引理 30.9, 我们得到 $T(\Sigma)$ 的维数等于边数减去顶点数. 封闭曲面 Σ 满足 $V(\mathcal{T}) + F(\mathcal{T}) - E(\mathcal{T}) = 2 - 2g$, $3F(\mathcal{T}) = 2E(\mathcal{T})$, 我们得到 $E(\mathcal{T}) = 6g - 6 + 3n$, 因此 $T(\Sigma)$ 的维数等于 $6g - 6 + 2n$, 这里 $V(T) = n$. ■

任何坐标变换下的不变量都是整个 Teichmüller 空间的不变量.

30.5 Penner 的 λ-长度坐标

给定曲面 $(\Sigma, \mathbf{d})$, 这里 $\mathbf{d}$ 是完备双曲度量, 具有有限面积. 一个极限球面 (horoball) 是一个子曲面, 和商空间 $\{\operatorname{Im}(z) > c\}/(z \sim z + 1)$ 等距 (图 30.33). 极限球面构成了 Σ 无穷远点的邻域, 记为 H, 那么我们有

$$\operatorname{area}(H) = \operatorname{length}(\partial H).$$

令 $H_1, H_2, \cdots, H_n$ 是顶点处的极限球面,

$$\Sigma - \bigcup_{i=1}^{n} H_i$$

是一个紧曲面, 每个边界 ∂H_i 为一个极限圆.

如图 30.34 所示, 一个带装饰的理想三角形 τ 是如下的理想三角形: 带有无穷远顶点 $v_1, v_2, v_3 \in \partial \mathbb{H}^2$, 每个顶点 v_i 与一个极限球 H_i 关联; 三条无穷长的边为 e_i, e_i 和 v_i 相对, $i = 1, 2, 3$; 顶点 v_i 处的角度 α_i 是极限球的边界 ∂H_i 和 τ 交线的长度; 边 e_i 的有向双曲长度为 l_i, 如果 $H_j \cap H_k = \emptyset$, 则 l_i 为正 (左帧), 反之, 若 $H_j \cap H_k \neq \emptyset$, 则 l_i 为负 (右帧). Penner 的 λ-长度 L_i 定义为:

$$L_i := e^{\frac{1}{2}l_i}. \tag{30.5}$$

定理 30.8 (带装饰的双曲理想三角形余弦定理) 给定一个带装饰的

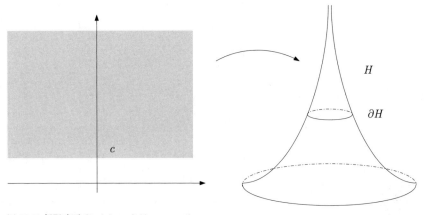

图 30.33 极限球面 $\{\operatorname{Im}(z) > c\}/(z \sim z + 1)$.

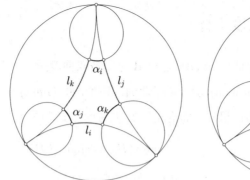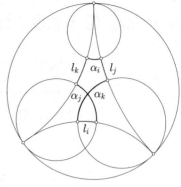

图 30.34 带装饰的理想双曲三角形, 左帧 $l_i > 0$, 右帧 $l_i < 0$.

双曲理想三角形, 我们有

1. 余弦定理:

$$\alpha_i = e^{\frac{1}{2}(l_i - l_j - l_k)} = \frac{L_i}{L_j L_k}.$$

2. $-\ln \alpha_i$ 等于极限圆 ∂H_i 到垂足 (中点) p_j 或 p_k 的距离.

3. 给定任意的 $l_1, l_2, l_3 \in \mathbb{R}$, 存在唯一的带装饰的双曲三角形 τ, 其边长为 $\{l_1, l_2, l_3\}$. ♦

证明 图 30.35 左帧显示了一个理想三角形, $\{v_i, v_j, v_k\}$ 的坐标分别为 $\{0, 1, \infty\}$. 我们画出了三个高, 在三条边 $\{e_i, e_j, e_k\}$ 上的垂足 (中点) $\{p_i, p_j, p_k\}$ 为 $\{1+i, i, \frac{1}{2} + \frac{1}{2}i\}$. 三条高的交点为 $\frac{1}{2} + \frac{\sqrt{3}}{2}i$, 为双曲内切圆圆心. 内切圆和三条边相切于垂足.

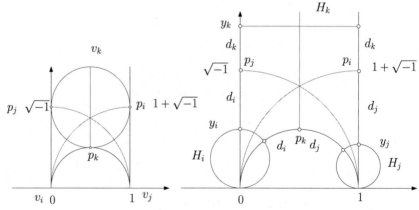

图 30.35 带装饰的理想双曲三角形的余弦定理.

图 30.35 右帧显示了一个带装饰的理想三角形. 顶点 $\{v_i, v_j, v_k\}$ 处的极限圆分别为 $\{H_i, H_j, H_k\}$, 极限圆完全由 $\{y_i, y_j, y_k\}$ 所决定. 从图中, 我们可以看出从垂足 p_i 到 ∂H_k 的双曲距离等于从垂足 p_j 到 ∂H_k 的双曲距离,

$$d_k = -d(p_i, \partial H_k) = -d(p_j, \partial H_k) = -\int_1^{y_k} \frac{dy}{y} = -\ln y_k.$$

由对称性, 我们得到

$$d(p_j, \partial H_i) = d(p_k, \partial H_i) = d_i = \int_{y_i}^1 \frac{dy}{y} = -\ln y_i.$$

同样地,

$$d(p_i, \partial H_j) = d(p_k, \partial H_j) = d_j = \int_{y_j}^1 \frac{dy}{y} = -\ln y_j.$$

进一步, 我们有

$$l_i = d_j + d_k, \quad l_j = d_k + d_i, \quad l_k = d_i + d_j. \tag{30.6}$$

等价地, 我们得到

$$d_i = \frac{1}{2}(l_j + l_k - l_i), \quad d_j = \frac{1}{2}(l_k + l_i - l_j), \quad d_k = \frac{1}{2}(l_i + l_j - l_k). \tag{30.7}$$

同时, 我们考虑内角

$$\alpha_k = \int_0^1 \frac{1}{y_k} dx = \frac{1}{y_k},$$

得到

$$\alpha_k = e^{-d_k}, \quad \alpha_i = e^{-d_i}, \quad \alpha_j = e^{-d_j}. \tag{30.8}$$

$$\alpha_k = \exp \frac{l_k - l_i - l_j}{2} = \frac{L_k}{L_i L_j},$$

这里 Penner 的 λ-长度 $L_i = \exp l_i/2$, $l_i = 2\ln L_i$.

对于任意给定的正数三元组 $\{L_i, L_j, L_k\}$, 我们将双曲边长记作

$$\{l_i, l_j, l_k\} = \{2\ln L_i, 2\ln L_j, 2\ln L_k\},$$

计算 $\{d_i, d_j, d_k\}$, 然后计算 $\{y_i, y_j, y_k\} = \{e^{-d_i}, e^{-d_j}, e^{+d_k}\}$. 依照图 30.35 右帧构造, 即得到所需的带装饰的理想双曲三角形. 证明完毕. ∎

30.5.1 带装饰的双曲度量

定义 30.6 (带装饰的双曲度量) 如图 30.36 所示, 曲面 Σ 上的一个带装饰的双曲度量表示成一个二元组 $(\mathbf{d}, \mathbf{w})$:

1. $\mathbf{d}$ 是一个完备的、具有有限面积的双曲度量;

2. 曲面的每一个尖点 v_i 都和一个极限球 H_i 相关联, H_i 以 v_i 为中心, 边界 ∂H_i 的长度为 w_i, $\mathbf{w} = (w_1, w_2, \cdots, w_n) \in \mathbb{R}^n_{>0}$. ◆

定义 30.7 (带装饰的双曲度量的 Teichmüller 空间) Σ 上带装饰的双曲度量的 Teichmüller 空间

$$T_D = \frac{\left\{ [(\mathbf{d}, \mathbf{w})] | (\mathbf{d}, \mathbf{w}) \text{ 是 } \Sigma \text{ 上带装饰的双曲度量} \right\}}{\{\text{和恒同映射同伦的等距变换, 保持所有的极限球}\}},$$

我们有结构分解

$$T_D(\Sigma) = T(\Sigma) \times \mathbb{R}^n_{>0}, \tag{30.9}$$

这里 $T(\Sigma)$ 是完备的、具有有限面积的双曲度量的 Teichmüller 空间, $\mathbb{R}^n_{>0}$ 表示装饰 ∂H_i 的长度. ◆

如图 30.37 所示, 现在固定 Σ 的一个三角剖分 $\mathcal{T}$, 对于任意 $x \in \mathbb{R}^{E(\mathcal{T})}_{>0}$, 我们可以如下构造一个带装饰的双曲度量 $\varphi(x) \in T_D(\Sigma)$: 将每一个 $\triangle \in F(\mathcal{T})$ 转换成一个带装饰的双曲三角形, 其 λ-长度为 $x(e)$; 然后将这些带装饰的双曲三角形沿着边等距地粘贴起来, 这种粘贴方式保持装饰.

例 30.4 给定 Σ 的三角剖分 $\mathcal{T}$ 和一个欧氏度量, 边长函数为

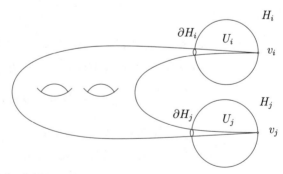

图 30.36 带装饰的双曲度量.

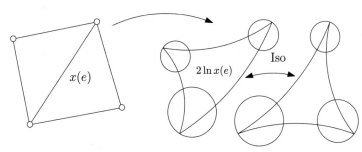

图 30.37 欧氏度量到带装饰的双曲度量的变换.

$x \in \mathbb{R}_{>0}^{E(\mathcal{T})}$, 每条边 e_i 的欧氏长度为 $x(e_i)$. 在每个三角形 $\{e_i, e_j, e_k\}$ 中, 将边长 $\{x(e_i), x(e_j), x(e_k)\}$ 视作 Penner 的 λ-长度, 得到双曲边长为

$$\Phi_{\mathcal{T}} : \{x(e_i), x(e_j), x(e_k)\} \mapsto \{2 \ln x(e_i), 2 \ln x(e_j), 2 \ln x(e_k)\}. \quad \blacklozenge$$

定理 30.9 固定 Σ 的一个三角剖分 $\mathcal{T}$, $\Phi_{\mathcal{T}} : \mathbb{R}^{E(\mathcal{T})} \to T_D(\Sigma)$ 是一个拓扑同胚. $\quad \blacklozenge$

证明 根据定义, 映射 $\Phi_{\mathcal{T}}$ 为单射; 给定 $(\mathbf{d}, \mathbf{w})$, 我们将 $\mathcal{T}$ 的每条边同痕变换成测地线, 得到 Penner 的 λ-长度, 即 $x \in \mathbb{R}^{E(\mathcal{T})}$, 则映射 $\Phi_{\mathcal{T}}$ 为满射. $\quad \blacksquare$

定义 30.8 (长度交比) 给定一个三角剖分的多面体封闭曲面 $(\Sigma, \mathbf{d}, \mathcal{T})$, 对于任意一对相邻的面 $\{A, C, B\}$ 和 $\{A, B, D\}$, 其公共边为 $\{A, B\}$, 那么公共边上的长度交比 (length cross ratio) 定义为:

$$\mathrm{Cr}(\{A, B\}) := \frac{aa'}{bb'},$$

这里 a, a', b, b' 是多面体度量下边 $\{A, C\}, \{B, D\}, \{B, C\}, \{A, D\}$ 的长度 (图 30.38). $\quad \blacklozenge$

命题 30.1 (Penner 的 λ-长度到剪切坐标) 给定三角剖分的多面体封闭曲面 $(\Sigma, \mathbf{d}, \mathcal{T})$, 具有欧氏度量 $\mathbf{d}$, 经过 $\Phi_{\mathcal{T}}$ 变换得到带装饰的双曲度量 $(\Sigma, \rho, \mathcal{T})$, 每一条边上在双曲度量 ρ 下的剪切坐标等于此边上在欧氏度量 $\mathbf{d}$ 下的长度交比的自然对数 $-\ln \mathrm{Cr}(\{v_i, v_j\})$. $\quad \blacklozenge$

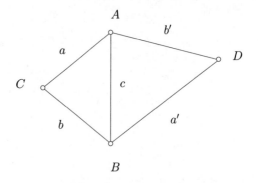

图 30.38 长度交比.

证明 如图 30.39 所示, 右侧显示的是一对相邻的欧氏三角形, 左侧显示的是带装饰的双曲三角形. 我们将一对相邻的欧氏三角形变换成带装饰的双曲三角形, 边 $\{v_i, v_j\}$ 上的剪切坐标等于垂足 p_k 到 p_l 的双曲距离.

设顶点 $\{v_i, v_j, v_k, v_l\}$ 的坐标为 $\{1, \infty, 0, 1+\lambda\}$, 这里 λ 是未知变量. 在带装饰的双曲三角形 $\{v_i, v_l, v_j\}$ 中应用余弦定理, 内角

$$\theta_j^{il} = \frac{\lambda}{y_j} = \frac{\alpha}{\beta c}.$$

同样在带装饰的双曲三角形 $\{v_i, v_j, v_k\}$ 中应用余弦定理, 内角

$$\theta_j^{ki} = \frac{1}{y_j} = \frac{b}{ac}.$$

由此, 我们得到

$$\lambda = y_j \frac{\alpha}{\beta c} = \frac{ac}{b} \frac{\alpha}{\beta c} = \frac{a\alpha}{b\beta} = \mathrm{Cr}(\{v_i, v_j\}).$$

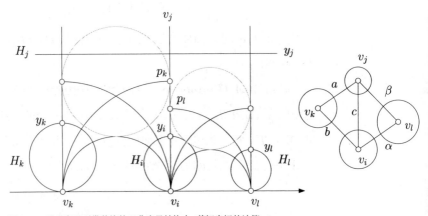

图 30.39 欧氏度量到带装饰的双曲度量转换中, 剪切坐标的计算.

垂足 $\{p_l, p_k\}$ 的坐标为 $\{1 + \lambda i, 1 + i\}$, 那么剪切坐标为

$$d(p_l, p_k) = -\ln \lambda = -\ln \mathrm{Cr}(\{v_i, v_j\}).$$

证明完毕. ∎

另一种证明 如图 30.40 所示, 考察相邻的两个带装饰的双曲三角形, 双曲边长为 $\{a, b, c, d, t\}$, 图右帧所示从极限圆到中点 (垂足) 的双曲距离

$$l = (a + t - d)/2,$$

由此, 剪切坐标等于

$$(b + t - c)/2 - (a + t - d)/2 = (b + d - a - c)/2. \qquad \blacksquare$$

推论 30.5 (Penner 的 Ptolemy 等式) 令 A, A', B, B', C, C' 是带装饰的理想四边形的 λ-长度, 那么

$$CC' = AA' + BB'. \qquad \blacklozenge$$

证明 如图 30.41 所示, 令 α, β 为所示的角度, 由余弦定理

$$\alpha = \frac{B}{AC'}, \quad \beta = \frac{A'}{B'C'}$$

和 $\alpha + \beta = C/(AB')$, 我们得到

$$\frac{B}{AC'} + \frac{A'}{B'C'} = \frac{C}{AB'},$$

等价地

$$AA' + BB' = CC'. \qquad \blacksquare$$

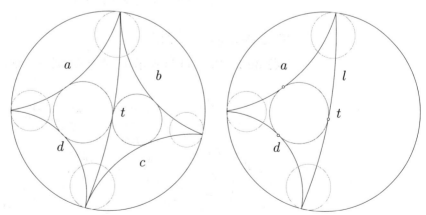

图 30.40 欧氏度量到带装饰的双曲度量转换中, 剪切坐标的计算.

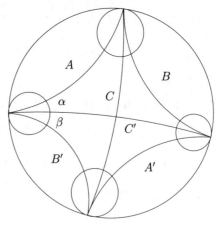

图 30.41 Penner 的 Ptolemy 等式.

这意味着对角线对换诱导的坐标变换 $\Phi_{\mathcal{T}'} \circ \Phi_{\mathcal{T}}^{-1}$ 用 λ-长度表示 (图 30.42), 形式非常简洁:

$$\{A, A', B, B', C\} \mapsto \left\{A, A', B, B', \frac{AA' + BB'}{C}\right\}.$$

定义 30.9 (带装饰的双曲 Delaunay 三角剖分) 假设 (S, V) 是一个带标记的曲面, $\mathcal{T}$ 是 (S, V) 的一个三角剖分, 以 V 为顶点集. $\mathbf{d}$ 是一个具有有限面积的完备双曲度量, 以顶点为尖点. 每个顶点 $v_i \in V$ 处放置一个极限球 H_i, 与曲面相截, 交线 ∂H_i 的长度为 w_i. 曲面 $(S, V, \mathbf{d}, \mathbf{w})$ 的每个面都是带装饰的双曲三角形. 如图 30.43 所示, 如果对一切边 $e \in E(\mathcal{T})$, 都满足

$$\alpha + \alpha' \leqslant \beta + \beta' + \gamma + \gamma', \tag{30.10}$$

那么 $\mathcal{T}$ 是 Delaunay 三角剖分. ◆

命题 30.2 如图 30.43 所示, 带装饰的双曲三角剖分 $\mathcal{T}$ 是 Delaunay

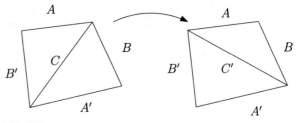

图 30.42 λ-长度坐标变换.

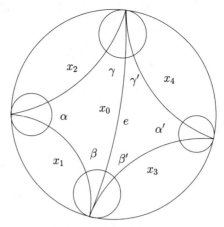

图 30.43 带装饰的双曲 Delaunay 三角剖分.

的, 当且仅当对于任意一条边 $e \in E(\mathcal{T})$, 满足

$$\frac{x_1^2 + x_2^2 - x_0^2}{2x_1 x_2} + \frac{x_3^2 + x_4^2 - x_0^2}{2x_3 x_4} \geqslant 0. \quad \blacklozenge \tag{30.11}$$

证明 三角剖分 $\mathcal{T}$ 是 Delaunay 的, 等价于

$$\alpha + \alpha' - \beta - \beta' - \gamma - \gamma' \leqslant 0.$$

由带装饰的双曲三角形余弦定理, 我们有

$$\frac{x_0}{x_1 x_2} + \frac{x_0}{x_3 x_4} - \frac{x_1}{x_0 x_2} - \frac{x_2}{x_0 x_1} - \frac{x_3}{x_0 x_4} - \frac{x_4}{x_0 x_3} \leqslant 0,$$

$$\frac{x_0^2 - x_1^2 - x_2^2}{x_1 x_2 x_0} + \frac{x_0^2 - x_3^2 - x_4^2}{x_3 x_4 x_0} \leqslant 0,$$

$$\frac{x_1^2 + x_2^2 - x_0^2}{2x_1 x_2} + \frac{x_3^2 + x_4^2 - x_0^2}{2x_3 x_4} \geqslant 0. \quad \blacksquare$$

30.5.2 角度坐标

我们用凸能量的变分法证明如下定理.

定理 30.10 (角度坐标) 对任意一个 $x \in \mathbb{R}^{E(\mathcal{T})}$, 定义 $\Psi(x) \in \mathbb{R}^{E(\mathcal{T})}$,

$$\Psi(x)(e) = a + a' - b - b' - c - c'$$

$$= \frac{x_1}{x_2 x_5} + \frac{x_1}{x_3 x_4} - \frac{x_4}{x_1 x_3} - \frac{x_3}{x_1 x_4} - \frac{x_2}{x_1 x_5} - \frac{x_5}{x_1 x_2},$$

那么映射 $x \mapsto \Psi(x)$ 是一个光滑嵌入 (图 30.44). $\quad \blacklozenge$

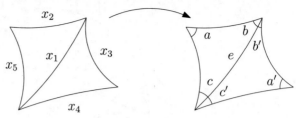

图 30.44 角度坐标.

参见图 30.45, 由带装饰的理想双曲三角形余弦定理,

$$a_i = e^{\frac{1}{2}(x_i - x_j - x_k)},$$

令 $t_i = \frac{1}{2} x_i$, 我们有

$$y_i = a_j + a_k - a_i = e^{t_j - t_k - t_i} + e^{t_k - t_i - t_j} - e^{t_i - t_j - t_k}.$$

引理 30.12 在带装饰的理想双曲三角形中,

1. 偏导数

$$\frac{\partial y_i}{\partial t_i} = -e^{t_j - t_k - t_i} - e^{t_k - t_i - t_j} - e^{t_i - t_j - t_k}$$
$$= (-1)e^{-t_i - t_j - t_k}(e^{2t_i} + e^{2t_j} + e^{2t_k});$$

2. 偏导数

$$\frac{\partial y_i}{\partial t_j} = e^{t_j - t_k - t_i} - e^{t_k - t_i - t_j} + e^{t_i - t_j - t_k}$$
$$= e^{-t_i - t_j - t_k}(e^{2t_i} + e^{2t_j} - e^{2t_k}).$$

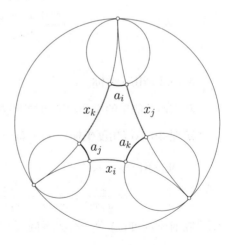

图 30.45 角度坐标.

由此, 有对称性

$$\frac{\partial y_i}{\partial t_j} = \frac{\partial y_j}{\partial t_i}.$$

更进一步

$$\left(\frac{\partial y_i}{\partial t_j}\right)_{3\times3} = (-1)e^{-t_1-t_2-t_3}\begin{pmatrix} s_1+s_2+s_3 & s_1+s_2-s_3 & s_1-s_2+s_3 \\ s_1+s_2-s_3 & s_1+s_2+s_3 & -s_1+s_2+s_3 \\ s_1-s_2+s_3 & -s_1+s_2+s_3 & s_1+s_2+s_3 \end{pmatrix}$$

是严格负定的, 这里 $s_i = e^{2t_i}$.   ◆

证明 注意 $s_1, s_2, s_3 > 0$, 所有 2×2 主子式的行列式为正, 我们只需证明 3×3 矩阵的行列式为正. 我们可以由 (y_1, y_2, y_3) 解出 (t_1, t_2, t_3), 因此 3×3 矩阵 $(\frac{\partial y_i}{\partial t_j})$ 的行列式非负. 所有可能 t_i 的集合为连通集合, 因此矩阵 $(\frac{\partial y_i}{\partial t_j})$ 的行列式不变号. 我们选取一个特例: s_1, s_2, s_3 都等于 1, 行列式为正. 定理得证.   ∎

推论 30.6 假设带装饰的双曲三角形的边长为 (x_1, x_2, x_3), 则存在一个严格凸函数: $F : \mathbb{R}^3 \to \mathbb{R}$, 使得 $\nabla F(x) = (y_1, y_2, y_3)$,

$$F(x) = \int_0^x \sum_{i=1}^3 y_i dx_i.$$ ◆

证明 由对称性, 我们得到微分形式为闭形式,

$$d(y_1 dx_1 + y_2 dx_2 + y_3 dx_3) = 0.$$

因为定义域为单连通的, 微分形式可积, 可以定义能量 $F(x)$. $F(x)$ 的 Hesse 矩阵是严格负定的, 因此 $F(x)$ 是严格凹函数.   ∎

引理 30.13 设 $\Omega \subset \mathbb{R}^N$ 为开的凸集合, $W : \Omega \to \mathbb{R}$ 为 $C^2(\Omega, \mathbb{R})$ 严格凹函数, 那么梯度映射 $\nabla W : \Omega \to \mathbb{R}^N$ 为微分同胚.   ◆

证明 梯度映射 $\nabla W : \Omega \to \mathbb{R}^N$ 的 Jacobi 矩阵为 W 的 Hesse 矩阵 $\text{Hess}(W)$, 因为 W 为 C^2 严格凸函数, $\text{Hess}(W)$ 正定, 所以由隐函数定理, 梯度映射为局部微分同胚.

下面我们证明梯度映射为整体微分同胚. 假设梯度映射不是整体微分同胚, 存在两个点 $p_0, p_1 \in \Omega$, $p_0 \neq p_1$, $\nabla W(p_0) = \nabla W(p_1)$. 构造连接 p_0 和 p_1 的直线段, $\gamma(t) = (1-t)p_0 + tp_1$, $t \in [0, 1]$. 由于 Ω 的凸性, $\gamma \subset \Omega$.

由此得到单参数函数 $g(t) = W \circ \gamma(t)$, 其二阶导数为

$$\frac{\partial^2 g}{\partial t^2} = (p_1 - p_0)^T \operatorname{Hess}(W)(p_1 - p_0).$$

因为 W 为 C^2 严格凸的函数, 所以 $g(t)$ 的二阶导数恒正,

$$g'(1) = \langle \nabla W(p_1), p_1 - p_0 \rangle > \langle \nabla W(p_0), p_1 - p_0 \rangle = g'(0).$$

这与假设 $\nabla W(p_0) = \nabla W(p_1)$ 相矛盾. 假设错误, 梯度映射为整体微分同胚. ∎

现在我们来证明角度坐标定理 30.10.

证明 对于一切 $x \in \mathbb{R}^{E(\mathcal{T})}$, 定义严格凹能量

$$W(x) = \sum_{\triangle(x_i, x_j, x_k) \in F(\mathcal{T})} F(x_i, x_j, x_k),$$

其梯度为

$$\frac{\partial W(x)}{\partial x_e} = \Psi(x)(e),$$

即 $\nabla W = \Psi$. 由能量的凹性, 我们得到 $\nabla W : R^{E(\mathcal{T})} \to R^{E(\mathcal{T})}$, $x \mapsto \Psi(x)$ 为微分同胚. ∎

31.1 双曲理想四面体

三维双曲空间 $\mathbb{H}^3 = \{(x, y, z) | z > 0\}$，配有双曲度量

$$ds^2 = \frac{dx^2 + dy^2 + dz^2}{z^2},$$

xy 平面是无穷远平面. 双曲测地线是和 xy 平面垂直的直线或者半圆弧，双曲测地平面是赤道在 xy 平面上的半球面或者和 xy 平面相垂直的平面.

定义 31.1 Lobachevsky 函数

$$\Lambda(\theta) = -\int_0^\theta \log|2\sin u| du,$$

它具有如下性质:

1. 周期性: $\Lambda(\theta) = \Lambda(\theta + \pi)$;

2. 奇函数: $\Lambda(-\theta) = -\Lambda(\theta)$;

3. $\frac{1}{2}\Lambda(2\theta) = \Lambda(\theta) + \Lambda(\theta + \frac{\pi}{2})$.   ◆

图 31.1 显示了一个双曲理想四面体 (hyperbolic ideal tetrahedron)，四个顶点在无穷远处，四个面都是完备测地子流形，即双曲平面. 我们在

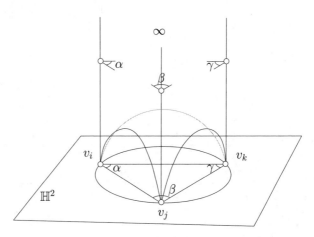

图 31.1 双曲理想四面体 P_0.

xy 平面上放置一个欧氏三角形, 三个内角为 $\{\alpha, \beta, \gamma\}$. 我们过三条边作三个垂直平面, 构成理想四面体的三个面; 再作以三角形的外接圆为赤道的半球面, 构成理想四面体的第四个面.

定理 31.1 (Milnor [27]) 双曲理想四面体的体积为

$$V(P_0) = V(\alpha, \beta, \gamma) = \Lambda(\alpha) + \Lambda(\beta) + \Lambda(\gamma),$$

这里 $\Lambda(\theta)$ 是 Lobachevsky 函数. ◆

证明 如图 31.2 左帧所示, 我们作三角形的外接圆, 从三角形外心向各个顶点连线, 将原三角形分解成三个子三角形. 我们有

$$\begin{cases} \alpha = x + y, \\ \beta = z + x, \\ \gamma = y + z, \end{cases} \quad \begin{cases} x = \dfrac{\alpha + \beta - \gamma}{2}, \\ y = \dfrac{\gamma + \alpha - \beta}{2}, \\ z = \dfrac{\beta + \gamma - \alpha}{2}, \end{cases}$$

得到角

$$\phi = \pi - 2y = \pi - (\gamma + \alpha - \beta) = 2\beta.$$

如图 31.2 右帧所示, 假设三个顶点坐标为 $v_0 = (0,0)$, $v_1 = (1,0)$, $v_2 = (\cos\phi, \sin\phi)$. 过顶点 v_1, v_2 的直线方程为

$$\frac{y}{x-1} = \frac{\sin\phi}{\cos\phi - 1},$$

考虑点 (x, y) 的极坐标 (r, t), $(x, y) = (r\cos t, r\sin t)$, 那么

$$dx \wedge dy = r dr \wedge dt.$$

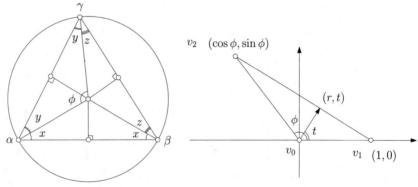

图 31.2 双曲理想四面体积计算.

固定角度 t, 代入直线方程, 我们得到

$$r = \frac{\cos\frac{\phi}{2}}{\cos(\frac{\phi}{2} - t)},$$

因此三角形区域的极坐标表示可以写为

$$\triangle = \left\{ (r,t) \Big| 0 \leqslant t \leqslant \phi, 0 \leqslant r \leqslant \frac{\cos\frac{\varphi}{2}}{\cos(\frac{\varphi}{2} - t)} \right\}.$$

子三角形 $\triangle$ 对应的理想四面体体积为

$$\iint_{(x,y)\in\triangle} \frac{dx \wedge dy}{z^2} \int_{\sqrt{1-x^2-y^2}}^{\infty} \frac{dz}{z} = -\frac{1}{2} \iint_{\triangle} \frac{1}{z^2}\Big|_{\sqrt{1-x^2-y^2}}^{\infty} dxdy = \frac{1}{2} \iint_{\triangle} \frac{dxdy}{1-x^2-y^2},$$

换成极坐标

$$\int_0^{\phi} \int_0^{\frac{\cos\frac{\phi}{2}}{\cos(\frac{\phi}{2}-t)}} \frac{rdrdt}{2(1-r^2)} = -\frac{1}{4} \int_0^{\phi} \log(1-r^2)\Big|_0^{\frac{\cos\frac{\phi}{2}}{\cos(\frac{\phi}{2}-t)}} dt$$

$$= -\frac{1}{4} \int_0^{\phi} \log\left(1 - \frac{\cos^2\frac{\phi}{2}}{\cos^2(\frac{\phi}{2}-t)}\right) dt$$

$$= -\frac{1}{4} \int_0^{\phi} \left\{ \log\left(\cos^2\left(\frac{\phi}{2}-t\right) - \cos^2\frac{\phi}{2}\right) - \log\cos^2\left(\frac{\phi}{2}-t\right) \right\} dt. \quad (31.1)$$

进一步计算, 我们得到上式

$$= -\frac{1}{4} \int_0^{\phi} \log\left(\frac{\cos(\phi-2t)+1}{2} - \frac{\cos\phi+1}{2}\right) dt + \frac{1}{4} \int_0^{\phi} 2\log\cos\left(\frac{\phi}{2}-t\right) dt$$

$$= -\frac{1}{4} \int_0^{\phi} \log\sin(\phi-t)\sin t\, dt + \frac{1}{4} \int_0^{\phi} 2\log\sin\left(\frac{\pi}{2} - \frac{\phi}{2} + t\right) dt$$

$$= -\frac{1}{4} \int_0^{\phi} \log\sin(\phi-t)dt - \frac{1}{4} \int_0^{\phi} \log\sin t\, dt + \frac{1}{2} \int_{\frac{\pi}{2}-\frac{\phi}{2}}^{\frac{\pi}{2}+\frac{\phi}{2}} \log\sin\tau\, d\tau$$

$$= -\frac{1}{4} \int_0^{\phi} \log 2\sin(\phi-t)dt - \frac{1}{4} \int_0^{\phi} \log 2\sin t\, dt + \frac{1}{2} \int_{\frac{\pi}{2}-\frac{\phi}{2}}^{\frac{\pi}{2}+\frac{\phi}{2}} \log 2\sin\tau\, d\tau$$

$$= +\frac{1}{4} \int_{\phi}^{0} \log 2\sin\tau\, d\tau + \frac{1}{4}\Lambda(\phi) - \frac{1}{2}\left\{ \Lambda\left(\frac{\pi}{2}+\frac{\phi}{2}\right) - \Lambda\left(\frac{\pi}{2}-\frac{\phi}{2}\right) \right\}$$

$$= -\frac{1}{4} \int_0^{\phi} \log 2\sin\tau\, d\tau + \frac{1}{4}\Lambda(\phi) - \frac{1}{2}\left\{ \Lambda\left(\frac{\pi}{2}+\frac{\phi}{2}\right) + \Lambda\left(-\frac{\pi}{2}+\frac{\phi}{2}\right) \right\}$$

$$= \frac{1}{4}\Lambda(\phi) + \frac{1}{4}\Lambda(\phi) - \frac{1}{2}\left\{ \Lambda\left(\frac{\pi}{2}+\frac{\phi}{2}\right) + \Lambda\left(\frac{\pi}{2}+\frac{\phi}{2}\right) \right\}$$

$$= \frac{1}{2}\Lambda(\phi) - \Lambda\left(\frac{\phi}{2}+\frac{\pi}{2}\right)$$

$$= \Lambda\left(\frac{\phi}{2}\right) + \Lambda\left(\frac{\pi}{2}+\frac{\phi}{2}\right) - \Lambda\left(\frac{\phi}{2}+\frac{\pi}{2}\right) = \Lambda(\beta). \quad (31.2)$$

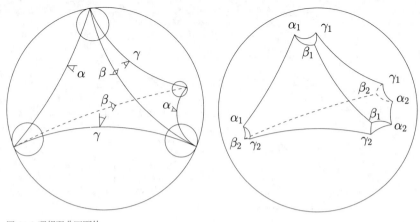

图 31.3 理想双曲四面体.

由此, 我们得到双曲理想四面体的体积为

$$V(\alpha, \beta, \gamma) = \Lambda(\alpha) + \Lambda(\beta) + \Lambda(\gamma).$$ ■

引理 31.1 理想双曲四面体对边的二面角相等. ◆

证明 如图 31.3 右帧所示, 假设六条边上的二面角为 $\{\alpha_1, \beta_1, \gamma_1, \alpha_2, \beta_2, \gamma_2\}$. 我们用极限球来截断四个顶点, 每个截面是一个欧氏三角形, 由四个欧氏三角形, 我们得到

$$1) \ \alpha_1 + \beta_1 + \gamma_1 = \pi, \quad 2) \ \alpha_1 + \beta_2 + \gamma_2 = \pi,$$
$$3) \ \alpha_2 + \beta_1 + \gamma_2 = \pi, \quad 4) \ \alpha_2 + \beta_2 + \gamma_1 = \pi. \tag{31.3}$$

由 $(1) + (2) - (3) - (4) = 0$ 得到 $\alpha_1 = \alpha_2$; 由 $(1) - (3) = 0$ 得到 $\gamma_1 = \gamma_2$; 由 $(3) - (4) = 0$ 得到 $\beta_1 = \beta_2$. ■

31.2 双曲多面体的体积

在这里我们推导双曲多面体的体积公式, 这些多面体的体积给出了离散 Ricci 能量的几何解释, 主要方法是将复杂多面体分解成双曲四面体. 四面体的顶点可能是有限的、理想的 (即顶点在 $\mathbb{H}^3$ 的无穷远边界上) 或者超理想的 (即顶点在 $\mathbb{H}^3$ 的无穷远边界之外). 我们用极限球面来截除理想顶点, 用一个和三条边同时垂直的双曲平面来截除超理想顶点.

图 31.4 显示了一个双垂直 (双曲) 四面体 (birectangular tetrahedron)

490

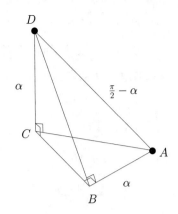

图 31.4 双垂直四面体 P_1.

$ABCD$, 边 AB 和面 BCD 垂直, 边 CD 和面 ABC 垂直. 因此边 AC, BD, BC 的二面角为 $\frac{\pi}{2}$. 这里 A 和 D 是理想顶点, 在 $\mathbb{H}^3$ 的无穷远边界上. 在理想顶点处的二面角之和为 π, 因此边 AB 和 CD 上的二面角相等, 记为 α, 边 AD 上的二面角为 $\frac{\pi}{2} - \alpha$. 在定理 31.1 中, Milnor [27] 给出了双垂直四面体的双曲体积为

$$V(P_1) = \frac{1}{2}\Lambda(\alpha). \tag{31.4}$$

图 31.5 显示了一个双曲三棱柱, 构造方法如下. 我们用 $\mathbb{H}^3$ 的 Poincaré 圆球模型, 其赤道平面为双曲平面 $\mathbb{H}^2$. 在双曲平面上放置一个双曲三角形, 其内角为 $\{\alpha, \beta, \gamma\}$. 过三个顶点作和 $\mathbb{H}^2$ 垂直的测地线, 和无

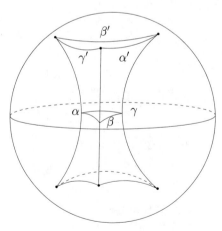

图 31.5 双曲三棱柱 P_2.

穷远边界相交于六个理想点. 任意两条测地线决定一个双曲平面, 顶部三个理想点决定一个双曲平面, 底部三个理想点决定一个双曲平面. 这些双曲平面围成了一个双曲三棱柱 (或者三条测地线的双曲凸包决定了双曲三棱柱).

引理 31.2 (Leibon [24]) 双曲三棱柱 P_2 的体积为

$$\Lambda(\alpha) + \Lambda(\beta) + \Lambda(\gamma) + \Lambda\left(\frac{\pi + \alpha - \beta - \gamma}{2}\right) + \Lambda\left(\frac{\pi - \alpha + \beta - \gamma}{2}\right)$$

$$+ \Lambda\left(\frac{\pi - \alpha - \beta + \gamma}{2}\right) + \Lambda\left(\frac{\pi - \alpha - \beta - \gamma}{2}\right). \quad \blacklozenge \qquad (31.5)$$

证明 双曲三棱柱关于赤道双曲平面对称, 因此二面角满足图 31.6 中关系. 在理想顶点处, 三个二面角之和为 π, 因此我们有

$$\begin{cases} \alpha' + \beta' + \gamma = \pi, \\ \alpha + \beta' + \gamma' = \pi, \\ \alpha' + \beta + \gamma' = \pi, \end{cases} \quad \begin{cases} \alpha' = \frac{1}{2}(\pi + \alpha - \beta - \gamma), \\ \beta' = \frac{1}{2}(\pi - \alpha + \beta - \gamma), \\ \gamma' = \frac{1}{2}(\pi - \alpha - \beta + \gamma). \end{cases}$$

如图 31.6 所示, 我们将双曲三棱柱分解成三个双曲四面体, 由双曲理想四面体对边的二面角相等, 我们得到

$$\lambda = \beta' - \beta = \frac{\pi - \alpha + \beta - \gamma}{2} - \beta = \frac{\pi - \alpha - \beta - \gamma}{2},$$

同时 $\mu = \pi - \gamma'$. 由此, 我们得到双曲三棱柱的体积为

$$(\Lambda(\alpha) + \Lambda(\beta') + \Lambda(\gamma')) + (\Lambda(\alpha') + \Lambda(\beta) + \Lambda(\gamma')) + (\Lambda(\gamma) + \Lambda(\mu) + \Lambda(\lambda)).$$

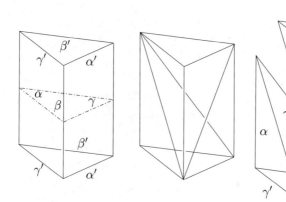

图 31.6 双曲三棱柱的分解.

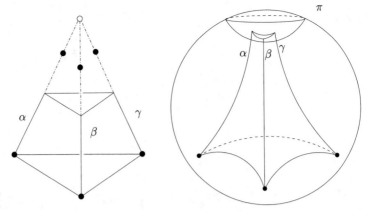

图 31.7 双曲四面体 P_3 具有三个理想顶点 (ideal vertex) 和一个超理想顶点 (hyper-ideal vertex), 超理想顶点被一个双曲平面截断.

由 Lobachevsky 函数的性质

$$\Lambda(\mu) = \Lambda(\pi - \gamma') = -\Lambda(\gamma'),$$

我们得到双曲三棱柱 P_2 的体积为

$$\Lambda(\alpha) + \Lambda(\beta) + \Lambda(\gamma) + \Lambda(\alpha') + \Lambda(\beta') + \Lambda(\gamma') + \Lambda(\lambda). \qquad \blacksquare$$

引理 31.3 (Leibon [24]) 图 31.7 中的双曲四面体 P_3 体积为

$$
\begin{aligned}
2V(P_3) = {} & \Lambda(\alpha) + \Lambda(\beta) + \Lambda(\gamma) \\
& + \Lambda\left(\frac{\pi + \alpha - \beta - \gamma}{2}\right) + \Lambda\left(\frac{\pi - \alpha + \beta - \gamma}{2}\right) \\
& + \Lambda\left(\frac{\pi - \alpha - \beta + \gamma}{2}\right) + \Lambda\left(\frac{\pi - \alpha - \beta - \gamma}{2}\right). \quad \blacklozenge \qquad (31.6)
\end{aligned}
$$

证明 我们将截断四面体关于截面 π 反射, 得到双曲三棱镜, 因此截断四面体的体积等于双曲三棱镜体积的一半. $\qquad \blacksquare$

如果图中截断顶点不是超理想的, 而是 $\mathbb{H}^3$ 中的有限点, 体积公式依然成立, Vinberg [38, 39] 给出了具体证明, 在这种情况下 $\alpha + \beta + \gamma > \pi$.

图 31.8 左帧显示了一个双曲金字塔, 顶点 C 在无穷远处, 边 CD 和底面垂直, 垂足为 D, 和 D 点相对的顶点 O 为超理想顶点. 在另外两个顶点处, 底面内角为 $\frac{\pi}{2}$. 从 O 发出的三条边的二面角为 $\{\alpha, \beta, \gamma\}$, 满足条件 $\alpha, \beta < \frac{\pi}{2}$, 同时 $\alpha + \beta + \gamma < \pi$. 在顶点 C 处, 四个二面角之和为 2π, 其中两个二面角都是 $\frac{\pi}{2}$, 因此边 CD 的二面角为 $\pi - \gamma$.

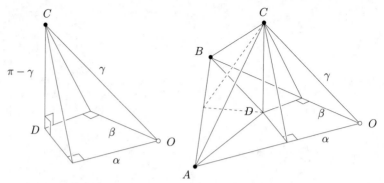

图 31.8 左帧: 双曲金字塔 P_4 具有一个理想顶点 C 和一个超理想顶点 O. 右帧: 将一个具有一个超理想顶点 O、三个理想顶点 $\{A, B, C\}$ 的双曲四面体分解成一个双曲金字塔和 4 个双垂直四面体.

引理 31.4 图 31.8 左帧中的双曲金字塔体积为

$$2V(P_4) = \Lambda(\gamma) + \Lambda\left(\frac{\pi + \alpha - \beta - \gamma}{2}\right) + \Lambda\left(\frac{\pi - \alpha + \beta - \gamma}{2}\right)$$
$$- \Lambda\left(\frac{\pi - \alpha - \beta + \gamma}{2}\right) + \Lambda\left(\frac{\pi - \alpha - \beta - \gamma}{2}\right). \quad \blacklozenge \quad (31.7)$$

证明 如图 31.8 右帧所示, 我们将从超理想顶点 O 出发的测地线无限延长, 直至和无穷远边界相交于理想顶点 A 和 B, 根据 P_3 的体积公式 (31.6), 截断双曲四面体 $ABCO$ 的体积为

$$2V(P_3) = \Lambda(\alpha) + \Lambda(\beta) + \Lambda(\gamma)$$
$$+ \Lambda\left(\frac{\pi + \alpha - \beta - \gamma}{2}\right) + \Lambda\left(\frac{\pi - \alpha + \beta - \gamma}{2}\right)$$
$$+ \Lambda\left(\frac{\pi - \alpha - \beta + \gamma}{2}\right) + \Lambda\left(\frac{\pi - \alpha - \beta - \gamma}{2}\right). \quad (31.8)$$

$ABCO$ 被分解为双曲金字塔 P_4、四面体 $ABCD$ 和两个双垂直四面体, 由 P_1 体积公式 (31.4), 这两个双垂直四面体的体积分别为 $\frac{1}{2}\Lambda(\alpha)$ 和 $\frac{1}{2}\Lambda(\beta)$. 四面体 $ABCD$ 关于平面 π 对称, π 过 CD 和 AB 垂直相交. π 将 $ABCD$ 分解为两个双垂直四面体. CD 上周角和为 2π, 两个双垂直四面体在 CD 上的二面角为 α 和 β, 金字塔在 CD 上的二面角为 $\pi - \gamma$, 因此 $ABCD$ 在 CD 上的二面角为

$$2\pi - \alpha - \beta - (\pi - \gamma) = \pi - \alpha - \beta + \gamma,$$

因此四面体 $ABCD$ 被分解为两个双垂直四面体, 由 P_1 体积公式 (31.4),

$ABCD$ 的体积为 $\Lambda(\frac{\pi-\alpha-\beta+\gamma}{2})$. 因此, 金字塔 P_4 的体积为

$$2V(P_4) = \Lambda(\gamma) + \Lambda\left(\frac{\pi+\alpha-\beta-\gamma}{2}\right) + \Lambda\left(\frac{\pi-\alpha+\beta-\gamma}{2}\right)$$
$$- \Lambda\left(\frac{\pi-\alpha-\beta+\gamma}{2}\right) + \Lambda\left(\frac{\pi-\alpha-\beta-\gamma}{2}\right).$$

由 Lobachevsky 函数的性质 $\Lambda(\frac{\pi}{2}-x) = -\Lambda(\frac{\pi}{2}+x)$, 体积公式等于

$$2V(P_4) = \Lambda(\gamma) + \Lambda\left(\frac{\pi+\alpha-\beta-\gamma}{2}\right) + \Lambda\left(\frac{\pi-\alpha+\beta-\gamma}{2}\right)$$
$$+ \Lambda\left(\frac{\pi+\alpha+\beta-\gamma}{2}\right) + \Lambda\left(\frac{\pi-\alpha-\beta-\gamma}{2}\right). \quad \blacksquare$$

当 O 是 $\mathbb{H}^3$ 中的有限点时, 体积公式依然成立, Vinberg [38, 39] 给出了具体证明, 在这种情况下 $\alpha + \beta + \gamma > \pi$.

图 31.9 显示了一个双曲四面体, 具有一个理想顶点和三个超理想顶点.

引理 31.5 图 31.9 显示的双曲四面体 P_5, 其体积为

$$2V(P_5) = \Lambda(\gamma_1) + \Lambda(\gamma_2) + \Lambda(\gamma_3)$$
$$+ \Lambda\left(\frac{\pi+\alpha_{31}-\alpha_{12}-\gamma_1}{2}\right) + \Lambda\left(\frac{\pi+\alpha_{12}-\alpha_{23}-\gamma_2}{2}\right)$$
$$+ \Lambda\left(\frac{\pi+\alpha_{23}-\alpha_{31}-\gamma_3}{2}\right) + \Lambda\left(\frac{\pi-\alpha_{31}+\alpha_{12}-\gamma_1}{2}\right)$$
$$+ \Lambda\left(\frac{\pi-\alpha_{12}+\alpha_{23}-\gamma_2}{2}\right) + \Lambda\left(\frac{\pi-\alpha_{23}+\alpha_{31}-\gamma_3}{2}\right)$$
$$+ \Lambda\left(\frac{\pi+\alpha_{31}+\alpha_{12}-\gamma_1}{2}\right) + \Lambda\left(\frac{\pi+\alpha_{12}+\alpha_{23}-\gamma_2}{2}\right)$$
$$+ \Lambda\left(\frac{\pi+\alpha_{23}+\alpha_{31}-\gamma_3}{2}\right) + \Lambda\left(\frac{\pi-\alpha_{31}-\alpha_{12}-\gamma_1}{2}\right)$$
$$+ \Lambda\left(\frac{\pi-\alpha_{12}-\alpha_{23}-\gamma_2}{2}\right) + \Lambda\left(\frac{\pi-\alpha_{23}-\alpha_{31}-\gamma_3}{2}\right). \quad \blacklozenge \quad (31.9)$$

证明 我们从理想顶点向底面作垂直测地线, 然后向底面各个侧边作垂线, 如此将四面体分解成三个双曲金字塔. 运用双曲金字塔 P_4 体积公式, 同时用 Lobachevsky 函数的性质 $\Lambda(\frac{\pi}{2}-x) = -\Lambda(\frac{\pi}{2}+x)$, 可以直接得到 P_5 体积公式. $\quad \blacksquare$

双曲多面体体积总结 双曲理想四面体 P_0 可以被分解为 3 个双垂直双曲四面体 (birectangular tetrahedron) P_1, $P_0 \to 3P_1$; 双曲三棱柱 P_2 可

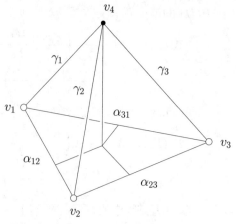

图 31.9 双曲四面体 P_5, 具有一个理想顶点和三个超理想顶点.

以被分解为 3 个双曲理想四面体 $P_2 \to 3P_0$; 具有 1 个超理想顶点、3 个理想顶点的双曲四面体记为 P_3, 2 个 P_3 黏合成 1 个双曲三棱柱 P_2, $P_2 \to 2P_3$; 4 个双垂直双曲四面体 P_1 和 1 个双曲金字塔 P_4, 构成 1 个 P_3, $P_3 \to P_4 + 4P_1$; 1 个双曲四面体 P_5 具有 1 个理想顶点、3 个超理想顶点, 可以分解为 4 个双曲金字塔 P_4, $P_5 \to 4P_4$.

广义双曲四面体的体积　我们考察广义双曲四面体的体积 (Murakami and Yano [31]), 如图 31.10 所示, 其顶点可以是理想 (ideal)、超理想

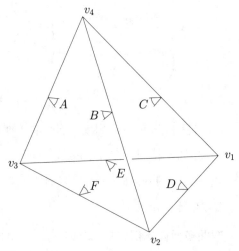

图 31.10 广义双曲四面体.

(hyper-ideal) 或者有限 (finite) 的. 六条边上的二面角为 A, B, C, D, E, F, 定义辅助变量

$$
\begin{cases}
w_1 = \dfrac{A+B+C-\pi}{2}, \\[2mm]
w_2 = \dfrac{A+E+F-\pi}{2}, \\[2mm]
w_3 = \dfrac{B+D+F-\pi}{2}, \\[2mm]
w_4 = \dfrac{C+D+E-\pi}{2}.
\end{cases}
$$

根据上述讨论, 如果四面体只有一个理想顶点 v_4, $w_1 = 0$, 那么四面体体积为

$$
\begin{aligned}
2V(T) = {}& \Lambda(A) + \Lambda(B) + \Lambda(C) \\
& + \Lambda(w_2 - A) - \Lambda(w_2 - E) - \Lambda(w_2 - F) - \Lambda(w_2) \\
& + \Lambda(w_3 - B) - \Lambda(w_3 - D) - \Lambda(w_3 - F) - \Lambda(w_3) \\
& + \Lambda(w_4 - C) - \Lambda(w_4 - D) - \Lambda(w_4 - E) - \Lambda(w_4). \quad (31.10)
\end{aligned}
$$

如果四面体有两个理想顶点 v_3, v_4, $w_1 = w_2 = 0$, 那么四面体体积为

$$
\begin{aligned}
2V(T) = {}& \Lambda(B) + \Lambda(C) + \Lambda(E) + \Lambda(F) \\
& + \Lambda(w_3 - B) - \Lambda(w_3 - D) - \Lambda(w_3 - F) - \Lambda(w_3) \\
& + \Lambda(w_4 - C) - \Lambda(w_4 - D) - \Lambda(w_4 - E) - \Lambda(w_4). \quad (31.11)
\end{aligned}
$$

如果四面体有三个理想顶点 v_2, v_3, v_4, $w_1 = w_2 = w_3 = 0$, 那么四面体体积为

$$
\begin{aligned}
2V(T) = {}& \Lambda(C) + \Lambda(D) + \Lambda(E) \\
& + \Lambda(w_4 - C) - \Lambda(w_4 - D) - \Lambda(w_4 - E) - \Lambda(w_4). \quad (31.12)
\end{aligned}
$$

如果四面体有四个理想顶点 $w_1 = w_2 = w_3 = w_4 = 0$, $A = D$, $E = B$, $F = C$, 那么四面体体积为

$$
V(T) = \Lambda(A) + \Lambda(B) + \Lambda(C). \quad (31.13)
$$

对一般四面体情形, 我们考察方程组:

$$
P + Q = B, \quad R + S = E, \quad Q + R + T = F + \pi, \quad P + S + T = C + \pi, \quad (31.14)
$$

$$\begin{vmatrix} 1 & -\cos D & -\cos P & \cos B & \cos C \\ -\cos D & 1 & \cos(R+T) & \cos F & \cos E \\ -\cos P & \cos(R+T) & 1 & -\cos Q & \cos(S+T) \\ \cos B & \cos F & -\cos Q & 1 & -\cos A \\ \cos C & \cos E & \cos(S+T) & -\cos A & 1 \end{vmatrix} = 0, \quad (31.15)$$

这里 P, Q, R, S, T 是未知变量. 假设其两组解为 $(P_k, Q_k, R_k, S_k, T_k)$, $k = 1, 2$.

定理 31.2 (Cho and Kim [5]) 广义双曲四面体的体积为

$$2V(T) = \Lambda(P_1) - \Lambda(Q_1) + \Lambda(R_1) - \Lambda(S_1)$$
$$- \Lambda\left(\frac{B-C-A+\pi}{2} - Q_1\right) + \Lambda\left(\frac{D-B-F+\pi}{2} + Q_1\right)$$
$$+ \Lambda\left(\frac{E-C-D+\pi}{2} - R_1\right) - \Lambda\left(\frac{A-E-F+\pi}{2} + R_1\right)$$
$$- \Lambda(P_2) + \Lambda(Q_2) - \Lambda(R_2) + \Lambda(S_2)$$
$$+ \Lambda\left(\frac{B-C-A+\pi}{2} - Q_2\right) - \Lambda\left(\frac{D-B-F+\pi}{2} + Q_2\right)$$
$$- \Lambda\left(\frac{E-C-D+\pi}{2} - R_2\right) + \Lambda\left(\frac{A-E-F+\pi}{2} + R_2\right), \quad (31.16)$$

$(P_k, Q_k, R_k, S_k, T_k)$, $k = 1, 2$ 的选取使得上式为正. ◆

31.3 Shläfli 体积微分公式

Penner 带装饰的双曲理想三角形 我们回忆, 如图 31.11 所示, Penner 带装饰的双曲理想三角形中, 三条高交于一点, 垂足将对边分成两段. 边长满足关系:

$$\begin{cases} \lambda_{ij} = p^i_{jk} + p^j_{ki}, \\ \lambda_{jk} = p^j_{ki} + p^k_{ij}, \\ \lambda_{ki} = p^k_{ij} + p^i_{jk}, \end{cases} \quad \begin{cases} p^k_{ij} = \frac{1}{2}(-\lambda_{ij} + \lambda_{jk} + \lambda_{ki}), \\ p^i_{jk} = \frac{1}{2}(\lambda_{ij} - \lambda_{jk} + \lambda_{ki}), \\ p^j_{ki} = \frac{1}{2}(\lambda_{ij} + \lambda_{jk} - \lambda_{ki}). \end{cases}$$

同时由带装饰的双曲理想三角形的余弦定理, 我们得到

$$c^k_{ij} = e^{\frac{1}{2}(\lambda_{ij} - \lambda_{jk} - \lambda_{ki})} = e^{-p^k_{ij}}.$$

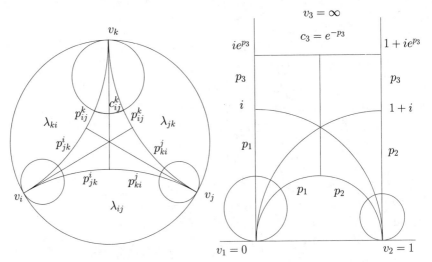

图 31.11 Penner 带装饰的双曲理想三角形.

带装饰的双曲理想四面体 如图 31.12 左帧所示, 给定双曲理想四面体 $[v_1, v_2, v_3, v_4]$, 将四个顶点用极限球截除, 得到一个带装饰的双曲理想四面体, 6 条边长为

$$\{\lambda_{12}, \lambda_{23}, \lambda_{31}, \lambda_{14}, \lambda_{24}, \lambda_{34}\},$$

每条边上的相应二面角为

$$\{\alpha_{12}, \alpha_{23}, \alpha_{31}, \alpha_{14}, \alpha_{24}, \alpha_{34}\}.$$

我们有关系

$$\alpha_{14} = \alpha_{23}, \quad \alpha_{24} = \alpha_{31}, \quad \alpha_{34} = \alpha_{12}.$$

4 个面的每个面都是 Penner 带装饰的双曲理想三角形. 由带装饰的理想三角形的余弦定理, 我们得到角度满足

$$\tilde{l}_{12} = e^{\frac{1}{2}(\lambda_{12}-\lambda_{14}-\lambda_{24})}, \quad \tilde{l}_{23} = e^{\frac{1}{2}(\lambda_{23}-\lambda_{24}-\lambda_{34})}, \quad \tilde{l}_{31} = e^{\frac{1}{2}(\lambda_{31}-\lambda_{34}-\lambda_{14})}.$$

边长 $\{\tilde{l}_{12}, \tilde{l}_{23}, \tilde{l}_{31}\}$ 满足三角形不等式.

体积变分的 Shläfli 公式

定理 31.3 带装饰的双曲理想四面体的体积变分满足 Shläfli 公式:

$$dV = -\frac{1}{2}\sum_i \lambda_{ij}d\alpha_{ij}, \tag{31.17}$$

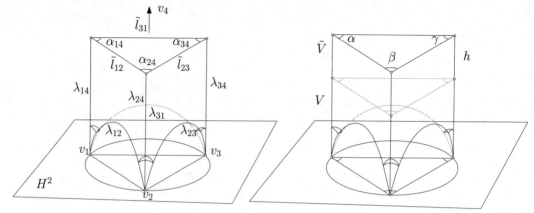

图 31.12 带装饰的双曲理想四面体.

这里 λ_{ij} 是边 $[v_i, v_j]$ 上位于顶点处的两个极限球之间的有向双曲距离, α_{ij} 是边 $[v_i, v_j]$ 上的内二面角. ◆

在顶点 v_4 的极限球和理想四面体的截面是欧氏三角形, 具有边长 $\{\tilde{l}_{12}, \tilde{l}_{23}, \tilde{l}_{31}\}$, 由欧氏三角形余弦定理, 我们得到其内角 $\{\alpha_{14}, \alpha_{24}, \alpha_{34}\}$. 如图 31.12 右帧所示, 每个顶点处极限球和理想四面体的截面都可视作一个欧氏三角形, 因此如果内侧面角 $\{\alpha_{ij}\}$ 固定, 我们变换极限球间的有向距离, 例如只变化一个极限球, 由 V 变成 $\tilde{V}$, 那么体积微分

$$dV - d\tilde{V} = h(d\alpha + d\beta + d\gamma) = hd(\alpha + \beta + \gamma) = 0.$$

因此, 体积微分只和内侧二面角有关, 和极限球的选取无关. 如果只关心体积变分, 我们可以将带装饰的理想四面体记为 $V(\alpha_{14}, \alpha_{24}, \alpha_{34})$. 当极限球缩小成点时, 带装饰的理想四面体趋于理想四面体, 同时保持体积变分不变.

我们定义体积的 Legendre 变换

$$W(\alpha_{14}, \alpha_{24}, \alpha_{34}) = \frac{1}{2} \sum_{ij} \alpha_{ij} \lambda_{ij} + V(\alpha_{14}, \alpha_{24}, \alpha_{34}), \tag{31.18}$$

直接计算其微分得到

$$dW = \frac{1}{2} \sum_{ij} (\lambda_{ij} d\alpha_{ij} + \alpha_{ij} d\lambda_{ij}) - \frac{1}{2} \sum_{ij} \lambda_{ij} d\alpha_{ij} = \frac{1}{2} \sum_{ij} \alpha_{ij} d\lambda_{ij}.$$

可以证明, 双曲多面体的体积变分都满足 Shläfli 公式, 后面我们用广义双曲四面体的体积来解释离散 Ricci 流的熵能量.

延伸阅读

1. A. I. Bobenko, U. Pinkall, and B. A. Springborn. Discrete conformal maps and ideal hyperbolic polyhedra. *Geometry & Topology*, 19:2155–2215, 2015.

2. X. Gu, R. Guo, F. Luo, J. Sun, and T. Wu. A discrete uniformization theorem for polyhedral surfaces II. *Journal of Differential Geometry*, 109(3):431–466, 2018.

3. X. D. Gu, F. Luo, J. Sun, and T. Wu. A discrete uniformization theorem for polyhedral surfaces I. *Journal of Differential Geometry*, 109(2):223–256, 2018.

第七部分

曲面 Ricci 流

第七部分介绍离散曲面 Ricci 流理论, 详尽证明解的存在性、唯一性, 以及离散 Ricci 流的解收敛到光滑 Ricci 流的解, 由此证明离散曲面单值化定理. 这里, 我们给出离散曲面 Ricci 流的具体计算方法.

第三十二章　连续曲面 Ricci 流

我们在这里介绍最为普适的一种方法, 适用于任何拓扑和任何目标曲率: 曲面 Ricci 流 (surface Ricci flow) 方法.

Ricci 流方法是由丘成桐先生创立的几何分析学派的经典方法, 由丘先生的好朋友和长期合作者 Richard Hamilton 提出, 用于解决 Poincaré 猜想. Poincaré 猜想是说如果在一个封闭的紧三维拓扑流形之中, 所有的圈都可以缩成一个点, 则这个流形和三维球面拓扑等价. Hamilton 的直观想法如下: 首先我们在这个拓扑流形上任选一个 Riemann 度量, 然后将这个度量进行形变, 形变的速率和当前的 Ricci 曲率成正比, 那么曲率将遵循非线性热流的规律进行扩散 (满足非线性扩散 – 反应方程), 直至成为常值曲率, 那么最终的常曲率度量就是球面的 Riemann 度量, 因此流形和球面等距, Poincaré 猜想得证. 这种方法实际上给出了一个非常强有力的计算工具: 根据目标曲率来设计目标 Riemann 度量. 这种工具在实际应用中所起到的作用无论怎么评价都不为过!

但是从经典的 Ricci 流理论到实用的算法之间有一条非常难以逾越的鸿沟. 经典的 Ricci 流理论是建立在光滑流形上的: 例如曲率的定义要求流形的 Riemann 度量张量是至少二阶可微的. 但是在计算机中绝大多数几何曲面的表示是欧氏空间中的多面体 (polyhedron), 多面体的 Riemann 度量并不光滑, 经典的曲率无法直接在多面体上定义. 我们也将多面体曲面称为离散曲面. 光滑结构的欠缺使得经典的 Riemann 几何理论无法直接转化成计算机上的算法. 经过很多数学家和计算机科学家的长期努力, 这一困难最终被克服, 离散曲面 Ricci 流的理论被完美建立起来.

下面, 我们先简介经典的光滑曲面上的 Ricci 流理论, 然后介绍我们自己创立的离散曲面 Ricci 流理论.

32.1 Yamabe 方程

给定带有 Riemann 度量的光滑曲面 $(S, \mathbf{g})$, 对于任意一点 $p \in S$, 存在一个邻域 $U(p)$, 在此邻域上存在等温坐标 (x, y), 度量可以被表示成

$$\mathbf{g} = e^{2\lambda(x,y)}(dx^2 + dy^2),$$

这里 $\lambda : U(p) \to \mathbb{R}$ 是定义在 $U(p)$ 上的光滑实值函数. 在等温坐标下, Gauss 曲率具有非常简洁的形式

$$K(x, y) = -\Delta_g \lambda(x, y) = -e^{-2\lambda(x,y)} \Big(\frac{\partial^2}{\partial x^2} + \frac{\partial^2}{\partial y^2} \Big) \lambda(x, y). \tag{32.1}$$

边界点的测地曲率表示成

$$k_g(x, y) = -e^{-\lambda(x,y)} \frac{\partial}{\partial \mathbf{n}} \lambda(x, y). \tag{32.2}$$

假如曲面的边界是分片光滑曲线, 角点处的外角为 θ_i, Gauss-Bonnet 定理阐明总曲率是拓扑不变量:

$$\int_S K dA + \int_{\partial S} k_g ds + \sum_i \theta_i = 2\pi \chi(S), \tag{32.3}$$

这里 $\chi(S)$ 是曲面的 Euler 示性数 (Euler characteristic number).

保角映射的另一种等价提法就是变换曲面的度量. 如图 32.1 所示, Riemann 映射将人脸曲面映到平面圆盘, $\varphi : (S, \mathbf{g}) \to (\mathbb{D}, dz d\bar{z})$. 如果映射是保角的, 那么 φ 诱导的拉回度量 $\varphi^* dz d\bar{z}$ 和初始度量 $\mathbf{g}$ 之间相差一个

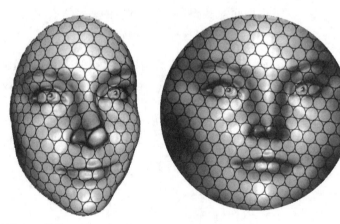

图 32.1 Riemann 映射.

506

标量函数, $\varphi^* dz d\bar{z} = e^{2\mu}\mathbf{g}$, 这里函数 $\mu: S \to \mathbb{R}$ 是共形因子.

命题 32.1 给定共形度量 $\bar{\mathbf{g}} = e^{2\mu}\mathbf{g}$, 那么 Riemann 度量 $\bar{\mathbf{g}}$ 诱导的 Gauss 曲率 $\bar{K}$ 和初始度量 $\mathbf{g}$ 诱导的 Gauss 曲率 K 满足 Yamabe 方程,

$$\bar{K} = e^{-2\mu}(-\Delta_{\mathbf{g}}\mu + K). \tag{32.4}$$

边界的测地曲率也满足类似的方程,

$$\bar{k}_g = e^{-\mu}\left(-\frac{\partial\mu}{\partial\mathbf{n}} + k_g\right). \quad \blacklozenge \tag{32.5}$$

证明 我们采用等温坐标 (x, y),

$$\mathbf{g} = e^{2\lambda}(dx^2 + dy^2), \quad \bar{\mathbf{g}} = e^{2(\lambda+\mu)}(dx^2 + dy^2),$$

相应的 Gauss 曲率为

$$K = -e^{-2\lambda}\Delta\lambda, \quad \bar{K} = -e^{-2(\lambda+\mu)}\Delta(\lambda+\mu),$$

因此

$$\begin{aligned}
\bar{K} &= -e^{-2(\lambda+\mu)}\Delta(\lambda+\mu) \\
&= e^{-2\mu}(-e^{-2\lambda}\Delta\lambda - e^{-2\lambda}\Delta\mu) \\
&= e^{-2\mu}(K - \Delta_{\mathbf{g}}\mu).
\end{aligned}$$

可以类似证明测地曲率公式. ∎

反过来, 如果给定目标曲率 $\bar{K}$, $\bar{k}_g$, 我们可以反解出共形因子 μ, 从而得到相应的 Riemann 度量 $\bar{\mathbf{g}}$. 例如图 32.1 中, 寻找从人脸曲面到平面圆盘的 Riemann 映射, 等价于寻找一个度量 $\bar{\mathbf{g}}$ 和初始度量相差一个函数, 使得 Gauss 曲率 $\bar{K}$ 处处为 0, 边界测地曲率为常数. 再如图 1.5 显示的曲面单值化, 寻找曲面单值化度量 $\bar{\mathbf{g}}$ 和初始度量相差一个函数, 使得 Gauss 曲率 $\bar{K}$ 处处为常数. 因此, 求解共形变换等价于求解 Yamabe 方程.

图 1.5

32.2 Ricci 流方程

Yamabe 方程高度非线性, 传统的偏微分方程求解方法对其无能为力. 最为有效的是 Hamilton 发明的 Ricci 流方法. 在 Riemann 流形 (M, g)

上定义 Ricci 流,

$$\partial_t \mathbf{g}(t) = -2\operatorname{Ric}(t),$$

这里 Ric 是流形的 Ricci 曲率张量. 在曲面上

$$\operatorname{Ric} = \frac{1}{2}R\mathbf{g},$$

这里 $R = 2K$ 是标量曲率, 等于 Gauss 曲率的两倍. 因此, 我们有

定义 32.1 (曲面 Ricci 流) 给定曲面 $(S, \mathbf{g})$, 曲面的 Ricci 流定义为

$$\partial_t \mathbf{g}(t) = -R(t)\mathbf{g}(t) = -2K(t)\mathbf{g}(t). \quad \blacklozenge \qquad (32.6)$$

在实际应用中, 更为常用的是归一化的 Ricci 流,

$$\partial_t \mathbf{g}(t) = (\rho - R(t))\mathbf{g}(t) = 2\left(\frac{2\pi\chi(S)}{A(0)} - K(t)\right)\mathbf{g}(t), \qquad (32.7)$$

这里 $A(0)$ 是曲面初始的总面积, $\chi(S)$ 是曲面的 Euler 示性数. Ricci 流保持 Riemann 度量的共形类, $\mathbf{g}(t) = e^{2\lambda(t)}\mathbf{g}(0)$. 代入 Ricci 流方程 (32.7), 我们得到共形因子的演化方程:

$$\partial_t \lambda(t) = \frac{1}{2}(\rho - R(t)). \qquad (32.8)$$

引理 32.1 紧曲面上标准 Ricci 流保持曲面总面积不变. $\qquad \blacklozenge$

证明 计算总面积的导数

$$
\begin{aligned}
\frac{d}{dt}A(t) &= \frac{d}{dt}\int_S e^{2\lambda(t)}dx \wedge dy = \int_S 2\dot{\lambda}e^{2\lambda(t)}dx \wedge dy \\
&= \int_S (\rho - R)e^{2\lambda(t)}dx \wedge dy = 4\pi\chi(S) - 4\pi\chi(S) \\
&= 0.
\end{aligned}
$$

$\blacksquare$

命题 32.2 标准 Ricci 流的微分方程表示为

$$\partial_t R = \Delta_{\mathbf{g}(t)} R + R(R - \rho), \qquad (32.9)$$

这里 $R = 2K$ 是曲面的标量曲率,

$$\rho = \frac{4\pi\chi(S)}{A(0)}$$

是曲面的平均标量曲率. $\qquad \blacklozenge$

证明 我们采用初始度量 $\mathbf{g}(0)$ 的等温坐标 (x, y), 因为 Ricci 流是共

形变换, 因此在任意时刻 t, (x,y) 都是 $\mathbf{g}(t)$ 的等温坐标,

$$\mathbf{g}(t) = e^{2\lambda(t)}(dx^2 + dy^2).$$

代入方程 (32.7), 我们有

$$\partial_t e^{2\lambda} = -(R-\rho)e^{2\lambda}, \quad \dot{\lambda} = -\frac{1}{2}(R-\rho),$$

代入曲率公式,

$$
\begin{aligned}
\partial_t R = \partial_t 2K &= -2\partial_t e^{-2\lambda}\Delta\lambda \\
&= -2(-2\dot{\lambda}e^{-2\lambda}\Delta\lambda + e^{-2\lambda}\Delta\dot{\lambda}) \\
&= -2(R\dot{\lambda} + \Delta_{\mathbf{g}}\dot{\lambda}) \\
&= R(R-\rho) + \Delta_{\mathbf{g}}(R-\rho) \\
&= R(R-\rho) + \Delta_{\mathbf{g}}R.
\end{aligned}
$$
∎

32.3 Ricci 流解的存在性

解的短时间存在性 考虑 Hilbert 空间 $H(S) = L^2(S)$, 配有内积

$$(v,w) = \int_S v \cdot w \, dA, \quad \|v\| = \left(\int_S |v|^2 \, dA\right)^{\frac{1}{2}}.$$

对 Sobolev 空间 $H^k(M,\mathbb{R})$, $k \geqslant 0$ 的模定义为

$$\|v\|_k = \left(\sum_{|\alpha| \leqslant k} \|D^\alpha v\|^2\right)^{1/2}.$$

我们考察 $H^2(S)$ 中的非线性抛物方程.

如果记 $u(t) = e^{2\lambda(t)}$, $\mathbf{g}(t) = u(t)\mathbf{g}(0)$, 代入 Ricci 流方程 (32.7),

$$\partial_t \mathbf{g}(t) = (\rho - R)\mathbf{g}(t),$$

$$\partial_t u(t)\mathbf{g}(0) = (\rho - R)u(t)\mathbf{g}(0),$$

得到

$$\partial_t u = (\rho - R)u, \tag{32.10}$$

由 Yamabe 方程得到

$$\Delta_{\mathbf{g}_0} \log u - R_0 + Ru = 0,$$

结合上面两式, 最终得到

$$\partial_t u = \Delta_{\mathbf{g}_0} \log u + \rho u - R_0, \quad u(0) = u_0. \tag{32.11}$$

线性化上述微分算子, 固定任意 $u_0 > 0$, 考虑 u 的微小扰动 $u(p,t) = u_0(p) + \nu(p,t)$, $\nu(\cdot, 0) \equiv 0$, 展开得到

$$\partial_t(u_0 + \nu) = \Delta_{\mathbf{g}_0} \log(u_0 + \nu) + \rho(u_0 + \nu) - R_0,$$

$$\partial_t \nu = \Delta_{\mathbf{g}_0} \log u_0 + \Delta_{\mathbf{g}_0} \log\left(1 + \frac{\nu}{u_0}\right) + \rho\nu + \rho u_0 - R_0$$

$$\sim \Delta_{\mathbf{g}_0} \frac{\nu}{u_0} + \rho\nu + \Delta_{\mathbf{g}_0} \log u_0 + \rho u_0 - R_0$$

$$= \Delta_{\mathbf{g}_0} \nu - \Delta_{\mathbf{g}_0} u_0 + \rho\nu + \Delta_{\mathbf{g}_0} \log u_0 + \rho u_0 - R_0$$

$$= \Delta_{\mathbf{g}_0} \nu + F(\nu),$$

这里

$$F(\nu) = \rho\nu + \Delta_{\mathbf{g}_0} \log u_0 - \Delta_{\mathbf{g}_0} u_0 + \rho u_0 - R_0.$$

线性化算子 $\Delta_{\mathbf{g}_0}$ 是椭圆型的,

$$\partial_t \nu = \Delta_{\mathbf{g}_0} \nu + F(\nu), \tag{32.12}$$

我们用标准方法来构造算子: 令 $\Delta_{\mathbf{g}_0}$ 的特征根和特征函数为

$$\Delta_{\mathbf{g}_0} \varphi_j = \lambda_j \varphi_j, \quad 0 < \lambda_1 \leqslant \lambda_2 \leqslant \lambda_3 \cdots \to \infty,$$

$\{\varphi_j\}_{j=1}^{\infty}$ 构成 $H(S, \mathbb{R})$ 的标准正交基底. 构造算子 $E(t) : H(S) \to H(S)$,

$$E(t)\nu = \sum_{j=1}^{\infty} e^{-t\lambda_j}(v, \varphi_j)\varphi_j, \quad \forall v \in H.$$

由 Duhamel 原则, 我们构造映射 $T : H(S) \to H(S)$, 固定 $t \geqslant 0$,

$$T(w, t) = E(t)w(0) + \int_0^t E(t-s)F(w(s))ds,$$

那么线性化 Ricci 流方程 (32.12) 的解是 $T(\cdot, t)$ 不动点, 即

$$\nu(t) = T(\nu, t) = E(t)\nu(0) + \int_0^t E(t-s)F(\nu(s))ds.$$

可以证明, 算子 $T(\cdot, t)$ 在充分小的时间内是压缩映射, 由压缩映射不动点定理, 短期解 ν 存在并且唯一.

解的长时间存在性　为了证明对一切 $t \geqslant 0$, Ricci 流的解都存在, 我们需要对曲率的界进行先验估计, 保证解在有限时间内不会产生奇异点. 有了先验估计之后, 再结合解的短期存在性和唯一性, 我们就可以得到解的长期存在性.

为了得到所需的先验估计, 只需找到 $R(t)$ 的上下界, 由这些界和公式 (32.10) 可以决定 u 在任意有限时间段 $[0, T)$ 都是有界的. 我们用标准抛物 Schauder 估计, 得出 u 在 Hölder 空间中的任意阶模都有界, 因此由 Arzela-Ascoli 定理得出紧性. 在高维 Ricci 流中, 当曲率爆破 (blow up) 时, 曲率流会产生奇异点.

32.4　曲率的先验估计

曲率上下界的先验估计依赖于下面的最大值原理.

定理 32.1 (弱标量最大值原理)　假设 $(S, \mathbf{g})$ 是封闭度量曲面, $f : S \times [0, \epsilon) \to \mathbb{R}$ 是抛物不等式的解

$$\frac{\partial}{\partial t} f \leqslant \Delta f + H(f, t),$$

这里 $H : \mathbb{R} \times [0, \epsilon) \to \mathbb{R}$ 是光滑函数. 令 $h : [0, \epsilon) \to \mathbb{R}$ 是常微分方程的解

$$\frac{d}{dt} h = H(h, t),$$

并且满足初始不等式 $f \leqslant h$ (假设常微分方程的解在时间区间 $[0, \epsilon)$ 内存在), 那么对于一切时间 $f(\cdot, t) \leqslant h(t)$. ♦

证明　固定任意时间 $\tau \in (0, T)$, 因为 H 是光滑的, f, h 可微, 我们在这个时间区间上有界 $|f|, |h| < C$, 蕴含存在常数 L, 对于一切 $t \in [0, \tau]$,

$$|H(f(t), t) - H(h(t), t)| \leqslant L|f(t) - h(t)|.$$

于是有微分不等式

$$\frac{\partial}{\partial t} (h - f) \geqslant \Delta (h - f) - L|h(t) - f(t)|.$$

如果定义 $J(x,t) = e^{Lt}(h(t) - f(x,t))$, 在 $[0,\tau]$ 上, J 满足

$$\frac{\partial}{\partial t}J \geqslant \Delta J + LJ - LJ \cdot \text{sign}(h - f)$$
$$\geqslant \Delta J.$$

用标准热扩散方程解的弱最小值原理, 我们得到对所有时间 $t \in [0,\tau]$, $J \geqslant 0$, 即 $h \geqslant f$. 因为 τ 任意, 定理成立. ∎

曲率有界性证明 我们先证明曲率的下界.

命题 32.3 如果在曲面上, $\mathbf{g}(t)$ 是标准 Ricci 流的解, 那么只要解存在, 我们有标量曲率的一致下界:

$$\begin{cases} R - \rho \geqslant \frac{\rho}{1-(1-\frac{\rho}{R_{\min}})e^{\rho t}} \geqslant (R_{\min} - \rho)e^{\rho t}, & \rho < 0, \\ R \geqslant \frac{R_{\min}}{1-R_{\min}t} \geqslant -\frac{1}{t}, & \rho = 0, \\ R \geqslant \frac{\rho}{1-(1-\frac{\rho}{R_{\min}})e^{\rho t}} \geqslant R_{\min}e^{-\rho t}, & \rho > 0 \text{ 并且 } R_{\min} < 0. \end{cases}$$ ◆

证明 我们应用弱最大值原理于 Ricci 流

$$\frac{\partial}{\partial t}R = \Delta R + R(R - \rho),$$

定义 f 为常微分方程

$$\begin{cases} \dfrac{d}{dt}f = f(f - \rho), \\ f(0) = R_{\min}(0) = R_{\min} \end{cases}$$

的解, 只要 f 和 R 存在, 那么 $f(t) \leqslant R(\cdot, t)$. 常微分方程有解,

$$f(t) = \begin{cases} \dfrac{\rho}{1 - (1 - \frac{\rho}{R_{\min}})e^{\rho t}}, & \rho \neq 0, R_{\min} \neq 0, \\ \dfrac{R_{\min}}{1 - R_{\min}t}, & \rho = 0, \\ 0, & R_{\min} = 0. \end{cases}$$

如果假设 $R_{\min} < \min\{\rho, 0\}$, 那么这些解当 $t \to \infty$ 时有界. ∎

我们再证明曲率的上界.

定理 32.2 封闭曲面上的标准 Ricci 流具有上界

$$\begin{cases} \rho - Ce^{\rho t} \leqslant R \leqslant \rho + Ce^{\rho t}, & \rho < 0, \\ -\frac{C}{1+Ct} \leqslant R \leqslant C, & \rho = 0, \\ -Ce^{-\rho t} \leqslant R \leqslant \rho + Ce^{\rho t}, & \rho > 0, \end{cases}$$

这里常数 $C > 0$ 只依赖于曲面的初始 Riemann 度量. ◆

证明 我们说 $f : S \to \mathbb{R}$ 是曲率的势, 如果 f 满足偏微分方程

$$\Delta f = R - \rho.$$

因为

$$\int_S (R - \rho) d\mu = 0,$$

由 Hodge 理论, 势能函数 f 存在, 并且所有的解彼此相差一个只依赖于时间的函数 $c(t)$. 容易证明 (Chow and Knopf [6], 5.3), 我们可以选择一个 $c(t)$, 满足演化方程

$$\frac{\partial}{\partial t} f = \Delta f + \rho f.$$

定义函数

$$H := R - \rho + |\nabla f|^2,$$

可以证明 H 满足方程

$$\frac{\partial}{\partial t} H = \Delta H - 2 \left| \nabla^2 f - \frac{1}{2} \Delta f \mathbf{g} \right|^2 + \rho H. \qquad (32.13)$$

由上式得到

$$\frac{\partial}{\partial t} H \leqslant \Delta H + \rho H.$$

令 h 定义为

$$\begin{cases} \frac{\partial}{\partial t} h = \rho h, \\ h(0) = H(0), \end{cases}$$

得到 $h(t) = H(0) e^{\rho t}$, 由弱最大值原理, 得到 $H(\cdot, t) \leqslant h(t)$,

$$R - \rho \leqslant (R - \rho) + |\nabla f|^2 = H \leqslant H(0) e^{\rho t}.$$

这一上界对任意时间成立. ∎

推论 32.1 紧曲面上归一化 Ricci 流 $\partial_t \mathbf{g} = (\rho - R) \mathbf{g}$ 的解 $\mathbf{g}(t)$ 长时间存在. ◆

证明 由紧曲面上归一化 Ricci 流解的短时间存在性, 和解的先验估计 (假设解存在, 那么解的界应该满足的条件), 我们得到解的长时间存在性. ∎

32.5 收敛性

下面我们证明紧曲面上归一化的 Ricci 流收敛到常值标量曲率度量,证明分四种情况: $\rho < 0$, $\rho = 0$, $\rho > 0$ 且初始曲率 $R(0)$ 处处非负, $\rho > 0$ 且初始曲率 $R(0)$ 变号.

1. $\rho < 0$. 由定理 32.2 中的曲率先验估计, 对一切 $t \geqslant 0$, 我们有

$$\rho - Ce^{\rho t} \leqslant R \leqslant \rho + Ce^{\rho t},$$

因此 $R(t)$ 收敛到 ρ,

$$|R(t) - \rho| \leqslant Ce^{\rho t},$$

收敛速率为指数级. 代入等式 $\partial_t \lambda = 1/2(\rho - R(t))$,

$$|\lambda(\infty) - \lambda(t)| \leqslant \frac{1}{2} \int_t^\infty |\rho - R(s)| ds = \frac{1}{2} \int_t^\infty Ce^{\rho t} = \frac{-C}{2\rho} e^{\rho t}.$$

所以共形因子也以指数级速率收敛.

2. $\rho = 0$. 由单值化定理, 曲面存在共形平直度量 $\bar{\mathbf{g}}$, $\mathbf{g}(t) = u(t)\bar{\mathbf{g}}(t)$, $R(\bar{\mathbf{g}}) \equiv 0$. 将 Yamabe 方程 (32.4)

$$\Delta_{\bar{\mathbf{g}}} \lambda + \frac{1}{2} Re^{2\lambda} = 0$$

代入 Ricci 流 (32.8)

$$\partial_t \lambda = \frac{1}{2}(\rho - R) = e^{-2\lambda} \Delta_{\bar{\mathbf{g}}} \lambda,$$

这是一个非线性热扩散方程, 由最大值原理对一切 $t \geqslant 0$, $|\lambda| \leqslant C$. 因此, 对所有的时间, $\mathbf{g}(t)$ 的直径、内射半径和 Sobolev 常数都有界. 由此可以得到 u 的一系列高阶 Sobolev 模的界, 从而得到 u 的各阶导数以指数速率收敛到 0, u 趋向常值函数, $g(t)$ 收敛到平直度量 (Hamilton [18]).

3. $\rho > 0$ 并且 $R(0) \geqslant 0$. 为了处理这个情形, Hamilton 证明了熵能量的单调性 (Hamilton [18]), 并且介绍了广义 Li-Yau Harnack 不等式 (Li and Yau [25]).

考察单参数族 Riemann 度量 $\mathbf{g}(t)$, 它关于 t 是 C^1 连续的. 对于任意

两点 $(x,T),(\xi,\tau)\in S\times\mathbb{R}^+$, 定义

$$\Delta(\xi,\tau,x,T)=\inf_{\gamma}\int_{\tau}^{T}\left(\frac{ds}{dt}\right)dt, \tag{32.14}$$

这里下确界取遍所有连接 (x,T) 和 (ξ,τ) 的路径, 被 $t\in(\tau,T)$ 所参数化, ds/dt 是在空间中时刻 t 的速度.

引理 32.2 (Hamilton 的 Harnack 估计) 令 $\mathbf{g}(t)$ 是紧曲面上 Ricci 流的一个解, 在 $0<t\leqslant T$ 区间 $R>0$. 对时空中的任意两点 (x_1,t_1) 和 (x_2,t_2), $0<t_1<t_2$, 成立不等式:

$$(e^{\rho t_1}-1)R(x_1,t_1)\leqslant e^{\Delta/4}(e^{\rho t_2}-1)R(x_2,t_2),$$

这一不等式控制着 $R(x_1,t_1)$ 和 $R(x_2,t_2)$ 的相对值. ◆

引理 32.3 (熵估计, Hamilton [18]) 曲面 S 上单参数 Riemann 度量 $\mathbf{g}(t)$ 诱导标量曲率 $R(t)$, 定义度量族的熵为

$$\mathcal{E}(t):=\int_{S}R\log R\,dA.$$

如果 $\mathbf{g}(t)$ 依随 Ricci 流演化并且 $R(t)>0$, 那么 $\mathcal{E}(t)$ 非降. ◆

$\mathcal{E}(t)$ 的单调性给出 $\int_{S}R\log R\,dA$ 的一致上界, Harnack 估计可被用来证明 R 一致上有界. 从而我们得到 $(M,\mathbf{g}(t))$ 的内射半径不小于 $\pi/\sqrt{R_{\max}(t)/2}$, 因此远离零点. 同样的估计给出了曲面直径的一致上界.

直径的上界和 Harnack 估计一同推出对于任意 $x,y\in S$, 任意 $t\geqslant 1$, 我们有

$$R(x,t)\leqslant CR(y,t+1),$$

由此得到对一切 $t\geqslant 0$, $0<c_1\leqslant R\leqslant c_2$.

考察 Hesse 矩阵的演化:

$$\partial_t|M_f|^2=\Delta_{\mathbf{g}(t)}|M_f|^2-2|\nabla M_f|^2-2R|M_f|^2,$$

这里 f 是 $R(t)$ 的势能函数, Hesse 矩阵 $M_f=\nabla^2 f-\Delta f g$. 应用最大值原理, 得到 $|M_f|\leqslant Ce^{-ct}$, $c>0$.

Hamilton 考察了修改的 Ricci 流

$$\partial_t\mathbf{g}=(\rho-R)\mathbf{g}-2\nabla^2 f,$$

修改 Ricci 流的解和传统 Ricci 流的解相差一个微分同胚. Hamilton 证明修改的 Ricci 流以指数速率收敛到一个特殊的 Riemann 度量, 所谓的 Ricci 梯度孤立子度量, 满足 $M_f \equiv 0$. 他证明了下面定理:

定理 32.3 (Hamilton [18]) 如果曲面 S 是紧的, 那么 Ricci 梯度孤立子度量诱导常值曲率. ♦

4. $\rho > 0$ 并且 $R(0)$ 变号. 考虑偏微分方程

$$\partial_t R = \Delta_{\mathbf{g}(t)} R + R(R - \rho),$$

去掉 Laplace 项, 得到相应的常微分方程

$$\frac{d}{dt} s(t) = s(s - \rho),$$

具有解 $s(t) = \rho(1 - (1 - \rho/s_0)e^{\rho t})^{-1}$. 函数 $R - s$ 满足

$$\partial_t (R - s) = \Delta(R - s) + (R - \rho + s)(R - s).$$

如果我们选择 $s_0 < R_{\min}(0) < 0$, 那么由最大值原理在 $\mathbf{g}(t)$ 有定义的区间, $R - s > 0$.

Chow 修改后的熵定义为

$$N(g(t), s(t)) = \int_S (R - s) \log(R - s) dA.$$

虽然 N 不是单调的, 但是 N 一致有界, 并且有修改后的 Harnack 不等式

$$R(x_2, t_2) - s(t_2) \geqslant e^{-\Delta/4 - C(t_2 - t_1)} (R(x_1, t_1) - s(t_1))$$

当 $t_1 < t_2$ 时, 对任意 $(x_1, t_1), (x_2, t_2) \in S \times \mathbb{R}^+$ 成立, Δ 由等式 (32.14) 定义.

由 Harnack 估计和 $N(g(t), s(t))$ 的上界得到曲率的一致上界, 进而得到内射半径的一致下界和直径的一致上界. 直径的界和 Harnack 估计推出对所有的 $t \geqslant 0$, 都有 $R - s \geqslant c > 0$. 由于 $s(t)$ 以指数级的速率收敛到 0, 我们看到当 t 足够大时, $R(t)$ 最终严格为正. 于是归结为前面的情形.

33.1　顶点缩放变换

在离散曲面上, 我们定义了离散 Riemann 度量和离散 Gauss 曲率, 下一步关键的概念是度量的离散共形变换. 有多种方式定义离散共形变换, 这里我们讨论最为直观的顶点缩放变换 (vertex scaling). 直观上, 连续情形下 Riemann 度量的共形变换可以表示成: $\mathbf{g} \mapsto e^{2u}\mathbf{g}$, 离散顶点缩放变换就是将边长乘以离散共形因子的指数幂.

假设给定一个多面体曲面 $(S, V, \mathbf{d})$, 曲面 S 带有三角剖分 $\mathcal{T}$, 共有 n 个顶点, 即 $|V| = n$. 令 $K: V \to \mathbb{R}$ 为离散 Gauss 曲率函数, $u: V \to \mathbb{R}$ 为离散共形因子函数.

定义 33.1 (顶点缩放变换)　给定多面体曲面 $(S, V, \mathbf{d}, \mathcal{T})$, 顶点缩放变换将度量 $\mathbf{d}$ 改变成新的度量, 记为 $u * \mathbf{d}$, 将每条边 $[v_i, v_j] \in E(\mathcal{T})$ 的边长进行变换

$$u * \mathbf{d}: \quad l_{ij} \mapsto e^{\frac{u_i}{2}} l_{ij} e^{\frac{u_j}{2}}. \quad \blacklozenge \tag{33.1}$$

引理 33.1 (微分余弦引理)　固定一个欧氏三角形 $[v_i, v_j, v_k]$, 三条边长为 $\{l_i, l_j, l_k\}$, 三个顶角为 $\{\theta_i, \theta_j, \theta_k\}$ (图 33.1), 那么我们有

$$\frac{\partial \theta_i}{\partial l_i} = \frac{l_i}{2A} \tag{33.2}$$

和

$$\frac{\partial \theta_i}{\partial l_j} = -\frac{l_i}{2A} \cos \theta_k, \tag{33.3}$$

这里 A 是三角形的面积. $\quad \blacklozenge$

证明　将边长看成自变量, 角度视作因变量. 由欧氏三角形的余弦定理

$$l_i^2 = l_j^2 + l_k^2 - 2l_j l_k \cos \theta_i,$$

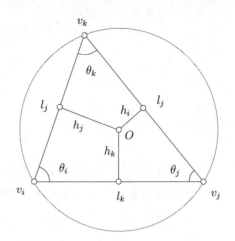

图 33.1 微分余弦引理.

两边对 l_i 求导, 得到

$$2l_i dl_i = 2l_j l_k \sin\theta_i d\theta_i,$$

因此,

$$\frac{\partial\theta_i}{\partial l_i} = \frac{l_i}{l_j l_k \sin\theta_i} = \frac{l_i}{2A}.$$

两边对 l_j 求导, 得到

$$0 = 2l_j dl_j - 2l_k \cos\theta_i dl_j + 2l_j l_k \sin\theta_i d\theta_i,$$

由此,

$$\frac{\partial\theta_i}{\partial l_j} = -\frac{l_j - l_k \cos\theta_i}{2l_j l_k \sin\theta_i} = -\frac{l_i \cos\theta_k}{l_j l_k \sin\theta_i} = -\frac{l_i}{2A}\cos\theta_k. \qquad \blacksquare$$

由微分余弦引理我们得到对称关系.

引理 33.2 (对称关系)　固定一个面 $[v_i, v_j, v_k]$, 在顶点缩放变换中, 内角对离散共形因子的偏导数满足对称关系:

$$\frac{\partial\theta_i}{\partial u_j} = \frac{\partial\theta_j}{\partial u_i} = \frac{h_k}{l_k} = \frac{1}{2}\cot\theta_k, \quad \frac{\partial\theta_i}{\partial u_i} = -\frac{1}{2}(\cot\theta_j + \cot\theta_k), \qquad (33.4)$$

这里 h_k 是外接圆圆心到边 e_k 的距离. 矩阵表示为

$$\begin{pmatrix} d\theta_i \\ d\theta_j \\ d\theta_k \end{pmatrix} = \frac{1}{2}\begin{pmatrix} -\cot\theta_k - \cot\theta_j & \cot\theta_k & \cot\theta_j \\ \cot\theta_k & -\cot\theta_k - \cot\theta_i & \cot\theta_i \\ \cot\theta_j & \cot\theta_i & -\cot\theta_j - \cot\theta_i \end{pmatrix}\begin{pmatrix} du_i \\ du_j \\ du_k \end{pmatrix}. \quad \blacklozenge \quad (33.5)$$

证明　由微分余弦引理和顶点缩放变换定义, 我们有

$$\frac{\partial \theta_i}{\partial u_j} = \frac{\partial \theta_i}{\partial l_i}\frac{\partial l_i}{\partial u_j} + \frac{\partial \theta_i}{\partial l_k}\frac{\partial l_k}{\partial u_j} = \frac{1}{2}\left(\frac{l_i^2}{2A} - \frac{l_i l_k \cos\theta_j}{2A}\right)$$

$$= \frac{1}{2}\frac{l_i l_j \cos\theta_k}{2A} = \frac{1}{2}\cot\theta_k = \frac{h_k}{l_k}.$$

同理, 可以证明

$$\frac{\partial \theta_j}{\partial u_i} = \frac{1}{2}\cot\theta_k = \frac{\partial \theta_i}{\partial u_j},$$

因此对称性成立. 由 $\theta_i + \theta_j + \theta_k = \pi$, 我们得到

$$\frac{\partial \theta_i}{\partial u_i} = -\frac{\partial \theta_j}{\partial u_i} - \frac{\partial \theta_i}{\partial u_k} = -\frac{1}{2}(\cot\theta_k + \cot\theta_j).$$

证明完毕. ∎

在整个离散曲面上, 离散曲率关于离散共形因子偏导数的对称性具有根本的重要性. 我们有下面的引理.

引理 33.3 (曲率对共形因子偏导数的对称关系)　对一个多面体曲面 $(S, V, \mathbf{d}, \mathcal{T})$ 进行顶点缩放变换 $u * \mathbf{d}$, 那么对于任意相邻顶点 $v_i, v_j \in V(\mathcal{T})$ 都有等式

$$\frac{\partial K_i}{\partial u_j} = \frac{\partial K_j}{\partial u_i} = -\frac{1}{2}w_{ij}, \tag{33.6}$$

这里 w_{ij} 是边 $[v_i, v_j]$ 上的余切边权重 (cotangent edge weight). ♦

证明　假设 $[v_i, v_j]$ 和两个三角形 $[v_i, v_j, v_k]$ 和 $[v_j, v_i, v_l]$ 相邻, 根据离散曲率的定义, 基于引理 33.2 我们直接计算

$$\frac{\partial K_i}{\partial u_j} = -\frac{\partial \theta_i^{jk}}{\partial u_j} - \frac{\partial \theta_i^{lj}}{\partial u_j} = -\frac{1}{2}(\cot\theta_k^{ij} + \cot\theta_l^{ji}) = -\frac{1}{2}w_{ij}.$$

如果 $[v_i, v_j]$ 只和一个三角形 $[v_i, v_j, v_k]$ 相邻, 我们有

$$\frac{\partial K_i}{\partial u_j} = -\frac{\partial \theta_i^{jk}}{\partial u_j} = -\frac{1}{2}\cot\theta_k^{ij} = -\frac{1}{2}w_{ij}.$$

因此, 我们得到对称性,

$$\frac{\partial K_i}{\partial u_j} = \frac{\partial K_j}{\partial u_i}.$$

证明完毕. ∎

33.2 离散熵能量

给定欧氏三角形具有边长 $\{l_i, l_j, l_k\}$, 满足三角形不等式, 离散共形因子为 $\{u_i, u_j, u_k\}$. 若经过顶点缩放变换后, 三角形不等式依然被满足, 则

$$e^{u_j} l_i e^{u_k} + e^{u_i} l_j e^{u_k} > e^{u_i} l_k e^{u_j},$$

这等价于

$$\frac{l_i}{e^{u_i}} + \frac{l_j}{e^{u_j}} > \frac{l_k}{e^{u_k}}.$$

满足三角形不等式的区域

$$\Omega := \left\{ (u_i, u_j, u_k) \left| \frac{l_i}{e^{u_i}} + \frac{l_j}{e^{u_j}} > \frac{l_k}{e^{u_k}}, \frac{l_j}{e^{u_j}} + \frac{l_k}{e^{u_k}} > \frac{l_i}{e^{u_i}}, \frac{l_k}{e^{u_k}} + \frac{l_i}{e^{u_i}} > \frac{l_j}{e^{u_j}} \right. \right\}$$
$$\bigcap \{(u_i, u_j, u_k) | u_i + u_j + u_k = 0\}$$

是一个非空集.

由微分余弦引理所揭示的对称性, 我们可以定义离散熵能量.

定义 33.2 (欧氏三角形的离散熵能量) 给定欧氏三角形 $[v_i, v_j, v_k]$, 带有边长 $\{l_i, l_j, l_k\}$, 离散共形因子为 $\{u_i, u_j, u_k\}$, 离散熵能量 (discrete entropy energy) 定义为

$$\mathcal{E}(u_i, u_j, u_k) := \int_{(0,0,0)}^{(u_i, u_j, u_k)} \theta_i(u_i, u_j, u_k) du_i$$
$$+ \theta_j(u_i, u_j, u_k) du_j + \theta_k(u_i, u_j, u_k) du_k. \quad \blacklozenge \quad (33.7)$$

引理 33.4 离散熵能量 (33.7) 是定义在区域 Ω 上的严格凹函数. ◆

证明 我们构造微分 1-形式

$$\eta = \theta_i du_i + \theta_j du_j + \theta_k du_k,$$

其外微分为

$$d\eta = \left(\frac{\partial \theta_j}{\partial u_i} - \frac{\partial \theta_i}{\partial u_j} \right) du_i \wedge du_j + \left(\frac{\partial \theta_k}{\partial u_j} - \frac{\partial \theta_j}{\partial u_k} \right) du_j \wedge du_k + \left(\frac{\partial \theta_i}{\partial u_k} - \frac{\partial \theta_k}{\partial u_i} \right) du_k \wedge du_i.$$

由对称性 (33.4), 我们得到 $d\eta = 0$, 因此 η 是闭的微分形式. 因为 Ω 是单连通的, 因此 η 是恰当形式, 积分得到函数 $\mathcal{E} : \Omega \to \mathbb{R}$,

$$\mathcal{E}(u_i, u_j, u_k) = \int^{(u_i, u_j, u_k)} \eta,$$

函数的梯度满足

$$\nabla \mathcal{E} = (\theta_i, \theta_j, \theta_k)^T,$$

其 Hesse 矩阵

$$\frac{\partial^2 \mathcal{E}}{\partial u_i \partial u_j} = \frac{\partial \theta_i}{\partial u_j}$$

为对称半负定矩阵, 其零空间为 $\{\lambda(1,1,1)^T | \lambda \in \mathbb{R}\}$, 和 Ω 相垂直. 因此在 Ω 上, $\mathcal{E}$ 为严格凹函数. 证明完毕. ■

命题 33.1 给定欧氏三角形, 其离散熵能量为 $\mathcal{E} : \Omega \to \mathbb{R}$, 这里定义域 Ω 同上, 其梯度映射 $\nabla \mathcal{E} : (u_i, u_j, u_k) \to (\theta_i, \theta_j, \theta_k)$ 将离散共形因子映射到角度空间

$$\Theta := \{(\theta_i, \theta_j, \theta_k) \in \mathbb{R}_{>0} | \theta_i + \theta_j + \theta_k = \pi\}.$$

$\nabla \mathcal{E} : \Omega \to \Theta$ 是局部微分同胚. ◆

证明 对于任意一个点 $(\theta_i, \theta_j, \theta_k) \in \Theta$, 根据正弦定理, 我们构造方程:

$$\sin \theta_i : \sin \theta_j : \sin \theta_k = \frac{l_i}{e^{u_i}} : \frac{l_j}{e^{u_j}} : \frac{l_k}{e^{u_k}},$$

满足限制 $u_i + u_j + u_k = 0$, 可以得到此点在 Ω 中的一个邻域中的唯一解 $(u_i, u_j, u_k) \in \Omega$. 由 $(-\mathcal{E})$ 在 Ω 上的凸性和 C^2 光滑性, 我们得到梯度映射是局部微分同胚. 证明完毕. ■

定义 33.3 (离散曲面的熵能量) 给定多面体曲面 $(S, V, \mathbf{d}, \mathcal{T})$, 顶点缩放变换改变度量 $u * \mathbf{d}$, 离散熵能量定义为

$$\mathcal{E}(\mathbf{u}) = \int^{\mathbf{u}} K_1 du_1 + K_2 du_2 + \cdots + K_n du_n, \tag{33.8}$$

这里 $\mathbf{u} = (u_1, u_2, \cdots, u_n)$ 是顶点上的离散共形因子. ◆

定理 33.1 给定多面体曲面 $(S, V, \mathbf{d}, \mathcal{T})$, 令 $\mathbf{u} = (u_1, u_2, \cdots, u_n)^T$. 对每个面 $f_\alpha \in F(\mathcal{T})$, 假设 $f_\alpha = [v_i, v_j, v_k]$, 我们定义

$$\Omega_{f_\alpha} = \left\{ \mathbf{u} \Big| \frac{l_{jk}}{e^{u_i}} + \frac{l_{ki}}{e^{u_j}} > \frac{l_{ij}}{e^{u_k}}, \frac{l_{ki}}{e^{u_j}} + \frac{l_{ij}}{e^{u_k}} > \frac{l_{jk}}{e^{u_i}}, \frac{l_{ij}}{e^{u_k}} + \frac{l_{jk}}{e^{u_i}} > \frac{l_{ki}}{e^{u_j}} \right\},$$

熵能量的定义域为集

$$\Omega = \bigcap_{f_\alpha \in F(\mathcal{T})} \Omega_{f_\alpha} \bigcap \left\{ \mathbf{u} \Big| \sum_{i=1}^{n} u_i = 0 \right\},$$

熵能量梯度映射将共形因子映射到曲率空间

$$\mathcal{K} := \left\{ \mathbf{K} \,\middle|\, \sum_{i=1}^{n} K_i = 2\pi\chi(S) \right\}.$$

离散熵能量 (33.8) $\mathcal{E} : \Omega \to \mathbb{R}$ 是严格凸的, 梯度映射 $\nabla\mathcal{E} : \Omega \to \mathcal{K}, \mathbf{u} \mapsto \mathbf{K}$ 是局部微分同胚. ♦

证明　我们构造微分形式

$$\eta = K_1 du_1 + K_2 du_2 + \cdots + K_n du_n,$$

计算外微分, 由对称性 (33.6)

$$d\eta = \sum_{i,j} \left(\frac{\partial K_j}{\partial u_i} - \frac{\partial K_i}{\partial u_j} \right) du_i \wedge du_j = \sum_{i,j} (w_{ij} - w_{ij}) du_i \wedge du_j = 0,$$

因此 η 是闭的微分形式. 因为 Ω 是单连通的, 所以 η 在 Ω 上是恰当的, 离散熵能量 $\mathcal{E}(\mathbf{u}) = \int^{\mathbf{u}} \eta$ 在 Ω 上是全局定义的. 离散熵能量的梯度为离散曲率 $\nabla\mathcal{E}(\mathbf{u}) = (K_1, K_2, \cdots, K_n)$. 离散熵能量的 Hesse 矩阵等于离散 Laplace-Beltrami 算子矩阵, 在 Ω 上严格正定, 因此熵能量为严格凸函数, 根据隐函数定理, 我们有梯度映射为局部微分同胚. 证明完毕. ∎

注意, 在这个定理中, Ω 的边界处一些三角形退化, 因此可能取到的曲率范围比较复杂, 我们无法直接确定值域 $\nabla\mathcal{E}(\Omega)$.

33.3　离散熵能量的几何解释

定理 33.2　带装饰的理想双曲四面体的体积变分满足 Shläfli 公式:

$$dV = -\frac{1}{2} \sum_i \lambda_{ij} d\alpha_{ij}, \tag{33.9}$$

这里 λ_{ij} 是边 $[v_i, v_j]$ 上位于顶点处的两个极限球面之间的有向距离, α_{ij} 是边 $[v_i, v_j]$ 上的内二面角. ♦

如图 33.2 所示, 给定带装饰的理想双曲四面体 $[v_i, v_j, v_k, v_l]$, 六个边长为

$$\{\lambda_{ij}, \lambda_{jk}, \lambda_{kl}, -u_i, -u_j, -u_k\},$$

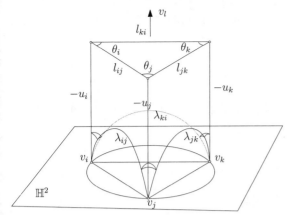

图 33.2 离散熵能量的几何解释, 带装饰的理想双曲四面体的体积.

彩　图

由带装饰的理想双曲三角形的余弦定理, 我们得到

$$l_{ij} = e^{\frac{1}{2}(\lambda_{ij}+u_i+u_j)}, \quad l_{jk} = e^{\frac{1}{2}(\lambda_{jk}+u_j+u_k)}, \quad l_{ki} = e^{\frac{1}{2}(\lambda_{ki}+u_k+u_i)},$$

在顶点 v_l 的极限球面和理想四面体的截面是欧氏三角形, 具有边长 $\{l_{ij}, l_{jk}, l_{ki}\}$, 由欧氏三角形余弦定理, 我们得到其内角, 也是四面体的二面角 $\{\theta_i, \theta_j, \theta_k\}$, 同时二面角

$$\alpha_{jk} = \theta_i, \quad \alpha_{ki} = \theta_j, \quad \alpha_{ij} = \theta_k.$$

我们可以将带装饰的理想双曲四面体的体积记为

$$V(\lambda_{ij}, \lambda_{jk}, \lambda_{ki}, -u_i, -u_j, -u_k),$$

由 Shläfli 公式

$$dV = \frac{1}{2}(\lambda_{ij}d\theta_k + \lambda_{jk}d\theta_i + \lambda_{ki}d\theta_j - u_id\theta_i - u_jd\theta_j - u_kd\theta_k).$$

我们定义能量

$$\hat{V}(\lambda_{ij}, \lambda_{jk}, \lambda_{ki}, -u_i, -u_j, -u_k)$$
$$= \frac{1}{2}\sum_{ij}\lambda_{ij}\theta_k - \frac{1}{2}\sum_i u_i\theta_i + V(\lambda_{ij}, \lambda_{jk}, \lambda_{ki}, -u_i, -u_j, -u_k),$$

直接计算其微分

$$d\hat{V} = \frac{1}{2}\sum_{ij}\theta_k d\lambda_{ij} + \frac{1}{2}\sum_i \theta_i du_i.$$

定理 33.3 给定欧氏三角形 $[v_i, v_j, v_k]$, 具有初始边长 $\{e^{\frac{1}{2}\lambda_{ij}}, e^{\frac{1}{2}\lambda_{jk}},$

$e^{\frac{1}{2}\lambda_{ki}}\}$, 离散共形因子为 $\{u_i, u_j, u_k\}$, 经过顶点缩放变换, 则离散熵能量具有表示

$$\int^{(u_i, u_j, u_k)} \theta_i du_i + \theta_j du_j + \theta_k du_k$$

$$= C + 2\hat{V}(\lambda_{ij}, \lambda_{jk}, \lambda_{ki}, -u_i, -u_j, -u_k). \quad \blacklozenge \quad (33.10)$$

证明 对右侧求微分, 我们得到

$$2d\hat{V} = \theta_i du_i + \theta_j du_j + \theta_k du_k + \theta_k d\lambda_{ij} + \theta_j d\lambda_{ki} + \theta_i d\lambda_{jk},$$

因为 $\lambda_{ij}, \lambda_{jk}, \lambda_{ki}$ 是固定的, 因此上式等于

$$2d\hat{V} = \theta_i du_i + \theta_j du_j + \theta_k du_k.$$

左右两侧微分相等. ∎

33.4 离散曲面 Ricci 流算法

我们现在可以来定义离散曲面 Ricci 流, 这种方法可以求出一个多面体度量, 实现用户指定的目标曲率. 基本上, 我们依随时间演化离散共形因子, 使得其变化速率等于目标曲率和当前曲率之差; 我们用共形因子进行顶点缩放操作来变换多面体度量; 再更新三角剖分, 使得更新过的三角剖分在当前度量下是 Delaunay 三角剖分. 如此循环往复, 直至最终曲率收敛到目标曲率.

定义 33.4 (离散曲面 Ricci 流) 给定多面体曲面 $(S, V, \mathbf{d}, \mathcal{T})$, 给定目标曲率 $\bar{K} : V \to \mathbb{R}$, 满足条件

1. 对一切顶点 $v_i \in V$, $\bar{K}(v_i) \in (-\infty, 2\pi)$;
2. 总曲率满足 Gauss-Bonnet 条件:

$$\sum_{v_i \in V} \bar{K}(v_i) = 2\pi\chi(S).$$

离散曲面 Ricci 流定义为: 对一切顶点 $v_i \in V$, 共形因子 $u : V \to \mathbb{R}$ 满足常微分方程

$$\frac{du(v_i)}{dt} = \bar{K}(v_i) - K(v_i, t). \quad (33.11)$$

曲面的多面体度量依随时间而变化, 记为 $\mathbf{d}(t)$, 多面体曲面的三角剖分也依随时间而变化, 记为 $\mathcal{T}(t)$, 演化规律如下: 存在时刻 $0 = t_0 < t_1 < t_2 < \cdots < t_n < \cdots$, 满足

1. 在任意时刻 t, $\mathcal{T}(t)$ 相对于度量 $\mathbf{d}(t)$ 是 Delaunay 三角剖分;

2. 在时间区间 $[t_k, t_{k+1}]$ 内, 三角剖分保持恒定不变;

3. 对任意 $t \in [t_k, t_{k+1}]$, 度量相差一个顶点缩放变换

$$\mathbf{d}(t) = (u(t) - u(t_k)) * \mathbf{d}(t_k);\tag{33.12}$$

4. 在任意时刻 t_k, $k = 0, 1, 2, \cdots$, $\mathcal{T}(t_k)$ 中有限条边的余切权重为 0, 将这些边作边对换操作来更新三角剖分, 得到 $\mathcal{T}(t_k + \epsilon)$, $\epsilon > 0$ 为正的无穷小量. ◆

我们可以从变分角度来考察离散曲面 Ricci 流, 实际上离散 Ricci 流是离散熵能量的梯度流.

定理 33.4 给定多面体曲面 $(S, V, \mathbf{d}, \mathcal{T})$, 离散曲面 Ricci 流 (33.11) 是熵能量

$$\mathcal{E}(\mathbf{u}) = \int^{\mathbf{u}} \sum_{i=1}^{n} (\bar{K}(v_i) - K(v_i)) du_i \tag{33.13}$$

的梯度流, 并且能量在超平面 $\{\mathbf{u} | \sum_{i=1}^{n} u_i = 0\}$ 上是严格凹的. ◆

证明 我们对能量直接求导, 得到

$$\nabla \mathcal{E}(\mathbf{u}) = (\bar{K}(v_1) - K(v_1), \bar{K}(v_2) - K(v_2), \cdots, \bar{K}(v_n) - K(v_n))^T,$$

所以离散曲面 Ricci 流 (33.12) 是能量的梯度流. 能量的 Hesse 矩阵是多面体曲面的 Laplace-Beltrami 矩阵取负, Hesse 矩阵在超平面 $\{\mathbf{u} | \sum_{i=1}^{n} u_i = 0\}$ 上严格负定, 因此能量是严格凹的. 证明完毕. ∎

定理 33.1 中的三角剖分是固定的, 而定理 33.4 中的 Delaunay 三角剖分是变动的.

离散曲面 Ricci 流算法 计算离散曲面 Ricci 流等价于求解凸优化问题, 所求的共形因子是熵能量的唯一最大值点. 我们可以用经典的牛顿法来优化熵能量, 从而直接求出目标多面体度量. 假设在第 k 步, 离散共形因子

是 $\mathbf{u}_k$, 我们欲求变化量 $\delta\mathbf{u}$, 熵能量 $\mathcal{E}(\mathbf{u}_k + \delta\mathbf{u})$ 的 Taylor 展开为

$$\mathcal{E}(\mathbf{u}_k + \delta\mathbf{u}) = \mathcal{E}(\mathbf{u}_k) + \langle \nabla\mathcal{E}(\mathbf{u}_k), \delta\mathbf{u} \rangle + \frac{1}{2}\delta\mathbf{u}^T \left(\frac{\partial^2\mathcal{E}}{\partial u_i \partial u_j} \right)(\mathbf{u}_k)\delta\mathbf{u} + o(|\delta\mathbf{u}|^2).$$

忽略高阶项, 近似熵能量至二阶项, 然后关于 $\delta\mathbf{u}$ 求导, 则在最大值处关于 $\delta\mathbf{u}$ 的一阶导数为 0,

$$\nabla\mathcal{E}(\mathbf{u}_k) + \left(\frac{\partial^2\mathcal{E}}{\partial u_i \partial u_j} \right)(\mathbf{u}_k)\delta\mathbf{u} = 0,$$

由此, 我们得到更新规则

$$\mathbf{u}_{k+1} = \mathbf{u}_k - \left(\frac{\partial^2\mathcal{E}}{\partial u_i \partial u_j} \right)^{-1}(\mathbf{u}_k)\nabla\mathcal{E}(\mathbf{u}_k).$$

离散熵能量的 Hesse 矩阵等于负的 Laplace-Beltrami 算子, 离散熵能量的梯度等于目标曲率和当前曲率之差.

　　总结一下离散熵能量的优化算法如下: 给定多面体曲面 $(S, V, \mathbf{d}, \mathcal{T})$, 给定目标曲率 $\bar{K} : V \to \mathbb{R}$, 对任意一个顶点 $v_i \in V$, $\bar{K}(v_i) \in (-\infty, 2\pi)$, 满足 Gauss-Bonnet 条件 $\sum_i \bar{K}(v_i) = 2\pi\chi(S)$, 同时给定曲率误差阈值 $\varepsilon > 0$.

1. 初始化离散共形因子 $\mathbf{u}_0 = \mathbf{0}$, 初始化多面体度量 $\mathbf{d}_0 = \mathbf{d}$.

2. 用余弦定理 (19.8) 计算所有三角形内角.

3. 用公式 (19.1) 计算各个顶点的离散曲率, 得到当前曲率 $K(\mathbf{u}_k)$.

4. 如果对一切顶点 $v_i \in V$, $|\bar{K}(v_i) - K(v_i)| < \varepsilon$, 终止迭代.

5. 用公式 (24.6) 计算各个边上的余切权重, 更新当前 Laplace-Beltrami 算子 $\Delta(\mathbf{u}_k)$.

6. 求解线性系统

$$\Delta(\mathbf{u}_k)\delta\mathbf{u} = \bar{K} - K(\mathbf{u}_k).$$

7. 用顶点缩放变换 (33.1) 来更新多面体度量 $\mathbf{u}_{k+1} = \mathbf{u}_k + \delta\mathbf{u}$, $\mathbf{d}_{k+1} = \delta\mathbf{u} * \mathbf{d}_k$.

8. 用一系列边对换操作, 将三角剖分更新成 Delaunay 三角剖分 $\mathcal{T}$.

9. 重复步骤 2 至步骤 7.

计算实例　应用离散曲率流方法, 我们可以计算复杂拓扑曲面的典范共形映射. 计算过程非常简单: 首先设定目标曲率函数, 其次在超平面

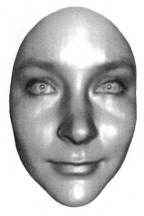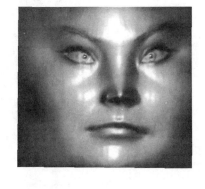

图 33.3 拓扑四边形的共形模.

$\{\mathbf{u}|\sum_i u_i = 0\}$ 上优化严格凹的离散熵能量得到目标离散度量, 最后将离散曲面等距地嵌入到常曲率空间.

例 33.1 如图 33.3 所示, 我们计算拓扑四边形的共形模. 第一步, 将所有内点的目标曲率设为 0, 四个角点的目标曲率设为 $\frac{\pi}{2}$, 其他边界点目标曲率设为 0. 第二步, 优化离散熵能量, 得到目标平直度量. 第三步, 将离散曲面的三角形面依次逐步平铺到欧氏平面上, 得到平面长方形. ◆

例 33.2 图 1.2 显示了拓扑环带的计算方法. 米开朗基罗的大卫头像本来是拓扑圆盘, 在其头顶沿着曲线段切开, 得到一个拓扑圆筒曲面. 将内点处目标曲率处处设成 0, 边界点上目标测地曲率也是处处为 0. 通过优化离散熵能量, 得到平直度量. 将拓扑圆筒曲面等距地铺到欧氏平面上, 得到一个基本域.

图 33.4 显示了拓扑环带 (拓扑圆筒) 的另一种典范共形映射. 我们得到平直度量后, 计算一个基本域在平面上的像, 得到一个平面长方形. 然后我们用指数映射, 将基本域映成标准环带. ◆

例 33.3 图 14.1 显示了拓扑多孔环带的典范共形映射. 应用 Koebe 迭代方法, 每次迭代只需计算拓扑环带的共形映射, 可以直接应用图 33.4 所示的方法. ◆

例 33.4 图 2.15 显示了计算拓扑轮胎共形模的方法. 第一步, 将目标曲率处处设置成 0; 第二步, 通过优化离散熵能量, 得到平直度量; 第三

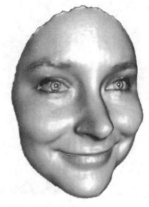

图 33.4 拓扑环带的共形模.

步, 计算曲面的同伦群基底 $\{\alpha, \beta\}$, 将曲面沿着 $\{\alpha, \beta\}$ 切开, 得到曲面的一个基本域; 第四步, 将曲面的基本域等距地铺到欧氏平面上; 第五步, 多次拷贝基本域的平面像, 将不同拷贝沿着边界等距拼接, 得到曲面万有覆叠空间到欧氏平面的共形映射. ◆

在以上算法中, 目标曲率是固定的. 其实计算过程中, 目标曲率可以是随时间变化的. 如图 33.5 所示, 输入曲面是亏格为 1 的曲面, 带有 3 个边界, $\partial S = \gamma_0 \cup \gamma_1 \cup \gamma_2$. 我们在内点处设置目标曲率为 0, 边界曲率设定是时变的. 假设, 一条边界 γ_0 的顶点逆时针排列是 $v_0, v_1, \cdots, v_n$, v_k 连接着 $e_k, e_{k+1} \subset \gamma_0$, 在优化迭代过程中, 设定目标曲率为

$$\bar{K}(v_k) = -2\pi \frac{l_k + l_{k+1}}{2\sum_i l_i},$$

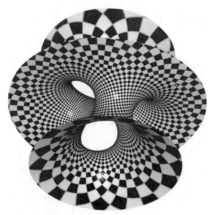

图 33.5 亏格为 1 的曲面带有 3 个边界连通分支.

这里边长是依随优化过程而变化的, 因此并非固定. 这一方法的目的是用离散曲率和离散边长之比来近似光滑曲率. 算法最后会给出稳定的解, 即整体平直度量, 边界测地曲率为常值, 边界为欧氏圆. 这种方法也可以用于计算图 14.1 的典范映射.

在实际应用中, 目标曲率的选取非常灵活, 只要目标曲率满足 Gauss-Bonnet 公式, 那么满足要求的离散共形度量一定存在.

为了证明离散曲面 Ricci 流解的存在性和唯一性, 我们需要将多面体度量转换成具有有限面积的完备双曲度量和带装饰的双曲度量.

34.1 多面体度量到完备双曲度量

给定一个三角剖分的多面体曲面 $(S, V, \mathbf{d}, \mathcal{T})$, 我们可以将多面体度量 $\mathbf{d}$ 转换成完备双曲度量 $\mathbf{h}$. 首先, 每一个三角形面 $f \in F(\mathcal{T})$ 被替换成一个理想双曲三角形 (hyperbolic ideal triangle). 然后, 我们将这些理想双曲三角形沿着公共边粘贴起来. 这里所有公共边的长度都是无穷大, 其粘贴方式需要用 Thurston 的剪切坐标 (Thurston's shear coordinate) 来描述, 如图 34.1 左帧所示. 两个理想双曲三角形粘贴的剪切坐标不同, 则所得的双曲测地四边形彼此不等距.

定义 34.1 (长度交比)　给定一个三角剖分的多面体封闭曲面 $(S, V, \mathbf{d}, \mathcal{T})$, 对于任意一对相邻的面 $\{A, C, B\}$ 和 $\{A, B, D\}$, 其公共边为 $\{A, B\}$, 那么公共边上的长度交比定义为:

$$\mathrm{Cr}(\{A, B\}) := \frac{aa'}{bb'}, \tag{34.1}$$

这里 a, a', b, b' 是多面体度量下边 $\{A, C\}, \{B, D\}, \{B, C\}$ 和 $\{A, D\}$ 的长度. ◆

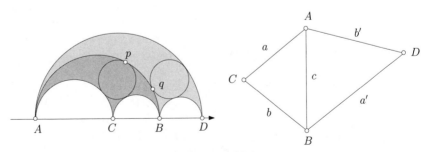

图 **34.1** 左帧: Thurston 的剪切坐标. 右帧: 欧氏度量下的交比.

定义 34.2 (μ-变换) 给定一个三角剖分的多面体曲面 $(S, V, \mathbf{d}, \mathcal{T})$，$\mu$-变换将其转换成一个带有完备双曲度量的曲面 $(S, V, \mathbf{h}, \mathcal{T})$：每一个面 $f \in F(\mathcal{T})$ 是一个理想双曲三角形，每一条边 $e \in E(\mathcal{T})$ 的剪切坐标等于此边在多面体度量 $\mathbf{d}$ 下的长度交比 $\mathrm{Cr}(e)$ 的自然对数, $\ln \mathrm{Cr}(e)$. 这种变换记为 $\mu(\mathbf{d}) = \mathbf{h}$. ♦

经过 μ-变换, 每一个点 $v \in V(\mathcal{T})$ 在双曲度量 $\mathbf{h}$ 下, 成为一个无穷远的尖点 (cusp); 每一个面的面积都是 π; 过任意点 $p \in S$ 任意方向的双曲测地线都可以无限延长; 由此, $\mathbf{h}$ 是一个完备、具有有限面积的双曲度量.

34.2 多面体度量到带装饰的双曲度量

令 (S, V) 为一带标记的封闭曲面, 满足 Euler 示性数为负, $\chi(S - V) < 0$. $\mathbf{h}$ 是 $S - V$ 上的一个完备双曲度量, 诱导有限面积. 每个顶点 $v_i \in V$ 为无穷远点, 称为尖点 (图 34.2). 过每一个顶点 v_i 放置一个极限球面 H_i, H_i 所包含的顶点 v_i 的邻域为 U_i, H_i 和曲面的交线为 ∂H_i. ∂H_i 的长度记为 w_i, 称为 v_i 的装饰. $\{U_i\}$ 的补集,

$$S \setminus \bigcup_i U_i$$

配备初始双曲度量 $\mathbf{h}$ 称为带装饰的双曲曲面, 记为 (S, V, ρ), 这里 ρ 表示初始度量 $\mathbf{h}$ 和顶点装饰的组合,

$$\rho = (\mathbf{h}, w), \quad \mathbf{w} = (w_1, w_2, \cdots, w_n).$$

ρ 称为带装饰的双曲度量, 初始度量 $\mathbf{h}$ 称为 ρ 的背景度量.

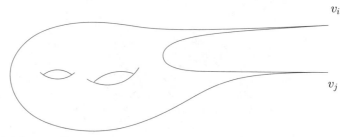

图 34.2 具有有限面积的完备双曲度量.

定义 34.3 (λ-变换) 给定一个三角剖分的多面体曲面 $(S, V, \mathbf{d}, \mathcal{T})$,
λ-变换将多面体度量 $\mathbf{d}$ 转换成带装饰的双曲度量 ρ, 每一个欧氏三角形面
$f \in F(\mathcal{T})$ 被替换成一个带装饰的理想双曲三角形 (decorated hyperbolic
ideal triangle), 变换规则如下: 欧氏边长 $\{l_i, l_j, l_k\}$ 被视作双曲度量 ρ 下
的 Penner 的 λ-长度, 即双曲边长为

$$(l_i, l_j, l_k) \mapsto (2\ln l_i, 2\ln l_j, 2\ln l_k). \tag{34.2}$$

然后, 这些带装饰的理想双曲三角形沿着公共边等距粘贴起来, 如此
得到一个三角剖分的带装饰的双曲曲面 $(S, V, \rho, \mathcal{T})$. 这种 λ-变换记作
$\lambda(\mathbf{d}) = \rho$. ◆

定义 34.4 (顶点的装饰) 给定带装饰的双曲封闭曲面 $(S, V, \rho, \mathcal{T})$,
对于任意顶点 $v_i \in V$, 我们定义其装饰 (decoration) 为:

$$w_i = \sum_{jk} \theta_i^{jk},$$

这里 θ_i^{jk} 是带装饰的理想双曲三角形 $\{v_i, v_j, v_k\}$ 中, 顶点 v_i 处的内角. 换
言之, w_i 是位于顶点 v_i 的极限球面 H_i 和双曲曲面 $(S, V, \mathcal{T}, \mathbf{h})$ 相交、截
线 ∂H_i 的双曲长度. ◆

由这个定理, 我们可以将带装饰的双曲度量 ρ 表示成背景完备双曲度
量 $\mathbf{h}$ 和顶点处装饰 w 的组合.

定理 34.1 (λ-变换下的剪切坐标) 给定三角剖分的多面体封闭曲面
$(S, V, \mathbf{d}, \mathcal{T})$, 经过 λ-变换得到带装饰的双曲度量 $(S, V, \rho, \mathcal{T})$, 每一条边上
在度量 ρ 下的剪切坐标等于此边上在度量 $\mathbf{d}$ 下的长度交比的自然对数,
$\ln \mathrm{Cr}(e)$. ◆

证明 由命题 30.1 直接得出结论. ∎

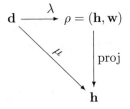

推论 34.1 给定三角剖分的多面体封闭曲面 $(S, V, \mathbf{d}, \mathbf{T})$, μ-变换生成

的完备双曲度量为 $\mathbf{h}$, λ-变换生成的带装饰双曲度量为 ρ, 那么 ρ 的背景双曲度量为 $\mathbf{h}$, ρ 可以表示成

$$\lambda(\mathbf{d}) = \rho = (\mu(\mathbf{d}), \mathbf{w}) = (\mathbf{h}, \mathbf{w}), \quad w = (w_1, w_2, \cdots, w_n), \quad (34.3)$$

这里 w_i 是 v_i 的装饰. ◆

证明 由定理 34.1, 在 λ-变换下 ρ 的构造过程中, 每条边上的剪切坐标等于此边的长度交比的对数值; 与在 μ-变换下 $\mathbf{h}$ 的构造相一致, 因此 ρ 的背景双曲度量就是 $\mathbf{h}$. ∎

34.3 带装饰的双曲 Delaunay 三角剖分

令 $(S, V, \mathbf{h}, \mathbf{w})$ 为一个带装饰的双曲封闭曲面, $H_i(w)$ 为顶点 $v_i \in V$ 处的极限球面, $|V| = n$. 我们考虑紧曲面

$$X_w = (S, V, \mathbf{h}) - \bigcup_{i=1}^{n} \mathrm{int}(H_i(\mathbf{w})),$$

这里 $\mathrm{int}(H_i(\mathbf{w}))$ 为极限球面的内部.

定义 34.5 (带装饰的双曲 Voronoi 胞腔分解) X_w 的 Voronoi 胞腔分解具有如下形式:

$$X_w = \bigcup_{i=1}^{n} R_w(v_i),$$

这里 Voronoi 胞腔定义为

$$R_w(v_i) = \{ p \in X_w | d(p, \partial H_i(w)) \leqslant d(p, \partial H_j(w)), \forall j \}. \quad ◆$$

X_w 上的一条正交测地线 (orthogeodesic) 是从 ∂X_w 到 ∂X_w 的测地线, 同时和边界 ∂X_w 垂直.

定义 34.6 (带装饰的双曲 Delaunay 三角剖分) X_w 的 Voronoi 胞腔分解也是 $(S, V, \mathbf{h})$ 的胞腔分解, 其对偶的三角剖分 $\mathcal{T}(\mathbf{h}, \mathbf{w})$ 称为 X_w 的带装饰的双曲 Delaunay 三角剖分, 其中每条边都是连接两个尖点的正交测地线. ◆

等价地, 我们也可以用角度来定义 Delaunay 三角剖分. 如图 34.3 所示, 在欧氏度量和带装饰的双曲度量下, 一个三角剖分是 Delaunay 的充

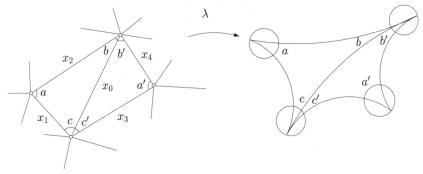

图 34.3 Penner 的 λ-长度变换保持 Delaunay 特性.

分必要条件是: 对于任意一对相邻的三角形, 其角度满足不等式

$$a + a' \leqslant b + b' + c + c'. \tag{34.4}$$

定理 34.2 (λ-变换保持 Delaunay) 给定三角剖分的多面体曲面 $(S, V, \mathbf{d}, \mathcal{T})$, 经过 λ-变换得到带装饰的双曲曲面 $(S, V, \rho, \mathcal{T})$, $\lambda(\mathbf{d}) = \rho$, 那么 $\mathcal{T}$ 是 $\mathbf{d}$ 下的 Delaunay 三角剖分当且仅当它是 ρ 下的 Delaunay 三角剖分. ♦

证明 如图 34.3 所示, 在欧氏度量和带装饰的双曲度量下, Delaunay 三角剖分的充分必要条件都由不等式 (34.4) 来表示. 我们用 Penner 的 λ-长度 x_i, 利用带装饰的双曲余弦定理, 由命题 30.2 的结论, 上式等价于

$$\frac{x_1^2 + x_2^2 - x_0^2}{2 x_1 x_2} + \frac{x_3^2 + x_4^2 - x_0^2}{2 x_3 x_4} \geqslant 0,$$

这和欧氏的 Delaunay 条件完全等价. 证明完毕. ■

在特殊情况下, 同样的欧氏度量会有两个 Delaunay 三角剖分, 这时存在两个相邻的三角形, 四个顶点共圆, 如图 34.4 左帧所示. 这时, 欧氏边长满足所谓的 Ptolemy 等式:

$$CC' = AA' + BB', \tag{34.5}$$

这两个 Delaunay 三角剖分相差一个对角线对换. 那么, 欧氏度量对应的双曲度量的 Delaunay 三角剖分也不唯一, 彼此也相差一个对角线对换, 如图 34.4 右帧所示, 双曲的 λ-长度也满足 Ptolemy 等式.

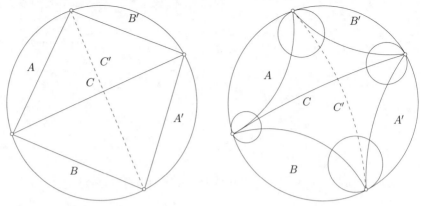

图 34.4 欧氏和双曲的 Ptolemy 等式.

34.4 顶点缩放操作对双曲度量的影响

给定欧氏三角形 $\{v_i, v_j, v_k\}$, 其欧氏边长为 $\{L_i, L_j, L_k\}$, 离散共形因子为 $\{u_i/2, u_j/2, u_k/2\}$, 我们对其进行顶点缩放操作,

$$
\begin{cases}
\tilde{L}_i = e^{u_j/2} L_i e^{u_k/2}, \\
\tilde{L}_j = e^{u_k/2} L_j e^{u_i/2}, \\
\tilde{L}_k = e^{u_i/2} L_k e^{u_j/2},
\end{cases}
$$

将欧氏三角形经过 λ-变换转换成带装饰的理想双曲三角形, 其边长为 $l_i = 2\ln L_i$, 内角 $\alpha_i = L_i/(L_j L_k)$. 如图 34.5 顶点缩放变换前后相应的双曲几何量满足关系:

$$
\begin{cases}
\tilde{l}_i = l_i + u_j + u_k, \\
\tilde{l}_j = l_j + u_k + u_i, \\
\tilde{l}_k = l_k + u_i + u_j,
\end{cases}
\quad
\begin{cases}
\tilde{d}_i = d_i + u_i, \\
\tilde{d}_j = d_j + u_j, \\
\tilde{d}_k = d_k + u_k,
\end{cases}
\quad
\begin{cases}
\tilde{y}_i = y_i e^{-u_i}, \\
\tilde{y}_j = y_j e^{-u_j}, \\
\tilde{y}_k = y_k e^{-u_k},
\end{cases}
\tag{34.6}
$$

并且有

$$
\begin{cases}
\tilde{w}_i = w_i e^{-u_i}, \\
\tilde{w}_j = w_j e^{-u_j}, \\
\tilde{w}_k = w_k e^{-u_k}.
\end{cases}
\tag{34.7}
$$

由此, 我们证明了下面的命题.

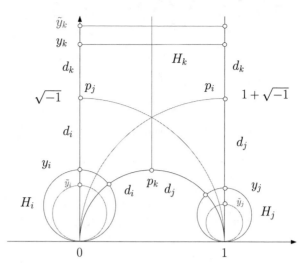

图 34.5 带装饰的理想双曲三角形的顶点缩放操作, 蓝色是初始极限圆, 红色是变换后的极限圆.

命题 34.1 欧氏三角形的顶点缩放操作 (图 34.6) 对应于带装饰的双曲三角形极限圆的缩放操作 (图 34.7), 欧氏边长为 $\{L_i, L_j, L_k\}$, 共形因子为 $\{u_i/2, u_j/2, u_k/2\}$, 则双曲几何量变换满足关系 (34.6) 和 (34.7).

由此, 我们得出如下结论.

推论 34.2 给定三角剖分的多面体封闭曲面 $(S, V, \mathbf{d}, \mathcal{T})$, 用 μ-变换生成的完备双曲度量为 $\mu(\mathbf{d})$, 用 λ-变换得到带装饰的双曲度量为 $\lambda(\mathbf{d})$. 对 $(S, V, \mathbf{d}, \mathcal{T})$ 进行顶点缩放变换, $\tilde{\mathbf{d}} = \mathbf{u} * \mathbf{d}$, 那么我们有

1. 顶点缩放保持 μ-变换所得的完备双曲度量不变: $\mu(\mathbf{d}) = \mu(\tilde{\mathbf{d}})$;

2. 顶点缩放改变 λ-变换所得的顶点装饰: 设 $\lambda(\mathbf{d}) = (\mathbf{h}, w)$ 和 $\lambda(\tilde{\mathbf{d}}) = (\tilde{\mathbf{h}}, \tilde{w})$, 则 $\mathbf{h} = \tilde{\mathbf{h}}$ 并且 $\tilde{w}_i = e^{-u_i} w_i$. ◆

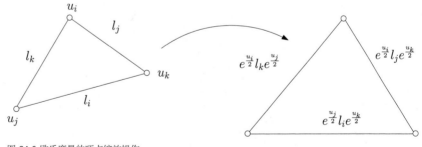

图 34.6 欧氏度量的顶点缩放操作.

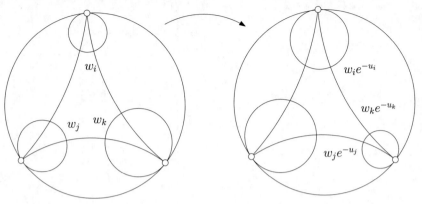

图 34.7 带装饰的双曲三角形极限圆缩放操作.

延伸阅读

1. A. I. Bobenko, U. Pinkall, and B. A. Springborn. Discrete conformal maps and ideal hyperbolic polyhedra. *Geometry & Topology*, 19:2155–2215, 2015.

第三十五章　离散曲面 Ricci 曲率流解的存在性

在之前章节中, 我们介绍了曲面 Ricci 曲率流的一种离散形式 —— 离散 Yamabe 流, 主要操作是通过顶点缩放来进行共形变换度量, 从而实现目标曲率. 在实践中, 往往多面体曲面的三角剖分是固定的. 如果给定一些较为极端的目标曲率, 有可能离散曲率流会出现爆破 (blow up) 情况, 就是在有限时间内某个三角形退化 (degenerated), 离散度量不再满足三角形不等式. 因此, 如何解决离散曲率流的稳定性成为研究重点.

最为简洁有效的手段就是在曲率流中动态变换三角剖分: Riemann 度量依随时间演化而变化, 三角剖分依随度量的变化而变化, 使得在任意时刻下, 三角剖分在当前的 Riemann 度量下是 Delaunay 的. 这样, 我们可以证明: 对于任意满足 Gauss-Bonnet 条件的目标度量, 离散曲率流将会收敛到相应的目标曲率. 这给了我们一个设计 Riemann 度量的强有力的工具.

本章主要证明离散曲面 Ricci 曲率流解的存在性, 所用的数学工具主要是 Teichmüller 空间理论和代数拓扑中的区域不变定理.

35.1　存在性定理陈述

令 S 为一封闭拓扑曲面, $V = \{v_1, v_2, \cdots, v_n\} \subset S$ 为离散顶点集合, 满足 Euler 示性数为负, $\chi(S - V) < 0$. 我们考虑带标记的曲面 (S, V) 上所有多面体度量 $\mathbf{d}$, 以顶点为锥奇异点, 并对这些度量建立离散共形等价关系.

定义 35.1 (离散共形等价度量)　带标记曲面 (S, V) 上的两个多面体度量 $\mathbf{d}$ 和 $\mathbf{d}'$ 离散共形等价, 如果存在 (S, V) 上的一系列多面体度量

$$\mathbf{d} = \mathbf{d}_1, \mathbf{d}_2, \cdots, \mathbf{d}_m = \mathbf{d}'$$

和一系列三角剖分

$$\mathcal{T}_1, \mathcal{T}_2, \cdots, \mathcal{T}_m$$

使得

1. 每一个三角剖分 $\mathcal{T}_k$ 在度量 $\mathbf{d}_k$ 下是 Delaunay 的.

2. 如果 $\mathcal{T}_i = \mathcal{T}_{i+1}$, 则存在离散共形因子 $\mathbf{u} : V \to \mathbb{R}$, 使得 $\mathbf{d}_{i+1} = \mathbf{u} * \mathbf{d}_i$, 即两个多面体度量彼此相差一个顶点缩放操作.

3. 如果 $\mathcal{T}_i \neq \mathcal{T}_{i+1}$, 则存在一个等距变换 $h : (S, V, \mathbf{d}_i) \to (S, V, \mathbf{d}_{i+1})$, 这一变换和 (S, V) 到自身的恒同变换 (保持顶点集) 同伦. ◆

定理 35.1 (离散 Ricci 流解的存在性、唯一性定理) 假设 $(S, V, \mathbf{d})$ 是一个封闭的多面体曲面, 那么对一切 $K^* : V \to (-\infty, 2\pi)$, 满足 Gauss-Bonnet 条件 $\sum_{v \in V} K^*(v) = 2\pi\chi(S)$, 存在一个多面体度量 $\mathbf{d}^*$,

1. $\mathbf{d}^*$ 和度量 $\mathbf{d}$ 离散共形等价,

2. $\mathbf{d}^*$ 诱导离散 Gauss 曲率 K^*.

这样的多面体度量彼此相差一个整体缩放系数, 并且 $\mathbf{d}^*$ 可以由离散 Ricci 曲率流得到. ◆

存在性和唯一性定理可以自然推出离散单值化定理.

推论 35.1 (离散曲面单值化) 假设 $(S, V, \mathbf{d})$ 是一个封闭的多面体曲面, 那么存在一个多面体度量 $\mathbf{d}^*$, $\mathbf{d}^*$ 和度量 $\mathbf{d}$ 离散共形等价, $\mathbf{d}^*$ 诱导离散 Gauss 曲率为常数 $2\pi\chi(S)/|V|$. 这样的多面体度量彼此相差一个整体缩放系数. ◆

图 1.5

由此, 我们在离散的情形下证明了曲面微分几何最为根本的定理: 单值化定理. 图 1.5 显示了离散单值化定理的一个计算实例.

35.2 多面体度量的 Teichmüller 空间

定义 35.2 (多面体度量的等价关系) 带标记曲面 (S, V) 上的两个多面体度量 $\mathbf{d}$ 和 $\mathbf{d}'$ 等价, 如果存在一个等距变换 $h : (S, V, \mathbf{d}) \to (S, V, \mathbf{d}')$, 同时 h 和 (S, V) 到自身的恒同变换同伦, 即 h 保持标记 V. ◆

定义 35.3 (多面体度量的 Teichmüller 空间) 带标记曲面 (S, V) 上所有多面体度量的等价类构成多面体度量的 Teichmüller 空间 (Teichmüller space):

$$T_{pl}(S, V) = \frac{\{\mathbf{d} | (S, V) \text{ 上的多面体度量}\}}{\{\text{等距变换} \sim (S, V) \text{ 的恒同变换}\}}. \qquad \blacklozenge$$

定理 35.2 (Troyanov) 给定封闭带标记曲面 (S, V), 多面体度量的 Teichmüller 空间 $T_{pl}(S, V)$ 和欧氏空间 $\mathbb{R}^{-3\chi(S-V)}$ 拓扑同胚. $\qquad \blacklozenge$

我们下面构造 Teichmüller 空间 $T_{pl}(S, V)$ 的局部坐标卡, 从而证明 $T_{pl}(S, V)$ 是一个实解析流形.

定义 35.4 (多面体度量 Teichmüller 空间的局部坐标) 设 $\mathcal{T}$ 是 (S, V) 的一个三角剖分, 其边长函数唯一决定了一个多面体度量,

$$\Phi_{\mathcal{T}} : \mathbb{R}_{\triangle}^{E(\mathcal{T})} \to T_{pl}(S, V) \qquad (35.1)$$

给出了 Teichmüller 空间的局部坐标. 这里定义域

$$\mathbb{R}_{\triangle}^{E(\mathcal{T})} = \left\{ x \in \mathbb{R}_{>0}^{E(\mathcal{T})} \,\middle|\, \text{任意 } e_i, e_j, e_k \text{ 构成一个三角形面}, x(e_i) + x(e_j) > x(e_k) \right\} \qquad (35.2)$$

是一个凸集合, 并且是单射. 我们用 $\mathcal{P}_{\mathcal{T}}$ 来表示 $\Phi_{\mathcal{T}}$ 的像集, 那么 $(\mathcal{P}_{\mathcal{T}}, \Phi_{\mathcal{T}}^{-1})$ 构成了 $T_{pl}(S, V)$ 的一个局部坐标卡. $\qquad \blacklozenge$

这里, 我们来观察是否一个局部坐标卡就可以覆盖整个 Teichmüller 空间? 换言之, 固定 (S, V) 的一个拓扑三角剖分 $\mathcal{T}$, 对于所有多面体度量 $\mathbf{d}$, 三角剖分是否是几何的, 即如果 $\mathcal{T}$ 的每条边都是 $\mathbf{d}$ 下的测地线, 那么三角形不等式是否一直被保持? 如图 35.1 所示, 我们取一个钝角三角形, 将其双重覆盖: 取此三角形的两个拷贝, 将其中一个拷贝反向, 将对应的边等距粘贴起来, 得到一个拓扑球面, 带有三角剖分 $\mathcal{T}$ 和多面体度量 $\mathbf{d}$. 如果我们将边 e_k 进行边对换, 将 e_k 换成 e_l, 得到新的三角剖分 $\mathcal{T}'$. 那么

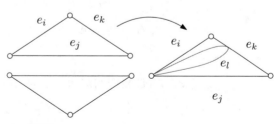

图 35.1 拓扑、非几何三角剖分.

在度量 **d** 下, 拓扑三角形 $\{e_j, e_l, e_j\}$ 三条边的测地长度不满足三角形不等式, 这意味着拓扑三角剖分 $\mathcal{T}'$ 不是几何的. 因此,

$$\mathcal{P}(\mathcal{T}) \neq T_{pl}(S, V),$$

一个局部坐标卡无法覆盖整个 Teichmüller 空间 $T_{pl}(S, V)$. 下一步, 我们来构造 Teichmüller 空间的图册 (atlas).

定义 35.5 (多面体度量 Teichmüller 空间的图册) 给定封闭带标记曲面 (S, V), $T_{pl}(S, V)$ 的图册由所有局部坐标卡 $(\mathcal{P}_\mathcal{T}, \Phi_\mathcal{T}^{-1})$ 给出, 这里 $\mathcal{T}$ 穷尽所有可能的三角剖分:

$$\mathcal{A}(T_{pl}(S, V)) = \bigcup_\mathcal{T} (\mathcal{P}_\mathcal{T}, \Phi_\mathcal{T}^{-1}). \quad \blacklozenge \tag{35.3}$$

命题 35.1 (实解析流形) 给定带标记的封闭曲面 (S, V), 则多面体度量的 Teichmüller 空间 $T_{pl}(S, V)$ 是实解析流形. $\quad\blacklozenge$

证明 给定 (S, V) 的任意两个三角剖分 $\mathcal{T}_1$ 和 $\mathcal{T}_2$, 我们可以用一系列的边对换操作从一个三角剖分 $\mathcal{T}_1$ 变换成另外一个 $\mathcal{T}_2$. 如果两个三角剖分相差一个边对换, 则边长变换为实解析的. 由此可以断定 Teichmüller 空间 $T_{pl}(S, V)$ 的局部坐标变换是实解析的, 因此 $T_{pl}(S, V)$ 是一个实解析流形. 命题得证. $\quad\blacksquare$

35.3 带装饰的双曲度量的 Teichmüller 空间

定义 35.6 (带装饰的双曲度量等价关系) 带标记封闭曲面 (S, V) 上的两个带装饰的双曲度量 $(\mathbf{h}, \mathbf{w})$ 和 $(\mathbf{h}', \mathbf{w}')$ 等价, 如果存在一个等距变换

$$h : (S, V, \mathbf{h}, \mathbf{w}) \to (S, V, \mathbf{h}', \mathbf{w}'),$$

同时 h 和 (S, V) 到自身的恒同变换同伦, 并且保持极限球面. $\quad\blacklozenge$

(S, V) 上所有带装饰的双曲度量的等价类构成 Teichmüller 空间 $T_D(S, V)$.

定义 35.7 (带装饰的双曲度量的 Teichmüller 空间) 满足 $\chi(S - V) < 0$ 的带标记曲面 (S, V) 上所有带装饰双曲度量的等价类构成

Teichmüller 空间:

$$T_D(S,V) = \frac{\{(\mathbf{h}, \mathbf{w}) | (S,V) \text{ 带装饰双曲度量}\}}{\{\text{等距变换} \sim (S,V) \text{ 的恒同变换, 保持极限球面}\}}. \qquad \blacklozenge \qquad (35.4)$$

类似地, 我们可以构造 Teichmüller 空间 $T_D(S,V)$ 的局部坐标系.

定义 35.8 (带装饰双曲度量 Teichmüller 空间的局部坐标卡) 设 $\mathcal{T}$ 是 (S,V) 的一个三角剖分, 其双曲边长函数唯一决定了一个带装饰的双曲度量,

$$\Psi_{\mathcal{T}} : \mathbb{R}^{E(\mathcal{T})} \to T_D(S,V) \qquad (35.5)$$

给出了 Teichmüller 空间的局部坐标. 假设 $\mathcal{Q}_{\mathcal{T}}$ 是 $\Psi_{\mathcal{T}}$ 的像, 那么 $(\mathcal{Q}_{\mathcal{T}}, \Psi_{\mathcal{T}}^{-1})$ 构成了 $T_D(S,V)$ 的一个局部坐标卡. $\qquad \blacklozenge$

定义 35.9 (带装饰双曲度量 Teichmüller 空间的图册) (S,V) 的任意一个三角剖分 $\mathcal{T}$, 都对应一个局部坐标卡 $(\mathcal{Q}_{\mathcal{T}}, \Psi_{\mathcal{T}}^{-1})$, 穷尽所有可能的三角剖分, 则所有局部坐标卡的并集给出了 $T_D(S,V)$ 的一个图册,

$$\mathcal{A}(T_D(S,V)) = \bigcup_{\mathcal{T}} \left(\mathcal{Q}_{\mathcal{T}}, \Psi_{\mathcal{T}}^{-1} \right). \qquad \blacklozenge$$

35.4 完备双曲度量的 Teichmüller 空间

定义 35.10 (完备双曲度量等价关系) $(S-V)$ 上的两个具有有限面积的完备双曲度量 $\mathbf{h}$ 和 $\mathbf{h}'$ 彼此等价, 如果存在一个等距变换

$$h : (S-V, \mathbf{h}) \to (S-V, \mathbf{h}'),$$

同时 h 和 $S-V$ 到自身的恒同变换同伦. $\qquad \blacklozenge$

定义 35.11 (完备双曲度量的 Teichmüller 空间) 满足 $\chi(S-V) < 0$ 的带标记曲面 $S-V$ 上所有具有有限面积、完备双曲度量的等价类构成 Teichmüller 空间:

$$T_H(S-V) = \frac{\{\mathbf{h} | (S-V) \text{ 面积有限、完备双曲度量}\}}{\{\text{等距变换} \sim (S-V) \text{ 的恒同变换}\}}. \qquad \blacklozenge \qquad (35.6)$$

引理 35.1 假设 $\mathbf{h}$ 是 $S-V$ 上的带有有限面积的完备双曲度量, 剪

切坐标函数记为 $s : E(\mathcal{T}) \to \mathbb{R}$, 那么对于任意顶点 $v \in V$, 有关系

$$\sum_{e \sim v} s(e) = 0. \quad \blacklozenge \tag{35.7}$$

类似地, 我们可以构造 Teichmüller 空间 $T_H(S - V)$ 的局部坐标系.

定义 35.12 (完备双曲度量 Teichmüller 空间的局部坐标卡) 设 $\mathcal{T}$ 是 (S, V) 的一个三角剖分, 其剪切坐标唯一决定了一个具有有限面积、完备的双曲度量,

$$\Theta_{\mathcal{T}} : \Omega_{\mathcal{T}} \to T_H(S - V) \tag{35.8}$$

给出了 Teichmüller 空间的局部坐标. 这里, 定义域 $\Omega_{\mathcal{T}}$ 为所有满足限制条件 (35.7) 的 $\mathbb{R}^{E(\mathcal{T})}$ 中的向量,

$$\Omega_{\mathcal{T}} = \left\{ x \in \mathbb{R}^{E(\mathcal{T})} \,\middle|\, \sum_{e \sim v} x(e) = 0, \ \forall v \in V(\mathcal{T}) \right\},$$

那么 $(\Omega_{\mathcal{T}}, \Theta_{\mathcal{T}}^{-1})$ 构成了 $T_H(S - V)$ 的一个局部坐标卡. $\quad \blacklozenge$

定义 35.13 (完备双曲度量 Teichmüller 空间的图册) (S, V) 的任意一个三角剖分 $\mathcal{T}$ 都对应一个局部坐标卡 $(\Omega_{\mathcal{T}}, \Theta_{\mathcal{T}}^{-1})$, 穷尽所有可能的三角剖分, 则所有局部坐标卡的并集给出了 $T_H(S - V)$ 的一个图册,

$$\mathcal{A}(T_H(S - V)) = \bigcup_{\mathcal{T}} \left(\Omega_{\mathcal{T}}, \Theta_{\mathcal{T}}^{-1} \right). \quad \blacklozenge$$

Teichmüller 空间之间满足如下的直积关系.

引理 35.2 给定带标记的封闭曲面 (S, V), $\chi(S - V) < 0$,

$$T_D(S, V) = T_H(S - V) \times \mathbb{R}_{>0}^{|V|}. \quad \blacklozenge \tag{35.9}$$

证明 $(S, V, \mathcal{T})$ 上任意一个带装饰的双曲度量都可以表示成 $(\mathbf{h}, \mathbf{w})$, 这里 $\mathbf{h}$ 是 $S - V$ 的一个具有有限面积的完备双曲度量, $\mathbf{h} \in T_H(S - V)$; $\mathbf{w}$ 是极限球面截线的长度. 证明完毕. $\quad \blacksquare$

35.5 Teichmüller 空间之间的微分同胚

首先对多面体度量的 Teichmüller 空间进行胞腔分解. 定义胞腔

$$D_{pl}(\mathcal{T}) = \left\{ [\mathbf{d}] \in T_{pl}(S, V) \,|\, \mathcal{T} \text{ 在 } \mathbf{d} \text{ 下是 Delaunay 的} \right\}.$$

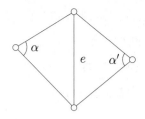

图 35.2 Rivin 坐标.

我们需要证明 $D_{pl}(\mathcal{T})$ 是一个单连通的胞腔. 将边长 $x(e)$ 坐标转换成 Rivin 坐标 $y(e)$, 如图 35.2 所示, 每个边的 Rivin 坐标是对角和 $y(e) = \alpha + \alpha'$. $(S, V, \mathcal{T}, \mathbf{d})$ 的边长可以被对应的 Rivin 坐标在相差一个缩放系数的情况下所决定. 因此,

$$D_{pl}(\mathcal{T}) = \{y(e) \in (0, \pi) | e \in E(\mathcal{T})\} \times \mathbb{R}_{>0}$$

是一个凸集. D_{pl} 是一个单连通的胞腔. Teichmüller 空间具有胞腔分解,

$$T_{pl}(S, V) = \bigcup_{\mathcal{T}} D_{pl}(\mathcal{T}).$$

同样, 我们可以构造带装饰的双曲度量 Teichmüller 空间的胞腔分解,

$$T_D(S, V) = \bigcup_{\mathcal{T}} D(\mathcal{T}),$$

这里胞腔

$$D(\mathcal{T}) = \{(\mathbf{d}, \mathbf{w}) \in T_D(S, V)|\ \text{在度量}\ (\mathbf{d}, \mathbf{w})\ \text{下}\ \mathcal{T}\ \text{是 Delaunay 的}\}.$$

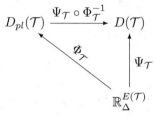

如上图所示, 我们用 Penner 的 λ-长度来建立两个胞腔之间的同胚,

$$A_{\mathcal{T}} = \Psi_{\mathcal{T}} \circ \Phi_{\mathcal{T}}^{-1} : D_{pl}(\mathcal{T}) \to D(\mathcal{T}),\ x(e) \mapsto 2 \ln x(e).$$

因为 Penner 的 λ-长度映射将欧氏 Delaunay 三角剖分映成带装饰的双曲 Delaunay 三角剖分, 并且 Delaunay 性质蕴含三角形不等式, 因此 $A_{\mathcal{T}}$ 是微分同胚.

图 34.4

假设三角剖分 (T) 和 $(T)'$ 相差一个边对换 (edge swap), 考察一个多面体度量 $[d] \in D_{pl}(\mathcal{T}) \cap D_{pl}(\mathcal{T}')$, 则在 d 下, (T) 和 $(T)'$ 中存在四点共圆, 如图 34.4 所示. 由 Ptolemy 等式, 我们得到对于任意 $x \in \Phi_{\mathcal{T}}^{-1}(D_{pl}(\mathcal{T}) \cap D_{pl}(\mathcal{T}'))$,

$$\Phi_{\mathcal{T}}^{-1} \circ \Phi_{\mathcal{T}'}(x) = \Psi_{\mathcal{T}}^{-1} \circ \Psi_{\mathcal{T}'}(x),$$

这等价于

$$A_{\mathcal{T}}|_{D_{pl}(\mathcal{T}) \cap D_{pl}(\mathcal{T}')} = A_{\mathcal{T}'}|_{D_{pl}(\mathcal{T}) \cap D_{pl}(\mathcal{T}')}.$$

由此, 我们将分片同胚 $A_{\mathcal{T}}$ 粘贴起来, 构成一个整体同胚

$$A : T_{pl}(S, V) \to T_D(S, V), \ A|_{D_{pl}(\mathcal{T})} = A_{\mathcal{T}}|_{D_{pl}(\mathcal{T})}.$$

进一步可以证明, 这个映射是全局 C^1 微分同胚.

35.6 存在性证明

我们现在来证明主要定理. 首先构造一个映射: $F : \Omega_u \to \Omega_K$,

$$\Omega_u \xrightarrow{\exp} \{p\} \times \mathbb{R}_{>0}^{|V|} \to T_D(S, V) \xrightarrow{A^{-1}} T_{pl}(S, V) \xrightarrow{K} \Omega_K, \quad (35.10)$$

这里定义域 Ω_u 是离散共形因子空间、欧氏空间中的超平面,

$$\Omega_u = \mathbb{R}^n \cap \left\{ \mathbf{u} \bigg| \sum_{i=1}^{n} u_i = 0 \right\}, \quad (35.11)$$

值域 Ω_K 是离散曲率空间,

$$\Omega_K = \left\{ \mathbf{K} \in (-\infty, 2\pi)^n \bigg| \sum_{i=1}^{n} K_i = 2\pi\chi(S) \right\}, \quad (35.12)$$

它们都是欧氏空间 $\mathbb{R}^{n-1}$ 中的开集.

因为 $A : T_{pl}(S, V) \to T_D(S, V)$ 是 C^1 映射, $K : T_{pl}(S, V) \to \mathbb{R}^n$ 是实解析的, 因此 F 是 C^1 的.

我们首先证明映射 $F : \Omega_u \to \Omega_K$ 是单射. 考察离散熵能量的凸性,

$$\mathcal{E}(\mathbf{u}) = \int^{\mathbf{u}} \sum_{i=1}^{n} K_i du_i.$$

这里离散熵能量的 Hesse 矩阵就是离散 Laplace-Beltrami 算子, 因此熵能

量在定义域 Ω_u 上是严格凸的. 另外, 共形因子的定义域 Ω_u 是一个凸集. 离散熵能量的梯度是当前曲率. 因此, 映射 $\mathbf{u} \mapsto \nabla\mathcal{E}(\mathbf{u}) = \mathbf{K}(\mathbf{u})$ 是单射.

接下来, 再证明 $F : \Omega_u \to \Omega_K$ 是满射. 这需要用到代数拓扑中的区域不变性定理.

定理 35.3 (区域不变原理) 如果 U 是 $\mathbb{R}^n$ 中的区域 (紧的开集), $f : U \to \mathbb{R}^n$ 是连续单射, 那么 $V = f(U)$ 是开集, f 是 U 和 V 之间的同胚.   ◆

因为 Ω_u, Ω_K 都是 $n-1$ 维的开集, F 为连续单射, 因此 $F(\Omega_u)$ 是开集. 我们需要证明 $F(\Omega_u)$ 在 Ω_K 中是闭的. 取一个序列 $\{x_k\} \subset \Omega_u$, 使得 x_k 离开 Ω_u 中所有紧集, 欲证 $F(x_k)$ 离开 Ω_K 中的所有紧集, 我们需要下面的 Akiyoshi 定理.

定理 35.4 (Akiyoshi [2]) 对于任意 $S - V$ (曲面 S 上去除尖点集合 V) 上面积有限的完备度量 d, 存在有限个三角剖分的同痕类 $\mathcal{T}$, 使得

$$[d] \times \mathbb{R}^n_{>0} \bigcap D(\mathcal{T}) \neq \emptyset.$$

更进一步, 存在有限个三角剖分 $\{\mathcal{T}_1, \cdots, \mathcal{T}_k\}$, 对于任意的装饰 $\mathbf{w} \in \mathbb{R}^n_{>0}$, $(d, \mathbf{w})$ 的任意 Delaunay 三角剖分和其中的一个 $\mathcal{T}_i$ 同痕.   ◆

由 Akiyoshi 定理, $\{p\} \times \mathbb{R}^n_{>0}$ 和 $T_D(S, V)$ 相交于有限个胞腔, 因此我们可以假设三角剖分 $\mathcal{T}$ 固定. x_k 离开 Ω_u 中所有紧集, 意味着存在一个顶点 $v \in V$, $\lim_{k \to \infty} x_k(v) \to \infty$, 其相邻顶点共形因子趋向于有限值. 容易证明 $\lim_{k \to \infty} K_v \to 2\pi$. 这证明了 $F(\Omega_u)$ 在 Ω_K 中是闭的, 因此 $\Omega_K = F(\Omega_u)$, $F : \Omega_u \to \Omega_K$ 为微分同胚.

第三十六章　　离散曲面曲率流解的收敛性

本章证明离散 Ricci 曲率流所得到的离散共形变换收敛到光滑 Ricci 流的结果.

36.1 收敛性定理

我们首先解释主要的收敛性结果.

定义 36.1 (δ-三角剖分)　给定一个紧的多面体曲面 (polyhedral surface) $(S, V, \mathbf{d})$, 三角剖分 $\mathcal{T}$ 是一个 δ-三角剖分, $\delta > 0$, 如果每个面上所有的内角都在区间 $(\delta, \pi/2 - \delta)$ 中. ◆

定义 36.2 ((δ, c) 细分序列)　给定一个紧的三角剖分的多面体曲面 (triangulated polyhedral surface) $(S, \mathcal{T}, l^*)$, $(\mathcal{T}, l^*)$ 的一个几何细分序列 (geometric subdivision sequence) $(\mathcal{T}_n, l_n^*)$ 是 (δ, c) 细分序列, 这里 $\delta > 0$, $c > 1$ 为正常数, 如果每个 $(\mathcal{T}_n, l_n^*)$ 都是 δ-三角剖分, 并且边长满足

$$l_n^*(e) \in \left(\frac{1}{cn}, \frac{c}{n} \right), \quad \forall e \in E(\mathcal{T}_n).$$ ◆

如上定义中, 多面体曲面可以被替换成一般的带有 Riemann 度量的曲面, 三角剖分可以被替代成测地三角剖分, 三角形边长被替代成测地线长度, 由此得到所谓的 (δ, c) 测地细分序列. 我们的目的是证明下面的定理.

定理 36.1 (离散曲率流收敛性定理)　给定带有 Riemann 度量的曲边三角形 $(S, \mathbf{g})$, 在三个角点处的内角为 $\pi/3$, 给定一个 (δ, c) 测地细分序列 $(\mathcal{T}_n, L_n)$, 对于任意边 $e \in E(\mathcal{T}_n)$, $L_n(e)$ 为度量 $\mathbf{g}$ 下的测地长度. 那么存在离散共形因子 $w_n \in \mathbb{R}^{V(\mathcal{T}_n)}$, 对于足够大的 n, 令

$$C_n = (S, \mathcal{T}_n, w_n * L_n),$$

使得

1. C_n 和平面等边三角形 $\triangle$ 等距, 同时 C_n 是 $\frac{\delta_\triangle}{2}$-三角剖分, 这里 $\delta_\triangle$ 是不依赖于曲面的正数;

2. 离散单值化映射 $\varphi_n : C_n \to \triangle$, 满足

$$\lim_{n\to\infty} \parallel \varphi_n|_{V(\mathcal{T}_n)} - \varphi|_{V(\mathcal{T}_n)} \parallel_\infty = 0, \qquad (36.1)$$

在这个意义下一致收敛到光滑单值化映射 $\varphi : (S, \mathbf{g}) \to (\triangle, dzd\bar{z})$. ◆

36.2 主要技术工具

证明过程中的主要工具是如下定理, 这些工具性定理的证明细节可以在 Gu et al. [17] 中找到, 这里我们直接给出结论.

定理 36.2 给定一个紧的三角剖分的多面体曲面 $(S, \mathcal{T}, l^*)$, $(S, \mathcal{T}_n, l_n^*)$ 是它的一个 (δ, c) 几何细分序列; $(S, \mathcal{T}_n, l_n)$ 是另外一序列多面体度量, 满足不等式条件:

$$|l_n(e) - l_n^*(e)| \leqslant \frac{c_0}{n^3}, \quad \forall e \in E(\mathcal{T}_n),$$

这里 $c_0 > 0$ 是一个正常数, 那么存在常数 $c_1 = c_1(l^*, \delta, c, c_0)$ 和离散共形因子 $\nu_n \in \mathbb{R}^{V(\mathcal{T}_n)}$, 对于足够大的 n,

1. $(\mathcal{T}_n, \nu_n * l_n)$ 是 $\frac{\delta}{2}$-三角剖分,

2. $K_{\nu_n * l_n} = K_{l_n^*}$,

3. 离散共形因子

$$\|\nu_n\|_\infty \leqslant \frac{c_1(l^*, \delta, c, c_0)}{\sqrt{n}},$$

并且我们有估计

$$|l_n^*(e) - \nu_n * l_n(e)| \leqslant \frac{c_2(l^*, \delta, c, c_0)}{n\sqrt{n}}, \quad \forall e \in E(\mathcal{T}_n). \qquad ◆$$

引理 36.1 假设 $(S, \mathbf{g}_1)$ 是一个 C^2 光滑的紧度量曲面, 其边界 ∂S 可能非空并且带有角点, $\mathbf{g}_2 = e^{2\mu}\mathbf{g}_1$ 是另外一个 Riemann 度量, 和初始度量共形等价, 这里共形因子 $\mu \in C^2(S)$ 为二阶光滑函数, 那么存在常数 $c = c(S, \mathbf{g}_1, \mu)$, 使得对于任意连接两点 p 和 q 的测地线段 γ, 或者 γ 为光

滑边界曲线段, $\gamma \subset \partial S$, 我们有估计

$$|l_{\mathbf{g_2}}(\gamma) - e^{\frac{\mu(p)+\mu(q)}{2}} l_{\mathbf{g_1}}(\gamma)| \leqslant c(S, \mathbf{g_1}, \mu) l_{\mathbf{g_1}}^3(\gamma). \qquad \blacklozenge$$

36.3 证明框架

曲面测地细分序列 S_n 图 36.1 显示了经典的平面等边三角形 $\triangle ABC$. 每条边的长度为 1, 每个内角为 $\pi/3$. 一次细分操作 (subdivision operator) 加入每条边的中点, 然后连接这些中点, 将每个三角形分成 4 个三角形. 第 n 次细分操作之后, 所得的离散曲面记为 $\triangle_n$, 其三角剖分记为 $\mathcal{T}_n$, 其分片线性度量 (简称 PL 度量) 由平面欧氏度量 $dzd\bar{z}$ 所诱导, 表示成边长函数 l_n^*. 我们用 $\triangle_n = (\triangle, \mathcal{T}_n, l_n^*)$ 来表示这一离散曲面. 显然, $\triangle_n$ 是一个 (δ, c) 细分序列, 这里 $(\delta_\triangle, c_\triangle) = (\pi/6 - \varepsilon, 1 - \varepsilon)$, $\varepsilon > 0$ 是任意小的正数.

图 36.2 显示了一个带有 Riemann 度量的 C^2 光滑曲面 $(S, \mathbf{g})$, 有三个角点 (corner point) A, B, C, 其边界是连接角点的三条光滑曲线, $\partial S = \gamma_0 + \gamma_1 + \gamma_2$; 在任意角点处, 两条光滑边界曲线的交角是 $\pi/3$.

根据 Riemann 映射定理, 存在共形映射 $\varphi : (S, \mathbf{g}) \to \triangle$, 将角点映成角点, 边界曲线映成边界曲线. 因为曲面 $(S, \mathbf{g})$ 为紧曲面, 对应角点处的

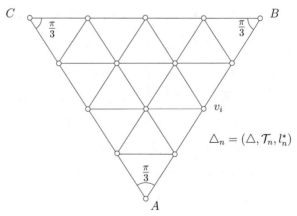

图 **36.1** 平面等边三角形.

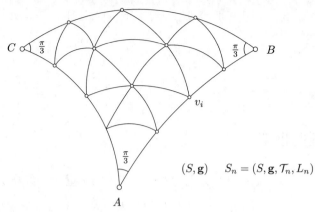

$(S, \mathbf{g})$ $S_n = (S, \mathbf{g}, \mathcal{T}_n, L_n)$

图 36.2 光滑曲面.

角度相同, 所以映射诱导的共形因子函数 $\mu : S \to \mathbb{R}$ 光滑有界,

$$\mathbf{g} = e^{-4\mu} dz d\bar{z},$$

同时映射 φ 将 $\triangle_n$ 的三角剖分 $\mathcal{T}_n$ 拉回到光滑曲面上. 我们在 S 上将 $\varphi^{-1}(\triangle_n)$ 的每条边都用测地线段来代替, 顶点保留, 于是得到光滑曲面的一个测地三角剖分, 记为 $S_n = (S, \mathbf{g}, \mathcal{T}_n, L_n)$, 这里 L_n 是三角剖分 $\mathcal{T}_n$ 的测地边长.

因为 φ 为共形映射, 共形因子 $\mu : S \to \mathbb{R}$ 一致连续, 当 n 足够大时, 在 $\mathcal{T}_n$ 的每个三角形面上, 共形因子几乎为常数, 三角形的测地边长几乎相等. S_n 是曲面 $(S, \mathbf{g})$ 的一个 (δ, c) 测地细分序列. 对于任意的正数 $\varepsilon > 0$, 存在 $N(\varepsilon) \in \mathbb{N}$, 当 $n > N(\varepsilon)$ 时, $(\delta, c) = (\frac{\pi}{6} - \varepsilon, 1 - \varepsilon)$.

离散化序列 D_n 图 36.3 显示了将光滑曲面离散化. 我们将抽象的离散曲面 $S_n = (\mathcal{T}_n, L_n)$ 转换成 PL 曲面 $D_n = (\mathcal{T}_n, L_n)$. 对于任何一个面 $t \in \mathcal{T}_n$, 带有三个边 e_i, e_j, e_k, 以 $\{L_n(e_i), L_n(e_j), L_n(e_k)\}$ 为边长构造一个欧氏三角形, 然后将这些欧氏三角形沿着公共边等距地粘贴起来, 得到一个具有 PL 度量的离散曲面, $D_n = (\mathcal{T}_n, L_n)$.

根据几何逼近论 (Morvan [30]), (D_n, L_n) 的度量 (包括 Laplace-Beltrami 算子) 收敛到光滑曲面 $(S, \mathbf{g})$ 的度量. 因为共形因子 $\mu : S \to \mathbb{R}$ 一致连续, 当 n 足够大的时候, 在 D_n 的每个三角形面几乎为等边三角形. (D_n, L_n) 为 (δ, c) 细分序列, 这里常数 c 是曲面 Riemann 度量和共形因

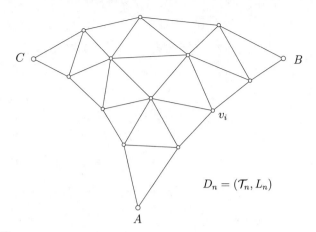

$$D_n = (\mathcal{T}_n, L_n)$$

图 36.3 离散化.

子的函数 $c(S, \mathbf{g}, \mu)$.

逼近序列 A_n 图 36.4 显示了对 Riemann 映射的初步逼近. 光滑 Riemann 映射 $\varphi : (S, \mathbf{g}) \to \triangle$ 诱导的共形因子为 $\mu : S \to \mathbb{R}_{>0}$,

$$dz d\bar{z} = e^{4\mu} \mathbf{g}.$$

定义其对应的离散共形因子 $\mu_n : V(\mathcal{T}_n) \to \mathbb{R}_{>0}$, 对一切顶点 $v_i \in \mathcal{T}_n$,

$$\mu_n(v_i) = \mu(\varphi^{-1}(v_i)),$$

这里 $v_i \in \triangle_n$, $\varphi^{-1} : \triangle_n \to S$.

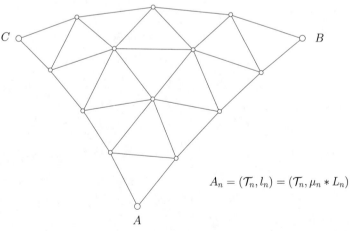

$$A_n = (\mathcal{T}_n, l_n) = (\mathcal{T}_n, \mu_n * L_n)$$

图 36.4 逼近.

我们用离散曲面 $D_n = (\mathcal{T}_n, L_n)$ 来逼近光滑曲面 $(S, \mathbf{g})$, 用离散度量 L_n 来逼近光滑度量 $\mathbf{g}$, 用离散共形因子 μ_n 来逼近光滑共形因子 μ, 用顶点缩放来逼近共形变换,

$$\mu_n * L_n \sim l_n^*,$$

这里平直度量 (平面边长)

$$l_n^* = \int_e |dz| = \int_e \mu^2 ds.$$

由此, 我们得到离散曲面 $A_n = (\mathcal{T}_n, \mu_n * L_n)$, 用于逼近平面等边三角形 $\triangle_n$.

由引理 36.1, 我们得到 A_n 和 $\triangle_n$ 的差异估计: 存在常数 $c_1 = c_1(\mathbf{g}, \delta_S, c_S, \mathbf{g}^*)$, 这里平直度量 $\mathbf{g}^* = dzd\bar{z}$, 对于一切边 $e \in \mathcal{T}_n$,

$$|l_n^*(e) - l_n(e)| = |l_n^*(e) - \mu_n * L_n(e)| \leqslant \frac{c_1}{n^3}. \tag{36.2}$$

因为 $\triangle_n$ 是 $(\delta_\triangle, c_\triangle)$-序列, 其边长 $l_n^*(e)$ 为 $O(\frac{1}{n})$, 由 $l_n(e)$ 的估计 (36.2) 得到 $A_n = (\mathcal{T}_n, l_n)$ 是 (δ_A, c_A)-细分序列.

补偿序列 C_n   如图 36.5 所示, 我们最后对初步逼近得到的离散度量 $A_n = (\mathcal{T}_n, \mu_n * L_n)$ 进一步补偿. 由定理 36.2, 考察 $\triangle_n$ 和 A_n 序列, 我们得到存在离散共形因子 $\nu_n : V(\mathcal{T}_n) \to \mathbb{R}_{>0}$, 使得

1. $C_n = (\mathcal{T}_n, \nu_n * (\mu_n * L_n)) = (\mathcal{T}_n, \nu_n * l_n)$ 是 $\frac{\delta_\triangle}{2}$-三角剖分;

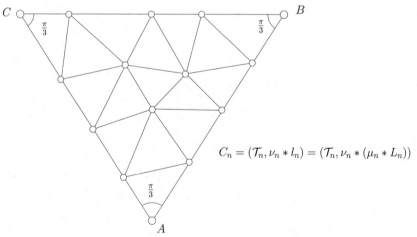

$$C_n = (\mathcal{T}_n, \nu_n * l_n) = (\mathcal{T}_n, \nu_n * (\mu_n * L_n))$$

图 36.5 补偿化.

2. $K_{\nu_n * l_n} = K_{l_n^*}$, 这意味着 $C_n = \triangle$ 成为平面等边三角形;

3. 共形因子的 L^∞ 模

$$\| \nu_n \|_\infty \leqslant \frac{c_2(\mathbf{g}^*, \delta_S, c_1, c_S)}{\sqrt{n}};$$

4. 对于一切边 $e \in E(\mathcal{T}_n)$

$$|l_n^*(e) - \nu_n * l_n(e)| \leqslant \frac{c_3(\mathbf{g}^*, \delta_S, c_1, c_S)}{n\sqrt{n}}. \tag{36.3}$$

证明框架 我们来证明主要定理 36.1: 由 C_n 是 $\frac{\delta}{2}$-三角剖分, 我们证明了主定理结论中的 (1). 构造分片线性映射 $\varphi_n : C_n \to \triangle_n$, 因为 C_n 和 $\triangle_n$ 都是等边三角形, 通过反射, 我们将映射 φ_n 拓展成复平面到自身的映射, $\tilde{\varphi}_n : \mathbb{C} \to \mathbb{C}$.

由 C_n 是 $\frac{\delta}{2}$-三角剖分, 我们得到存在正数 $K > 1$, $\tilde{\varphi}_n$ 是 K-拟共形映射. 我们得到复平面到自身的 K-拟共形映射族 $\{\tilde{\varphi}_n\}$, 由拟共形映射族的紧性, 存在收敛子列 $\{\tilde{\varphi}_{n_k}\}$,

$$\lim_{k \to \infty} \tilde{\varphi}_{n_k} = \tilde{\varphi}.$$

令 $w_n = \nu_n + \mu_n$, 由不等式 (36.3) 得到

$$\lim_{k \to \infty} \frac{l_n^*(e)}{w_n * L_n(e)} = 1,$$

因此极限 K-拟共形映射 $\tilde{\varphi}$ 的伸缩商 $K = 1$, 即 $\tilde{\varphi}$ 是共形映射. 同时 $\tilde{\varphi}$ 将 C_n 的三个角点映到 $\triangle_n$ 的三个角点, 因此 $\tilde{\varphi}$ 是复平面到自身的恒同映射. 由此, 我们证明了定理 36.1 结论中的 (2).

综上所述, 我们的整体证明思路如下:

$$
\begin{array}{ccc}
(S_n, L_n) & \xrightarrow{\alpha_n} (D_n, L_n) \xrightarrow{\beta_n} & (A_n, \mu_n * L_n) \\
\downarrow{\varphi} & & \downarrow{\gamma_n} \\
(\triangle_n, l_n^*) & \xleftarrow{\varphi_n} & (C_n, \nu_n * (\mu_n * L_n))
\end{array}
$$

α_n: 用测地距离 L_n 来**离散化**光滑曲面; β_n: 用光滑共形因子 μ_n 来直接**逼近**单值化映射, $\mu_n * L_n$ 和平面度量 l_n^* 相差 $O(n^{-3})$; γ_n: 是进一步**补偿**离散带来的误差, 得到共形因子 ν_n, $\nu_n * (\mu_n * L_n)$ 和 l_n^* 相差 $O(n^{-3/2})$;

φ_n: 分片线性映射, 拟共形映射 φ_n 的 Beltrami 系数的模小于 $C/\sqrt{n}$, 这给出了逼近阶. 这一方法可以推广到拓扑复杂的曲面情形.

第三十七章　**双曲 Yamabe 流**

本章介绍双曲离散曲面的曲率流理论. 对于 Euler 示性数为负的曲面, 其单值化度量自然是双曲度量. 双曲度量具有非常多的优点, 在工程实践中起到了非常根本的作用. 例如双曲度量下, 每个曲线同伦类中存在唯一的测地线, 两条封闭曲线同伦当且仅当它们可以同伦变换成同一条测地线, 因此可以将拓扑问题转化成几何问题, 简化拓扑问题的计算. 再如, 如果源曲面和目标曲面同胚, 目标具有双曲度量, 那么调和映射存在并且唯一, 并且调和映射为微分同胚, 这在曲面配准问题中具有重要作用. 双曲度量也可以应用于一般图的嵌入问题、曲面的几何分类问题、光滑样条曲面的构造问题、网络中的安全路由问题等, 因此在工程中具有根本的重要性. 计算曲面双曲度量的最为直接方法就是双曲离散曲面的 Riemann 曲率流方法.

37.1 双曲背景几何

在工程实践中, 光滑曲面 $(S, \mathbf{g})$ 嵌入在三维欧氏空间中, 因而具有欧氏度量诱导的 Riemann 度量. 我们在曲面上采样, 然后以这些采样点为顶点进行三角剖分 $\mathcal{T}$, 将每个面变成欧氏三角形, 如此得到了一个多面体曲面 (polyhedral surface) (图 37.1).

视　频

彩　图

图 37.1 多面体曲面.

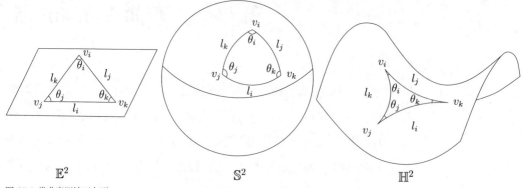

$$\mathbb{E}^2 \qquad \mathbb{S}^2 \qquad \mathbb{H}^2$$

图 37.2 常曲率测地三角形.

如图 37.2 所示, 我们也可以将每个面上的欧氏三角形换成常曲率测地三角形, 比如球面三角形或者双曲三角形. 例如, 给定一个边长函数 $l : E(\mathcal{T}) \to \mathbb{R}_{>0}$, 在每个面 $[v_i, v_j, v_k]$ 上满足三角形不等式, $l_i + l_j > l_k$; 用边长 $\{l_i, l_j, l_k\}$ 构造一个双曲三角形 $\triangle_{ijk}$, 将这些双曲三角形沿着公共边等距地粘贴起来, 所得的曲面称为一个带有双曲背景几何的离散曲面 (discrete surface with hyperbolic background geometry), 记为 $(S, V, \mathcal{T}, l)$, 这里顶点集合成为双曲度量的锥奇异点 (cone singularity).

37.2 双曲离散曲面曲率流

如图 37.3 所示, 双曲三角形的边长和内角之间满足双曲余弦定理

$$\cos \theta_i = \frac{\cosh l_j \cosh l_k - \cosh l_i}{\sinh l_j \sinh l_k}$$

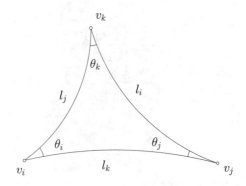

图 37.3 双曲三角形.

和正弦定理

$$\frac{\sinh l_i}{\sin \theta_i} = \frac{\sinh l_j}{\sin \theta_j} = \frac{\sinh l_k}{\sin \theta_k},$$

同时双曲三角形的面积等于

$$A = \frac{1}{2} \sinh l_j \sinh l_k \sin \theta_i.$$

双曲微分余弦定理表示为

$$\frac{\partial \theta_i}{\partial l_i} = \frac{\sinh l_i}{A}, \quad \frac{\partial \theta_i}{\partial l_j} = -\frac{\sinh l_i}{A} \cos \theta_k.$$

给定一个带有双曲背景几何的离散曲面 $(S, V, \mathcal{T}, l)$, 每个三角形都是测地双曲三角形, 顶点处的离散曲率定义为角欠,

$$K(v) = \begin{cases} 2\pi - \sum_{jk} \theta_i^{jk}, & v \notin \partial S, \\ \pi - \sum_{jk} \theta_i^{jk}, & v \in \partial S. \end{cases}$$

离散 Gauss-Bonnet 定理表示为

$$\sum_{v \notin \partial S} K(v) + \sum_{v \in \partial S} K(v) - \text{area}(S) = 2\pi \chi(S).$$

给定离散共形因子函数 $u : V(\mathcal{T}) \to \mathbb{R}$, 双曲顶点缩放操作定义如下: $y := u * l$,

$$\sinh \frac{y_k}{2} = e^{\frac{u_i}{2}} \sinh \frac{l_k}{2} e^{\frac{u_j}{2}}.$$

通过直接计算, 我们得到

$$\begin{pmatrix} d\theta_1 \\ d\theta_2 \\ d\theta_3 \end{pmatrix} = \frac{-1}{A} \begin{pmatrix} S_1 & 0 & 0 \\ 0 & S_2 & 0 \\ 0 & 0 & S_3 \end{pmatrix} \begin{pmatrix} -1 & \cos\theta_3 & \cos\theta_2 \\ \cos\theta_3 & -1 & \cos\theta_1 \\ \cos\theta_2 & \cos\theta_1 & -1 \end{pmatrix} \begin{pmatrix} 0 & \frac{S_1}{C_1+1} & \frac{S_1}{C_1+1} \\ \frac{S_2}{C_2+1} & 0 & \frac{S_2}{C_2+1} \\ \frac{S_3}{C_3+1} & \frac{S_3}{C_3+1} & 0 \end{pmatrix} \begin{pmatrix} du_1 \\ du_2 \\ du_3 \end{pmatrix},$$

这里 $S_k = \sinh y_k, C_k = \cosh y_k$. 通过直接计算, 我们得到对称关系

$$\frac{\partial \theta_i}{\partial u_j} = \frac{\partial \theta_j}{\partial u_i} = \frac{C_i + C_j - C_k - 1}{A(C_k + 1)},$$

这样, 离散双曲熵能量被定义成

$$E_f(u_i, u_j, u_k) = \int^{(u_i, u_j, u_k)} \theta_i du_i + \theta_j du_j + \theta_k du_k.$$

离散双曲熵能量的几何解释

如图 37.4 所示, 用 Poincaré 单位球体模型表示 $\mathbb{H}^3$, 赤道平面是双曲平面. 我们在双曲平面上取一个双曲三角形, 顶点为 p_1, p_2, p_3, 过这三点作赤道平面的垂直测地线, 和无穷远边界交于 v_1, v_2, v_3, 这 6 个点的凸包构成了广义双曲四面体. 设 3 条射线处的二面角为 $\theta_1, \theta_2, \theta_3$, 边 $[v_i, v_j]$ 处的二面角为 α_{ij}. 我们在 v_1, v_2, v_3 处放置极限球面, $[v_i, v_j]$ 边上极限球面的有向距离为 λ_{ij}. 射线 $p_i v_i$ 被极限球面截除后的长度为 $-u_i$. 由引理 31.3, 这个广义双曲四面体是 P_3 类型, 其体积为 $V_h(\theta_1, \theta_2, \theta_3)$,

$$dV_h = \frac{1}{2}\left(\sum_{i,j} \lambda_{ij} d\alpha_{ij} - \sum_k u_k d\theta_k\right).$$

给定双曲三角形, 具有边长 $\{l_{12}, l_{23}, l_{31}\}$, 令

$$\{\lambda_{12}, \lambda_{23}, \lambda_{31}\} = \left\{2\log\sinh\frac{l_{12}}{2}, 2\log\sinh\frac{l_{23}}{2}, 2\log\sinh\frac{l_{31}}{2}\right\},$$

离散共形因子为 $\{u_1, u_2, u_3\}$, 顶点缩放变换为

$$\sinh\frac{\tilde{l}_{ij}}{2} = \sinh\frac{l_{ij}}{2}e^{\frac{1}{2}(u_i+u_j)} = e^{\frac{1}{2}(\lambda_{ij}+u_i+u_j)}.$$

构造函数

$$\hat{V}_h(\lambda_{12}, \lambda_{23}, \lambda_{31}, -u_1, -u_2, -u_3)$$
$$= \frac{1}{2}(-u_1\theta_1 - u_2\theta_2 - u_3\theta_3 + \alpha_{12}\lambda_{12} + \alpha_{23}\lambda_{23} + \alpha_{31}\lambda_{31}) - V_h(\theta_1, \theta_2, \theta_3),$$

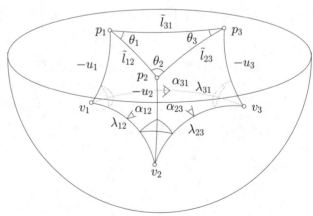

图 37.4 双曲 Yamabe 流熵能量的几何解释.

我们有

$$d\hat{V}_h = \frac{1}{2}(-\theta_1 du_1 - \theta_2 du_2 - \theta_3 du_3 + \alpha_{12} d\lambda_{12} + \alpha_{23} d\lambda_{23} + \alpha_{31} d\lambda_{31}).$$

因为 $\{\lambda_{12}, \lambda_{23}, \lambda_{31}\}$ 为常数, 所以

$$d\hat{V}_h = -\theta_1 du_1 - \theta_2 du_2 - \theta_3 du_3.$$

由此我们看到, 离散熵能量

$$\mathcal{E}(u_1, u_2, u_3) = -2\hat{V}_h(\lambda_{12}, \lambda_{23}, \lambda_{31}, -u_1, -u_2, -u_3).$$

整个离散曲面上的熵能量等于一个线性项加上所有三角面片上的熵能量之和, 令 $\mathbf{u} = (u_1, u_2, \cdots, u_n)$, $[v_i, v_j, v_k]$ 代表一个三角形面,

$$E(\mathbf{u}) = \int^{\mathbf{u}} \sum_i (\bar{K}_i - K_i) du_i = \sum_i (\bar{K}_i - 2\pi) u_i + \sum_{[v_i, v_j, v_k]} \mathcal{E}(u_i, u_j, u_k). \quad (37.1)$$

由此, 我们得到离散双曲曲率流方程为:

$$\frac{du_i(t)}{dt} = \bar{K}_i - K_i(t),$$

它是双曲离散熵能量的梯度流,

$$E(\mathbf{u}) = \int^{\mathbf{u}} \sum_i (\bar{K}_i - K_i) du_i,$$

这一能量的严格凹性蕴含着离散双曲曲率流解的唯一性. 我们用 Teichmüller 理论和区域不变原理可以证明解的存在性 (Gu et al. [16]).

37.3 双曲离散曲率流的应用

拓扑计算应用

双曲度量比较抽象, 远离人们日常生活, 但是在几何和拓扑问题中, 发挥着非常基本的作用. 我们考察计算拓扑中的 "最短词" (shortest word) 问题.

给定一个高亏格曲面 S 和一组基本群基底, 例如

$$\{a_1, b_1, a_2, b_2, \cdots, a_g, b_g\}.$$

对于任意给定的封闭曲线 γ, 我们欲求同伦类 $[\gamma]$ 在基本群中的表示. 一

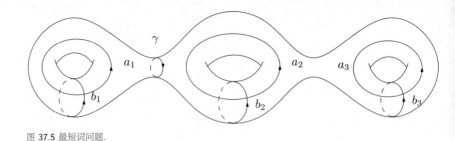

图 37.5 最短词问题.

般情况下, $[\gamma]$ 的表示并不唯一, 如图 37.5 所示,

$$[\gamma] = a_2 b_2 a_2^{-1} b_2^{-1} a_3 b_3 a_3^{-1} b_3^{-1} = b_1 a_1 b_1^{-1} a_1^{-1}.$$

对于任给的同伦类 $[\gamma]$, 求其中最短的表示称为最短词问题. 只用代数拓扑方法, 最短词问题是 NP 困难问题. 但是如果我们将所有的基底曲线形变成测地线, 将 γ 同伦变换成测地线, 如图 37.6 所示, 那么最短词问题在多项式时间内可解.

给定初始曲面 $(S, \mathbf{g})$, 我们用离散双曲曲率流的算法得到双曲度量 $\mathbf{h}$. 将曲面的基本群 $\pi_1(S, p)$ 基底同伦变换成测地线. 设 $\pi : \widetilde{S} \to S$ 是曲面的万有覆叠空间, 我们将 $(\widetilde{S}, \pi^* \mathbf{h})$ 等距嵌入在双曲平面 $\mathbb{H}^2$ 中, 基本群基底曲线在 $(\widetilde{S}, \pi^* \mathbf{h})$ 中的提升构成 $\mathbb{H}^2$ 的胞腔分解, 每个胞腔是曲面的一个基本域 (fundamental domain), 其边界为测地线, 如图 27.4 所示.

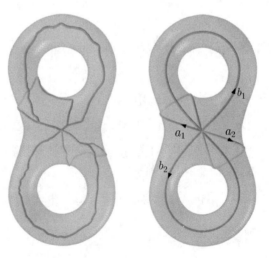

图 37.6 将基本群基底同伦变换成测地线.

我们将 γ 同伦变换成测地线，然后提升到 $(\widetilde{S}, \pi^*\mathbf{h})$ 中，记为 $\tilde{\gamma}$；再将 $[\gamma]$ 的表示 w_γ 初始化为空，$w_\gamma \leftarrow \emptyset$；追踪 $\tilde{\gamma}$，如果 $\tilde{\gamma}$ 穿过 $b_k^\pm$，在 w_γ 后添加上 $a_k^\pm$，$w_\gamma \leftarrow w_\gamma + a_k$；如果 $\tilde{\gamma}$ 穿过 a_k，在 w_γ 后加上 b_k^{-1}，$w_\gamma \leftarrow w_\gamma + b_k^{-1}$。如此，我们可以得到同伦类 $[\gamma]$ 的最短词表示。

这里我们看到一个饶有兴味的现象：某些具有非多项式复杂度的算法，经过恰当选取 Riemann 度量，被转化成具有多项式复杂度的算法。这种用几何做拓扑的思路非常奏效，值得进一步探索。

双曲共形模

如图 37.7 和 37.8 所示，给定一个高亏格封闭曲面 $(S, \mathbf{g})$，由单值化定理，存在共形因子 $u : S \to \mathbb{R}$，使得 $\mathbf{h} = e^{2u}\mathbf{g}$ 诱导常数值 Gauss 曲率，常数为 -1，即单值化度量 $\mathbf{h}$ 为双曲度量。两个带度量的曲面共形等价，当且仅当在其单值化度量下，它们彼此等距。

设 $\pi : \widetilde{S} \to S$ 是曲面的万有覆叠空间，其覆盖变换群 (甲板映射群) 和曲面本身的基本群同构，记为：

$$\mathrm{Deck}(\widetilde{S}) = \langle \alpha_1, \beta_1, \alpha_2, \beta_2, \cdots, \alpha_g, \beta_g | \Pi_{k=1}^g [\alpha_k, \beta_k] \rangle,$$

这里 $[\alpha_k, \beta_k] = \alpha_k \beta_k \alpha_k^{-1} \beta_k^{-1}$。投影映射 $\pi : \widetilde{S} \to S$ 将双曲度量拉回到覆叠空间上得到双曲曲面 $(\widetilde{S}, \pi^*\mathbf{h})$。将 $(\widetilde{S}, \pi^*\mathbf{h})$ 等距嵌入在双曲平面 $\mathbb{H}^2$ 中，那么覆叠空间的覆叠映射群成为 $\mathbb{H}^2$ 等距变换群的子群，称为曲面的

图 37.7 亏格为 2 的曲面上的双曲度量.

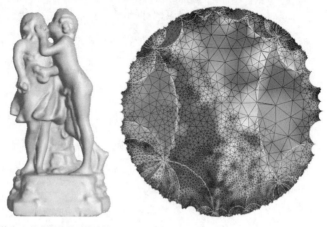

图 37.8 亏格为 3 的曲面的共形模计算.

Fuchs 群. Fuchs 群的每个元素都是双曲平面 $\mathbb{H}^2$ 的等距变换, 即 Möbius 变换,

$$\gamma_k = \begin{pmatrix} a_k & b_k \\ c_k & d_k \end{pmatrix} \in \mathrm{SL}(2,\mathbb{R}), \quad \gamma_k(z) = \frac{a_k(z) + b_k}{c_k(z) + d_k}, \quad a_k d_k - b_k c_k = 1.$$

Fuchs 群有 $2g$ 个生成元, 每个生成元有 3 个自由度, 一共 6 个自由度. 整体约束

$$\Pi_{k=1}^g [\alpha_k, \beta_k] = \begin{pmatrix} 1 & 0 \\ 0 & 1 \end{pmatrix},$$

减少了 3 个自由度. 另外, 我们对整个 $\mathbb{H}^2$ 进行一次 Möbius 变换, 这样又减少了 3 个自由度. 所以, 一共有 $6g - 6$ 个自由度.

如此, 我们证明了亏格为 g 的封闭曲面的 Teichmüller 空间是 $6g - 6$ 维, Fuchs 群生成元构成了曲面在 Teichmüller 空间中的坐标, 即曲面的共形不变量的一种表示形式. 这为曲面分类提供了直接的计算方法.

从理论角度而言, 双曲背景几何下的离散曲面曲率流和欧氏背景几何下的曲率流具有相似的理论框架. 从计算角度而言, 因为双曲离散熵能量是严格凸的, 没有零空间, 双曲曲率流具有更稳定的收敛性; 由于双曲度量的共形因子在靠近 $\mathbb{H}^2$ 边界时趋于无穷大, 双曲离散曲面 (顶点离散 Gauss 曲率处处为 0) 在 $\mathbb{H}^2$ 中的等距嵌入算法对于数值误差更为敏感, 因此双曲曲率流的计算需要更高的精度.

第三十八章　　通用离散曲面 Ricci 流理论

本章我们讨论离散曲面 Ricci 流的通用理论, 涵盖不同的背景几何和组合构形, 更多的理论推导细节可以在 Zhang et al. [46] 中找到.

38.1　通用理论框架

定义 38.1 (背景几何)　假设 Σ 是一个离散度量曲面, 如果 Σ 的每个面都是球面 (欧氏、双曲) 三角形, 称 Σ 具有球面 (欧氏、双曲) 背景几何. 我们用 $\mathbb{S}^2$, $\mathbb{E}^2$ 和 $\mathbb{H}^2$ 来代表球面、欧氏和双曲背景几何 (图 38.1). 　◆

不同背景几何的三角形满足不同的余弦定理:

$$1 = \frac{\cos\theta_i + \cos\theta_j \cos\theta_k}{\sin\theta_j \sin\theta_k}, \qquad \mathbb{E}^2, \qquad (38.1)$$

$$\cos l_i = \frac{\cos\theta_i + \cos\theta_j \cos\theta_k}{\sin\theta_j \sin\theta_k}, \qquad \mathbb{S}^2, \qquad (38.2)$$

$$\cosh l_i = \frac{\cosh\theta_i + \cosh\theta_j \cosh\theta_k}{\sinh\theta_j \sinh\theta_k}, \qquad \mathbb{H}^2. \qquad (38.3)$$

不同背景几何下的离散曲面, 离散 Gauss 曲率被定义为角欠.

定义 38.2 (离散 Gauss 曲率)　离散度量曲面顶点处的离散 Gauss 曲率 $K : V \to \mathbb{R}$ 定义为:

$$K(v_i) = \begin{cases} 2\pi - \sum_{jk} \theta_i^{jk}, & v_i \notin \partial\Sigma, \\ \pi - \sum_{jk} \theta_i^{jk}, & v_i \in \partial\Sigma, \end{cases}$$

这里 θ_i^{jk} 是在三角形 $[v_i, v_j, v_k]$ 内以 v_i 为顶点的内角 (图 38.2). 　◆

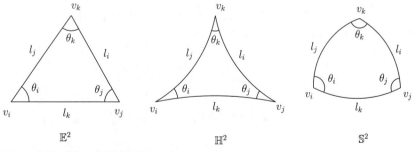

图 38.1 欧氏、双曲、球面背景几何.

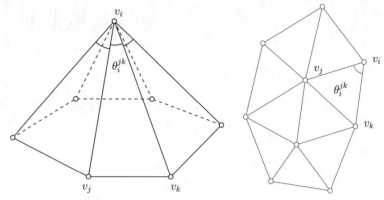

图 38.2 离散 Gauss 曲率.

离散 Gauss 曲率满足离散 Gauss-Bonnet 定理.

定理 38.1 (Gauss-Bonnet) 设 Σ 是离散度量曲面, 其总曲率是曲面的拓扑不变量

$$\sum_{v \notin \partial\Sigma} K(v) + \sum_{v \in \partial\Sigma} K(v) + \epsilon A(\Sigma) = 2\pi\chi(\Sigma),$$

如果 Σ 的背景几何是球面、欧氏或双曲几何, 那么 $\epsilon = +1, 0$ 或 -1. ◆

定义 38.3 (圆盘填充度量) 设 Σ 是一个拓扑曲面, 带有三角剖分 $\mathcal{T}$. Σ 具有球面 $\mathbb{S}^2$、欧氏 $\mathbb{E}^2$ 或者双曲 $\mathbb{H}^2$ 背景几何. $\gamma : V(\mathcal{T}) \to \mathbb{R}_{>0}$ 为顶点半径函数, 每个顶点 v_i 处放置一个圆盘, 半径 γ_i; $\epsilon : V(\mathcal{T}) \to \{+1, 0, -1\}$ 称为构形系数; $\eta : E(\mathcal{T}) \to \mathbb{R}$ 称为离散共形结构系数. $(\Sigma, \gamma, \eta, \epsilon)$ 称为圆盘填充度量 (circle packing metric), 边长由这些函数共同决定. ◆

定义 38.4 (离散共形等价) 两个圆盘填充度量 $(\Sigma_k, \gamma_k, \eta_k, \epsilon_k)$, $k = 1, 2$, 离散共形等价, 如果 $\Sigma_1 = \Sigma_2$, $\eta_1 = \eta_2$, 并且 $\epsilon_1 = \epsilon_2$. ◆

定义 38.5 (离散共形因子) 圆盘填充度量 $(\Sigma, \gamma, \eta, \epsilon)$ 的离散共形因子是定义在顶点集合的函数 $u : V(\mathcal{T}) \to \mathbb{R}$,

$$u_i = \begin{cases} \log\gamma_i, & \mathbb{E}^2, \\ \log\tanh\gamma_i/2, & \mathbb{H}^2, \\ \log\tan\gamma_i/2, & \mathbb{S}^2. \end{cases} \qquad ◆$$

定义 38.6 (边长) 给定圆盘填充度量 $(\Sigma, \gamma, \epsilon, \eta)$, 边 $[v_i, v_j]$ 的长度为

$$l_{ij}^2 = 2\eta_{ij}e^{u_i}e^{u_j} + \epsilon_i e^{2u_i} + \epsilon_j e^{2u_j}, \qquad \mathbb{E}^2, \qquad (38.4)$$

$$\cosh l_{ij} = \frac{4\eta_{ij}e^{u_i+u_j} + (1+\epsilon_i e^{2u_i})(1+\epsilon_j e^{2u_j})}{(1-\epsilon_i e^{u_i})(1-\epsilon_j e^{u_j})}, \qquad \mathbb{H}^2, \qquad (38.5)$$

$$\cos l_{ij} = \frac{4\eta_{ij}e^{u_i+u_j} + (1-\epsilon_i e^{2u_i})(1-\epsilon_j e^{2u_j})}{(1+\epsilon_i e^{u_i})(1+\epsilon_j e^{u_j})}, \qquad \mathbb{S}^2. \quad \blacklozenge \qquad (38.6)$$

38.2 相切圆盘填充的构形

曲面 Ricci 流将曲面的 Riemann 度量共形变换, 使得无穷小圆映成无穷小圆, 如图 38.3 所示. 在离散曲面 Ricci 流中, 我们将无穷小圆换成有限圆, 如此定义圆盘填充度量.

欧氏圆盘填充 (Euclidean circle packing)

图 38.4 显示了欧氏圆盘填充和方块填充. 给定一个 3-连通的平面图 (planar graph), 我们选择一个面为外面 (exterior face), 在其边界上选择 4 个顶点为角点. 我们以每个顶点为圆心, 放置一个欧氏圆盘. 图上的每条边都被映成直线段, 整个图映成长方形. 每条边的两个顶点对应的圆周彼此相切. 这是连续极值长度的离散类比.

球面圆盘填充 (spherical circle packing)

图 38.5 显示了球面圆盘填充的一个算例. 给定一个平面图, 我们在每个顶点处放置一个球面圆盘, 每个面内部放置一个球面圆盘. 每条边上的两个顶点对应的圆盘彼此相切; 每个面上的圆周和此面所有顶点处的圆周

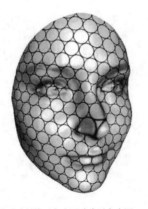

图 38.3 共形映射将无穷小圆映成无穷小圆.

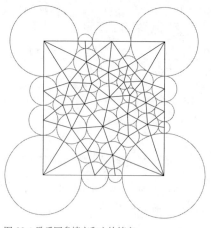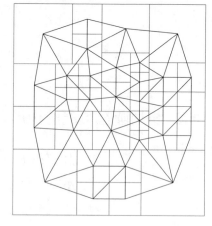

图 38.4 欧氏圆盘填充和方块填充.

垂直; 如果两个面相邻, 则此两个面对应的圆盘彼此相切. 同时, 图的每条边可以表示成球面测地线, 每个面对应的圆周和此面所有的边相切; 每条边和此边顶点处的圆周相垂直. 更进一步, 所有这种圆盘填充, 彼此相差一个球面的 Möbius 变换. 这是球面调和映射的离散类比.

双曲圆盘填充 (hyperbolic circle packing)

如图 38.6 所示, 给定 Poincaré 圆盘内部的一个单连通紧区域 $\Omega \subset \mathbb{H}^2$ 和上面的一个三角剖分 $\mathcal{T}$. 我们以每个顶点为圆心放置一个双曲圆, 每条边上的两个圆周彼此相切, 如此我们得到一个圆盘填充. 如果我们增加边

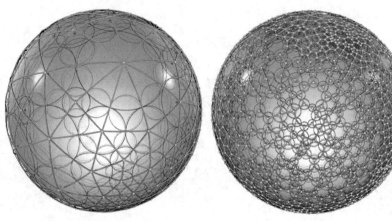

图 38.5 球面的圆盘填充.

568

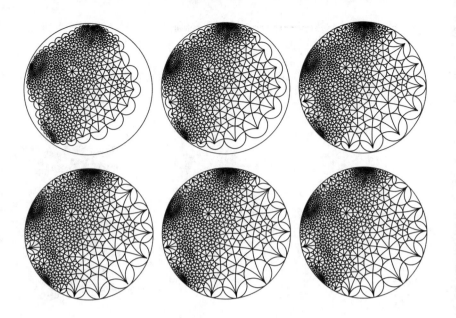

图 38.6 双曲最大圆盘填充.

界圆周的半径, 同时调节内部圆的半径, 那么每个内点的曲率为 0. 如果我们令边界圆周的半径都趋于无穷大, 那么边界顶点圆趋于极限圆, 如此我们得到一个最大圆盘填充 (maximal circle packing). 这种最大圆盘填充彼此相差一个双曲的等距变换, 即 Möbius 变换. 最大圆盘填充诱导了从 Ω 到单位圆盘的分片线性映射, 可以被视作离散 Riemann 映射. 如果我们定义 Ω 的一系列三角剖分, 使得三角形的边长趋向于 0, 计算这些三角剖分的最大圆盘填充, 再用 Möbius 变换进行归一化. 可以证明, 这些最大圆盘填充诱导的分片线性映射收敛到从 Ω 到单位圆盘的 Riemann 映射.

38.3 推广圆盘填充构形

圆盘填充度量具有 3 种不同的背景几何: 球面 $\mathbb{S}^2$、欧氏 $\mathbb{E}^2$ 和双曲 $\mathbb{H}^2$; 6 种不同的构形: 相切圆盘填充 (tangential circle packing)、Thurston 圆盘填充 (Thurston's circle packing)、逆向距离圆盘填充 (inversive distance circle packing)、Yamabe 流 (Yamabe flow)、虚半径圆盘填充 (virtual radius circle packing) 以及混合类型 (mixed type). 背景几何和构形一共

组合出 18 种不同类型的圆盘填充度量. 下面, 我们逐一考察不同的类型 (图 38.7 – 图 38.12).

给定圆盘填充度量 $(\Sigma, \gamma, \eta, \epsilon)$, 每条边 $[v_i, v_j]$ 的边长为

$$l_{ij}^2 = \epsilon_i e^{2u_i} + \epsilon_j e^{2u_j} + 2\eta_{ij} e^{u_i} e^{u_j}, \tag{38.7}$$

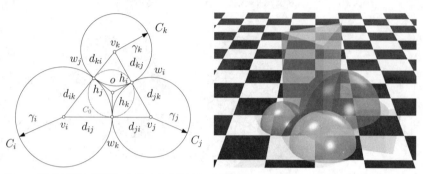

图 38.7 相切圆盘填充的构形. 左帧: 相切圆盘填充; 右帧: 广义双曲四面体, $(\eta, \epsilon) = (1, 1)$.

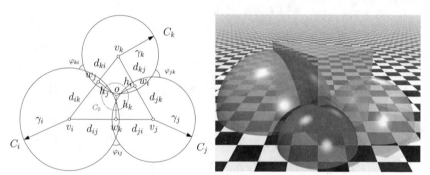

图 38.8 Thurston 圆盘填充的构形. 左帧: Thurston 圆盘填充; 右帧: 广义双曲四面体, $0 \leqslant \eta < 1, \epsilon = 1$.

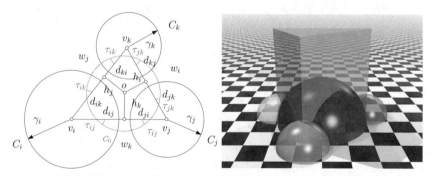

图 38.9 逆向距离圆盘填充的构形. 左帧: 逆向距离圆盘填充; 右帧: 广义双曲四面体, $\eta > 1, \epsilon = 1$.

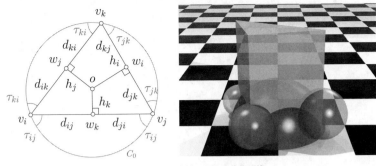

图 38.10 Yamabe 流的构形. 左帧: Yamabe 流; 右帧: 广义双曲四面体, $\eta > 0, \epsilon = 0$.

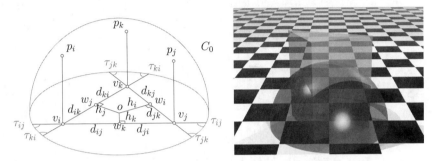

图 38.11 虚半径圆盘填充的构形. 左帧: 虚半径圆盘填充; 右帧: 广义双曲四面体, $\eta > 0, \epsilon = -1$.

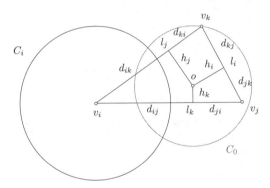

图 38.12 圆盘填充的混合构形. 混合类型.

这里离散共形因子 $u_i = \log \gamma_i$, 等价地

$$l_{ij}^2 = \epsilon_i \gamma_i^2 + \epsilon_j \gamma_j^2 + 2\eta_{ij} \gamma_i \gamma_j. \tag{38.8}$$

$\epsilon = +1$ 对应相切、Thurston 和逆向距离圆盘填充的构形, $\epsilon = 0$ 对应 Yamabe 流的构形, $\epsilon = -1$ 对应虚半径圆盘填充的构形.

在双曲背景几何下, 给定圆盘填充度量 $(\Sigma, \gamma, \eta, \epsilon)$, 每条边 $[v_i, v_j]$ 的

边长为

$$\cosh l_{ij} = \frac{4\eta_{ij}e^{u_i+u_j} + (1+\epsilon_i e^{2u_i})(1+\epsilon_j e^{2u_j})}{(1-\epsilon_i e^{2u_i})(1-\epsilon_j e^{2u_j})}, \tag{38.9}$$

这里共形因子 $u_i = \log\tanh\gamma_i/2$.

如果背景几何从双曲几何改成球面几何, 一般的原则是将 sinh 和 cosh 改成 sin 和 cos. 给定圆盘填充度量 $(\Sigma, \gamma, \eta, \epsilon)$, 每条边 $[v_i, v_j]$ 的边长为

$$\cos l_{ij} = \frac{-4\eta_{ij}e^{u_i+u_j} + (1-\epsilon_i e^{2u_i})(1-\epsilon_j e^{2u_j})}{(1+\epsilon_i e^{2u_i})(1+\epsilon_j e^{2u_j})}, \tag{38.10}$$

这里共形因子 $u_i = \log\tan\gamma_i/2$.

38.4 离散曲面 Ricci 流

我们可以证明如下的引理.

引理 38.1 (对称性) 给定圆盘填充度量 $(\Sigma, \gamma, \eta, \epsilon)$, 对于任意一对顶点 v_i 和 v_j, 成立等式

$$\frac{\partial K_i}{\partial u_j} = \frac{\partial K_j}{\partial u_i}. \quad \blacklozenge \tag{38.11}$$

这里, 偏导数有鲜明的几何意义, 我们下面会仔细分析.

定义 38.7 (离散曲面 Ricci 流) 离散曲面具有 $\mathbb{E}^2, \mathbb{H}^2$ 或者 $\mathbb{S}^2$ 背景几何, 给定圆盘填充度量 $(\Sigma, \gamma, \eta, \epsilon)$, 离散曲面 Ricci 流定义为

$$\frac{du_i(t)}{dt} = \bar{K}_i - K_i(t), \tag{38.12}$$

这里 $\bar{K}_i$ 是目标曲率. $\blacklozenge$

离散曲面 Ricci 流是离散 Ricci 能量的梯度流,

定义 38.8 (离散 Ricci 能量) 离散曲面具有 $\mathbb{E}^2, \mathbb{H}^2$ 或者 $\mathbb{S}^2$ 背景几何, 给定圆盘填充度量 $(\Sigma, \gamma, \eta, \epsilon)$, 离散曲面 Ricci 能量定义为

$$E(u_1, u_2, \cdots, u_n) = \int^{(u_1, \cdots, u_n)} \sum_{i=1}^{n} (\bar{K}_i - K_i) du_i, \tag{38.13}$$

这里 $\bar{K}_i$ 是目标曲率. $\blacklozenge$

假设 $(\Sigma, \gamma, \eta, \epsilon)$ 具有 $\mathbb{E}^2$ 或者 $\mathbb{H}^2$ 背景几何, 三角剖分为 power

Delaunay 的. 我们可以证明离散 Ricci 能量的凸性, 由此可以得到局部刚性, 即曲率映射

$$\nabla E : (u_1, u_2, \cdots, u_n) \to (K_1, K_2, \cdots, K_n) \tag{38.14}$$

是单射.

对于具有 $\mathbb{E}^2$ 或者 $\mathbb{H}^2$ 背景几何的 Thurston 圆盘填充构形, 离散共形因子的可容许空间是凸集, 从离散共形因子 $\mathbf{u}$ 到曲率 $\mathbf{K}$ 的映射 (38.14) 是全局微分同胚. 可容许曲率空间是凸多面体, 由一些线性不等式来界定.

对于具有 $\mathbb{E}^2$ 或者 $\mathbb{H}^2$ 背景几何的 Yamabe 流, 如果三角剖分保持 Delaunay, 曲率映射是全局微分同胚

$$\nabla E : \mathbb{R}^n \bigcap \left\{ \sum_{i=1}^n u_i = 0 \right\} \mapsto (-\infty, 2\pi)^n \bigcap \left\{ \sum_{i=1}^n K_i = 2\pi\chi(\Sigma) \right\}. \tag{38.15}$$

通常, 具有球面背景几何 $\mathbb{S}^2$ 的 Ricci 能量是非凸的, 这会影响数值稳定性. 因此, 在实际运算中, 我们并不直接运用球面背景的 Ricci 流, 而是用欧氏背景几何的 Ricci 流将曲面映到欧氏平面上, 然后再用球极投影 (stereographic projection) 将平面区域映到单位球面上.

定理 38.2 设三角形 $[v_i, v_j, v_k]$ 具有 $\mathbb{S}^2, \mathbb{E}^2, \mathbb{H}^2$ 的背景几何, 共形因子为 (u_i, u_j, u_k), 边长为 (l_i, l_j, l_k), 内角为 $(\theta_i, \theta_j, \theta_k)$, Ricci 能量为

$$E(u_i, u_j, u_k) = \int^{(u_i, u_j, u_k)} \theta_i du_i + \theta_j du_j + \theta_k du_k. \tag{38.16}$$

则其离散 Ricci 能量 (38.16) 的 Hesse 矩阵是

$$\frac{\partial(\theta_i, \theta_j, \theta_k)}{\partial(u_i, u_j, u_k)} = -\frac{1}{2A} L\Theta L^{-1} D, \tag{38.17}$$

这里 A 是三角形的面积,

$$A = \frac{1}{2} \sin\theta_i s(l_j) s(l_k), \tag{38.18}$$

矩阵 L 为

$$L = \begin{pmatrix} s(l_i) & 0 & 0 \\ 0 & s(l_j) & 0 \\ 0 & 0 & s(l_k) \end{pmatrix}, \tag{38.19}$$

矩阵 Θ 为

$$\Theta = \begin{pmatrix} -1 & \cos\theta_k & \cos\theta_j \\ \cos\theta_k & -1 & \cos\theta_i \\ \cos\theta_j & \cos\theta_i & -1 \end{pmatrix}, \tag{38.20}$$

矩阵 D 为

$$D = \begin{pmatrix} 0 & \tau(i,j,k) & \tau(i,k,j) \\ \tau(j,i,k) & 0 & \tau(j,k,i) \\ \tau(k,i,j) & \tau(k,j,i) & 0 \end{pmatrix}. \tag{38.21}$$

同时,

$$s(x) = \begin{cases} x, & \mathbb{E}^2, \\ \sinh x, & \mathbb{H}^2, \\ \sin x, & \mathbb{S}^2, \end{cases}$$

这里,

$$\tau(i,j,k) = \begin{cases} \frac{1}{2}(l_i^2 + \epsilon_j\gamma_j^2 - \epsilon_k\gamma_k^2), & \mathbb{E}^2, \\ \cosh l_i \cosh^{\epsilon_j}\gamma_j - \cosh^{\epsilon_k}\gamma_k, & \mathbb{H}^2, \\ \cos l_i \cos^{\epsilon_j}\gamma_j - \cos^{\epsilon_k}\gamma_k, & \mathbb{S}^2. \end{cases} \quad\blacklozenge$$

证明 应用余弦定理, 直接计算可得. ∎

38.5 离散熵能量的几何解释

广义双曲四面体的构造 在各种背景几何、各种构形下, 每个三角形 $[v_i, v_j, v_k]$ 上的离散 Ricci 能量可以表示成广义双曲四面体 σ 的体积, 四面体的顶点为 $\{w_i, w_j, w_k, w_l\}$, 前三个对应三角形的顶点, 如图 38.13 和图 38.14 所示. 广义四面体的构造原则如下.

1. 如果背景几何为欧氏的, 那么顶点 w_l 是理想点, 在 $\mathbb{H}^3$ 的无穷远边界处, 被一个极限球面截断, 顶面是欧氏三角形; 如果背景几何是双曲的, 那么顶点 w_l 是超理想的, 超出 $\mathbb{H}^3$ 的边界, 被一张双曲平面截断; 如果背景几何是球面的, 那么顶点 w_l 在 $\mathbb{H}^3$ 内部.

2. 对于顶点 w_i, 如果对于顶点 v_i 的构形是逆向距离圆盘填充, $\epsilon_i = +1$, 那么它是超理想的, 被一张双曲平面截断; 如果 v_i 是 Yamabe 流,

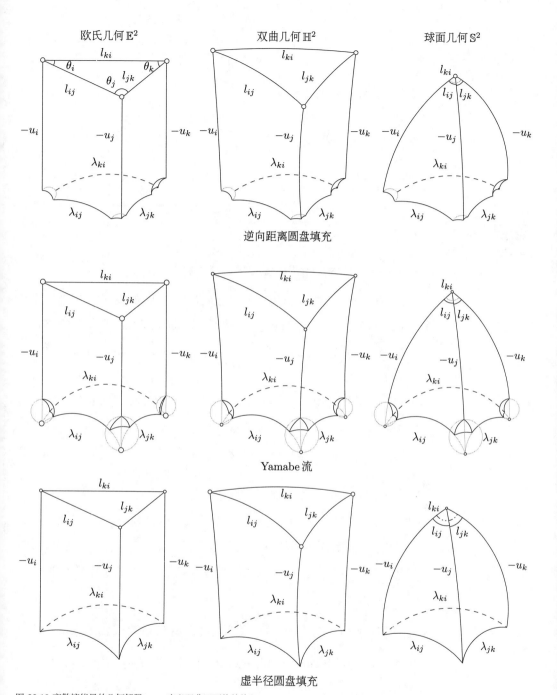

图 38.13 离散熵能量的几何解释 ——广义双曲四面体的体积.

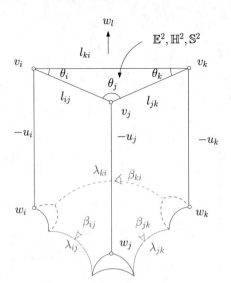

图 38.14 欧氏背景几何下, 逆向距离圆盘填充构形对应的广义双曲四面体.

$\epsilon_i = 0$, 那么它是理想的, 被一个极限球面截断; 如果 v_i 是虚半径圆盘填充构形, $\epsilon_i = -1$, 那么它在 $\mathbb{H}^3$ 中. 顶点 w_j 和 w_k 的情形相类似.

3. 和顶点 w_l 相连的边长为 $-u_i$, $-u_j$ 和 $-u_k$, 对应的二面角为 θ_i, θ_j 和 θ_k.

4. 另外三条边连接 v_i, v_j, v_k, 在不同的背景几何下, 其边长具有统一的公式:

$$\eta_{ij} = \frac{1}{2}(e^{\lambda_{ij}} + \epsilon_i\epsilon_j e^{-\lambda_{ij}}), \tag{38.22}$$

对应的二面角为 β_{ij}, β_{jk} 和 β_{ki}.

顶点 w_l 处的三角形由极限球面、双曲平面或球面与四面体相截所得, 其边长为 $\{l_{ij}, l_{jk}, l_{ki}\}$, 内角为 $\theta_i, \theta_j, \theta_k$. 在侧面 $\{w_i, w_j, w_l\}$ 中, 顶角 l_{ij} 能被边长 $\{-u_i, -u_j, \lambda_{ij}\}$ 由余弦定理表示出来, 和表 38.1 中的边长公式一致.

双曲体积的变分　令 $V(\sigma)$ 是广义四面体 σ 的双曲体积, 由 Shläfli 公式有

$$dV(\sigma) = -\frac{1}{2}\left(-u_i d\theta_i - u_j d\theta_j - u_k d\theta_k + \lambda_{ij}d\beta_{ij} + \lambda_{jk}d\beta_{jk} + \lambda_{ki}d\beta_{ki}\right).$$

定义其 Legendre 变换

$$W(u_i, u_j, u_k) = u_i\theta_i + u_j\theta_j + u_k\theta_k - \lambda_{ij}\beta_{ij} - \lambda_{jk}\beta_{jk} - \lambda_{ki}\beta_{ki} - 2V(\sigma),$$

	离散共形 因子 u_i	边长 l_{ij}	$\tau(i,j,k)$	$s(x)$
$\mathbb{E}^2$	$\log \gamma_i$	$l_{ij}^2 = 2\eta_{ij}e^{u_i+u_j} + \epsilon_i e^{2u_i} + \epsilon_j e^{2u_j}$	$\frac{1}{2}(l_i^2 + \epsilon_j\gamma_j^2 - \epsilon_k\gamma_k^2)$	x
$\mathbb{H}^2$	$\log\tanh\frac{\gamma_i}{2}$	$\cosh l_{ij} = \frac{4\eta_{ij}e^{u_i+u_j}+(1+\epsilon_i e^{2u_i})(1+\epsilon_j e^{2u_j})}{(1-\epsilon_i e^{2u_i})(1-\epsilon_j e^{2u_j})}$	$\cosh l_i \cosh^{\epsilon_j}\gamma_j - \cosh^{\epsilon_k}\gamma_k$	$\sinh x$
$\mathbb{S}^2$	$\log\tan\frac{\gamma_i}{2}$	$\cos l_{ij} = \frac{-4\eta_{ij}e^{u_i+u_j}+(1-\epsilon_i e^{2u_i})(1-\epsilon_j e^{2u_j})}{(1+\epsilon_i e^{2u_i})(1+\epsilon_j e^{2u_j})}$	$\cos l_i \cos^{\epsilon_j}\gamma_j - \cos^{\epsilon_k}\gamma_k$	$\sin x$

表 38.1 在 $\mathbb{E}^2$, $\mathbb{H}^2$ 和 $\mathbb{S}^2$ 背景几何下的公式.

那么

$$dW = \theta_i du_i + \theta_j du_j + \theta_k du_k - \beta_{ij}d\lambda_{ij} - \beta_{jk}d\lambda_{jk} - \beta_{ki}d\lambda_{ki},$$

在离散共形变换中, $\lambda_{ij}, \lambda_{jk}, \lambda_{ki}$ 保持不变, 因此

$$dW = \theta_i du_i + \theta_j du_j + \theta_k du_k,$$

这意味着

$$W(u_i, u_j, u_k) = \int \theta_i du_i + \theta_j du_j + \theta_k du_k,$$

和离散 Ricci 能量相差一个常数. 这证明了微分形式 $\theta_i du_i + \theta_j du_j + \theta_k du_k$ 是闭形式. 等价地, Jacobi 矩阵 (38.17)

$$\frac{\partial(\theta_i, \theta_j, \theta_k)}{\partial(u_i, u_j, u_k)} = -\frac{1}{2A}L\Theta L^{-1}D$$

是对称的. 虽然我们有解析表达式, 但是很难直接看出 Jacobi 矩阵是对称的.

38.5.1 欧氏背景几何下逆向距离圆盘填充构形

我们考察欧氏背景几何下的相切、Thurston 和逆向距离圆盘填充构形, 这里 $\epsilon_i = 1$, $\epsilon_j = 1$, 边长公式为

$$l_{ij}^2 = \gamma_i^2 + \gamma_j^2 + 2\eta_{ij}\gamma_i\gamma_j.$$

如果 $0 \leqslant \eta_{ij} < 1$, 构形为 Thurston 圆盘填充, 离散共形结构参数 $\eta_{ij} = \cos\varphi_{ij}$, φ_{ij} 是顶点圆的交角; 如果 $\eta_{ij} = 1$, 构形为相切圆盘填充, 这里 $\varphi_{ij} = 0$; 如果 $\eta_{ij} > 1$, 构形为逆向距离圆盘填充. 由公式 (38.22) 有

$$\eta_{ij} = \frac{1}{2}(e^{\lambda_{ij}} + e^{-\lambda_{ij}}) = \cosh\lambda_{ij}.$$

如图 38.15 所示, 广义双曲三角形 (一个理想顶点、两个超理想顶点) 的

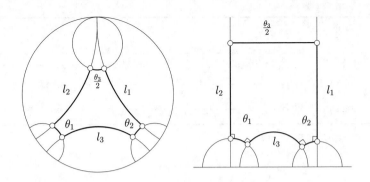

图 38.15 广义双曲三角形 (一个理想顶点、两个超理想顶点) 的余弦定理.

余弦定理为:

$$\frac{\theta_3^2}{2} = \frac{\cosh l_3 + \cosh(l_1 - l_2)}{\frac{e^{l_1 + l_2}}{4}}.$$

对比图 38.13 中的第一行、第一列的广义双曲四面体, 我们有 $(l_1, l_2, l_3, \frac{\theta_3}{2})$ $= (-u_i, -u_j, \lambda_{ij}, l_{ij})$, 因此

$$\begin{aligned}
2l_{ij}^2 &= \frac{\cosh \lambda_{ij} + \cosh(u_i - u_j)}{\frac{1}{4}e^{-u_i - u_j}} \\
&= 4\cosh \lambda_{ij} e^{u_i + u_j} + 4e^{u_i + u_j}\frac{1}{2}(e^{u_i - u_j} + e^{u_j - u_i}) \\
&= 4\cosh \lambda_{ij} e^{u_i + u_j} + 2(e^{2u_i} + e^{2u_j}) \\
&= 2(2\eta_{ij}\gamma_i\gamma_j + \gamma_i^2 + \gamma_j^2),
\end{aligned} \tag{38.23}$$

广义双曲三角形余弦定理和圆盘填充度量一致.

图 38.16 显示了逆向圆盘填充构形对应的双曲四面体, 一个顶点是理

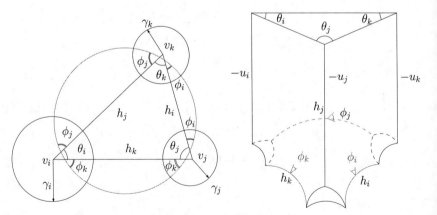

图 38.16 逆向距离圆盘填充 Ricci 能量的几何解释.

想顶点, 三个顶点是超理想顶点, 每条边上的二面角如图所示, 则由 P_5 的双曲体积公式 (31.9), 我们有

$$2V(\theta_1, \theta_2, \theta_3, \phi_1, \phi_2, \phi_3) = \Lambda(\theta_1) + \Lambda(\theta_2) + \Lambda(\theta_3)$$
$$+ \Lambda\left(\frac{\pi + \phi_2 - \phi_3 - \theta_1}{2}\right) + \Lambda\left(\frac{\pi + \phi_3 - \phi_1 - \theta_2}{2}\right) + \Lambda\left(\frac{\pi + \phi_1 - \phi_2 - \theta_3}{2}\right)$$
$$+ \Lambda\left(\frac{\pi - \phi_2 + \phi_3 - \theta_1}{2}\right) + \Lambda\left(\frac{\pi - \phi_3 + \phi_1 - \theta_2}{2}\right) + \Lambda\left(\frac{\pi - \phi_1 + \phi_2 - \theta_3}{2}\right)$$
$$+ \Lambda\left(\frac{\pi + \phi_2 + \phi_3 - \theta_1}{2}\right) + \Lambda\left(\frac{\pi + \phi_3 + \phi_1 - \theta_2}{2}\right) + \Lambda\left(\frac{\pi + \phi_1 + \phi_2 - \theta_3}{2}\right)$$
$$+ \Lambda\left(\frac{\pi - \phi_2 - \phi_3 - \theta_1}{2}\right) + \Lambda\left(\frac{\pi - \phi_3 - \phi_1 - \theta_2}{2}\right) + \Lambda\left(\frac{\pi - \phi_1 - \phi_2 - \theta_3}{2}\right). \quad (38.24)$$

38.5.2 双曲背景几何下逆向距离圆盘填充构形

如图 38.17 所示, 我们考察双曲背景几何下的逆向距离圆盘填充构形. 我们用双曲空间 $\mathbb{H}^3$ 的上半空间模型, $\mathbb{H}^3 = \{(x,y,z) : z > 0\}$, 其无穷远边界和欧氏平面重合, $\mathbb{E}^2 = \{(x,y,z) : z = 0\}$. 单位上半球面 $\{(x,y,z) : x^2 + y^2 + z^2 = 1, z > 0\}$ 是一个全测地子流形, 等同于一个双曲平面 $\mathbb{H}^2$. 令 $[v_i, v_j, v_k] \subset \mathbb{H}^2$ 是一个双曲三角形, 其边长为 $\{l_{ij}, l_{jk}, l_{ki}\}$. 令 $C_i \subset \mathbb{H}^2$ 是以 v_i 为圆心, 以 γ_i 为半径的双曲圆. C_j 和 C_k 也是同样定

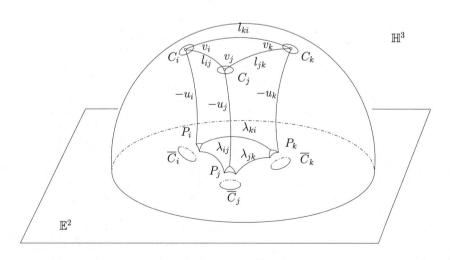

图 **38.17** 双曲背景几何下, 逆向距离圆盘填充构形对应的广义双曲四面体.

义. 我们以点 $(0,0,-1)$ 为光源作球极投影, 将 C_i, C_j, C_k 映射到欧氏平面 $\mathbb{E}^2$ 上, 得到 $\overline{C}_i, \overline{C}_j, \overline{C}_k$. 令 P_i, P_j, P_k 为全测地子流形, 和欧氏平面 $\mathbb{E}^2$ 交于 $\overline{C}_i, \overline{C}_j, \overline{C}_k$.

如图 38.18 所示, 顶点 v_i 的坐标为 $(0,0,1)$, 圆周 $\overline{C}_i$ 的圆心为 $(0,0,0)$. 过 v_i 点和 $\mathbb{H}^2$ 垂直的测地线是 z 轴, 并且和全测地子流形 P_i 相垂直. 我们直接计算

$$x = \tan\left(\frac{\pi}{4} - \frac{\theta}{2}\right) = \frac{\tan\frac{\pi}{4} - \tan\frac{\theta}{2}}{1 + \tan\frac{\pi}{4}\tan\frac{\theta}{2}} = \frac{\cos\frac{\theta}{2} - \sin\frac{\theta}{2}}{\cos\frac{\theta}{2} + \sin\frac{\theta}{2}} = \frac{\cos\theta}{1 + \sin\theta},$$

$$\gamma_i = \int_\theta^{\frac{\pi}{2}} \frac{1}{\sin t}dt = \ln\left(\frac{1}{\sin u} + \cot u\right)\bigg|_\theta^{\frac{\pi}{2}} = -\ln\tan\frac{\theta}{2}, \tag{38.25}$$

因此我们有

$$\sin\theta = \frac{2\tan\frac{\theta_i}{2}}{1 + \tan^2\frac{\theta_i}{2}} = \frac{2e^{-\gamma_i}}{1 + e^{-2\gamma_i}}, \quad \cos\theta = \frac{1 - \tan^2\frac{\theta_i}{2}}{1 + \tan^2\frac{\theta_i}{2}} = \frac{1 - e^{-2\gamma_i}}{1 + e^{-2\gamma_i}},$$

从点 $(0,0,x)$ 到 $v_i = (0,0,1)$ 的双曲距离为

$$-u_i = \ln\frac{1}{x} = \ln\frac{1 + \sin\theta}{\cos\theta} = \ln\frac{e^{\gamma_i} + 1}{e^{\gamma_i} - 1} = -\ln\tanh\frac{\gamma_i}{2}.$$

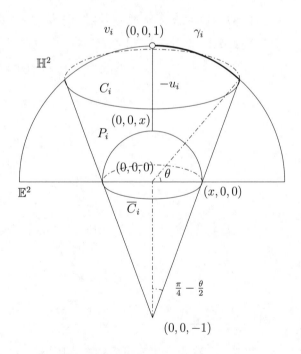

图 38.18 双曲背景几何下, 逆向距离圆盘填充构形对应的边长.

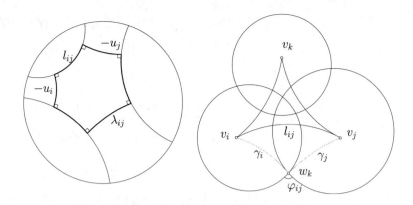

图 38.19 双曲六边形和双曲 Thurston 圆盘填充构形.

如图 38.19 左帧所示, 图 38.17 中广义双曲四面体的每个侧面都是一个直角双曲六边形, 边长 l_{ij} 由 $\{-u_i, -u_j, \lambda_{ij}\}$ 决定, 由双曲六边形的余弦定理得到:

$$\cosh l_{ij} = \frac{\cosh \lambda_{ij} + \cosh u_i \cosh u_j}{\sinh u_i \sinh u_j}.$$

由 $u_i = \ln \tanh \frac{\gamma_i}{2}$, 我们得到

$$\sinh u_i = -\frac{1}{\sinh \gamma_i}, \quad \cosh u_i = \frac{\cosh \gamma_i}{\sinh \gamma_i},$$

因此

$$\cosh l_{ij} = \cosh \gamma_i \cosh \gamma_j + \cosh \lambda_{ij} \sinh \gamma_i \sinh \gamma_j.$$

如图 38.19 右帧所示, 假设两个圆交角为 φ_{ij}, 在三角形 v_i, v_j, w_k 中, 由双曲三角形余弦定理, 我们得到 $\cosh \lambda_{ij} = 2 \cos \varphi_{ij}$, $\cosh \lambda_{ij}$ 为逆向距离 (inversive distance).

38.5.3 球面背景几何下逆向距离圆盘填充构形

我们下面讨论球面背景几何下的逆向距离圆盘填充的构形. 给定单位球面上的两个圆 C_1 和 C_2, 球面几何半径为 γ_1 和 γ_2, 两个圆心间的球面距离为 l, 那么两个圆周之间的逆向距离定义为

$$I = \frac{-\cos l + \cos \gamma_1 \cos \gamma_2}{\sin \gamma_1 \sin \gamma_2}.$$

给定球面三角形 $[v_i, v_j, v_k]$, 以顶点为圆心处放置三个球面圆周, 半径分别为 $\gamma_i, \gamma_j, \gamma_k$, 三条边上三个逆向距离为 I_i, I_j, I_k, 三条边长满足球面三角形的余弦定理,

$$\cos l_k = \cos\gamma_i \cos\gamma_j - I_k \sin\gamma_i \sin\gamma_j.$$

球面三角形的内角为 $\theta_i, \theta_j, \theta_k$. 我们定义离散共形因子为

$$u_i = \ln\tan\frac{\gamma_i}{2},$$

u_j, u_k 类似定义. 如此定义了球面背景几何下的逆向距离圆盘填充构形, 其相应的离散 Ricci 能量为

$$\int^{(u_i, u_j, u_k)} \theta_i du_i + \theta_j du_j + \theta_k du_k.$$

如图 38.20 所示, 我们构造离散 Ricci 能量对应的双曲四面体. 在 $\mathbb{R}^3$ 中, 在单位球面 $\{(x, y, z)|x^2 + y^2 + z^2 = 1\}$ 上构造球面三角形 $[v_i, v_j, v_k]$, 其边长为 $\{l_i, l_j, l_k\}$. 我们以顶点 v_i 为圆心, 构造球面圆周 C_i, 半径为 γ_i. 同样构造 C_j 和 C_k.

下面我们将单位球视作三维双曲空间 $\mathbb{H}^3$ Poincaré 模型的无穷远边界. 令 P_i 是 Poincaré 模型中的全测地流形 (双曲平面), 其边界是 C_i. 双曲平面 P_j, P_k 类似定义. 单位球心为 $o = (0, 0, 0)$, ow_i 是与 P_i 垂直的双曲测地线, w_i 为 P_i 上的垂足; 同样 ow_j 和 ow_k 是分别与 P_j, P_k 垂直

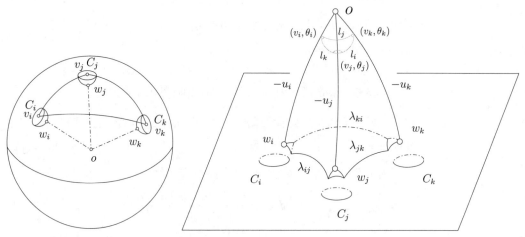

图 38.20 球面逆向距离圆盘填充构形对应的广义双曲四面体.

的双曲测地线. 这三条测地线决定了三个全测地子流形. 另外存在一个双曲平面同时和 P_i, P_j, P_k 垂直. 这四个双曲平面构成了一个广义双曲四面体, 一个顶点为 o, 其他三个顶点 v_i, v_j 和 v_k 被双曲平面 P_i, P_j 和 P_k 所截断.

我们将三维双曲空间 $\mathbb{H}^3$ Poincaré 模型通过保角映射变换到上半空间的模型. 球心 o 映射到上半空间中的点 $(0,0,1)$, 测地线 ow_i 和 ow_j 的夹角为 l_k.

如图 38.21 所示, 不失一般性, 假设 $v_i = (0,0,0)$, 欧氏圆 C_i 的半径为 x, ow_i 的双曲长度为 $\ln\frac{1}{x}$. 双曲测地线 ow_i 和 oD_i 的夹角为 γ_i, 那么欧氏直线 ow_i 和 oD_i 的夹角为 $\frac{\gamma_i}{2}$. 因此 $x = \tan\frac{\gamma_i}{2}$, 从而双曲测地线 ow_i 的双曲距离为 $-\ln\tan\frac{\gamma_i}{2}$.

图 38.20 中广义双曲四面体的侧面是广义双曲三角形, 三条双曲边长为 $\{-u_i = -\ln\tan\frac{\gamma_i}{2}, -u_j = -\ln\tan\frac{\gamma_j}{2}, \lambda_{ij}\}$, 顶角为 l_k. 由广义双曲三角形的余弦定理, 我们有

$$\cos l_k = \frac{-\cosh\lambda_{ij} + \sinh(-u_i)\sinh(-u_j)}{\cosh(-u_i)\cosh(-u_j)}.$$

因为 $\cosh u_i = \frac{1}{\sin\gamma_i}$ 和 $\sinh u_i = \frac{\cos\gamma_i}{\sin\gamma_i}$, 我们有

$$\cos l_k = -\cosh\lambda_{ij}\sin\gamma_i\sin\gamma_j + \cos\gamma_i\cos\gamma_j.$$

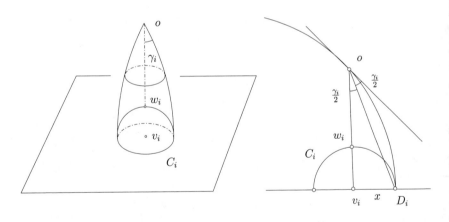

图 38.21 球面逆向距离圆盘填充构形的边长.

另一方面, 逆向距离 (inversive distance)

$$I_k = \frac{-\cos l_k + \cos \gamma_i \cos \gamma_j}{\sin \gamma_i \sin \gamma_j},$$

因此 $\cosh \lambda_{ij} = I_k$ 为逆向距离.

38.5.4 双曲几何虚半径圆盘填充构形

双曲虚半径圆盘填充构形对应的广义双曲四面体如图 38.22 所示. 令单位球面为 $\mathbb{H}^3$ 中的全测地子流形, 双曲平面为 $\mathbb{H}^2$. $[v_i, v_j, v_k]$ 是一个双曲三角形, 三个顶点处的圆盘半径为 $\{-\gamma_i, -\gamma_j, -\gamma_k\}$, 边上的逆向距离为 $\{\eta_{ij}, \eta_{jk}, \eta_{ki}\}$, 双曲边长为 $\{l_i, l_j, l_k\}$,

$$\cosh l_k = \frac{\eta_{ij} \sinh \gamma_i \sinh \gamma_j + 1}{\cosh \gamma_i \cosh \gamma_j},$$

和三条边相对的三个内角分别为 $\theta_i, \theta_j, \theta_k$. 令离散共形因子为

$$u_i = \ln \tanh \frac{\gamma_i}{2}.$$

过 v_i 作和 $\mathbb{H}^2$ 垂直的测地线 $v_i w_i$, 长度为 $-u_i$, 终点为 w_i. w_j, w_k 类似定义. P 是过 w_i, w_j, w_k 的双曲平面, 和测地线 $v_i w_i$ 不一定垂直. 广义双曲四面体的各个侧面都是广义双曲三角形, 由余弦定理

$$\cosh l_k = \frac{\cosh \lambda_{ij} + \sinh u_i \sinh u_j}{\cosh u_i \cosh u_j},$$

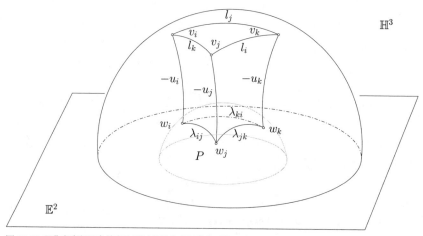

图 38.22 双曲虚半径圆盘填充构形对应的广义双曲四面体.

由 $u_i = \ln \tanh \frac{\gamma_i}{2}$, 我们有

$$\sinh u_i = -\frac{1}{\sinh \gamma_i}, \quad \cosh u_i = \frac{\cosh \gamma_i}{\sinh \gamma_i},$$

于是

$$\cosh l_k = \frac{\cosh \lambda_{ij} \sinh \gamma_i \sinh \gamma_j + 1}{\cosh \gamma_i \cosh \gamma_j},$$

与 l_k 的定义比较, 我们得到 $\cosh \lambda_{ij} = \eta_{ij}$.

38.6 逆向距离的几何解释

我们考察圆盘填充的度量, 在相切、Thurston 和逆向距离构形下, 离散共形结构参数被表示成逆向距离 (Bowers and Hurdal [4]). 如图 38.23 所示, 在欧氏背景几何下, 我们有两个圆周 c_1, c_2, 半径为 γ_1, γ_2, 圆心之间的欧氏距离为 l, 那么由欧氏三角形余弦定理, 两圆之间的逆向距离定义为

$$I(c_1, c_2) = \frac{l^2 - \gamma_1^2 - \gamma_2^2}{2\gamma_1 \gamma_2}.$$

同样, 在双曲背景几何下, 由双曲三角形余弦定理, 两个圆周之间的逆向距离定义为

$$I(c_1, c_2) = \frac{\cosh l - \cosh \gamma_1 \cosh \gamma_2}{\sinh \gamma_1 \sinh \gamma_2}.$$

在不同的背景几何下, 如果两个圆周彼此相交, 交角为 φ, 那么逆向距离等于交角的余弦, $\cos \varphi = I$.

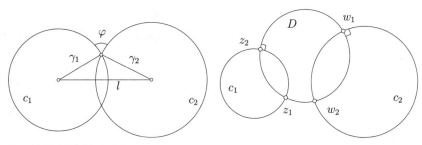

图 **38.23** 逆向距离的几何意义.

欧氏背景几何 如果两圆相离, 则任选一个圆 D 同时与 c_1 和 c_2 垂直, D 和 c_1, c_2 的交点为 z_1, z_2 和 w_1, w_2, 其交比为

$$[z_1, z_2; w_1, w_2] = \frac{(z_1 - w_1)(z_2 - w_2)}{(z_1 - z_2)(w_1 - w_2)}.$$

如图 38.24 左帧所示, 我们可以选择 $\tilde{D}$ 为过两个圆心的直线. 设 c_1, c_2 的圆心为 0 和 l, 则 $\{\tilde{z}_1, \tilde{z}_2, \tilde{w}_1, \tilde{w}_2\}$ 等于 $\{-\gamma_1, \gamma_1, l - \gamma_2, l + \gamma_2\}$. 直接计算得到

$$[\tilde{z}_1, \tilde{z}_2; \tilde{w}_1, \tilde{w}_2] = \frac{1}{2} \frac{l^2 - \gamma_1^2 - \gamma_2^2}{2\gamma_1 \gamma_2} + \frac{1}{2},$$

由此得到逆向距离可以由交比给出

$$I(c_1, c_2) = 2[\tilde{z}_1, \tilde{z}_2; \tilde{w}_1, \tilde{w}_2] - 1. \tag{38.26}$$

如图 38.24 左帧所示, 令 D 是另外一个和 c_1, c_2 同时垂直的圆. 如图 38.24 右帧所示, 我们构造 Möbius 变换 $\varphi : \mathbb{C} \to \mathbb{C}$, 将 $\{\tilde{z}_1, \tilde{z}_2, \tilde{w}_2\}$ 映成 $\{-1, +1, \infty\}$. 这时, $\tilde{D}$ 映成实轴, c_1 映成单位圆, c_2 为经过 ∞ 的铅直线. D 同时和 c_1, c_2 垂直, 我们得到 $\{\tilde{z}_1, \tilde{z}_2, \tilde{w}_1, \tilde{w}_2\} = \{-1, +1, a, \infty\}$, 直接计算交比得到 $I(c_1, c_2) = \varphi(\tilde{w}_1) = a$. 同时, 如图 $r = \sqrt{a^2 - 1}$, $\cos\theta = 1/a$, $\sin\theta = \sqrt{a^2 - 1}/a$, 我们有

$$z_1 = \left(\frac{1}{a}, +\frac{\sqrt{a^2 - 1}}{a}\right), \quad z_2 = \left(\frac{1}{a}, -\frac{\sqrt{a^2 - 1}}{a}\right),$$

$$w_1 = \left(a, -\sqrt{a^2 - 1}\right), \quad w_2 = \left(a, \sqrt{a^2 - 1}\right),$$

直接计算得到两个交比 $[z_1, z_2; w_1, w_2]$ 和 $[\tilde{z}_1, \tilde{z}_2; \tilde{w}_1, \tilde{w}_2]$ 的绝对值相同. 因此逆向距离和圆周 D 的选取无关.

双曲情形如图 38.25 左帧所示, 我们将扩展复平面视作 $\mathbb{H}^3$ 上半空间

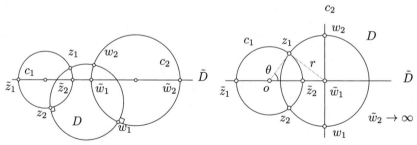

图 38.24 逆向距离和交比的关系.

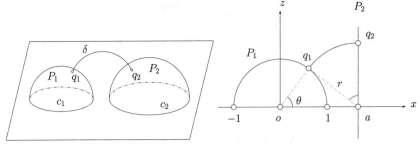

图 38.25 欧氏逆向距离 $I(c_1, c_2)$ 等于双曲平面 P_1 和 P_2 之间的双曲距离.

模型的无穷远边界, 过圆周 c_1 和 c_2 的上半球面为双曲平面 P_1 和 P_2. 计算 P_1 和 P_2 之间双曲测地距离 δ. 如图 38.25 右帧所示, 我们用 Möbius 变换将 c_1 变成单位圆, P_2 变成铅直平面, 和 x 轴垂直交于点 a, 则

$$q_1 = (\cos\theta, \sin\theta) = \left(\frac{1}{a}, \frac{\sqrt{a^2-1}}{a} \right),$$

$$q_2 = \left(a, \sqrt{a^2-1} \right),$$

双曲测地线的长度为

$$\delta = \int_{\frac{\pi}{2}}^{\frac{\pi}{2}+\theta} \frac{r d\tau}{r \sin\tau} = \ln \left| \frac{1}{\sin\theta} - \cot\theta \right| \Big|_{\frac{\pi}{2}}^{\frac{\pi}{2}+\theta}$$

$$= \ln(a + \sqrt{a^2-1}) = \cosh^{-1} a,$$

因此逆向距离 a 等于 $\cosh\delta$.

双曲背景几何   我们讨论双曲逆向距离. 如图 38.26 左帧所示, 我们用双曲平面 $\mathbb{H}^2$ 的上半平面模型. c_1 的圆心为 1, 半径为 γ_1, 交点 z_1 和 z_2 为 $e^{-\gamma_1}$ 和 e^{γ_1}; c_2 的圆心为 e^a, 半径为 γ_2, w_1 和 w_2 等于 $e^{a-\gamma_2}$ 和 $e^{a+\gamma_2}$. 我们将虚轴视为和 c_1, c_2 垂直的圆周, 用复坐标来计算交比

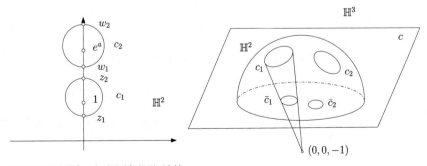

图 38.26 双曲逆向距离以及球极投影不变性.

$$\begin{aligned}
[z_1, z_2; w_1, w_2] &= \frac{\cosh a - \cosh(\gamma_1 - \gamma_2)}{2\sinh\gamma_1\sinh\gamma_2} \\
&= \frac{\cosh a - (\cosh\gamma_1\cosh\gamma_2 + \sinh\gamma_1\sinh\gamma_2)}{2\sinh\gamma_1\sinh\gamma_2} \\
&= \frac{1}{2}I(c_1, c_2) + \frac{1}{2}.
\end{aligned}$$

逆向距离可以由交比给出.

欧氏、双曲背景几何逆向距离的关系 如图 38.26 右帧所示, 欧氏逆向距离和双曲逆向距离可以通过球极投影联系起来. 我们将单位球面视作双曲平面 $\mathbb{H}^2$, 拓展复平面 $\mathbb{C}$ 视为 $\mathbb{H}^3$ 的无穷远平面. 我们以 $(0,0,-1)$ 为投影中心, 进行球极投影. c_1 和 c_2 是在 $\mathbb{H}^2$ 上的双曲圆, 投影到 $\mathbb{C}$ 上的欧氏圆 $\bar{c}_1$ 和 $\bar{c}_2$. 因为球极投影保持交比不变, 所以双曲逆向距离等于欧氏逆向距离,

$$I(c_1, c_2) = I(\bar{c}_1, \bar{c}_2).$$

38.7 Hesse 矩阵的几何解释

38.7.1 欧氏背景几何

我们这里讨论欧氏背景几何下, 各种圆盘填充构形的离散熵能量 Hesse 矩阵的几何解释.

定义 38.9 任给平面上一点 $q \in \mathbb{E}^2$, q 到顶点 v_i 的 power 距离为

$$\mathrm{Pow}(v_i, q) = |q - v_i|^2 - \epsilon_i\gamma_i^2. \tag{38.27}$$

三角形 power 中心 o 满足

$$\mathrm{Pow}(v_i, o) = \mathrm{Pow}(v_j, o) = \mathrm{Pow}(v_k, o).$$

Power 圆周是以 power 中心为圆心, 以 $\mathrm{Pow}(v_i, o)$ 为半径的圆,

$$C = \{q \,||\, q - o|^2 = \mathrm{Pow}(v_i, o)\}. \qquad \blacklozenge$$

在相切构形 (图 38.7)、Thurston 构形 (图 38.8) 和逆向距离构形 (图

38.9) 下, 顶点圆周记为

$$C_i = \{q | \, |v_i - q| = \gamma_i\}, \quad C_j = \{q | \, |v_j - q| = \gamma_j\}, \quad C_k = \{q | \, |v_k - q| = \gamma_k\},$$

power 圆周同时和三个顶点圆周垂直. 在 Yamabe 流构形下 (图 38.10), power 圆周是三角形的外接圆. 在虚半径构形下, power 圆周如下构造: 首先构造一个球面, 其赤道在三角形所在欧氏平面, 同时此球面过 3 点

$$\{v_i + \gamma_i \mathbf{n}, v_j + \gamma_j \mathbf{n}, v_k + \gamma_k \mathbf{n}\},$$

这里 $\mathbf{n}$ 是三角形的法向量. 则球面的赤道圆周就是 power 圆周, 如图 38.11 左帧所示. 在混合构形下, 如图 38.12 所示, 顶点的构形系数 $\{\epsilon_i, \epsilon_j, \epsilon_k\}$ 为 $\{+1, 0, -1\}$. 构造球面如下: 赤道和顶点圆 C_i 相垂直, 过顶点 v_j, 球面过点 $v_k + \gamma_k \mathbf{n}$. 则球面的赤道圆周即为三角形的 power 圆周.

定义 38.10 (power 高) 给定欧氏三角形, 具有圆盘填充度量. 在所有构形下, 构造 power 中心到达三条边的垂线, 垂足为 $\{w_i, w_j, w_k\}$, power 中心到达垂足的垂线段称为 power 高, 有向长度为 $\{h_i, h_j, h_k\}$, 如图 38.28 左帧所示. ◆

设 v_i 到 w_k 的距离为 d_{ij}, v_j 到 w_k 的距离为 d_{ji}, 则我们有如下关系.

引理 38.2 给定三角形具有欧氏背景几何, 在所有构形下:

$$l_k = d_{ij} + d_{ji}, \quad l_i = d_{jk} + d_{kj}, \quad l_j = d_{ki} + d_{ik}. \tag{38.28}$$

偏导数满足关系

$$\frac{\partial l_k}{\partial u_i} = d_{ij}, \quad \frac{\partial l_k}{\partial u_j} = d_{ji}, \tag{38.29}$$

$$\frac{\partial l_i}{\partial u_j} = d_{jk}, \quad \frac{\partial l_i}{\partial u_k} = d_{kj}, \tag{38.30}$$

$$\frac{\partial l_j}{\partial u_k} = d_{ki}, \quad \frac{\partial l_j}{\partial u_i} = d_{ik}, \tag{38.31}$$

同时

$$d_{ij}^2 + d_{jk}^2 + d_{ki}^2 = d_{ik}^2 + d_{kj}^2 + d_{ij}^2. \quad ◆$$

证明 设 power 中心到顶点的 power 距离为

$$\gamma^2 = |v_i - o|^2 - \epsilon_i \gamma_i^2 = d_{ij}^2 + h_k^2 - \epsilon_i \gamma_i^2,$$

同理

$$\gamma^2 = |v_j - o|^2 - \epsilon_j \gamma_j^2 = d_{ji}^2 + h_k^2 - \epsilon_j \gamma_j^2.$$

两式相减得到

$$\epsilon_i \gamma_i^2 - \epsilon_j \gamma_j^2 = d_{ji}^2 - d_{ij}^2.$$

由 $l_k = d_{ij} + d_{ji}$, 我们得到

$$\begin{cases} d_{ij} + d_{ji} = l_k, \\ d_{ij} - d_{ji} = \dfrac{\epsilon_i \gamma_i^2 - \epsilon_j \gamma_j^2}{l_k}, \end{cases}$$

由此

$$d_{ij} = \frac{1}{2}\left(l_k + \frac{\epsilon_i \gamma_i^2 - \epsilon_j \gamma_j^2}{l_k}\right) = \frac{\eta_k \gamma_i \gamma_j + \epsilon_i \gamma_i^2}{l_k},$$

$$d_{ji} = \frac{1}{2}\left(l_k + \frac{\epsilon_j \gamma_j^2 - \epsilon_i \gamma_i^2}{l_k}\right) = \frac{\eta_k \gamma_i \gamma_j + \epsilon_j \gamma_j^2}{l_k}.$$

由 $l_k^2 = \epsilon_i \gamma_i^2 + \epsilon_j \gamma_j^2 + 2\eta_k \gamma_i \gamma_j$, 我们得到偏微分

$$2l_k \frac{\partial l_k}{\partial \gamma_i} = 2\epsilon_i \gamma_i + 2\eta_k \gamma_j,$$

由此

$$\frac{\partial l_k}{\partial u_i} = \gamma_i \frac{\partial l_k}{\partial \gamma_i} = \frac{\epsilon_i \gamma_i^2 + \eta_k \gamma_i \gamma_j}{l_k} = d_{ij}.$$

再由几何关系

$$d_{ij}^2 + h_k^2 = |o - v_i|^2, \quad d_{jk}^2 + h_i^2 = |o - v_j|^2, \quad d_{ki}^2 + h_j^2 = |o - v_k|^2,$$

同时

$$d_{ji}^2 + h_k^2 = |o - v_j|^2, \quad d_{kj}^2 + h_i^2 = |o - v_k|^2, \quad d_{ik}^2 + h_j^2 = |o - v_i|^2.$$

两式相加得到

$$d_{ij}^2 + d_{jk}^2 + d_{ki}^2 = d_{ik}^2 + d_{kj}^2 + d_{ji}^2. \qquad \blacksquare$$

引理 38.3 (Hesse 矩阵的几何解释) 给定欧氏三角形, 具有圆盘填充度量, 在所有构形下:

$$\frac{\partial \theta_i}{\partial u_j} = \frac{\partial \theta_j}{\partial u_i} = \frac{h_k}{l_k}, \quad \frac{\partial \theta_j}{\partial u_k} = \frac{\partial \theta_k}{\partial u_j} = \frac{h_i}{l_i}, \quad \frac{\partial \theta_k}{\partial u_i} = \frac{\partial \theta_i}{\partial u_k} = \frac{h_j}{l_j}, \qquad (38.32)$$

同时

$$\frac{\partial \theta_i}{\partial u_i} = -\frac{h_j}{l_j} - \frac{h_k}{l_k}, \quad \frac{\partial \theta_j}{\partial u_j} = -\frac{h_k}{l_k} - \frac{h_i}{l_i}, \quad \frac{\partial \theta_k}{\partial u_k} = -\frac{h_i}{l_i} - \frac{h_j}{l_j}. \tag{38.33}$$

这给出了离散 Ricci 能量 Hesse 矩阵的几何解释.   ◆

证明 如图 38.27 所示,

$$\begin{aligned}
\frac{\partial \theta_i}{\partial u_j} &= \frac{\partial \theta_i}{\partial l_i}\frac{\partial l_i}{\partial u_j} + \frac{\partial \theta_i}{\partial l_k}\frac{\partial l_k}{\partial u_j} \\
&= \frac{\partial \theta_i}{\partial l_i}\left(\frac{\partial l_i}{\partial u_j} - \frac{\partial l_k}{\partial u_j}\cos\theta_j\right) \\
&= \frac{l_i}{2A}(d_{jk} - d_{ji}\cos\theta_j) \\
&= \frac{d\,l_i}{l_i l_k \sin\theta_j} \\
&= \frac{h_k \sin\theta_j}{l_k \sin\theta_j} \\
&= \frac{h_k}{l_k}.
\end{aligned}$$

同时 $\theta_i + \theta_j + \theta_k = \pi$, 由此

$$\frac{\partial \theta_i}{\partial u_i} = -\frac{\partial \theta_j}{\partial u_i} - \frac{\partial \theta_k}{\partial u_i} = -\frac{h_k}{l_k} - \frac{h_j}{l_j}.$$ ■

推论 38.1 给定欧氏三角形具有圆盘填充度量, 在所有构形下,

$$\frac{\partial v_j}{\partial u_j} = v_j - o.$$ ◆

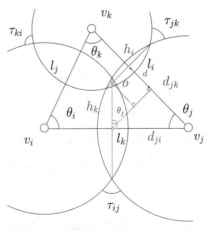

图 38.27 离散 Ricci 能量 Hesse 矩阵的几何解释.

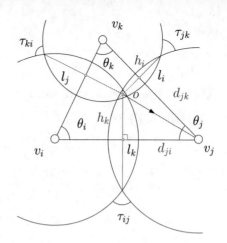

彩 图

证明　如上图所示, 直接计算

$$\frac{\partial \langle v_j - v_i, v_j - v_i \rangle}{\partial u_j} = 2 \left\langle \frac{\partial v_j}{\partial u_j}, v_j - v_i \right\rangle,$$

$$\frac{\partial l_k^2}{\partial u_j} = 2 \left\langle \frac{\partial v_j}{\partial u_j}, v_j - v_i \right\rangle,$$

$$\frac{\partial l_k}{\partial u_j} = \left\langle \frac{\partial v_j}{\partial u_j}, \frac{v_j - v_i}{l_k} \right\rangle,$$

$$d_{ji} = \left\langle \frac{\partial v_j}{\partial u_j}, \frac{v_j - v_i}{l_k} \right\rangle,$$

同理

$$d_{jk} = \left\langle \frac{\partial v_j}{\partial u_j}, \frac{v_j - v_k}{l_i} \right\rangle,$$

所以 $\frac{\partial v_j}{\partial u_j} = v_j - o$. ∎

38.7.2　双曲、球面背景几何

我们这里给出离散双曲 Ricci 能量 Hesse 矩阵的几何解释. 如图 38.28 左帧所示, 在欧氏背景几何下, 令三角形外接圆的圆心为 o, 外心到各条边的距离为 $\{h_i, h_j, h_k\}$. Yamabe 流满足

$$\frac{\partial \theta_i}{\partial u_j} = \frac{h_k}{l_k}.$$

双曲 Yamabe 流的 Hesse 矩阵几何解释与此比较类似.

引理 38.4 (Gu et al. [16])　给定双曲三角形 $[v_i, v_j, v_k]$, 边长为

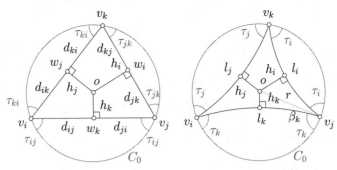

图 38.28 逆向距离圆盘填充的构形.

$\{l_i, l_j, l_k\}$, 内角为 $\{\alpha_i, \alpha_j, \alpha_k\}$, 外接圆心到各边的高为 $\{h_i, h_j, h_k\}$, 则

$$\tanh r \cosh \frac{l_k}{2} \sin \frac{\alpha_i + \alpha_j - \alpha_k}{2} = \tanh h_k, \tag{38.34}$$

$$2 \sin \frac{\alpha_i + \alpha_j - \alpha_k}{2} \cosh \frac{l_k}{2} = \frac{\sinh^2 \frac{l_i}{2} + \sinh^2 \frac{l_j}{2} - \sinh^2 \frac{l_k}{2}}{\sinh \frac{l_i}{2} \sinh \frac{l_j}{2}}, \tag{38.35}$$

$$2 \tanh r \cosh \frac{l_i}{2} \cosh \frac{l_j}{2} \cosh \frac{l_k}{2} = \frac{\sinh l_i}{\sin \alpha_i}. \quad \blacklozenge \tag{38.36}$$

证明 $\{\tau_i, \tau_j, \tau_k\}$ 是三角形的边和外接圆的夹角, 由于

$$\begin{cases} \alpha_i + \tau_j + \tau_k = \pi, \\ \alpha_j + \tau_k + \tau_i = \pi, \\ \alpha_k + \tau_i + \tau_j = \pi, \end{cases} \qquad \begin{cases} \tau_i = \frac{1}{2}(\pi + \alpha_i - \alpha_j - \alpha_k), \\ \tau_j = \frac{1}{2}(\pi + \alpha_j - \alpha_k - \alpha_i), \\ \tau_k = \frac{1}{2}(\pi + \alpha_k - \alpha_i - \alpha_j), \end{cases}$$

因此有

$$\beta_k = \frac{\pi}{2} - \tau_k = \frac{\alpha_i + \alpha_j - \alpha_k}{2}.$$

第一个等式: 在双曲直角三角形中, 三条边长为 $\{\frac{l_k}{2}, r, h_k\}$, 由双曲余弦定理

$$\cos \frac{\pi}{2} = \frac{-\cosh r + \cosh h_3 \cosh \frac{l_k}{2}}{\sinh h_3 \sinh \frac{l_k}{2}},$$

于是有

$$\cosh r = \cosh h_k \cosh \frac{l_k}{2},$$

并且由双曲正弦定理

$$\frac{\sin \beta_k}{\sinh h_k} = \frac{\sin \frac{\pi}{2}}{\sinh r},$$

于是

$$\sin \frac{\alpha_i + \alpha_j - \alpha_k}{2} \sinh r = \sinh h_k.$$

两式相比, 得到等式 (38.34).

第二个等式: 我们用角度 $\alpha_i, \alpha_j, \alpha_k$ 来表示 l_i, l_j, l_k,

$$
\begin{aligned}
&\sinh^2 \frac{l_i}{2} + \sinh^2 \frac{l_j}{2} - \sinh^2 \frac{l_k}{2} \\
&= \frac{1}{2}(\cosh l_i + \cosh l_j - \cosh l_k - 1) \\
&= \frac{1}{2}\left(\frac{\cos \alpha_i + \cos \alpha_j \cos \alpha_k}{\sin \alpha_j \sin \alpha_k} + \frac{\cos \alpha_j + \cos \alpha_k \cos \alpha_i}{\sin \alpha_k \sin \alpha_i} - \frac{\cos \alpha_k + \cos \alpha_i \cos \alpha_j}{\sin \alpha_i \sin \alpha_j} - 1 \right) \\
&= \frac{1}{2 \sin \alpha_i \sin \alpha_j \sin \alpha_k}(\sin(\alpha_i + \alpha_j) - \sin \alpha_k)(\cos \alpha_k + \cos(\alpha_i - \alpha_j)) \\
&= 2 \sin \frac{\alpha_i + \alpha_j - \alpha_k}{2} \cos \frac{\alpha_i + \alpha_j + \alpha_k}{2} \cos \frac{\alpha_k + \alpha_i - \alpha_j}{2} \\
&\quad \cdot \cos \frac{\alpha_j + \alpha_k - \alpha_i}{2} (\sin \alpha_i \sin \alpha_j \sin \alpha_k)^{-1}.
\end{aligned}
$$

另一方面,

$$
\begin{aligned}
\sinh^2 \frac{l_i}{2} &= \frac{1}{2}(\cosh l_i - 1) \\
&= \frac{1}{2}\left(\frac{\cos \alpha_i + \cos(\alpha_j + \alpha_k)}{\sin \alpha_j \sin \alpha_k} - 1 \right) \\
&= \cos \frac{\alpha_i + \alpha_j + \alpha_k}{2} \cos \frac{\alpha_i - \alpha_j - \alpha_k}{2} (\sin \alpha_j \sin \alpha_k)^{-1}.
\end{aligned}
$$

因此, 我们有

$$
\begin{aligned}
&\frac{\sinh^2 \frac{l_i}{2} + \sinh^2 \frac{l_j}{2} - \sinh^2 \frac{l_k}{2}}{\sinh \frac{l_i}{2} \sinh \frac{l_j}{2}} \\
&= \frac{\sin \frac{1}{2}(\alpha_i + \alpha_j - \alpha_k) \cos \frac{1}{2}(\alpha_i + \alpha_j + \alpha_k) \cos \frac{1}{2}(\alpha_j + \alpha_k - \alpha_i) \cos \frac{1}{2}(\alpha_k + \alpha_i - \alpha_j)}{\sin \alpha_i \sin \alpha_j \sin \alpha_k} \\
&\quad \cdot \left(\frac{\cos \frac{1}{2}(\alpha_i + \alpha_j + \alpha_k) \cos \frac{1}{2}(\alpha_j - \alpha_i - \alpha_k)}{\sin \alpha_k \sin \alpha_i} \right)^{-\frac{1}{2}} \\
&\quad \cdot \left(\frac{\cos \frac{1}{2}(\alpha_i + \alpha_j + \alpha_k) \cos \frac{1}{2}(\alpha_i - \alpha_j - \alpha_k)}{\sin \alpha_k \sin \alpha_j} \right)^{-\frac{1}{2}} \\
&= 2 \sin \frac{\alpha_i + \alpha_j - \alpha_k}{2} \left(\frac{\cos \frac{1}{2}(\alpha_k + \alpha_i - \alpha_j) \cos \frac{1}{2}(\alpha_k + \alpha_j - \alpha_i)}{\sin \alpha_i \sin \alpha_j} \right)^{\frac{1}{2}} \\
&= 2 \sin \frac{\alpha_i + \alpha_j - \alpha_k}{2} \cosh \frac{l_k}{2},
\end{aligned}
$$

最后一步, 用到下面的等式:

$$
\begin{aligned}
\cosh^2 \frac{l_k}{2} &= \frac{1}{2}(\cosh l_k + 1) \\
&= \frac{1}{2}\left(\frac{\cos \alpha_k + \cos \alpha_i \cos \alpha_j}{\sin \alpha_i \sin \alpha_j} + 1\right) \\
&= \frac{1}{2}\frac{\cos \alpha_k + \cos \alpha(\alpha_i - \alpha_j)}{\sin \alpha_j \sin \alpha_k} \\
&= \frac{\cos \frac{1}{2}(\alpha_k + \alpha_i - \alpha_j)\cos \frac{1}{2}(\alpha_k + \alpha_j - \alpha_i)}{\sin \alpha_i \sin \alpha_j}.
\end{aligned}
$$

第三个等式: 令 $s(a) = \sin \frac{a}{2}$,

$$
\begin{aligned}
\sin \alpha &= (1 - \cos^2 \alpha)^{\frac{1}{2}} \\
&= \frac{1}{\sinh b \sinh c}(-\cosh^2 a - \cosh^2 b - \cosh^2 c + 1 + 2\cosh a \cosh b \cosh c)^{\frac{1}{2}} \\
&= \frac{2}{\sinh b \sinh c}\{4s^2(a)s^2(b)s^2(c) + 2s^2(a)s^2(b) + 2s^2(b)s^2(c) \\
&\quad + 2s^2(c)s^2(a) - s^4(a) - s^4(b) - s^4(c)\}^{\frac{1}{2}} \\
&= \frac{2}{\sinh b \sinh c}\{4s^2(a)s^2(b)s^2(c) + (s(a) + s(b) + s(c))(s(a) + s(b) - s(c)) \\
&\quad \cdot (s(b) + s(c) - s(a))(s(c) + s(a) - s(b))\}^{\frac{1}{2}} \\
&= \frac{2}{\sinh b \sinh c}\left\{4s^2(a)s^2(b)s^2(c) + \frac{4s^2(a)s^2(b)s^2(c)}{\sinh^2 r}\right\}^{\frac{1}{2}} \\
&= \frac{4}{\sinh b \sinh c}s(a)s(b)s(c)\frac{\cosh r}{\sinh r},
\end{aligned}
$$

这里我们用到等式 (Fenchel [10, p. 118]):

$$
\frac{(s(a)s(b)s(c))^2}{(s(a) + s(b) + s(c))(s(a) + s(b) - s(c))(s(b) + s(c) - s(a))(s(c) + s(a) - s(b))}
$$
$$
= \frac{1}{4}\sinh^2 r. \qquad \blacksquare
$$

定理 38.3 如图 38.28 右帧所示, 在双曲背景几何下,

$$
\frac{\partial \theta_i}{\partial u_j} = \frac{\partial \theta_j}{\partial u_i} = \frac{\tanh h_k}{\sinh l_k \cosh \frac{l_k}{2}}.
$$

在球面背景几何下,

$$
\frac{\partial \theta_i}{\partial u_j} = \frac{\partial \theta_j}{\partial u_i} = \frac{\tan h_k}{\sin l_k \cos \frac{l_k}{2}}. \qquad \blacklozenge
$$

证明 我们计算双曲背景几何下 Yamabe 流的 Hesse 矩阵. 由解析表

达式,

$$\frac{\partial \theta_i}{\partial u_j} = \frac{\partial \theta_j}{\partial u_i}$$

$$= \frac{1}{\sin \alpha_i \sinh l_j \sinh l_k} \left(\frac{\cosh l_i \cosh l_j}{1 + \cosh l_k} - 1 \right)$$

$$= \frac{1}{\sin \alpha_i \sinh l_j \sinh l_k} \frac{\sinh^2 \frac{l_i}{2} + \sinh^2 \frac{l_j}{2} - \sinh^2 \frac{l_k}{2}}{\sinh^2 \frac{l_k}{2} + 1},$$

我们用等式 (38.35) 代入上式得到

$$\frac{1}{\sin \alpha_i \sinh l_j \sinh l_k} \frac{2 \sin \beta_k \cosh \frac{l_k}{2} \sinh \frac{l_i}{2} \sinh \frac{l_j}{2}}{\sinh^2 \frac{l_k}{2} + 1},$$

由公式 (38.36) 进一步化简得到

$$\frac{2 \tanh r \cosh \frac{l_i}{2} \cosh \frac{l_j}{2} \cosh \frac{l_k}{2}}{\sinh l_i \sinh l_j \sinh l_k} \frac{2 \sin \beta_k \cosh \frac{l_k}{2} \sinh \frac{l_i}{2} \sinh \frac{l_j}{2}}{1 + \sinh^2 \frac{l_k}{2}}$$

$$= \frac{\tanh r}{2 \sinh \frac{l_i}{2} \sinh \frac{l_j}{2} \sinh \frac{l_k}{2}} \frac{2 \sin \beta_k \cosh \frac{l_k}{2} \sinh \frac{l_i}{2} \sinh \frac{l_j}{2}}{1 + \sinh^2 \frac{l_k}{2}}$$

$$= \frac{\tanh r \cosh \frac{l_k}{2} \sin \beta_k}{2 \sinh \frac{l_k}{2} (1 + \sinh^2 \frac{l_k}{2})},$$

由公式 (38.34) 得到上式等于

$$\frac{\tanh h_k}{2 \sinh \frac{l_k}{2} (1 + \sinh^2 \frac{l_k}{2})} = \frac{\tanh h_k}{\sinh l_k \cosh \frac{l_k}{2}}.$$

球面情形证明类似. ∎

当 l_k 趋向于 0 时, $\{\tanh h_k, \sinh l_k, \cosh \frac{l_k}{2}\}$ 趋向于 $\{h_k, l_k, 1\}$, 双曲几何下的公式收敛到欧氏公式. 类似地, 当 l_k 趋向于 0 时, $\{\tan h_k, \sin l_k, \cos \frac{l_k}{2}\}$ 趋向于 $\{h_k, l_k, 1\}$, 球面几何下的公式收敛到欧氏公式.

38.8 双曲正弦、余弦定理

图 30.13

定理 38.4 在双曲平面的 Poincaré 模型中, 三角形 $\triangle ABC$ 为双曲直角三角形, 角 C 为直角 (图 30.13), 那么

$$\sin(B) = \frac{\sinh(b)}{\sinh(c)}, \quad \cos(A) = \frac{\tanh(b)}{\tanh(c)}. \qquad \blacklozenge$$

证明 不失一般性, 我们假设 A 是 Poincaré 圆盘的中心. 三角形的边 AB 和 AC 表示成直线, 边 BC 表示成圆 C_1 的圆弧, C_1 和 Poincaré 圆

相垂直. AB 和 AC 与圆 C_1 的另外一个交点分别为 B' 和 C', B_1 是圆心 O_1 在直线 AB 上的垂直投影. 因为 Poincaré 圆盘和圆周 C_1 彼此垂直, 欧氏距离 AB 满足 $AB \cdot AB' = 1$, 同时欧氏距离 $AB = \tanh(c/2)$, 因此

$$BB' = AB' - AB = 1/AB - AB$$
$$= 1/\tanh(c/2) - \tanh(c/2)$$
$$= \frac{\cosh(c/2)}{\sinh(c/2)} - \frac{\sinh(c/2)}{\cosh(c/2)}$$
$$= \frac{\cosh^2(c/2) - \sinh^2(c/2)}{\sinh(c/2) \cdot \cosh(c/2)}$$
$$= \frac{2}{2\sinh(c/2) \cdot \cosh(c/2)} = \frac{2}{\sinh(c)}.$$

同理, AC 的欧氏距离等于 $\tanh(b/2)$, 我们有 $CC' = 2/\sinh(b)$. 三角形 $\triangle ABC$ 的角 B 等于 C_1 在 B 点的切线和直线 AB 的交角, 由弦切角和圆周角的关系, 角 B 等于 $\angle BO_1 B'$ 的一半, 等于 $\angle BO_1 B_1$. 因此, 由直角三角形 $\triangle BO_1 B_1$, 我们可以计算 $\sin(B)$,

$$\sin(B) = \frac{BB_1}{O_1 B} = \frac{BB'}{2O_1 C} = \frac{BB'}{CC'} = \frac{\sinh(b)}{\sinh(c)}.$$

再计算 $\cos(A) = AB_1/AO$, 这里

$$AB_1 = AB + BB'/2 = \tanh(c/2) + 1/\sinh(c)$$
$$= \frac{\sinh(c/2)}{\cosh(c/2)} + \frac{1}{2\sinh(c/2)\cosh(c/2)}$$
$$= \frac{2\sinh^2(c/2) + 1}{2\sinh(c/2)\cosh(c/2)}$$
$$= \frac{2\sinh^2(c/2) + \cosh^2(c/2) - \sinh^2(c/2)}{\sinh(c)}$$
$$= \frac{\cosh^2(c/2) + \sinh^2(c/2)}{\sinh(c)} = \frac{\cosh(c)}{\sinh(c)} = \frac{1}{\tanh(c)}.$$

同理, 由 $AO_1 = AC + CC'/2$ 得到 $AO_1 = 1/\tanh(b)$, 因此

$$\cos(A) = \frac{AB_1}{AO_1} = \frac{\tanh(b)}{\tanh(c)}. \qquad \blacksquare$$

与 $\sin(B)$ 和 $\cos(A)$ 的公式相类比, 我们有

$$\sin(A) = \frac{\sinh(a)}{\sinh(c)}, \quad \cos(B) = \frac{\tanh(a)}{\tanh(c)}.$$

由 $\sin^2(A) + \cos^2(A) = 1$ 得到

$$\begin{aligned}
1 &= \frac{\sinh^2(a)}{\sinh^2(c)} + \frac{\tanh^2(b)}{\tanh^2(c)} \\
&= \frac{\sinh^2(a) + \tanh^2(b) \cdot \cosh^2(c)}{\sinh^2(c)} \\
&= \frac{\sinh^2(a)\cosh^2(b) + \sinh^2(b)\cosh^2(c)}{\cosh^2(b)\sinh^2(c)},
\end{aligned}$$

两边同乘 $\cosh^2(b)\sinh^2(c)$ 得到

$$\cosh^2(b)\sinh^2(c) = \sinh^2(a)\cosh^2(b) + \sinh^2(b)\cosh^2(c).$$

由等式 $\sinh^2(x) = \cosh^2(x) - 1$, 我们可以去除双曲正弦,

$$\cosh^2(b)(\cosh^2(c) - 1) = (\cosh^2(a) - 1)\cosh^2(b) + (\cosh^2(b) - 1)\cosh^2(c),$$

即

$$\begin{aligned}
&\cosh^2(b)\cosh^2(c) - \cosh^2(b) \\
&= \cosh^2(a)\cosh^2(b) - \cosh^2(b) + \cosh^2(b)\cosh^2(c) - \cosh^2(c),
\end{aligned}$$

得到

$$\cosh^2(c) = \cosh^2(a)\cosh^2(b).$$

双曲余弦函数为正, 取平方根, 我们得到双曲勾股定理.

定理 38.5 给定双曲直角三角形, 其边长为 a, b, c, c 为直角的对边, 那么

$$\cosh(c) = \cosh(a)\cosh(b). \qquad \blacklozenge$$

图 30.14

定理 38.6 (双曲正弦定理) 如图 30.14 所示, 双曲三角形满足

$$\frac{\sin(A)}{\sinh(a)} = \frac{\sin(B)}{\sinh(b)} = \frac{\sin(C)}{\sinh(c)}. \qquad \blacklozenge$$

证明 由双曲勾股定理, 在双曲直角三角形 $\triangle AB_1B$ 中,

$$\sin(A) = \frac{\sinh(h)}{\sinh(c)},$$

由此得到

$$\sinh(h) = \sin(A)\sinh(c).$$

同理, 在三角形 $\triangle CBB_1$ 中

$$\sinh(h) = \sin(C)\sinh(a),$$

由此有

$$\frac{\sin(A)}{\sinh(a)} = \frac{\sin(C)}{\sinh(c)},$$

同理得到

$$\frac{\sin(A)}{\sinh(a)} = \frac{\sin(B)}{\sinh(b)}. \qquad \blacksquare$$

定理 38.7 (双曲余弦定理 I) 如图 30.14 所示, 双曲三角形满足

$$\cosh(a) = \cosh(b)\cosh(c) - \sinh(b)\sinh(c)\cos(A). \qquad \blacklozenge$$

证明 在双曲直角三角形 $\triangle BB_1C$ 中,

$$\cosh(a) = \cosh(b_2)\cosh(h).$$

用 $b - b_1$ 来替代 b_2, 由 $\cosh(x-y) = \cosh(x)\cosh(y) - \sinh(x)\sinh(y)$, 我们得到

$$\cosh(a) = \cosh(b)\cosh(b_1)\cosh(h) - \sinh(b)\sinh(b_1)\cosh(h).$$

在双曲直角三角形 $\triangle BB_1A$ 中, $\cosh(h) = \cosh(c)/\cosh(b_1)$, 我们得到

$$\cosh(a) = \cosh(b)\cosh(c) - \sinh(b)\sinh(b_1)\frac{\cosh(c)}{\cosh(b_1)},$$

即

$$\cosh(a) = \cosh(b)\cosh(c) - \sinh(b)\sinh(c)\frac{\tanh(b_1)}{\tanh(c)}.$$

在 $\triangle BB_1A$ 中, $\cos(A) = \tanh(b_1)/\tanh(c)$. $\qquad \blacksquare$

定理 38.8 (双曲余弦定理 II) 给定双曲三角形 $\triangle ABC$, 那么

$$\cos(B) = -\cos(A) + \sin(A)\sin(C)\cosh(b). \qquad \blacklozenge$$

证明 在双曲直角三角形 $\triangle BB_1A$ 中,

$$\cosh(a) = \cosh(h)\cosh(b_1),$$

在双曲直角三角形 $\triangle BB_1C$ 中,

$$\cosh(c) = \cosh(h)\cosh(b_2).$$

上面两式相乘,

$$\cosh(a)\cosh(c) = \cosh^2(h)\cosh(b_1)\cosh(b_2),$$

两边乘以 $\cosh(b_1 + b_2) = \cosh(b)$, 得到

$$\cosh(a)\cosh(c)(\cosh(b_1)\cosh(b_2) + \sinh(b_1)\sinh(b_2))$$
$$= \cosh(b)\cosh^2(h)\cosh(b_1)\cosh(b_2).$$

将 $\cosh^2(h)$ 用 $1 + \sinh^2(h)$ 来取代, 两侧除以 $\cosh(b_1)\cosh(b_2)$, 得到

$$\cosh(a)\cosh(c)(1 + \tanh(b_1)\tanh(b_2)) = \cosh(b)(1 + \sinh^2(h)).$$

重新整理,

$$\cosh(a)\cosh(c) - \cosh(b)$$
$$= -\tanh(b_1)\tanh(b_2)\cosh(c)\cosh(a) + \sinh^2(h)\cosh(b).$$

由双曲余弦定理, 左侧 $\cosh(a)\cosh(c) - \cosh(b) = \cos(B)\sinh(a)\sinh(c)$,

$$\cos(B)\sinh(a)\sinh(c)$$
$$= -\tanh(b_1)\tanh(b_2)\cosh(c)\cosh(a) + \sinh^2(h)\cosh(b),$$

两侧除以 $\sinh(a)\sinh(c)$ 得到

$$\cos(B) = -\frac{\tanh(b_1)}{\tanh(c)}\frac{\tanh(b_2)}{\tanh(a)} + \frac{\sinh(h)}{\sinh(c)}\frac{\sinh(h)}{\sinh(a)}\cosh(b).$$

由双曲勾股定理, 在 $\triangle BB_1A$ 和 $\triangle BB_1C$ 中,

$$\tanh(b_1)/\tanh(c) = \cos(A), \quad \tanh(b_2)/\tanh(a) = \cos(C),$$

$$\sinh(h)/\sinh(c) = \sin(A), \quad \sinh(h)/\sinh(a) = \sin(C),$$

我们得到

$$\cos(B) = -\cos(A)\cos(C) + \sin(A)\sin(C)\cosh(b). \qquad \blacksquare$$

[1] L. V. Ahlfors. *Lectures on Quasiconformal Mappings*, volume 68 of *University Lecture Series*. American Mathematical Society, second edition, 2000.

[2] H. Akiyoshi. Finiteness of polyhedral decompositions of cusped hyperbolic manifolds obtained by the Epstein-Penner's method. *Proceeding of American Mathematical Society*, 129(8):2431–2438, 2001.

[3] E. K. Babson and C. S. Chan. Counting faces of cubical spheres modulo two. *Discrete Mathematics*, 212(3):169–183, 2000.

[4] P. L. Bowers and M. K. Hurdal. *Planar Conformal Mappings of Piecewise Flat Surfaces*, pages 3–34. Springer Berlin Heidelberg, Berlin, Heidelberg, 2003.

[5] Y. Cho and H. Kim. On the volume formula for hyperbolic tetrahedra. *Discrete Computational Geometry*, 22:347–366, 1999.

[6] B. Chow and D. Knopf. *The Ricci Flow: An Introduction*, volume 110 of *Mathematical Surveys and Monographs*. American Mathematical Society, 2004.

[7] D. Cohen-Steiner and J.-M. Morvan. Restricted Delaunay triangulations and normal cycle. In *SCG'03: Proceedings of the nineteenth annual symposium on Computational Geometry*, pages 312–321, June 2003.

[8] T. K. Dey, K. Li, J. Sun, and D. Cohen-Steiner. Computing geometry-aware handle and tunnel loops in 3D models. *ACM Transaction of Graphics*, 27(3): 1–9, August 2008. ISSN 0730-0301.

[9] J. Erickson. Efficiently hex-meshing things with topology. *Discrete & Computational Geometry*, 52(3):427–449, 2014.

[10] W. Fenchel. *Elementary Geometry in Hyperbolic Space*. Number 11 in de Gruyter Studies in Mathematics. Walter de Gruyter & Co., Berlin, 1989.

[11] A. E. Fischer and A. J. Tromba. A new proof that Teichmüller space is a cell. *Transactions of the American Mathematical Society*, 303(1):257–262, 1987.

[12] F. P. Gardiner and J. Hu. A short course on Teichmüller's theorem. In *Proceedings of the Year on Teichmüller Theory*, volume 10, pages 195–228, October 2009.

[13] F. P. Gardiner. *Teichmüller Theory and Quadratic Differentials.* Wiley & Sons, 1987.

[14] G. M. Goluzin. *Geometric Theory of Functions of a Complex Variable*, volume 26 of *Translation of Mathematical Monographs.* American Mathematical Society, 1969.

[15] M. Gromov and R. Schoen. Harmonic maps into singular spaces and *p*-adic superrigidity for lattices in groups of rank one. *Publications Mathématiques de l'IHÉS*, 76:165–246, 1992.

[16] X. Gu, R. Guo, F. Luo, J. Sun, and T. Wu. A discrete uniformization theorem for polyhedral surfaces 2. *Journal of Differential Geometry (JDG)*, 109:431–466, 2018.

[17] X. Gu, F. Luo, and T. Wu. Convergence of discrete conformal geometry and computation of uniformization maps. *Asian Journal of Mathematics*, 23: 21–34, 2019. ISSN 1093-6106.

[18] R. Hamilton. *Mathematics and General Relativity*, volume 71 of *Contemporary Mathematics*, chapter Ricci flow on surfaces, pages 237–262. American Mathematical Society, Providence, RI, 1988.

[19] J. Hubbard and H. Masur. Quadratic differentials and foliations. *Acta Mathematica*, 142:221–274, 1979.

[20] J. A. Jenkins. On the existence of certain general extremal metrics. *Annals of Mathematics*, 66(3):440–453, 1957.

[21] J. Jost. *Two-dimensional Geometric Variational Problems.* Wiley & Sons, 1991.

[22] J. Jost. *Compact Riemann Surfaces, An Introduction to Contemporary Mathematics.* Springer, 2006.

[23] E. Kuwert. Harmonic maps between flat surfaces with conical singularities. *Mathematische Zeitschrift*, 221(3):421–435, 1996.

[24] G. Leibon. Characterizing the Delaunay decompositions of compact hyperbolic surfaces. *Geometry and Topology*, 6:361–391, 2002.

[25] P. Li and S.-T. Yau. On the parabolic kernel of the Schrödinger operator. *Acta Mathematics*, pages 153–201, 1986.

[26] C. Mese. Harmonic maps between surfaces and Teichmüller spaces. *American Journal of Mathematics*, 124(3):451–481, June 2002.

[27] J. W. Milnor. Hyperbolic geometry: The first 150 years. *Bulletin (New*

Series) of the American Mathematical Society, 6(1):9–24, 01 1982.

[28] S. A. Mitchell. A characterization of the quadrilateral meshes of a surface which admit a compatible hexahedral mesh of the enclosed volume. In *13th Annual Symposium on Theoretical Aspects of Computer Science (STACS 96)*, Lecture Notes in Computer Science 1046, pages 465–476. Springer, 1996.

[29] M. Morse. A reduction of the Schoenflies extension problem. *Bulletin of the American Mathematical Society*, 66:113–115, 1960.

[30] J.-M. Morvan. *Generalized Curvatures*. Springer, 2008.

[31] J. Murakami and M. Yano. On the volume of a hyperbolic and spherical tetrahedron. *Communications in Analysis and Geometry*, 13(2):379–400, 2005.

[32] T. Needham. *Visual Complex Analysis*. Oxford University Press, 1999.

[33] R. Schoen and S.-T. Yau. On univalent harmonic maps between surfaces. *Invention Mathematics*, 44(3):265–278, October 1978.

[34] A. Schoenflies. Beiträge zur theorie der punktmengen III. *Mathematische Annalen*, 62:286–328, 1906.

[35] K. Strebel. *Quadratic Differentials*. Springer, 1984.

[36] W. Thurston. Hexahedral decomposition of polyhedra. Posting to sci.math, 25 October 1993.

[37] A. Tromba. *Teichmüller Theory in Riemannian Geometry*. Birkhäuser Basel, 1992.

[38] È. B. Vinberg. The volume of polyhedra on a sphere and in Lobachevsky space. *Amer. Math. Soc. Transl.*, 2(148):15–27, 1991.

[39] È. B. Vinberg. Volumes of non-Euclidean polyhedra. *Russian Math. Surveys*, 48(2):15–45, 1993.

[40] H. Whitney. On regular closed curves in the plane. *Compositio Mathematica*, 4:276–284, 1937.

[41] H. Whitney. The singularities of a smooth n-manifold in $(2n-1)$-space. *Annual Mathematics*, 45(2):247–293, 1944.

[42] M. Wolf. The Teichmüller theory of harmonic maps. *Journal of Differential Geometry*, 29:449–479, 1989.

[43] M. Wolf. On realizing measured foliations via quadratic differentials of harmonic maps to **R**-trees. *Journal d'Analyse Mathématique*, 68(1):107–120, 1996.

[44] M. Wolf. Measured foliations and harmonic maps of surfaces. *Journal of

Differential Geometry, 49(3):437–467, 1998.

[45] X. Yu, N. Lei, Y. Wang, and X. Gu. Intrinsic 3D dynamic surface tracking based on dynamic Ricci flow and Teichmüller map. In *IEEE International Conference on Computer Vision*, pages 5400–5408, October 2017.

[46] M. Zhang, R. Guo, W. Zeng, F. Luo, S.-T. Yau, and X. Gu. The unified discrete surface Ricci flow. *Graphics Models*, 76(5):321–339, 2014.

名词索引

名词索引

符号

ε-偏移 (ε-offset), 263

A

Alexander 角球 (Alexander horned sphere), 120

B

Banach 空间 (Banach space), 301

Barratt-Whitehead 梯子序列 (Barratt-Whitehead sequence of ladder), 115

Brown 运动 (Brownian motion), 227

爆破 (blow up), 511, 539

闭上链 (closed cochain), 75

边对换 (edge swap), 257, 546

边界双重点 (boundary double point), 53

标记曲面 (marked surface), 382

C

参数化 (parameterization), 46

长度交比 (length cross ratio), 479

常返的 (recurrent), 235

超理想 (hyper-ideal), 497

超理想顶点 (hyper-ideal vertex), 493

重数 (order), 354

除子 (divisor), 354

除子的度 (degree of divisor), 354

词群 (word group), 21

刺孔 (punctures), 425

D

Delaunay 加细算法 (Delaunay refinement algorithm), 267

Delaunay 三角剖分 (Delaunay triangulation), 267

我们为本书提供了部分算法的线上演示 (可通过两台服务器访问), 每一个示例包含原始数据和结果数据, 读者可选择不同的三维曲面模型来显示, 也可以旋转、平移、缩放曲面. 读者也可以显示曲面的参数域 (UV) 或纹理贴图 (Texture Mapping) 来查看, 从而建立几何直观. 线上演示基于 WebGL, 在用户端渲染. 用户界面为标准的 ArcBall 界面.

欢迎广大读者提出宝贵意见, 我们会进一步完善演示内容.

万有覆盖空间 (Universal Covering Space)

一亏格曲面: 图 2.15 (*37* 页)

高亏格曲面: 图 2.16 (*37* 页)

全纯微分形式算法 (Holomorphic 1-Form)

拓扑圆盘: 图 10.2 (*144* 页), 图 10.7 (*152* 页)

拓扑球面: 图 1.17 (*14* 页), 图 22.1 (*293* 页)

拓扑四边形: 图 12.1 (*163* 页), 图 12.7 (*172* 页)

拓扑环带: 图 11.3 (*160* 页)

狭缝映射: 图 13.1 (*175* 页), 图 13.9 (*185* 页)

Koebe 迭代: 图 14.1 (*187* 页), 图 15.1 (*200* 页), 图 15.2 (*201* 页), 图 15.3 (*202* 页)

一亏格曲面: 图 2.15 (*37* 页, *365* 页)

高亏格曲面: 图 25.5 (*363* 页), 图 25.6 (*364* 页), 图 25.7 (*365* 页)

Ricci 流 (Ricci Flow)

拓扑四边形: 图 12.8 (*173* 页), 图 33.3 (*527* 页)

一亏格曲面: 图 2.15 (*37* 页)

高亏格曲面: 图 37.7 (*563* 页), 图 37.8 (*564* 页)

统一 Ricci 流 (Unified Ricci Flow)

零亏格曲面: 图 22.1 (*293* 页)

一亏格曲面: 图 2.15 (*37* 页)

带有边界的一亏格曲面: 图 33.5 (*528* 页)

高亏格曲面: 图 37.7 (*563* 页), 图 37.8 (*564* 页)

动态 Yamabe 流 (Dynamic Yamabe Flow)

拓扑三角形: 图 32.1 (*506* 页)

拓扑四边形: 图 12.8 (*173* 页), 图 29.1 (*412* 页), 图 33.3 (*527* 页)

拓扑环带: 图 11.6 (*162* 页), 图 33.4 (*528* 页)

一亏格曲面: 图 2.15 (*37* 页)

拟共形映射 (Quasi-Conformal Map)

拓扑圆盘: 图 28.3 (*398* 页)

图书在版编目 (CIP) 数据

计算共形几何 . 理论篇 / 顾险峰，丘成桐著 . — 北京 : 高等教育出版社，2020.5（2021.5 重印）

ISBN 978-7-04-053928-8

Ⅰ . ①计… Ⅱ . ①顾… ②丘… Ⅲ . ①计算几何

Ⅳ . ①O18

中国版本图书馆 CIP 数据核字 (2020) 第 050146 号

内容简介

计算共形几何是跨领域的交叉学科，它将现代几何拓扑理论与计算机科学相融合，将经典微分几何、Riemann 面理论、代数拓扑、几何偏微分方程的概念、定理和方法推广至离散情形，转换成计算机算法，广泛应用于计算机图形学、计算机视觉、计算机辅助几何设计、数字几何处理、计算机网络、计算力学、机械设计以及医学影像等领域中。

本书由丘成桐先生和顾险峰教授共同编写，立意深远——以初等数学概念为基础，以现代理论为目的，有机组织庞大丰富的知识体系，贯穿诸多数学分支，横跨数学和计算机科学，同时满足数学家和工程师的迫切需求。本书可供高等院校数学、计算机等各相关专业的广大师生参考，亦可供互联网开发、计算机视觉、人工智能、医学影像、建筑设计等领域的工程师和专业人士参考。

出版发行　高等教育出版社
社址　北京市西城区德外大街 4 号
邮政编码　100120
购书热线　010–58581118
咨询电话　400–810–0598
网址　http://www.hep.edu.cn
　　　http://www.hep.com.cn
网上订购　http://www.hepmall.com.cn
　　　http://www.hepmall.com
　　　http://www.hepmall.cn
印刷　北京汇林印务有限公司
开本　787mm × 1092mm　1/16
印张　40.5
字数　640 千字
版次　2020 年 5 月第 1 版
印次　2021 年 5 月第 2 次印刷
定价　148.00 元

策划编辑　赵天夫　责任编辑　赵天夫
封面设计　张申申　责任印制　刘思涵

计算共形几何
Jisuan gongxing jihe